ELEKTRODYNAMIK

VON

ARNOLD SOMMERFELD†

REVIDIERT VON

FRITZ BOPP

O. PROFESSOR DER THEORETISCHEN PHYSIK AN DER UNIVERSITÄT MÜNCHEN

UND

JOSEF MEIXNER

O. PROFESSOR DER THEORETISCHEN PHYSIK AN DER TECHNISCHEN HOCHSCHULE AACHEN

MIT 49 FIGUREN

NACHDRUCK DER 4., DURCHGESEHENEN AUFLAGE

1977

VERLAG HARRI DEUTSCH · THUN · FRANKFURT/M.

ISBN 3 87144 374 3

Mit Lizenz der Akademischen Verlagsgesellschaft Geest & Portig K.-G.,
701 Leipzig, Sternwartenstraße 8, Deutsche Demokratische Republik
Verlag Harri Deutsch, Thun 1977

Herstellung Fuldaer Verlagsanstalt GmbH

Vorwort

Als Muster für alle meine elektrodynamischen Vorlesungen hat mir seit meiner Studentenzeit, vgl. § 1, die große Abhandlung von HEINRICH HERTZ über die „Grundgleichungen der Elektrodynamik für ruhende Körper“ vorgeschwebt. Nach diesem Vorbild stelle ich in Teil I die MAXWELLschen Gleichungen axiomatisch an die Spitze, allerdings nicht wie HERTZ in Koordinatenschreibweise und Differentialform, sondern in vektorieller Integralform. In Teil II werden daraus wie bei HERTZ die einzelnen Erscheinungsgebiete, statische, stationäre, quasistationäre und schnell veränderliche Felder abgeleitet. Seitdem ich 1909 den Vortrag von HERRMANN MINKOWSKI in Köln über „Raum und Zeit“ gehört hatte, habe ich, als Krönung der MAXWELLschen Theorie und zugleich als einfachste Einführung in die Relativitätstheorie, die vierdimensionelle Form der Elektrodynamik mit besonderer Liebe ausgebaut und habe dafür bei meinen Hörern stets begeisterte Resonanz gefunden. Diese vierdimensionale Elektrodynamik wird hier in Teil III durchgeführt. Zu seinem Titel „Relativitäts- und Elektronentheorie“ ist zu bemerken, daß er sich einerseits auf die *spezielle* Relativitätstheorie, andrerseits auf die Theorie des *einzelnen* Elektrons beschränkt. Die Statistik der Metallelektronen und der Elektronen in Nichtleitern gehören zu Bd. V der Vorlesungen. Das SCHWARZSCHILDsche Wirkungsprinzip, welches den fundamentalen Zusammenhang zwischen der MAXWELLschen Theorie und der Dynamik des einzelnen Elektrons (oder einzelner Elektronen) herstellt, wird gegen Ende von Teil III in relativistischer Verallgemeinerung und mit gewissen, von unserem Standpunkt aus nötigen Modifikationen dargestellt. Teil IV bringt, ebenfalls der Hauptsache nach im Anschluß an MINKOWSKI, die Elektrodynamik der bewegten Medien. Als wichtigste Anwendung derselben werden die Felder der unipolaren Induktion besprochen und in einem möglichst einfach gewählten Beispiel als Übungsaufgabe durchgerechnet.

Das Hauptstück der Vorlesung bildet Teil II. In der Elektrostatik und Magnetostatik unterscheide ich Summations- und Randwertaufgaben. Zu den ersteren gehört die Berechnung des elektrischen Potentials bei gegebener Ladungsverteilung sowie die Berechnung des magnetischen Potentials bei gegebener Magnetisierung; auch die Theorie des permanenten Magneten, soweit für diese die MAXWELLsche und nicht die Atomtheorie zuständig ist, wird von diesem Standpunkt aus einfach und durchsichtig. Dagegen gehört die Lösung der elektrischen und magnetischen Randwertaufgaben eigentlich nach Bd. VI; im vorliegenden Band werden nur die wichtigsten Fälle davon erledigt. Die Berechnung der stationären Felder bei gegebener Verteilung der elektrischen Stromstärke, sei es nach der Methode des Vektorpotentials § 15 oder nach der des magnetischen Blattes § 16 ist ebenfalls eine einfache Summationsaufgabe. Unter den schnell veränderlichen Feldern sind diejenigen vom Drahtwellentypus mit einiger Vollständigkeit behandelt. Als Vorbild dient die Hauptwelle am Einzeldraht in § 22 (elektrischer symmetrischer Typus); aber auch der magnetische Typus und die unsymmetrischen Nebenwellen sowie die Drahtwellen an Nichtleitern werden in § 23 dargestellt wegen ihrer inzwischen entwickelten technischen Anwendungen (Theorie der Hohlleiter in § 24) und wegen ihrer Verwertung in der Theorie des LECHER-Systems. Dieses wird als Abschluß von Teil II in § 25 bei beliebiger Lage und Abmessung der beiden Paralleldrähte, für das Äußere in Bipolar-, für das Innere in gewöhnlichen Polarkoordinaten vollständig durchgerechnet, wobei nur die Drähte als hinreichend gute Leiter vorausgesetzt werden.

Durchgehends wird mit dem dimensionellen Charakter der Feldgrößen Ernst gemacht. Wir stehen nicht auf dem Standpunkt PLANCKS, von dem aus die Frage nach der wirklichen Dimension einer physikalischen Größe sinnlos ist; PLANCK sagt in § 7 seiner Elektrodynamik-Vorlesung, eine derartige Frage habe nicht mehr Sinn als die nach dem ,,wirklichen" Namen eines Gegenstandes. Vielmehr entnehmen wir den zugrunde gelegten MAXWELLschen Gleichungen die fundamentale Unterscheidung zwischen *Intensitäts-* und *Quantitätsgrößen*, wie sie bereits in den ausgezeichneten Lehrbüchern von G. MIE konsequent durchgeführt ist. Die FARADAY-MAXWELLsche Induktionsgleichung zeigt, daß zugleich mit der elektrischen Feldstärke $\mathfrak{E}$ die magnetische Induktion $\mathfrak{B}$ eine Intensitätsgröße ist; $\mathfrak{B}$, nicht $\mathfrak{H}$, verdient den Namen der *magnetischen Feldstärke*. $\mathfrak{H}$ ist, ebenso wie $\mathfrak{D}$, am besten als ,,Erregungsgröße" zu bezeichnen. Ebenso wie div $\mathfrak{D}$ die elektrische Ladungsdichte, mißt div $\mathfrak{H}$ die Dichte des Magnetismus. Die HERTZsche Unterscheidung von ,,wahrer" und ,,freier" Elektrizität wird hinfällig, da div $\mathfrak{E}$ dimensionell keine Ladung, sondern eine Kraftliniendivergenz ist; ebenso die Unterscheidung zwischen ,,wahrem" und ,,freiem" Magnetismus, zumal div $\mathfrak{B}$ überall Null ist. Ebenso wie $\mathfrak{H}$ und $\mathfrak{D}$ sind der spezifische elektrische Leitungsstrom $\mathfrak{J}$ (sprich ,,jot"), die elektrische Polarisation $\mathfrak{P}$ und die Magnetisierung $\mathfrak{M}$ Quantitätsgrößen. Energiegrößen treten stets als Produkt einer Quantitäts- [illegible]nd einer Intensitätsgröße auf, z. B. $\frac{1}{2}(\mathfrak{D}\,\mathfrak{E})$, $\frac{1}{2}(\mathfrak{H}\,\mathfrak{B})$, $(\mathfrak{J}\,\mathfrak{E})$, $[\mathfrak{E}\,\mathfrak{H}]$. Daß $\mathfrak{B}$ mit [illegible], $\mathfrak{H}$ mit $\mathfrak{D}$ zusammengehöre, erhellt unzweideutig aus der Relativitätstheorie, wo die Größen $c\,\mathfrak{B}$ und $-i\,\mathfrak{E}$ einerseits, die Größen $\mathfrak{H}$ und $-ic\,\mathfrak{D}$ andrerseits je [illegible]u einem Sechservektor (antisymmetrischem Tensor) verkoppelt werden. Wir n[illegible]nen ersteren den Feldtensor F, letzteren den Erregungstensor f.

Au[illegible]hlaggebend für die Fruchtbarkeit dieser Dimensions-Betrachtungen ist d[illegible]Einführung einer von den mechanischen Einheiten unabhängigen *vierten elek*[illegible]*hen Einheit.* Wir wählen als solche die Einheitsladung Q, die wir praktis[illegible]eise mit der Einheit des Coulomb identifizieren können (aber nicht m[illegible]. Wir vermeiden also das ,,Prokrustesbett" der cgs-Einheiten, in welchem [illegible]tromagnetischen Größen die bekannten widernatürlichen Dimensionen aufgezwungen werden. Da wir die Hoffnung auf eine mechanische Deutung der elektrischen Größen endgültig aufgeben, haben wir die Ladung als ein nicht weiter reduzierbares „Urphänomen“ anzusehen, das für sich eine eigene Maßeinheit beanspruchen darf. Von der „elektrostatisch“ oder „elektromagnetisch“ gemessenen Ladung werden wir nur ganz vorübergehend und nur aus historischen Gründen zu sprechen brauchen. Mit der speziellen Ladungseinheit Q = 1 Coulomb ist dann der elektrische Strom in der allgemein gebräuchlichen Einheit Amp. = Q/sec gegeben.

Als mechanische Einheiten werden wir nach dem Vorschlage von G. Giorgi die Einheiten Meter M, Kilogramm Masse K und Sekunde S benutzen. Die Einheit der Energie wird dann 1 Erg (sprich „Groß-Erg“) = 1 Joule (ohne Hinzufügung einer Zehnerpotenz!) und die der Leistung gleich 1 Erg S^{-1} = 1 Watt. Aber auch bei den elektrischen Einheiten Volt, Ohm, Farad, Henry *fallen die Zehnerpotenzen fort*; man hat nämlich 1 Volt = 1 Erg/Q, $1\,\Omega$ = 1 Erg S/Q^2, 1 Farad = 1 Q^2/Erg, 1 Henry = 1 Erg S^2/Q^2.

Umgekehrt müssen dann allerdings bei den dem cgs-System angepaßten magnetischen Einheiten Gauß (für die Feldstärke $\mathfrak{B}$) und Örsted (für die Erregung $\mathfrak{H}$) Zehnerpotenzen auftreten, wie wir in § 8 sehen werden. Aus den schon genannten Energiedichten $\frac{1}{2}(\mathfrak{D}\,\mathfrak{E})$, $\frac{1}{2}(\mathfrak{H}\,\mathfrak{B})$, $(\mathfrak{J}\,\mathfrak{E})$ eliminiert sich die vierte Einheit Q, wie es sein muß, von selbst; ihre Dimension wird direkt Erg/M^3, die des Energieflusses $[\mathfrak{E}\,\mathfrak{H}]$ gleich Erg/M^2S.

Bei unserer dimensionellen Unterscheidung zwischen Intensitäts- und Quantitätsgrößen müssen Dielektrizitätskonstante und Permeabilität offenbar *dimensionierte* Größen werden und können daher auch für das Vakuum nicht gleich 1 gesetzt werden. Ihre Wahl, in der wir uns dem in der Elektrotechnik bewährten Gebrauch anschließen, setzt uns in den glücklichen Stand, der Forderung nach „rationellen Einheiten“ zwanglos zu genügen. Man braucht nur in Übereinstimmung mit internationalen Beschlüssen zu machen

$$\mu_0 = 4\pi \cdot 10^{-7}\,\frac{\Omega\,\mathrm{S}}{\mathrm{M}}$$

und ε_0 aus der durch die Hertzschen Versuche sichergestellten Forderungen $\varepsilon_0\,\mu_0 = 1/c^2$ zu entnehmen. Durch diese Wahl fallen die 4π an allen Stellen fort, wo sie nicht hingehören, z. B. in der Poyntingschen Gleichung und bei den Energieausdrücken des Poyntingschen Satzes, und treten da auf, wo sie hingehören, z. B. beim Coulombschen Gesetz und beim Kugelkondensator. Wir vermeiden so den etwas verzweifelten Weg, den Lorentz in seinen Enzyklopädie-Artikeln zum Zweck der Rationalisierung einschlägt, nämlich den Faktor $\sqrt{4\pi}$ in die Definition der Ladung und des Magnetismus aufzunehmen.

Zugleich wird bei dieser Wahl von ε_0 und μ_0 ersichtlich die Wurzel aus dem Quotienten von μ_0 und ε_0 ein Widerstand, der sog. „Wellenwiderstand des Vakuums“. Diese benannte Größe tritt in Teil II überall da als Faktor auf, wo es sich darum handelt, die Wellenfelder von $\mathfrak{E}$ und $\mathfrak{H}$ durch dimensionsgleiche

Formeln darzustellen. Sie tritt wieder auf in der Relativitätstheorie bei der Beziehung zwischen dem Erregungstensor f und dem Feldtensor F, welche im Vakuum für alle sechs Komponenten die einfache Form annimmt

$$f = \sqrt{\frac{\varepsilon_0}{\mu_0}} F.$$

Diese in den letzten Jahren vielfach bis zum Überdruß behandelten Einheits-, Dimensionierungs- und Rationalisierungsfragen werden in der Vorlesung möglichst kurz abgehandelt; der Leser wird aber an manchen Stellen aufgefordert, sich von der dimensionellen Folgerichtigkeit der Formeln selbst zu überzeugen. Bei den numerischen Rechnungen bewährt sich unser Maßsystem der MKSQ durchweg, da es direkt an die experimentellen und legalen Einheiten Volt, Amp.,... angeschlossen ist. Ob es sich auch für die Atomphysik empfiehlt, lassen wir dahingestellt. Um auf das hier übliche GAUSSsche System ($\varepsilon_0 = \mu_0 = 1$) ungezwungen spezialisieren zu können, haben wir in § 9 vorübergehend auch das COHNsche System erläutert, das nach unserer Auffassung auf die fünf Einheiten MKSQP (P = magnetischer Einheitspol) basiert ist.

Die wundervolle Einfachheit und Schönheit der MAXWELLschen Gleichungen, die besonders aus deren relativistischer Formulierung für das Vakuum hervorleuchten, führen zu der Überzeugung, daß diese Gleichungen zusammen mit den Gleichungen der Gravitation Ausfluß einer umfassenden Weltgeometrie sein müssen. Die dahingehenden Ansätze, die durchaus noch im Fluß sind, werden in § 37 summarisch besprochen. Die überraschend einfache Darstellung der allgemeinen Relativitätstheorie in § 38 stützt sich auf eine Ableitung des SCHWARZSCHILDschen Linienelementes, die mir W. LENZ freundlichst zur Verfügung gestellt hat. Daraus lassen sich die der astronomischen Betrachtung zugänglichen drei Kriterien der Theorie unmittelbar ohne Tensorkalkül gewinnen.

Der Niederschrift dieses Bandes liegt eine Ausarbeitung von H. WELKER aus dem Wintersemester 1933/34 zugrunde, wo ich zum ersten Male das cgs-System verlassen und zu dem allgemeineren System der vier Einheiten übergegangen bin. Bei der definitiven Gestaltung von Teil I und II habe ich mich der ständigen Beratung durch Professor J. JAUMANN zu erfreuen gehabt, dessen elektrotechnische Erfahrungen und Gesichtspunkte diesem Bande vielfach zugute gekommen sind. Kritische Bemerkungen und Verbesserungsvorschläge verdanke ich den Herren P. MANN und E. GORA und meinem Kollegen F. BOPP. Bei der Korrektur hat, wie in den früheren Bänden, DR. W. BECKER freundlichst mitgewirkt.

München, im April 1948 **Arnold Sommerfeld**

Vorwort zur dritten Auflage

Auch diesen Band seiner Vorlesungen geben wir auf Wunsch von A. SOMMERFELD heraus. Trotz einer größeren Zahl von Änderungen haben wir uns bemüht, an seiner bewährten Darstellungsart festzuhalten. Umfangreichere Änderungen und Neufassungen haben wir in den §§ 7, 8, 18, 19 und in der Aufgabe II.13 vorgenommen. Neu sind die Abschnitte § 9.F und § 19.D und einige Aufgaben, die wir mit Rücksicht auf die Bedeutung der Quadrupolfelder eingeschoben haben.

Während A. SOMMERFELD sich in der ersten Auflage ausschließlich auf das sogenannte MKSQ-System festgelegt hatte, stellen wir uns auf den allgemeineren Standpunkt der Größengleichungen mit vier unabhängigen Dimensionen. Damit wird die Frage der Einheitenwahl, ob etwa m oder cm, gegenstandslos, wie es sich für die Physik gehört, wenn nur die Maßstäbe wohl definiert sind. Weiterhin ist es gleichgültig, ob man die Dimensionen Länge, Zeit, Masse, Ladung als unabhängige wählt oder statt dessen Länge, Zeit, Stromstärke und Spannung, was die Elektrotechniker bevorzugen. Abgesehen von dieser Erweiterung der Auffassung haben wir jedoch die SOMMERFELDschen Absichten und damit auch die Schreibweise der MAXWELLschen Gleichungen ohne Änderung übernommen. Nur in den Bezeichnungen haben wir uns dem jetzigen internationalen Gebrauch angeschlossen und beispielsweise überall kp (Kilopond) statt kg (Kilogramm „Kraft“) geschrieben.

Wir danken Herrn Dipl.-Ing. E. SCHIEBUHR, Aachen, für seine unermüdliche Hilfe bei der Vorbereitung der Neuauflage, ebenso ihm und den Herren DR. H. MÜLLER und H.-J. KRAPPE (München) für die wertvolle Unterstützung beim Lesen der Korrekturen. Den Herren cand. phys. E. BRETNÜTZ (Braunschweig) und HANNSJÖRG MEYER (München) sind wir für freundliche Hinweise zu Dank verpflichtet.

München und Aachen, im November 1960

F. Bopp und **J. Meixner**

Vorwort zur vierten Auflage

Die neue Auflage ist ein Nachdruck der alten. Jedoch sind einige Druckfehler berichtigt worden.

München und Aachen, im Juli 1963

F. Bopp und J. Meixner

Vorwort zur Lizenzausgabe

Nachdem nahezu alle Bände dieses sechsbändigen Lehrbuches der Theoretischen Physik über längere Zeit vergriffen waren, haben wir uns entschlossen, eine Taschenbuchausgabe in Lizenz herauszugeben. Damit wird das hervorragende Lehrbuch, das für Physiker-Generationen bestimmend war, wieder für jeden Studenten zu einem erschwinglichen Preis zugänglich.

Thun, im Oktober 1977

Verlag Harri Deutsch

Inhaltsverzeichnis

Übungsaufgaben

TEIL I

Grundlagen und Grundbegriffe der MAXWELLschen Elektrodynamik

§ 1. Historischer Rückblick, Fern- und Feldwirkung

Den Umschwung der Anschauungen, welchen die FARADAY-MAXWELLsche Theorie mit sich gebracht hat, kann ich Ihnen am besten vor Augen führen, wenn ich von meiner Studienzeit 1887—1891 erzähle.

Meine Heimatstadt Königsberg war die früheste Pflanzstätte der mathematischen Physik in Deutschland, dank der Wirksamkeit des ehrwürdigen FRANZ NEUMANN, 1798—1894. Er lehrte an der Königsberger Universität neben Kristallographie die damals in Deutschland sonst noch nicht vertretene theoretische Physik. Seine Schüler, zu denen als vornehmster der Königsberger GUSTAV KIRCHHOFF gehörte, verbreiteten die Lehre des Meisters über die anderen deutschen Hochschulen. Durch das von ihm zusammen mit C. G. J. JACOBI begründete mathematisch-physikalische Seminar sorgte er dafür, daß auch die ostpreußischen Mittelschullehrer besonders gut vorgebildet wurden. Damit dürfte es zusammenhängen, daß das von mir besuchte altstädtische Gymnasium kurz vor meiner Reifeprüfung den Mathematiker HERMANN MINKOWSKI und die Physiker MAX und WILLY WIEN entlassen hatte, während gleichzeitig die nur wenig älteren DAVID HILBERT und EMIL WIECHERT andere Königsberger Schulen besuchten. Als Forscher war NEUMANN besonders erfolgreich in der elastischen Lichttheorie und der Kristallphysik; auf seine mathematische Formulierung der von FARADAY entdeckten Induktionsströme werden wir in § 15 eingehen. Gleichzeitig mit NEUMANN und JACOBI lehrte in Königsberg, sie fast noch überstrahlend, F. W. BESSEL.

Meine Studienzeit fiel in die Jahre der HERTZschen Versuche. Zunächst wurde uns aber die Elektrodynamik alten Stiles vorgetragen, neben COULOMB und BIOT-SAVART das AMPÈREsche Gesetz der Wirkung zweier Stromelemente aufeinander und seine Konkurrenten, die Gesetze von GRASSMANN, GAUSS, RIEMANN, CLAUSIUS, und als Krönung derselben das Gesetz von WILHELM WEBER, die alle nach dem Vorbild der NEWTONschen *Fernwirkung* geformt waren. Das uns so übermittelte Gesamtbild der Elektrodynamik war umständlich, inkohärent und keineswegs abgeschlossen. Dozenten und Studenten gaben sich alle Mühe, die damals Zug um Zug bekannt gewordenen Ergebnisse der HERTZschen Versuche zu assimilieren und mit der ebenfalls schwer verständlichen ursprünglichen Darstellung[1]) des MAXWELLschen Treatise zu erklären.

Da fiel es mir wie Schuppen von den Augen, als ich die große Abhandlung[2]) von HERTZ „Über die Grundgleichungen der Elektrodynamik für ruhende Körper" las. Hier werden die durch HEAVISIDE und HERTZ gereinigten MAXWELLschen Gleichungen axiomatisch an die Spitze gestellt. Aus ihnen wird deduktiv und systematisch die Gesamtheit der elektromagnetischen Erscheinungen erschlossen. Das COULOMBsche Gesetz, das früher die Grundlage bildete, erscheint als notwendige Folgerung der umfassenden Theorie. Die elektrischen Ströme sind stets geschlossen. Stromelemente treten nur als mathematische Inkremente von Linienintegralen auf. Alle Wirkungen werden durch das elektromagnetische Feld übertragen, das durch Kraftlinienbilder veranschaulicht werden kann. An die Stelle der *Fernwirkung* tritt die schon von GAUSS[3]) postulierte „Konstruierbare Vorstellung" einer raumzeitlichen Fortpflanzung, die *Feldwirkung*[4]).

An der Anordnung dieser HERTZschen Arbeit habe ich in all meinen Vorlesungen über die MAXWELLsche Theorie festgehalten; wir werden also auch in der gegenwärtigen Darstellung nicht, wie es so oft und auch in dem MAXWELLschen Treatise geschieht, mit der Elektrostatik beginnen, sondern diese als äußerste Vereinfachung der allgemeinen Feldtheorie behandeln. Nur darin werden wir von HERTZ abweichen, daß wir die MAXWELLschen Gleichungen nicht in differentieller, sondern in integraler Form voranstellen. Daß wir die etwas weitschweifigen Koordinaten-Rechnungen von HERTZ durch die dem elektromagnetischen Feld vollkommen angepaßte Vektorrechnung ersetzen werden, ist selbstverständlich. Wir werden sehen, daß diese Rechnungsweise, vierdimensional erweitert, unmittelbar zur Relativitätstheorie führt. Die letztere wird uns auch den Zugang zur Elektrodynamik bewegter Körper verschaffen, die HERTZ in der oben an zweiter Stelle zitierten Abhandlung vergeblich zu meistern suchte. Wir sehen mit HERTZ die MAXWELLschen Gleichungen als das Wesentliche seiner Theorie an. Auf die verschiedenen *mechanischen Bilder*, die MAXWELL bei der Aufstellung seiner Gleichungen geleitet haben, brauchen wir nicht einzugehen; ein solches Bild haben wir in Bd. II, § 15, dieser Vorlesungen besprochen.

---

[1]) Der große Erforscher der Elektrolyse WILHELM HITTORF, der viel von der neuen Elektrizitätslehre gehört hatte, versuchte, schon in vorgerückten Jahren, den Treatise zu studieren, konnte sich aber durch das ihm fremdartige Gewirr von Formeln und Begriffen nicht hindurchfinden. Er geriet darüber in einen Zustand tiefer Depression. Seine Münsterer Kollegen überredeten ihn, eine Erholungsreise in den Harz zu machen. Als sie aber vor der Abreise seinen Koffer kontrollierten, fanden sie darin — die beiden Bände des Treatise on Electricity and Magnetism von JAMES CLERK MAXWELL. (Nach Mitteilung von A. HEYDWEILLER.)

[2]) Göttinger Nachr. März 1890 und Ann. d. Phys. Bd. 40; als Fortsetzung davon Ann. d. Phys. Bd. 41 „Über die Grundgleichungen der Elektrodynamik für bewegte Körper".

[3]) In einem Brief an WILHELM WEBER vom Jahre 1845, Ges. Werke Bd. V, S. 627.

[4]) Wir vermeiden das sonst übliche Wort „Nahewirkung", das ja eigentlich nur eine Wirkung aus kleiner Entfernung bedeutet, und richten mit unserer Bezeichnung die Aufmerksamkeit auf das die Wirkung übertragende Zwischenmittel des Feldes.

Biographische Notizen

MICHAEL FARADAY 1791—1867

Wurde geboren zu London als Sohn eines Hufschmieds in ärmlichen Verhältnissen. Die Familie gehörte zur frommen Sekte der Sandemanianer, der FARADAY bis zu seinem Tode treu blieb. Seine hohe ethische Lebensauffassung und menschliche Güte entsprach dem religiösen Geist der Familie. Er war zuerst Zeitungsausträger, wurde dann Buchbinder. Wissenschaftlich und literarisch war er völliger Autodidakt. Entscheidend für seine Entwicklung wurden Vorträge in der Royal Institution von SIR HUMPHREY DAVY, die er sorgsam ausarbeitete und dem großen Chemiker vorlegen konnte. Er wurde sein Laborant in der Royal Institution. Seine ersten bedeutenden Arbeiten waren „Die Rotation eines Stromes um einen Magneten und die Rotation eines Magneten um einen Strom", ferner die Verflüssigung von Chlorgas. Sie verschafften ihm die Wahl zum Mitglied der Royal Society und später die indirekte Nachfolge von DAVY in der Royal Institution. 1832 begann er die Publikation der „Experimental Researches". Seine hier niedergelegten Entdeckungen erstreckten sich auf die verschiedensten Gebiete der Physik, Elektrochemie und Materialkunde. Als die für uns bedeutendsten heben wir hervor: die Entdeckung des Gesetzes der elektromagnetischen Induktion 1831, der Dielektrizitätskonstanten, des para- und diamagnetischen Verhaltens, des Bildes der elektrischen und magnetischen Kraftlinien. Wegen seiner magneto-optischen Entdeckungen vgl. Bd. IV. Das Nachlassen seines Gedächtnisses zwang ihn zu manchen Arbeitspausen und Wiederholung schon früher gemachter Versuche. Ob dieses auf Überanstrengung seiner geistigen Kräfte oder, wie man heutzutage vielfach annimmt, auf Quecksilber-Vergiftung in den schlechtgelüfteten Kellerräumen der Royal Institution zurückzuführen ist, bleibe dahingestellt. Sicher ist, daß seine rein intuitive Arbeitsweise, die aller mathematischen Hilfsmittel entbehrte, eine ungeheure Gedankenkonzentration erforderte. In seinen letzten Jahren war ihm auf Veranlassung des Prinzgemahls Albert ein geruhsamer Sommersitz in dem Königlichen Schloß Hampton Court eingeräumt. Als er starb, fand man fünfundneunzig Ehrendiplome gelehrter Gesellschaften, eigenhändig von ihm gebunden, vor.

JAMES CLERK MAXWELL 1831—1879

Er stammte aus einer vornehmen schottischen Familie (der Vatersname war CLERK, der Zuname MAXWELL rührte von seiner Mutter her) und war mit allen Bildungsmitteln seiner Zeit, humanistischen und mathematisch-naturwissenschaftlichen, ausgestattet. So gelang es ihm früh, die Kraftlinienbilder FARADAYS in eine dem allgemeinen Verständnis zugängliche mathematische Form umzusetzen. Vgl. seine Abhandlung von 1855 „On Faradays Lines of Force" (übersetzt von BOLTZMANN in Ostwalds Klassikern Nr. 69). In dem Vorwort zu seinem Treatise sagt er darüber: „FARADAY sah mit seinem geistigen Auge Kraftlinien den ganzen Raum durchsetzen, wo die Mathematiker (gemeint sind, wie aus vorhergehenden Äußerungen hervorgeht, vor allem GAUSS, WILHELM WEBER, RIEMANN,

FRANZ und CARL NEUMANN) Anziehungszentren von Fernkräften sahen. FARADAY sah ein Zwischenmittel, wo sie nur Entfernungen sahen. FARADAY suchte nach dem Sitz der Erscheinungen, die in diesem Mittel wirklich vorgingen, sie begnügten sich, das Potenzgesetz der Kräfte zu finden, die auf die elektrischen Flüssigkeiten wirkten. Als ich die FARADAYschen Ideen, wie ich sie verstand, in eine mathematische Form übersetzte, fand ich, daß beide Methoden im allgemeinen zu denselben Resultaten führten, daß aber manche von den Mathematikern entdeckten Methoden viel besser in FARADAYscher Weise ausgedrückt werden könnten".

Der Treatise erschien 1873. Seine Krönung ist die Vereinheitlichung von Optik und Elektrodynamik. Die vereinfachte, später von HEAVISIDE und HERTZ wiederhergestellte Form der MAXWELLschen Gleichungen findet sich schon in Part III seiner Abhandlung von 1864 für die Royal Society. Fast ebenso wichtig wie seine elektromagnetischen sind seine Arbeiten über kinetische Gastheorie (MAXWELLsche Geschwindigkeitsverteilung) und über allgemeine Statistik, zu der auch seine Theorie des Saturnringes gehört. Auch rein mathematische Arbeiten (über Zyklidenflächen, über Kreiseltheorie, über die Maßbestimmung im HELMHOLTZschen Farbendreieck) und eine wichtige Arbeit über Fachwerke (vgl. Bd. II dieser Vorlesungen § 43) rühren von ihm her.

Nach einer vorübergehenden Lehrtätigkeit in Aberdeen wurde er der erste Leiter des neu gegründeten CAVENDISH-Laboratoriums in Cambridge; er starb daselbst in jungen Jahren.

ANDRÉ MARIE AMPÈRE 1775—1836

Nicht wegen des schon oben genannten Elementargesetzes, auch nicht wegen der klassischen Experimente, durch die er es mit den einfachsten Hilfsmitteln abgeleitet hat, sondern wegen der Aufdeckung des allgemeinen Zusammenhanges zwischen Magnetfeld und elektrischen Strömen wollen wir hier den Lebenslauf AMPÈRES anschließen.

In Lyon geboren, war er als frühreifer Knabe mit philologischen und mathematischen Studien beschäftigt. Sein Vater fiel der Revolution zum Opfer. Wegen seiner mathematischen Arbeiten wurde er 1804 zum Professor an der École Polytechnique in Paris ernannt. Hier wendet sich sein Interesse bald der Chemie zu, in der er mit AVOGADRO auf dem Gebiet des Atomismus wetteifern konnte. Darauf folgen fünf Jahre, in denen er sich, obgleich als Mathematiker in der Pariser Akademie der Wissenschaften aufgenommen, wesentlich mit Psychologie und Metaphysik beschäftigt. Erst im Jahre 1820, als er von der OERSTEDschen Entdeckung hört, erwacht sein Interesse für Physik. In wenigen Wochen begründet er seinen Standpunkt, daß nicht die *ruhende*, sondern die *fließende* Elektrizität magnetisch wirksam sei. Während der Jahre 1820—1826 arbeitet er seine Auffassung von der Verkettung des Magnetfeldes mit dem elektrischen Strom aus, die sich mit der einen Hälfte der MAXWELLschen Gleichungen deckt, sofern der Begriff des elektrischen Stromes durch Hinzufügung des MAXWELLschen Verschiebungsstromes erweitert wird. Wir werden daher diesen Teil der (in Integralform geschriebenen) MAXWELLschen Gleichungen in § 3 direkt als *Ampèresches Verkettungsgesetz* bezeichnen. Von da aus hat AMPÈRE das stromdurchflossene Solenoid als äquivalent mit dem permanenten Magneten erkannt; auch die Verstärkung des Magnetfeldes durch einen ins Innere des Solenoids gebrachten Kern von weichem Eisen geht auf ihn zurück. AMPÈRE kann daher als Vater des „Elektromagneten" angesehen werden. Wir nennen ferner die AMPÈREschen Molekularströme und die elegante Rechenmethode des magnetischen Blattes.

Als AMPÈRE aber 1826 einen Lehrstuhl für Physik am Collège de France erhielt, wechselte sein Interessenkreis abermals: Er kehrte zur Philosophie und Logik zurück und widmete sich schließlich der Biologie und vergleichenden Anatomie. Im ganzen ein Gelehrtenleben von unerhörter Breite und Tiefe, von Intensität und Sprunghaftigkeit! (Wir entnehmen diese Angaben einem Aufsatz von LOUIS DE BROGLIE in seinem Buch „Continu et Discontinu", Paris 1941.)

HEINRICH HERTZ 1857—1894

Geboren zu Hamburg als Sohn einer angesehenen Kaufmannsfamilie; der Vater war in späteren Jahren Senator der Freien Stadt. Entsprechend seiner großen Bescheidenheit traute sich HEINRICH HERTZ zunächst nicht, den Gelehrtenberuf zu ergreifen, sondern widmete sich an der Münchener Technischen Hochschule den Ingenieurwissenschaften. Bald aber bat er den Vater, zur reinen Physik übergehen zu dürfen. Er. studierte zuerst in München, dann in Berlin und wurde Lieblingsschüler und Assistent von HELMHOLTZ. Das Verhältnis zwischen Lehrer und Schüler war das denkbar innigste und findet einen rührenden Ausdruck in dem ihm von HELMHOLTZ gewidmeten Nachruf (abgedruckt in Bd. I der Ges. Werke von HERTZ). Eine Preisaufgabe, die HELMHOLTZ gestellt hatte, wies ihn auf die Prüfung der MAXWELLschen Theorie hin. Nach kurzer Privatdozentur in Kiel wurde er an die Technische Hochschule in Karlsruhe berufen.

Schon die frühesten Arbeiten von HERTZ zeigen seine Meisterschaft in der Verbindung von Theorie und Experiment. Mehrere derselben fanden warme Anerkennung seitens der Fachgenossen, so seine quantitative Härtebestimmung bei den Technikern, seine Schilderung der Kondensationsvorgänge in einem aufsteigenden Luftstrom bei den Meteorologen. Seine Karlsruher Jahre 1885—1889 bezeichnen die Glanzzeit seines Schaffens. Wir heben besonders hervor die Arbeit vom Jahre 1888: „Kräfte elektrischer Schwingungen, behandelt nach der MAXWELLschen Theorie". Sie bringt die charakteristische Lösung, die wir heutzutage als „HERTZschen Vektor" bezeichnen, und die jetzt allgemein bekannten Kraftlinienbilder des „HERTZschen Dipols". Es ist erstaunlich, wieviel von der späteren Entwicklung der drahtlosen Telegraphie in dieser Arbeit vorweggenommen ist. Ferner nennen wir die große Arbeit über „Strahlen elektrischer Kraft". Die theoretischen Arbeiten (Grundgleichungen der Elektrodynamik) wurden schon oben besprochen.

Auch die Entdeckung des photoelektrischen Effektes fällt in diese Zeit. Mit seiner letzten experimentellen Arbeit vom Jahre 1891 „Über den Durchgang der Kathodenstrahlen durch dünne Metallschichten“ greift er über die durch die MAXWELLsche Theorie gestellten Probleme hinaus und bahnte, ohne es zu wissen, den Weg zur Elektronentheorie. Die später als „LENARD-Fenster“ bezeichneten dünnsten Metallfolien werden schon in dieser Arbeit beschrieben.

1889 wurde er nach Bonn berufen. Hier hat er sein letztes Werk „Prinzipien der Mechanik“ verfaßt, über das wir in Bd. I, § 39, gesprochen haben. Die Einführung nicht-holonomer Bedingungsgleichungen, die polydimensionale Behandlung der mechanischen Systeme von vielen Freiheitsgraden, das Prinzip der geradesten Bahn sind Dokumente des logischen Scharfsinns und der geometrischen Intuition ihres Urhebers. Zunehmende Krankheit hinderte ihn an experimenteller Arbeit. Er starb am 1. Januar 1894 als Siebenunddreißigjähriger.

§ 2. Vorläufiges über die Grundbegriffe des elektromagnetischen Feldes

Die Existenz elektrischer *Ladungen* sehen wir als gegebene Tatsache an, sei es, daß wir sie durch Reiben eines Stückchens Bernstein, des Taufpaten der Elektrizität, erzeugen, oder an dem Funken beim Verbinden der Pole einer Batterie erkennen. Die dabei zu beobachtenden Anziehungs-, Abstoßungs- oder Wärmewirkungen fassen wir als Folge von entstandenen Ladungen auf. Wir hüten uns, die Ladung mit Worten definieren zu wollen oder ihr durch einen Willkürakt eine abgeleitete Dimension unterzuschieben. Vielmehr schreiben wir ihr, als einer über die Mechanik hinausgehenden Gegebenheit, eine eigene Dimension zu. Als Einheit der Ladung könnten wir, gleichviel, ob es sich um positive oder negative Ladung handelt, die bekannte universelle Ladung des Elektrons wählen. Wir ziehen es aber vor, unter ihr die im praktischen Maßsystem festgesetzte Einheit des *Coulomb* (= 1 C, wofür wir häufig auch 1 As, d. h. eine Ampere-Sekunde, sagen werden) zu verstehen, in der die Elektronenladung sich ausdrückt durch $e = -1{,}60 \cdot 10^{-19}$ Coulomb. Wir setzen eine elektrometrische Vorrichtung als verfügbar voraus, mit der wir verschiedene Ladungen unter sich und mit der Einheitsladung des Coulomb vergleichen können. Von der atomistischen Struktur der Ladung sehen wir in der eigentlichen MAXWELLschen Theorie ab. Die Ladung der Atome und Elementarteilchen ist in viel höherem Sinn als die Masse eine *absolute Konstante*, vgl. § 27 J.

Neben der elektrischen Einheit benutzen wir als mechanische Einheiten von Länge, Masse und Zeit in der Regel die GIORGIschen Einheiten m (Meter), kg (Kilogramm Masse) und s (Sekunde), die durch Beschluß der zuständigen Kommissionen international eingeführt sind. Sie haben, wie schon in Bd. I, S. 8, hervorgehoben, den Vorteil, daß in diesem System die Arbeits- und Leistungseinheit direkt (ohne Zehnerpotenzen) mit den früher im CGS-System eingeführten Einheiten des Joule und Watt übereinstimmen. Wir nennen sie

$$1\,\mathrm{Erg} = 1\,\mathrm{m^2\,kg\,s^{-2}} = 10^7\,\mathrm{cm^2\,g\,s^{-2}} = 10^7\,\mathrm{erg} = 1\,\mathrm{Joule},$$
$$1\,\mathrm{Erg/s} = 1\,\mathrm{m^2\,kg\,s^{-3}} = 10^7\,\mathrm{cm^2\,g\,s^{-3}} = 10^7\,\mathrm{erg/s} = 1\,\mathrm{Watt}$$

und definieren[1]) entsprechend

$$1\,\mathrm{Dyn} = 1\,\mathrm{m\,kg\,s^{-2}} = 10^5\,\mathrm{cm\,g\,s^{-2}} = 10^5\,\mathrm{dyn}.$$

Diese Krafteinheit „Dyn" kommt also, was bequem ist, der Krafteinheit „Kilopond" = 9,81 · 10^5 dyn nahe.

Daß auch in den praktischen Einheiten des Volt und Ohm bei Benutzung unseres MKSC-Systems die lästigen Zehnerpotenzen fortfallen, werden wir sogleich zeigen.

Wir gehen jetzt die Reihe der elektromagnetischen *Grundbegriffe* durch. Bei den meisten derselben wird es sich allerdings mehr um eine dimensionelle Beschreibung als um eine vollgültige Definition handeln; eine solche wird erst aus ihrer Verknüpfung durch die *Grundgleichungen der Theorie* gewonnen, die an der Erfahrung geprüft werden können. Wir werden diese im folgenden Paragraphen unmittelbar an unsere jetzige Aufzählung der Grundbegriffe anschließen.

Wir beginnen mit der *elektrischen Feldstärke*, bei der eine wirkliche Definition möglich und allgemein üblich ist. Sie heiße $\mathfrak{E}$.[2]) Wir definieren sie durch die in einem elektrischen Felde auf einen (möglichst kleinen) geladenen Probekörper ausgeübte mechanische Kraft, geteilt durch die Ladung des Probekörpers. $\mathfrak{E}$ ist also ein Vektor von der Dimension[3])

$$(1) \qquad [\mathfrak{E}] = \frac{\mathrm{Kraft}}{\mathrm{Ladung}} = \frac{\mathrm{Dyn}}{\mathrm{C}} = \frac{\mathrm{Dyn}}{\mathrm{As}} = \frac{\mathrm{V}}{\mathrm{m}};$$

er variiert im Felde von Ort zu Ort nach Richtung und Größe. Indem wir überall der Richtung von $\mathfrak{E}$ folgen, durchlaufen wir eine *elektrische Kraftlinie*.

Wir betrachten sodann das zwischen zwei Punkten durch A und B erstreckte *Linienintegral*

$$(2) \qquad \int_A^B \mathfrak{E}_s\, ds = \int_A^B \mathfrak{E} \cdot d\mathfrak{s}.$$

$\mathfrak{E}_s$ ist die senkrechte Projektion von $\mathfrak{E}$ auf die Richtung des Linienelementes ds und d$\mathfrak{s}$ das vektoriell aufgefaßte Linienelement; $\mathfrak{E} \cdot d\mathfrak{s}$ bedeutet wie stets das skalare Produkt. Wir nennen dieses Linienintegral „Spannung" V (der Buchstabe V möge an Volt erinnern):

$$(2\mathrm{a}) \qquad V = -\int_A^B \mathfrak{E} \cdot d\mathfrak{s} = \cdots \frac{\mathrm{Dyn\,m}}{\mathrm{C}} = \cdots 10^7 \frac{\mathrm{dyn\,cm}}{\mathrm{C}} = \cdots 10^7 \frac{\mathrm{erg}}{\mathrm{C}}.$$

---

[1]) Die hierfür international vorgeschlagene besondere Benennung „Newton" scheint uns entbehrlich.

[2]) Die Verwendung von Fraktur-Buchstaben für die Vektoren des elektromagnetischen Feldes rührt von Maxwell selbst her, vgl. Vol. II des Treatise, art 618. Der hier gegebenen Liste schließen wir uns durchweg an, nur benutzen wir $\mathfrak{J}$ (bei Maxwell „Magnetisierung") für den spezifischen elektrischen Leitungsstrom. Den totalen elektrischen Strom im Draht nennen wir wie üblich I, bezeichnen ihn also vokalisch, während wir $\mathfrak{J}$ (Jot) im Gegensatz dazu konsonantisch bezeichnen.

[3]) Wir benutzen hier und an vielen folgenden Stellen das Gleichheitszeichen im Sinne von „dimensionsgleich". Wo wir, wie in Gl. (2a) zwischen wirklicher Zahlengleichheit und bloßer Dimensionsgleichheit unterscheiden wollen, schreiben wir $= \cdots$, d. h. „gleich bis auf einen Zahlenfaktor".

Es gilt

(2b) $$1 \text{ Volt} = 1\,\text{V} = 1\,\frac{\text{Dyn m}}{\text{As}}$$

oder umgerechnet

(2c) $$1 \text{ Dyn} = 1\,\frac{\text{V As}}{\text{m}} = 1\,\frac{\text{Ws}}{\text{m}} = 1\,\frac{\text{J}}{\text{m}}.$$

(W = Watt, J = Joule). Damit läßt sich auch die Masseneinheit durch m, s und die elektrischen Einheiten Volt und Ampere ausdrücken;

(2d) $$1 \text{ kg} = 1\,\frac{\text{V As}^3}{\text{m}^2}.$$

Das MSVA-System ist dem MKSC-System gleichwertig und wie dieses durch vier unabhängige Grundeinheiten ausgezeichnet. Es ist das in der Elektrotechnik übliche; wir werden wahlweise beide Systeme verwenden.

Zur Definition der Spannung muß außer den *Endpunkten* A, B auch der Weg *zwischen ihnen* vorgeschrieben werden. Nur in wirbelfreien Feldern [vgl. Bd. I, Gl. (6. 16) und Bd. II, S. 132] ist die Unabhängigkeit des Linienintegrals vom Wege durch den STOKESschen Satz garantiert [vgl. Bd. II, Gl. (3. 6)]. Dann sagen wir statt Spannung Potentialdifferenz zwischen den beiden Punkten A und B und bezeichnen sie mit V_{AB}. Sie wird, ebenso wie die Spannung, in Volt gemessen und hat die Dimension

(2e) $$[V_{AB}] = \text{V} = \frac{\text{Dyn m}}{\text{As}}.$$

Dem Vektor der Feldstärke $\mathfrak{E}$ stellen wir einen zweiten elektrischen Vektor $\mathfrak{D}$ an die Seite. Wir werden ihn am besten *elektrische „Erregung"* nennen, werden aber auch oft, zumal im ersten Teil dieser Vorlesung, an der üblichen Bezeichnung *„dielektrische Verschiebung"* (MAXWELLS „displacement") festhalten.

Wir machen uns die Einführung von $\mathfrak{D}$ durch folgende Erwägung verständlich: Die Ladung ist nach ihrem historischen Ursprung ein Fernwirkungs-Begriff. Um sie dem Feldwirkungs-Standpunkt anzupassen, müssen wir uns eine von den Ladungszentren ausgehende Erregung des umgebenden Mediums vorstellen, welche durch den in Rede stehenden Vektor $\mathfrak{D}$ beschrieben werden soll. Bei einer einzelnen Punktladung Q geschieht dies dadurch, daß wir uns von Q aus nach allen Richtungen gleichmäßig verteilte gerade „$\mathfrak{D}$-Linien" auslaufen denken, von solcher Dichte, daß der „$\mathfrak{D}$-Fluß"

(3) $$\oint \mathfrak{D}_n \,\mathrm{d}\sigma = Q$$

wird. $\mathrm{d}\sigma$ ist das Element einer die Ladung Q umschließenden beliebigen Fläche σ. Wählen wir sie speziell als Kugelfläche vom Radius r, so wird

(3a) $$4\pi r^2 |\mathfrak{D}| = Q.$$

Bei beliebigen, evtl. auch kontinuierlich verteilten Ladungen tritt an die Stelle von (3)

(3b) $$\oint \mathfrak{D}_n \,\mathrm{d}\sigma = \bar{Q}, \qquad \bar{Q} = \sum Q,$$

wo also $\overline{Q}$ die innerhalb von σ enthaltene Gesamtladung, die algebraische Summe von positiven und negativen Ladungen, bezeichnet. Wir werden in § 4 sehen, daß diese Charakterisierung von $\mathfrak{D}$ bei beliebiger Wahl von σ widerspruchsfrei ist, aber zur eindeutigen Definition von $\mathfrak{D}$ noch nicht ausreicht. Ferner werden wir dort sehen, daß unter einfachsten Annahmen (isotropes Medium, linearer Zusammenhang zwischen $\mathfrak{D}$ und $\mathfrak{E}$) die „$\mathfrak{D}$-Linien" mit den durch den $\mathfrak{E}$-Vektor definierten „Kraftlinien" übereinstimmen.

Als Dimension von $\mathfrak{D}$ folgt aus den vorangehenden Gleichungen ersichtlich

(4) $$[\mathfrak{D}] = \frac{\text{Ladung}}{\text{Fläche}} = \frac{\text{C}}{\text{m}^2} = \frac{\text{As}}{\text{m}^2}\,.$$

Diese Dimension ist *durchaus verschieden* von der in (1) gegebenen Dimension der Feldstärke $\mathfrak{E}$. Zu der Maxwellschen Benennung „dielektrische Verschiebung" bemerken wir noch, daß sie eigentlich nicht auf den Vektor $\mathfrak{D}$ selbst, sondern nur auf denjenigen Bestandteil von $\mathfrak{D}$ paßt, der von der Anwesenheit ponderabler Materie herrührt und später, vgl. § 11. C, als *Polarisation* $\mathfrak{P}$ bezeichnet werden wird. Dieser Bestandteil $\mathfrak{P}$ kommt somit bei dem für uns wichtigsten Medium, dem Vakuum, in Fortfall; nichtsdestoweniger behält auch hier die „Verschiebung" $\mathfrak{D}$ neben $\mathfrak{E}$ ihre selbständige Bedeutung.

Wir vergleichen (4) mit der Dimension des *spezifischen elektrischen Stromes* $\mathfrak{J}$; er ist bekanntlich zu definieren als die in einem Leiter durch die Flächeneinheit in der Zeiteinheit hindurchtretende Elektrizitätsmenge. Seine Dimension ist daher

(4a) $$[\mathfrak{J}] = \frac{\text{Ladung}}{\text{Fläche}\cdot\text{Zeit}} = \frac{\text{C}}{\text{m}^2\,\text{s}} = \frac{\text{A}}{\text{m}^2}\,.$$

Je nachdem die Flächeneinheit senkrecht zur Stromrichtung oder schief dazu gestellt wird, erhält man die absolute Größe oder eine Komponente von $\mathfrak{J}$; $\mathfrak{J}$ ist also ein Vektor von ähnlichem Charakter wie $\mathfrak{D}$. Der Dimension nach stimmt aber nicht $\mathfrak{D}$, sondern die zeitliche Änderung von $\mathfrak{D}$, der sogenannte *Verschiebungsstrom* $\dot{\mathfrak{D}}$, mit $\mathfrak{J}$ überein.

Wir haben hier den Gegensatz Leiter und Nichtleiter (Dielektrikum) als anschaulich gegeben vorausgesetzt. In Wirklichkeit gibt es keinen vollkommenen Isolator, da selbst der beste Nichtleiter, z. B. unter dem Einfluß der kosmischen Strahlung, ein wenig leitend wird. Maxwell ergänzt daher den Verschiebungsstrom zu dem Gesamtstrom

(5) $$\mathfrak{C} = \dot{\mathfrak{D}} + \mathfrak{J};$$

die Bezeichnung $\mathfrak{C}$ (current) rührt von Maxwell her. Dieser Gesichtspunkt der Gleichwertigkeit von $\dot{\mathfrak{D}}$ mit $\mathfrak{J}$ ist ein grundsätzlich neuer Gedanke von Maxwell, durch den die umfassende Darstellung des elektromagnetischen Geschehens erst ermöglicht wird. Ebenso ergänzt er im metallischen Leiter den Leitungsstrom $\mathfrak{J}$ durch Hinzufügung eines hypothetischen Verschiebungsstromes $\dot{\mathfrak{D}}$, trotzdem hier ersterer den letzteren vollkommen überwiegt, außer bei sehr schnell veränderlichen Feldern (Frequenz $\gtrsim 10^{13}\,\text{s}^{-1}$). Siehe § 20. B.

Wir gehen zum *Magnetfeld* über. Dieses übt auf einen zunächst isoliert gedachten Magnetpol P eine mechanische Kraft aus. Mit demselben Buchstaben P bezeichnen wir auch die Stärke des Magnetpols und mit P die zunächst als unbestimmt anzunehmende Dimension ,,Polstärke". Die durch P geteilte mechanische Kraft würden wir am besten *magnetische Feldstärke* nennen. Wir werden uns aber oft, zumal anfangs, dem allgemeinen Sprachgebrauch anschließen und diese Größe *magnetische Induktion* $\mathfrak{B}$ nennen:

$$(6) \qquad \mathfrak{B} = \frac{\text{Kraft}}{\text{Polstärke}}, \qquad [\mathfrak{B}] = \frac{\text{Dyn}}{\text{P}}.$$

Wir gehen hier sogar in der Anpassung an die eingebürgerten Vorstellungen noch einen Schritt weiter und stützen uns auf den von AMPÈRE herausgearbeiteten Zusammenhang zwischen Strom und Magnetismus, den wir aber erst in § 17 systematisch werden darlegen können. Das magnetische Feld eines z. B. ebenen Stromkreises, mit dem Strom I, der die Fläche F umfließt, ist in großer Entfernung gleich dem Felde eines Stabmagneten, der am Orte des Stromkreises senkrecht zu F gestellt ist, vom Momente

$$(6\text{a}) \qquad m = I F.$$

Diese Beziehung, welche im gesetzlichen CGS-System dazu dient, die Stromstärke I ,,magnetisch" zu messen, benutzen wir hier, um die Polstärke P durch unsere elektrische Ladungseinheit 1 C zu definieren. Wir setzen nämlich

$$(6\text{b}) \qquad m = \text{Polstärke} \cdot \text{Polabstand} = \text{P}\, l$$

und erhalten aus (6a)

$$(7) \qquad P = I\frac{F}{l}, \qquad [P] = \text{A}\,\frac{\text{m}^2}{\text{m}} = \text{Am}.$$

Unsere Dimensionsgleichung (6) geht dadurch über in

$$(8) \qquad [\mathfrak{B}] = \frac{\text{Dyn}}{\text{Am}} = \frac{\text{Vs}}{\text{m}^2}.$$

Auch im Magnetfeld brauchen wir zur vollständigen Beschreibung desselben neben $\mathfrak{B}$ einen weiteren Vektor, den wir wie üblich mit $\mathfrak{H}$ bezeichnen. Wir können uns aber nicht der gebräuchlichen Benennung ,,magnetische Feldstärke" anschließen, welche, wie wir sahen, von Rechts wegen dem Vektor $\mathfrak{B}$ zukommt, sondern wollen $\mathfrak{H}$ *magnetische Erregung* nennen. Wir folgen darin den tief durchdachten Darstellungen der Elektrodynamik von MIE[1]). Mit dem Namen ,,magnetische Erregung" stellen wir $\mathfrak{H}$ in Parallele zu der ,,elektrischen Erregung" $\mathfrak{D}$. Im Anschluß an Gl. (4) für $\mathfrak{D}$ definieren wir daher $\mathfrak{H}$ dimensionell durch

$$(9) \qquad [\mathfrak{H}] = \frac{\text{Polstärke}}{\text{Fläche}} = \frac{\text{P}}{\text{m}^2},$$

wofür wir wegen (7) weiterhin schreiben werden

$$(9\text{a}) \qquad [\mathfrak{H}] = \frac{\text{A}}{\text{m}}.$$

---

[1]) GUSTAV MIE, Lehrbuch der Elektrizität und des Magnetismus, 2. Aufl., Stuttgart bei Enke 1941, und Handbuch der Experimentalphysik Bd. XI, Teil 1, Elektrodynamik.

Diese Darstellung rechtfertigt zugleich eine in der Technik oft gebrauchte Bezeichnung für $\mathfrak{H}$, welche, wenn auch etwas schwerfällig, sachgemäßer ist als der unglückliche Name „magnetische Feldstärke", nämlich die Bezeichnung „Ampère-Windungszahl pro Längeneinheit". Näheres hierüber am Ende von § 4.

Die von Ort zu Ort wechselnde Richtung des Feldvektors $\mathfrak{B}$ wird anschaulich gemacht durch die Gestalt der *magnetischen Kraftlinien*. Sie werden in bekannter Weise erzeugt durch die selbsttätige Anordnung von Eisenfeilspänen, die in die Umgebung eines Magneten gebracht werden, und waren schon lange vor den entsprechenden *elektrischen Kraftlinien* bekannt. Ihre eindrucksvolle Gestalt trägt noch heute viel zum Verständnis des Feldbegriffes bei. Wegen der Richtungsgleichheit von $\mathfrak{H}$ und $\mathfrak{B}$ in Luft oder einem anderen isotropen Medium (jedoch nicht notwendig in Ferromagnetika) sind dabei wieder die aus dem $\mathfrak{H}$-Vektor zu gewinnenden Linienbilder mit den Kraftlinien des $\mathfrak{B}$-Vektors identisch.

Wir erwähnen noch eine Einteilung der physikalischen Größen in *Intensitäts-* und *Quantitätsgrößen*. Zu der ersten Klasse gehören $\mathfrak{E}$ und $\mathfrak{B}$, zu der zweiten $\mathfrak{D}$ und $\mathfrak{H}$. Die Größen der ersten Klasse antworten auf die Frage „wie stark", die der zweiten auf die Frage „wie viel". In der Elastizitätstheorie z. B. ist die Spannung eine Intensitäts-, die zugehörige Dehnung eine Quantitätsgröße, in der Gastheorie bilden Druck und Volumen ein entsprechendes Größenpaar. Bei $\mathfrak{D}$ ist der Quantitätscharakter als durchgeflossene Elektrizitätsmenge klar; bei $\mathfrak{H}$ ist der Sachverhalt dadurch etwas verschleiert, daß es keine magnetischen Einzelpole gibt, vgl. § 3. Wir sind im allgemeinen geneigt, die Intensitätsgrößen als Ursache, die zugehörigen Quantitätsgrößen als deren Wirkung anzusehen.

§ 3. Die MAXWELLschen Gleichungen in Integralform

Nach diesen sehr unvollständigen Vorbereitungen gehen wir über zur *axiomatischen Grundlegung der Maxwellschen Theorie*. Die Axiome der Elektrodynamik beruhen, ebenso wie die NEWTONschen Axiome der Mechanik, auf der Erfahrung, genauer gesagt auf der Zusammenfassung des gesamten Erfahrungskomplexes in eine vereinfachte und idealisierte Form. Zum Beispiel scheint das Trägheitsgesetz der Mechanik sehr verschieden zu sein von dem, was man im einzelnen Fall an irdischen Körpern beobachtet. Ebenso sind unsere elektromagnetischen Axiome viel abstrakter und mathematisch generalisierter als das, was man mit Spulen, Drähten und Zeigerinstrumenten mißt. Trotzdem sind sie, ebenso wie die mechanischen Axiome, nur eine Zusammenfassung mannigfachster Erfahrungen.

Wir stellen zunächst zwei Hauptaxiome auf, die wir alsbald durch Zusatzaxiome ergänzen werden. Das eine derselben nennen wir *Faradaysches Induktionsgesetz*. Wir geben es möglichst in der von FARADAY selbst herrührenden Kraftlinien-Sprache. Das andere Axiom wollen wir mit dem Namen AMPÈRES belegen, weil er am frühesten die Verkettung zwischen Strom und Magnetfeld formuliert hat. Daß auch dieses *Ampèresche Verkettungsgesetz* auf der Erfahrung beruht, hat er selbst ausdrücklich betont.[1]) Beide Axiome werden wir aber hier sogleich in der universalen Fassung mitteilen, deren Möglichkeit zuerst MAXWELL gesehen hat.

Wir betrachten zu diesem Zweck ein beliebiges Flächenstück σ mit der Randkurve s. Letztere versehen wir mit einem Durchlaufungspfeil; auf ersterem schreiben wir diejenige Normalenrichtung als positiv vor, die mit dem s-Pfeil eine *Rechtsschraube* bildet. Wir berechnen die über σ erstreckten Flächenintegrale

$$(1) \qquad \int \mathfrak{B}_n \, \mathrm{d}\sigma \quad \text{und} \quad \int \mathfrak{C}_n \, \mathrm{d}\sigma$$

und nennen sie *magnetischen Fluß* bzw. *elektrische Durchflutung*. Auch die Bezeichnung *Kraftlinienzahl* und *Stromlinienzahl* sind dafür gebräuchlich. Die Benennung ist natürlich kühn, da die betreffenden Linienbündel nicht abzählbar sind. Man muß sie zuvor zu ,,Röhren" zusammenfassen, ähnlich wie in Bd. II, S. 131, die Wirbellinien zu Wirbelröhren. Die Röhren sind so zu konstruieren, daß ihr Querschnitt umgekehrt proportional zu der an der betreffenden Stelle vorhandenen Größe von $\mathfrak{B}$ bzw. $\mathfrak{C}$ wird. Die Abzählung der unsere σ-Fläche durchsetzenden Kraft- oder Stromröhren kommt dann auf dasselbe hinaus wie die Ausrechnung der Integrale (1).

Ferner berechnen wir die Linienintegrale, erstreckt über die geschlossene Randkurve s:

$$(2) \qquad \oint \mathfrak{E} \cdot \mathrm{d}\mathfrak{s} \quad \text{und} \quad \oint \mathfrak{H} \cdot \mathrm{d}\mathfrak{s}.$$

Wir nennen sie *elektrische* und *magnetische Ringspannung*. Die erstere wird von alters her auch EMK, ,,elektromotorische Kraft", genannt. Siehe aber § 4. 1. Das Wort Kraft ist dabei in der veralteten Bedeutung von Energie gemeint.

Das Großartige an dem MAXWELLschen Standpunkt ist nun aber, daß die EMK, oder wie wir später stets sagen werden, die elektrische Ringspannung, die in den Händen des Experimentators von alters her nur für geschlossene Metalldrähte einen Sinn hatte, hier für ganz beliebige Umläufe definiert wird, gleichviel ob sie durch Leiter oder Nichtleiter oder durch Teile von beiden führen. Dieselbe geometrische Freiheit besteht dann auch für die magnetische Ringspannung. In diesem völlig allgemeingültigen Sinne sprechen wir jetzt die beiden Hauptaxiome aus, welche die in (1) und (2) definierten Größen in Beziehung setzen. Sie lauten:

$$(3) \qquad \frac{\mathrm{d}}{\mathrm{d}t} \int \mathfrak{B}_n \, \mathrm{d}\sigma = - \oint \mathfrak{E} \cdot \mathrm{d}\mathfrak{s},$$

$$(4) \qquad \int \mathfrak{C}_n \, \mathrm{d}\sigma = \oint \mathfrak{H} \cdot \mathrm{d}\mathfrak{s},$$

in Worten: *Jede Änderung in der Zahl der magnetischen Kraftlinien, die ein beliebiges Flächenstück σ durchsetzen, ruft in dessen Berandung s eine ihr gleiche, aber dem Schraubensinn nach entgegengesetzte elektrische Ringspannung hervor* (FARADAYsches Induktionsgesetz) und:

[1]) Im Titel seines zusammenfassenden Werkes: La théorie analytique des phénomènes électrodynamiques, *uniquement déduite de l'expérience.*

Die Zahl elektrischer Stromlinien, die eine beliebige Fläche σ durchsetzen, ist begleitet von einer ihr gleichen, auch dem Schraubensinn nach gleichen magnetischen Ringspannung in der Randkurve s von σ (AMPÈREsches elektromagnetisches Verkettungsgesetz, auch Durchflutungsgesetz genannt).

Überzeugen wir uns zunächst, daß die hier vorgenommene Gleichsetzung elektrischer und magnetischer Größen dimensionell sinnvoll ist. Die beiden in (1) definierten Flächenintegrale haben (trotz ihrer dimensionell offenbar inkorrekten Bezeichnung als Kraft- oder Stromlinien*zahlen*) nach (2. 8) und (2. 4a) die Dimensionen

$$\frac{\text{Dyn m}}{\text{A}} = \frac{\text{Erg}}{\text{A}} \quad \text{bzw.} \quad \text{A}.$$

Letztere Dimension stimmt nach (2. 9a) mit der Dimension des Linienintegrals von (4) überein. Der zeitliche Differentialquotient der ersteren liefert Erg/C, also die (in Volt ausdrückbare) Dimension einer elektrischen Spannung, in Übereinstimmung mit der rechten Seite von Gl. (3). Man sieht, wie bei dieser Dimensionsprüfung unsere grundsätzlich verschiedene Auffassung von 𝔅 und ℌ zur Geltung kommt und unsere gesonderte Einführung des Symbols C = As für die Dimension der Ladung unumgänglich ist.

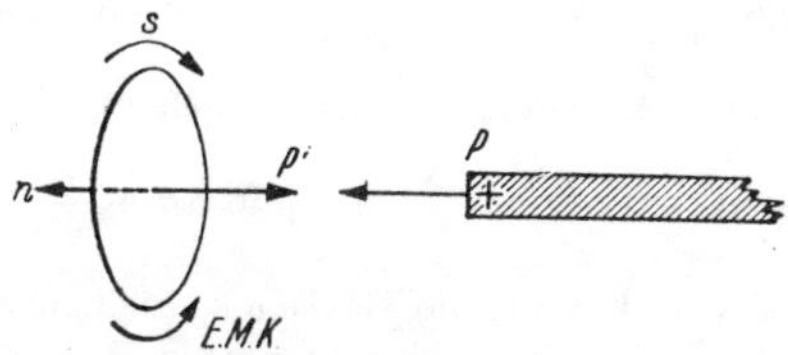

Fig. 1. Zur Erläuterung der LENZschen Regel

Sodann beschäftigen wir uns mit den Vorzeichen der Gln. (3) und (4). Sie entsprechen der LENZschen und AMPÈREschen Regel. Die AMPÈREsche Regel ist nichts anderes als die Rechtsschraubenregel, durch die wir die positive Normale der Fläche σ mit dem Umlaufsinn *s* ihrer Begrenzung zusammengeordnet hatten. Die in den Lehrbüchern oft gebrachte „Schwimmerregel" oder „Daumenregel" bedeutet nur eine unnötig spezialisierte Form unserer allgemeinen Rechtsschraubenverabredung. Um sodann die LENZsche Regel zu prüfen, denken wir uns in (3) den Umgang *s* durch einen Drahtkreis und den die Fläche σ in der Richtung von *n* durchsetzenden Magnetfluß durch die vom positiven Pol *P* eines Stabmagneten ausgehenden Kraftlinien realisiert, wobei der negative Pol des Stabmagneten hinreichend fern liegen möge. Wir nähern (vgl. Fig. 1) den Stabmagneten unserem Drahtkreis und verstärken dadurch den Magnetfluß, machen also die linke Seite von (3) *positiv*. Dann muß, wie dieselbe Gleichung zeigt, das Linienintegral rechts *negativ* werden. Die EMK und der ihr entsprechende Induktionsstrom im Drahtkreis bildet dabei mit der Bewegungsrichtung des Stabmagneten eine Linksschraube. Das dem Induktionsstrom entsprechende Magnetfeld wird aber nach unserer Rechtsschraubenregel dargestellt durch den Pfeil *P'* von Fig. 1. Der positive Pol dieses Magnetfeldes weist also in die Richtung, aus der der positive Pol *P* des Stabmagneten genähert wurde: Beide Pole stoßen sich ab, der induzierte Strom *hemmt* die Bewegung des induzierenden Magneten. Dies ist der Sinn der LENZschen Regel: Das Auftreten des Induktionsstromes wirkt der durch die Bewegung des Stabmagneten hervorgerufenen Störung des Gleichgewichtes entgegen.

Wir betonten schon oben, daß unsere Randkurve s völlig willkürlich gelegt werden dürfe; dasselbe gilt aber auch bei gegebener Randkurve von der Fläche σ. Legen wir zwei verschiedene Flächen σ_1 und σ_2 durch dieselbe Kurve s, so müssen die linken Seiten von (3) und (4), für σ_1 und σ_2 berechnet, gleich ausfallen. Das kommt aber darauf hinaus, daß sie für die aus σ_1 und σ_2 gebildete *geschlossene* Fläche bei einheitlicher Definition der positiven Normalen (n stets nach außen weisend) verschwinden müssen. Wir sehen dasselbe auch folgendermaßen ein: Wir betrachten eine geschlossene Fläche σ mit einer zu einem Punkt zusammengeschrumpften Randkurve. Diese liefert keinen Beitrag zu den Linienintegralen der Gln. (3) und (4). Wenn wir die Integration über die nunmehr unberandete Fläche mit $\oint$ andeuten, haben wir also

(5) $$\frac{\mathrm{d}}{\mathrm{d}t}\oint \mathfrak{B}_n\,\mathrm{d}\sigma = 0 \quad \text{und} \quad \oint \mathfrak{E}_n\,\mathrm{d}\sigma = 0,$$

wobei die letzte Gleichung nach (2.5) auch geschrieben werden kann:

(5a) $$\oint \mathfrak{J}_n\,\mathrm{d}\sigma + \frac{\mathrm{d}}{\mathrm{d}t}\oint \mathfrak{D}_n\,\mathrm{d}\sigma = 0$$

oder auch, wenn die Fläche σ speziell ganz in nicht-leitendem Material verläuft, also von keinen Leitungsströmen $\mathfrak{J}$ durchsetzt wird,

(5b) $$\frac{\mathrm{d}}{\mathrm{d}t}\oint \mathfrak{D}_n\,\mathrm{d}\sigma = 0.$$

Die erste Gl. (5) besagt in integrierter Form

(6) $$\oint \mathfrak{B}_n\,\mathrm{d}\sigma = \text{konst.},$$

wobei sich die Konstanz auf die Zeit bezieht. Die Konstante muß also dieselbe bleiben, wenn wir das Magnetfeld abschalten. Dann ist aber die linke Seite von (6) gleich Null und somit die Konstante als gleich Null erkannt. Die *magnetischen* Kraftlinien sind also stets geschlossen; dies ist mit der Erfahrung gleichwertig, daß bei Unterteilung eines Magneten (oder Elektromagneten) in jedem Teil desselben von neuem Nordpol und Südpol entstehen, die sich hinsichtlich des magnetischen Gesamtflusses kompensieren.

Aus Gl. (5a) schließen wir zunächst, daß

(6a) $$\oint \mathfrak{D}_n\,\mathrm{d}\sigma = -\int \mathrm{d}t \oint \mathfrak{J}_n\,\mathrm{d}\sigma + \text{konst.},$$

wobei die Konstanz sich wieder auf die Zeit bezieht. Stellt man einen Anfangszustand her, in dem alle Ladungen entfernt sind und keine Ströme fließen, so folgt wieder, daß die Konstante gleich Null ist; die rechte Seite der Gl. (6a) bedeutet aber die seit dem Anfangszustand bis zur Zeit t innerhalb der σ-Fläche durch Stromzufuhr aufgesammelte Ladung. Im Nichtleiter ist nach (5b) die Ladung insbesondere überall zeitlich konstant. Wir haben somit insgesamt

$$\text{(6b)} \qquad \oint \mathfrak{B}_n \, \mathrm{d}\sigma = 0\,, \qquad \oint \mathfrak{D}_n \, \mathrm{d}\sigma = \bar{Q}\,, \qquad \bar{Q} = \sum Q\,.$$

Es zeigt sich, daß die Gln. (6b) nicht vollständig aus (3) und (4) folgen, sondern die zusätzliche Erfahrung der Abschaltbarkeit oder eine entsprechende Voraussetzung über die Anfangsbedingungen benötigen.

Die $\mathfrak{D}$-Linien und die im isotropen Material bildmäßig mit ihnen zusammenfallenden $\mathfrak{E}$-Linien entspringen an Stellen positiver und endigen an Stellen negativer Ladung. Die unsere zweite Gl. (6b) verallgemeinernde Gl. (5a) kann mit einem hydrodynamischen Namen als *Kontinuitätsgleichung der Elektrizität* bezeichnet werden. Bei Benutzung der Definition von $\bar{Q}$ aus (6b) lautet sie

$$\text{(6c)} \qquad \frac{\mathrm{d}\bar{Q}}{\mathrm{d}t} + \oint \mathfrak{J}_n \, \mathrm{d}\sigma = 0\,,$$

besagt also, daß die innerhalb einer Fläche σ befindliche Elektrizitätsmenge nur dadurch schwinden kann, daß sie durch metallisch leitende Teile von σ abfließt.

Die erste Gl. (6b) faßt man nach HERTZ in die Worte: *Es gibt keinen wahren Magnetismus.* Dabei geht man von der früher als selbstverständlich erschienenen Annahme aus, daß $\mathfrak{B}$ das magnetische Analogon zu $\mathfrak{D}$ sei. Von unserem Standpunkt ist dieses Analogon aber nicht $\mathfrak{B}$, sondern $\mathfrak{H}$. Wir werden daher die Definition des „Magnetismus", insbesondere die der Polstärke P, vgl. § 7, nicht an $\mathfrak{B}$, sondern an $\mathfrak{H}$ anzuschließen haben.

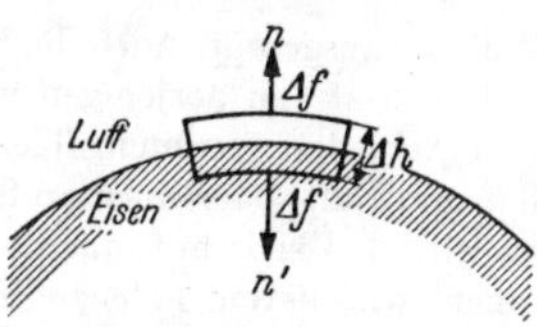

Fig. 2. Ableitung der Stetigkeit von $\mathfrak{B}_n$ an der Grenze zweier Medien aus der Bedingung $\oint \mathfrak{B}_n \, \mathrm{d}\sigma = 0$

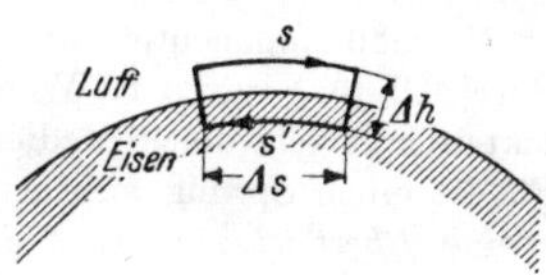

Fig. 3. Ableitung der Stetigkeit von $\mathfrak{H}_s$ an der Grenze zweier Medien aus der Bedingung $\oint \mathfrak{H} \cdot \mathrm{d}\mathfrak{s} = 0$

Wir wenden jetzt die erste Gl. (6b) auf die Umgebung der *Grenzfläche zwischen zwei Körpern verschiedenen magnetischen Charakters* an, z. B. Eisen und Luft. Die geschlossene Fläche σ sei die Oberfläche eines sehr flachen Prismas, vgl. Fig. 2, die Höhe Δh sehr klein gegen die Abmessungen der Grundfläche Δf, wobei diese selbst z. B. in Eisen, die parallele Deckfläche in Luft gelegen sei. Gl. (6a) verlangt dann wegen der beliebigen Kleinheit von Δh mit beliebiger Genauigkeit

$$\text{(7)} \qquad (\mathfrak{B}'_{n'} + \mathfrak{B}_n)\, \Delta f = 0\,.$$

$\mathfrak{B}'$ möge sich z. B. auf Eisen, $\mathfrak{B}$ auf Luft beziehen; die Normale (n' in Eisen, n in Luft) weist auf beiden Flächen Δf nach außen. Man hat dann wegen (7)

$$\mathfrak{B}'_{n'} = -\mathfrak{B}_n \quad \text{und daher auch} \quad \mathfrak{B}'_n = \mathfrak{B}_n, \tag{7a}$$

wenn jetzt n in beiden Medien dieselbe Richtung bedeutet. Damit haben wir eine erste *Grenzbedingung* für das Magnetfeld festgestellt: Beim Übergang zwischen zwei magnetisch verschiedenen Medien verläuft die *Normalkomponente der Induktion* $\mathfrak{B}$ *stetig.*

Wir wollen zeigen, daß dasselbe von den *Tangentialkomponenten der Erregung* $\mathfrak{H}$ gilt. Zu dem Ende betrachten wir einen sehr schmalen rechteckigen Umgang s, vgl. Fig. 3, von der Höhe Δh senkrecht zur Grenzfläche und von der Seitenlänge Δs parallel derselben, wobei $\Delta h \ll \Delta s$ sei und daher auch die Fläche $\Delta \sigma = \Delta h \, \Delta s$ im Limes $\Delta h \to 0$ verschwindet. Unter der Annahme, daß dann auch die in Gl. (4) gemeinte, parallel der Grenzfläche gerichtete Stromdichte nicht unendlich groß wird[1]), erhalten wir aus (4)

$$0 = (\mathfrak{H}'_{s'} + \mathfrak{H}_s)\, \Delta s, \tag{8}$$

also

$$\mathfrak{H}'_{s'} = -\mathfrak{H}_s \quad \text{und daher auch} \quad \mathfrak{H}_s = \mathfrak{H}'_s, \tag{8a}$$

wo nun wieder s in beiden Medien die gleiche Richtung bedeutet.

Genau dieselbe Figur und dieselbe Überlegung führt aber auch bei zwei *elektrisch* verschiedenen Medien von dem FARADAYschen Induktionsgesetz (3) zu der Folgerung, daß längs der Trennungsfläche beider Medien die *Tangentialkomponenten der elektrischen Feldstärke* $\mathfrak{E}$ *stetig* verlaufen müssen:

$$\mathfrak{E}_s = \mathfrak{E}'_s. \tag{9}$$

Über die *Normalkomponente* von $\mathfrak{E}$ ist damit nichts ausgesagt. Auch die Stetigkeit der Normalkomponente von $\mathfrak{D}$ wird (im Gegensatz zu derjenigen von $\mathfrak{B}$) nicht durch Gl. (6a) gefordert. Wenn nämlich $\mathfrak{D}_n$ auf der Trennungsfläche von zwei elektrisch verschiedenen Medien (z. B. Glas und Luft) oder sonst an irgendeiner Fläche einen Sprung aufweist, so sagen wir, daß sich auf einer solchen Fläche eine *Oberflächenladung* befinde. Nennen wir deren Flächendichte ω (Dimension C/m²), so ist die im Prisma von Fig. 2 beim Grenzübergang $\Delta h \to 0$ enthaltene Ladung

$$\bar{Q} = \omega \, \Delta f. \tag{10}$$

Die zweite Gl. (6b) verlangt dann nach der in den Gln. (7) und (7a) durchgeführten Überlegung

$$(\mathfrak{D}'_{n'} + \mathfrak{D}_n)\, \Delta f = \omega \, \Delta f, \tag{10a}$$

also, beim Übergang zu der einheitlichen Normalenrichtung n:

$$\mathfrak{D}_n - \mathfrak{D}'_n = \omega. \tag{11}$$

---

[1]) Dieser Grenzfall tritt in der Hochfrequenz bei guten Leitern sogar als Regel auf. Dann wird $\mathfrak{B}_n$ verschwindend klein und $\mathfrak{H}_s$ unstetig. Der Sprung von $\mathfrak{H}_s$ ist gleich der Oberflächenstromdichte im Betrag und senkrecht zu ihr.

Unstetiges Verhalten der Normalkomponente von $\mathfrak{D}$ bedeutet, daß die betrachtete Grenzfläche eine Oberflächenladung trägt; die Größe des Sprunges zeigt direkt ihre Oberflächendichte an.

Schließlich erhalten wir aus Gl. (6c) für die Grenzfläche zwischen *Leiter und Nichtleiter* an Hand von Fig. 2 und bei Benutzung von Gl. (10)

(12) $$\frac{d\omega}{dt} + \mathfrak{J}'_{n'} = 0,$$

also ein *Schwinden* der Oberflächenladung, sofern im Leiter elektrische Strömung möglich ist. In der Elektrostatik, wo das Innere der Leiter feldfrei ist ($\mathfrak{D} = 0$, $\mathfrak{J} = 0$), wird (12) identisch erfüllt und (11) spezialisiert sich zu

(12a) $$\omega = \mathfrak{D}_n.$$

Im statischen Felde tragen die Leiter eine von Ort zu Ort wechselnde Oberflächenladung, die durch die Normalkomponente von $\mathfrak{D}$ bestimmt wird.

§ 4. Die MAXWELLschen Gleichungen in Differentialform und die Materialkonstanten der Theorie

Wir gehen von der Integral- zur Differentialform über, indem wir die bei der Integralform benutzten Umläufe s und daher auch die durch sie hindurchgelegten Flächen σ beliebig klein werden lassen. Nennen wir die letzteren $\Delta\sigma$, so können wir im Limes setzen:

(1) $$\int \mathfrak{B}_n \, d\sigma = \Delta\sigma \, \mathfrak{B}_n, \qquad \int \mathfrak{C}_n \, d\sigma = \Delta\sigma \, \mathfrak{C}_n.$$

Ferner erinnern wir an die Definition der Vektoroperation „Rotation" durch den Limes eines Umlaufintegrals in Bd. II, Gl. (2. 21), aus der wir für unsere infinitesimalen Umläufe entnehmen

(2) $$\oint \mathfrak{E}_s \, ds = \Delta\sigma \, \mathrm{rot}_n \, \mathfrak{E}, \qquad \oint \mathfrak{H}_s \, ds = \Delta\sigma \, \mathrm{rot}_n \, \mathfrak{H}.$$

Wir haben von der ersten Gl. (1) die zeitliche Ableitung zu bilden. Dabei wollen wir die Fläche $\Delta\sigma$ festgehalten denken, wie es bei *ruhenden* Medien, auf die wir uns fürs erste beschränken, ohnehin natürlich ist. Wir erhalten so

(3a) $$\frac{d}{dt}\int \mathfrak{B}_n \, d\sigma = \Delta\sigma \, \dot{\mathfrak{B}}_n, \qquad \dot{\mathfrak{B}} = \frac{\partial \mathfrak{B}}{\partial t}.$$

Gleichzeitig wollen wir die zweite Gl. (1) nach (2.5) umschreiben in

(3b) $$\int \mathfrak{C}_n \, d\sigma = \Delta\sigma (\mathfrak{J}_n + \dot{\mathfrak{D}}_n), \qquad \dot{\mathfrak{D}} = \frac{\partial \mathfrak{D}}{\partial t}.$$

Mit (2) und (3a, b) folgen aus unseren beiden Hauptaxiomen (3. 3) und (3. 4) nach Fortheben des allen Gliedern gemeinsamen Faktors $\Delta\sigma$ und Fortlassen des gemeinsamen Index n die beiden *vektoriellen Differentialgleichungen*[1]):

$$\dot{\mathfrak{B}} = -\operatorname{rot}\mathfrak{E},$$
(4)
$$\dot{\mathfrak{D}} + \mathfrak{J} = \operatorname{rot}\mathfrak{H}.$$

Die weltweite Bedeutung und eindrucksvolle Schönheit dieser Gleichungen veranlaßte BOLTZMANN[2]) zu dem Ausspruch: „War es ein Gott, der diese Zeilen schrieb . . . ."

Wir ergänzen sie durch das Zusatzaxiom (3. 6b) bezüglich $\mathfrak{B}$ und die ebenfalls in (3. 6b) enthaltene Verknüpfung von $\mathfrak{D}$ mit der Ladung. Letztere werden wir, entsprechend unserem jetzigen differentiellen Standpunkt, als kontinuierlich verteilt denken. Wir werden also nicht von punktförmig konzentrierten Ladungen Q sprechen, sondern von endlichen Raumdichten ϱ, so daß in einem zu Null abnehmenden Raumelement $\Delta\tau$ die unendlich kleine Ladung

$$\Delta Q = \varrho\,\Delta\tau$$

enthalten ist. Gleichzeitig erinnern wir an die Vektoroperation „Divergenz" und ihre Darstellung in Bd. II, Gl. (2. 20), durch den Limes eines Raumintegrals[3]). Wir schreiben diese Darstellung für unseren jetzigen Bedarf um in

$$\lim_{\Delta\tau\to 0}\frac{1}{\Delta\tau}\oint \mathfrak{B}_n\,d\sigma = \operatorname{div}\mathfrak{B}, \qquad \lim_{\Delta\tau\to 0}\frac{1}{\Delta\tau}\oint \mathfrak{D}_n\,d\sigma = \operatorname{div}\mathfrak{D}$$

---

[1]) Gewöhnlich nennt man unsere zweite Gl. (4) „erstes Tripel der MAXWELLschen Gleichungen", unsere erste Gl. (4) „zweites Tripel". Wir ziehen die Reihenfolge des Textes vor, weil in unserer Darstellung die Intensitätsgrößen $\mathfrak{E}$, $\mathfrak{B}$ als die anschaulicheren an erster Stelle auftraten. Zugunsten unserer Numerierung können wir auch auf § 7 hinweisen, wo sich die Elektrostatik als Sonderfall der ersten, die Magnetostatik als Sonderfall der zweiten Gl. (4) ergeben wird. Da es unzweckmäßig wäre, die Magnetostatik *vor* der einfacheren Elektrostatik zu behandeln, scheint uns auch die von der unseren abweichende Numerierung der MAXWELLschen Gleichungen unzweckmäßig.

[2]) Motto zum zweiten Bande seiner „Vorlesungen über MAXWELLS Theorie der Elektrizität und des Lichtes", München 1893. Unsere von BOLTZMANN etwas abweichende Schreibweise (Vektor- statt Koordinatenform) erhöht ersichtlich nur noch die Schönheit und Einfachheit der Gleichungen.

[3]) Der hier eingeführten räumlichen Divergenz stellen wir die Bezeichnung *Flächendivergenz* gegenüber. Mit Hinweis auf Fig. 2 und die dort ausgeführte Integration über ein Prisma von der Basis Δf und von verschwindender Höhe verstehen wir darunter das durch Δf dividierte Ergebnis dieser Integration. Die Flächendivergenz eines beliebigen Vektors, sagen wir $\mathfrak{A}$, ist dann nach Gl. (3. 7) mit der dort erklärten Bedeutung der Normalen n' und n:

(4d) $$\mathfrak{A}'_{n'} + \mathfrak{A}_n;$$

die Gln. (3. 7a) und (3. 10a) besagen dann einfach: *die Flächendivergenz von $\mathfrak{B}$ verschwindet die von $\mathfrak{D}$ ist gleich der Flächenladung.*

Ebenso können wir der räumlichen Rotation die Bezeichnung *Flächenrotation* gegenüberstellen. Mit Hinweis auf Fig. 3 und die in Gl. (3. 8) ausgeführte Integration über ein Rechteck von der Grundlinie Δs und verschwindender Höhe verstehen wir darunter das durch Δs dividierte Ergebnis dieser Integration. Die Flächenrotation eins beliebigen Vektors $\mathfrak{A}$ ist also nach Gl. (3. 8)

(4e) $$\mathfrak{A}'_{s'} + \mathfrak{A}_s;$$

sie stellt den Sprung von $\mathfrak{A}_s$ an der betrachteten Fläche dar.

und erhalten aus den Gln. (3. 6b, c) dieses Bandes bei Fortlassung des Faktors $\Delta\tau$ als *differentielle Form derselben:*

(4a) $\operatorname{div}\mathfrak{B} = 0,$ (4b) $\operatorname{div}\mathfrak{D} = \varrho,$

(4c) $$\frac{\partial \varrho}{\partial t} + \operatorname{div}\mathfrak{J} = 0.$$

Durch unsere Gln. (4), (4a, b) ist der Rahmen gespannt, in den die elektrodynamischen Tatsachen einzuordnen sind; Gl. (4c) ist bereits eine Folge von (4b) und der zweiten Gl. (4). Aber dieser Rahmen ist noch *zu weit.* In unseren Gleichungen kommen fünf Vektoren $\mathfrak{E}$, $\mathfrak{D}$, $\mathfrak{J}$, $\mathfrak{B}$, $\mathfrak{H}$ vor, also im ganzen 15 unbekannte Funktionen von Raum und Zeit. (Der Skalar ϱ ist durch (4b, c) auf die Vektoren $\mathfrak{D}$ bzw. $\mathfrak{J}$ zurückgeführt.) Zu ihrer Bestimmung haben wir zwei Vektorengleichungen (4), also im ganzen nur sechs Differentialgleichungen. Wir müssen den Rahmen verengern, um ihn mit einem zusammenhängenden elektrodynamischen Bilde ausfüllen zu können. Dazu dienen uns die elektromagnetischen *Materialkonstanten.* Wir besprechen sie in der Reihenfolge *Leitfähigkeit, Dielektrizitätskonstante, Permeabilität.*

A. Leitfähigkeit und Ohmsches Gesetz

Der spezifische elektrische Strom $\mathfrak{J}$ hängt von der im Leiter wirksamen elektrischen Feldstärke $\mathfrak{E}$ ab. Wir setzen die Abhängigkeit als linear an

(5) $$\mathfrak{J} = \sigma\,\mathfrak{E}$$

und nennen die reelle positive Konstante σ *elektrische Leitfähigkeit.* Gl. (5) drückt das *Ohmsche Gesetz* für die Längeneinheit eines stationär durchströmten Drahtes aus. Um das einzusehen, drücken wir $\mathfrak{J}$ durch den totalen Strom $I = q\,|\mathfrak{J}|$ aus (q = Querschnitt des Drahtes) und multiplizieren (5) mit der Länge des Drahtes. Wir erhalten:

(5a) $$R\,I = V\cdot\left\{\begin{array}{l} R = \dfrac{l}{q\,\sigma} = \text{Widerstand,} \\[2ex] V = l\,\mathfrak{E}_s = \displaystyle\int_0^l \mathfrak{E}_s\,ds = \text{Spannung.}\end{array}\right.$$

Der Begriff „Spannung" war schon durch VOLTA geschaffen, der Begriff des Widerstandes wurde erst von GEORG SIMON OHM 1827 eingeführt. Für uns bedeutet das OHMsche Gesetz die Einführung der Materialkonstante σ. Ihre Dimension ist nach (5):

(5b) $$[\sigma] = \frac{\mathrm{A}}{\mathrm{m}^2}\cdot\frac{\mathrm{m}}{\mathrm{V}} = \frac{\mathrm{A}}{\mathrm{V\,m}}.$$

Nach (5a) kann σ auch als das Reziproke des *spezifischen elektrischen Widerstandes* bezeichnet werden, nämlich des Widerstandes eines Prismas oder Zylinders von der Länge $l = 1$ m und vom Querschnitt $q = 1\ \mathrm{m}^2$. Die Dimension des Widerstandes wird nach (5a, b):

(5c) $$[\mathrm{R}] = \frac{\mathrm{V}}{\mathrm{A}}.$$

Die Widerstandseinheit im praktischen Maßsystem ist bekanntlich das Ω (sprich „Ohm"). Sie stimmt direkt überein mit der Einheit in unserem MKSA-System, sofern wir, wie verabredet, Q gleich 1 Coulomb wählen. In der Tat wird dann

$$1\,\Omega = 1\,\frac{\mathrm{V}}{\mathrm{A}}\,. \tag{5d}$$

Das OHMsche Gesetz gilt nur im Makrophysikalischen, nicht für AMPÈREsche Molekularströme, Elektronenbahnen im Atom, Larmorpräzessionen; auch die Kathodenstrahlen in Vakuumröhren sind widerstandsfreie Elektrizitätsströme.

Eine Ergänzung erfährt das OHMsche Gesetz, wenn zusätzliche „Elektrizitätsbewegende" Ursachen, wie Temperaturdifferenzen und Chemismus, wirksam sind. Man schreibt dann

$$\mathfrak{J} = \sigma(\mathfrak{E} + \mathfrak{E}^e) \tag{5e}$$

und nennt $\mathfrak{E}^e$ die eingeprägte elektrische Feldstärke. Bei thermischen Inhomogenitäten etwa ist sie proportional zum Temperaturgradienten; (5e) wird dann zu einer der Grundgleichungen für die Behandlung der thermoelektrischen Erscheinungen (siehe Bd. V, § 21, C).

Das Linienintegral $\oint \mathfrak{E}^e \cdot d\mathfrak{s}$ längs eines geschlossenen Stromkreises wird eingeprägte elektromotorische Kraft genannt.

B. Dielektrizitätskonstante

Die Verschiebung $\mathfrak{D}$ hängt von der an der betreffenden Stelle wirksamen elektrischen Feldstärke $\mathfrak{E}$ ab. Wir setzen die Abhängigkeit als *linear* an:

$$\mathfrak{D} = \varepsilon\,\mathfrak{E} \tag{6}$$

und nennen die reelle positive Konstante ε *Dielektrizitätskonstante*, abgekürzt D.K. Ihre Dimension ist nach (2. 4) und (2. 1)

$$[\varepsilon] = \frac{\mathrm{As}}{\mathrm{m}^2} \cdot \frac{\mathrm{As}}{\mathrm{Dyn}} = \frac{\mathrm{A}^2\,\mathrm{s}^2}{\mathrm{m\,Erg}} = \frac{\mathrm{As}}{\mathrm{Vm}}\,. \tag{6a}$$

Die DK des Vakuums nennen wir ε_0. Auch sie ist eine benannte Größe von der Dimension (6a). Auf die für das Vakuum gültige Beziehung

$$\mathfrak{D} = \varepsilon_0\,\mathfrak{E} \tag{6b}$$

wurde schon in § 2 hingewiesen. Stets ist $\varepsilon > \varepsilon_0$.

C. Permeabilität

Auch zwischen den beiden magnetischen Vektoren $\mathfrak{H}$ und $\mathfrak{B}$ besteht eine Abhängigkeit, die wir in erster Näherung wieder als *linear* ansetzen. Wir würden sie gern in der Form schreiben

$$\mathfrak{H} = \mu'\,\mathfrak{B}\,,$$

da wir ja $\mathfrak{H}$ als Analogon zu $\mathfrak{D}$ und $\mathfrak{B}$ als Analogon zu $\mathfrak{E}$ ansehen. Aber wir müssen leider dem allgemeinen Gebrauch folgen und die Form wählen

$$\mathfrak{B} = \mu\,\mathfrak{H}\,. \tag{7}$$

Die Materialkonstante μ heißt *Permeabilität* und hat nach (2. 8) und (2. 9a) die Dimension

$$[\mu] = \frac{\mathrm{Vs}}{\mathrm{m}^2} \cdot \frac{\mathrm{m}}{\mathrm{A}} = \frac{\mathrm{Vs}}{\mathrm{Am}}. \tag{7a}$$

Diese gegenüber (6) inkonsequente Einführung von μ hat die begreifliche Folge, daß in späteren Formeln z. B. beim COULOMBschen Gesetz nicht μ, sondern das Reziproke μ' von μ an die Stelle von ε treten wird. Für das Vakuum schreiben wir

$$\mathfrak{B} = \mu_0 \mathfrak{H}; \tag{7b}$$

auch μ_0 hat natürlich die in (7a) angegebene Dimension. Bei *paramagnetischen* Körpern ist $\mu > \mu_0$, bei *diamagnetischen* $\mu < \mu_0$. Unsere Ansätze (5), (6), (7) haben nicht denselben Grad von Sicherheit und Allgemeingültigkeit wie die MAXWELLschen Gln. (4). Seit alters her ist dies bekannt von den *ferromagnetischen Stoffen*, wo an die Stelle der Linearität (7) eine allgemeinere funktionale Abhängigkeit

$$B = B(H, T), \qquad T = \text{absolute Temperatur}$$

tritt, in die übrigens auch noch die magnetische Vorbehandlung des Materials eingeht. Ähnlich wie die Ferromagnetica verhält sich in dielektrischer Hinsicht das *Seignettesalz*[1]), das, ebenso wie jene, Sättigungs- und Hysteresis-Erscheinungen zeigt.

Bei paramagnetischen Stoffen treten Abweichungen von der Linearität nur bei extrem hohen Feldern oder extrem tiefen Temperaturen auf. Abweichungen von der Linearität des OHMschen Gesetzes hat man bei sehr starken elektrischen Feldern zu erwarten; daß dieses Gesetz bei den Supraleitern versagen muß, ist selbstverständlich. Überdies gilt die einfache Proportionalität zwischen den beiden durch die Gln. (5), (6), (7) einander zugeordneten Vektoren nur bei *isotropen* Körpern. Bei *Kristallen* tritt an deren Stelle die allgemeine Abhängigkeit einer *linearen Vektorfunktion*, vgl. § 5 und Bd. II, Gl. (1. 10). Darauf beruhen die mannigfachen und reizvollen Erscheinungen der Kristalloptik, die wir in Bd. IV behandeln werden.

Dagegen behalten die allgemeinen Feldgleichungen (4) auch in anisotropen Körpern Gültigkeit. Darüber hinaus scheinen sie sich sogar gegenüber allen neueren Vorschlägen einer *verallgemeinerten* Elektrodynamik zu behaupten, Vorschlägen, welche extrem starke Felder betreffen (wie sie z. B. in der Nachbarschaft des Elektrons auftreten müssen), aber letzten Endes wieder nur auf einen Ersatz der linearen Beziehung (6) durch eine allgemeinere Abhängigkeit zwischen $\mathfrak{D}$ und $\mathfrak{E}$ hinauskommen (vgl. hierzu den vorletzten Paragraphen dieses Bandes). Den tieferen Grund für die erstaunliche Vitalität der von MAXWELL entdeckten Gleichungsform werden wir in ihren Invarianz-Eigenschaften erkennen, von denen aber erst unser Teil III handeln wird.

---

[1]) Auch Rochelle-Salz genannt. SEIGNETTE war der Name eines Apothekers in der französischen Festung La Rochelle. Es handelt sich um das Kalium-Natrium-Weinsäure-Salz

$$\mathrm{KOOC \cdot CHOH \cdot CHOH \cdot COONa + 24\, H_2O}.$$

Wir können jetzt die oben geforderte Verengerung unseres elektrodynamischen Rahmens vollziehen. Benutzen wir dazu insbesondere unsere einfachen linearen Beziehungen und behandeln σ, ε, μ als von t unabhängige Größen (Beschränkung auf *ruhende* Medien), so erhalten wir durch Eintragen von (5), (6), (7) in (4)

$$(8)\qquad \mu\frac{\partial \mathfrak{H}}{\partial t} = -\operatorname{rot}\mathfrak{E},\qquad \left(\varepsilon\frac{\partial}{\partial t}+\sigma\right)\mathfrak{E} = \operatorname{rot}\mathfrak{H},$$

also *sechs simultane Differentialgleichungen erster Ordnung* für *sechs Unbekannte*, nämlich die $2 \cdot 3$ Komponenten von $\mathfrak{E}$ und $\mathfrak{H}$. Damit sehen wir uns vor ein wohldefiniertes mathematisches Problem gestellt.[1])

Gleichzeitig lauten die Bedingungen (4a, b, c) in unserer jetzigen Schreibweise

$$(8\,\mathrm{a})\qquad \operatorname{div}(\mu\,\mathfrak{H}) = 0,\qquad (8\,\mathrm{b})\qquad \operatorname{div}(\varepsilon\,\mathfrak{E}) = \varrho,$$

$$(8\,\mathrm{c})\qquad \operatorname{div}\left\{\left(\varepsilon\frac{\partial}{\partial t}+\sigma\right)\mathfrak{E}\right\} = 0.$$

(8a) ist als einschränkende Zusatzbedingung zu den MAXWELLschen Gleichungen, (8b) als Definitionsgleichung von ϱ anzusehen; (8c) folgt durch Divergenzbildung aus der zweiten Gl. (8). Drücken wir die div $\mathfrak{E}$ in (8c) durch (8b) aus (ε und σ seien dabei als ortsunabhängig vorausgesetzt), so ergibt sich

$$(8\,\mathrm{d})\qquad \varepsilon\frac{\partial\varrho}{\partial t} + \sigma\varrho = 0.$$

Im Nichtleiter folgt daraus, daß ϱ zeitlich konstant ist. Wir ziehen eine interessante Folgerung für das Innere von Leitern, indem wir (8d) nach der Zeit integrieren

$$(9)\qquad \varrho = \varrho_0 \exp\left(-\frac{\sigma}{\varepsilon}\,t\right),\qquad \varrho_0 = \text{willkürliche Funktion des Ortes.}$$

Wir setzen

$$(9\,\mathrm{a})\qquad \frac{\varepsilon}{\sigma} = T_r$$

und nennen T_r die *Relaxationszeit des Leiters*. Ihre Dimension ist nach (5b) und (6a), wie es sein muß, die Sekunde, ihre Größe bei guten Leitern ein sehr kleiner Bruchteil der Sekunde. Die Ladungsdichte schwindet überall im Leiter nach Maßgabe dieser Relaxationszeit und kann, wenn man nicht künstlich eine anfängliche Ladungsverteilung im Innern des Leiters schafft, gleich Null gesetzt werden.

Für den Gesamtstrom (2. 5) erhalten wir mit (5) und (6) unter Berücksichtigung von (9a)

$$\mathfrak{C} = \sigma(\mathfrak{E} + T_r\,\dot{\mathfrak{E}}).$$

Ändert sich also $\mathfrak{E}$ wenig über die Zeitdauer T_r, so ist im Leiter der Verschiebungsstrom gegenüber dem Leitungsstrom vernachlässigbar.

Für Kupfer mit $\sigma = 0{,}56 \cdot 10^8\ \Omega^{-1}\,\mathrm{m}^{-1}$ ist, wenn wir $\varepsilon < 1000\,\varepsilon_0$ annehmen, $T_r < 1{,}6 \cdot 10^{-16}$ s.

---

[1]) Natürlich hätten wir die Gln. (8) auch als Gleichungen zwischen $\mathfrak{E}$ und $\mathfrak{B}$ oder z. B. als solche zwischen $\mathfrak{D}$ und $\mathfrak{H}$ schreiben können. Aber die Form des Textes ist die übliche und im allgemeinen auch die bequemste.

Wir können hier die uns schon bekannten Bedingungen an der Grenze zweier elektromagnetisch verschiedener Medien anschließen. Dabei müßten wir aber, um die differentielle Form der MAXWELLschen Gleichungen benutzen zu können, den Übergang zwischen den beiden Medien als stetig voraussetzen, also von einer „Grenzschicht" statt von einer „Grenzfläche" sprechen. Wir werden dies in der Übungsaufgabe I. 1 ausführen, wobei wir uns überzeugen werden, daß die Ableitung weniger anschaulich ausfällt als in den Gln. (3. 7) bis (3. 12), die aus der integralen Form der MAXWELLschen Gleichungen folgten.

Dasselbe zeigt sich bei anderen, durch besondere Symmetrie ausgezeichneten Aufgaben: *Die allgemeine Durchführung der Maxwellschen Theorie hat zwar von der differentiellen Form derselben auszugehen; bei speziellen Problemen kann aber die integrale Form vorteilhafter sein.*

Beispiele hierfür sind die beiden folgenden Fundamentalaufgaben, die wir als Übungsbeispiele I. 2 und I. 3 auch nach der differentiellen Methode behandeln werden:

1. Ein unendlich langer, kreiszylindrischer Draht werde von einem über den Querschnitt gleichförmig verteilten stationären Strom durchflossen. Die Rückleitung des Stromes erfolge durch einen ebenso durchflossenen Hohlzylinder, der mit dem kreiszylindrischen Draht koaxial ist. Man bestimme die magnetische Erregung im Innern des Drahtes, im Innern des Hohlzylinders und im Zwischenraum zwischen beiden.

2. Eine unendlich lange, eng gewickelte Spule werde in gleicher Weise stationär durchflossen. Man bestimme die magnetische Erregung an einer beliebigen Stelle im Innern der Spule.

Zu 1. a sei der Radius des Drahtes, b und c der innere und äußere Radius des hohlzylindrischen Rückleiters. Wir führen ein Rechtssystem um die Mittellinie des Drahtes als z-Achse ein. Der spezifische Strom habe im Draht die Richtung der positiven, im Rückleiter die der negativen z-Achse. Der Gesamtstrom sei I bzw. $-I$:

$$I = \pi a^2 \mathfrak{J}_z, \qquad -I = \pi(c^2 - b^2)\,\mathfrak{J}_{-z}.$$

Die Symmetrie des Problems zeigt, daß $\mathfrak{H}$ von φ unabhängig ist und die Richtung der wachsenden φ hat. Wir schreiben $\mathfrak{H}_\varphi = H$ und führen das Linienintegral von $\mathfrak{H}$ über irgendeinen Kreis $r =$ konst. in einer beliebigen Querschnittsebene des Drahtes. Da der Verschiebungsstrom wegen der vorausgesetzten Stationarität überall verschwindet, erhält man

$$0 < r < a: 2\pi r H = \pi r^2 \mathfrak{J}_z = \frac{r^2}{a^2} I, \qquad H = \frac{r}{a}\,\frac{I}{2\pi a}, \tag{10}$$

$$a < r < b: 2\pi r H = I, \qquad H = \frac{I}{2\pi r}, \tag{11}$$

$$b < r < c: 2\pi r H = I + \pi(r^2 - b^2)\,\mathfrak{J}_{-z} = I\left(1 - \frac{r^2 - b^2}{c^2 - b^2}\right), \tag{12}$$

$$H = \frac{I}{2\pi r}\,\frac{c^2 - r^2}{c^2 - b^2},$$

$$c < r: 2\pi r H = I - I, \qquad H = 0. \tag{13}$$

Die Grenzbedingungen für $\mathfrak{H}$ an der Drahtoberfläche $r = a$ und an den Zylinder-Oberflächen $r = b$, c werden durch die Gln. (10) bis (13) von selbst erfüllt. Der Verlauf von H wird durch Fig. 4 veranschaulicht.

Zu 2. Wir benutzen ein r, φ, z-Rechtsschrauben-System, das die Mittellinie der Spule zur Achse hat. Bei hinreichender Länge der Spule und hinreichend enger Wicklung treten keine magnetischen Kraftlinien ins Äußere der Spule; der Strom I hat die Richtung der wachsenden φ, die Erregung $\mathfrak{H}$ die der wachsenden z. Wir zeigen, daß $\mathfrak{H}_z = H$ im Innern der Spule konstant ist.

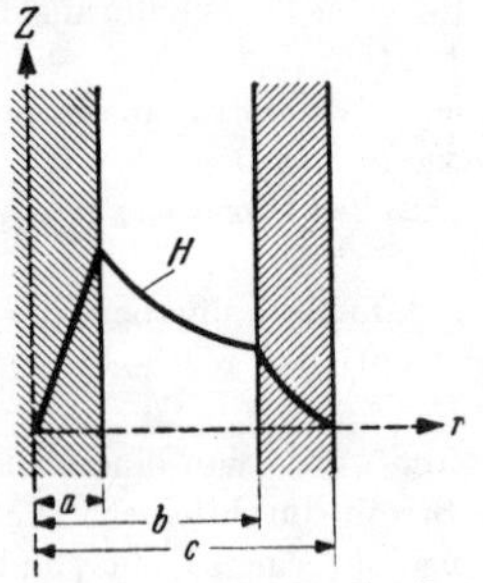

Fig. 4. Ein gerader, stationär durchströmter Draht und ein ihn umgebender Hohlzylinder als Rückleiter. Die magnetische Erregung $\mathfrak{H}_\varphi = H$ im Innern des Drahtes, im Luftraum zwischen beiden Leitern und im Rückleiter

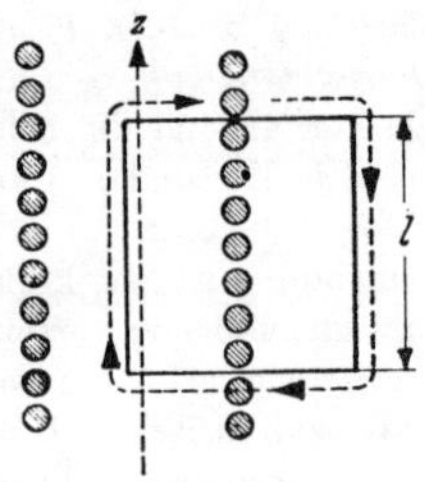

Fig. 5. Die magnetische Erregung $\mathfrak{H}$ im Innern einer unendlich langen Spule

Dazu betrachten wir den in Fig. 5 gezeichneten rechteckigen Umgang von der Länge l in der z-Richtung. Seine Ebene schneidet die Spule in $N_1\, l$ Querschnitten, wo N_1 die Windungszahl für die Längeneinheit der Spule ist. Wegen $\mathfrak{H}_r = 0$ im Innern und Äußern und $\mathfrak{H}_z = 0$ im Äußern der Spule trägt nur eine Seite des Umganges zum Linienintegral bei. Man hat

$$(14) \qquad H\, l = N_1\, l\, I, \qquad H = N_1\, I.$$

Die magnetische Erregung im Innern der Spule wird gegeben durch die „Ampère-Windungszahl pro Längeneinheit“ $N_1\, I$. Dies zur Erklärung der S. 10 angeführten, in der Technik üblichen Bezeichnung von H. Der Wert (14) von H ist von r unabhängig, also im ganzen Innern der Spule derselbe.

§ 5. Energiesatz und POYNTINGscher Vektor

Ausgehend von den Gln. (4. 4) multiplizieren wir die erste derselben skalar mit $\mathfrak{H}$, die zweite skalar mit $\mathfrak{E}$. Als Summe beider erhalten wir

$$(1) \qquad \mathfrak{H} \cdot \dot{\mathfrak{B}} + \mathfrak{E} \cdot \dot{\mathfrak{D}} + \mathfrak{E} \cdot \mathfrak{J} = \mathfrak{E} \cdot \operatorname{rot} \mathfrak{H} - \mathfrak{H} \cdot \operatorname{rot} \mathfrak{E}.$$

Auf der rechten Seite benutzen wir die für beliebige Vektoren $\mathfrak{U}$, $\mathfrak{V}$ gültige Umformung

$$(2) \qquad \mathfrak{V} \cdot \operatorname{rot} \mathfrak{U} - \mathfrak{U} \cdot \operatorname{rot} \mathfrak{V} = \operatorname{div} (\mathfrak{U} \times \mathfrak{V}).$$

Wir beweisen sie am kürzesten, indem wir von dem symbolischen „Nabla-Operator“

$$\nabla = \frac{\partial}{\partial x}, \quad \frac{\partial}{\partial y}, \quad \frac{\partial}{\partial z},$$

vgl. Bd. II, Anm. 1 auf S. 21, Gebrauch machen und die Divergenz durch skalare, die Rotation durch vektorielle Multiplikation mit diesem Vektor erklären:

$$\text{(2a)} \qquad \operatorname{div}(\mathfrak{U} \times \mathfrak{V}) = \nabla(\mathfrak{U} \times \mathfrak{V}) = \nabla_{\mathfrak{U}}(\mathfrak{U} \times \mathfrak{V}) + \nabla_{\mathfrak{V}}(\mathfrak{U} \times \mathfrak{V}),$$

$$\text{(2b)} \qquad \operatorname{rot}\mathfrak{U} = \nabla \times \mathfrak{U}, \qquad \operatorname{rot}\mathfrak{V} = \nabla \times \mathfrak{V}.$$

In (2a) bedeuten die unteren Indizes $\mathfrak{U}$, $\mathfrak{V}$, daß die ∇-Differentiation nur an den Vektoren $\mathfrak{U}$ bzw. $\mathfrak{V}$ auszuführen ist. Da die Reihenfolge der Vektoren in den doppelten Produkten zyklisch vertauscht werden darf, erhält man aus (2a) auch

$$\text{(2c)} \qquad \operatorname{div}(\mathfrak{U} \times \mathfrak{V}) = \mathfrak{V} \cdot \nabla \times \mathfrak{U} + \mathfrak{U} \cdot \mathfrak{V} \times \nabla = \mathfrak{V} \cdot \nabla \times \mathfrak{U} - \mathfrak{U} \cdot \nabla \times \mathfrak{V}.$$

Hier ist die rechte Seite wegen (2b) dasselbe wie die linke Seite von (2), so daß (2c) und (2) identisch werden. Dieser Beweis von (2) ist nur eine abgekürzte Schreibweise für die direkte, aber viel umständlichere Rechnung in rechtwinkligen Koordinaten x, y, z.

Machen wir nun in (2) $\mathfrak{V} = \mathfrak{E}$, $\mathfrak{U} = \mathfrak{H}$ und führen wir die Abkürzung ein

$$\text{(3)} \qquad \mathfrak{S} = \mathfrak{E} \times \mathfrak{H},$$

so geht (1) über in

$$\text{(4)} \qquad \mathfrak{H} \cdot \dot{\mathfrak{B}} + \mathfrak{E} \cdot \dot{\mathfrak{D}} + \mathfrak{E} \cdot \mathfrak{J} + \operatorname{div}\mathfrak{S} = 0.$$

(4) ist der *Poyntingsche Satz*, $\mathfrak{S}$ der *Poyntingsche Vektor*. Wir zeigen, daß $\mathfrak{S}$ den Vektor des *Energieflusses* bedeutet.

Wir überlegen zunächst wieder die Dimension der einzelnen Terme von Gl. (4). Die beiden ersten Terme haben nach (2. 9a) und (2. 8) bzw. nach (2. 1) und (2. 4) die Dimension

$$\text{(4a)} \qquad \frac{\mathrm{A}}{\mathrm{m}}\,\frac{\mathrm{Vs}}{\mathrm{m^2\,s}} \text{ bzw. } \frac{\mathrm{Dyn}}{\mathrm{As}}\,\frac{\mathrm{As}}{\mathrm{m^2\,s}} = \frac{\mathrm{Erg}}{\mathrm{m^3\,s}} = \text{Energie pro Raum- und Zeiteinheit.}$$

Der dritte Term hat, wie es sein muß, dieselbe Dimension, vgl. (2. 1) und (2. 4a). Die Dimension von (3) ist nach (2. 1) und (2. 9a)

$$\text{(4b)} \qquad \frac{\mathrm{Dyn}}{\mathrm{As}} \cdot \frac{\mathrm{A}}{\mathrm{m}} = \frac{\mathrm{Erg}}{\mathrm{m^2\,s}} = \text{Energie pro Flächen- und Zeiteinheit.}$$

Hieraus entsteht durch die Operation div, welche eine Differentiation nach den Raumkoordinaten bedeutet, als Dimension des vierten Terms von Gl. (4) wieder dieselbe wie in (4a).

Wie wir sehen, kommt unsere *elektrische Einheit C* in (4a, b) nicht vor. *Sie hat sich aus der Gesellschaft der mechanischen Einheiten m kg s diskret zurückgezogen.* Dasselbe wird sich bei vielen späteren Dimensionsbetrachtungen zeigen, bei denen es sich um rein mechaniche Größen handelt, die von der Wahl der elektrischen Einheit unabhängig sind.

Bevor wir nun zur physikalischen Deutung der einzelnen Terme von Gl. (4) übergehen, ersetzen wir im dritten Term $\mathfrak{E}$ gemäß Gl. (4. 5e). Wir erhalten dann nach Umordnung

$$\mathfrak{E}^e \cdot \mathfrak{J} = \varrho\, \mathfrak{J}^2 + \mathfrak{E} \cdot \dot{\mathfrak{D}} + \mathfrak{H} \cdot \dot{\mathfrak{B}} + \operatorname{div} \mathfrak{S}. \tag{4c}$$

Der erste Term der rechten Seite ist offensichtlich die in der Raum- und Zeiteinheit entwickelte Joulesche Wärme. Wir bezeichnen sie mit w_J; ihre Dimension ist die einer Leistungsdichte. Der Buchstabe w erinnert an das Zeichen W (work), das MAXWELL allgemein für die Gesamtenergie gebraucht. Wir haben also

$$w_J = \varrho\, \mathfrak{J}^2. \tag{5}$$

Der zweite und der dritte Term der rechten Seite von (4c) sind, wie wir sogleich sehen werden, die zeitliche Änderung der *magnetischen* und *elektrischen Energiedichten*; die letzteren definieren wir im Anschluß an MAXWELL durch

$$w_m = \frac{1}{2}\, \mathfrak{H} \cdot \mathfrak{B}, \quad w_e = \frac{1}{2}\, \mathfrak{E} \cdot \mathfrak{D}. \tag{6}$$

Durch diese Definition wird die Energie im Felde *lokalisiert*; jedem Volumelement $d\tau$ wird ein bestimmter elektrischer und magnetischer Energieinhalt $w_e\, d\tau$ und $w_m\, d\tau$ zugeschrieben. Dies bedeutet einen ersten Schritt zur Anpassung des Energiebegriffes an den Vorstellungskreis der Feldtheorie.

Der Faktor $\frac{1}{2}$ in den beiden Definitionsgleichungen (6) weist offenbar auf kontinuierliche Erzeugung der Energie hin, die dem Spannen einer Feder vergleichbar ist. Nach dem Schema Kraft × zusätzlichem Wege = Intensitätsgröße × Änderung der Quantitätsgröße hat man nämlich

$$w_e = \int \mathfrak{E} \cdot d\mathfrak{D},$$

was bei linearer Abhängigkeit zwischen $\mathfrak{E}$ und $\mathfrak{D}$ in der Tat auf (6) zurückführt. Etwas anders liegt die Sache bei der magnetischen Energie. Hier weist uns der POYNTINGsche Satz (4) an, auszugehen von

$$w_m = \int \mathfrak{H} \cdot \dot{\mathfrak{B}}\, dt = \int \mathfrak{H} \cdot d\mathfrak{B}. \tag{6a}$$

Vom Standpunkt unserer allgemeinen Systematik ($\mathfrak{B}$ = Intensitäts-, $\mathfrak{H}$ = Quantitätsgröße) hätte es uns näher gelegen, die magnetische Energiedichte statt durch (6a) vielmehr darzustellen durch

$$w_m = \int \mathfrak{B} \cdot d\mathfrak{H}. \tag{6b}$$

Dies führt bei linearer Abhängigkeit zwischen $\mathfrak{H}$ und $\mathfrak{B}$ natürlich wieder zu Gl. (6), bei nicht-linearer Abhängigkeit aber auf ein von $\int \mathfrak{H} \cdot d\mathfrak{B}$ verschiedenes, also nach Ausweis des POYNTINGschen Satzes *falsches* Resultat. Wir lernen daraus, daß die Zerlegung der Arbeit in Intensitätsgröße × Änderung der Quantitätsgröße nicht zwingend ist.

G. MIE, der hinsichtlich der Auffassung von $\mathfrak{B}$ und $\mathfrak{H}$ durchweg denselben Standpunkt einnimmt wie wir, verweist in seinem ausgezeichneten, in § 2 zitierten Lehrbuch, S. 467, auf die folgende mechanische Analogie: Ein bewegter Körper führt in seiner Volumeneinheit den Bewegungsimpuls (Intensitätsgröße) $\mathfrak{p}$ mit sich. Zur Beschleunigung ist die Kraft pro Volumeneinheit $d\mathfrak{p}/dt$ erforderlich, also die Arbeit

$$\frac{d\mathfrak{p}}{dt}\cdot d\mathfrak{s} = d\mathfrak{p}\cdot\mathfrak{v} = \mathfrak{v}\cdot d\mathfrak{p};$$

dies ist ein Produkt vom Typus $\mathfrak{H}\cdot d\mathfrak{B}$, nämlich eine Quantitätsgröße × Änderung einer Intensitätsgröße[1]).

Die magnetische Energie wird in dieser Auffassung zur *kinetischen* Energie der Mechanik in Parallele gesetzt. Dieselbe Parallelisierung wird uns in der Elektronentheorie begegnen. Auch in der HELMHOLTZschen Analogie zwischen Flüssigkeitswirbeln und elektrischen Strömen entspricht die magnetische Energie der kinetischen Energie der Flüssigkeit, ebenso in unserem quasi-elastischen Äthermodell in Bd. II, § 15.

Wenn wir uns bei den Gln. (6) auf MAXWELL beriefen, so müssen wir dem allerdings jetzt hinzufügen, daß bei MAXWELL als Folge eines andern Maßsystems statt $\frac{1}{2}$ der Faktor $1/(8\pi)$ steht, der von da aus in den größten Teil der Literatur übergegangen ist. Er entbehrt offenbar, im Gegensatz zu dem Faktor $\frac{1}{2}$, der Anschaulichkeit und ist nur historisch bedingt.

Wir müssen jetzt den Beweis dafür nachtragen, daß die in (4) vorkommenden Größen $\mathfrak{H}\cdot\dot{\mathfrak{B}}$ und $\mathfrak{E}\cdot\dot{\mathfrak{D}}$ mit den zeitlichen Änderungen der in (6) angegebenen Energiedichten übereinstimmen. Zu dem Ende berechnen wir aus (6)

(6c) $$\dot{w}_e = \frac{1}{2}\mathfrak{E}\cdot\dot{\mathfrak{D}} + \frac{1}{2}\dot{\mathfrak{E}}\cdot\mathfrak{D}.$$

Die beiden Terme rechts sind einander gleich, zunächst im *isotropen* Medium, wo $\mathfrak{D} = \varepsilon\,\mathfrak{E}$ ist. Sie sind es aber auch im *anisotropen Kristall*, in dem an die Stelle der einfachen Proportionalität die „lineare Vektorfunktion" tritt (vgl. S. 21):

$$\mathfrak{D}_i = \sum_k \varepsilon_{ik}\,\mathfrak{E}_k.$$

Daraus berechnen wir für die beiden Formen der rechten Seite von (6)

$$\sum_i \mathfrak{E}_i\,\dot{\mathfrak{D}}_i = \sum_i \mathfrak{E}_i \sum_k \varepsilon_{ik}\,\dot{\mathfrak{E}}_k, \qquad \sum_k \dot{\mathfrak{E}}_k\,\mathfrak{D}_k = \sum_k \dot{\mathfrak{E}}_k \sum_i \varepsilon_{ki}\,\mathfrak{E}_i = \sum_i \mathfrak{E}_i \sum_k \varepsilon_{ki}\,\dot{\mathfrak{E}}_k.$$

Beide Ausdrücke sind einander gleich, weil, unabhängig von der Kristallsymmetrie, gelten muß[2])

(6d) $$\varepsilon_{ik} = \varepsilon_{ki}.$$

---

[1]) Bei der elementaren Abhängigkeit zwischen $\mathfrak{p}$ und $\mathfrak{v}$, nämlich $\mathfrak{p} = M\,\mathfrak{v}$, und bei konstanter Masse ist allerdings wieder $d\mathfrak{p}\cdot\mathfrak{v} = \mathfrak{p}\cdot d\mathfrak{v}$. Aber bei zeitlich veränderlicher Masse, insbesondere bei der geschwindigkeitsabhängigen Masse der Relativitätstheorie, ist das nicht der Fall. Dann ist also die Form $d\mathfrak{p}\cdot\mathfrak{v}$ des Textes als Ausdruck der Energieänderung unerläßlich.

[2]) Diese Einschränkung der sonst willkürlichen Koeffizienten ε_{ik} ist notwendig, damit die am Volumelement geleistete Arbeit $\mathfrak{E}\cdot d\mathfrak{D}$ ein vollständiges Differential wird. Anderenfalls wäre die elektrische Energiedichte keine *Zustandsgröße*, wie wir es bei idealen Festkörpern postulieren. (Bei gewissen realen Kristallen kommen allerdings Hysteresis-Erscheinungen vor,

Aus (6c) folgt daher im anisotropen, ebenso wie im isotropen Fall

$$\dot{w}_e = \mathfrak{E} \cdot \dot{\mathfrak{D}}. \tag{6e}$$

Dasselbe gilt von der magnetischen Energiedichte sowohl im isotropen Medium (Proportionalität zwischen $\mathfrak{H}$ und $\mathfrak{B}$) wie im magnetischen Kristall (lineare Vektorfunktion mit $\mu_{ik} = \mu_{ki}$). Auch hier hat man:

$$\dot{w}_m = \frac{1}{2}\mathfrak{H} \cdot \dot{\mathfrak{B}} + \frac{1}{2}\dot{\mathfrak{H}} \cdot \mathfrak{B} = \mathfrak{H} \cdot \dot{\mathfrak{B}}. \tag{6f}$$

Die linke Seite von (4c) haben wir als die von den eingeprägten elektrischen Feldstärken in der Raum- und Zeiteinheit produzierte Energie zu deuten. Sie hat ihren Ursprung in chemischen oder thermischen Vorgängen. Wir schreiben

$$w^e = \mathfrak{E}^e \cdot \mathfrak{J} \tag{6g}$$

und können dann (4) wegen (5) und (6e, f) so formulieren:

$$w^e = w_J + \dot{w}_e + \dot{w}_m + \operatorname{div}\mathfrak{S}. \tag{7}$$

In dieser Form bringt der POYNTINGsche Satz die *Energiebilanz* im elektromagnetischen Feld zum Ausdruck: Die in der Volumen- und Zeiteinheit produzierte Energie deckt einmal den Verbrauch an JOULEscher Wärme, erhöht zum anderen Teil die elektrische und magnetische Feldenergie und gibt im letzten Summanden den Energieaustausch an das umgebende Volumen. Dies zeigt sich noch deutlicher, wenn wir Gl. (7) räumlich über ein endliches Volumen integrieren; dann haben wir nämlich bei Benutzung des GAUSSschen Satzes

$$\int w^e \, d\tau = \int w_J \, d\tau + \frac{\partial}{\partial t}\int (w_e + w_m) \, d\tau + \oint \mathfrak{S}_n \, d\sigma. \tag{7a}$$

Die Bedeutung von $\mathfrak{S}$ als *Energiefluß* durch die Oberfläche des Integrationsvolumens kommt hierin besonders klar zum Ausdruck.

Gl. (7) ist natürlich algebraisch aufzufassen: Auch in einem Volumen, in welchem $w^e = 0$ ist, brauchen die einzelnen Glieder der rechten Seite von (7) nicht zu verschwinden.

Mit der Einführung dieses Begriffes geht POYNTING über die MAXWELLsche Lokalisierung der Energie hinaus. Wir erfahren jetzt nicht nur, wieviel Energie sich an jedem Ort befindet, sondern auch, wohin sie gehen wird oder (bei umgekehrtem Vorzeichen von $\mathfrak{S}$) woher sie gekommen ist.

---

welche den Begriff der Zustandsgröße illusorisch machen.) Vgl. die ganz analogen Verhältnisse beim elastischen Körper, Bd. II, § 9 (Schluß) und § 39.

Im Kristall ist w_e eine allgemeine positive Form 2-ten Grades der $\mathfrak{E}_i$, nicht wie im isotropen Fall eine reine Quadratsumme. Die Schreibweise des Textes als skalares Produkt ist in jedem Fall begrifflich vorzuziehen.

Im Gegensatz zu w_e und w_m ist w_J *keine* Zustandsgröße. Im kristallinen Leiter ist daher die Bedingung $\sigma_{ki} = \sigma_{ik}$ nicht garantiert, sondern gegebenenfalls nur durch besondere Kristall-Symmetrie verwirklicht. Jedoch zeigt die Elektronentheorie der Metalle die Allgemeingültigkeit dieser Beziehung für Leitung ohne Magnetfeld. Eine allgemeinere Begründung hat ONSAGER gegeben. Vgl. Bd. V, § 21.

Im idealen Nichtleiter verschwinden w^e und w_J, womit (7) die Form der *Hydrodynamischen Kontinuitätsgleichung* annimmt, vgl. Bd. II, Gl. (5. 4): $w = w_e + w_m$ tritt an die Stelle der hydrodynamischen Dichte ϱ, $\mathfrak{S}$ an die Stelle von $\varrho\,\mathfrak{v}$. Indem wir in diesem hydrodynamischen Vergleich fortfahren, können wir sagen, daß die Energie auch im Isolator nicht wie eine inkompressible, sondern wie eine kompressible Flüssigkeit strömt. Im Leiter versickert sie überdies, nach Maßgabe der in jedem Raumelement entwickelten Wärmemenge.

In der Optik spielt $\mathfrak{S}$ als *Strahlungsvektor* eine beherrschende Rolle; Ausstrahlung und Einstrahlung in bezug auf ein gegebenes Flächenelement $d\sigma$ unterscheiden sich durch das positive und negative Vorzeichen von $\mathfrak{S}$.

Wir wissen aus der Mechanik, daß der Energiesatz nicht nur physikalisch grundlegend, sondern auch mathematisch als erstes Integral der Bewegungsgleichungen besonders nützlich ist. Etwas Ähnliches gilt von unserem elektrodynamischen Energiesatz: man schließt aus ihm auf die *Eindeutigkeit* des Integrationsproblems der MAXWELLschen Gleichungen bei gegebenem *Anfangszustand* und bei einer auf der Begrenzung des Gebietes geeignet vorzuschreibenden *Randbedingung*.

Der Beweisgang ist wie üblich indirekt: man nimmt an, es gäbe zwei Lösungen, bildet aus ihnen die Differenz und leitet für diese einen Widerspruch ab.

Die beiden Lösungen seien $\mathfrak{E}_1$, $\mathfrak{H}_1$ und $\mathfrak{E}_2$, $\mathfrak{H}_2$ (die zugehörigen Vektoren $\mathfrak{D}$, $\mathfrak{B}$ sind dann nach § 4 ebenfalls bekannt).

Wir setzen

$$\mathfrak{E} = \mathfrak{E}_1 - \mathfrak{E}_2, \qquad \mathfrak{H} = \mathfrak{H}_1 - \mathfrak{H}_2. \tag{8}$$

$\mathfrak{E}$ und $\mathfrak{H}$ sind so gut wie $\mathfrak{E}_1$, $\mathfrak{H}_1$ und $\mathfrak{E}_2$, $\mathfrak{H}_2$ Lösungen der MAXWELLschen Gln. (4. 8) wegen deren *Linearität*. Daher gilt auch für sie *formal* der POYNTINGsche Satz, z. B. in der Form (7a). Die hier vorkommenden Größen w, $\mathfrak{S}$, w_J setzen sich aber wegen ihres *quadratischen* Charakters nicht einfach aus den entsprechenden Größen der Teilfelder 1 und 2 zusammen, sondern es treten gewisse, aus 1 und 2 *gemischte* Glieder auf. Wir zeigen das am Beispiel der Größe w_e, wobei wir der Kürze halber Isotropie voraussetzen wollen.

$$w_e = \frac{1}{2}\,\mathfrak{E}\cdot\mathfrak{D} = \frac{\varepsilon}{2}\,\mathfrak{E}^2 = \frac{\varepsilon}{2}\,(\mathfrak{E}_1 - \mathfrak{E}_2)^2, \tag{9}$$

also ausgerechnet

$$w_e = \frac{\varepsilon}{2}\,\mathfrak{E}_1^2 + \frac{\varepsilon}{2}\,\mathfrak{E}_2^2 - \varepsilon\,\mathfrak{E}_1\cdot\mathfrak{E}_2. \tag{9a}$$

Der letzte Term rechts ist das in Rede stehende gemischte Glied, die beiden ersten Terme bedeuten, wie wir wissen, die elektrische Energie der Teilfelder 1 und 2. Wir werden aber diese ausgerechnete Form nicht nötig haben, sondern uns weiterhin auf die Darstellung (9) beziehen. Indem wir auch die Größe w_m und den Fall von anisotropen Medien mit einschließen, können wir sagen: die in (7a) gemeinte Größe w bedeutet für das Folgende eine *notwendig positive* quadratische Form, gebildet aus den Komponenten des Differenzfeldes $\mathfrak{E}$, $\mathfrak{H}$. Das Entsprechende gilt von der Größe w_J. Schließlich bedeutet die Größe $\mathfrak{S}$ (unbeschadet der auch bei ihrer Ausrechnung auftretenden gemischten Glieder) das aus den *Differenzfeldern* gebildete Vektorprodukt.

Das Raumgebiet, über welches in (7a) integriert wird, möge sich zusammensetzen aus Teilgebieten $a, b, \ldots j, \ldots$ mit im allgemeinen verschiedenen Materialkonstanten ε, μ, σ. Wir deuten das an, indem wir w und w_J ersetzen durch $\sum_j w$, $\sum_j w_J$, die nach dem Vorstehenden, ebenso wie das einzelne w, *niemals negativ* werden können. Fassen wir nun das aus (7a) auf gleiche Weise entstandene Glied

$$\sum_j \int \mathfrak{S}_n \, d\sigma_j \tag{10}$$

ins Auge, so heben sich in diesem je zwei Summanden auf, die sich auf dieselbe *innere* Grenzfläche der Teilgebiete beziehen, weil in ihnen die $\mathfrak{S}_n$ entgegengesetzt gleich sind — *entgegengesetzt* wegen entgegengesetzter Richtung der Normalen n, *gleich* wegen der Grenzbedingungen für die tangentiellen Komponenten der Felder $\mathfrak{E}_1$, $\mathfrak{E}_2$ und $\mathfrak{H}_1$, $\mathfrak{H}_2$, aus denen dann auch die Gleichheit der tangentiellen Komponenten der *Differenzfelder* $\mathfrak{E}$, $\mathfrak{H}$ und der zur Grenzfläche normalen Komponente von $\mathfrak{S}$ folgt. Die Summe (10) wird daher einfach gleich dem Oberflächenintegral über die *äußere* Begrenzung des Integrationsgebietes

$$\int \mathfrak{S}_n \, d\sigma. \tag{10a}$$

Die auf dieser Begrenzung vorzuschreibende *Randbedingung*, auf die schon oben hingedeutet wurde, soll nun einfach darin bestehen, daß überall auf ihr die tangentiellen Komponenten entweder des elektrischen oder des magnetischen Feldes gegeben werden. Für das Differenzfeld (8) bedeutet dies, daß die tangentiellen Komponenten entweder von $\mathfrak{E}$ oder von $\mathfrak{H}$ verschwinden. In beiden Fällen verschwindet dann auch das aus ihnen gebildete Vektorprodukt $\mathfrak{S}$ und als Folge davon das Integral (10a).

Nunmehr lautet das auf unseren Fall übertragene Schema (7a)

$$\frac{\partial}{\partial t} \sum_j \int w \, d\tau_j = - \sum_j \int w_J \, d\tau_j \tag{11}$$

oder nach t integriert:

$$\sum_j \int w \, d\tau_j \Big|_0^t = - \int_0^t dt \sum_j \int w_J \, d\tau_j. \tag{11a}$$

Hier ist die rechte Seite kleiner oder höchstenfalls gleich Null. Die linke Seite verschwindet an der unteren Grenze $t = 0$, da bei vorgeschriebenen *Anfangswerten* der Felder 1 und 2 in jedem der Gebiete j sowohl $\mathfrak{E} = 0$ als auch $\mathfrak{H} = 0$ ist und daher auch $w = 0$ wird. An der oberen Grenze t dagegen ist die linke Seite von (11a) nach der Bedeutung von w sicher nicht negativ; ihr kleinstmöglicher Wert ist Null. Nur dann löst sich der Widerspruch mit der rechten Seite. Dazu muß für alle $t > 0$ sein

$$\mathfrak{E} = 0, \qquad \mathfrak{H} = 0,$$

also nach (8)

$$\mathfrak{E}_1 = \mathfrak{E}_2, \qquad \mathfrak{H}_1 = \mathfrak{H}_2.$$

Dieser Eindeutigkeitsbeweis genügt jedem Anspruch an Strenge. Einen unstrengen Beweis kann man übrigens schon unmittelbar aus der Form der Gln. (4. 8) entnehmen. Sie gestatten nämlich, die *zeitliche* Änderung von $\mathfrak{E}$ und $\mathfrak{H}$ zu bestimmen, wenn ihre *räumliche* Verteilung zu irgendeiner Zeit bekannt ist. Das bedeutet sozusagen: Man kann die Werte von $\mathfrak{E}$ und $\mathfrak{H}$ zur Zeit $t + dt$ aus ihren Werten zur Zeit t berechnen. Diese Berechnung ist *eindeutig*, weil die MAXWELLschen Gleichungen in $\mathfrak{E}$ und $\mathfrak{H}$ linear sind.

Wir haben uns im vorstehenden auf ein im Endlichen abgeschlossenes Gebiet beschränkt. Physikalisch interessanter ist natürlich das unbegrenzte Gebiet. Die Eindeutigkeit der diesbezüglichen Integrationsaufgaben läßt sich für den statischen Fall nach § 10 D beweisen. Auf die Bedeutung des POYNTINGschen Vektors für die eindeutige Formulierung des Drahtwellenproblems werden wir in § 22 zurückkommen.

§ 6. Die Rolle der Lichtgeschwindigkeit in der Elektrodynamik

Es liegt nahe, aus den Gln. (4. 8) $\mathfrak{H}$ zu eliminieren und dadurch eine einzelne Vektorgleichung für $\mathfrak{E}$ herzustellen. Man wendet dazu auf die erste Gl. (4. 8) die Operation rot, auf die zweite die Operation $\mu\,\partial/\partial t$ an; in der Summe beider Gleichungen erhält man

$$\varepsilon\,\mu\,\frac{\partial^2\mathfrak{E}}{\partial t^2} + \sigma\,\mu\,\frac{\partial\mathfrak{E}}{\partial t} = -\operatorname{rot}\operatorname{rot}\mathfrak{E}, \tag{1}$$

also eine lineare Differentialgleichung zweiter Ordnung in den vier Raum-Zeit-Koordinaten.

Wir wollen sie auf eine dem Mathematiker geläufigere Form bringen. Dazu dient die allgemeine Umformung (3.10) aus Bd. II:

$$\operatorname{rot}\operatorname{rot}\mathfrak{E} = \operatorname{grad}\operatorname{div}\mathfrak{E} - \triangle\mathfrak{E}. \tag{2}$$

Diese Gleichung ist, wie wir in l. c. sagten, mit Vorsicht zu gebrauchen, weil der LAPLACEsche Operator $\triangle$ nach seiner Definition durch divgrad nur auf skalare Größen angewandt werden darf. Übrigens kann (2) auch aus der bekannten Vektorformel

$$\mathfrak{A} \times (\mathfrak{B} \times \mathfrak{C}) = \mathfrak{B}(\mathfrak{A}\cdot\mathfrak{C}) - \mathfrak{C}(\mathfrak{A}\cdot\mathfrak{B}) \tag{2a}$$

durch symbolische Rechnung mit dem Nabla-Operator (vgl. den Anfang von § 5) abgeleitet werden, wobei sie sich schreibt:

$$\nabla \times (\nabla \times \mathfrak{E}) = \nabla(\nabla\cdot\mathfrak{E}) - (\nabla\cdot\nabla)\,\mathfrak{E}. \tag{2b}$$

Dies stimmt mit Gl. (2) Glied für Glied überein. Wir kommen auf ähnliche Vektorformeln in Übungsaufgabe I. 4 zurück.

Während Gl. (1) für beliebige, auch krummlinige Koordinaten gilt, müssen wir nach dem Gesagten Gl. (2) auf CARTESIsche Koordinaten x, y, z und Komponenten $\mathfrak{E}_x$, $\mathfrak{E}_y$, $\mathfrak{E}_z$ beschränken, weil nur diese wie skalare Größen behandelt werden dürfen. Unter dieser Einschränkung erhalten wir aus (1) und (2)

$$\varepsilon\,\mu\,\frac{\partial^2\mathfrak{E}}{\partial t^2} + \sigma\,\mu\,\frac{\partial\mathfrak{E}}{\partial t} = \triangle\mathfrak{E} - \operatorname{grad}\operatorname{div}\mathfrak{E}. \tag{3}$$

Dies läßt sich noch vereinfachen, wenn wir $\mathfrak{E}$ als *ladungsfreie* Lösung in einem Medium von einheitlicher Dielektrizitätskonstante spezialisieren. Dann ist nämlich wegen $\varepsilon =$ konst. und $\varrho = 0$ in Gl. (4. 4b) $\operatorname{div}\mathfrak{D} = \varepsilon \operatorname{div}\mathfrak{E} = 0$. Das letzte Glied rechts in Gl. (3) fällt also fort; (3) geht in die Form der typischen Schwingungsgleichung über:

$$\varepsilon\,\mu\,\frac{\partial^2 \mathfrak{E}}{\partial t^2} + \sigma\,\mu\,\frac{\partial \mathfrak{E}}{\partial t} = \triangle \mathfrak{E}. \tag{4}$$

Dieselbe Gleichung gilt unter denselben einschränkenden Bedingungen offenbar auch für $\mathfrak{H}$ (sowie für $\mathfrak{D}$ und $\mathfrak{B}$).

Der erste Koeffizient in (4) ist, wie wir unmittelbar aus (4) ablesen, ein *reziprokes Geschwindigkeitsquadrat*. Dem entspricht es, daß wir nach (4. 6a) und (4. 7a) haben:

$$[\varepsilon\,\mu] = \frac{\mathrm{As}}{\mathrm{Vm}} \cdot \frac{\mathrm{Vs}}{\mathrm{Am}} = \left(\frac{\mathrm{m}}{\mathrm{s}}\right)^{-2}. \tag{5}$$

Was bedeutet diese Geschwindigkeit? Die MAXWELLsche Antwort darauf ist: *Sie bedeutet die Fortpflanzungsgeschwindigkeit elektromagnetischer Wellen, die im Vakuum mit der des Lichtes identisch ist:*

$$(\varepsilon_0\,\mu_0)^{-1/2} = c = (2{,}9978 \pm 0{,}0002) \cdot 10^8\,\frac{\mathrm{m}}{\mathrm{s}} \approx 3 \cdot 10^8\,\frac{\mathrm{m}}{\mathrm{s}}. \tag{6}$$

Schon früh hat die Lichtgeschwindigkeit c, damals als „kritische Geschwindigkeit" bezeichnet, in der Elektrodynamik herumgegeistert, im WILHELM-WEBERschen Gesetz und in den zahlreichen Messungen des Verhältnisses einer „elektromagnetisch" und „elektrostatisch" bestimmten Kondensatorentladung, vgl. § 16 D. Aber erst durch die *Maxwellsche Theorie des Lichtes* und durch die *Hertzschen Versuche* ist die Rolle von c in der Elektrodynamik allgemein geklärt.

Gehen wir vom Vakuum zu einem beliebigen elektromagnetischen Medium über, so bedeutet die in (5) auftretende Geschwindigkeit $(\varepsilon\,\mu)^{-1/2}$ nach MAXWELL die Lichtgeschwindigkeit (genauer gesagt die „Phasengeschwindigkeit des Lichtes") in dem durch ε und μ charakterisierten ponderablen Körper:

$$(\varepsilon\,\mu)^{-1/2} = v, \qquad \frac{c}{v} = n = \text{Brechungsindex}. \tag{7}$$

Die Aussage (7) hat allerdings lange nicht dieselbe Sicherheit wie die Aussage (6). Gibt sie doch keine Rechenschaft von den Dispersionserscheinungen, kann also nicht einmal die prismatischen Farben erklären! Wir werden erst in Bd. IV sehen, wie diese in die elektromagnetische Optik einzuordnen sind.

Gl. (6) ist offenbar eine *aus der Erfahrung stammende* Ergänzung der MAXWELLschen Theorie, die eine Beziehung zwischen den beiden Materialkonstanten ε_0, μ_0 des Vakuums herstellt. Wie die Konstanten einzeln zu bestimmen sind, werden wir im folgenden Paragraphen besprechen.

Wir wenden uns zur Integration der auf das Vakuum spezialisierten Gl. (4)

$$\frac{1}{c^2}\frac{\partial^2 \mathfrak{E}}{\partial t^2} = \triangle \mathfrak{E} \tag{8}$$

und ergänzen sie durch die dabei schon benutzte Zusatzbedingung

$$\operatorname{div} \mathfrak{E} = 0. \tag{8a}$$

Wir fragen speziell nach solchen Lösungen von (8), die von y und z unabhängig sind. Bei rein periodischer Zeitabhängigkeit bedeuten sie *monochromatische ebene Wellen*, die nach der x-Achse fortschreiten. Wir zeigen, daß sie notwendig *transversalen Charakter* haben. Gl. (8a) reduziert sich nämlich wegen der vorausgesetzten Unabhängigkeit des Zustandes von y und z auf

$$\frac{\partial \mathfrak{E}_x}{\partial x} = 0.$$

Daraus folgt nach (8) auch

$$\frac{\partial^2 \mathfrak{E}_x}{\partial t^2} = 0. \tag{8b}$$

$\mathfrak{E}_x$ wäre also eine lineare Funktion von t, was mit der periodischen t-Abhängigkeit unvereinbar ist. Es muß daher $\mathfrak{E}_x = 0$ sein. Damit haben wir bereits einen entscheidenden Vorzug der elektromagnetischen Optik vor der älteren elastischen Optik. Diese konnte, wie wir in Bd. II, § 45, sahen, die *longitudinale* Komponente der ebenen Welle niemals los werden: Selbst wenn sie ursprünglich nicht vorhanden war, mußte sie bei einer Reflexion oder Brechung im allgemeinen zu der transversalen Komponente hinzutreten. Im Gegensatz dazu haben wir bewiesen: Die ebene Welle der elektromagnetischen Lichttheorie ist *notwendig transversal.* Gl. (8a) können wir als *Transversalitätsbedingung* bezeichnen.

Ist die Welle elektrisch einkomponentig, also wie man sagt, linear polarisiert, so können wir ihre Schwingungsrichtung[1]) zur y-Achse nehmen, so daß außer $\mathfrak{E}_x = 0$ auch $\mathfrak{E}_z = 0$ wird.

Gl. (8) geht dann über in

$$\frac{1}{c^2}\frac{\partial^2 \mathfrak{E}_y}{\partial t^2} = \frac{\partial^2 \mathfrak{E}_y}{\partial x^2}. \tag{9}$$

Ihre zeitlich rein periodische Lösung ist

$$\mathfrak{E}_y = a \cos(k x - \omega t + \alpha). \tag{10}$$

Die hier eingeführte Wellenzahl k und Kreisfrequenz ω stehen nach (9) in der Beziehung

$$\frac{\omega}{k} = c; \tag{10a}$$

durch die Wellenlänge λ und die Schwingungsdauer τ ausgedrückt ist bekanntlich

$$k = \frac{2\pi}{\lambda}, \qquad \omega = \frac{2\pi}{\tau}. \tag{10b}$$

---

[1]) Es handelt sich wohlgemerkt um die Schwingungsrichtung des elektrischen *Feldes*, nicht um die Richtung irgendeiner materiellen Bewegung.

Statt (10) schreiben wir für das Folgende bequemer

$$(11) \qquad \mathfrak{E}_y = A\, e^{i k x - i \omega t}, \qquad A = a\, e^{i\alpha},$$

indem wir das Zeichen $\Re e$ des reellen Teiles ein für allemal fortlassen. Dies ist zulässig, sofern es sich um lineare Beziehungen, wie die MAXWELLschen Differentialgleichungen, handelt; bei den in den Feldkomponenten quadratischen Energiegrößen müssen wir dagegen offenbar auf ihre reellen Darstellungen vom Typus (10) zurückgehen.

Wir fragen weiter nach der magnetischen Komponente der ebenen Welle. Sie folgt aus der auf das Vakuum spezialisierten ersten der beiden Vektorgleichungen (4. 8):

$$\mu_0 \frac{\partial \mathfrak{H}}{\partial t} = -\operatorname{rot} \mathfrak{E}.$$

Diese verlangt wegen $\mathfrak{E}_x = \mathfrak{E}_z = 0$, $\frac{\partial}{\partial y} = \frac{\partial}{\partial z} = 0$

$$\mathfrak{H}_x = \mathfrak{H}_y = 0$$

und liefert für $\mathfrak{H}_z$ die Bestimmungsgleichung

$$(12) \qquad \mu_0 \frac{\partial \mathfrak{H}_z}{\partial t} = -\frac{\partial \mathfrak{E}_y}{\partial x} = -i k A\, e^{i k x - i \omega t}.$$

Ihre Integration nach t wird bei rein periodischer Zeitabhängigkeit einfach dadurch vollzogen, daß man die rechte Seite durch $-i\omega$ dividiert. Man erhält so der Reihe nach

$$\mu_0 \mathfrak{H}_z = \frac{k}{\omega} A\, e^{i k x - i \omega t} = \frac{1}{c} A\, e^{i k x - i \omega t},$$

also mit Rücksicht auf (6)

$$(13) \qquad \mathfrak{H}_z = \sqrt{\frac{\varepsilon_0}{\mu_0}}\, A\, e^{i k x - i \omega t}.$$

Die Dimension des hier auftretenden Faktors $(\varepsilon_0/\mu_0)^{1/2}$ ist die eines reziproken Widerstandes, also Ω^{-1}. Nach (4. 6a), (4. 7a) und (4. 5c) ist nämlich

$$(14) \qquad \left[\frac{\varepsilon}{\mu}\right] = \frac{\mathrm{A\,s}}{\mathrm{V\,cm}} \cdot \frac{\mathrm{A\,cm}}{\mathrm{V\,s}} = \frac{1}{\Omega^2}.$$

Man bezeichnet $(\mu_0/\varepsilon_0)^{1/2}$ als „Wellenwiderstand des Vakuums". In der Tat werden wir in § 18 D sehen, daß diese Größe in der Telegraphengleichung die Rolle eines Widerstandes (Spannung/Strom) spielt.

Fig. 6 zeigt die Lage von $\mathfrak{E}$ und $\mathfrak{H}$ gegeneinander und gegen den POYNTINGschen Vektor $\mathfrak{S}$ zu einer gegebenen Zeit. Sie bilden in dieser Reihenfolge ein *Rechtsschraubensystem.* Bei zunehmendem t verschiebt sich die Figur in Richtung der positiven x-Achse mit Lichtgeschwindigkeit. Es ist vielleicht nicht überflüssig zu betonen, daß $\mathfrak{E}$ und $\mathfrak{H}$ an *gleicher* Stelle durch Null gehen und an *gleicher* Stelle ihre Extremwerte erreichen. Die Sache liegt hier also nicht so wie bei den Pendelschwingungen der Mechanik, bei denen die Energie in zeitlicher Folge als kinetisch und potentiell erscheint.

Für die HERTZschen und viele optischen Versuche ist die Luft gleichbedeutend mit unserem Vakuum. Nur für die Zwecke besonders genauer Wellenlängen-Bestimmungen ist zwischen Luft und Vakuum zu unterscheiden.

Wir haben hier dauernd das Wort Vakuum benutzt statt des sonst oft gebrauchten Wortes „Äther“ („Lichtäther“), weil uns jenes negative Wort immer noch mehr Inhalt zu haben scheint als dieses scholastische Wort, welches falsche, mit der Relativitätstheorie unvereinbare Vorstellungen weckt.

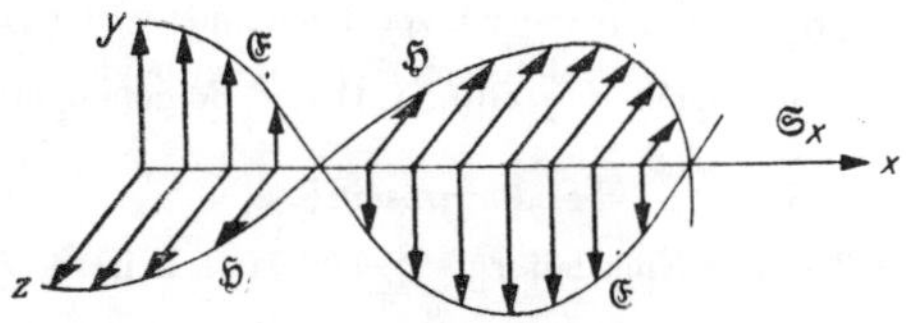

Fig. 6. Gegenseitige Lage von 𝔈, 𝔥 und 𝔖 bei einer ebenen, in der x-Richtung fortschreitenden Lichtquelle

In ponderablen Körpern können wir die betreffenden Materialkonstanten statt durch ε, μ auch durch ihre auf Vakuum bezogenen *relativen* Werte kennzeichnen, indem wir setzen

(15) $$\varepsilon = \varepsilon_{\text{rel}}\,\varepsilon_0\,, \qquad \mu = \mu_{\text{rel}}\,\mu_0\,.$$

ε_{rel} und μ_{rel} sind dann reine Zahlen. Gl. (10a) ist im ponderablen Nichtleiter nach (7) natürlich zu ersetzen durch

(16) $$\frac{\omega}{k} = v = \frac{c}{n}$$

und Gl. (13) durch

(17) $$\mathfrak{H}_z = \sqrt{\frac{\varepsilon}{\mu}}\,A\,e^{ikx - i\omega t}.$$

Auch in einem absorbierenden Medium ($\sigma \neq 0$) sind ebene transversale Wellen möglich. Geht man nämlich mit dem Ansatz (11) in die allgemeine Schwingungsgleichung (4) ein, so wird diese erfüllt, wenn man nur k bei gegebenem ω der die Gl. (16) verallgemeinernden Bedingung unterwirft:

(18) $$k^2 = \varepsilon\,\mu\,\omega^2 + i\,\sigma\,\mu\,\omega, \qquad k = \sqrt{\varepsilon'\,\mu}\,\omega, \qquad \varepsilon' = \varepsilon + \frac{i\,\sigma}{\omega}.$$

ε' ist die in der Optik absorbierender Medien oft gebrauchte „komplexe D. K.“. Benutzt man die in (4. 9a) eingeführte Relaxationszeit, so wird

(18a) $$\frac{\varepsilon'}{\varepsilon} = 1 + \frac{i\,\sigma}{\varepsilon\,\omega} = 1 + \frac{i}{2\pi}\,\frac{\tau}{T_r}.$$

Im Falle $T_r \gg \tau$ ist der hinzutretende imaginäre Term von k nur ein Korrektionsglied; im Falle $T_r \ll \tau$ werden reeller und imaginärer Teil von k einander gleich (wegen $\sqrt{i} = (1 + i)/\sqrt{2}$). In beiden Fällen wird die Welle beim Fortschreiten längs der positiven x-Achse exponentiell abgedämpft, und 𝔈 und 𝔥 sind nicht mehr wie in Fig. 6 in Phase.

§ 7. Das COULOMBsche Feld und die Fundamentalkonstanten des Vakuums. Rationelle und konventionelle Einheiten

Bezüglich ihrer Zeitabhängigkeit teilen wir die Felder ein in *statische, stationäre, quasistationäre und schnell veränderliche Felder.*

Bei den *statischen Feldern* sollen nicht nur die Feld- und Dichteänderungen, sondern auch die Strömungen von Elektrizität und Energie verschwinden. Wir verlangen also

$$\dot{\mathfrak{B}} = 0, \quad \dot{\mathfrak{D}} = 0, \quad \dot{\varrho} = 0, \quad \mathfrak{J} = 0, \quad \mathfrak{S} = 0.$$

Diese Bedingungen sind nach den Gln. (4.4) und folgende erfüllt, wenn wir machen:

A. Elektrostatik

(1) $\operatorname{rot}\mathfrak{E} = 0$, $\operatorname{div}\mathfrak{D} = \varrho$ in Nichtleitern, $\mathfrak{D} = \mathfrak{E} = 0$ in Leitern, $\mathfrak{H} = 0$ durchweg.

B. Magnetostatik

(2) $\operatorname{rot}\mathfrak{H} = 0$, $\operatorname{div}\mathfrak{B} = 0$ durchweg, aber gegebenenfalls $\operatorname{div}\mathfrak{H} = \varrho_m$, $\mathfrak{E} = 0$ durchweg.

Über die hier eingeführte „magnetische Dichte“ ϱ_m werden wir unten bei Gl. (9a) die nötigen Aufschlüsse geben.

Bei den *stationären Feldern* halten wir an den Bedingungen $\dot{\mathfrak{B}} = 0$, $\dot{\mathfrak{D}} = 0$, $\dot{\varrho} = 0$ fest, lassen aber in den Leitern Strömungsfelder $\mathfrak{J}$ zu, die nach Gl. (4.4c) quellenfrei verlaufen müssen. Für das elektrische Feld gilt immer noch, sowohl innerhalb wie außerhalb der Ströme, $\operatorname{rot}\mathfrak{E} = 0$; dagegen hat man $\operatorname{rot}\mathfrak{H} = 0$ nur außerhalb der Ströme.

Auch bei den *quasistationären Feldern* werden wir die Felder wie im stationären Fall berechnen, aber ihre Zeitabhängigkeit in erster Näherung berücksichtigen. Erst bei den *schnell veränderlichen Feldern* kommt das volle Schema der MAXWELLschen Gleichungen zur Geltung.

A. Elektrostatik

Wir schieben hier alle Aufgaben zurück, die besondere funktionentheoretische Hilfsmittel erfordern. Es sind dies die *elektrostatischen Randwertaufgaben*, bei denen sich Leiter oder auch nur Nichtleiter verschiedener Dielektrizitätskonstante im Felde befinden. Es handelt sich für uns zunächst also lediglich um ein *einheitliches* Dielektrikum, so daß wir $\varepsilon =$ konst. setzen können. Statt mit einer Randwertaufgabe haben wir es dann mit einer einfachen *Summationsaufgabe* zu tun.

Die Gln. (1) vereinfachen sich jetzt zu

(3) $\operatorname{rot}\mathfrak{E} = 0,$ (3a) $\operatorname{div}\mathfrak{E} = \frac{\varrho}{\varepsilon}.$

Gl. (3) sagt aus, daß $\mathfrak{E}$ als Gradient eines *skalaren Potentials* berechnet werden kann:

(4) $\mathfrak{E} = -\operatorname{grad}\psi,$

was ersichtlich schon eine erhebliche Vereinfachung des Integrationsgeschäftes bedeutet.

Dieses Potential hat nach (3a) der *Poissonschen Gleichung*

$$\triangle \psi = -\frac{\varrho}{\varepsilon} \tag{4a}$$

zu genügen. *Wirbelfreies Feld* (rot $\mathfrak{E} = 0$) und *Potentialfeld* ($\mathfrak{E} = -\operatorname{grad} \psi$) bedeuten dasselbe; die Flächen $\psi =$ konst. teilen das Feld in Schichten (Lamellen) ein, auf denen die Kraftlinien senkrecht stehen. Daher die Bezeichnung laminares Feld als gleichbedeutend mit Potentialfeld. Das Linienintegral der Feldstärke

$$\int_A^B \mathfrak{E}_s \, \mathrm{d}s = \psi_A - \psi_B \tag{4b}$$

ist vom Wege unabhängig; auf jedem geschlossenen Wege ($B = A$) geführt, *verschwindet* es. Die *Spannung* V_{AB} ist identisch mit der *Potentialdifferenz*

$$\psi_A - \psi_B .$$

Die oben genannte Summationsaufgabe besteht in der Integration von Gl. (4a) und läßt sich direkt nach dem *Greenschen Satz* ausführen. Wir verweisen dieserhalb auf Bd. II, § 20, Nr. 1a. Es ergibt sich

$$4\pi \varepsilon \psi = \int \frac{\varrho}{r} \mathrm{d}\tau , \qquad r = r_{PQ} . \tag{5}$$

P ist der Aufpunkt, für den ψ berechnet werden soll, Q der Integrationspunkt. Die linke Seite entsteht in bekannter Weise aus der Integration über eine den Punkt $Q = P$, d.h. $r = 0$ eng umschließende Kugel; das Integral über die das Integrationsgebiet nach außen hin begrenzende Kugel verschwindet, wenn die von dieser Kugel umschlossene Gesamtladung einen endlichen Wert hat.

Wenn die Ladung nicht räumlich verteilt, sondern auf einer Fläche oder Linie konzentriert ist, so ergibt sich nach derselben mathematischen Methode wie bei (5)

$$\text{(5a)} \quad 4\pi \varepsilon \psi = \int \frac{\omega}{r} \mathrm{d}\sigma , \qquad \text{(5b)} \quad 4\pi \varepsilon \psi = \int \frac{\lambda}{r} \mathrm{d}s .$$

ω ist die Flächendichte, λ die Liniendichte (Ladung pro Längeneinheit). Ein letzter Schritt in dieser Reihe führt uns zur punktförmig konzentrierten Ladung Q:

$$\text{(6)} \quad 4\pi \varepsilon \psi = \frac{Q}{r} , \qquad \text{(6a)} \quad \mathfrak{E} = \mathfrak{E}_r = -\frac{\partial \psi}{\partial r} = \frac{Q}{4\pi \varepsilon r^2} .$$

Dies ist das *Coulombsche Feld*. Wir hätten es auch direkt aus Gl. (3a) ablesen können, wenn wir diese unter Benutzung des GAUSSschen Satzes über eine um die Ladung Q mit dem Radius r beschriebene Kugel integriert hätten. Wir erhielten dann direkt

$$\oint \mathfrak{E}_n \, \mathrm{d}\sigma = \int \frac{\varrho}{\varepsilon} \mathrm{d}\tau = \frac{Q}{\varepsilon} . \tag{6b}$$

Hier ist linker Hand wegen der sphärischen Symmetrie des Problems natürlich $\mathfrak{E}_n = \mathfrak{E}_r =$ konst. zu setzen, worauf (6b) in der Tat mit (6a) identisch wird.

Die *Coulombsche Kraft* $\mathfrak{F}$, mit der sich zwei gleiche Ladungen Q im Abstand r voneinander abstoßen, folgt aus (6) nach unserer Definition der Feldstärke zu:

$$\mathfrak{F} = \mathfrak{F}_r = Q\,\mathfrak{E}_r = \frac{Q^2}{4\pi\,\varepsilon\,r^2}. \tag{7}$$

Seit alters her schreibt man statt dessen, insbesondere für das Vakuum,

$$\mathfrak{F} = f\frac{Q^2}{r^2} \quad \text{und setzt} \quad f = 1, \tag{8}$$

wobei man sich $\mathfrak{F}$ in dyn, r in cm gemessen denkt. Damit wirft man aber den ganzen Aufbau unseres Dimensions-Systems um; man tritt aus unserem bisherigen Maßsystem hinaus und geht zum sogenannten *elektrostatischen*[1]) *System* der cgs-Einheiten über. In diesem würde die Ladung Q nach (8) die sehr unnatürliche und unschöne Dimension haben:

$$[Q] = \sqrt{\text{dyn cm}^2} = \text{cm}^{3/2}\,\text{g}^{1/2}\,\text{s}^{-1}, \tag{8a}$$

und die Ladung 1 würde vorliegen, wenn zwei gleiche Ladungen Q im Abstand 1 cm voneinander sich in Luft mit der Kraft 1 dyn abstoßen.

Die von HERTZ eingeführte Unterscheidung zwischen „wahrer Ladungsdichte" für div $\mathfrak{D}$ und „freier Ladungsdichte" für div $\mathfrak{E}$ müssen wir aus Dimensionsgründen dahin abändern, daß wir $\operatorname{div}(\varepsilon_0\,\mathfrak{E})$ als freie Ladungsdichte bezeichnen.

B. Magnetostatik

Während man sonst gewöhnlich die Analogie zwischen Elektro- und Magnetostatik betont, müssen wir von unserem Standpunkt aus zugleich auch die zwischen beiden bestehenden Gegensätze deutlich herausstellen.

Wie wir in (2) sahen, ist hier nicht die *Intensitätsgröße* $\mathfrak{B}$, sondern die *Quantitätsgröße* $\mathfrak{H}$ wirbelfrei verteilt. Wir nennen das zugehörige skalare Potential wieder ψ, wobei wir nötigenfalls zwischen ψ_e und ψ_m unterscheiden, und haben

$$\mathfrak{H} = -\operatorname{grad}\psi. \tag{9}$$

Die oben in Gl. (2) definierte Größe ϱ_m werden wir kurzweg „magnetische Dichte" nennen; wegen des Entsprechens von $\mathfrak{H}$ und $\mathfrak{D}$ können wir sie als direktes Analogon der elektrischen Dichte ϱ ansehen.

Wie ist ihre Existenz, d. h. die Gl. $\operatorname{div}\mathfrak{H} \neq 0$, mit der allgemeingültigen Gl. $\operatorname{div}\mathfrak{B} = 0$ verträglich? Sie ist es nur an Stellen lokaler Veränderlichkeit der Permeabilität, wie die folgenden Zeilen zeigen:

$$\begin{aligned} \operatorname{div}\mathfrak{B} &= \mu\operatorname{div}\mathfrak{H} + \mathfrak{H}\cdot\operatorname{grad}\mu = 0, \\ \varrho_m &= \operatorname{div}\mathfrak{H} = \mathfrak{H}\cdot\operatorname{grad}\ln\mu_0/\mu. \end{aligned} \tag{9a}$$

Diese etwas formal anmutende Erklärung des Begriffes magnetische Menge und Dichte werden wir durch Einführung der „Magnetisierung" $\mathfrak{M}$ in § 12 physikalisch

---

[1]) Prinzipiell scheint uns der Name *elektrisches System* besser als der übliche Name elektrostatisches System, weil seine Anwendung nicht auf Gleichgewichtszustände beschränkt ist, sondern auch auf elektrodynamische Vorgänge ausgedehnt werden kann, vgl. § 16 D.

ausdeuten. Zu einer Unterscheidung zwischen „wahrem" und „freiem" Magnetismus, wie sie ebenfalls von HERTZ getroffen wurde, haben wir keinen Anlaß. Denn die gleichdimensionierte magnetische Dichte $\operatorname{div}\mathfrak{B}/\mu_0$ ist überall gleich Null.

Wir gehen jetzt auf (9) zurück und bilden die Divergenz der links und rechts stehenden Vektoren. Dann folgt die POISSONsche Gleichung der Magnetostatik, nämlich

(9b) $$\Delta\psi = -\varrho_m.$$

Sie wird bei durchweg vorgegebenem ϱ_m in Analogie zu (5) integriert durch

(10) $$4\pi\,\psi = \int \frac{\varrho_m}{r}\,\mathrm{d}\tau$$

bzw. in Analogie zu (5a) bei vorgegebener magnetischer Flächenladung ω_m

(10a) $$4\pi\,\psi = \int \frac{\omega_m}{r}\,\mathrm{d}\sigma.$$

Ist die Dichte punktförmig auf einen Pol konzentriert und nennen wir die Polstärke

$$p = \int \varrho_m\,\mathrm{d}\tau$$

(ein Gegenpol im Unendlichen gedacht), so folgt aus (10)

(10b) $$4\pi\,\psi = \frac{p}{r},$$

(10c) $$\mathfrak{H} = \mathfrak{H}_r = -\frac{\partial\psi}{\partial r} = \frac{p}{4\pi\,r^2}.$$

Dies ist das *Coulombsche Feld* des isolierten Magnetpols. Die *Coulombsche Kraft* mit der sich zwei gleiche und gleichnamige Pole abstoßen, ist nun aber nicht $p\,\mathfrak{H}$, sondern nach unserer Definition der Intensitätsgröße $\mathfrak{B}$

(11) $$\mathfrak{F} = \mathfrak{F}_r = p\,\mathfrak{B}_r = p\,\mu\,\mathfrak{H}_r = \frac{p^2\,\mu}{4\pi\,r^2}.$$

Daß hier μ im Zähler, dagegen ε bei (7) im Nenner steht, liegt offenbar an der bei Gl. (4.7) hervorgehobenen Inkonsequenz in der Einführung von μ gegenüber derjenigen von ε. (Wir hätten dort gern das Reziproke von μ als magnetische Konstante eingeführt!) In (11) bedeutet μ offenbar die Permeabilität der Umgebung des Magnetpols p; für Luft (Vakuum) ist $\mu = \mu_0$ zu setzen.

Wie wir soeben, im Anschluß an (8), ein elektrostatisches Maßsystem und eine diesem System entsprechende Ladungseinheit in Betracht zogen, führt man im Anschluß an (11) ein magnetisches Maßsystem und eine entsprechende Einheit der Polstärke p ein. Man schreibt zu dem Ende statt (11), insbesondere für das Vakuum [wir schließen uns wörtlich an die Gln. (7) und folgende an]:

(12) $$\mathfrak{F} = f\,\frac{p^2}{r^2}$$

und setzt $f = 1$, wobei man sich $\mathfrak{F}$ in dyn, r in cm gemessen denkt. Damit verläßt man aber wieder unser bisheriges Maßsystem und geht zu dem *Gaußschen magnetischen cgs-System*[1]) über. In diesem hat die Polstärke p vermöge (12) dieselbe, keineswegs erfreuliche Dimension wie die Ladung Q nach (8a) im elektrischen System, und die Polstärke 1 würde vorliegen, wenn sich zwei gleiche und gleichnamige Pole im Abstand 1 cm voneinander mit der Kraft 1 dyn abstoßen (in Luft als umgebendem Medium).

C. Rationelle und konventionelle Einheiten

Wir müssen uns jetzt mit dem Zahlenfaktor 4π im COULOMBschen Gesetz auseinandersetzen. Er ist zwar viel weniger tiefgehend als die Dimensionsfrage und mit dieser nicht sachlich, sondern nur historisch verknüpft. Historisch rührt die Form (8) und (12) des COULOMBschen Gesetzes daher, daß man sich der üblichen Form des NEWTONschen Gesetzes möglichst anpassen wollte. Wir bezeichnen die Unterdrückung des Zahlenfaktors 4π im COULOMBschen Gesetz als *konventionell*, unsere Beibehaltung desselben als *rationell*. In der Tat ist klar, daß bei einem Problem von Kugel-Symmetrie, wie dem COULOMBschen, der Faktor 4π am Platze ist [dies zeigt sich besonders bei unserer Schlußweise in (6b)]. Wollen wir diesen Faktor vermeiden, so müssen wir die POISSONsche Gl. (4a) und daher auch die zweite der Gln. (1) umschreiben in

$$\Delta \psi = -4\pi \frac{\varrho}{\varepsilon}, \qquad \operatorname{div} \mathfrak{D} = 4\pi \varrho. \tag{13}$$

Der Faktor 4π würde dadurch in die Grundgleichungen der MAXWELLschen Theorie Eingang finden, wo er nicht hingehört. Ferner würde der einleuchtende Ausdruck (5. 6) für die Energiedichte verunstaltet werden in

$$w_e = \frac{1}{8\pi} \mathfrak{E} \cdot \mathfrak{D}. \tag{14}$$

HEAVISIDE hat sein Leben lang für die rationellen Einheiten gekämpft. Er wies dabei insbesondere auf den Begriff der Kapazität eines Kondensators hin (Näheres hierüber in § 10, wo auch der Zusammenhang mit dem Ausdruck der Energiedichte hergestellt werden wird): Der *Plattenkondensator* (Fläche F, Plattenabstand a) hat in rationellen bzw. konventionellen Einheiten die Kapazität

$$K = \frac{F\varepsilon}{a} \quad \text{bzw.} \quad \frac{F\varepsilon}{4\pi a}, \tag{15}$$

der *Kugelkondensator* (Radius der Kugel r, die Gegenkugel im Unendlichen gedacht):

$$K = 4\pi \varepsilon r \quad \text{bzw.} \quad \varepsilon r. \tag{15a}$$

Wir sehen: In rationellen Einheiten geschrieben, tritt der Faktor 4π bei der Kugel auf, wo er am Platze ist; in konventionellen Einheiten geschrieben, fehlt er bei der Kugel und tritt beim ebenen Kondensator auf, wo er nicht hingehört.

[1]) Daß GAUSS dabei nicht cm, sondern mm als Längeneinheit benutzte, ist nur ein äußerlicher Unterschied.

HEAVISIDE zieht den folgenden schlagenden Vergleich: Man könnte in der Geometrie beim Übergang von der Strecken- zur Flächenmessung als Einheit des Flächenmaßes den Kreis vom Radius 1 festsetzen. Das wäre logisch möglich. Aber es würde zu der seltsamen Konsequenz führen, daß dann das Quadrat von der Seite 1 den Flächeninhalt $1/\pi$ erhielte; jedermann würde dazu sagen, daß sich π dabei am falschen Platze befinde. Dasselbe sagten wir von dem Faktor 4π in den Formeln (15) und (15a) rechts.

D. Endgültige Bestimmung der Fundamentalkonstanten μ_0, ε_0 im MKSA-System

Wir haben uns nun mit den numerischen Werten von ε_0 und μ_0 zu befassen. Dazu nehmen wir zunächst an, daß die Einheit der Stromstärke, das Ampere, bereits festgelegt sei, während wir natürlich die Einheiten der Länge, der Masse und der Zeit aus der Mechanik übernehmen können. Die Einheit der magnetischen Erregung $\mathfrak{H}$ folgt dann aus (4. 14), d. h. aus der Formel für $\mathfrak{H}$ in der stromdurchflossenen Spule. Der Zahlenwert von μ_0 kann dann aus der magnetischen Energiedichte im Vakuum gewonnen werden. Sie ist ja nach (5. 6) und (4. 7b) durch $w_m = \frac{1}{2}\mu_0 \mathfrak{H}^2$ gegeben. Hierin ist w_m durch mechanische Einheiten ausdrückbar.

μ_0 ist somit in seinem numerischen Wert und seiner Dimension festgelegt, sobald die Einheit der Stromstärke gewählt ist. Tatsächlich geht man umgekehrt vor, indem man μ_0 zu

$$\mu_0 = 4\pi \cdot 10^{-7} \frac{\text{Erg}}{\text{A}^2\,\text{m}} = 4\pi \cdot 10^{-7} \frac{\text{Vs}}{\text{Am}} \tag{16}$$

vorgibt und daraus die Einheit der Stromstärke, eben das Ampere, ableitet. Dies ist die gesetzliche Definition des Ampere und in gewissem Sinne auch die historische. Das letztere wird klar, wenn wir (16) umschreiben in

$$\mu_0 = 4\pi \frac{\text{erg}}{(10\,\text{A})^2\,\text{cm}}. \tag{17}$$

Im GAUSSschen magnetischen System ist 10 A die Einheit der Stromstärke. Der Zahlenwert von μ_0 in diesem System ist also 4π. Beim Übergang von rationellen zu konventionellen Einheiten würden wir $\mu_0 = 1$ erhalten.

Während auf diese Weise eine der Fundamentalkonstanten des Vakuums in mehr oder weniger willkürlicher Weise festgelegt werden konnte, besteht für die andere Fundamentalkonstante ε_0 des Vakuums keine Freiheit mehr. Mit der Einheit der Stromstärke ist nämlich sowohl die Einheit der Ladung und mit (2. 2b) auch die Einheit der Spannung bestimmt. Dann ergibt sich aber ε_0 nach Zahlenwert und Dimension durch Messung von Spannung V und Ladung Q eines ebenen Plattenkondensators mit Vakuum zwischen den Platten, indem man seine Kapazität nach (7. 15) durch $C = Q/V$ ausdrückt. Die Messungen ergeben

$$\varepsilon_0 = 8{,}859 \cdot 10^{-12} \frac{\text{As}}{\text{Vm}} \approx \frac{10^{-9}}{36\pi} \frac{\text{As}}{\text{Vm}}. \tag{17a}$$

Derselbe Wert im Rahmen der Meßgenauigkeit folgt nach (6. 6). Dies ist einer der eindrucksvollsten Beweise der elektromagnetischen Lichttheorie. Aus (16) und (17a) erhält man für den in (6. 14) eingeführten „Wellenwiderstand des Vakuums“

$$\sqrt{\frac{\mu_0}{\varepsilon_0}} \approx 120\pi\,\Omega \approx 377\,\Omega. \tag{18}$$

Der in (17a) angegebene Näherungswert für ε_0 entspricht der Näherung $3 \cdot 10^8$ m/s für die Lichtgeschwindigkeit.

§ 8. Vier, fünf oder drei Grundeinheiten?

A. Ergänzung zum System unserer vier Einheiten

Unsere vier Einheiten MKSC wollen den GIORGIschen Gedanken (Einführung einer eigenen elektrischen Einheit) lediglich in eine für die Theorie besonders bequeme Form umsetzen. Ob man dabei die Ladungseinheit C oder, wie es GIORGI aus meßtechnischen Gründen gelegentlich befürwortet, einen Standard-Widerstand R benutzt, ist an sich belanglos. Wegen der Bedeutung C = Ampere-Sekunde können wir uns natürlich auch mit dem Ampere als vierter Einheit einverstanden erklären, um damit vom MKSA-System zu sprechen. Man kann sich natürlich, wie es in der Elektrotechnik weitgehend üblich ist, von der Masseneinheit frei machen, indem man sie nach (2. 2d) ausdrückt. Wir gelangen damit zum MSVA-System. Alle diese Systeme sind gleichwertig, und es ist eine Frage des Geschmacks oder der Zweckmäßigkeit, welches von ihnen man vorzieht.

Auch die Frage der Einheiten (ob cm oder m, ob kg oder g usw.) ist belanglos. Denn wir verstehen ja alle unsere Gleichungen als Größengleichungen, in denen jede physikalische Größe das Produkt einer Zahl mit einer Einheit entsprechender Dimension ist. Die Wahl einer anderen Einheit bedeutet nichts anderes als das Herüberschieben eines Zahlenfaktors von der Einheit in den numerischen Koeffizienten. Und dies kann stets sehr einfach bewerkstelligt werden.

Wir drücken noch einige häufig gebrauchte Einheiten, die aus den klassischen Maßsystemen entspringen, ohne nähere Begründung im MSVA-System aus. So ist 1 Oersted als Einheit der magnetischen Erregung $\mathfrak{H}$ gleich $\frac{1}{4\pi}\,10^3\,\frac{\mathrm{A}}{\mathrm{m}}$.

Die Einheit 1 Gauß der magnetischen Induktion ist 10^{-4} Vs/m².

B. Die fünf Einheiten MKSCP

Allgemein kann man sagen: Eine Dimensions-Betrachtung wird um so erfolgreicher[1]) sein, je mehr unabhängige Einheiten ihr zur Verfügung stehen. Unsere vier Einheiten sind deshalb aufschlußreicher als die drei Einheiten des „absoluten“ Maßsystems, in welchem sich der dimensionelle Charakter der elektromagnetischen Grundvektoren verwischt. Noch wertvoller sind vom allgemeinen theoretischen Standpunkt aus die jetzt zu betrachtenden fünf unabhängigen Einheiten.

---

[1]) Auf eine obere Grenze für die Dimensionszahl, über welche hinauszugehen unfruchtbar wäre, weist E. FUES, Z. f. Phys. 107 (1937) 662, hin.

Wir haben in § 2 die magnetische Polstärke P als Dimension eingeführt, sie aber sogleich in (2. 7) nach der AMPÈREschen These durch die Ladung Q ausgedrückt. Ist diese These noch heutzutage nach der Entdeckung des Neutrons verbindlich, dieses mit dem Proton gleichberechtigten Bausteins aller Kernmaterie? Das Neutron besitzt ein magnetisches Moment, das mit keiner Ladung assoziiert ist, im Gegensatz zum Elektron und Proton, bei denen aber auch trotz entgegengesetzt *gleicher* Ladung die zugehörigen magnetischen Momente von ganz *verschiedener* Größe sind. Jedenfalls ist der Versuch berechtigt und lehrreich, sich von der AMPÈREschen These unabhängig zu machen und P als *unabhängige fünfte Dimension* einzuführen. Die Größe von P wollen wir zunächst nicht festlegen.

Wenn wir jetzt zu einem System mit fünf unabhängigen Einheiten übergehen, so verfolgen wir damit gleichzeitig die Absicht, die MAXWELLschen Gleichungen in eine solche Form zu bringen, daß man sie einfach auf andere Maßsysteme spezialisieren kann. Das ist mit unserem MKSA-System nicht möglich; denn die MAXWELLschen Hauptgleichungen enthalten in unserer Schreibweise (4. 4) keine Koeffizienten, während sie im gemischten *Gaußschen System* (siehe 8 C) Koeffizienten c besitzen. Dies kann offensichtlich nicht durch eine Spezialisierung erreicht werden, die die Länge und die Zeit als unabhängige Einheiten beläßt.

Wir führen in den MAXWELLschen Gleichungen

$$(1)\qquad \begin{cases} \dot{\mathfrak{B}} = -\operatorname{rot}\mathfrak{E}, \quad \dot{\mathfrak{D}} + \mathfrak{J} = \operatorname{rot}\mathfrak{H}, \quad \operatorname{div}\mathfrak{B} = 0, \quad \operatorname{div}\mathfrak{D} = \varrho, \\ \mathfrak{D} = \varepsilon\,\mathfrak{E}, \quad \mathfrak{B} = \mu\,\mathfrak{H}, \quad \sigma(\mathfrak{E} + \mathfrak{E}^e) = \mathfrak{J} \end{cases}$$

neue Feldgrößen ein, die durch

$$(2)\qquad \mathfrak{E}' = \alpha\,\mathfrak{E}, \quad \mathfrak{D}' = \beta\,\mathfrak{D}, \quad \mathfrak{H}' = \gamma\,\mathfrak{H}, \quad \mathfrak{B}' = \delta\,\mathfrak{B}, \quad \varrho' = \nu\,\varrho, \quad \mathfrak{J}' = \nu\,\mathfrak{J}$$

definiert sind. Die Koeffizienten $\alpha, \beta, \gamma, \delta, \nu$ sollen absolute Konstanten, aber mit zunächst offengelassener Dimension sein. Wir stellen jedoch die Forderung, daß die energetischen Größen $\mathfrak{E}$, $\mathfrak{D}$ und $\mathfrak{B}$, $\mathfrak{H}$ sich bis auf einen gemeinsamen Zahlenfaktor reproduzieren, während $\varrho'\,\mathfrak{E}' = \varrho\,\mathfrak{E}$ sein soll (Erhaltung der Kraftdefinition). Es soll also gelten:

$$(3)\qquad \begin{cases} \mathfrak{E}' \cdot \mathfrak{D}' = \alpha\beta\,\mathfrak{E} \cdot \mathfrak{D} = z\,\mathfrak{E} \cdot \mathfrak{D}, \\ \mathfrak{B}' \cdot \mathfrak{H}' = \gamma\delta\,\mathfrak{B} \cdot \mathfrak{H} = z\,\mathfrak{B} \cdot \mathfrak{H}, \end{cases}$$

worin z eine reine Zahl bedeutet.

Setzen wir

$$(4)\qquad \delta/\alpha = \beta/\gamma = \Gamma,$$

so folgt

$$(5)\qquad \alpha = \frac{z}{\gamma\Gamma}, \quad \beta = \gamma\Gamma, \quad \delta = \frac{z}{\gamma}, \quad \nu = \frac{\gamma\Gamma}{z}.$$

Die MAXWELLschen Gleichungen gehen damit über in

$$(6)\qquad \begin{cases} \mathfrak{B}' = -\Gamma\operatorname{rot}\mathfrak{E}', \quad \dot{\mathfrak{D}}' + z\,\mathfrak{J}' = \Gamma\operatorname{rot}\mathfrak{H}', \quad \operatorname{div}\mathfrak{D}' = z\,\varrho', \\ \operatorname{div}\mathfrak{B}' = 0, \quad \mathfrak{D}' = \varepsilon'\,\mathfrak{E}', \quad \mathfrak{B}' = \mu'\,\mathfrak{H}', \quad \sigma'(\mathfrak{E}' + \mathfrak{E}^{e\prime}) = \mathfrak{J}' \end{cases}$$

mit

(7) $$\varepsilon' = \frac{1}{z}\gamma^2\Gamma^2\varepsilon; \quad \mu' = \frac{z}{\gamma^2}\mu; \quad \sigma' = \frac{1}{z^2}\gamma^2\Gamma^2\sigma.$$

Schließlich fordern wir für die Kraft auf einen Magnetpol [siehe Gl. (7. 11)] $p'\mathfrak{B}' = p\,\mathfrak{B}$. Damit wird $p' = \frac{1}{z}\gamma p$. Es steht uns noch frei, die Dimension von γ willkürlich zu wählen. Umgekehrt können wir auch die Dimension von p' frei wählen und damit die von γ festlegen. Es ist also $\gamma = z\,p'/p$. Bezeichnen wir die Dimension p' mit P′, so ist wegen $[p] = \mathrm{Am}$ [siehe Gl. (2.7)]

(8) $$[\gamma] = \frac{\mathrm{P'}}{\mathrm{Am}}.$$

Natürlich ist jetzt auch die Dimension der Ladung gegen früher abgeändert. Nennen wir die neue Ladungseinheit C′, so gilt $\mathrm{C'} = \frac{1}{z}\gamma\Gamma\,\mathrm{C}$. Damit entsprechen sich nun die dimensionellen Beziehungen der elektrischen und der magnetischen Größen vollständig:

(9) $$\left\{\begin{array}{l|l} [\mathfrak{E}'] = \dfrac{\mathrm{Dyn}}{\mathrm{C'}} & [\mathfrak{B}'] = \dfrac{\mathrm{Dyn}}{\mathrm{P'}} \\ [\mathfrak{D}'] = \dfrac{\mathrm{C'}}{\mathrm{m^2}} & [\mathfrak{H}'] = \dfrac{\mathrm{P'}}{\mathrm{m^2}}. \end{array}\right.$$

Gehen wir jedoch zu den Größen im MKSA-System zurück und drücken sie durch die Dimensionen m, s, V, A aus, so ergibt sich, wie wir schon in § 2 gesehen haben,

(10) $$\left\{\begin{array}{l|l} [\mathfrak{E}] = \dfrac{\mathrm{V}}{\mathrm{m}} & [\mathfrak{B}] = \dfrac{\mathrm{Vs}}{\mathrm{m^2}} \\ [\mathfrak{D}] = \dfrac{\mathrm{As}}{\mathrm{m^2}} & [\mathfrak{H}] = \dfrac{\mathrm{A}}{\mathrm{m}}. \end{array}\right.$$

Hier entsprechen sich diagonal gegenüberstehende Größen. Der Charakter von $\mathfrak{E}$, $\mathfrak{B}$ als intensiver, von $\mathfrak{D}$, $\mathfrak{H}$ als extensiver Größen bleibt jedoch gewahrt, da die Spannung intensiv, die Stromstärke extensiv ist.

Wir vermerken noch die neue Gestalt des POYNTINGschen Vektors

(11) $$\mathfrak{E}\times\mathfrak{H} = \frac{\Gamma}{z}\,\mathfrak{E}'\times\mathfrak{H}'.$$

Die allgemeine Form der MAXWELLschen Gleichungen ist nicht neu. Sie rührt von EMIL COHN her, dem Freunde und Studiengenossen von HEINRICH HERTZ, und liegt seinem bedeutsamen Buch[1]) „Das elektromagnetische Feld“ zugrunde. Die von COHN gewählte Bezeichnung V statt unseres Γ haben wir vermieden, weil wir über die Bedeutung von V schon anders verfügt haben. Der Zusammenhang dieser Konstanten mit unserer Einheit P der Polstärke ist bei COHN allerdings nicht herausgearbeitet, auch die Dimensionsbeziehungen werden dort nicht wie bei uns in den Vordergrund gestellt. Ferner ist bei COHN $z = 1$, während wir den Wert von z offenlassen, weil er uns, mit $z = 4\pi$, den Übergang von den rationellen

---

[1]) Erste Aufl. Leipzig 1900, Zweite Aufl. 1927.

zu den konventionellen Einheiten in einfacher Weise ermöglicht. Die Schüler von COHN, insbesondere J. ZENNECK, haben sich früher gern des allgemeinen COHNschen Systems bedient.

H. A. LORENTZ hatte, als er im Jahre 1902 seine beiden großen Artikel über MAXWELLsche und Elektronentheorie für die Enzyklopädie der mathematischen Wissenschaften verfaßte, die Vorzüge des COHNschen Standpunktes klar erkannt. Er schrieb darüber[1]: „Das COHNsche System hat den Vorteil, daß man von demselben leicht durch Spezialisierung der Werte V, ε_0, μ_0 zu anderen Systemen übergehen kann. Für die endgültige Festsetzung der Einheiten würde man eventuelle spätere Fortschritte in dem Verständnis der Erscheinungen verwerten können. Wir haben uns indessen nicht entschließen können, in die ohnehin schon verwickelten Formeln unbestimmte Größen aufzunehmen."

Die von LORENTZ ins Auge gefaßten „eventuellen späteren Fortschritte im Verständnis der Erscheinungen" sind erst zu erwarten, wenn wir eine *Theorie der Elementarteilchen* haben werden, die jetzt als größtes Problem auf dem Programm der Atomphysik steht und nicht nur über das magnetische Moment, sondern auch über die möglichen Massen und spezifischen Ladungen der Elementarteilchen Aufschluß geben müßte. Aber von der Spezialisierungsfähigkeit des COHNschen Systems können wir schon jetzt Nutzen ziehen.

C. Das Gaußsche System von nur drei Einheiten

Auf unser System der *vier* Einheiten MKSA und unsere frühere Form (4. 4) der MAXWELLschen Gleichungen fallen wir offenbar zurück, wenn wir $\gamma = \Gamma = z = 1$ setzen.

Ein historisch wichtiges Maßsystem — es ist in der Atomphysik noch heute sehr gebräuchlich — ist das *Gaußsche Maßsystem*. In ihm werden der Dielektrizitätskonstanten ε_0' und der Permeabilität μ_0' des Vakuums der Wert 1 gegeben. Wir erreichen dies zwanglos, indem wir nach (7) $\gamma^2 = z\,\mu_0$, $\gamma^2\,\Gamma^2 = z/\varepsilon_0$ setzen. Wir können dabei noch $z = 4\pi$ wählen, womit wir den Übergang vom rationellen zum konventionellen Maßsystem vollziehen. Wegen (6. 6) wird dann $\Gamma = c$. Die MAXWELLschen Gleichungen lauten daher

$$(12)\quad \begin{cases} \dot{\mathfrak{B}}' = -c\,\mathrm{rot}\,\mathfrak{E}', & \dot{\mathfrak{D}}' + 4\pi\,\mathfrak{J}' = c\,\mathrm{rot}\,\mathfrak{H}', \quad \mathrm{div}\,\mathfrak{D}' = 4\pi\,\varrho', \\ \mathrm{div}\,\mathfrak{B}' = 0, & \mathfrak{D}' = \varepsilon_{\mathrm{rel}}\,\mathfrak{E}', \quad \mathfrak{B}' = \mu_{\mathrm{rel}}\,\mathfrak{H}', \quad \sigma'(\mathfrak{E}' + \mathfrak{E}^{e\prime}) = \mathfrak{J}' \end{cases}$$
$$\text{mit } \sigma' = \sigma/(4\pi\,\varepsilon_0)\,.$$

Die elektrische und magnetische Energiedichte berechnen sich zu $\mathfrak{E}' \cdot \mathfrak{D}'/(8\pi)$ und $\mathfrak{B}' \cdot \mathfrak{H}'/(8\pi)$, während der POYNTINGsche Vektor sich zu $c\,\mathfrak{E}' \times \mathfrak{H}'/(4\pi)$ ausdrückt.

Wir wiesen schon bei Gl. (7. 14) darauf hin, wie unerfreulich hier der Nenner 8π wirkt, verglichen mit dem früheren Nenner 2 in unserer rationellen Schreibweise (5. 6). Dasselbe gilt von dem Faktor $c/4\pi$ im jetzigen Ausdruck des Energieflusses. Sogar in den MAXWELLschen Grundgleichungen (12) rächt sich die am unrechten

[1]) Bd. V, zweiter Teil, S. 87.

Ort vorgenommene Unterdrückung der 4π, vom Auftreten des Faktors c ganz zu schweigen.

Durch diese Zusammenstellung hoffen wir, dem Leser den mühseligen Übergang zwischen unseren beiden Maßsystemen

MKSC (rationell) ⇄ cgs (GAUSS, konv.)

nach Möglichkeit erleichtert zu haben. Den historischen Ursprung dieser Mühsal haben wir am Ende von § 7 besprochen. Sie ist unvermeidlich angesichts der gegenwärtigen Situation der Einheitenfrage in der Elektrotechnik, der Experimental- und theoretischen Physik. Dies möge durch die folgenden Bemerkungen erläutert werden:

Als H. A. LORENTZ 1902 seine Enzyklopädie-Artikel verfaßte, legte er, ebenso wie HERTZ, das *Gaußsche System* zugrunde, indem er postulierte: *Elektrische Größen* (einschl. des elektrischen Stromes) *werden elektrisch* (elektrostatisch), *magnetische Größen magnetisch gemessen.* Gegen seine ursprüngliche Absicht kam er dabei während der Ausarbeitung der Artikel zu dem Entschluß, das GAUSSsche System (abweichend von GAUSS und HERTZ) in *rationelle Einheiten* umzuschreiben. Dadurch wurden die theoretischen Zusammenhänge durchsichtiger, und die 4π's fielen aus den MAXWELLschen Gleichungen heraus. Für das Vakuum setzte LORENTZ $\varepsilon_0 = \mu_0 = 1$, mußte dann aber, um die rationelle Form des COULOMBschen Kraftgesetzes aufrechterhalten zu können, die in diesem auftretenden 4π's in die Definition der Einheitsladung bzw. der Einheit der Polstärke aufnehmen. Diese etwas künstliche Umrechnungsart[1]) hat sich, trotz der Autorität von LORENTZ, nicht eingebürgert.

Wir sind hier, ebenfalls gegen unsere ursprüngliche Absicht, zu dem Entschluß gekommen, das GAUSSsche System in *konventionellen Einheiten* zu schreiben. Der Grund ist dieser: Seit dem Jahre 1902 ist als wichtigster Zweig unserer Wissenschaft die *Atomphysik* aufgeschossen. Diese rechnet durchweg in konventionellen Einheiten, z. B. mit der Elektronenladung $e = 4{,}80 \cdot 10^{-10}$ (elektr. cgs-Einheiten) und mit dem elektrischen Potential, z. B. im Wasserstoff-Atom, $\psi = e/r$ (statt $\psi = e/4\pi\,\varepsilon_0\, r$). Doch möchten wir darauf hinweisen, daß auch in der Atomphysik das MKSC- oder MKSA-System sehr geeignet ist und zu eleganten Formulierungen der Gleichungen führt. Der Faktor $4\pi\,\varepsilon_0$ etwa im Nenner des COULOMB-Potentials wirkt dabei keineswegs störend. Da die Elementarladung e in den elektromagnetischen Wechselwirkungen stets quadratisch auftritt, kann man sie mit Hilfe der Feinstrukturkonstanten $\alpha = e^2/(4\pi\,\varepsilon_0\,\hbar\, c) \approx 1/137$ einschließlich des „lästigen Faktors" $4\pi\,\varepsilon_0$ eliminieren, derart, daß z. B. $\frac{\alpha\,\hbar\, c}{r} = \frac{e^2}{4\pi\,\varepsilon_0\, r}$ an die Stelle von e^2/r tritt. Hierin ist $\hbar$ das durch 2π dividierte *Plancksche Wirkungsquantum.*

Wir befinden uns mit dem Gebrauch des GIORGIschen 4π-freien Systems der Einheiten MKSA in Übereinstimmung mit den internationalen Abmachungen, mit dem Gebrauch der Technik, insbesondere auch mit den Lehrbüchern von MIE

---

[1]) Vgl. die Tabelle auf S. 87 des zit. Bds. V_2 der Enzykl.

(1. c. S. 10) und POHL[1]). Das Dogma von der wissenschaftlichen Überlegenheit der *drei* rein mechanischen Einheiten cm, g, s, das z. B. in KOHLRAUSCH, Praktische Physik, vertreten wird, halten wir für überwunden.

D. Zusätzliches über andere Maßsysteme

Das GAUSSsche System ist (gleichviel ob rationell oder konventionell geschrieben) ein aus elektrischen (elektrostatischen) und magnetischen cgs-Einheiten gemischtes System.

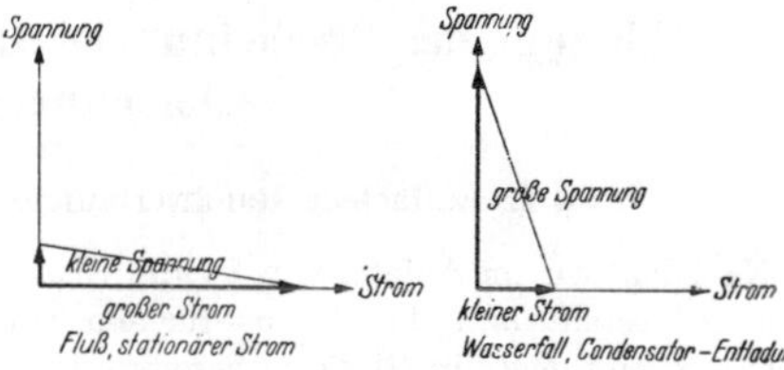

Fig. 7. Das hydrodynamische Bild des stationären elektrischen Stromes und der Kondensator-Entladung

Es gibt bekanntlich auch ein rein elektrisches und ein rein magnetisches Maßsystem, letzteres besonders deshalb wichtig, weil sich von ihm die gesetzlichen Einheiten Volt, Ampere, Ohm usw. herleiten (siehe unsere Bemerkung über die Festlegung von μ_0, § 7 D). In beiden Systemen ist $\Gamma = 1$. Jedoch ist im rein elektrischen Maßsystem $\varepsilon' = 1$, $\mu' = 1/c^2$, im rein magnetischen Maßsystem $\varepsilon' = 1/c^2$, $\mu' = 1$. Damit ergibt sich für die elektrische Ladungseinheit in beiden Systemen, wenn wir konventionell, d. h. mit $z = 4\pi$, rechnen, $\frac{1}{3} \cdot 10^{-9}$ C bzw. 10 C.

Der historische Grund für die Aufstellung eines gesonderten elektrischen Maßsystems liegt in einem gewissen quantitativen Unterschied zwischen Elektrostatik und Elektrokinetik: In der Elektrostatik hat man es mit großen Spannungen und kleinen Elektrizitätsmengen zu tun, in der Elektrokinetik mit mäßigen Spannungen und großen Elektrizitätsmengen. Im hydrodynamischen Gleichnis: Der elektrische Funke einer Kondensatorentladung entspricht einem Wasserfall (große Höhe, kleine Wassermenge), der elektrische Strom einem Fluß (kleines Gefälle, großer Wassertransport), vgl. Fig. 7. Für die Elektrostatik eignet sich daher ein kleines Einheitsmaß der Ladung, ein großes der Feldstärke. Solche Maße liefert das auf das elektrische COULOMB-Gesetz basierte elektrostatische System.

Wegen vieler anderer Aufklärungen über die Einheitenfrage möchten wir zum Abschluß noch auf mehrere Veröffentlichungen von J. WALLOT[2]) hinweisen.

---

[1]) R. W. POHL, Elektrizitätslehre, bei Springer, 8. und 9. Aufl. 1943.

[2]) J. WALLOT, Elektrotechn. Zs. Bd. 43, Heft 44 (1922) Ziffer 28 des Aufsatzes „Die physikal. u. techn. Einheiten". Neueste einschlägige Publikation: Physikal. Zs. Bd. 44 (1943) 17.

TEIL II

Ableitung der Erscheinungen aus den MAXWELLschen Gleichungen

§ 9. Einfachste Randwertaufgaben der Elektrostatik

Nachdem wir im Anfang von § 7 die Grundgleichungen der Elektrostatik zusammengestellt und die daraus für ein einheitliches Medium entspringende *Summationsaufgabe* in Gl. (7. 5) bereits erledigt haben, wenden wir uns jetzt zu den durch die Anwesenheit von *Leitern* oder von *Nichtleitern verschiedener Dielektrizitätskonstanten* bedingten *Randwertaufgaben.*

Wir denken an die einfachsten elektrostatischen Versuche: Ein metallischer Leiter L beliebiger Gestalt, ursprünglich isoliert aufgestellt, werde A) an eine bekannte Spannung V (gegen Erde) gelegt, oder es werde ihm B) eine irgendwie bekannte Ladung (z. B. durch einen Piezoquarz, vgl. S. 70) erteilt. Gesucht wird das Feld im Äußeren des Leiters. Wir beschreiben es durch das zur Feldstärke $\mathfrak{E} = -\operatorname{grad}\psi$ gehörende Potential ψ. In beiden Fällen A) und B) sei ψ im Unendlichen auf Null normiert. Beidemal ist außerhalb des Leiters $\triangle\psi = 0$; auf der Oberfläche sowie im Innern des Leiters gilt $\psi = \psi_L =$ konst.

A. Aufladungsprobleme

Im Falle A) ist $\psi_L = V$ gegeben, im Falle B) wird ψ_L gesucht. Die an jeder Stelle $d\sigma$ der Oberfläche von L befindliche Dichte der Flächenladung ist nach (3. 12a)

$$\omega = \mathfrak{D}_n = \varepsilon\,\mathfrak{E}_n = -\varepsilon\left(\frac{\partial\psi}{\partial n}\right)_L. \tag{1}$$

ε bedeutet die Dielektrizitätskonstante (abgekürzt D. K.) der Umgebung des Leiters, n die von L nach außen hin gerichtete Normale. Aus (1) folgt als Gesamtladung von L

$$Q = \int \omega\, d\sigma = -\varepsilon \int \frac{\partial\psi}{\partial n}\, d\sigma. \tag{2}$$

Sie ist im Falle A) gesucht, im Falle B), wo Q gegeben ist, dient (2) zur Berechnung von ψ_L.

Für den Sonderfall einer *Kugel*, Radius a, ist die hier in Betracht kommende Lösung der Differentialgleichung $\triangle\psi = 0$ sofort hinzuschreiben in der Form

$$\psi = \frac{a}{r}\,\psi_L. \tag{3}$$

Sie liefert bei A) wegen $\psi_L = V$

(3a) $$\psi = \frac{a}{r} V.$$

Bei B) folgt aus (2) und (3)

(3b) $$Q = 4\pi a^2 \frac{\varepsilon \psi_L}{a}, \quad \psi_L = \frac{Q}{4\pi \varepsilon a}, \quad 4\pi \varepsilon \psi = \frac{Q}{r}.$$

Die gleichförmig über die Kugel verteilte Ladung Q wirkt also in die Ferne wie eine im Mittelpunkt konzentrierte Punktladung.

Man kann auch das Feld eines Leiters von der Gestalt eines verlängerten Rotationsellipsoides erraten. Dazu ist es nur nötig, den Mittelpunkt der Kugel, der in der letzten der Gln. (3b) als fiktiver Ort der Gesamtladung erscheint, sozusagen auseinanderzuziehen in die Verbindungslinie der beiden Brennpunkte der Meridian-Schnitt-Ellipse und auf dieser Verbindungslinie die Ladung Q gleichförmig zu verteilen. Nennen wir den Abstand der beiden Brennpunkte vom Mittelpunkt des Ellipsoides c, so wird die in Rede stehende linear verteilte Ladungsdichte $Q/2c$, und ihr Potential ergibt sich aus Gl. (7.5b) zu:

(4) $$4\pi \varepsilon \psi = \frac{Q}{2c} \int_{-c}^{+c} \frac{d\zeta}{\sqrt{x^2 + y^2 + (z-\zeta)^2}} = \frac{Q}{2c} \ln \frac{z + c + \sqrt{x^2 + y^2 + (z+c)^2}}{z - c + \sqrt{x^2 + y^2 + (z-c)^2}}.$$

In Übungsaufgabe II. 1 werden wir zeigen, daß dieser Ausdruck auf jedem der konfokalen, zum genannten Brennpunktabstand gehörenden Ellipsoide einen konstanten Wert $\psi = \psi_L$ annimmt und daß er daher unsere Potentialaufgabe für jedes dieser Ellipsoide löst. Da in (4) nur der Brennpunktabstand $2c$ vorkommt, gilt diese Formel für alle konfokalen Ellipsoide der Schar in dem Sinne, daß in den Niveauflächen des Ellipsoides von den Halbachsen a_1, b_1 auch sämtliche Niveauflächen des konfokalen Ellipsoides von den Halbachsen $a_2 > a_1$, $b_2 > b_1$ enthalten sind. Zu dieser Schar gehört auch das zu einer Geraden von der Länge $2c$ ausgeartete Ellipsoid $a = c$, $b = 0$. In II. 2 wird von da aus der Grenzfall des Rotationsparaboloides und seine Ausartung, das Feld eines einseitig unbegrenzten, durch Reibung gleichförmig geladenen Glasstabes untersucht werden.

B. Influenzprobleme und Methode der reziproken Radien

Schwieriger als das bisherige „Aufladungsproblem" ist das „Influenzproblem", bei dem es sich speziell um eine influenzierende Punktladung handeln möge. Auch hier können wir zwei Fälle unterscheiden: A) Der (übrigens beliebig gestaltete) Leiter L sei geerdet, B) er sei isoliert. „Erdung" heißt nach allgemeinem Sprachgebrauch leitende Verbindung mit einer unendlich fernen Oberfläche, die sich auf dem Potential $\psi = 0$ befindet. „Isolierung" bedeutet bei einem ursprünglich ungeladenen Leiter, daß auch nach der Influenzierung die Gesamtladung $Q = 0$ bestehenbleiben soll.

Das Problem A) wird gelöst durch die *Greensche Funktion G* (P, Q), genauer gesagt, die „Greensche Funktion der Potentialgleichung für das Äußere des

Leiters L". Q ist der „Quellpunkt", der als „Einheitsquelle" vorausgesetzt wird, P der „Aufpunkt". G wird definiert durch die Bedingungen:

$$(5)\quad \begin{cases} \triangle G = 0 \text{ für alle } P \neq Q \text{ im Äußeren von } L, \\ G \to \dfrac{1}{4\pi r_{PQ}} \text{ für } P \to Q \text{ (Definition der Einheitsquelle)}, \\ G = 0 \text{ auf der Oberfläche von } L, \\ G \to 0 \text{ für } P \to \infty . \end{cases}$$

In der Theorie der linearen Differentialgleichungen, wie wir sie in Bd. VI behandeln werden, nicht nur in der Potentialtheorie, nimmt die GREENsche Funktion eine zentrale Stellung ein. Gegenwärtig müssen wir uns darauf beschränken, ihre Bedeutung für unser spezielles Problem aufzuzeigen. Sie besteht darin, daß, unter Q den Ort der influenzierenden Ladung q verstanden, die Lösung unserer Aufgabe A) gegeben wird durch

$$(6)\qquad \psi(P, Q) = \frac{q}{\varepsilon} G(P, Q),$$

diejenige von B) durch

$$(6\text{a})\qquad \psi(P, Q) = \frac{q}{\varepsilon} G(P, Q) + \alpha \psi;$$

hier bedeutet ψ die Lösung unseres „Aufladeproblems" A) für denselben Leiter L, α einen Parameter, der nach Gl. (2) so zu bestimmen ist, daß

$$(6\text{b})\qquad \int \frac{\partial \psi(P, Q)}{\partial n} \, d\sigma = 0$$

wird.

Von (6) aus wird auch die Definition unserer Einheitsquelle verständlich: In der unmittelbaren Umgebung der bei Q befindlichen Punktladung ist das Potential ψ praktisch dasselbe wie das der Punktladung im leeren Raum.

Wir betrachten als Sonderfall auch hier wieder eine Kugel vom Radius a. Ihre GREENsche Funktion kann in geschlossener Form hingeschrieben werden nach der genialen Methode des jungen WILLIAM THOMSON, späteren LORD KELVIN, die wir ausführlich in Bd. VI, § 23, behandeln werden. Sie lautet mit Q als Quellpunkt und Q' als „elektrischem Bild von Q in bezug auf die Kugel vom Radius a":

$$(7)\qquad 4\pi G(P, Q) = \frac{1}{r_{PQ}} - \frac{a}{\varrho} \frac{1}{r_{PQ'}} .$$

$\varrho = OQ$ ist der Abstand des Quellpunktes Q vom Mittelpunkt der Kugel, $\varrho' = OQ'$ der seines Bildpunktes Q'. Zwischen ihnen besteht die Bedingung der „reziproken Radien":

$$(8)\qquad \varrho \varrho' = a^2,$$

nach welcher das THOMSONsche Verfahren den Namen „Methode der reziproken Radien" führt. Daß unser Ansatz (7) der ersten, zweiten und letzten Bedingung (5) entspricht, ist unmittelbar ersichtlich, daß er auch die dritte Bedingung (5) erfüllt, läßt sich elementargeometrisch beweisen.

Aus (7) folgt für die Influenzierung der geerdeten Kugel nach (6)

$$4\pi\,\varepsilon\,\psi(P,Q)=\frac{q}{r_{PQ}}-\frac{q'}{r_{PQ'}},\qquad q'=\frac{a}{\varrho}\,q \tag{8a}$$

und für die isolierte Kugel nach (6a, b) und (3b)

$$4\pi\,\varepsilon\,\psi(P,Q)=\frac{q}{r_{PQ}}-\frac{q'}{r_{PQ'}}+\frac{q'}{r_{PO}},\qquad q'=\frac{a}{\varrho}\,q\,. \tag{8b}$$

Das letzte Glied dieser Formel entspricht dem Zusatzglied $\alpha\,\psi$ in (6a). Es bewirkt, daß unsere isolierte Kugel zum Potential $V=q'/4\pi\,\varepsilon\,a$ aufgeladen wird und daß ihre Oberfläche, wie es sein soll, die Gesamtladung Null trägt.

C. Leitende Kugel im homogenen Feld

Wegen der schier unerschöpflichen Anwendungsmöglichkeiten der sphärischen Spiegelung in der Potentialtheorie müssen wir auf Bd. VI. l. c. verweisen. Hier wollen wir nur den einfachen Fall der Kugel im *homogenen Feld* betrachten, dessen Kraftlinien z. B. der x-Achse parallel verlaufen mögen. Das homogene Feld ist — bei Abwesenheit der leitenden Kugel — gegeben durch $\psi=-F\,x$,

$$\mathfrak{E}_x=-\frac{\partial\psi}{\partial x}=F,\qquad \mathfrak{E}_y=\mathfrak{E}_z=0\,. \tag{9}$$

Wir denken es uns entstanden aus der Superposition zweier Felder, die aus den unendlich fernen Quellpunkten Q, $\overline{Q}$ (vgl. Fig. 8) entspringen, mit den auf der x-Achse gelegenen Ladungen $\pm q$; ihre Koordinaten sind $x=\pm\varrho$ $(\varrho\to\infty)$, $y=z=0$. Aus ihrer Superposition entsteht das Potential

$$4\pi\,\varepsilon\,\psi=\frac{q}{r_{PQ}}-\frac{q}{r_{P\overline{Q}}}=q\{(\varrho-x)^2+y^2+z^2\}^{-1/2}-q\{(\varrho+x)^2+y^2+z^2\}^{-1/2}$$

$$=q\,\{\varrho^2+x^2+y^2+z^2\}^{-1/2}\left(1+\frac{\varrho\,x}{\varrho^2+\cdots}-1+\frac{\varrho\,x}{\varrho^2+\cdots}\right)\to\frac{2q\,x}{\varrho^2}, \tag{9a}$$

letzteres, falls x, y, z klein gegen ϱ sind, was ersichtlich für $\varrho\to\infty$ keine wesentliche Beschränkung bedeutet. Wir haben also in der Tat ein homogenes Feld von derselben Form wie (9), sofern wir q von der Ordnung ϱ^2 ins Unendliche wachsen lassen. Um quantitative Übereinstimmung mit (9) herzustellen, müssen wir dabei machen

$$\frac{2q}{\varrho^2}\to-4\pi\,\varepsilon\,F\,. \tag{9b}$$

In Fig. 8 haben wir bereits die Kugel vom Radius a und die in bezug auf sie konstruierten sphärischen Bilder der Quellpunkte Q, $\overline{Q}$ hinzugezeichnet:

$$Q'=(\varrho',0,0)\quad\text{und}\quad\overline{Q}'=(-\varrho',0,0)\,.$$

Sie rücken in dem Maße zusammen, wie die Ladungen $\pm q$ auseinanderrücken, und bilden in der Grenze einen elektrischen Dipol vom Moment

$$M=2\varrho'\,q'. \tag{10}$$

Hier setzen wir nach Gl. (8) $\varrho' = a^2/\varrho$ und nach Gl. (8a, b) $q' = q\,a/\varrho$. Gl. (10) besagt daraufhin mit Rücksicht auf (9b), daß das Moment M in der Grenze für $\varrho \to \infty$ den endlichen Wert annimmt:

$$M = 2\,\frac{a^2}{\varrho}\,\frac{q\,a}{\varrho} = -4\pi\,\varepsilon\,F\,a^3. \tag{10a}$$

Wir schließen daraus, daß im homogenen Feld die Randwertaufgabe dadurch zu lösen sein wird, daß wir im Mittelpunkt der Kugel einen virtuellen elektrischen Dipol vom endlichen Moment M anbringen. Aus dem homogenen Feld (9)

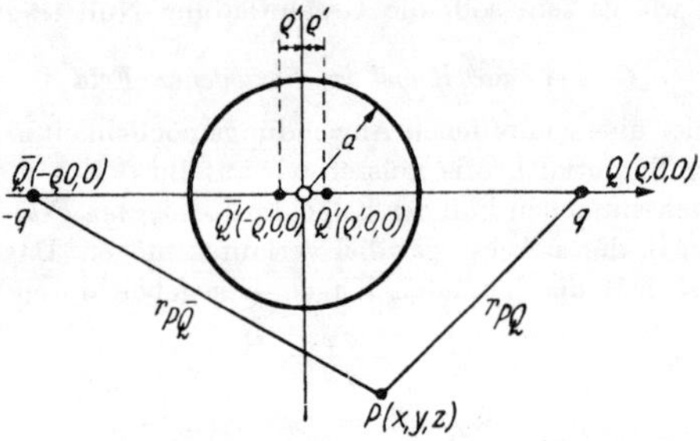

Fig. 8. Zwei ins Unendliche rückende Ladungen $\pm q$ und ihre elektrischen Bilder in bezug auf eine leitende Kugel vom Radius a erzeugen ein homogenes elektrisches Feld und einen elektrischen Dipol im Mittelpunkt der Kugel

entsteht dadurch das durch den Dipol gestörte inhomogene Feld[1]) (zum Dipolfeld siehe auch § 9. F.)

$$\psi = -F\,x + \frac{M}{4\pi\,\varepsilon}\,\frac{\partial}{\partial x}\,\frac{1}{r}. \tag{11}$$

Da r jetzt den Abstand vom Mittelpunkt der Kugel bedeutet, ist

$$r = (x^2 + y^2 + z^2)^{1/2}, \quad \text{also} \quad \frac{\partial}{\partial x}\,\frac{1}{r} = -\frac{x}{r^3}.$$

Gl. (11) geht dadurch über in

$$\psi = -F\,x\left(1 + \frac{M}{4\pi\,\varepsilon\,F}\,\frac{1}{r^3}\right). \tag{11a}$$

Setzen wir hier den Wert von M aus (10a) ein, so entsteht

$$\psi = -F\,x\left(1 - \frac{a^3}{r^3}\right); \tag{11b}$$

ψ nimmt also auf der Oberfläche der Kugel $r = a$ den konstanten Wert $\psi_L = 0$ an. Der in (10a) nach der Methode der reziproken Radien gefundene Wert von M wird hierdurch für die *leitende Kugel* bestätigt.

---

[1]) Der Nenner $4\pi\,\varepsilon$ ist hier aus demselben Grund hinzuzufügen wie der Faktor $4\pi\,\varepsilon$ auf der linken Seite von (9a).

D. Dielektrische Kugel im homogenen Feld

Wir wollen uns aber überzeugen, daß der Ansatz (11) mit einem verfügbaren Wert von M viel weiter reicht, nämlich auch bei einer *nicht-leitenden Kugel von beliebiger D.K.* zur Erfüllung der Randbedingungen geeignet ist. Diese Bedingungen verlangen, wenn wir das Äußere und Innere der Kugel durch die Indizes 1 und 2 unterscheiden (vgl. Fig. 9),

$$\psi_1 = \psi_2, \quad \varepsilon_1 \frac{\partial \psi_1}{\partial n} = \varepsilon_2 \frac{\partial \psi_2}{\partial n} \quad \text{für} \quad r = a. \tag{12}$$

Die erste derselben garantiert die Stetigkeit der *tangentiellen* Komponenten von $\mathfrak{E}$, die zweite besagt die Stetigkeit der *normalen* Komponente von $\mathfrak{D}$, gleichbedeutend mit der bei einer ursprünglich ungeladenen, nichtleitenden Kugel zu fordernden Abwesenheit von Oberflächenladung, $\omega = 0$, Gl. (3. 11). Wir behaupten, daß beide Gleichungen befriedigt werden, wenn wir für ψ_1 (Äußeres der Kugel, $r > a$) den Ansatz (11a) machen, dagegen ψ_2 (Inneres der Kugel, $r < a$) als *homogenes Feld* ansetzen, von gleicher Richtung wie das primäre äußere Feld, aber von anderer Stärke.

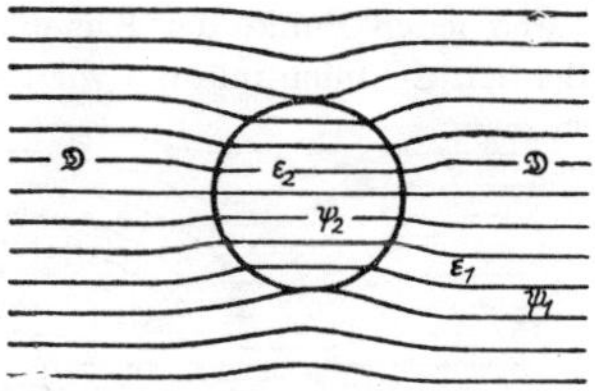

Fig. 9. Eine dielektrische Kugel im homogenen elektrischen Feld. Die Erregungslinien innerhalb und außerhalb der Kugel

Mit $x = r \cos\Theta$ (Θ = geographische Breite auf der Kugel, gezählt von der Feldrichtung aus) schreiben wir also versuchsweise

$$\psi_1 = -F\left(r + \frac{M}{4\pi\,\varepsilon_1 F}\,\frac{1}{r^2}\right)\cos\Theta, \qquad \psi_2 = -F_2\, r \cos\Theta \tag{13}$$

und haben nach (12) für $r = a$ zu verlangen [$\cos\Theta$ hebt sich in beiden Gln. (12) rechts und links heraus!]:

$$\left\{\begin{aligned} &F\left(1 + \frac{M}{4\pi\,\varepsilon_1 F}\,\frac{1}{a^3}\right) = F_2, \\ &F\left(1 - \frac{2M}{4\pi\,\varepsilon_1 F}\,\frac{1}{a^3}\right) = \frac{\varepsilon_2}{\varepsilon_1} F_2. \end{aligned}\right. \tag{13a}$$

Daraus berechnet man mit $\varepsilon = \varepsilon_2/\varepsilon_1$ als *relativer D.K.*:

$$\frac{F_2}{F} = \frac{3}{\varepsilon + 2}, \qquad \frac{M}{4\pi\,\varepsilon_1 F} = -\frac{\varepsilon - 1}{\varepsilon + 2}\,a^3. \tag{14}$$

Unsere Annahme eines im Inneren der Kugel homogenen Feldes hat sich also bewährt. Dieses Feld F_2 ist schwächer als das primäre Außenfeld F, wenn $\varepsilon > 1$ ist, also sicher dann, wenn sich die Kugel in Luft befindet. Die Kraftlinien dringen in das Innere der Kugel ein, vgl. Fig. 9; während sie außen durch die Wirkung des (virtuellen) Dipolmomentes gekrümmt sind, verlaufen sie innen geradlinig, parallel zur x-Achse.

Zur richtigen Beurteilung dieser Figur beachte man folgendes: Sie stellt nicht die Kraftlinien $\mathfrak{E}$, sondern die *Erregungslinien* $\mathfrak{D}$ dar.

Beide Liniensysteme haben im Äußeren und Inneren der Kugel zwar gleiche Richtung, aber verschiedene Dichte (vgl. das auf S. 11 über die magnetischen Kraftlinien, besser Kraftröhren, Gesagte) und verhalten sich daher an ihrer Oberfläche verschieden. Die $\mathfrak{D}$-Linien verlaufen nicht nur außen und innen, sondern auch an der Oberfläche *quellenfrei*, wegen der verschwindenden *Flächen-Divergenz* ($\mathfrak{D}_n$ ist stetig); das gilt nicht von den $\mathfrak{E}$-Linien ($\mathfrak{E}_n$ ist unstetig). Daß unsere Figur in der Tat die $\mathfrak{D}$-Linien darstellt, erkennt man daraus, daß wir in Fig. 9 durch jeden Punkt der Kugeloberfläche je eine Linie hindurchgezogen haben. Bei den $\mathfrak{E}$-Linien müßten wir dagegen mehr Linien von außen eintreten lassen, als nach innen austreten.

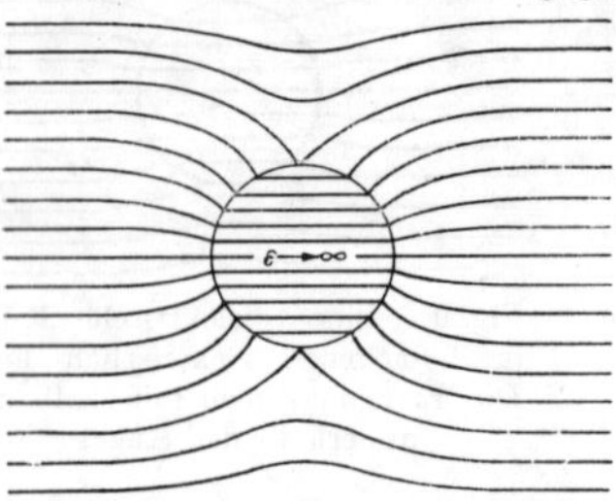

Fig. 9a. Eine leitende Kugel im homogenen elektrischen Feld, Darstellung der Erregungslinien

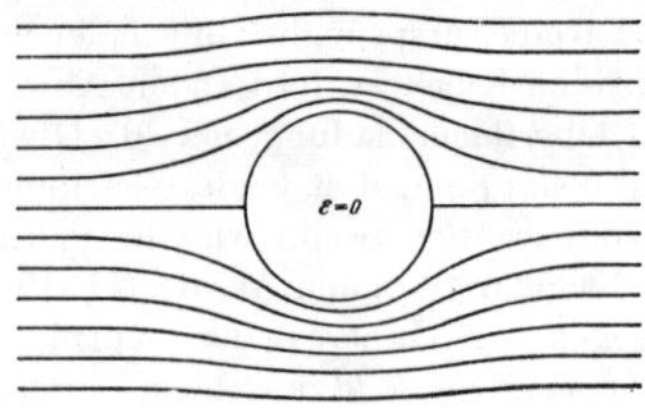

Fig. 9b. Strömungslinien um eine starre Kugel, zugleich magnetische Kraftlinien in der Umgebung einer supraleitenden Kugel

Wir betrachten zwei Grenzfälle $\varepsilon \to \infty$ und $\varepsilon \to 0$. Der erste erweist sich als identisch mit der *leitenden Kugel*. Die Gln. (14) geben dann nämlich

$$M = -4\pi\,\varepsilon_1 F a^3, \qquad F_2 = 0, \tag{14a}$$

übereinstimmend mit Gl. (10a) und der Tatsache, daß das Innere der leitenden Kugel feldfrei ist. Dies scheint im Widerspruch zu stehen zu Fig. 9a, welche im Innern der Kugel ein endliches Feld verzeichnet. Dabei ist aber wieder zu beachten, daß diese Figur, als Grenzfall von Fig. 9, das $\mathfrak{D}$-Feld darstellt und daß „$\mathfrak{D} = \varepsilon\,\mathfrak{E} =$ endlich" mit dem Grenzübergang $\varepsilon \to \infty$, $\mathfrak{E} \to 0$ verträglich ist.

Der Grenzfall $\varepsilon \to 0$ ist elektrostatisch nicht genau zu realisieren, jedoch näherungsweise so, daß man $\varepsilon_2 \ll \varepsilon_1$ annimmt, also einen kugelförmigen Hohlraum in einer Umgebung von sehr hoher D.K. betrachtet. Auch dann ist das Innere der Kugel *relativ* frei von $\mathfrak{D}$-Linien, wie in Fig. 9b dargestellt ist. Dasselbe Bild 9b ergibt sich genau für die Strömungslinien, wenn man eine nicht leitende Kugel im homogenen stationären Strömungsfeld eines Leiters betrachtet. Das magnetische Analogon wäre der Supraleiter; hydrodynamisch bedeutet er den Fall einer starren Kugel, die von einem wirbelfreien, inkompressiblen, im Unendlichen parallelgerichteten Flüssigkeitsstrom umspült wird. Im Gegensatz zu (14a) ist jetzt

$$M = 2\pi\,\varepsilon_1 F a^3, \qquad F_2 = \frac{3}{2} F. \tag{14b}$$

Trotz dieses endlichen Wertes von F_2 dringen die magnetischen Induktionslinien bei der Supraleitung bzw. die hydrodynamischen Stromlinien nicht ins Innere der Kugel ein, vgl. Fig. 9b; sie werden aus dem Innern herausgedrängt, weil sie tangential zur Oberfläche verlaufen müssen.

Im anderen Grenzfall $\varepsilon \to \infty$ stehen die Kraftlinien senkrecht[1]) zur Oberfläche, wie es ja beim Leiter der Fall ist. In Übungsaufgabe II. 3. werden wir die Fign. 9 und 9a in einen organischen Zusammenhang bringen. Wir kommen auf diese wichtigen Formeln und Figuren in § 11 zurück.

E. Spiegelung und Brechung der Kraftlinien am dielektrischen Halbraum

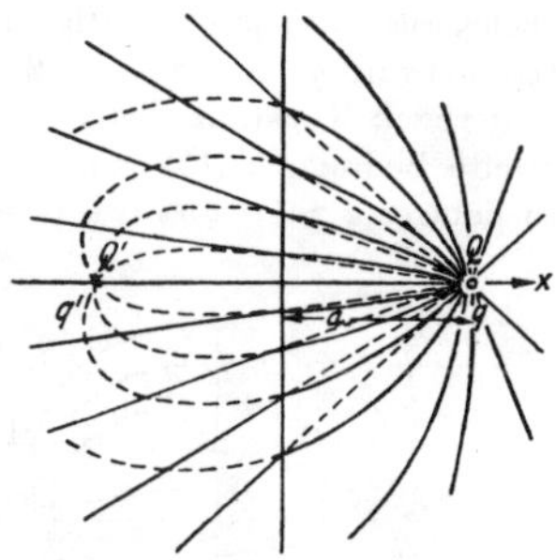

Fig. 10. Im rechten Halbraum (Luft) befindet sich an der Stelle Q eine Punktladung, die den linken Halbraum (Dielektrikum) influenziert. Darstellung der Erregungslinien. Im rechten Halbraum verlaufen sie gekrümmt; ihre (in der Figur punktierten) Verlängerungen gehen durch den Spiegelpunkt Q' von Q hindurch. Im linken Halbraum verlaufen sie als Gerade, deren (punktierte) Verlängerungen durch Q hindurchgehen

Hier soll nur noch der Vollständigkeit wegen eine verhältnismäßig triviale Aufgabe gestreift werden, die Influenzierung eines von einer Ebene begrenzten Dielektrikums, vgl. Fig. 10: Im rechten Halbraum $x > 0$ befindet sich an der Stelle $x = a$ ein elektrischer Einfachpol mit der Ladung q. Er influenziert den linken Halbraum $x < 0$; $\varepsilon =$ relative D.K. des linken gegen den rechten Halbraum. Grenzbedingungen analog zu (12)

$$(15)\qquad \begin{aligned} \psi_1 &= \psi_2, \\ \frac{\partial \psi_1}{\partial x} &= \varepsilon \frac{\partial \psi_2}{\partial x} \cdots \quad \text{für} \quad x = 0. \end{aligned}$$

Zur Lösung dient die einfache, aus der Optik geläufige Spiegelungsmethode: virtueller Gegenpol q' im Punkt $x = -a$, der zwar im Medium 1 sich geltend macht, aber im Medium 2 wegen der dort zu fordernden ausnahmslosen Endlichkeit des Feldes nicht existiert; vielmehr scheint hier alle Wirkung vom primären Pol auszugehen. Ansatz mit zwei verfügbaren Parametern q'/q und q''/q:

$$(16)\qquad 4\pi\,\varepsilon_0\,\psi_1 = \frac{q}{r} + \frac{q'}{r'}, \qquad 4\pi\,\varepsilon_0\,\psi_2 = \frac{q''}{r}.$$

In der Grenzebene $x = 0$ ist $r = r_{PQ}$ mit $r' = r_{PQ'}$ identisch, gleichzeitig werden aber

$$\frac{\partial}{\partial x}\frac{1}{r} = -\frac{x-a}{r^3} \quad \text{und} \quad \frac{\partial}{\partial x}\frac{1}{r'} = -\frac{x+a}{r'^3}$$

[1]) Eine Ausnahme machen die Kraftlinien im oberen und unteren Pol der Kugel (räumlich gesprochen in den durch sie hindurchgehenden Diametralebenen). Sie bilden mit der Kugeloberfläche, vgl. Figur, den Winkel von 45°, untereinander also den von 90°. Dies folgt z. B. daraus, daß hier die TAYLOR-Entwicklung von ψ nach (11b) erst mit einem Gliede zweiter Ordnung beginnt. MAXWELL nennt einen solchen Punkt „Gleichgewichtspunkt" (point of equilibrium), vgl. Art. 112 des Treatise.

entgegengesetzt gleich, nämlich $\pm a/r^3$. Daher verlangen die Bedingungen (15)

$$\left.\begin{aligned} q + q' &= q'' \\ q - q' &= \varepsilon q'' \end{aligned}\right| \qquad q' = \frac{1-\varepsilon}{1+\varepsilon} q, \quad q'' = \frac{2}{1+\varepsilon} q. \tag{16a}$$

Man könnte bei Übertragung der optischen Terminologie q'' „gebrochene" Ladung nennen; die „gespiegelte" Ladung q' wird im Fall $\varepsilon = 1$ (einheitliches Dielektrikum, keine Unstetigkeit bei $x = 0$) natürlich Null. Im Grenzfall $\varepsilon \to \infty$ (Leiter) wird $q' = -q$, $q'' = 0$, so daß sich $\psi_2 = 0$ ergibt, was der für $x < 0$ zu fordernden Konstanz des Potentials entspricht. Im Grenzfall $\varepsilon \to 0$ lautet die zweite Bedingung (15) $\partial \psi_1 / \partial x = 0$ und führt auf $q' = +q$. Vgl. hierzu Fig. 10 (beliebiges $\varepsilon > 1$), Fig. 10a ($\varepsilon \to \infty$) und Fig. 10b ($\varepsilon \to 0$, d. h. $\varepsilon_{\text{rechts}} \gg \varepsilon_{\text{links}}$).

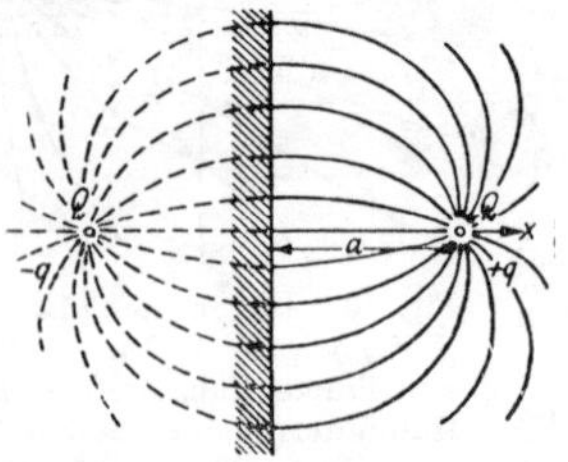

Fig. 10a. Grenzfall $\varepsilon \to \infty$, der linke Halbraum ist ein Leiter

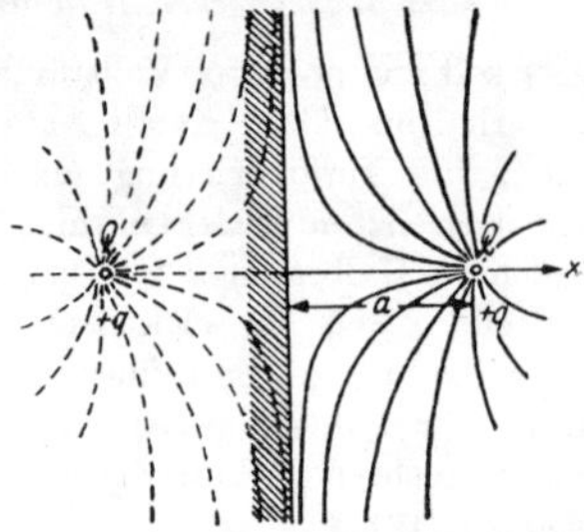

Fig. 10b. Grenzfall $\varepsilon \to 0$, die D. K. des rechten Halbraumes sehr groß gegen die des linken

F. Dipol- und Quadrupolfelder

Wir haben bereits in § 9. C. kurz den Dipolbegriff erwähnt. Wir verstanden darunter zwei entgegengesetzt gleiche und eng benachbarte Ladungen $\pm Q$. Diesem elektrischen Dipol ordnen wir ein Dipolmoment $\mathfrak{p}$ zu, dessen Betrag gleich der Ladung Q mal dem Abstand der Ladungen ist und dessen Richtung von der negativen zur positiven Ladung weist. Das Potential ψ des elektrischen Dipols im Punkt $\mathfrak{r}$ ist dann gleich

$$\psi = \frac{\mathfrak{p} \cdot \mathfrak{r}}{4\pi \varepsilon_0 r^3} = -\frac{1}{4\pi \varepsilon_0} \mathfrak{p} \cdot \operatorname{grad} \frac{1}{r}.$$

Wir wollen nun den Begriff des Dipolmomentes in allgemeinerem Zusammenhang betrachten und weiter das heute in der Kernphysik nicht minder wichtige Quadrupolmoment einführen und veranschaulichen. Zu diesem Zwecke nehmen wir eine Verteilung von Punktladungen $Q_1, Q_2, \ldots, Q_n$ in den Raumpunkten mit den Radiusvektoren $\mathfrak{r}_1, \mathfrak{r}_2, \ldots, \mathfrak{r}_n$ an. Für ihr Potential im Punkt P mit dem Radiusvektor $\mathfrak{r}$ finden wir nach (7. 5)

$$4\pi \varepsilon_0 \psi(P) = \sum_{i=1}^{n} \frac{Q_i}{|\mathfrak{r} - \mathfrak{r}_i|}. \tag{17}$$

Nun ist

$$(18)\qquad |\mathfrak{r} - \mathfrak{r}_i| = \sqrt{r^2 - 2\mathfrak{r}\cdot\mathfrak{r}_i + r_i^2} = r\sqrt{1 - 2\frac{\mathfrak{r}}{r}\cdot\frac{\mathfrak{r}_i}{r} + \frac{r_i^2}{r^2}}.$$

In großer Entfernung von der Ladungsverteilung sind also in erster Näherung alle Abstände $|\mathfrak{r} - \mathfrak{r}_i|$ gleich r. Das Potential ist daher in großer Entfernung dasselbe, als wenn alle Ladungen Q_i im Koordinatenanfangspunkt konzentriert wären.

Ist die Summe aller Ladungen jedoch gleich Null, so müssen wir genauer rechnen. Wir wollen daher den Ausdruck $|\mathfrak{r} - \mathfrak{r}_i|^{-1}$ nach Potenzen von $1/r$ entwickeln, begnügen uns aber damit, nur zwei weitere Glieder anzugeben. Wir erhalten aus (18) nach der Binomialformel

$$(19)\qquad \frac{1}{|\mathfrak{r} - \mathfrak{r}_i|} = \frac{1}{r} + \frac{\mathfrak{r}\cdot\mathfrak{r}_i}{r^3} + \frac{1}{r^5}\left(\frac{3}{2}(\mathfrak{r}\cdot\mathfrak{r}_i)^2 - \frac{1}{2}r^2 r_i^2\right) + \cdots.$$

Seien nun x, y, z die Komponenten von $\mathfrak{r}$ und x_i, y_i, z_i die Komponenten von $\mathfrak{r}_i$, dann entsteht aus (17) nach Einsetzen von (19)

$$4\pi\varepsilon_0\psi(P) = \frac{1}{r}\sum Q_i + \frac{1}{r^3}\sum Q_i(x_i x + y_i y + z_i z) + \frac{1}{r^5}\sum Q_i \times$$

$$(20)\qquad \times\left[\frac{3}{2}(x_i x + y_i y + z_i z)^2 - \frac{1}{2}(x_i^2 + y_i^2 + z_i^2)(x^2 + y^2 + z^2)\right] + \cdots.$$

Auch die weiteren Entwicklungsglieder kann man leicht ausschreiben, wenn man von den in Bd. VI, § 22, behandelten Kugelfunktionen Gebrauch macht. Das zweite Glied der rechten Seite von (20) stellt das Potential eines elektrischen Dipols vom Moment $\mathfrak{p}$ mit den Komponenten $\sum Q_i x_i$, $\sum Q_i y_i$, $\sum Q_i z_i$ dar. Es ist vom Koordinatenanfangspunkt abhängig, es sei denn, daß $\sum Q_i = 0$ ist. Das dritte Glied können wir folgendermaßen schreiben, wobei wir den Faktor r^{-5} weglassen,

$$(21)\qquad \left(q_{11} - \frac{1}{2}q_{22} - \frac{1}{2}q_{33}\right)x^2 + 3q_{12}\,x\,y + \cdots$$

mit

$$(22)\qquad q_{11} = \sum Q_i x_i^2, \qquad q_{12} = \sum Q_i x_i y_i, \cdots.$$

Der Ausdruck (21) erinnert an die Darstellung des Trägheitsmomentes in Bd. I, (22. 13a). Die Koeffizienten bilden einen symmetrischen Tensor, da ersichtlich nach (22) $q_{ik} = q_{ki}$. Man nennt die Größen q_{ik} Quadrupolmomente. Um einen „reinen" elektrischen Quadrupol zu erhalten, müssen die Gesamtladung $\sum Q_i$ und das Dipolmoment $\mathfrak{p}$ verschwinden. Dies erreicht man z. B. durch eine Anordnung von zwei Dipolen mit entgegengesetzt gleichem Dipolmoment, wozu man also vier Ladungen braucht; daher die Bezeichnung Quadrupol. Die beiden Dipole können dabei in einer Geraden liegen oder allgemeiner ein Parallelogramm bilden. Man vergleiche dazu die Übungsaufgaben II. 7—9.

Wir bemerken, daß es nicht etwa sechs unabhängige Quadrupole gibt, wie man aus der Zahl sechs der unabhängigen Momente q_{ik} herauslesen könnte. In der Tat ist die Summe der Koeffizienten von x^2, y^2, z^2 in (21) gleich Null, so daß die quadratische Form (21) nur fünf unabhängige Koeffizienten enthält.

Durch geeignete Anordnung von zwei Quadrupolen würde man einen Oktupol erhalten, der dem ersten nicht angeschriebenen Glied der Entwicklung (20) entspricht usw.

§ 10. Die Kapazität und ihr Zusammenhang mit der Feldenergie

Wir betrachten zwei im Endlichen liegende Leiter beliebiger Gestalt L_1 und L_2 und erteilen ihnen die Ladungen $+Q$ bzw. $-Q$. Man nennt ein solches System einen *Kondensator*, weil das Feld zwischen ihnen verdichtet und auf ihre Umgebung beschränkt ist. Die Kraftlinien gehen von L_1 nach L_2, ohne sich ins Unendliche zu verirren. Auf L_1 und L_2 habe das Potential ψ die konstanten Werte ψ_1 und ψ_2. Die Spannung zwischen ihnen ist dann

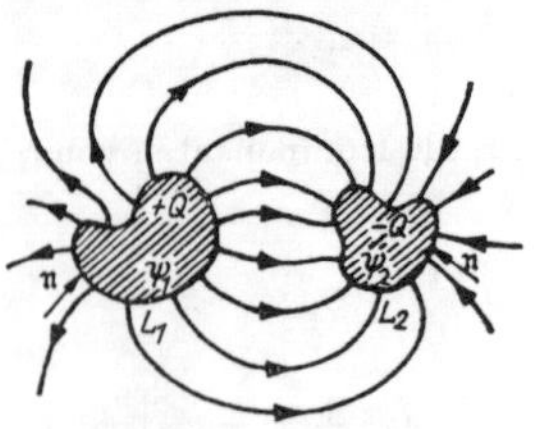

Fig. 11. Das Leiterpaar L_1, L_2 mit den Ladungen $\pm Q$ und den Potentialen ψ_1, ψ_2 bildet einen elektrischen Kondensator

$$V = \psi_1 - \psi_2 = \int_{L_1}^{L_2} \mathfrak{E} \cdot d\mathfrak{s}. \tag{1}$$

In diesem Linienintegral durften wir die Form des Weges unbestimmt lassen; jeder Weg, der von L_1 nach L_2 führt (er braucht durchaus nicht speziell eine Kraftlinie zu sein), gibt, wie wir wissen, bei dem wirbelfreien elektrostatischen Feld denselben Wert der Spannung.

Das Verhältnis Q/V nennt man *Kapazität*, d. h. Aufnahmefähigkeit des Systems für Ladung bei der Spannung 1 Volt. Wir benutzen dafür den Buchstaben C:

$$C = \frac{Q}{V}. \tag{2}$$

Die Einheit der Kapazität ist das „Farad" (F)

$$1 \text{ Farad} = 1 \frac{\text{Coulomb}}{\text{Volt}} = 1 \frac{\text{C}^2}{\text{Erg}}. \tag{3}$$

Die sogenannte absolute cgs-Einheit der Kapazität ist 10^9 Farad. Öfter als das Farad braucht man das Mikrofarad $= 10^{-6}$ Farad und das Picofarad $= 10^{-12}$ Farad. Dagegen ist die *Gaußsche Einheit* der Kapazität „1 cm" $= \frac{10}{9}$ Picofarad. Dies ist die Kapazität einer Kugel von 1 cm Radius im leeren Raum.

Die D.K. des Vakuums hat nach (3) und (4. 6a) die Dimension Farad/m und nach Gl. (7. 18) die Größe

$$\varepsilon_0 = \frac{10^{-9}}{36\pi} \frac{\text{Farad}}{\text{m}} = \frac{10^{-3}}{36\pi} \frac{\text{Mikrofarad}}{\text{m}}. \tag{3a}$$

Als einfachstes Beispiel behandeln wir

A. den Plattenkondensator

Er bestehe aus zwei leitenden Platten von der (großen) Fläche F, die zueinander parallel in dem (kleinen) Abstand a sich gegenüberstehen. Ihre Ladungen $\pm Q$ denken wir uns mit gleichmäßiger Flächendichte ω über F verteilt. Wir haben also für $x = \pm a/2$:

(4) $$\omega = \mp \frac{Q}{F}, \quad \text{andererseits ist} \quad \omega = \mathfrak{D}_n, \quad \text{Gl. (3.12a)}.$$

Das Feld zwischen den Platten sehen wir als homogen an, indem wir, wie schon in (4) geschehen, von der Störung in den Randzonen absehen. Die Kraftlinien sind dann durchweg senkrecht gegen die Platten gerichtet, und wir haben mit dem durch (4) gegebenen Wert von $\mathfrak{D}$ an den Platten

(4a) $$\mathfrak{E} = \frac{\omega}{\varepsilon} = \frac{Q}{F\varepsilon}.$$

Daraus folgt

(4b) $$V = \int_{-a/2}^{+a/2} \mathfrak{E}\, \mathrm{d}x = \frac{Q\,a}{F\,\varepsilon}$$

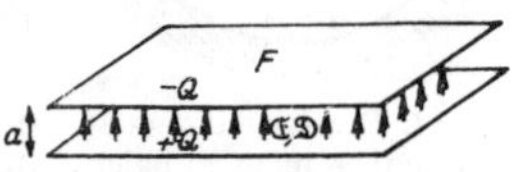

Fig. 12. Der Plattenkondensator mit seinem homogen gedachten Feld $\mathfrak{E}$, $\mathfrak{D}$ zwischen den Platten

und nach (2) unmittelbar

(5) $$C = \frac{F\,\varepsilon}{a}.$$

Dies ist der schon in (7. 15) angegebene „rationelle" Wert unserer Kapazität.

Nehmen wir z. B. $F = 20 \cdot 20\ \mathrm{cm}^2$, $a = 1$ mm und $\varepsilon = 2\varepsilon_0$ (Paraffinfüllung), so berechnen wir mit dem in unserem Maßsystem geltenden Wert (3a) von ε_0

(5a) $$C = \frac{80}{36\pi} 10^{-9}\,\text{Farad} = \frac{2}{9\pi} \cdot 10^{-8}\,\text{Farad} = \frac{2}{9\pi} \cdot 10^{-2}\,\text{Mikrofarad}.$$

Um also eine mit einem Mikrofarad vergleichbare Kapazität zu erhalten, muß man schon sehr viele Kondensatoren der betrachteten Art zusammenbauen.

Auf die hier vernachlässigte Randkorrektion und die daraus folgende Inhomogenität des Feldes gehen wir in Aufgabe II. 4. ein.

B. Kugelkondensator

Er bestehe aus einer inneren Kugel vom Radius r_1 und einer äußeren vom Radius r_2. Die Kugeln brauchen nicht durchweg leitend zu sein; es genügt, wenn die äußere Oberfläche der inneren und die innere der äußeren Kugel „mit Stanniol belegt" sind. (Das Entsprechende gilt von dem Plattenkondensator.) Die innere Kugel trage die Ladung $+Q$, die äußere $-Q$. Das Feld ist kugelsymmetrisch, $\mathfrak{E}$ und $\mathfrak{D}$ hängen nur von r ab und sind radial gerichtet. Wir haben also für jedes r zwischen r_1 und r_2

(6) $$\begin{cases} \int \mathfrak{D}_r\, \mathrm{d}\sigma = 4\pi r^2 \mathfrak{D}_r = Q, \\ \mathfrak{E}_r = \dfrac{\mathfrak{D}_r}{\varepsilon} = \dfrac{Q}{4\pi\,\varepsilon\, r^2}. \end{cases}$$

Aus $\mathfrak{E}$ berechnet man

$$(7) \qquad V = \int_{r_1}^{r_2} \mathfrak{E}_r \,\mathrm{d}r = \frac{Q}{4\pi\varepsilon}\left(\frac{1}{r_1} - \frac{1}{r_2}\right) = \frac{Q}{4\pi\varepsilon}\,\frac{r_2 - r_1}{r_1 r_2}.$$

Daraus folgt

$$(8) \qquad C = \frac{Q}{V} = 4\pi\varepsilon\,\frac{r_1 r_2}{r_2 - r_1}.$$

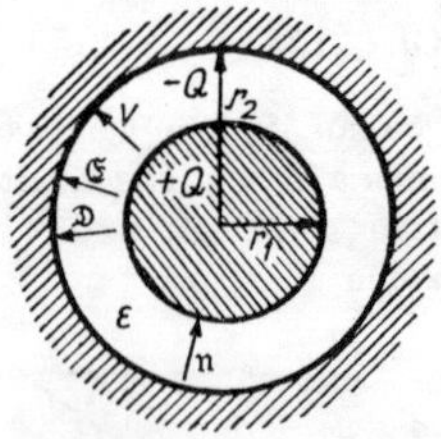

Fig. 13. Der Kugelkondensator mit seinem radialen Feld $\mathfrak{E}$, $\mathfrak{D}$ und der Spannung $V = \psi_1 - \psi_2$

Lassen wir hier $r_2 \to \infty$ gehen, so erhalten wir

$$(8\,\mathrm{a}) \qquad C = 4\pi\varepsilon r_1,$$

also den in Gl. (7. 15a) als „rationell" bezeichneten Wert für die Kapazität dieses ausgearteten Kugelkondensators. Lassen wir andererseits in (8) beide Radien ins Unendliche gehen, so jedoch, daß ihre Differenz $r_2 - r_1 = a$ endlich bleibt, und betrachten von den beiden Kugelflächen $4\pi\, r_1^2$ und $4\pi\, r_2^2$ nur ein endliches Segment F, so wird die Kapazität dieses Segmentes nach (8)

$$(8\,\mathrm{b}) \qquad C = \varepsilon\,\frac{F}{a},$$

also, wie es sein muß, gleich der des Plattenkondensators in Gl. (5).

Der Zylinderkondensator (Leidener Flasche[1]) wird in Aufgabe II. 5. behandelt.

C. *Kapazität des Rotationsellipsoides und eines geraden Stückes Draht*

In Gl. (9. 4) haben wir das Potential ψ eines die Ladung Q tragenden Ellipsoides angegeben. Setzen wir dort für x, y, z die Koordinaten eines beliebigen Punktes seiner Oberfläche ein, z. B. eines der beiden Endpunkte seiner großen Achse $x = y = 0$, $z = a$, so nimmt ψ den Wert V an, unter V die Spannung gegen die unendlich ferne Erde ($\psi = 0$) verstanden. Führen wir gleichzeitig statt des dortigen halben Brennpunktabstandes c die kleine Achse b ein, so wird $c = \sqrt{a^2 - b^2}$. Gl. (9. 4) geht dadurch über in[2])

$$(9) \qquad \frac{V}{Q} = \frac{1}{C} = \frac{1}{8\pi\varepsilon\sqrt{a^2 - b^2}} \ln \frac{a + \sqrt{a^2 - b^2}}{a - \sqrt{a^2 - b^2}} = \frac{1}{4\pi\varepsilon\sqrt{a^2 - b^2}} \ln \frac{a + \sqrt{a^2 - b^2}}{b}.$$

Für $b \to a$ folgt daraus durch Grenzübergang, wie es sein muß, die Kapazität der Kugel aus (8a). Auf demselben Wege läßt sich auch die Kapazität des rotations-

---

[1]) Auch „KLEISTsche Flasche" genannt. Sie ist nämlich von dem Pfarrer KLEIST in Cammin/Pommern konstruiert und zum erstenmal in der Danziger naturforschenden Gesellschaft im Dezember 1745 vorgeführt worden. Im Anfang des folgenden Jahres wurde sie in Leiden demonstriert und ist von hier aus international berühmt geworden. So kam sie zu dem gegenwärtig gebräuchlichen Namen, der hiernach ein reines Zufallsprodukt ist.

[2]) Vgl. KOHLRAUSCH, Prakt. Physik, 12. Aufl., S. 631. Der Faktor 4π fehlt hier (konventionelles Maßsystem). — Offenbar entsteht die letzte Formel in Gl. (9) aus der vorletzten durch Rationalmachen des Nenners.

symmetrischen *Ellipsoid-Kondensators* angeben, bestehend aus einem inneren und äußeren Ellipsoid der konfokalen Schar.

Lassen wir andererseits $b \to 0$ gehen, so entartet unser Ellipsoid in eine *gerade Strecke* von der Länge $l = 2c$ (Brennpunktabstand). Diese kann als Bild eines geraden Drahtes[1]) vom Radius $b \to 0$ angesehen werden. Seine Kapazität wird nach (9)

$$C = 2\pi\varepsilon l / \ln\frac{l}{b}. \tag{9a}$$

Eine ähnliche logarithmische Formel werden wir auch für die Selbstinduktion eines geraden Drahtstückes finden, vgl. § 15.

D. *Energetische Definition der Kapazität*

Die übliche elementare Definition (2) der Kapazität könnte als ziemlich willkürlich und formal erscheinen. Zu einem physikalisch vertieften Verständnis derselben gelangen wir, wenn wir die *Energie des elektrostatischen Feldes* betrachten.

Wir stützen uns auf den Greenschen Satz in der Form (3. 16) von Bd. II:

$$\int \operatorname{grad} U \cdot \operatorname{grad} V \, d\tau + \int U \triangle V \, d\tau = \int U \frac{\partial V}{\partial n} d\sigma. \tag{10}$$

U und V sind zwei beliebige stetige Funktionen. Die Integration links erstreckt sich über ein beliebiges Raumgebiet, die Integration rechts über dessen Oberfläche, n ist die von dem Raumgebiet nach außen weisende Normale zu dessen Oberfläche. Wir setzen $U = V = \psi$ und erhalten wegen $\triangle\psi = 0$, $\mathfrak{E} = -\operatorname{grad}\psi$ aus (10)

$$\int \operatorname{grad}\psi \cdot \operatorname{grad}\psi \, d\tau = \int \mathfrak{E}^2 \, d\tau = \int \psi \frac{\partial \psi}{\partial n} d\sigma. \tag{10a}$$

Die Raumintegration links werde auf das Äußere der beiden Leiter L_1, L_2 in Fig. 11 erstreckt, die Oberflächenintegration rechts auf die beiden Leitoberflächen und eine Kugel K von dem sehr großen Radius $r = R$. Dabei verschwindet das Integral über K; denn es handelt sich hier um ein Dipolfeld (zwei entgegengesetzt gleich geladene Leiter), und daher verhält sich $\partial\psi/\partial n$ in großer Entfernung proportional r^{-3}. Aus (10a) wird also

$$\int \mathfrak{E}^2 \, d\tau = \psi_1 \int\limits_{L_1} \frac{\partial\psi}{\partial n} d\sigma + \psi_2 \int\limits_{L_2} \frac{\partial\psi}{\partial n} d\sigma. \tag{10b}$$

Nach Multiplikation mit $\varepsilon/2$ können wir dafür schreiben

$$\frac{1}{2}\int \mathfrak{E}\cdot\mathfrak{D} \, d\tau = \frac{1}{2}\Big(\psi_1 \int\limits_{L_1} \mathfrak{D}_n \, d\sigma + \psi_2 \int\limits_{L_2} \mathfrak{D}_n \, d\sigma\Big) = \frac{Q}{2}(\psi_1 - \psi_2) = \frac{1}{2} Q V.$$

---

[1]) Allerdings keines zylindrischen, sondern eines an beiden Enden sich verjüngenden Drahtes.

Am linken Ende dieser Mehrfachgleichung steht die Gesamtenergie des betrachteten Raumes, die wir W nennen wollen:

$$W = \int w_e \, d\tau .$$

Wir haben dann mit der Definition (2) von C

$$W = \frac{1}{2} Q V = \frac{C}{2} V^2 = \frac{Q^2}{2C} . \tag{11}$$

Diese fundamentale Beziehung erinnert an den Zusammenhang der kinetischen Energie einer geradlinigen Bewegung mit der Geschwindigkeit v und dem Impuls $p = m v$:

$$W = \frac{1}{2} v p = \frac{p^2}{2m} = \frac{m}{2} v^2 . \tag{11a}$$

Beidemal ist die Energie aufgespalten, vgl. S. 11, in das Produkt einer Quantitäts- und einer Intensitätsgröße bzw. durch das Quadrat einer dieser beiden Größen dargestellt. Die Quantitätsgröße ist im einen Falle Q, im anderen v, die Intensitätsgröße V bzw. p. Der Kapazität C entspricht dann, wie der Vergleich von (11) und (11a) zeigt, die reziproke Masse $1/m$, die wir als „Beweglichkeit" bezeichnen könnten, im Gegensatz zur „Trägheit" m. Allerdings ist die Analogie nicht sehr tiefgehend und wird in § 33 zu modifizieren sein.

Wir können (11) als energetische Definition der Kapazität bezeichnen, ebenso wie (11a) zur energetischen Definition der Beweglichkeit dienen kann.

E. Die Kapazitäten in einem beliebigen System von Leitern

Wenn wir von zwei Leitern L_1, L_2 mit den Ladungen $\pm Q$ zu einer beliebigen Zahl von Leitern $L_1, L_2, \ldots, L_n$ mit den Ladungen $Q_1, Q_2, \ldots, Q_n$ übergehen, wobei auch jetzt die Gesamtladung $\sum_{i=1}^{n} Q_i$ verschwinden möge, so zeigt der GREENsche Satz (10a, b) unmittelbar, daß sich die Gesamtenergie W des Systems in n Summanden zerlegt nach der Formel

$$W = \frac{1}{2} \sum_{i=1}^{n} \psi_i Q_i . \tag{12}$$

Hier bedeutet ψ_i den auf dem Leiter L_i konstanten Wert des Potentials. ψ_i hängt aber jetzt nicht nur von Q_i, sondern von allen Q_j ab, und zwar linear.

Um dies einzusehen, denken wir uns zunächst auf den Leiter L_i eine Einheitsladung gebracht, während jeder der übrigen Leiter die Gesamtladung Null tragen soll. Dem entspreche das Potential $\psi_i(P)$ im ganzen Raum. Wir definieren so Potentiale $\psi_1, \psi_2, \ldots, \psi_n$. Versehen wir nun andererseits die einzelnen Leiter gleichzeitig mit Ladungen $Q_1, Q_2, \ldots, Q_n$, so behaupten wir, daß dann im Raum das Potential

$$\psi(P) = \sum_{i=1}^{n} Q_i \, \psi_i(P) \tag{13}$$

entsteht. Dies ist eine unmittelbare Folge der Linearität der elektrostatischen Grundgleichungen (Superpositionsprinzip); man bestätigt aber auch leicht direkt, daß außerhalb der Leiter $\triangle\psi = 0$ ist, daß die einzelnen Leiterflächen Flächen konstanten Potentials ψ sind (jedes ψ_i ist ja auf jedem Leiter konstant) und daß

$$-\int\limits_{L_j} \varepsilon \frac{\partial \psi}{\partial n} \, d\sigma = Q_j ;$$

denn jedes $\psi_i(P)$ gibt zum Oberflächenintegral den Beitrag Null, wenn $i \neq j$ und den Beitrag 1 (Einheitsladung!), für $i = j$.

Für das Potential $\psi(P) = \psi_j$ auf dem Leiter L_j gilt also nach (13)

$$\psi_j = \sum_{i=1}^{n} Q_i \, \psi_{ij} . \tag{14}$$

Die hier auftretenden Koeffizienten ψ_{ij} bedeuten also den Wert von $\psi_i(P)$ auf dem Leiter L_j; sie hängen nur von der Gestalt und der gegenseitigen Lage der Leiter $L_1, L_2, \ldots, L_n$ ab; sie sind also rein geometrischer Natur.

Die Auflösung des Systems (14) von n Gleichungen nach den n Ladungen Q_i liefert

$$Q_i = \sum_{j=1}^{n} C_{ij} \, \psi_j . \tag{15}$$

Die ψ_{ij} nennt Maxwell in art. 87 seines Treatise „Potentialkoeffizienten des Systems“, die C_{ij} „Kapazitätskoeffizienten“.

Einsetzen der Beziehungen (14) und (15) in (12) liefert *die unsere frühere Gl. (11) verallgemeinernde Mehrfachgleichung*

$$W = \frac{1}{2} \sum_{i=1}^{n} Q_i \, \psi_i = \frac{1}{2} \sum_{i,j=1}^{n} \psi_{ij} \, Q_i \, Q_j = \frac{1}{2} \sum_{i,j=1}^{n} C_{ij} \, \psi_i \, \psi_j . \tag{16}$$

Da W eine Zustandsgröße ist (die beim Aufladen des Systems geleistete Arbeit muß vom „Wege“, d. h. von der Aufeinanderfolge der Einzelprozesse bei der Aufladung des Systems unabhängig sein), gelten die Reziprozitätsbeziehungen

$$C_{ij} = C_{ji} , \qquad \psi_{ij} = \psi_{ji} . \tag{17}$$

Bei elektrisch neutralen Systemen, $\sum Q_i = 0$, läßt sich (15) auch noch in die Form bringen

$$Q_i = \sum_{j=1}^{n} \overline{C}_{ij} [\psi_i - \psi_j] . \tag{18}$$

Die $\overline{C}_{ij}$ werden Teilkapazitäten genannt; sie lassen sich durch die C_{ij} wie folgt ausdrücken:

$$\overline{C}_{ij} = \overline{C}_{ji} = \frac{C_i \, C_j}{C} - C_{ij} , \qquad C_i = \sum_{j=1}^{n} C_{ij} , \qquad C = \sum_{i=1}^{n} C_i . \tag{19}$$

Man verifiziert diese Darstellung durch Einsetzen von (19) in (18) unter Berücksichtigung der Voraussetzung

$$\sum_{i=1}^{n} Q_i = \sum_{i,j=1}^{n} C_{ij} \, \psi_j = \sum_{j=1}^{n} C_i \, \psi_j = 0 .$$

Bei zwei Leitern mit entgegengesetzt gleichen Ladungen erweist sich $\overline{C}_{12}$ als die Kapazität im Sinne von (2).

In der Schwachstromtechnik, wo man es oft mit komplizierten Systemen in Wechselwirkung stehender Leiter zu tun hat, spielen die Teilkapazitäten eine Rolle. Ihre theoretische Berechnung ist schwierig, da sie die Lösung der Potentialaufgabe für das betreffende Mehrleitersystem zur Voraussetzung hat. Wie wir sahen, gelingt die Lösung schon für zwei Leiter nur bei besonders einfacher Form derselben (Ebene, Kugel, Ellipsoid). Im allgemeinen ist man daher auf Näherungen oder Messungen angewiesen.

In Übungsaufgabe II. 6. werden wir den Zusammenhang dieser Koeffizienten mit der elementaren Kapazitätsdefinition in Gl. (2) besprechen.

§ 11. Allgemeine Betrachtungen über das elektrische Feld

Die folgenden Feststellungen und Begriffe beziehen sich nicht nur auf elektrostatische Verhältnisse, sondern gelten auch für beliebig veränderliche Felder.

A. Das Brechungsgesetz der Kraftlinien

Die zwischen zwei Isolatoren verschiedener D.K. geltenden Grenzbedingungen

$$\mathfrak{E}_{\text{tang}} \quad \text{und} \quad \mathfrak{D}_{\text{norm}} \quad \text{stetig} \tag{1}$$

[letztere bei Abwesenheit einer Oberflächenladung, Gl. (3. 11)] zeigen unmittelbar, daß „Einfallswinkel“ α_1 und „Brechungswinkel“ α_2, beide gemessen gegen die Normale zur Grenzfläche und gegeben durch

$$\tan\alpha_1 = \left(\frac{\mathfrak{E}_{\text{tang}}}{\mathfrak{E}_{\text{norm}}}\right)_1, \qquad \tan\alpha_2 = \left(\frac{\mathfrak{E}_{\text{tang}}}{\mathfrak{E}_{\text{norm}}}\right)_2,$$

zueinander in der Beziehung stehen:

$$\frac{\tan\alpha_1}{\varepsilon_1} = \frac{\tan\alpha_2}{\varepsilon_2}. \tag{2}$$

Dieses „Brechungsgesetz der elektrischen Kraftlinien“ unterscheidet sich von dem optischen Brechungsgesetz nicht nur in dem Auftreten der Tangens- statt der Sinusfunktion, sondern auch in dem Sinn der Brechung: *Die elektrische Kraftlinie wird beim Eintritt in das elektrisch dichtere Medium von der Einfallsnormale fortgebrochen.* Als „elektrisch dichter“ bezeichnen wir dabei dasjenige der beiden Medien, welches die größere D.K. besitzt. Ist dieses Medium 2, so folgt aus Gl. (2) in der Tat

$$\tan\alpha_2 > \tan\alpha_1.$$

Beispiele hierfür liefern die Fign. 10 (Brechung an einer Ebene) und 9 (Brechung an einer Kugel). Der Leiter (Grenzfall $\varepsilon_2/\varepsilon_1 = \infty$) ordnet sich dem Brechungsgesetz insofern unter, als hier im allgemeinen $\alpha_1 = 0$ wird (Kraftlinien senkrecht zur Leiteroberfläche).

B. Zur Definition der Vektoren $\mathfrak{E}$ und $\mathfrak{D}$

Wir stehen zwar nicht auf dem „positivistischen“ Standpunkt, von dem aus nur beobachtbare Größen in der theoretischen Physik benutzt werden dürfen, sondern meinen, daß die Einführung nicht direkt beobachtbarer Größen immer dann zu rechtfertigen sei, wenn die daraus sich ergebenden Folgerungen mit der Erfahrung übereinstimmen (Beispiel die kinetische Gastheorie). Wir verlangen aber, daß die hypothetisch eingeführten Begriffe wenigstens durch ein Gedankenexperiment, d. h. eine wenn auch praktisch nicht realisierbare Beobachtung, zu begründen sein sollen.

In § 2 hatten wir die elektrische Feldstärke dynamisch definiert als Kraft auf eine Probeladung 1. Diese Kraft läßt sich aber nur in Luft (allgemeiner in einer Flüssigkeit) durch die von ihr ausgelöste Bewegungserscheinung messen. Die Definition versagt also im festen Körper.

Um in einem solchen trotzdem die Komponente von $\mathfrak{E}$ an einer gegebenen Stelle in einer gegebenen Richtung s zu definieren, verfahren wir folgendermaßen: Wir bohren an der betreffenden Stelle eine *Röhre* in den Körper, deren Achse die Richtung s hat. Die Röhre ist so eng und kurz, daß sie das übrige Feld nicht merklich stört; sie bleibt leer oder füllt sich mit Luft. In ihr wirkt nach der Grenzbedingung (1) dieselbe Feldstärke $\mathfrak{E}_s$ wie in dem umgebenden festen Körper und wie sie ursprünglich in der Röhre herrschte. $\mathfrak{E}$ läßt sich also in der Röhre an einem eingebrachten Probekörper messen. Wenn das Feld nicht stationär, sondern veränderlich ist, müssen wir schneller messen, als sich das Feld ändert.

In noch höherem Grade ergänzungsbedürftig ist unsere Definition von $\mathfrak{D}$ in § 2. Wir erklärten in Gl. (4) daselbst $\mathfrak{D}$ als die Elektrizitätsmenge, welche an der gegebenen Stelle durch eine gegebene Fläche F während der Erregung des Feldes hindurchgetreten ist, geteilt durch die Größe von F. Genauer gesagt erhalten wir so die Komponente $\mathfrak{D}_n$ von $\mathfrak{D}$ in Richtung der Normalen n von F. Diese Erklärung ist unbefriedigend, weil sie keine bestimmte Meßvorschrift enthält. Wir gelangen aber zu einer solchen durch folgendes Gedankenexperiment:

Wir bringen an die betreffende Stelle einen Plattenkondensator[1]), dessen Flächen F wir senkrecht zur n-Richtung stellen; der Zwischenraum zwischen seinen Platten sei mit dem umgebenden Dielektrikum gefüllt. (Handelt es sich auch hier um einen festen Körper, so müssen wir in diesem einen Schlitz herstellen, in den der Kondensator gerade hineinpaßt.) Wegen der Grenzbedingung (1) ist nun der Wert von $\mathfrak{D}_n$ im Kondensator gleich dem $\mathfrak{D}_n$ der Umgebung und daher auch gleich demjenigen Wert von $\mathfrak{D}_n$, der vor der Einbringung des Kondensators an dieser Stelle herrschte. Wir können jetzt $\mathfrak{D}_n$ an unserem Kondensator direkt als Oberflächenladung ω messen, nämlich auf derjenigen der beiden Belegungen, auf die die vorgegebene Richtung von n hinweist.

Auf diese Weise wird also auch die Verschiebung $\mathfrak{D}$ sozusagen „eine beobachtbare Größe".

C. Der Begriff der elektrischen Polarisation, die Clausius-Mosottische Formel

Wir verlassen hier vorübergehend den rein phänomenologischen Standpunkt der Maxwellschen Theorie und versuchen, ein molekulares Modell des Dielektrikums

[1]) Ist das Feld inhomogen, so muß der Kondensator hinreichend klein sein. Seine metallischen Belegungen verzerren zwar das Feld, stören aber nicht die Messung von $\mathfrak{D}_n$ zwischen den Platten.

zu konstruieren. Ein Molekül besteht aus positiven und negativen Ladungen (positiv geladenen Atomkernen und Elektronen), verhält sich aber im feldfreien Zustand neutral. Beim Anlegen eines Feldes werden die Ladungen getrennt und bilden einen Dipol[1]). Sein dem äußeren Feld proportionales elektrisches Moment $\mathfrak{m}$ ist für das Molekül charakteristisch.

Ein solches Moment hat die Dimension Ladung $\times$ Hebelarm $=$ Cm. Gehen wir vom einzelnen Molekül zur Summe der molekularen Momente „pro Volumeinheit" über, so ergibt sich die Dimension

$$\frac{\mathrm{Cm}}{\mathrm{m}^3} = \frac{\mathrm{C}}{\mathrm{m}^2} = \frac{\mathrm{As}}{\mathrm{m}^2}.$$

Sie stimmt überein mit der Dimension (2. 4) von $\mathfrak{D}$. Wir wollen diese durch das Volumen geteilte $\sum \mathfrak{m}$ mit $\mathfrak{P}$ bezeichnen und *Polarisation* nennen[2]).

Wir zerlegen $\mathfrak{D}$ in zwei Bestandteile, einen ersten, der auch bei Abwesenheit der Moleküle vorhanden wäre, und einen zweiten, der von diesen Molekülen herrührt. Der erste entspricht dem Vakuum-Falle und ist $\mathfrak{D}_0 = \varepsilon_0\,\mathfrak{E}$, unter $\mathfrak{E}$ das angelegte, makroskopisch meßbare Feld verstanden; der zweite ist unsere Polarisation $\mathfrak{P}$. Wir setzen also

$$\mathfrak{D} = \mathfrak{D}_0 + \mathfrak{P} = \varepsilon_0\,\mathfrak{E} + \mathfrak{P}. \tag{3}$$

$\mathfrak{D}$ bedeutet die makroskopisch meßbare Erregung und ist daher gleich $\varepsilon\,\mathfrak{E}$. Wir haben also nach (3) auch

$$\mathfrak{P} = (\varepsilon - \varepsilon_0)\,\mathfrak{E}. \tag{4}$$

Andererseits wollen wir $\mathfrak{P}$ aus dem Verhalten der Moleküle im elektrischen Feld bestimmen. Wir nennen dies Feld im Anschluß an die Bezeichnung in den Gln. (9. 9) und folgende $\mathfrak{F}$ und deuten dadurch an, daß es von dem makroskopischen Feld $\mathfrak{E}$ verschieden ist. Der Unterschied beider berechnet sich aus der Wirkung der polarisierten Moleküle nach der Formel:

$$\mathfrak{F} = \mathfrak{E} + \frac{1}{3}\,\frac{\mathfrak{P}}{\varepsilon_0}. \tag{5}$$

Wir wollen dies, um den Gedankengang hier nicht zu unterbrechen, nachträglich in Teil D beweisen. Das am einzelnen Molekül entstehende Moment $\mathfrak{m}$ ist diesem $\mathfrak{F}$ proportional. Wir setzen

$$\mathfrak{m} = \alpha\,\varepsilon_0\,\mathfrak{F}, \tag{6}$$

---

[1]) Wir denken dabei an *nichtpolare Moleküle*. Die besonders erfolgreich von DEBYE experimentell und theoretisch untersuchten *polaren Moleküle* besitzen auch ohne Feld einen Dipol. Die Formeln des Textes wären für polare Moleküle abzuändern und würden sich als temperaturabhängig ergeben. Näheres darüber bei DEBYE: Polare Molekeln, Leipzig 1929 bei Hirzel. Man kann die polaren Molekeln, in Analogie zum Paramagnetismus, als *paraelektrisch* bezeichnen.

[2]) Jedes Einzelmoment hat zur Achse die Richtung seines Hebelarmes. Daraus folgt die Pfeilrichtung von $\mathfrak{P}$ durch geometrische Addition aller in dem betreffenden Volumen enthaltenen $\mathfrak{m}$ und Grenzübergang zu einem hinreichend kleinen Volumen.

wo α eine dem betreffenden Molekül eigentümliche Konstante bedeutet. Hierbei ist das Molekül als isotrop vorausgesetzt; andernfalls würde keine Richtungsgleichheit zwischen $\mathfrak{m}$ und $\mathfrak{F}$ zu bestehen brauchen.

Ist N die Zahl der Moleküle in der Volumeinheit, so erhalten wir aus (6) und (5):

$$\mathfrak{P} = \sum_{\text{Volumeinh.}} \mathfrak{m} = N \alpha \varepsilon_0 \mathfrak{F} = N \alpha \left(\varepsilon_0 \mathfrak{E} + \frac{1}{3} \mathfrak{P}\right). \tag{7}$$

Setzen wir hier den Ausdruck (4) für $\mathfrak{P}$ ein und heben gleichzeitig den allen Gliedern gemeinsamen Faktor $\mathfrak{E}$ fort, so erhalten wir

$$\varepsilon - \varepsilon_0 = N \alpha \left(\varepsilon_0 + \frac{\varepsilon - \varepsilon_0}{3}\right) = \frac{N \alpha}{3} (\varepsilon + 2\varepsilon_0)$$

oder auch, wenn wir zur relativen D.K. $\varepsilon/\varepsilon_0$ übergehen:

$$\frac{\varepsilon_{\text{rel}} - 1}{\varepsilon_{\text{rel}} + 2} = \frac{N \alpha}{3}. \tag{8}$$

Dies ist die Clausius-Mosottische Formel. Ins Optische übertragen, wo ε_{rel} das Quadrat des Brechungsindex bedeutet, heißt sie Lorenz-Lorentzsche Formel.

Um den physikalischen Inhalt von Gl. (8) zu erschließen, erweitern wir deren rechte Seite im Zähler und Nenner mit m, der Masse des einzelnen Moleküls. Dadurch entsteht in dem Produkt $N m$ die Masse der Volumeinheit des Dielektrikums, also die *Dichte* ϱ desselben, andererseits in dem Quotienten α/m eine neue, dem Molekül eigentümliche Konstante. Gl. (8) besagt also, daß deren linke Seite *proportional der Dichte* ist. Dies läßt sich unmittelbar bei komprimierten Gasen prüfen, deren ε merklich von Eins verschieden ist. Bei stark verdünnten Gasen, wo $\varepsilon_{\text{rel}} \approx 1$ ist, wird $\varepsilon_{\text{rel}} + 2 \approx 3$, und Gl. (8) ergibt

$$\varepsilon - 1 = N \alpha = \varrho \frac{\alpha}{m}. \tag{8a}$$

In historischer Hinsicht möge erwähnt werden, daß Mosotti in seiner schon aus dem Jahre 1850 stammenden Arbeit die Moleküle als *leitende* Kugeln voraussetzte, die irgendwie in den imponderabeln „Äther" verteilt gedacht wurden. Wir wissen aus § 9, daß in einer solchen Kugel durch ein äußeres Feld $\mathfrak{F}$ ein Moment $\vec{M}$ induziert wird, das nach Gl. (9. 10a) beträgt

$$\vec{M} = 4\pi \varepsilon_0 a^3 \mathfrak{F}.$$

Unsere Molekularkonstante α hat dann nach ihrer obigen Definition in (6) den Wert

$$\alpha = 4\pi a^3. \tag{9}$$

Setzt man dies in (8) ein, so erhält man rechts

$$\frac{4\pi}{3} a^3 N; \tag{9a}$$

dies bedeutet einfach: das Volumen der in der Volumeinheit enthaltenden Kugeln im Verhältnis zur Volumeinheit (Dimension Null, wie es sein muß).

Wir fassen zusammen, was wir hier über den in § 2 nur ungenügend geklärten Begriff der dielektrischen Verschiebung erfahren haben. $\mathfrak{D}$ setzt sich zusammen aus zwei Teilen, einem Vakuumteil $\mathfrak{D}_0 = \varepsilon_0 \mathfrak{E}$ und einem von der Materie herrührenden Bestandteil $\mathfrak{P}$:

$$\mathfrak{D} = \mathfrak{D}_0 + \mathfrak{P}. \tag{10}$$

$\mathfrak{P}$ nennen wir Polarisation der Materie; sie ist zugleich das elektrische Moment der Volumeinheit des Dielektrikums. Dementsprechend zerlegt sich die D.K. in zwei Teile, ihren Vakuumbestandteil ε_0 und ihren von der Materie herrührenden Bestandteil $\varepsilon_0 \eta$:

$$\varepsilon = \varepsilon_0 (1 + \eta). \tag{11}$$

Die als reine Zahl definierte Materialkonstante η heißt *elektrische Suszeptibilität*. In beiden Gln. (10) und (11) fällt wegen des rationellen Charakters unseres MKSA-Systems der Faktor 4π, der sonst bei $\mathfrak{P}$ und η hinzutreten würde, erfreulicherweise fort. Bei der Berechnung von $\mathfrak{P}$ und η mußten wir unterscheiden zwischen der auf das Molekül wirkenden Feldstärke $\mathfrak{F}$ und der makroskopisch definierten $\mathfrak{E}$; der Unterschied beider rührt von dem Feld der Nachbarmoleküle her.

Wie schon S. 9 bemerkt, paßt die Bezeichnung „dielektrische Verschiebung" für $\mathfrak{D}$ eigentlich nur auf den Polarisationsbestandteil $\mathfrak{P}$ derselben. Im Vakuum ist keine verschiebbare Ladung vorhanden und $\mathfrak{D}$ trotzdem keineswegs Null. Es ist dies der Grund, weshalb wir (vgl. S. 8) den Namen „Erregung" für $\mathfrak{D}$ vorgezogen haben.

D. Nachträgliches zur Berechnung der Polarisation

Es handelt sich um den Beweis von Gl. (5). Wir fassen ein beliebiges Molekül ins Auge, schlagen um dieses eine kleine Kugel, deren Radius b aber groß gegen den Molekülradius a sein soll, und entfernen aus ihr alle Materie bis auf das eine Molekül im Mittelpunkt derselben, welches sich somit im Vakuum befindet. Es unterliegt dann der Feldstärke $\mathfrak{E}$, entsprechend dem ersten Gliede der rechten Seite von (5). Die Entfernung der Moleküle aus dem Innern der Kugel hat keine Änderung des von der Materie herrührenden Feldes zur Folge, wenn die Moleküle regellos verteilt waren, genauer gesagt, wenn sie nicht durch das Aufmolekül irgendwie gerichtet waren. Indem wir uns auf isotrope Dielektrika beschränken, können wir dies voraussetzen[1]).

Nach Ausschluß dieser Kugel dürfen wir das übrigbleibende Dielektrikum als Kontinuum behandeln, also von seiner molekularen Struktur absehen und nach der phänomenologischen MAXWELL-Theorie verfahren. Infolgedessen werden wir die Wirkung des restlichen Dielektrikums durch Ladungsdichten ω auf den Elementen $d\sigma$ der inneren Begrenzungskugel des Hohlraumes vom Radius b ersetzen, wobei wir aber ω nicht aus dem vollständigen $\mathfrak{D}$, sondern lediglich aus

---

[1]) H. A. LORENTZ hat dasselbe auch für Kristalle von kubischer Struktur bewiesen; für andere Symmetrien oder für assoziierende Flüssigkeiten ist die im Text gemachte Voraussetzung unbewiesen.

seinem molekularen Bestandteil $\mathfrak{P}$ in Gl. (3) zu entnehmen haben. Da $\mathfrak{P}$ nur für $r > b$ von Null verschieden ist (im Vakuum für $r < b$ ist $\mathfrak{P} = 0$), wird ω nicht durch den Unterschied zweier $\mathfrak{P}$-Werte [wie in (3. 11) durch den zweier $\mathfrak{D}$-Werte], sondern direkt durch $\omega = \mathfrak{P}_n$ dargestellt. Mit Rücksicht darauf, daß $\mathfrak{P}$ dieselbe Richtung hat wie das primäre Feld $\mathfrak{E}$, welches die x-Richtung haben möge, wird also

$$\omega = \mathfrak{P}_n = \mathfrak{P}_x \cos\Theta \ldots \Theta = \text{Winkel } n \text{ gegen } x. \tag{12}$$

Nach dem COULOMBschen Gesetz (7. 7) ist der Beitrag von $\omega\, d\sigma$ zu der auf unser Molekül am Ort $r = 0$ in Richtung des Radiusvektors wirkenden Feldstärke

$$d\mathfrak{F}_r = \frac{\omega\, d\sigma}{4\pi\,\varepsilon_0\, b^2} = \frac{\mathfrak{P}_x \cos\Theta}{4\pi\,\varepsilon_0\, b^2}\, d\sigma \tag{13}$$

und seine x-Komponente, auf die es uns allein ankommt,

$$d\mathfrak{F}_x = \frac{\mathfrak{P}_x \cos^2\Theta}{4\pi\,\varepsilon_0\, b^2}\, d\sigma. \tag{13a}$$

Durch Integration über die ganze Kugel ergibt sich mit $d\sigma = b^2 \sin\Theta\, d\Theta\, d\varphi$

$$\mathfrak{F}_x = \frac{\mathfrak{P}_x}{4\pi\,\varepsilon_0}\, 2\pi \int_0^\pi \cos^2\Theta \sin\Theta\, d\Theta = \frac{1}{3}\,\frac{\mathfrak{P}_x}{\varepsilon_0}. \tag{14}$$

Dies entspricht dem zweiten Gliede der rechten Seite von Gl. (5), welche somit bewiesen ist.

E. Permanente Polarisation

Wir haben bisher stets angenommen, daß die Polarisation durch ein äußeres Feld $\mathfrak{E}$ hervorgerufen werde und mit ihm verschwinde. Das ist nicht allgemein richtig. Wir bemerkten bereits (S. 66, Anm. 1), daß es im *Molekularen* permanente elektrische Momente gibt. Diese kompensieren sich allerdings, zumal im flüssigen oder Gaszustand, wegen der thermischen Unordnung *in jedem endlichen Volumen*, so daß auch bei ihnen die resultierende Polarisation zugleich mit dem äußeren Feld $\mathfrak{E}$ verschwindet. Wenn man aber eine solche aus polaren Molekülen aufgebaute Substanz (Wachs, Harz) durch Erwärmen dünnflüssig macht und sie einem starken elektrischen Feld aussetzt, so zwingt dieses die molekularen Momente großenteils in seine Richtung. Läßt man nun die Substanz erstarren, so behält sie auch nach Abschalten des Feldes ihre Polarisation zunächst bei. Könnte man ihre Umgebung völlig isolierend machen, so hätte man eine Substanz mit einem makroskopischen *permanenten elektrischen Feld.*

HEAVISIDE hat eine so behandelte Substanz auf den etwas gewaltsamen Namen „Elek*tret*" getauft, wegen ihrer Analogie zu dem permanenten Mag*neten.*

Die Voraussetzung einer völlig isolierenden Umgebung ist aber niemals erfüllt. Auch reine, hochverdünnte Luft ist wegen der radioaktiven Emanation und besonders wegen der kosmischen Strahlung immer etwas ionisiert und daher leitend. Ein Elektret verliert daher seine Wirkung nach außen in Stunden oder Tagen.

Es gibt aber auch natürliche Körper derselben Eigenschaft. Diese haben wir unter den unsymmetrisch gebauten Kristallen zu suchen (Kristalle mit polarer Achse). Ihr bekanntester Repräsentant ist der *Turmalin.* Allgemein ist ja ein Kristall aus positiv und negativ geladenen Ionen aufgebaut, welche bei mangelnder Symmetrie des Aufbaus in jedem Elementarbereich ein elektrisches Moment besitzen. Je nach dem Gitter des Kristalls können sich die elementaren Momente zu einem Moment im großen zusammensetzen, das dann in seiner Umgebung ein elektrisches Feld erzeugt.

Ein solches Feld kann man tatsächlich an *frischen Bruchstücken* des Turmalins nachweisen. Da aber die Umgebung, wie bemerkt, nie völlig isoliert, klingt auch dieses Feld in einigen Stunden ab. Von dem abfließenden Leitungsstrom werden an den Ein- und Austrittsstellen der Kraftlinien Oberflächenladungen aufgebaut, die das Feld des inneren elektrischen Momentes nach außen hin kompensieren. Der Unterschied zwischen dem elektrischen und magnetischen permanenten Moment besteht nur darin, daß es im magnetischen Fall keinen solchen Leitungsstrom gibt. Ein Stahlmagnet zeigt daher in Jahrzehnten keine nachweisbare Änderung seines Feldes. Dieser Unterschied zwischen Elektret und Magnet ist hiernach kein grundsätzlicher, sondern nur ein quantitativer.

Die polare Unsymmetrie, wie sie beim Turmalin besteht, kann man an weniger unsymmetrischen[1]) Kristallen dadurch künstlich herstellen, daß man sie einer Deformation unterwirft. Diese verzerrt das Kristallgitter und zwingt ihm ein der Deformation proportionales elektrisches Moment auf. Der Kristall wird dadurch *piezoelektrisch.* Quarz ist der typische Repräsentant dieses Erscheinungsgebietes, von PIERRE CURIE als „Piezoquarz" zur Erzeugung quantitativ wohldefinierter Elektrizitätsmengen verwertet. Allerdings schwindet auch hier die Elektrizität wegen mangelnder Isolation der Umgebung mit einer gewissen endlichen Relaxationszeit. Wichtiger noch ist die Rolle, die der Quarzkristall neuerdings im Schwingungszustand spielt, in welchem er ein elektrisches Wechselfeld vom Rhythmus seiner Eigenfrequenz erzeugt. Umgekehrt kann man durch Anlegen eines elektrischen Wechselfeldes dieser Frequenz die Eigenschwingung des Quarzes dauernd auf konstanter Amplitude halten. Man gewinnt so (CADY) eine ideale Mikro-Zeitskala, die in der heutigen Radiotechnik ihre bekannte Rolle spielt.

In allen diesen Fällen (Elektret, Turmalin, Piezoquarz) läßt sich aus dem als bekannt angesehenen inneren Moment das dadurch hervorgerufene äußere elektrische Feld berechnen. Wir wollen aber darauf verzichten, weil die Berechnung ganz ähnlich verläuft wie die im folgenden zu entwickelnde Berechnung des äußeren Feldes eines permanenten Magneten.

---

[1]) Den Grad der erforderlichen Unsymmetrie kann man nach allgemeinen Regeln von VOIGT genau vorausbestimmen. Vgl. hierzu Bd. II, § 40.

§ 12. Das Feld des permanenten Stabmagneten

Die Kraftwirkungen, die von gewissen Eisensorten ausstrahlen, haben seit den ältesten Zeiten die Phantasie der Völker beschäftigt. Die Griechen nannten die Träger solcher Wirkungen *Magnete*[1]). Als erste haben die Chinesen ihre Wechselwirkung mit dem großen Magneten „Erde" zur geographischen Orientierung auf den weiten Flächen ihres Landes benutzt. Im 18. Jahrhundert war man geneigt, alle rätselhaften Vorgänge im menschlichen Körper auf „tierischen Magnetismus" zurückzuführen (MESMER). Heutzutage tritt die Wichtigkeit der natürlichen oder *permanenten Magnete* weit zurück hinter der der *Elektromagnete*. Trotzdem wollen wir hier einige Betrachtungen über permanente Magnete voranstellen; die allgemeinen Eigenschaften des magnetostatischen Feldes werden wir dann in § 13 analog zu denen des elektrostatischen kurz erledigen können.

Allerdings fällt das *Wesen* der permanenten Magnete aus dem Geltungsbereich der MAXWELLschen Theorie heraus und kann nur von der Atomphysik aus verstanden werden. Es gründet sich auf den Spin des Elektrons und sein magnetisches Moment, wovon die MAXWELLsche Theorie natürlich nichts weiß. Das Entsprechende gilt übrigens auch letzten Endes vom Elektromagneten: Die elektrischen Ströme, die den Elektromagneten erzeugen, haben, sofern sie nicht dynamoelektrisch durch Induktion erzeugt werden, ihre Quelle in elektrochemischen Prozessen, die der MAXWELL-Theorie fremd sind; nur die von ihnen ausgehenden Magnetfelder werden von ihr beschrieben. Ebenso lassen sich die von den permanenten Magneten ausgehenden Felder in den Rahmen der MAXWELL-Theorie einordnen.

Wir beginnen mit der *Magnetisierung*, die wir $\mathfrak{M}$ oder zunächst $\mathfrak{M}^*$ nennen wollen, als dem Gegenstück zur elektrischen Polarisation $\mathfrak{P}$; das Analogon zur Definitionsgleichung (11. 3) von $\mathfrak{P}$

(1) $$\mathfrak{D} = \varepsilon_0 \mathfrak{E} + \mathfrak{P}$$

wäre von unserem Standpunkt eigentlich

(1a) $$\mathfrak{H} = \frac{1}{\mu_0} \mathfrak{B} + \mathfrak{M}^*$$

[$\mathfrak{H}$ und $\mathfrak{M}^*$ Quantitätsgrößen wie $\mathfrak{D}$ und $\mathfrak{P}$, $\mathfrak{B}$ Intensitätsgröße wie $\mathfrak{E}$; $1/\mu_0$ entsprechend ε_0 wie bei Gl. (4. 7) hervorgehoben]. Nach $\mathfrak{B}$ aufgelöst, gibt (1a)

(1b) $$\mathfrak{B} = \mu_0 (\mathfrak{H} - \mathfrak{M}^*) .$$

Die allgemein gebräuchliche Definition des Begriffes Magnetisierung ist aber in der Gleichung enthalten:

(2) $$\mathfrak{B} = \mu_0 (\mathfrak{H} + \mathfrak{M}) ,$$

---

[1]) Außer *Stahl* zeigen die dem Eisen verwandten Metalle *Kobalt* und *Nickel* permanenten Magnetismus, ferner die *Heuslerschen Legierungen*, welche das dem Eisen im periodischen System benachbarte Mangan enthalten. Als Magnetit bezeichnet man das kubisch kristallisierende Eisenerz $Fe_2O_3 \cdot FeO$, als *Pyrrhotin* oder *Magnetkies* das hexagonale FeS (mit Beimengung von Fe_2S), beide durch permanenten Magnetismus und magnetische Anisotropie ausgezeichnet.

der wir uns weiterhin anschließen werden. Auf die Gl. (1b) werden wir in § 13D bei Besprechung des Diamagnetismus zurückkommen. Auch in der Form (2) geschrieben, bedeutet $\mathfrak{M}$ den *von der Materie herrührenden Anteil der Erregung* und ist zugleich die pro Volumeinheit genommene *Summe der Momente von Elementarmagneten*, so wie $\mathfrak{P}$ eine entsprechende Summe von elektrischen Elementarmomenten war. Wir denken uns im folgenden die Verteilung von $\mathfrak{M}$ im Magneten willkürlich vorgegeben und berechnen aus den MAXWELLschen Gleichungen die zugehörigen Felder der Vektoren $\mathfrak{B}$ und $\mathfrak{H}$.

Wir wissen aus § 7, daß $\mathfrak{H}$ durchweg *wirbelfrei*, $\mathfrak{B}$ durchweg *quellenfrei* verteilt ist. Aus der Quellenfreiheit von $\mathfrak{B}$ folgt mit der obigen Gl. (2) die Bedingung

$$\operatorname{div} \mathfrak{H} = -\operatorname{div} \mathfrak{M}. \tag{3}$$

An Stelle der Gl. $\operatorname{div} \mathfrak{B} = 0$, die stetiges und differentiierbares Verhalten von $\mathfrak{B}$ voraussetzt, muß an einer Unstetigkeitsstelle von $\mathfrak{M}$ die „Flächendivergenz" von $\mathfrak{B}$ verschwinden; d. h., es muß sein

$$\mathfrak{B}_n + \mathfrak{B}_{n'} = 0, \tag{3a}$$

wo n und n' wie in (3. 7) die von der Unstetigkeitsfläche aus nach der einen und anderen Seite weisenden Normalen bedeuten. Angewandt auf die Oberfläche des Magneten, an der $\mathfrak{M}$ von dem Außenwert $\mathfrak{M} = 0$ auf einen im allgemeinen von Null verschiedenen Wert $\mathfrak{M}$ springt, ergibt (3a) bei Benutzung von (2) (n = innere Normale)

$$\mathfrak{H}_n + \mathfrak{H}'_{n'} = -\mathfrak{M}_n. \tag{3b}$$

Setzt man jetzt $\mathfrak{H} = -\operatorname{grad} \psi$ in die Gln. (3) und (3b) ein, so erhält man die Differentialgleichung des Problems

$$\triangle \psi = \operatorname{div} \mathfrak{M} \tag{4}$$

sowie die Oberflächenbedingung

$$\frac{\partial \psi}{\partial n} + \frac{\partial \psi'}{\partial n'} = \mathfrak{M}_n. \tag{4a}$$

Wir fügen als Bedingung im Unendlichen hinzu

$$\psi = 0. \tag{4b}$$

Da in beiden Gln. (4) und (4a) die rechten Seiten als bekannt anzusehen sind, handelt es sich bei der Lösung unseres Problems nicht um eine Randwertaufgabe, sondern im Sinne von § 7, Gl. (10) und (10a), um eine einfache Summationsaufgabe. Die Lösung lautet

$$4\pi \psi = -\int \frac{\operatorname{div} \mathfrak{M}}{r} \, d\tau - \int \frac{\mathfrak{M}_n}{r} \, d\sigma. \tag{5}$$

Das erste Glied summiert alle magnetischen Raumdichten ϱ_m im *Inneren* des Magneten, das zweite alle Oberflächendichten ω_m auf seiner *Begrenzung*. Die negativen Vorzeichen rechts rühren daher, daß nach (4) und (4a) gilt

$$\varrho_m = -\operatorname{div} \mathfrak{M}, \quad \omega_m = -\mathfrak{M}_n.$$

(Hätten wir mit unserem $\mathfrak{M}^* = -\mathfrak{M}$ weitergerechnet, so wären die Vorzeichen wie in der Elektrostatik positiv ausgefallen.) Wir betrachten zwei Spezialfälle: a) Homogene Magnetisierung parallel der Stabachse, b) von Null aus nach der Mitte $z = 0$ zunehmende Magnetisierung, ebenfalls parallel der Stabachse. Bei a) verschwindet das erste Integral rechts in Gl. (5) wegen $\operatorname{div} \mathfrak{M} = 0$, bei b) das zweite wegen $\mathfrak{M}_n = 0$.

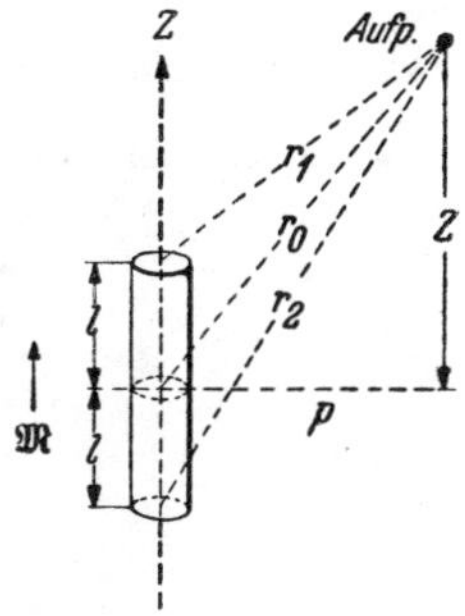

Fig. 14. Der Stabmagnet longitudinal magnetisiert. Aufpunkt außerhalb desselben

a) Vom Flächenintegral in (5) kommen nur die beiden Deckflächen in Betracht, da auf dem Mantel die Normalkomponente von $\mathfrak{M}$ nach Voraussetzung verschwindet. Die Polstärken des Magneten sind dann sozusagen gleichförmig über die beiden Deckflächen ausgebreitet; unter F die Querschnittsfläche verstanden, werden die beiden Gesamtpolstärken $\pm P = \pm F\,\mathfrak{M}_z$.

Durch angenäherte Ausführung der Integration in (5) ergibt sich bei *großer* Entfernung des Aufpunktes vom Magneten, vgl. Fig. 14 (p, r_1, r_2 Entfernung des Aufpunktes von der Stabachse bzw. von den Mittelpunkten der Deckflächen, z = Koordinate des Aufpunktes parallel der Stabachse, von der Mitte derselben gerechnet, $2l$ = Länge des Stabes):

(6) $$4\pi\,\psi = \mathfrak{M}_z F\left(\frac{1}{r_1} - \frac{1}{r_2}\right) \ldots \begin{Bmatrix} r_1^2 = (z-l)^2 + p^2 \\ r_2^2 = (z+l)^2 + p^2 \end{Bmatrix}.$$

Durch Reihenentwicklung erhält man zunächst

$$\frac{1}{r_1} = \frac{1}{r_0}\left(1 + \frac{1}{2}\,\frac{2zl - l^2}{r_0^2} + \cdots\right),$$

$$\frac{1}{r_2} = \frac{1}{r_0}\left(1 - \frac{1}{2}\,\frac{2zl + l^2}{r_0^2} + \cdots\right),$$

mit $r_0 = \sqrt{z^2 + p^2}$ = Abstand des Aufpunktes von der Mitte des Stabes. Daher nach (6)

(6a) $$4\pi\,\psi = 2l\,P\,\frac{z}{r_0^3} = -2l\,P\,\frac{\partial}{\partial z}\,\frac{1}{r_0}.$$

Nach außen hin, in Abständen $\gg 2l$, wirkt also der Magnet als Dipol vom Hebelarm $2l$ und von den Polstärken $P = \pm\,\mathfrak{M}_z F$, wie vorauszusehen war.

Im Inneren des Stabes gilt dieselbe durch das Oberflächenintegral in (Gl. (5) gegebene Darstellung, sie muß aber sorgfältiger ausgewertet werden. Wir beschränken uns hier der Kürze halber auf die Mittellinie des Stabes und nehmen den Querschnitt kreisförmig an (a = Radius, ϱ = Abstand des Integrationspunktes vom Mittelpunkt der Deckflächen). Man hat dann

(7) $$\left\{\begin{aligned} &4\pi\,\psi = 2\pi\,\mathfrak{M}_z\left\{\int_0^a \frac{\varrho\,d\varrho}{r_1} - \int_0^a \frac{\varrho\,d\varrho}{r_2}\right\}, \\ &r_1^2 = (l-z)^2 + \varrho^2, \qquad r_2^2 = (l+z)^2 + \varrho^2. \end{aligned}\right.$$

Die Ausrechnung liefert mit Rücksicht auf $0 \leqq |z| \leqq l$:

$$\psi = \frac{\mathfrak{M}_z}{2}\left[\{(l-z)^2+a^2\}^{1/2} - \{(l+z)^2+a^2\}^{1/2} + 2z\right], \tag{7a}$$

$$\mathfrak{H}_z = -\frac{\partial \psi}{\partial z} = \frac{\mathfrak{M}_z}{2}\left[\frac{l-z}{\{(l-z)^2+a^2\}^{1/2}} + \frac{l+z}{\{(l+z)^2+a^2\}^{1/2}} - 2\right]. \tag{7b}$$

Da l jedenfalls ein Vielfaches von a ist (langer Magnetstab), ergibt sich

$$\mathfrak{H}_z \approx 0, \qquad \frac{\partial \mathfrak{H}_z}{\partial z} \approx 0 \ldots \qquad \text{für} \quad z = 0,$$

$$\mathfrak{H}_z \approx -\frac{\mathfrak{M}_z}{2}, \qquad \frac{\partial \mathfrak{H}_z}{\partial z} \approx \mp \frac{\mathfrak{M}_z}{2}\frac{1}{a} \ldots \qquad \text{für} \quad z = \pm l;$$

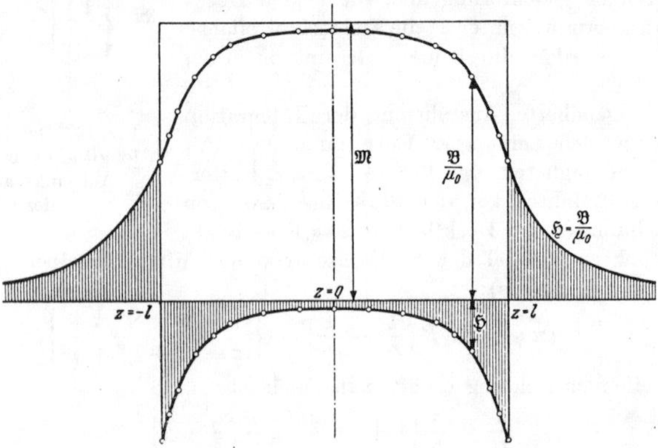

Fig. 15. Entmagnetisierung des homogen magnetisierten Stabes. In der Zeichnung ist $a = l/4$ angenommen

vgl. das Bild von Fig. 15: Steiler Abfall von $-\mathfrak{H}$ an beiden Stabenden, sehr kleine Werte in der Stabmitte. Innerhalb des Stabes ist $\mathfrak{H}$ dem $\mathfrak{M}$ entgegengerichtet; $\mathfrak{H}$ wirkt, wie man sagt, „entmagnetisierend". Das zeigt sich auch an dem Bild von $\mathfrak{B}$: $\mathfrak{B}$ erreicht zwar in der Stabmitte fast die volle Größe $\mu_0\,\mathfrak{M}$; an den Stabenden ist aber $\mathfrak{B}$ nur halb so groß, ebenso natürlich außerhalb des Stabes in unmittelbarer Nähe seiner Enden.

b) $\mathfrak{M}$ sei in jedem Querschnitt des Stabes konstant, hänge aber von z ab, derart, daß $\mathfrak{M}$ an den Enden für $z = \pm l$ verschwindet und nach der Mitte hin parabolisch zunimmt:

$$\mathfrak{M} = M_0\left(1 - \frac{z^2}{l^2}\right)\mathfrak{e}_z, \qquad \operatorname{div}\mathfrak{M} = -\frac{2M_0 z}{l^2}. \tag{8}$$

Wie schon oben bemerkt, verschwindet dann in (5) das Oberflächenintegral, und es bleibt nur das Raumintegral zu berechnen.

Unter ζ, ϱ, χ die Koordinaten des Integrationspunktes, unter z, p, φ die des Aufpunktes verstanden, ergibt Gl. (5)

$$(9)\qquad \begin{cases} 4\pi\psi = \dfrac{2M_0}{l^2}\displaystyle\iiint \frac{\zeta}{r}\,\mathrm{d}\zeta\,\mathrm{d}\sigma, \\ r^2 = (z-\zeta)^2 + p^2 + \varrho^2 - 2p\varrho\cos(\varphi-\chi), \qquad \mathrm{d}\sigma = \varrho\,\mathrm{d}\varrho\,\mathrm{d}\chi. \end{cases}$$

Die Fernwirkung besteht hier natürlich, ebenso wie bei a), aus einem Dipolfeld. Berechnet man aus (8) die durchschnittliche Magnetisierung $\overline{\mathfrak{M}}_z$ über die Länge des Stabes und setzt wie unter a) $\overline{\mathfrak{M}}_z F = P$, so findet man als Moment des Dipolfeldes wie in (6a) $2lP$.

Im Inneren des Stabes, insbesondere auf der Stabachse $p = 0$, erhält man aus (9) durch Ausführung der Integration nach ϱ und χ

$$(10)\qquad \begin{aligned} \psi &= \frac{M_0}{l^2}\int_{-l}^{+l} \zeta\,\mathrm{d}\zeta\,[\{(z-\zeta)^2 + a^2\}^{1/2} - |z-\zeta|] \\ &= \frac{M_0}{l^2}\int_{-l}^{+l} \zeta\,\mathrm{d}\zeta\,\{(z-\zeta)^2 + a^2\}^{1/2} - \frac{M_0}{l^2}\left(\frac{1}{3}z^3 - z\,l^2\right) \end{aligned}$$

und

$$(11)\qquad \begin{aligned} \mathfrak{H}_z &= -\frac{\partial\psi}{\partial z} = \frac{M_0}{l^2}\int_{-l}^{+l} \zeta\,\mathrm{d}\zeta\,\frac{\partial}{\partial\zeta}\{(z-\zeta)^2 + a^2\}^{1/2} + \frac{M_0}{l^2}(z^2 - l^2) \\ &= \frac{M_0}{l}\left[\{(z-l)^2 + a^2\}^{1/2} + \{(z+l)^2 + a^2\}^{1/2} + \frac{z^2 - l^2}{l}\right] - \\ &\quad - \frac{M_0}{l^2}\int_{-l}^{+l} |(z-\zeta)^2 + a^2|^{1/2}\,\mathrm{d}\zeta. \end{aligned}$$

Das Zeichen | | im letzten Integral weist darauf hin, daß das Vorzeichen dieser, ebenso wie das der vorangehenden Quadratwurzeln, positiv zu nehmen ist.

Wir wollen zeigen, daß $\mathfrak{H}$ ebenso wie bei der homogenen Magnetisierung außer an den Stabenden überall *nahezu* Null (von der Ordnung a/l) ist. Ausschluß der Stabenden soll heißen: a klein gegen $l - |z|$. Dann können wir nämlich a in (11) streichen und erhalten

$$(11\,\mathrm{a})\qquad \mathfrak{H}_z = \frac{M_0}{l}\left[l - z + l + z + \frac{z^2 - l^2}{l} - \frac{z^2 + l^2}{l}\right],$$

also in der Tat Null (genauer gesagt: Verschwinden von der Ordnung $M_0\,a/l$). Für $z = \pm l$, d. h. an den Stabenden selbst, wird zwar $\mathfrak{H}$ auch klein von dieser

Ordnung, nicht aber $\partial \mathfrak{H}_z/\partial z$. Hier gilt nämlich[1])

$$\frac{\partial \mathfrak{H}_z}{\partial z} = \pm \frac{M_0}{l}(1 + \cdots). \tag{12}$$

$\mathfrak{H}$ hat also nur für ein kleines Gebiet in der Nähe der beiden Stabenden merklich von Null verschiedene *negative* Werte. Dies wird durch Fig. 16 erläutert:

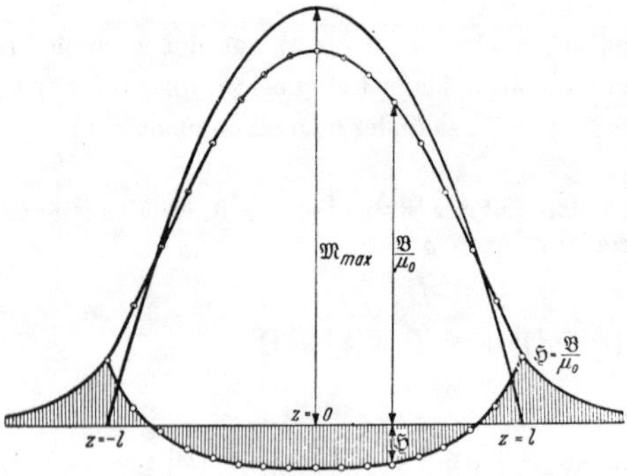

Fig. 16. Entmagnetisierung eines nach dem Gesetz $\mathfrak{M} = M_0\left(1 - \frac{z^2}{l^2}\right)\mathfrak{e}_z$ magnetisierten Stabes. Wie in Fig. 15 ist $a = l/4$

$\mathfrak{H}$ wirkt auch jetzt „entmagnetisierend", d. h. der Magnetisierung $\mathfrak{M}$ entgegengesetzt. $\mathfrak{B}/\mu_0$ approximiert den vollen Wert $\mathfrak{M}$ im ganzen mittleren Teil des Stabes und weicht nur an den Enden desselben etwas davon ab.

Daß $\mathfrak{H}$ in allen Fällen (bei beliebiger Verteilung der Magnetisierung und beliebiger Gestalt des Magneten) entmagnetisierend wirkt, läßt sich leicht folgendermaßen einsehen. Die Kraftlinien ($\mathfrak{B}$-Linien) sind geschlossen wegen $\operatorname{div}\mathfrak{B} = 0$ und verlaufen teils im Äußeren, teils im Inneren des Magneten. Wir erstrecken das Linienintegral von $\mathfrak{H}$ über eine solche geschlossene Kraftlinie im Sinne der positiven $\mathfrak{B}$-Richtung. Dabei ergibt sich wegen der Wirbelfreiheit von $\mathfrak{H}$, wie auf *jedem* geschlossenen Wege, der Wert

$$\oint \mathfrak{H}_s \, ds = 0. \tag{12a}$$

Das Teilintegral über den Weg *außerhalb* des Magneten, wo $\mathfrak{H}$ und $\mathfrak{B}$ der Richtung nach zusammenfallen, ist aber *positiv*. Deshalb muß das Teilintegral über den Weg *innerhalb* des Magneten negativ sein:

$$\int \mathfrak{H}_s \, ds < 0 \ldots \quad \text{(innen)}. \tag{12b}$$

Dagegen ist dasselbe Teilintegral für $\mathfrak{B}$ nach Voraussetzung natürlich positiv.

[1]) Durch Differentiation von (11) erhält man die streng gültige, elementare Formel

$$\frac{d\mathfrak{H}_z}{dz} = \frac{M_0}{l^2}\left\{\frac{z(z-l)+a^2}{\sqrt{(z-l)^2+a^2}} - \frac{z(z+l)+a^2}{\sqrt{(z+l)^2+a^2}} + 2z\right\},$$

aus der man leicht auf (12) schließt. Die ... in (12) bedeuten Glieder von der Ordnung a/l. Das obere positive Vorzeichen in (12) bezieht sich auf $z = +l$ und positives dz; der Gradient von $\mathfrak{H}$ nach dem *Inneren* des Stabes (*negatives* dz) ist also *negativ*, ebenso wie an dem anderen Stabende.

Das gilt nach Gl. (2) um so mehr von dem Teilintegral für $\mathfrak{M}$

$$(12\mathrm{c}) \qquad \int \mathfrak{M}_s \, \mathrm{d}s = \frac{1}{\mu_0} \int \mathfrak{B}_s \, \mathrm{d}s - \int \mathfrak{H}_s \, \mathrm{d}s > 0 \ldots \quad \text{(innen)}.$$

Zusammengenommen zeigen die beiden Ungleichungen (12b, c) für $\mathfrak{H}$ und $\mathfrak{M}$, daß $\mathfrak{H}$ im Inneren des Magneten auf jeder Kraftlinie *durchschnittlich* die *entgegengesetzte* Richtung wie $\mathfrak{M}$ hat.

Wir haben uns mit dem vorangehenden, ziemlich willkürlich ausgewählten Beispiel so eingehend beschäftigt, weil die meisten Lehrbücher wenig Quantitatives über die Vektoren $\mathfrak{B}$, $\mathfrak{H}$, $\mathfrak{M}$ im Inneren der Magneten bringen. Wir haben gesehen: Wenn $\mathfrak{M}$ bekannt ist, läßt sich $\mathfrak{H}$ nach den Regeln der Potentialtheorie durch einfache Summation im Prinzip ermitteln, wonach dann auch $\mathfrak{B}$ bekannt ist. Allerdings ist die Voraussetzung einer bekannten Verteilung von $\mathfrak{M}$ in Wirklichkeit nicht erfüllt. Zum praktischen Studium des Ferromagnetismus sind daher die Stabmagnete ungeeignet; wir kommen darauf in der Folge zurück.

Während sich unsere Rechnung auf die Mittellinie des Stabmagneten beschränkte, geben die beiden Fign. 17 und 18 quantitativen Aufschluß[1]) über den Verlauf der Kraft- und Erregungslinien im ganzen Inneren eines homogen magnetisierten Stabmagneten: Die $\mathfrak{B}$-Linien werden ins Innere eingezogen, die $\mathfrak{H}$-Linien aus ihm hinausgedrängt. Im Äußeren fallen natürlich wegen $\mathfrak{B} = \mu_0 \mathfrak{H}$ beide Linienscharen zusammen.

Einfacher und zugleich praktisch wichtiger als der Stabmagnet ist der mit einem schmalen Schlitz versehene *Ringmagnet*. In ihm dürfen wir wegen Gleichberechtigung aller Querschnitte die Magnetisierung als homogen ansehen, so daß $\operatorname{div} \mathfrak{M} = 0$ ist und $\mathfrak{M}$ überall parallel zur Mittellinie des Ringes verläuft. Eine „magnetische Belegung" befindet sich dann nur auf den Grenzflächen des Schlitzes; zwischen ihnen bildet sich ein Magnetfeld derselben Struktur aus wie das elektrische Feld in einem Plattenkondensator. Das gilt nicht nur für einen permanenten Ringmagneten, sondern ganz ähnlich auch für einen ringförmigen Elektromagneten mit Eisenkern.

Indem wir uns wieder auf Gl. (12a) berufen, betrachten wir das längs der Mittellinie des Ringes erstreckte Linienintegral der Erregung $\mathfrak{H}$. Es zerlegt sich in zwei Teile, das kurze Stück durch den Luftschlitz von der Breite a, das wir im positiven Sinne des hier herrschenden magnetischen Kondensatorfeldes führen wollen, und das lange Stück durch den ringförmigen Eisenkern von der Länge l, auf dem die Integration im gleichen Sinne weiterzuführen ist. Wir setzen $\mathfrak{H}_s = H_L$ im Luftspalt bzw. $\mathfrak{H}_s = H_E$ im Eisenkern. Nach Gl. (12a) haben wir

$$l H_E = -a H_L.$$

[1]) Diese Figuren sind freundlicherweise von Herrn Prof. J. Jaumann entworfen, nach einem graphischen Verfahren, das von Maxwell für die zahlreichen Kraftlinienbilder am Ende seines Treatise ausgearbeitet wurde und von den Elektrotechnikern häufig angewandt wird; vgl. auch Art. 123 des Treatise.

Hand in Hand mit der Magnetisierung des Luftschlitzes geht also eine „Entmagnetisierung" des Eisenkernes. Wir haben hier dasselbe Bild wie in den Fign. 15 und 16, nur in viel einfacherer und übersichtlicherer Form.

Wir kehren noch einmal zum Stabmagneten und zur Definition seiner Polstärke P zurück. Sie wird von unserem Standpunkt aus als *Quantitätsgröße* gegeben durch

(13) $$P = \oint \mathfrak{H}_n \, d\sigma,$$

wo die geschlossene Fläche σ, von der Stabmitte ausgehend, um die eine oder andere Hälfte des Stabes außerhalb desselben in beliebiger Weise herumgeführt

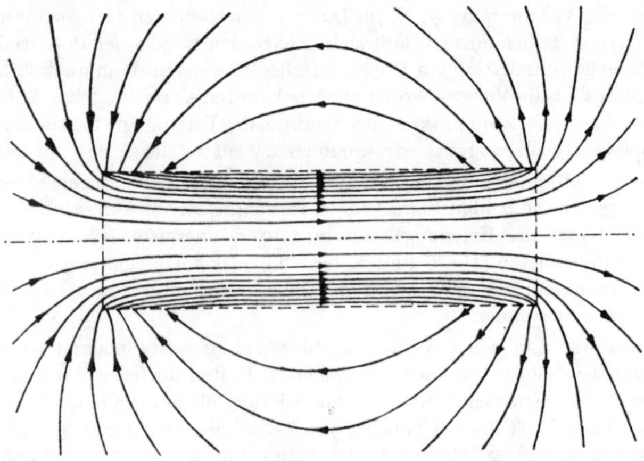

Fig. 17. Kraftlinien (= $\mathfrak{B}$-Linien) des homogen magnetisierten Stabmagneten; sie werden in das Innere hineingezogen

werden möge. Diese Definition von P entspricht der Definition (7. 2) der magnetischen Raumdichte $\varrho_m = \operatorname{div} \mathfrak{H}$ und besagt, daß P gleich der Summe aller in der betreffenden Stabhälfte vorhandenen magnetischen Mengen $\varrho_m \, d\tau$ ist.

Im Gegensatz dazu wird in der Literatur die Polstärke oft als *Intensitätsgröße* eingeführt und durch den magnetischen Fluß erklärt. Wir nennen die so definierte Polstärke $\overline{P}$ und schreiben

(14) $$\overline{P} = \int \mathfrak{B}_n \, d\sigma.$$

Natürlich darf die Fläche σ jetzt keine geschlossene sein, da ja wegen $\operatorname{div} \mathfrak{B} = 0$ dann $\overline{P} = 0$ werden würde. Vielmehr muß der durch die Stabmitte gehende Querschnitt q jetzt von der Integration *ausgeschlossen* werden; oder es muß, was auf dasselbe hinauskommt, die Integration *nur* über diesen Querschnitt mit umgekehrten Vorzeichen der Normalenrichtung n geführt werden:

(14a) $$\overline{P} = \int \mathfrak{B}_n \, dq.$$

Man überzeugt sich leicht auf Grund von (13) und (14), daß dann nahezu

$$\overline{P} = \mu_0 P \tag{15}$$

wird, wo μ_0 die Permeabilität der *Umgebung*[1]) bedeutet. In der Tat haben wir uns oben davon überzeugt, daß $\mathfrak{H}$ im Mittelquerschnitt nahezu verschwindet, so daß die geschlossene Integration in (13) durch die ungeschlossene in (14) ersetzt und bei dieser $\mathfrak{H}_n = \mathfrak{B}_n/\mu_0$ gemacht werden darf. Die Definitionen (13) und (14) wären also bei Vorhandensein einer Symmetrieebene (die übrigens auch beim Hufeisenmagnet vorliegt) praktisch gleichwertig. Aber bei unsymmetrischer Gestalt oder unsymmetrischer Magnetisierung des Magneten versagt die Beziehung (14) und

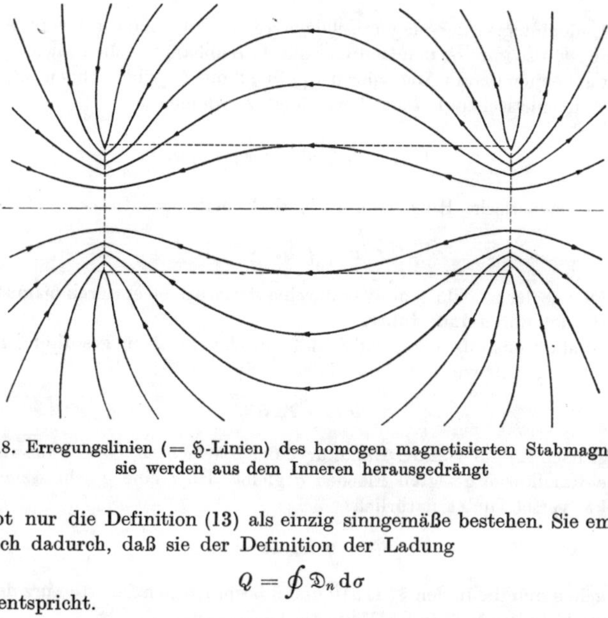

Fig. 18. Erregungslinien (= $\mathfrak{H}$-Linien) des homogen magnetisierten Stabmagneten; sie werden aus dem Inneren herausgedrängt

es bleibt nur die Definition (13) als einzig sinngemäße bestehen. Sie empfiehlt sich auch dadurch, daß sie der Definition der Ladung

$$Q = \oint \mathfrak{D}_n \, d\sigma$$

genau entspricht.

§ 13. Allgemeines über Magnetostatik und deren Randwertaufgaben

Während wir in § 12 lediglich das Eigenfeld permanenter Magneten betrachtet haben, handeln wir jetzt von dem Verhalten *beliebiger Körper* in einem *fremden Feld*, gleichviel, ob dasselbe von permanenten oder Elektromagneten herrührt.

---

[1]) Während P nach (13) als *innere* Eigenschaft des Magneten angesprochen werden kann, hängt $\overline{P}$ nach (15) auch von der Umgebung desselben ab. Das rührt offenbar daher, daß eine vom Vakuum verschiedene Umgebung ihrerseits magnetische Momente enthält, die begreiflicherweise in $\overline{P}$ mitgezählt werden. Vgl. hierzu auch Physik. Z. 1935, S. 424.

Die hier geltenden Gesetze laufen denen der Elektrostatik weitgehend parallel, und zwar entsprechen sich dabei $\mathfrak{H}$ und $\mathfrak{E}$ einerseits, $\mathfrak{B}$ und $\mathfrak{D}$ andererseits — entgegen unserer Klassifikation dieser Vektoren als extensive und intensive Größen. Dies folgt aus den uns bekannten Grundgleichungen, z. B. (7. 2), (7. 9), (7. 9a)

$$\text{(1)} \qquad \operatorname{rot}\mathfrak{H} = 0, \qquad \mathfrak{H} = -\operatorname{grad}\psi,$$

$$\text{(2)} \qquad \operatorname{div}\mathfrak{B} = 0, \qquad \operatorname{div}\mathfrak{H} = \varrho_m$$

und den Randbedingungen an einer Grenzfläche:

(3) Stetigkeit der tang. Komp. von $\mathfrak{H}$ und der norm. Komp. von $\mathfrak{B}$.

Das Linienintegral der magnetischen Erregung, das nach (1) vom Wege unabhängig ist, also nur von den Endpunkten A, B abhängt, wollen wir magnetische Spannung nennen und in Analogie zu V_{AB} in § 2 mit U_{AB} bezeichnen; U_{AB} hängt mit dem magnetischen Potential wie folgt zusammen:

$$\text{(4)} \qquad U_{AB} = \int_A^B \mathfrak{H}_s \, \mathrm{d}s = \psi_A - \psi_B .$$

Für die ,,magnetische Ringspannung" erhält man daraufhin

$$\text{(5)} \qquad U_{A \to B} = \oint \mathfrak{H}_s \, \mathrm{d}s = 0,$$

gleichviel, wie der geschlossene Weg durchlaufen wird, ob er durch magnetisiertes Material oder durch Luft führt.

Den ,,Induktionsfluß" oder ,,Kraftfluß" durch ein beliebig gestaltetes Flächenstück σ bezeichnen wir mit dem üblichen Symbol Φ:

$$\text{(6)} \qquad \Phi = \int \mathfrak{B}_n \, \mathrm{d}\sigma .$$

Φ hängt nach (2) nur von der Randkurve der Fläche σ ab, ist also für alle durch dieselbe Randkurve gelegten Flächen σ gleich. Über eine geschlossene Fläche erstreckt, verschwindet natürlich

$$\text{(6a)} \qquad \Phi = \oint \mathfrak{B}_n \, \mathrm{d}\sigma = 0 .$$

Wir gehen nun die in den §§ 11, 10 und 9 besprochenen Punkte kurz der Reihe nach durch, indem wir sie ins Magnetische übersetzen.

A. Das Brechungsgesetz der magnetischen Erregungslinien

Das Brechungsgesetz (11. 2) der elektrischen *Kraft*linien überträgt sich auf die magnetischen *Erregungslinien*, gilt aber wegen der Gleichrichtung von $\mathfrak{H}$ und $\mathfrak{B}$ auch für die magnetischen Kraftlinien; es lautet bei gleicher Bedeutung der Winkel α_1, α_2 wie dort

$$\text{(7)} \qquad \frac{\tan\alpha_1}{\mu_1} = \frac{\tan\alpha_2}{\mu_2} .$$

Wir sprechen hier lieber von den Kraftlinien, weil diese sich (im Gegensatz zu den Erregungslinien) einzeln in das zweite Medium fortsetzen. Wir können also sagen: Jede einzelne $\mathfrak{B}$-Linie wird beim Eintritt in das permeablere Medium vom Einfallslot fortgebrochen.

B. Definition der Vektoren $\mathfrak{H}$ und $\mathfrak{B}$, insbesondere in festen Körpern

Um $\mathfrak{H}$ an einer gegebenen Stelle in einer gegebenen Richtung durch ein Gedankenexperiment zu messen, muß man eine kurze enge Röhre bohren, um $\mathfrak{B}$ zu messen, einen schmalen Schlitz herstellen. In dem so entstandenen Hohlraum (Vakuum oder mit Luft gefüllt) kann man einen Ablenkungsversuch machen und aus der dabei ermittelten Kraft auf einen Probekörper[1]) $\mathfrak{B}$ resp. $\mathfrak{H} = \mathfrak{B}/\mu_0$ entnehmen.

C. Die Magnetisierung $\mathfrak{M}$ in beliebiger Materie, Ferromagnetika ausgeschlossen

Wir definieren $\mathfrak{M}$ wie in Gl. (12. 2) durch

(8) $$\mathfrak{B} = \mu_0 (\mathfrak{H} + \mathfrak{M})$$

und setzen

(8a) $$\mathfrak{M} = \varkappa \mathfrak{H}.$$

$\varkappa$ ist eine Materialkonstante, die *magnetische Suszeptibilität* des Stoffes. Physikalisch bedeutsamer als $\varkappa$ ist die *Suszeptibilität pro Mol*

(8b) $$\chi = \frac{\varkappa M}{\varrho},$$

wo M die Masse des Mols, das sogenannte Molekulargewicht des Stoffes, und ϱ seine Dichte bedeuten. (Die Proportionalität zwischen $\mathfrak{M}$ und $\mathfrak{H}$ gilt, wie wir wissen, für Ferromagnetika im allgemeinen nicht.) Aus $\mathfrak{B} = \mu\,\mathfrak{H}$ und den Gln. (8), (8a) ergibt sich:

(9) $$\frac{\mu}{\mu_0} = 1 + \varkappa, \quad \varkappa = \frac{\mu - \mu_0}{\mu_0}.$$

Die Gln. (8) und (9) werden in der gewöhnlichen Schreibweise durch den Faktor 4π bei $\mathfrak{M}$ und $\varkappa$ verunziert; vgl. unsere entsprechende Bemerkung über $\mathfrak{P}$ und η, anschließend an Gl. (11. 11). Wir müssen infolgedessen bei der Benutzung experimenteller Daten, die nach der gewöhnlichen Schreibweise bearbeitet sind, beachten, daß der Faktor 4π diesen hinzuzufügen ist. Dies zeigt die kleine Tabelle im folgenden Abschnitt D.

D. Dia- und Paramagnetismus

Der *Diamagnetismus* entspricht der *Dielektrizität*; er ist wie diese eine allgemeine Eigenschaft der ponderablen Materie und *temperaturunabhängig*. Beide verdanken

---

[1]) Eine Magnetnadel, ein stromdurchflossener Draht, eventuell eine Wismutspirale. Nach unserer Auffassung erhält man bei einem derartigen Versuch zunächst die Intensitätsgröße $\mathfrak{B}$; aus ihr schließt man bei dem Röhrenversuch auf die zu ihr proportionale Quantitätsgröße $\mathfrak{H}$. Wegen der näheren Umstände vgl. auch § 11B.

ihren Ursprung dem Aufbau der Materie aus Elektronen (und Kernen). Der *Paramagnetismus* tritt nur bei magnetisch polaren Molekülen auf, d. h. bei solchen, die ein eigenes magnetisches Moment besitzen. (Von den elektrisch polaren Molekülen war S. 66 die Rede.) Der Paramagnetismus ist *temperaturabhängig*, also statistischen Ursprungs. Der MAXWELLschen Theorie ist er, ebenso wie der Ferromagnetismus, fremd. Die paramagnetische Suszeptibilität gehorcht dem *Curie-Langevinschen Gesetz*

$$\chi = \frac{C}{T} \left\{ \begin{array}{l} C = \text{CURIEsche Konstante}, \\ T = \text{absolute Temperatur}. \end{array} \right. \tag{10}$$

Dieses läßt erkennen, daß zunehmende thermische Agitation die Einstellung der magnetischen Momente in die Feldrichtung stört, abnehmende sie begünstigt.

Im diamagnetischen Fall ist

$$\mu < \mu_0, \quad \varkappa < 0. \tag{11}$$

Dieser scheinbare Unterschied vom dielektrischen Fall

$$\varepsilon > \varepsilon_0, \quad \eta > 0 \tag{11a}$$

erklärt sich auf dem schon bei Gl. (4. 7) angedeuteten Wege: Das eigentliche Analogon zu ε ist nicht μ, sondern $1/\mu$. Die Aussage $\varepsilon > \varepsilon_0$ überträgt sich also magnetisch in

$$\frac{1}{\mu} > \frac{1}{\mu_0}, \quad \mu < \mu_0, \quad \varkappa < 0,$$

entsprechend (11). Hiermit hängt auch das negative Vorzeichen von $\mathfrak{M}^*$ in Gl. (12. 1b) zusammen. Setzt man nämlich hier $\mathfrak{M}^* = \varkappa^* \mathfrak{H}$, so folgt für die so definierte Suszeptibilität $\varkappa^*$ aus $\mathfrak{M}^* = -\mathfrak{M} = -\varkappa \mathfrak{H}$ im diamagnetischen Fall

$$\varkappa^* = -\varkappa > 0,$$

entsprechend $\eta > 0$ in (11a). Unsere früher vorgeschlagene, aber sogleich wieder fallengelassene Einführung von $\mathfrak{M}^*$ entsprach also in der Tat der inneren Verwandtschaft von Dielektrizität und Diamagnetismus.

Im paramagnetischen Fall gilt im Gegensatz zu (11)

$$\mu > \mu_0, \quad \varkappa > 0. \tag{11b}$$

Sowohl im para- wie im diamagnetischen Fall ist der numerische Wert von $\varkappa$ sehr klein. Extreme Werte desselben sind:

Paramagnetismus

$$\begin{aligned} \varkappa &= +4\pi \cdot 1{,}8 \cdot 10^{-6} \quad &&\text{bei } O_2 \\ &= +4\pi \cdot 782 \cdot 10^{-6} \quad &&\text{bei Pd,} \end{aligned}$$

Diamagnetismus

$$\begin{aligned} \varkappa &= -4\pi \cdot 0{,}007 \cdot 10^{-6} \quad &&\text{bei } N_2 \\ &= -4\pi \cdot 160 \cdot 10^{-6} \quad &&\text{bei Bi,} \end{aligned}$$

wobei sich die paramagnetischen Werte auf 18 °C beziehen.

Bezüglich der Dichteabhängigkeit gilt auch hier das CLAUSIUS-MOSOTTIsche Gesetz, Gl. (11. 8), mit μ statt ε geschrieben.

E. Weiches Eisen als Analogon zum elektrischen Leiter

Mit gewissen Einschränkungen kann man weiches Eisen den paramagnetischen Körpern zurechnen. Der Anfangswert der (relativ zum Vakuum gemeinten) Permeabilität beträgt hier je nach der Sorte einige tausend Einheiten; für wachsende $\mathfrak{H}$ nähert sich aber $\mathfrak{B}$ einem Sättigungswert, der etwa bei 21000 Gauß liegt. Die Gl. $\mathfrak{B} = \mu\, \mathfrak{H}$ ist hier also durch die schon S. 21 genannte funktionelle Beziehung $\mathfrak{B} = \mathfrak{B}(\mathfrak{H})$ zu ersetzen.

Da wir S. 54 sahen, daß der elektrische Leiter hinsichtlich der elektrostatischen Randbedingungen und Randwertaufgaben dem Grenzfall $\varepsilon \to \infty$ eines Dielektrikums entsprach, können wir weiches Eisen ($\mu \to \infty$) als magnetostatisches Analogon des elektrischen Leiters ansprechen. In der Tat zeigt Gl. (7), daß die magnetischen Kraftlinien auf der Oberfläche von weichem Eisen senkrecht stehen (aus $\mu_2 \to \infty$ folgt $\alpha_1 \to 0$). Bringt man zwei solche Stücke Eisen Fe_1 und Fe_2 auf verschiedenes magnetisches Potential (z. B. indem man sie an die Pole eines Hufeisenmagneten legt), so verlaufen die $\mathfrak{H}$-Linien zwischen ihnen ähnlich wie die $\mathfrak{E}$-Linien von Fig. 11. Man hat also sozusagen einen magnetischen Kondensator.

In den technischen Anwendungen führt man auch mit Vorteil den Begriff des „magnetischen Widerstandes" ein und operiert mit einem „magnetischen Ohmschen Gesetz".

F. Spezielle Randwertaufgaben

Die in § 9 entwickelten Lösungsmethoden übertragen sich unmittelbar ins Magnetische, z. B. die Spiegelung an einer Ebene, wobei es keinen erheblichen Unterschied macht, ob wir den Halbraum 2 in Fig. 10 durch einen im Halbraum 1 gelegenen Einzelpol oder durch einen Dipol induzieren. Dasselbe gilt von der Methode der reziproken Radien in ihrer Anwendung auf eine Kugel (dort leitend, hier aus weichem Eisen bestehend gedacht).

Insbesondere sei auf die Kugel im homogenen Magnetfeld verwiesen. Im Inneren derselben entsteht ein homogenes Feld F_2, das äußere Feld wird inhomogen, indem zum ursprünglichen Feld $\mathfrak{H} = F\,\mathfrak{e}_x$ das Feld eines im Kugelmittelpunkt zu denkenden virtuellen magnetischen Momentes M hinzukommt, dessen Achse in der Feldrichtung liegt. (Unter „Feld" ist dabei „Erregungsfeld" zu verstehen.) Die aus (9. 14) zu entnehmenden Werte von F_2 und M sind:

$$F_2 = \frac{3}{\mu_{\text{rel}} + 2} F, \qquad M = -\frac{\mu_{\text{rel}} - 1}{\mu_{\text{rel}} + 2} a^3 \cdot 4\pi\,\mu_0 F. \tag{12}$$

a = Kugelradius, $\mu_{\text{rel}} = \mu_2/\mu_0$ = relative Permeabilität der Kugel gegen den Außenraum (Luft). F_2 ist stärker als F bei diamagnetischem, schwächer bei paramagnetischem Material. Im Inneren von weichem Eisen ist $\mathfrak{H} \approx 0$, ähnlich wie beim elektrischen Leiter $\mathfrak{E} = 0$ im elektrostatischen Fall.

G. Das homogene Feld im Inneren des Rotationsellipsoides

Die für die Kugel gefundene Lösung (9. 13) lautet, auf den magnetischen Fall umgeschrieben, nach Einsetzen der Werte (12)

$$\psi_1 = -F\left(r - \frac{\mu_{\rm rel}-1}{\mu_{\rm rel}+2}\,\frac{a^3}{r^2}\right)\cos\Theta, \quad \psi_2 = -\frac{3}{\mu_{\rm rel}+2}\,F\,r\cos\Theta. \tag{13}$$

Zur Erfüllung der Randbedingungen

$$\psi_1 = \psi_2, \qquad \frac{\partial\psi_1}{\partial r} = \mu_{\rm rel}\frac{\partial\psi_2}{\partial r} \tag{13a}$$

war sie deshalb geeignet, weil der auf der Kugel variable Faktor $\cos\Theta$ aus ihnen beiderseits herausgeschoben werden konnte. Wir wollen zeigen, daß der entsprechende Ansatz auch beim Rotationsellipsoid zum Ziele führt.

Beim Übergang von der Kugel zum Ellipsoid müssen wir zunächst die sphärischen Polarkoordinaten r, Θ durch entsprechende elliptische Koordinaten ersetzen, die wir u, v nennen wollen. Wir gehen dabei von der bekannten Parameterdarstellung der Ellipse aus, in der wir für die Hauptachsen a und b derselben substituieren wollen

$$a = c\cosh u, \qquad b = c\sinh u, \qquad c = \sqrt{a^2-b^2} = \text{unabhängig von } u. \tag{14}$$

Durch Rotation um die große Achse (z-Achse, Drehwinkel φ) entsteht eine Schar verlängerter konfokaler Rotationsellipsoide, entsprechend Gl. (19. 17a) in Bd. II:

$$\frac{z^2}{c^2\cosh^2 u} + \frac{x^2+y^2}{c^2\sinh^2 u} = 1. \tag{14a}$$

In ihr sei das von uns zu behandelnde Ellipsoid enthalten; es entspreche dem Parameter $u = u_0$. Die x, y, z hängen mit den elliptischen Koordinaten u, v, φ folgendermaßen zusammen:

$$z = c\cosh u\cos v, \qquad \begin{cases} x = c\sinh u\sin v\cos\varphi, \\ y = c\sinh u\sin v\sin\varphi. \end{cases} \tag{15}$$

Als Ausdruck für das Linienelement $\mathrm{d}s$ berechnet man aus (15)

$$\mathrm{d}s^2 = c^2(\cosh^2 u - \cos^2 v)(\mathrm{d}u^2 + \mathrm{d}v^2) + c^2\sinh^2 u\sin^2 v\,\mathrm{d}\varphi^2. \tag{15a}$$

Die Potentialgleichung $\Delta\psi = 0$ lautet in diesen Koordinaten nach der Regel (3. 9b) in Bd. II bei Unabhängigkeit von der zyklischen Koordinate φ:

$$\frac{\partial}{\partial u}\left(\sinh u\sin v\,\frac{\partial\psi}{\partial u}\right) + \frac{\partial}{\partial v}\left(\sinh u\sin v\,\frac{\partial\psi}{\partial v}\right) = 0. \tag{16}$$

Eine Lösung derselben ist das homogene, der großen Achse parallele Feld

$$\psi = \frac{z}{c} = \cosh u\cos v. \tag{17}$$

Wir suchen eine zweite Lösung von solcher Form, daß der auf dem Ellipsoid variable Faktor $\cos v$ (entsprechend dem Faktor $\cos\Theta$ der geographischen Breite auf der Kugel) bei der Bildung der Randbedingungen herausgehoben werden kann. Wir setzen also für diese zweite Lösung an

$$\psi = f(u)\cos v \tag{17a}$$

und erhalten aus (16) für f die Differentialgleichung

$$\frac{\mathrm{d}}{\mathrm{d}u}[\sinh u\, f'(u)] - 2\sinh u\, f(u) = 0, \tag{17b}$$

die für das homogene Feld $f = \cosh u$ natürlich erfüllt ist. Nach einer allgemeinen Regel[1]) verfährt man so, daß man die gesuchte zweite Lösung gleich dem Produkt der bekannten ersten Lösung mit einer unbekannten Funktion $U(u)$ setzt:

$$f(u) = \cosh u\, U(u); \tag{18}$$

die entstehende Differentialgleichung für $U(u)$

$$U'' + \frac{3\sinh^2 u + 1}{\sinh u \cosh u}\, U' = 0$$

ist dann unmittelbar integrabel und liefert (A und B sind Integrationskonstanten)

$$\left\{\begin{aligned} &U'(u) = \frac{A}{\sinh u \cosh^2 u}, \qquad U(u) = \frac{A}{2}\ln\frac{\cosh u - 1}{\cosh u + 1} + \frac{A}{\cosh u} + B,\\ &f(u) = A\left(1 + \frac{\cosh u}{2}\ln\frac{\cosh u - 1}{\cosh u + 1}\right). \end{aligned}\right. \tag{18a}$$

In der letzten Formel haben wir das mit B multiplizierte Glied weggelassen, weil dasselbe zu der uns schon bekannten Lösung für das homogene Feld zurückführt.

Wir vervollständigen jetzt unseren Ansatz (17) für das äußere Feld durch Hinzufügung von (18a), während wir für das innere Feld den homogenen Ansatz (17) beibehalten:

$$\left\{\begin{aligned} &\psi_1 = F\cosh u \cos v + A\left(1 + \frac{\cosh u}{2}\ln\frac{\cosh u - 1}{\cosh u + 1}\right)\cos v,\\ &\psi_2 = F_2 \cosh u \cos v. \end{aligned}\right. \tag{19}$$

Die hinzugefügte Konstante F des äußeren Feldes sehen wir als gegeben an; die beiden Konstanten A und F_2 sind durch die Grenzbedingungen zu bestimmen. Diese sind mit (13a) identisch, nur daß man dort $\mathrm{d}r$ durch $\mathrm{d}u$ zu ersetzen hat (eigentlich durch das Linienelement $\mathrm{d}s_u$ in Richtung der Normalen zum Ellipsoid, also nach (15a)

$$\mathrm{d}s_u = c\sqrt{\cosh^2 u - \cos^2 v}\,\mathrm{d}u,$$

wobei sich aber der $\sqrt{\ }$-Faktor aus der zweiten Gl. (13a) beiderseits herauskürzt). Die Grenzbedingungen verlangen hiernach für $u = u_0$

$$F + A\left(\frac{1}{\cosh u_0} + \frac{1}{2}\ln\frac{\cosh u_0 - 1}{\cosh u_0 + 1}\right) = F_2, \tag{19a}$$

$$F + A\left(\frac{\cosh u_0}{\sinh^2 u_0} + \frac{1}{2}\ln\frac{\cosh u_0 - 1}{\cosh u_0 + 1}\right) = \mu_{\mathrm{rel}} F_2. \tag{19b}$$

---

[1]) Sie entspricht dem Verfahren zur Lösung einer algebraischen Gleichung, von der eine Wurzel bekannt ist.

Durch Subtraktion gewinnt man die etwas einfachere Beziehung

$$A = \cosh u_0 \sinh^2 u_0 (\mu_{\text{rel}} - 1) F_2 \tag{19c}$$

und durch Einsetzen derselben in (19a)

$$F_2 \left\{ 1 - (\mu_{\text{rel}} - 1) \sinh^2 u_0 \left(1 + \frac{1}{2} \cosh u_0 \ln \frac{\cosh u_0 - 1}{\cosh u_0 + 1} \right) \right\} = F. \tag{20}$$

Die Feldstärke F_2 im Innern ist hiernach durch die bekannte Stärke F des ursprünglichen, homogenen Feldes im Äußern ausgedrückt.

Benutzen wir die Gln. (14) und verstehen wir unter a, b, c speziell die Hauptachsen und Exzentrizität unseres Ellipsoids $u = u_0$, so können wir statt (20) schreiben

$$F_2 \left\{ 1 - (\mu_{\text{rel}} - 1) \frac{b^2}{c^2} \left(1 + \frac{1}{2} \frac{a}{c} \ln \frac{a - c}{a + c} \right) \right\} = F \tag{20a}$$

oder auch, ausgedrückt durch die numerische Exzentrizität $\varepsilon = c/a$ und die magnetische Suszeptibilität $\varkappa = \mu_{\text{rel}} - 1$:

$$F_2 \left\{ 1 + \varkappa \frac{1 - \varepsilon^2}{\varepsilon^3} \left(\frac{1}{2} \ln \frac{1 + \varepsilon}{1 - \varepsilon} - \varepsilon \right) \right\} = F. \tag{21}$$

Man bemerke dazu

a) für $\varkappa = 0$ ist natürlich

$$F_2 = F; \tag{21a}$$

b) für $\varepsilon \to 0$ erhält man durch konsequente Reihenentwicklung von (21)

$$F_2 = F \Big/ \left(1 + \frac{\varkappa}{3} \right). \tag{21b}$$

Das Feld im Inneren ist *schwächer* als im Äußeren bei paramagnetischem, stärker bei diamagnetischem Material.

c) Dasselbe gilt für $\varepsilon \to 1$. Setzt man $\eta = 1 - \varepsilon$, so ergibt sich aus (21)

$$F_2 = F \Big/ \left\{ 1 + \varkappa \eta \left(\ln \frac{2}{\eta} - 2 \right) \right\}. \tag{21c}$$

Im Grenzfall b) wird das Ellipsoid nahezu *kugelförmig*; in der Tat stimmt dann (21b) mit der für die Kugel gültigen Gl. (12) überein. Im Grenzfall c) artet das Ellipsoid zu einem *dünnen Stab* aus.

Das hier behandelte Problem wird gewöhnlich an eine berühmte Formel von DIRICHLET für das Gravitationspotential eines gleichförmig mit Masse erfüllten dreiachsigen Ellipsoids angeschlossen. Dieser Weg ist mathematisch eleganter als der unsere, aber etwas indirekt. Wir haben den direkten Weg der magnetischen Randwertaufgabe vorgezogen, weil er uns einen tieferen Einblick in die hier obwaltenden physikalischen Umstände zu gestatten scheint.

Offenbar überträgt sich unsere Lösung des magnetischen Problems ohne Änderung auf das entsprechende elektrostatische Problem.

H. Der sogenannte Entmagnetisierungsfaktor

Das Ellipsoid nebst seinen Grenzfällen (Kugel, Stab) ist die *Standardform* des magnetischen Meßkörpers, weil nur diese beim Einbringen in ein ursprünglich homogenes äußeres Feld ein homogenes und einfach berechenbares inneres Feld besitzt. Bei anderen Körperformen führt die Bestimmung des inneren Feldes auf ein praktisch unlösbares *Randwertproblem*, dem ein von Ort zu Ort variables, keineswegs homogenes inneres Feld entsprechen würde.

Es ist aber klar, daß alle Fragen, die sich auf die magnetischen Eigenschaften des Materials beziehen, von dem *inneren* Feld F_i desselben abhängen. Dieses greift die molekularen Bausteine des Materials unmittelbar an, während das *äußere* Feld F dieselben nichts angeht. Dem entspricht es, daß wir unsere obige Gl. (8a) ausdrücklich präzisieren zu

(22) $$M = \varkappa F_i .$$

Solche Fragen drängen sich besonders bei *ferromagnetischen* Materialien auf, wo die Unterschiede zwischen äußerem und innerem Feld (F und F_i, wie wir jetzt sagen) extrem groß sind, während sie bei para- und diamagnetischem Material wegen der Kleinheit von $\varkappa$ praktisch verschwinden. Da bei ferromagnetischem ebenso wie bei paramagnetischem Material $F_i < F$ ist, schreiben wir, unter P einen Zahlenfaktor verstanden,

(22a) $$F_i = F - PM$$

oder mit Rücksicht auf (22)

(22b) $$F_i = F - \varkappa P F_i ,$$

(22c) $$F_i(1 + \varkappa P) = F .$$

Der Zahlenfaktor P ist ein Maß für die Schwächung des äußeren Feldes durch die Anwesenheit des magnetisierbaren Materials und heißt deshalb *Entmagnetisierungsfaktor*. Sein Wert ergibt sich aus dem Vergleich von (22c) mit (21) zu

(23) $$P = \frac{1-\varepsilon^2}{\varepsilon^3}\left(\frac{1}{2}\ln\frac{1+\varepsilon}{1-\varepsilon} - \varepsilon\right).$$

Er ist rein geometrischer Natur. In den beiden Grenzfällen von (21b) und (21c) hat man

$$P = \frac{1}{3} \quad \text{für} \quad \varepsilon \to 0, \quad \text{Kugel},$$

$$P = \eta\left(\ln\frac{2}{\eta} - 2\right) \to 0 \quad \text{für} \quad \eta \to 0, \quad \text{Stab}.$$

Zwischenwerte sind leicht aus (23) zu berechnen und z. B. bei KOHLRAUSCH[1]) tabelliert.

---

[1]) F. KOHLRAUSCH, Prakt. Physik, 12. Aufl., S. 540. Man bemerke dazu, daß der Faktor 4π, durch den sich Gl. (4) bei KOHLRAUSCH von unserer Gl. (23) unterscheidet, bei uns in die Definition von $\varkappa$ aufgenommen ist; vgl. die oben an Gl. (9) anschließende Bemerkung.

Es ist klar, daß dieser Faktor P nur beim Ellipsoid und seinen Ausartungen eine legitime Bedeutung hat, weil es hier nur auf die einfache Umrechnung eines homogenen Feldes in ein anderes ankommt. Die Lösung der Randwertaufgabe bei anderer Körperform kann sicherlich nicht durch Anbringung eines irgendwie erratenen numerischen Faktors umgangen werden. Praktisch hilft man sich so, daß man für einzelne charakteristische Stellen (z. B. die Mitte des Probekörpers) den hier herrschenden Wert von $\mathfrak{B}$ experimentell mittels einer Induktionsspule bestimmt.

§ 14. Einiges über den Ferromagnetismus

Dieser Paragraph will keine Einführung in das weitschichtige Gebiet des Ferromagnetismus bringen, sondern nur einige wesentliche Punkte namhaft machen, die wir, als unserem eigentlichen Gebiet fremd, mehr andeuten als begründen wollen. In der Tat beruht der Ferromagnetismus, wie schon am Anfang von § 12 gesagt wurde, nicht auf der phänomenologischen MAXWELLschen Theorie, sondern auf der tiefer schürfenden Atomphysik und dem statistischen Verhalten der Elektronen.

A. Die Weißschen Bezirke

Das Vorzeichen der ferromagnetischen Suszeptibilität und ihre Temperatur-Abhängigkeit weist darauf hin, daß sie, ebenso wie die paramagnetische, aus der Einstellung von Elementarmagneten in einem Magnetfeld entsteht. Ihre von der paramagnetischen abweichende Größenordnung zeigt aber, daß es nicht isolierte, frei bewegliche Magnete, sondern ganze Gruppen von solchen sind, die, jede in sich gleichgerichtet, voneinander verschiedene Vorzugsrichtungen besitzen. Die einzelne Gruppe ist in sich auch ohne äußeres Feld „gesättigt", während in einem makroskopischen Block von ferromagnetischem Material die Sättigung erst bei einer Felderregung von 10 bis 1000 Örsted eintritt.

Diese Auffassung des ferromagnetischen Zustandes wird illustriert durch ein von EWING konstruiertes Modell. Magnetnadeln, gitterförmig auf einem Brett angeordnet, das Erdfeld etwa durch eine Stromschleife kompensiert, stellen sich gruppenweise (oder häufig reihenweise) parallel, wobei sie sich gegen äußere Störungen (Rütteln des Brettes) als stabil erweisen, und werden aus dieser Einstellung durch ein schwaches äußeres Magnetfeld nur wenig herausgedreht, weil das innere Richtungsfeld der Magnetnadeln zunächst viel stärker ist als das angelegte äußere Feld. Volle Einstellung auf die Richtung des äußeren Feldes, d. h. Sättigung des Gesamtsystems, tritt erst bei einem viel höheren Feld ein.

Von PIERRE WEISS ist diese Deutung des Ferromagnetismus nach allen Richtungen hin, experimentell und theoretisch, ausgearbeitet und zusammen mit LANGEVIN thermodynamisch vertieft worden. Man nennt die einzelnen Gruppen *Weißsche Bezirke*. Ihre Größe wird auf ungefähr 10^{-5} cm linearer Ausdehnung abgeschätzt, entsprechend $5 \cdot 10^8$ Fe-Atomen. Die kleinsten, noch ferromagnetisch wirksamen Bezirke sind aber sicher viel kleiner und enthalten weniger als 100 Fe-

Atome[1]). Es liegt nahe, sie mit den Einzelkristallen zu identifizieren, aus denen sich der Polykristall des Materials mikroskopisch zusammensetzt. Aber auch beim makroskopischen Einkristall muß man eine solche Unterteilung in WEISSsche Bezirke annehmen, da sich auch dieser qualitativ ähnlich wie der Polykristall verhält. (Quantitativ ist bei ihm die Gestalt der unten zu besprechenden Hysteresisschleife allerdings gegenüber der des Polykristalls vereinfacht; sie hat nämlich Rechtecksform.)

B. Der Elektronenspin als Elementarmagnet

Alle Ferromagnetika sind Leiter der Elektrizität, besitzen also *freie Elektronen*[2]). Wir haben sehr bestimmte Gründe quantitativer Art dafür, diese Elektronen als diejenigen Elemente anzusehen, deren Einstellung den Ferromagnetismus bedingt. Es sind dies die sogenannten „Gyromagnetischen Effekte": *Magnetisierung durch Rotation* eines Stabes aus einem Material der Eisengruppe (J. S. BARNETT 1914) und *Rotation durch Magnetisierung* eines an einem Torsionsfaden aufgehängten ferromagnetischen Stäbchens (EINSTEIN und DE HAAS 1915). In beiden Fällen ergab sich aus den Messungen für das Verhältnis „mechanisches/magnetisches Moment" die *Hälfte* desjenigen Wertes, den man erwarten mußte, wenn die Effekte auf dem *Umlauf* der Elektronen im Atom beruhen würden. Man mußte daraus schließen: Nicht die Ladung des umlaufenden Elektrons und das von ihm erzeugte Magnetfeld ist maßgebend, sondern die innere Struktur des Elektrons selbst. Das Elektron besitzt nämlich außer seiner Ladung ein inneres mechanisches Moment, einen „Drall" oder „*Spin*", und ein *magnetisches Moment*, welches *halb so groß* wie das magnetische Moment ist, das klassisch seinem Spin zuzuordnen wäre. Diese *magnetische Anomalie* des Elektrons ist das allgemeine Ergebnis, das aus dem gesamten Beobachtungsmaterial der anomalen ZEEMAN-Effekte zu folgern ist (GOUDSMIT und UHLENBECK 1925). Sie erklärt unmittelbar das Meßresultat beider gyromagnetischen Effekte und beweist zugleich, daß der Elektronenspin die Rolle der Magnetnadeln im EWINGschen Modell spielt.

Auf Grund dieser Erkenntnis ist es HEISENBERG 1928 mit den Mitteln der modernen Elektronen-Statistik gelungen, ein wirkliches physikalisches Verständnis des Ferromagnetismus anzubahnen und die außerordentliche Größe des inneren Magnetfeldes in einem WEISSschen Bezirk qualitativ zu berechnen. Man sieht hieraus, wie weit der Weg ist, der von der MAXWELLschen Theorie zur eigentlichen Theorie des Ferromagnetismus führt, und man versteht, daß wir diesen Weg hier nicht beschreiten können.

C. Hysteresisschleife und reversible Magnetisierung

Man kennt die Figur, welche die Magnetisierung $\mathfrak{M}$ eines ferromagnetischen Materials bei zu- und abnehmender Erregung H als Funktion von H darstellt. Ist

[1]) Vgl. H. KÖNIG, Naturwiss. (1946) 76.

[2]) Weshalb gerade die Atome der Eisengruppe ferromagnetisch wirksam sind, ist atomtheoretisch noch nicht völlig geklärt.

das Material ursprünglich unmagnetisch, so wird zunächst die „jungfräuliche Kurve“ durchlaufen, im Nullpunkt $H = 0$, $\mathfrak{M} = 0$ beginnend und bei hinreichend großem H in die horizontale Asymptote $\mathfrak{M} = \mathfrak{M}_S$ der *Sättigung* auslaufend. Läßt man von da aus H wieder abnehmen, so verläuft die Kennlinie oberhalb der jungfräulichen Kurve und schneidet die Ordinatenachse in einem Punkt $H = 0$, $\mathfrak{M} = \mathfrak{M}_R$, welcher die *remanente Magnetisierung* anzeigt. Läßt man H weiter abnehmen, also in umgekehrter Richtung wirken, so kommt man in ein Gebiet, wo $\mathfrak{B}$ und $\mathfrak{H}$ einander entgegengerichtet sind. Die Eisenprobe ist dadurch zu einem „permanenten Magneten“ geworden. Bei weiterer Abnahme von H schneidet die Hysteresiskurve die Abszissenachse in einem Punkt $H = -H_C$, $\mathfrak{M} = 0$, in dem die remanente Magnetisierung gerade aufgehoben ist. H_C wird „Koerzitivkraft“ genannt. Bei weiter abnehmendem H nähert man sich der negativen Sättigung $\mathfrak{M} = -\mathfrak{M}_S$. Läßt man nun H wieder zunehmen, so bleibt die allmählich ansteigende Kennlinie unterhalb ihres absteigenden Astes und unterhalb der jungfräulichen Kurve. Sie läuft nicht in den Nullpunkt ein, sondern schneidet die Abszissenachse in einem Punkt $H = +H_C$, $\mathfrak{M} = 0$. Der aufsteigende Ast verläuft spiegelbildlich zum absteigenden Ast und nähert sich schließlich wieder der positiven Sättigung $\mathfrak{M} = +\mathfrak{M}_S$.

In der Regel ist $\mathfrak{M}_R$ ungefähr gleich $\frac{1}{2}\mathfrak{M}_S$. Damit der Magnet bei allen vorkommenden Gegenfeldern seine Remanenz beibehält, ist es wichtig, daß H_C möglichst groß wird. Das ist der Fall bei hartem Stahl (Wolframstahl hat $H_C \approx 70$ Örsted).

Auf- und absteigender Ast bilden zusammen die *Hysteresisschleife*; ihr Flächeninhalt liefert die magnetische Arbeit $\oint \mathfrak{H} \cdot d\mathfrak{M}$, die am Material bei dem vollen Zyklus geleistet wird. Macht man auf der jungfräulichen Kurve vor Erreichung der Sättigung halt, z. B. bei $H_1 < H_S$, und läßt H von da aus erst abnehmen bis $H = -H_1$, dann zunehmen bis $H = +H_1$, so erhält man eine kleinere Hysteresisschleife, die innerhalb der soeben beschriebenen verläuft. Bei einem sehr kleinen $H_1 = \delta H$ artet die Schleife in einem doppelt durchlaufenen Strich aus; ihr Flächeninhalt wird Null; der Prozeß ist *reversibel*. Das Verhältnis $\delta\mathfrak{M}/\delta H$ definiert die *Anfangssuszeptibilität* $\varkappa_0$. Man kann einen solchen reversiblen Prozeß nicht nur im Nullpunkt, sondern in jedem beliebigen Punkt des Zyklus durchführen und für jeden solchen Punkt eine *reversible Suszeptibilität* $\varkappa_{\text{rev}}$ definieren.

Bei der reversiblen Magnetisierung werden die Elementarmagnete nur ein wenig aus ihrer ursprünglichen Lage nach der Richtung des äußeren Feldes *herausgedreht*. Bei der irreversiblen Magnetisierung kommen daneben *Umklappungen* vor. In beiden Fällen treten Änderungen in der Abgrenzung der WEISSschen Bezirke auf, welche als Wandverschiebungen beschrieben werden; sie sind klein bei den reversiblen, beträchtlich bei den irreversiblen Prozessen. Sie machen sich in einer Induktionsspule mit Telephonanschluß akustisch bemerkbar durch Geräusche (Knacken) und können oszillographisch sichtbar gemacht werden als B a r k h a u s e n-Sprünge. In der Tat löst sich bei hinreichender oszillographischer

Vergrößerung der scheinbar kontinuierliche Verlauf der Hysteresisschleife besonders in ihrem absteigenden Aste in eine Folge kleiner Stufen auf.

Die Einzelvorgänge, die durch die Magnetisierungskurven zusammengefaßt werden, sind also mannigfacher Art. Sie hängen von der Zusammensetzung der Eisenprobe und von ihrer mikrokristallinen Struktur, beim Einkristall auch von dessen Orientierung gegen das Magnetfeld ab. Es ist die Aufgabe des Metallurgen, die für jeden Zweck (Dynamoblech, Schwachstromtechnik) geeignete Legierung (Permalloy, Perminvar, Kobaltstahl) ausfindig zu machen.

D. Thermodynamisches

In noch höherem Grade als der Paramagnetismus ist der Ferromagnetismus temperaturabhängig. Oberhalb einer gewissen kritischen Temperatur hört der Ferromagnetismus auf und geht in gewöhnlichen Paramagnetismus über. Diese kritische Temperatur wird mit Θ bezeichnet und heißt *Curie-Punkt*. In Celsiusgraden hat man ($\Theta = \Theta_{\text{Cels}} + 273$ gesetzt):

	bei Eisen	Kobalt	Nickel
	$\Theta_{\text{Cels}} = 770$	1120	358

Für $T > \Theta$ gilt statt des Curieschen Gesetzes (13. 10) das *Curie-Weißsche Gesetz*

$$\chi = \frac{C}{T - \Theta}. \tag{1}$$

Es legt die Annahme nahe, daß kein prinzipieller Unterschied zwischen Para- und Ferromagnetismus bestehe, daß nämlich bei jenem nur der Curiepunkt dicht am absoluten Nullpunkt gelegen sei. Man hätte dann, auch bei gewöhnlich paramagnetischen Substanzen, in der Nähe von $T = 0$ ein Gebiet ferromagnetischen Verhaltens zu erwarten, und es liegt von da aus nahe, die Langevinsche statistisch-thermodynamische Theorie der Paramagnetika auf die Verhältnisse des Ferromagnetismus zu übertragen.

In der Tat ist Weiss auf diesem Wege zu einer in großen Zügen befriedigenden Darstellung des ganzen ferromagnetischen Erscheinungskomplexes gelangt. Aber diese Darstellung macht weitgehenden Gebrauch von Begriffen, die wir erst in Bd. V behandeln können. Auch feinere Fragen der Atomphysik spielen herein, die Frage nach der atomaren Einheit des magnetischen Momentes (Bohrsches Magneton im Gegensatz zu dem von Weiss propagierten, etwa fünfmal kleineren Weissschen Magneton) und die Frage, wieweit neben dem Spinmoment der freien Elektronen das doppelt so große Bahnmoment der im Atom gebundenen Elektronen zu berücksichtigen ist. Vollen Aufschluß über alle einschlägigen Fragen gibt das Standardwerk[1]) von R. Becker und W. Döring.

[1]) Ferromagnetismus, Berlin 1939, bei Springer.

§ 15. Die stationären Ströme und ihr magnetisches Feld Methode des Vektorpotentials

Da die Annahme stationärer Felder durchweg $\partial/\partial t = 0$ verlangt, reduzieren sich die MAXWELLschen Gln. (4. 4) auf

(1) $$\mathrm{rot}\,\mathfrak{E} = 0, \quad \mathfrak{J} = \mathrm{rot}\,\mathfrak{H}.$$

Aus der zweiten derselben folgt

(2) $$\mathrm{div}\,\mathfrak{J} = 0;$$

für die *Oberfläche* eines stromführenden Leiters gilt

(2a) $$\mathfrak{J}_n = 0.$$

(2) besagt, daß sich die Elektrizität im Leiter wie eine inkompressible Flüssigkeit verhält (Zunahme bzw. Abnahme der Stromdichte bei einer Verengerung bzw. Erweiterung des Leiters). Auf Gl. (2) zusammen mit der Existenz des elektrischen Potentials (s. u.) beruhen auch letzten Endes die sogenannten *Kirchhoffschen Verzweigungssätze für lineare Leiter*, die dieser als Lösung einer von F. NEUMANN gestellten Seminaraufgabe (vgl. S. 1) ausgearbeitet hat.

Die Gln. (1) sagen aus, daß $\mathfrak{E}$ *überall* ein Potential hat, $\mathfrak{E} = -\mathrm{grad}\,\psi_e$, während $\mathfrak{H}$ nur *außerhalb* der stromführenden Leiter ein skalares Potential besitzt, $\mathfrak{H} = -\mathrm{grad}\,\psi_m$. Mit diesem werden wir uns in § 16 beschäftigen. Hier geben wir eine Darstellung von $\mathfrak{B}$ (und daher auch eine solche von $\mathfrak{H}$), die *innerhalb und außerhalb* der Leiter gilt. Wir erinnern uns dabei an die HELMHOLTZsche Darstellung des Geschwindigkeitsfeldes $\mathfrak{v}$ bei vorgegebener Wirbelverteilung ω, Bd. II, Gl. (20. 13). In der HELMHOLTZschen Analogie entsprach[1]) der letzteren die elektrische Strömung $\mathfrak{J}$, der ersteren die magnetische Erregung $\mathfrak{H}$. Wie dort führen wir ein *Vektorpotential* $\mathfrak{A}$ ein, indem wir aus $\mathrm{div}\,\mathfrak{B} = 0$ schließen, daß sich $\mathfrak{B}$ als Rotation eines Vektorfeldes $\mathfrak{A}$ darstellen läßt und somit setzen[2])

(3) $$\mathfrak{B} = \mathrm{rot}\,\mathfrak{A}.$$

Die zweite Gl. (1) geht dadurch über in

(4) $$\mathrm{rot}\frac{1}{\mu}\,\mathrm{rot}\,\mathfrak{A} = \mathfrak{J}.$$

Bei konstantem μ können wir dafür auch schreiben:

(4a) $$\mathrm{rot}\,\mathrm{rot}\,\mathfrak{A} = \mu\,\mathfrak{J}.$$

---

[1]) Bis auf den Faktor $\frac{1}{2}$, dessen Unterdrückung l. c. S. 14 gerade durch die Bedürfnisse der Elektrodynamik begründet wurde.

[2]) Häufig setzt man statt dessen $\mathfrak{H} = \mathrm{rot}\,\mathfrak{A}$, was aber die ausnahmslose Quellenfreiheit von $\mathfrak{H}$ zur Voraussetzung hat, die an Stellen magnetischer Dichten ϱ_m nicht erfüllt ist. Unser Ansatz (3) ist befriedigender, weil überall $\mathrm{div}\,\mathfrak{B} = 0$ ist; er wird überdies unsere Formeln meistenteils vereinfachen, besonders in Teil III. Beide Ansätze kommen übrigens unter der Voraussetzung eines *durchweg konstanten* μ, die wir im Text schon bei Gl. (4a) machen werden, ziemlich auf das gleiche hinaus. Bei *inkonstantem* μ käme zu der in (7) zu lösenden Summationsaufgabe noch die Lösung einer magnetostatischen *Randwertaufgabe* hinzu (Ermittlung der Unstetigkeit von $\mathfrak{B}_{\mathrm{tang}}$ an der Grenze verschieden permeabler Medien bei unserem Ansatz von $\mathfrak{A}$: siehe (7, 9a)).

Hier benutzen wir die allgemeine Umformung (6. 2) mit der dort betonten Beschränkung auf kartesische Komponenten und erhalten statt (4a) die für die Integration handlichere Form

$$\triangle \mathfrak{A} - \operatorname{grad} \operatorname{div} \mathfrak{A} = -\mu \mathfrak{J}. \tag{4b}$$

Sie läßt sich vereinfachen durch die Zusatzbedingung

$$\operatorname{div} \mathfrak{A} = 0, \tag{5}$$

durch die sie übergeht in

$$\triangle \mathfrak{A} = -\mu \mathfrak{J}. \tag{6}$$

Die Bedingung (5) darf hinzugefügt werden, weil $\mathfrak{A}$ bei gegebenem $\mathfrak{B}$ durch Gl. (3) nur bis auf den Gradienten einer skalaren Funktion bestimmt ist, die man dazu benutzen kann, um (5) zu befriedigen. Ist nämlich $\mathfrak{A}_1$ *irgendeine* Lösung von (3), so ist es mit beliebiger Ortsfunktion f auch

$$\mathfrak{A} = \mathfrak{A}_1 + \operatorname{grad} f; \tag{6a}$$

wählt man nun f so, daß

$$\operatorname{div} \operatorname{grad} f = \triangle f = -\operatorname{div} \mathfrak{A}_1, \tag{6b}$$

nach dem bekannten Integrationsverfahren der POISSONschen Gleichung, so wird $\operatorname{div} \mathfrak{A} = 0$.

Eben dieses Integrationsverfahren liefert auch zugleich als Lösung von (6) [vgl. (7. 4a) und (7. 5)]

$$4\pi \mathfrak{A}_P = \int \frac{\mu \mathfrak{J}_Q \, \mathrm{d}\tau_Q}{r_{PQ}}. \tag{7}$$

Hier durchläuft der Integrationspunkt $Q = \xi, \eta, \zeta$ das ganze Innere der Leiter; $P = x, y, z$ ist der Aufpunkt, für den die kartesischen Komponenten $\mathfrak{A}_x, \mathfrak{A}_y, \mathfrak{A}_z$ berechnet werden sollen. Daß diese Darstellung zugleich der Bedingung (5) genügt, wenn $\mathfrak{J}$ gemäß (2) quellenfrei verteilt und μ konstant ist, wurde in Bd. II, § 20 unter Nr. 2a bewiesen. Die Integration in Gl. (7) ist über das *gesamte* Strömungsfeld $\mathfrak{J}$ zu erstrecken (ebenso wie in Bd. II über die *geschlossenen* Wirbelringe).

Der in (7) eingehende spezifische Strom $\mathfrak{J}$ ist seinerseits als Lösung einer Potentialaufgabe berechenbar. Wegen $\mathfrak{J} = \sigma \mathfrak{E}$ gilt nämlich bei konstantem σ für $\mathfrak{J}$ ebenso wie für $\mathfrak{E}$ die Potentialgleichung:

$$\triangle \mathfrak{J} = 0. \tag{8}$$

Bei veränderlichem σ nimmt Gl. (8) eine etwas kompliziertere Form an. Der Gesamtstrom I ergibt sich aus $\mathfrak{J}$ durch Integration über einen irgendwie geführten Querschnitt des Leiters:

$$I = \int \mathfrak{J}_n \, \mathrm{d}\sigma. \tag{9}$$

Die bekannte Tatsache, daß er, unabhängig von der Lage und Gestalt des Querschnittes, einen Festwert darstellt, folgt durch Integration von Gl. (2) über ein von zwei beliebigen Querschnitten begrenztes Leiterstück wie bei dem analogen räumlichen Erhaltungssatz der Wirbeltheorie (vgl. Bd. II, S. 131, Fig. 24).

Wir bringen jetzt einige Anwendungen unserer Darstellung (7).

A. Das Biot-Savartsche Gesetz

Wir teilen den räumlichen Leiter in Stromröhren von dem zur Röhrenachse senkrechten Querschnitt $\mathrm{d}q$ und dem Längenelement $\mathrm{d}s$ auf; den in einem solchen Röhrenelement fließenden Strom $\mathfrak{J}_n\,\mathrm{d}q$, der dieselbe Dimension wie der Gesamtstrom I hat, nennen wir vorübergehend ebenfalls I. Wir setzen nämlich $\mathfrak{J}\,\mathrm{d}\tau = I\,\mathrm{d}\mathfrak{s}$, wobei wir durch die Schreibweise $\mathrm{d}\mathfrak{s}$ die Richtung des spezifischen Stromes $\mathfrak{J}$ andeuten. Der Beitrag unseres Röhrenelementes zu $\mathfrak{A}$ ist dann nach (7)

$$4\pi\,\mathrm{d}\mathfrak{A} = \frac{\mu I\,\mathrm{d}\mathfrak{s}}{r}$$

und der entsprechende Beitrag zu $\mathfrak{B}$ nach (3)

$$4\pi\,\mathrm{d}\mathfrak{B} = \operatorname{rot}\frac{\mu I\,\mathrm{d}\mathfrak{s}}{r}. \tag{10}$$

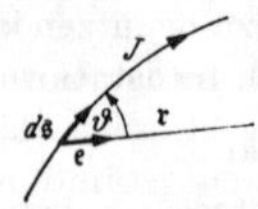

Fig. 19. Das BIOT-SAVARTsche Gesetz, abgeleitet aus dem Vektorpotential eines Stroemlmeentes

Die Vektoroperationen rot, grad, div beziehen sich hier und im folgenden stets auf die Koordinaten x, y, z des Aufpunktes P, sofern nicht anders bemerkt.

Wir kürzen die weitere Rechnung ab, wenn wir den symbolischen ∇-Vektor benutzen:

$$\operatorname{rot}\frac{\mu I\,\mathrm{d}\mathfrak{s}}{r} = \nabla\times\frac{\mu I\,\mathrm{d}\mathfrak{s}}{r} = \operatorname{grad}\frac{1}{r}\times\mu I\,\mathrm{d}\mathfrak{s}. \tag{11}$$

$I\,\mathrm{d}\mathfrak{s}$ ist nämlich von x, y, z unabhängig, aber gerichtet; $1/r$ ist von x, y, z abhängig, aber ungerichtet (skalar). Weiter wird, vgl. Fig. 19,

$$\operatorname{grad}\frac{1}{r} = -\frac{\mathfrak{r}}{r^3} = -\frac{\mathfrak{e}}{r^2}, \tag{11a}$$

wo $\mathfrak{r}$ den Radiusvektor Stromelement $\rightarrow$ Aufpunkt und $\mathfrak{e}$ den entprechenden Einheitsvektor bedeutet. Einsetzen von (11), (11a) in (10) liefert

$$4\pi\,\mathrm{d}\mathfrak{B} = \frac{-\mu I}{r^2}\,\mathfrak{e}\times\mathrm{d}\mathfrak{s}, \qquad 4\pi\,|\mathrm{d}\mathfrak{B}| = \frac{\mu I\,\mathrm{d}s}{r^2}\sin\vartheta. \tag{12}$$

ϑ bedeutet den Winkel zwischen den Vektoren $\mathfrak{e}$ und $\mathrm{d}\mathfrak{s}$; die Richtung von $\mathrm{d}\mathfrak{B}$ bildet nach der Bedeutung des Vektorproduktes mit Rücksicht auf das negative Vorzeichen in (12) eine Linksschraube zum Drehsinn $\mathfrak{e}\rightarrow\mathrm{d}\mathfrak{s}$. Denken wir uns im Aufpunkt einen magnetischen Einheitspol und übertragen wir in diesen den Vektor $\mathrm{d}\mathfrak{B}$, so bedeutet $\mathrm{d}\mathfrak{B}$ die auf ihn wirkende [siehe (2. 6)], vom Stromelement $I\,\mathrm{d}s$ ausgeübte *Kraft*; die zugehörige Kraftlinie umgibt, wie die Figur zeigt und wie es sein muß, das Stromelement im *Rechts*schraubensinne. Offenbar ist die erste Gl. (12) die vollständigere, da sie die eigenartige, für das Magnetfeld charakteristische Richtungsabhängigkeit in einfachster und sachgemäßester Weise zum Ausdruck bringt; die zweite Form haben wir nur als die historisch übliche hinzugefügt.

B. Die magnetische Energie des Feldes zweier Leiter

Nach Gl. (5. 6) für die magnetische Energiedichte w haben wir mit der Bezeichnung W für die räumlich integrierte Energie

$$2W = \int \mathfrak{H} \cdot \mathfrak{B} \, d\tau = \int \mathfrak{H} \cdot \operatorname{rot} \mathfrak{A} \, d\tau. \tag{13}$$

Zur Ausrechnung benutzen wir die beim POYNTINGschen Satz abgeleitete Vektorformel (5. 2), die wir in unsere jetzigen Bezeichnungen ($\mathfrak{A}$, $\mathfrak{H}$ statt $\mathfrak{U}$, $\mathfrak{B}$) folgendermaßen umschreiben:

$$\mathfrak{H} \cdot \operatorname{rot} \mathfrak{A} = \mathfrak{A} \cdot \operatorname{rot} \mathfrak{H} + \operatorname{div} (\mathfrak{A} \times \mathfrak{H}). \tag{14}$$

Wir behaupten, daß bei der Integration über den unendlichen Raum der zweite Summand rechts wegfällt. Er liefert nämlich nach dem GAUSSschen Satz

$$\int \operatorname{div} (\mathfrak{A} \times \mathfrak{H}) \, d\tau = \int (\mathfrak{A} \times \mathfrak{H})_n \, d\sigma, \tag{14a}$$

die Integration rechts über eine den Raum in großer Entfernung begrenzende geschlossene Fläche, z. B. eine Kugel vom Radius R, geführt. Die beiden Leiter, deren gesamte magnetische Energie wir bestimmen wollen, mögen ganz im Endlichen liegen. Der Abstand aller ihrer Punkte von dem im Unendlichen gelegenen Flächenelement $d\sigma$ der Grenzkugel kann dann konstant gleich R gesetzt werden. Nach Gl. (7) verschwindet $\mathfrak{A}$ auf $d\sigma$ wie $1/R$ und nach dem BIOT-SAVARTschen Gesetz $\mathfrak{H}$ wie $1/R^2$. Da $d\sigma = R^2 \, d\Omega$ ist ($d\Omega$ = körperlicher Visierwinkel nach $d\sigma$), verschwindet also in der Tat die rechte Seite von (14a), nämlich wie R^2/R^3.

Aus (14) und (13) folgt mit Rücksicht auf (1)

$$2W = \int \mathfrak{A} \cdot \operatorname{rot} \mathfrak{H} \, d\tau = \int \mathfrak{A} \cdot \mathfrak{J} \, d\tau. \tag{15}$$

Die Integration ist nunmehr lediglich über die Leiter 1 und 2 zu erstrecken, da $\mathfrak{J}$ außerhalb derselben überall Null ist. Bezeichnen wir den Integrationspunkt in (15) mit P ($d\tau_P$ statt $d\tau$) und setzen wir $\mathfrak{A} = \mathfrak{A}_P$ aus (7) ein, so ergibt sich statt des einfachen ein doppeltes Raumintegral:

$$\frac{2W}{\mu} = \frac{1}{4\pi} \iint (\mathfrak{J}_P \cdot \mathfrak{J}_Q) \frac{d\tau_P \, d\tau_Q}{r_{PQ}}. \tag{16}$$

Bei der Ausführung desselben haben wir vier Fälle zu unterscheiden, je nach der Lage von P und Q auf Leiter 1 oder 2:

a) P und Q auf 1, b) P und Q auf 2,
c) P auf 1, Q auf 2, d) P auf 2, Q auf 1,

wobei aber die beiden Fälle c) und d) unter sich gleich sind wegen der in P und Q symmetrischen Bauart von (16). Das Resultat schreiben wir in der Form:

$$W = \frac{1}{2} (L_{11} I_1^2 + L_{22} I_2^2 + 2 L_{12} I_1 I_2), \tag{17}$$

$$L_{11} = \frac{\mu}{4\pi} \iint \mathfrak{i}_1 \cdot \mathfrak{i}_{1'} \frac{d\tau_1 \, d\tau_{1'}}{r_{11'}}, \tag{17a}$$

$$L_{22} = \frac{\mu}{4\pi} \iint \mathfrak{i}_2 \cdot \mathfrak{i}_{2'} \frac{d\tau_2 \, d\tau_{2'}}{r_{22'}},$$

$$L_{12} = \frac{\mu}{4\pi} \iint \mathfrak{i}_1 \cdot \mathfrak{i}_2 \frac{d\tau_1 \, d\tau_2}{r_{12}}. \tag{17b}$$

Der Faktor 2 beim Produktglied in (17) rührt von der Gleichheit der Fälle (c) und (d) her, derzufolge auch der Koeffizient L_{21} durch (17b) gegeben wird, also $L_{21} = L_{12}$ ist. I_1, I_2 sind die Gesamtströme im Leiter 1 und 2, die ja, wie bei (9) bemerkt, vom Ort im Leiter unabhängig sind; 1, 1′ sind zwei Stellen des Leiters 1; 2, 2′ zwei solche des Leiters 2; indem wir die spezifischen Ströme $\mathfrak{J}_1$, $\mathfrak{J}_2$ durch I_1, I_2 dividieren, erhalten wir die rein geometrisch definierten „Stromliniendichte-Vektoren"

$$\text{(17c)} \qquad \mathfrak{i}_1 = \frac{\mathfrak{J}_1}{I_1}, \qquad \mathfrak{i}_2 = \frac{\mathfrak{J}_2}{I_2}.$$

Die L heißen *Induktions-Koeffizienten*, und zwar L_{11}, L_{22} *Selbstinduktions-Koeffizienten* oder kurz Induktivitäten, L_{12} *Koeffizient der gegenseitigen Induktion* oder Gegeninduktivität. Statt L_{12} benutzt MAXWELL den Buchstaben M.

Die Koeffizienten L (oder M) werden in der Einheit des *Henry*[1]) gemessen. Wir definieren sie nach (17) dimensionell und numerisch durch die Festsetzung

$$\text{(18)} \qquad 1\,\text{Henry (H)} = 1\,\frac{\text{Erg}}{\text{A}^2} = 1\,\frac{\text{Vs}}{\text{A}}.$$

Im elektromagnetischen cgs-System ist die Einheit, in der L gemessen wird, „1 cm". 1 Henry entspricht 10^9 cm = „1 Erdquadrant".

Von unserem Standpunkt aus können wir aber dieser scheinbar so einfachen Dimension und diesem Zusammenhang mit dem Erdumfang keine Bedeutung beilegen, da sie auf den willkürlichen Festsetzungen des elektromagnetischen Maßsystems beruht. Wir erwähnen aber gern den folgenden Zusammenhang zwischen der Henry-Einheit und der Vakuum-Permeabilität nach Gl. (7. 16):

$$\text{(18a)} \qquad \mu_0 = 4\pi \cdot 10^{-7}\,\frac{\text{Erg}}{\text{A}^2\,\text{m}} = 4\pi \cdot 10^{-7}\,\frac{\text{Henry}}{\text{m}}.$$

Man vergleiche hiermit den analogen Zusammenhang zwischen der Vakuum-D.K. und dem Farad in Gl. (10. 3a).

C. Das Neumannsche Potential als gegenseitiger Induktions-Koeffizient

In (17b) kann man zum Grenzfall linearer, d. h. unendlich dünner Drähte übergehen. Das ist in (17a) nicht erlaubt, weil dann $r_{11'}$ (bzw. $r_{22'}$) beim Zusammenrücken der beiden Integrationspunkte verschwinden und so die Konvergenz der Integrale zerstört sein würde.

Wir setzen in (17b)

$$\text{(19)} \qquad d\tau_1 = q_1\,ds_1, \qquad d\tau_2 = q_2\,ds_2$$

und nehmen q_1 mit $\mathfrak{i}_1$, q_2 mit $\mathfrak{i}_2$ zusammen. Die Produkte $\mathfrak{i}_1 q_1$ und $\mathfrak{i}_2 q_2$ werden dann nach (17c) dem Betrage nach gleich Eins und sind, skalar miteinander multi-

[1]) JOSEPH HENRY, 1792—1878, amerikanischer Physiker, entdeckte fast gleichzeitig mit FARADAY das Auftreten einer EMK in einer Spule bei Änderung des Magnetfeldes im Inneren derselben.

pliziert, gleich dem Kosinus des Winkels Θ_{12}, den die beiden Fortschreitungsrichtungen $d\mathfrak{s}_1$, $d\mathfrak{s}_2$ miteinander bilden. Also:

$$\frac{4\pi}{\mu} L_{12} = \int d s_1 \int d s_2 \frac{\cos\Theta_{12}}{r_{12}} = \iint \frac{d\mathfrak{s}_1 \cdot d\mathfrak{s}_2}{r_{12}}. \tag{20}$$

Diese überraschend schöne und einfache Darstellung ist schon 1845 von Franz Neumann entdeckt worden[1]). Sie heißt *Neumannsches Potential*; nach (17) liefert sie denjenigen Teil der magnetischen Energie, der von der Wechselwirkung der beiden Stromkreise aufeinander herrührt. Eine relative Verschiebung oder Verdrehung der Stromkreise bei festgehaltenen Stromstärken I_1, I_2 ist daher mit einer *Energieänderung* δW vom Betrag

$$\delta W = I_1 I_2 \delta L_{12} \tag{20a}$$

verbunden. Damit hängt auch die *Arbeit* zusammen, die bei dieser Verschiebung oder Verdrehung aufzuwenden ist, desgleichen die *Kraft* und das *Drehmoment*, das der eine Stromkreis auf den anderen ausübt.

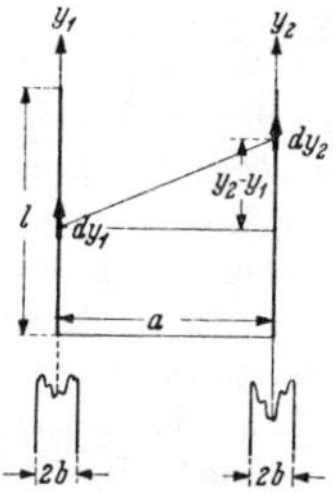

Fig. 20. Der gegenseitige Induktions-Koeffizient zweier gerader, zueinander paralleler Drahtstücke der Länge l. Am unteren Ende der Figur ist der endliche Querschnitt der Drähte angedeutet

Trotz des einfachen Ausdruckes (20) ist die wirkliche Ausrechnung des gegenseitigen Induktions-Koeffizienten etwas unbequem. Wir führen zunächst nur ein formales Rechenbeispiel aus, betrachten nämlich zwei gerade Drähte, die einander parallel im Abstand a gegenüberstehen und beide von der Länge l sind. Die bei Gl. (7) geforderte Bedingung der geschlossenen Stromkreise ist dabei vorläufig nicht erfüllt; wir werden ihr erst im Anschluß an Gl. (24) Rechnung tragen. Mit Beziehung auf Fig. 20 ($d y_1\, d y_2$ statt $d s_1\, d s_2$, $\cos\Theta_{12} = 1$) haben wir

$$\frac{4\pi}{\mu} L_{12} = \int_0^l d y_1 \int_0^l \frac{d y_2}{\sqrt{a^2 + (y_2 - y_1)^2}}. \tag{21}$$

Die schon in (9. 4) benutzte Integralformel liefert für das zweite Integral

$$\int_0^l \frac{d y_2}{\sqrt{a^2 + (y_2 - y_1)^2}} = \ln\left(l - y_1 + \sqrt{a^2 + (l - y_1)^2}\right) - \ln\left(- y_1 + \sqrt{a^2 + y_1^2}\right). \tag{22}$$

Die weitere, leicht durch Differentiation zu beweisende Formel

$$\int^z \ln\left(\sqrt{a^2 + \zeta^2} - \zeta\right) d\zeta = z \ln\left(\sqrt{a^2 + z^2} - z\right) + \sqrt{a^2 + z^2} + \text{konst.}$$

ergibt bei der Integration des ersten Terms rechts in (22)

$$\int_0^l d y_1 \ln\left(l - y_1 + \sqrt{a^2 + (l - y_1)^2}\right) = l \ln\left(l + \sqrt{a^2 + l^2}\right) - \sqrt{a^2 + l^2} + a$$

[1]) Abhandl. der Preuß. Akademie, abgedruckt in Ostwalds Klassikern Nr. 10.

und bei der entsprechenden Integration des zweiten Terms

$$-\int_0^l \mathrm{d}\,y_1 \ln\left(-y_1 + \sqrt{a^2 + y_1^2}\right) = -l\ln\left(-l + \sqrt{a^2 + l^2}\right) - \sqrt{a^2 + l^2} + a\,.$$

Als Summe beider erhält man nach einer leichten Umformung unter dem Logarithmus-Zeichen

$$\frac{4\pi}{\mu} L_{12} = 2l \ln \frac{l + \sqrt{a^2 + l^2}}{a} - 2\sqrt{a^2 + l^2} + 2a\,. \tag{23}$$

Wir setzen $l \gg a$ voraus und haben in erster Näherung

$$\frac{4\pi}{\mu} L_{12} = 2l\left(\ln\frac{2l}{a} - 1\right). \tag{24}$$

An diesem Ergebnis ist bemerkenswert, daß wir keine einfache Proportionalität mit l erhalten haben, daß nämlich die Klammer noch logarithmisch von l abhängt. Wir können also nicht von einem gegenseitigen Induktionskoeffizienten pro Längeneinheit unserer beiden Drähte sprechen.

Der Grund hiervon ist folgender: Unsere Ableitung setzt, wie mehrfach betont, zwei *geschlossene* Ströme voraus, während unser Beispiel zwei Stromabschnitte behandelte. Unser Resultat (24) hat trotzdem seine gute Bedeutung. Man kann aus ihm z. B. die gegenseitige Induktion zweier parallelgestellter Rechtecke zusammensetzen, wie sie bei den AMPÈREschen Fundamentalversuchen vorkommen. Bei einem solchen Rechteckspaar (das zweite Rechteck möge aus dem ersten durch eine Parallelverschiebung senkrecht zur Ebene desselben hervorgehen) liefern nur je zwei parallele Seitenpaare einen Beitrag; für zwei zueinander senkrechte Seiten ist ja das in Gl. (20) vorkommende Produkt $\mathrm{d}\mathfrak{s}_1 \cdot \mathrm{d}\mathfrak{s}_2 = 0$. Die gegenseitige Induktion zweier solcher Rechtecke wird also gleich der Summe von vier Gliedern der Form (24).

D. Der Selbstinduktions-Koeffizient

Hier können wir nicht, wie schon oben bemerkt, zur Grenze des linearen Leiters übergehen, sondern müssen auf die doppelten Raumintegrale in (17a) zurückgreifen. Wir überzeugen uns aber leicht, daß dann in der Tat jede Konvergenz-Schwierigkeit vermieden ist. Führen wir nämlich bei beliebiger Lage von Eins um diesen Punkt herum Polarkoordinaten r, ϑ, φ zur Kennzeichnung der Lage des Punktes $1'$ ein, so wird $\mathrm{d}\tau_{1'} = r^2\,\mathrm{d}r \sin\vartheta\,\mathrm{d}\vartheta\,\mathrm{d}\varphi$, und es hebt sich der Nenner $r_{11'} = r$ gegen einen Faktor r in $\mathrm{d}\tau_{1'}$ fort. Was indessen die Ausführung der dann erforderlichen Integrationen betrifft, so wird diese ersichtlich im allgemeinen noch wesentlich unbequemer als unter C.

Wir beschränken uns daher auch jetzt auf ein bloßes Rechenbeispiel, indem wir einen geraden Draht von der (großen) Länge l und dem (kleinen, aber endlichen) Querschnitt q betrachten. Wir fassen zwei Stromfäden desselben parallel der Drahtachse (y-Achse) ins Auge und benutzen wieder Fig. 20, in der aber die dortigen beiden linearen Ströme jetzt zu demselben Draht vom Querschnitt q gehören sollen. $\mathrm{d}q_1$, $\mathrm{d}q_2$ seien die Querschnitte der beiden Stromfäden; ihren Abstand, dort mit a bezeichnet, nennen wir jetzt ϱ, da er je nach der Lage der beiden Stromfäden innerhalb q veränderlich ist. Ihre Volumelemente sind dann wieder durch (19) mit $\mathrm{d}s_1 = \mathrm{d}y_1$, $\mathrm{d}s_2 = \mathrm{d}y_2$ gegeben, und die in (17c) definierten Vektoren werden parallel zur Drahtachse und vom Betrag $1/q$. Wir bezeichnen die Querschnittselemente mit $\mathrm{d}q_1$ bzw. $\mathrm{d}q_2$.

Aus der Definitionsgleichung (17a) der Selbstinduktion ergibt sich daraufhin:

$$(25) \qquad \frac{4\pi}{\mu} L = \iint \frac{\mathrm{d}q_1\,\mathrm{d}q_2}{q^2} \int_0^l \int_0^l \frac{\mathrm{d}y_1\,\mathrm{d}y_2}{\sqrt{\varrho^2 + (y_2 - y_1)^2}}.$$

Das zweite Doppelintegral hat genau die frühere Form (21). Wir können auch jetzt die genäherte Ausrechnung (24) desselben benutzen und erhalten

$$\frac{4\pi}{\mu} L = \frac{2l}{q^2} \iint \mathrm{d}q_1\,\mathrm{d}q_2 \left(\ln\frac{2l}{\varrho} - 1\right)$$
$$= \frac{2l}{q^2} \left\{\iint \mathrm{d}q_1\,\mathrm{d}q_2 (\ln 2l - 1) - \iint \mathrm{d}q_1\,\mathrm{d}q_2 \ln\varrho\right\}.$$

Im ersten Term rechts läßt sich die Integration nach $\mathrm{d}q_1$ und $\mathrm{d}q_2$ ohne weiteres ausführen; der zweite Term bedarf wegen der Veränderlichkeit von $\varrho = \varrho_{12} =$ Abstand unserer beiden Stromfäden 1 und 2 einer genaueren Diskussion. Als vorläufiges Ergebnis notieren wir

$$(26) \qquad \frac{4\pi}{\mu} L = 2l\{\ln 2l - 1 - \ln\bar{\varrho}\}, \qquad \ln\bar{\varrho} = \frac{1}{q^2}\int \mathrm{d}q_1 \int \mathrm{d}q_2 \ln\varrho_{12}.$$

Die hier eingeführte Größe $\bar{\varrho}$ nennt MAXWELL[1]) den *mittleren geometrischen Abstand* der Elemente $\mathrm{d}q_1\,\mathrm{d}q_2$ innerhalb des Querschnittes q. Er läßt sich, statt durch direkte Rechnung, eleganter durch eine elektrostatische Betrachtung ermitteln.

Die zweidimensionale Potentialgleichung lautet bei Einführung von Polarkoordinaten

$$(27) \qquad \triangle\Phi = \frac{\partial^2\Phi}{\partial x^2} + \frac{\partial^2\Phi}{\partial y^2} = \frac{1}{\varrho}\frac{\partial}{\partial\varrho}\varrho\frac{\partial\Phi}{\partial\varrho} + \frac{1}{\varrho^2}\frac{\partial^2\Phi}{\partial\varphi^2} = 0.$$

Ihre von φ unabhängige Lösung ist bekanntlich, von einer multiplikativen und einer additiven Konstanten abgesehen, das „logarithmische Potential"

$$\Phi = \ln\varrho.$$

Dasselbe bedeutet eine auf der Achse $\varrho = 0$ konzentrierte negative Linienladung. Ist die Ladung über die Fläche q mit der positiven Flächendichte f verteilt, so

---

[1]) Treatise, Art. 691ff. Zur Erläuterung der Bezeichnung bemerken wir: Das in (26) auszuwertende Integral bedeutet das *arithmetische* Mittel aller auf unserer Fläche q vorkommenden Werte von $\ln\varrho$. Nach der Beziehung

$$\Sigma \ln\varrho_i = \ln\Pi\,\varrho_i$$

ist aber dieses arithmetische Mittel der Logarithmen zugleich der Logarithmus des *geometrischen* Mittels aller ϱ_i.

liefert der GREENsche Satz als Potential derselben in einem Aufpunkt 1, wenn wir das Flächenelement von q mit $\mathrm{d}q_2$ bezeichnen,

(28) $$2\pi\,\Phi_1 = -\int_q f \ln \varrho_{12}\,\mathrm{d}q_2 .$$

Das ist das zweidimensionale Analogon zu der uns wohlbekannten Gl. (7. 5). Machen wir nun in (28) $f = -2\pi$, so erhalten wir gerade das in (26) vorkommende innere Integral

(28 a) $$\Phi_1 = \int_q \ln \varrho_{12}\,\mathrm{d}q_2 ,$$

und unser gesuchter mittlerer geometrischer Abstand läßt sich schreiben

(28 b) $$\ln \bar{\varrho} = \frac{1}{q^2}\int \Phi_1\,\mathrm{d}q_1 .$$

Das Integral (28 a) läßt sich nun in dem besonderen Fall bequem ausführen, wenn q eine Kreisfläche, sagen wir vom Radius b, ist und der Punkt 1 mit dem Mittelpunkt derselben zusammenfällt. Dann wird nämlich $\varrho_{12} = \varrho$, d. h. gleich der vorher benutzten Polarkoordinate, und man hat $\mathrm{d}q_2 = \varrho\,\mathrm{d}\varrho\,\mathrm{d}\varphi$. Den dabei entstehenden speziellen Wert von Φ_1 nennen wir Φ_0. Gl. (28 a) geht dadurch über in

(29) $$\Phi_0 = \int_0^{2\pi}\mathrm{d}\varphi \int_0^b \ln\varrho\cdot\varrho\,\mathrm{d}\varrho .$$

Das Integral nach ϱ läßt sich leicht durch partielle Integration ausführen; man erhält

$$\int_0^b \ln\varrho\cdot\varrho\,\mathrm{d}\varrho = \frac{\varrho^2}{2}\ln\varrho\,\Big|_0^b - \int_0^b \frac{\varrho}{2}\,\mathrm{d}\varrho = \frac{b^2}{2}\left(\ln b - \frac{1}{2}\right).$$

Aus (29) folgt daher

(29 a) $$\Phi_0 = \pi b^2\left(\ln b - \frac{1}{2}\right).$$

Andererseits läßt sich nun aber Φ_1, vermöge seiner Bedeutung als Potential einer bekannten Flächenbelegung, auch bei beliebiger Lage des Punktes 1 direkt aus der POISSONschen Gleichung berechnen, welche im Zweidimensionalen, als Analogon zu (7. 4a), mit f als Flächendichte lautet:

$$\triangle\,\Phi_1 = -f .$$

Sie verlangt in unserem Falle ($f = -2\pi$, Kreisfläche q vom Radius b, Φ_1 eine reine Funktion von ϱ):

(30) $$\frac{1}{\varrho}\frac{\mathrm{d}}{\mathrm{d}\varrho}\,\varrho\,\frac{\mathrm{d}\Phi_1}{\mathrm{d}\varrho} = 2\pi .$$

Daraus folgt durch zweimalige Integration:

$$\varrho\,\frac{\mathrm{d}\Phi_1}{\mathrm{d}\varrho} = \pi\varrho^2 + A, \qquad \Phi_1 = \frac{\pi\varrho^2}{2} + A\ln\varrho + B .$$

Damit dieser Ausdruck von Φ_1 für $\varrho = 0$ in den Ausdruck (29a) von Φ_0 übergeht, müssen wir machen

$$(31)\qquad A = 0, \quad B = \Phi_0, \quad \text{also} \quad \Phi_1 = \pi b^2 \left(\ln b - \frac{1}{2} + \frac{1}{2}\frac{\varrho^2}{b^2}\right).$$

Setzen wir diesen Ausdruck von Φ_1 in (28b) ein, so erhalten wir

$$(32)\qquad \begin{aligned} \ln \bar{\varrho} &= \frac{1}{q}\int d q_1 \left(\ln b - \frac{1}{2}\right) + \frac{1}{2q}\int d q_1 \frac{\varrho^2}{b^2} \\ &= \ln b - \frac{1}{2} + \frac{1}{b^4}\int_0^b \varrho^3\, d\varrho = \ln b - \frac{1}{4}. \end{aligned}$$

Für $\bar{\varrho}$ selbst ergibt sich daraus der eigentümliche Wert

$$(32\text{a})\qquad \bar{\varrho} = b/\sqrt[4]{e}.$$

An diesem ist die Proportionalität mit b nach der Definition des geometrischen Mittels (vgl. die letzte Anm.) ziemlich selbstverständlich; aber der Zahlenfaktor ist offenbar nur durch eingehende Analyse zu erschließen, die wir hier im Anschluß an Maxwell durch potentialtheoretische Überlegungen veranschaulicht haben. Es sei übrigens bemerkt, daß Maxwell diese Überlegung sogar für Querschnitte beliebiger Form durchführt.

Für unseren eigentlichen Zweck, die Berechnung der Selbstinduktion L, gehen wir auf (26) zurück. Wir haben dann, wenn wir (32) benutzen,

$$(33)\qquad \frac{4\pi}{\mu} L = 2l\left\{\ln 2l - \ln b - \frac{3}{4}\right\} = 2l\left\{\ln \frac{2l}{b} - \frac{3}{4}\right\}.$$

Die Formel bestätigt, daß der Übergang zum linearen Leiter ($b \to 0$) bei der Selbstinduktion nicht zulässig ist, was wir von Anfang an vorausgesehen haben. Bezüglich der Abhängigkeit von l ist dasselbe zu bemerken wie am Ende von Abschnitt C: Wir können nicht von (33) aus durch Division mit l zur *Selbstinduktion pro Längeneinheit eines unendlich langen Drahtes* übergehen, wohl aber können wir wieder, wie bei der gegenseitigen Induktion, die Selbstinduktion irgendeines *geschlossenen*, stückweise geradlinigen Umganges aus Summanden der Form (33) zusammensetzen.

Wir wollen noch einen naheliegenden Einwand entkräften, den man gegen die verhältnismäßig umständliche Ableitung von (33) erheben könnte. Das magnetische Feld eines unendlich langen Drahtes ist ja nach Fig. 4 und den anschließenden Formeln (10) bis (13) von S. 23 bekannt. Kann man aus ihnen nicht viel direkter Energie und Selbstinduktion des geraden Drahtes berechnen?

Mit I als Stromstärke fanden wir (wir schreiben jetzt b, c statt des früheren a, b)

$$r < b \cdots H = \frac{r}{b}\frac{I}{2\pi b}; \qquad r > b \cdots H = \frac{I}{2\pi r}.$$

Daraus folgt für die Energie pro Längeneinheit des Drahtes als Beitrag des Drahtinneren

$$\text{(33a)} \qquad \frac{\mu}{2}\cdot 2\pi\int_0^b H^2 r\,\mathrm{d}r = \frac{\mu}{4\pi}\frac{I^2}{b^4}\int_0^b r^3\,\mathrm{d}r = \frac{\mu}{16\pi}I^2$$

und als Beitrag des Drahtäußeren

$$\text{(33b)} \qquad \frac{\mu}{2}\cdot 2\pi\int_b^c H^2 r\,\mathrm{d}r = \frac{\mu}{4\pi}I^2\int_b^c\frac{\mathrm{d}r}{r} = \frac{\mu}{4\pi}I^2\ln\frac{c}{b}.$$

Daraus folgt nach der energetischen Definitionsgleichung (17) als Selbstinduktion der Längeneinheit

$$\text{(33c)} \qquad \frac{\mu}{2\pi}\left(\frac{1}{4}+\ln\frac{c}{b}\right).$$

Dieser Ausdruck wird logarithmisch unendlich, wenn wir $c \to \infty$ gehen lassen, also zum Einzeldraht ohne Rückleitung übergehen. Unsere beabsichtigte vereinfachte Ableitung scheitert also — begreiflicherweise — an der unphysikalischen Problemstellung, welche im Limes $c \to \infty$ zu einem für jede Längeneinheit des Drahtes unendlichen Energieinhalt des Außenraumes führen mußte.

E. Selbstinduktion bei der Doppelleitung

Das System zweier paralleler, von entgegengerichteten Strömen durchflossener gerader Drähte spielt in der elektrischen Kraftübertragung eine wichtige Rolle und ist bei den Versuchen mit hochfrequenten HERTZschen Wellen als LECHERsches System bekannt. Wir wollen (allerdings unter der hier gegebenen Beschränkung auf den Gleichstromfall) die Selbstinduktion eines solchen Systems pro Längeneinheit desselben bestimmen.

Um an Fig. 20 anknüpfen zu können, nennen wir l die (sehr große) Länge der Drähte, a ihren Abstand, b ihren Radius. Wir gehen von der Energieformel (17) aus, in der wir

$$I_1 = I, \quad I_2 = -I, \quad L_{11} = L_{22} = L$$

setzen. Wir erhalten dann

$$\text{(34)} \qquad W = \frac{1}{2}L_D I^2, \quad L_D = 2(L - L_{12}).$$

Das hier eingeführte L_D können wir als Selbstinduktion der (als einheitliches System aufgefaßten) *Doppelleitung* bezeichnen[1]). Durch Einsetzen aus (33) und (24) ergibt sich

$$L_D = \frac{\mu}{\pi}l\left(\ln\frac{2l}{b} - \frac{3}{4} - \ln\frac{2l}{a} + 1\right).$$

---

[1]) Eine entsprechende Definition wird in der Elektrotechnik auch für Mehrleiter-Systeme eingeführt unter dem Namen „Betriebs-Selbstinduktion", wenn nach den Bedingungen des Betriebes alle Netzströme sich durch einen derselben bestimmen lassen.

Hier heben sich bei Ausrechnung der logarithmischen Glieder die beiden Terme $\pm \ln 2l$ heraus; man erhält die einfache Formel:

$$\frac{L_D}{l} = \frac{\mu}{\pi}\left(\ln\frac{a}{b} + \frac{1}{4}\right). \tag{35}$$

L_D/l ist die gesuchte Selbstinduktion der Doppelleitung pro Längeneinheit derselben, die also von l unabhängig wird. Infolgedessen ist der Grenzübergang zu $l \to \infty$, der in den Ausdrücken für L/l und L_{12}/l nach (33) und (24), eben wegen des Gliedes $\ln 2l$, untunlich war, jetzt ausführbar. Dies hängt offenbar damit zusammen, daß das Feld der von entgegengesetzten Strömen durchflossenen Doppelleitung tatsächlich einem im Unendlichen geschlossenen Kreis entspricht. Dagegen ist der Grenzübergang zum linearen Doppelleiter ($b \to 0$) auch jetzt nicht durchführbar, während er im Ausdruck der gegenseitigen Induktion möglich war.

F. Allgemeiner Satz von der Energieübertragung durch stationäre Ströme

Wir betrachten den Abschnitt eines beliebig gestalteten Drahtes zwischen zwei Querschnitten F_1 und F_2. Innerhalb desselben liege ein „Verbraucher", in dem elektrische Energie in Arbeit oder in eine andere Energieform umgesetzt werden möge, z. B. eine Glühlampe. Wir fragen nach der dem Verbraucher zuzuführenden *Leistung* (die in unserem Drahtabschnitt entstehende Jouleschen Wärme ist dem Verbraucher zuzurechnen).

Wir erweitern die Querschnitte F_1, F_2 zu einer geschlossenen Fläche F und berechnen die Leistung $\mathfrak{N}$ als den nach innen gerichteten Energiefluß durch diese Fläche. Nach dem Poyntingschen Satz (5. 7a) und der Bedeutung der Jouleschen Wärme (5. 5) erhalten wir unter stationären Bedingungen

$$\mathfrak{N} = \int_F \mathfrak{S}_n \, dF = \int \mathfrak{E} \cdot \mathfrak{J} \, dV. \tag{36}$$

n bedeutet also die nach innen gerichtete Normale. V ist das von F umschlossene Volumen. Im stationären Zustand ist überall innerhalb V

$$\operatorname{rot}\mathfrak{E} = 0, \quad \mathfrak{E} = -\operatorname{grad}\psi, \quad \text{also} \quad \mathfrak{E}\cdot\mathfrak{J} = -\operatorname{grad}\psi\cdot\mathfrak{J}.$$

Wir formen dies um auf Grund der unmittelbar ersichtlichen und allgemeingültigen Identität ($\mathfrak{J}$ ein beliebiger Vektor, ψ ein beliebiger Skalar)

$$\operatorname{div}(\psi\mathfrak{J}) = \operatorname{grad}\psi\cdot\mathfrak{J} + \psi\operatorname{div}\mathfrak{J},$$

in welcher, bei unserer Bedeutung von $\mathfrak{J}$, der letzte Term verschwindet. Aus (36) schließen wir daraufhin

$$\mathfrak{N} = -\int \operatorname{div}(\psi\mathfrak{J}) \, dV \tag{37}$$

und durch Anwendung des Gaussschen Satzes

$$\mathfrak{N} = \int_F \psi \mathfrak{J}_n \, dF. \tag{38}$$

Dieses Integral ist aber nur über die Zu- und Abführungsflächen F_1 und F_2 des Stromes zu erstrecken, da nur auf diesen $\mathfrak{J}_n$ von Null verschieden ist. Am bequemsten ist es, F_1 und F_2 als Äquipotentialflächen $\psi = \psi_1$ und $\psi = \psi_2$ zu wählen. Wir erhalten dann aus (38)

$$\mathfrak{N} = \psi_1 \int\limits_{F_1} \mathfrak{J}_n \,\mathrm{d}F_1 + \psi_2 \int\limits_{F_2} \mathfrak{J}_n \,\mathrm{d}F_2 . \tag{39}$$

Mit Rücksicht auf die oben festgelegte Richtung von n ist

$$\int \mathfrak{J}_n \,\mathrm{d}F_1 = -\int \mathfrak{J}_n \,\mathrm{d}F_2 = I \tag{40}$$

und daher nach (39)

$$\mathfrak{N} = (\psi_1 - \psi_2)\, I = V I . \tag{40}$$

V ist der Spannungsverlust zwischen F_1 und F_2 (Volt) und I der zu- und abgeführte Strom (Ampere).

Diese fundamentale Formel, welche die Leistung direkt in Watt (Erg/s) ausdrückt, ist hier für stationäre Zustände abgeleitet; sie wird aber in § 18 auch auf „quasistationäre" Fälle anwendbar sein. Um Mißverständnisse zu vermeiden, sei angemerkt, daß Gl. (40) in dem oben angezogenen Beispiel der Glühlampe nichts über die Lichtstärke der Glühlampe oder über die von ihr ausgestrahlte Energie aussagt. Dieser Vorgang liegt außerhalb des Kompetenzbereiches der MAXWELLschen Theorie und beruht auf atomaren Prozessen, die zwar durch die dem Glühfaden zugeführte JOULEsche Wärme erst ermöglicht werden, deren Energiebilanz aber nichts mit Gl. (40) zu tun hat. Unsere Gl. (40) verfolgt die Energieumwandlung nur bis zur Erzeugung der JOULEschen Wärme, nicht darüber hinaus.

§ 16. Ampères Methode der magnetischen Doppelschicht

Um eine Darstellung des magnetischen Feldes außerhalb und innerhalb der stromdurchflossenen Leiter zu erreichen, mußten wir im vorigen Paragraphen den Begriff des *Vektorpotentials* einführen. Wenn wir uns mit einer Darstellung begnügen, die nur *außerhalb* der Stromleiter gilt, kommen wir mit dem gewöhnlichen *skalaren* magnetischen Potential ψ aus.

Außerhalb der Leiter gilt nämlich nach (15. 1)

$$0 = \operatorname{rot} \mathfrak{H}, \quad \mathfrak{H} = -\operatorname{grad} \psi . \tag{1}$$

Nehmen wir die Bedingung $\operatorname{div} \mathfrak{B} = 0$ hinzu und setzen eine im ganzen Außenraum einheitliche Permeabilität, z. B. $\mu = \mu_0$, voraus, so haben wir ferner

$$\operatorname{div} \operatorname{grad} \psi = \triangle \psi = 0 . \tag{2}$$

Dieses Potential ψ ist aber *nicht*, wie im magnetostatischen Fall, eine *eindeutige* Funktion des Ortes. Vielmehr ändert es sich bei jedem Umlauf eines vom Strom I durchflossenen Leiters um den von der Gestalt und Länge des Weges unabhängigen Betrag I:

$$\psi_1 - \psi_2 = \oint \mathfrak{H}_s \,\mathrm{d}s = \pm I . \tag{3}$$

Hier sind ψ_1 und ψ_2 die Werte von ψ im Anfangspunkt 1 und dem mit ihm zusammenfallenden Endpunkt 2 des Umganges, und es gilt das obere oder untere Vorzeichen bei I, je nachdem der Umgang mit der Stromrichtung eine Rechts- oder Linksschraube bildet. Dagegen liefert jeder geschlossene Weg, der keinen solchen Leiter umschlingt:

(3a) $$\psi_1 - \psi_2 = \oint \mathfrak{H}_s \, \mathrm{d}s = 0 .$$

Der Beweis beider Gln. (3) und (3a) folgt am einfachsten, indem wir auf das Durchflutungsgesetz (3. 4) zurückgehen und beachten, daß das dortige $\mathfrak{C}$ hier mit dem Strömungsfeld $\mathfrak{J}$ identisch ist ($\dot{\mathfrak{D}} = 0$!). Das Integral in (3) bzw. (3a) ist daher gleich dem beim Umlauf umfaßten Strom.

Bei mehrfacher Umkreisung der Leiter im einen oder anderen Sinn ergibt sich offenbar eine Änderung von ψ, die sich aus der algebraischen Summe der den einzelnen Umläufen entsprechenden Änderungen berechnet nach dem Schema

$$\psi_1 - \psi_2 = \sum n_k I_k ,$$

mit n_k = Zahl der Umläufe um den k-ten Leiter. ψ ist also unendlich vieldeutig. Irgend zwei „Zweige" von ψ unterscheiden sich um eine Konstante, die sich aus den Strömen I mit ganzzahligen Koeffizienten n_k zusammensetzt.

A. Das magnetische Blatt bei linearen Leitern

Um nun trotz dieser Vieldeutigkeit eine eindeutig bestimmte Vorschrift zur Berechnung von ψ geben zu können, müssen wir uns auf den Grenzfall *linearer* Leiter (Querschnitt $\rightarrow 0$) beschränken; außerdem genügt es, zunächst einen einzelnen solchen Leiter zu betrachten. Er heiße Λ. Durch Λ als Berandung legen wir einen übrigens beliebig gestalteten „Verzweigungsschnitt" S und *verbieten* den Durchgang durch S. Dadurch sondern wir von dem unendlich vieldeutigen Potential einen „Funktionszweig" ab. Indem wir den schon bei den Riemannschen Flächen etwas gewagten Sprachgebrauch ins Räumliche übertragen, können wir auch sagen: Von dem „Riemannschen Raum", dessen unendlich viele „Blätter" die Verzweigungslinie Λ gemeinsam haben und in dem Verzweigungsschnitt S miteinander zusammenhängen, trennen wir ein „Blatt" als physikalisch allein in Betracht kommend ab. Dieses Blatt ist in sich „einfach zusammenhängend" geworden.

Die Berechnung von ψ gelingt jetzt wieder durch bloße Anwendung des Greenschen Satzes:

(4) $$\int (u \triangle v - v \triangle u) \, \mathrm{d}\tau = \int \left(u \frac{\partial v}{\partial n} - v \frac{\partial u}{\partial n} \right) \mathrm{d}\sigma .$$

Wir erinnern daran, daß die Normalenrichtung in $\partial/\partial n$ aus dem Integrationsgebiet herausweist. Nun machen wir

(4a) $$u = \psi , \qquad v = \frac{1}{r} , \qquad r = r_{PQ}$$

und erstrecken das Raumintegral links über alle Punkte P unseres physikalischen Blattes mit Ausschluß einer den Quellpunkt Q umschließenden Kugel vom Radius $\varrho \rightarrow 0$ und einer das Unendliche abgrenzenden Kugel vom Radius $R \rightarrow \infty$, die um einen beliebigen, z. B. auf S gelegenen Punkt O gelegt sein möge. Im Integrationsgebiet sind sonach u und v eindeutig, und es ist $\triangle v = 0$ und nach (2) auch $\triangle \psi = 0$. Daher verschwindet das Raumintegral links in (4). Entsprechend ist das Oberflächenintegral rechts zu erstrecken über die beiden Kugelflächen K_ϱ und K_R sowie über die beiden „Ufer" des Verzweigungsschnittes S. Die Kugel K_ϱ liefert wegen

$$u\frac{\partial v}{\partial n} = -\psi_Q\left(\frac{\mathrm{d}}{\mathrm{d}r}\frac{1}{r}\right)_{r=\varrho} = \frac{1}{\varrho^2}\,\psi_Q$$

bei der Integration nach $\mathrm{d}\sigma$ ersichtlich

$$4\pi\,\psi_Q. \tag{5}$$

Die Kugel K_R liefert den Beitrag

$$-\frac{1}{R^2}\int \psi\,\mathrm{d}\sigma - \frac{1}{R}\int\frac{\partial\psi}{\partial n}\,\mathrm{d}\sigma.$$

Nach dem BIOT-SAVARTschen Gesetz (15. 12) nimmt $\mathfrak{H}$ mit wachsendem R mindestens wie $1/R^2$ ab. Daher ist das zweite der vorstehenden Integrale endlich und verschwindet bei der Multiplikation mit $1/R$. Das erste Integral wird dementsprechend höchstens wie R unendlich und verschwindet ebenfalls bei der Multiplikation mit $1/R^2$. Der Beitrag von K_R ist also gleich Null. Wir könnten dieses Resultat, das wir zunächst auf BIOT-SAVART, also auf ein Ergebnis der Methode des Vektorpotentials, begründet haben, auch nach der Methode dieses Paragraphen bestätigen.

Schließlich haben wir die beiden Ufer 1 und 2 des Verzweigungsschnittes S zu betrachten. Wegen der entgegengesetzten Richtung von n auf beiden Ufern ist zunächst

$$\left(\frac{\partial v}{\partial n_1}\right)_1 = -\left(\frac{\partial v}{\partial n_2}\right)_2. \tag{6}$$

Mit Rücksicht darauf, daß

$$\frac{\partial u}{\partial n} = \frac{\partial \psi}{\partial n} = -\mathfrak{H}_n$$

eine eindeutige physikalische Größe ist, die mit der mathematischen Fiktion unseres Verzweigungsschnittes nichts zu tun hat, gilt außer (6) auch

$$\left(\frac{\partial u}{\partial n_1}\right)_1 = -\left(\frac{\partial u}{\partial n_2}\right)_2. \tag{6a}$$

Die Summe der Beiträge beider Ufer zur rechten Seite von (4) läßt sich daher schreiben

$$\int\left\{(u_1-u_2)\left(\frac{\partial v}{\partial n}\right)_1 - (v_1-v_2)\left(\frac{\partial u}{\partial n}\right)_1\right\}\mathrm{d}\sigma. \tag{6b}$$

Hier verschwindet $v_1 - v_2$ wegen der Eindeutigkeit von $v = 1/r$, nicht aber $u_1 - u_2$. Vielmehr ist nach Gl. (3) und (4a) $u_1 - u_2 = \pm I$. Um das Vorzeichen festzulegen, betrachte man Fig. 21. In dieser soll Eins dasjenige Ufer des Verzweigungsschnittes S sein, auf dem die gegen S gerichtete Normale n_1 mit der Stromrichtung eine *Rechtsschraube* bildet. Der in der Figur eingezeichnete Umgang von

1 nach 2 bildet dann mit der Stromrichtung eine *Linksschraube*. Nach der Vorschrift (3) ist daher das negative Vorzeichen zu wählen. (6b) gibt also, wenn wir weiterhin n statt n_1 schreiben und den für alle Punktepaare 1, 2 konstanten Faktor I vor das Integralzeichen setzen:

$$-I\int\limits_S \frac{\partial}{\partial n}\frac{1}{r}\,\mathrm{d}\sigma. \tag{7}$$

Zusammen mit (5) erhalten wir so als Wert der rechten Seite von (4)

$$4\pi\,\psi_Q - I\int\limits_S \frac{\partial}{\partial n}\frac{1}{r}\,\mathrm{d}\sigma.$$

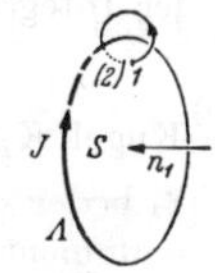

Fig. 21 Das magnetische Umlaufsintegral um den Leiter Λ, erstreckt von dem Ufer 1 nach dem Ufer 2 des Verzweigungsschnittes S

Da die linke Seite von (4), wie bereits bemerkt, verschwindet, ergibt sich als *endgültige Darstellung von* ψ:

$$4\pi\,\psi_Q = I\int\limits_S \frac{\partial}{\partial n}\frac{1}{r}\,\mathrm{d}\sigma. \tag{8}$$

Das Integral rechts hat eine äußerst einfache geometrische Bedeutung: Es ist der *körperliche* Winkel Ω, unter dem der Stromkreis Λ, von dem Punkt Q aus gesehen, erscheint. In der Tat bedeutet der Integrand in Gl. (8)

$$\frac{\partial}{\partial n}\frac{1}{r}\,\mathrm{d}\sigma = -\frac{1}{r^2}\cos(n, r)\,\mathrm{d}\sigma = -\frac{\mathrm{d}\sigma_n}{r^2} = -\mathrm{d}f.$$

Hierin ist $\mathrm{d}f$ das Oberflächenelement der um Q beschriebenen Einheitskugel, das aus dieser durch den nach der Berandung von $\mathrm{d}\sigma$ gelegten Strahlenkegel ausgeschnitten wird; $\mathrm{d}\sigma_n$ ist das entsprechende Oberflächenelement einer Kugel vom Radius r. Daher wird

$$\Omega = \int\limits_S \mathrm{d}f \tag{8a}$$

die gesamte von dem Strahlenkegel nach der Berandung von S auf der Einheitskugel ausgeschnittene Fläche, d. h. der genannte körperliche Winkel. Er ist positiv, wenn Q links von S, negativ, wenn Q rechts von S in Fig. 21 liegt.

Hiermit gewinnt auch der Potentialsprung $\psi_1 - \psi_2$ am Verzweigungsschnitt eine anschauliche Bedeutung. Gehen wir nämlich mit dem Punkt Q auf das Ufer 1 von S, so artet unser Strahlenkegel in einen ebenen Fächer und der Winkel Ω in -2π aus; gehen wir andererseits mit Q auf das Ufer 2 von S, so ergibt sich $\Omega = 2\pi$. Bilden wir die Differenz von Gl. (8) für beide Fälle, so entsteht

$$4\pi(\psi_1 - \psi_2) = I(-2\pi - 2\pi) = -4\pi I,$$

also in der Tat der durch (3) geforderte Potentialsprung.

Neben diese *geometrische* wollen wir eine *magnetische* Deutung der Darstellung (8) setzen: Wir sprechen von einer *Doppelbelegung* (Belegung mit magnetischen Dipolen) des Verzweigungsschnittes S mit den *magnetischen Flächendichten* $\pm\omega_m$, die wir uns im Abstand $\mathrm{d}n$ voneinander beiderseits von S und parallel zu S ausgebreitet denken. Den Strom I setzen wir gleich dem Moment dieser magnetischen Doppelbelegung

(9) $$I = \omega_m \, \mathrm{d}n .$$

Gl. (8) läßt sich dann umschreiben in

(9a) $$4\pi\psi = \int\limits_S \omega_m \, \mathrm{d}n \frac{\partial}{\partial n} \frac{1}{r} \, \mathrm{d}\sigma .$$

Verstehen wir unter $r_\pm$ die Abstände des Punktes Q von der positiven bzw. negativen Belegung, so haben wir

(9b) $$\frac{\partial}{\partial n} \frac{1}{r} \, \mathrm{d}n = \frac{1}{r_+} - \frac{1}{r_-} \quad \text{und} \quad 4\pi\psi = \int \frac{\omega_m \, \mathrm{d}\sigma}{r_+} - \int \frac{\omega_m \, \mathrm{d}\sigma}{r_-} .$$

Gl. (8) bedeutet also in der Tat das Potential einer *magnetischen Doppelschicht*, deren Moment den über die ganze Schicht konstanten Wert I hat. Wie aus der Definition der Richtung von n hervorgeht (von 1 nach 2), bezieht sich also r_+ auf die Seite 2 des Verzweigungsschrittes, r_- auf die Seite 1. Die Richtung des Momentes ist überall senkrecht zu S und bildet mit der Stromrichtung eine Rechtsschraube. Den Träger dieser Doppelschicht nennen wir mit AMPÈRE ein *magnetisches Blatt*; der lineare Leiter Λ bildet die *Berandung* dieses Blattes.

Wir sprechen bei dieser Gelegenheit einen in der Potentialtheorie allgemeingültigen Satz über einfache und Doppelbelegungen aus: Eine Einfachbelegung vom Typus (7. 5a)

$$4\pi\psi = \int \frac{\omega}{r} \, \mathrm{d}\sigma$$

verhält sich beim Durchgang durch die Trägerfläche σ *stetig* in bezug auf den Verlauf des Potentials ψ, aber *unstetig* in bezug auf den *normalen Gradienten*, da ja

$$\left(\frac{\partial\psi}{\partial n}\right)_1 - \left(\frac{\partial\psi}{\partial n}\right)_2 = \omega$$

ist (vgl. (3. 11)); dagegen verhält sich eine Doppelbelegung vom Typus (8)

$$4\pi\psi - \int I \frac{\partial}{\partial n} \frac{1}{r} \, \mathrm{d}\sigma$$

unstetig in bezug auf das *Potential*, dagegen *stetig* in bezug auf dessen *Gradienten*. In der Tat gilt hier

$$\psi_1 - \psi_2 = -I, \quad \text{dagegen} \quad \mathfrak{H}_1 - \mathfrak{H}_2 = 0 .$$

B. Magnetische Energie und magnetischer Kraftfluß

Besonders einfach wird nach dieser Methode die Berechnung der magnetischen Energie eines linearen Leiters in einer Umgebung von einheitlicher Permeabilität, also die Ausführung der Integration in dem diese Energie definierenden Ausdruck

(10) $$W = \frac{1}{2} \int \mathfrak{H} \cdot \mathfrak{B} \, \mathrm{d}\tau = \frac{\mu}{2} \int \mathfrak{H}^2 \, \mathrm{d}\tau .$$

Wir stützen uns dabei auf die sogenannte „zweite Form des GREENschen Satzes“, vgl. Bd. II, Gl. (3. 16), welche bei Gleichsetzen der darin vorkommenden zwei Funktionen u und v lautet:

$$\text{(11)} \qquad \int u \, \Delta u \, \mathrm{d}\tau + \int \operatorname{grad} u \cdot \operatorname{grad} u \, \mathrm{d}\tau = \int u \frac{\partial u}{\partial n} \mathrm{d}\sigma .$$

Wir setzen $u = \psi$ und erstrecken die Integration links über das ganze Äußere unseres linearen Leiters, nachdem wir das Potential ψ durch unseren Verzweigungsschnitt S eindeutig gemacht haben. Das Integral rechts ist dann über die beiden Ufer 1 und 2 von S zu führen. Von der Integration über eine den Raum im Unendlichen begrenzende Fläche können wir nach dem, was wir über das Verhalten von ψ im Unendlichen wissen, absehen.

Der erste Term links in (11) verschwindet wegen $\Delta \psi = 0$, der zweite wird wegen $\operatorname{grad} \psi = - \mathfrak{H}$ identisch mit $2\, W/\mu$. Die rechte Seite von (11) wird in der Summe über beide Ufer mit Rücksicht auf das entgegengesetzte Vorzeichen von $\partial \psi / \partial n$ auf 1 und 2:

$$\text{(11a)} \qquad \int (\psi_1 - \psi_2) \frac{\partial \psi}{\partial n} \mathrm{d}\sigma = I \int \mathfrak{H}_n \, \mathrm{d}\sigma ,$$

wobei die obige Vorzeichenregel über die Zuordnung der Normalen n zur Stromrichtung zu beachten ist. Wir erhalten so aus (11)

$$\text{(12)} \qquad W = \frac{\mu}{2} I \int \mathfrak{H}_n \, \mathrm{d}\sigma = \frac{1}{2} I \, \Phi ;$$

hier ist Φ der Induktionsfluß durch unseren Leiter Λ.

Aus (12) folgt eine besonders einfache Definition des Selbstinduktions-Koeffizienten L. Vergleichen wir nämlich (12) mit der auf *einen* Leiter spezialisierten Definitionsgleichung (15. 17)

$$\text{(13)} \qquad W = \frac{1}{2} L I^2 ,$$

so finden wir unmittelbar

$$\text{(14)} \qquad \Phi = L I ; \qquad L = \Phi / I .$$

Wir gehen noch von dem bisher behandelten *einen* zu *zwei* linearen Leitern Λ_1 und Λ_2 über. Wir haben dann den Raum durch zwei Verzweigungsschnitte S_1 und S_2 „einfach zusammenhängend“ zu machen, die von den Strömen I_1 und I_2 umflossen werden. Ihre den I_1, I_2 durch die Rechtsschrauben-Regel zugeordneten Normalen mögen n_1 und n_2 heißen. Die magnetischen Felder der I_1 und I_2 superponieren sich zu dem Gesamtfeld $\mathfrak{H} = \mathfrak{H}_1 + \mathfrak{H}_2$. Bei der Integration über S_1 und S_2, die nach dem Vorbild von (11a) auszuführen ist, treten die Ausdrücke auf:

$$I_1 \int_{S_1} (\mathfrak{H}_1 + \mathfrak{H}_2)_{n_1} \mathrm{d}\sigma_1 \quad \text{und} \quad I_2 \int_{S_2} (\mathfrak{H}_1 + \mathfrak{H}_2)_{n_2} \mathrm{d}\sigma_2 .$$

Dadurch erhält man an Stelle von (12) einen viergliedrigen Energieausdruck, den wir gemäß (15. 17) schreiben wollen

$$W = \frac{1}{2}\left(L_{11} I_1^2 + (L_{12} + L_{21}) I_1 I_2 + L_{22} I_2^2\right), \tag{15}$$

$$L_{11} = \frac{\mu}{I_1} \int_{S_1} \mathfrak{H}_{1n_1} \,\mathrm{d}\sigma_1, \quad L_{22} = \frac{\mu}{I_2} \int_{S_2} \mathfrak{H}_{2n_2} \,\mathrm{d}\sigma_2, \tag{15a}$$

$$L_{12} = \frac{\mu}{I_2} \int_{S_1} \mathfrak{H}_{2n_1} \,\mathrm{d}\sigma_1, \quad L_{21} = \frac{\mu}{I_1} \int_{S_2} \mathfrak{H}_{1n_2} \,\mathrm{d}\sigma_2. \tag{15b}$$

Daß auch bei dieser Definition

$$L_{12} = L_{21}$$

wird, erkennt man, wenn man die $\mathfrak{H}$ durch die ψ und ψ durch (8) ausdrückt. Man erhält dann

$$4\pi L_{12} = -\mu \int_{S_1} \mathrm{d}\sigma_1 \int_{S_2} \mathrm{d}\sigma_2 \frac{\partial^2}{\partial n_1 \partial n_2} \frac{1}{r_{12}}, \tag{16}$$

r_{12} = Abstand eines beliebigen Punktes auf S_1 von einem beliebigen Punkt auf S_2. Da die rechte Seite von (16) in den Indizes 1 und 2 symmetrisch ist, stellt sie zugleich L_{21} dar.

Auf Grund der Darstellungen (15a, b) berechnen sich die beiden durch S_1 und S_2 hindurchtretenden Induktionsflüsse Φ_1 und Φ_2 folgendermaßen:

$$\begin{aligned} \Phi_1 &= \mu \int_{S_1} (\mathfrak{H}_1 + \mathfrak{H}_2)_{n_1} \,\mathrm{d}\sigma_1 = L_{11} I_1 + L_{12} I_2, \\ \Phi_2 &= \mu \int_{S_2} (\mathfrak{H}_1 + \mathfrak{H}_2)_{n_2} \,\mathrm{d}\sigma_2 = L_{21} I_1 + L_{22} I_2. \end{aligned} \tag{17}$$

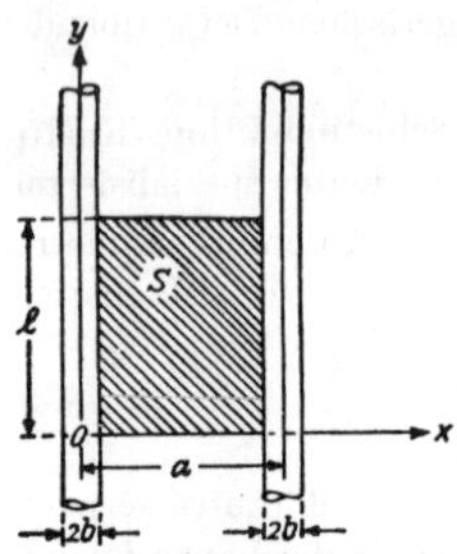

Fig. 22

Selbstinduktion einer Doppelleitung, berechnet aus dem magnetischen Fluß durch den Verzweigungsschnitt S

Der magnetische Fluß drückt sich also jetzt zweigliedrig, bei n-linearen Leitern n-gliedrig durch die zwei oder n-Ströme aus.

C. Anwendung auf die Selbstinduktion einer Doppelleitung

Wir fassen wie in § 15 E Hin- und Rückleitung als *einen* in sich zurücklaufenden Stromkreis auf und bezeichnen wie dort den Abstand der Drähte mit a, den Radius mit b. Da wir mit letzterem nicht zur Grenze $b \to 0$ übergehen können, versagt eigentlich unsere auf lineare Leiter beschränkte Methode des skalaren Potentials. Wir können aber Gl. (14), unabhängig von ihrem Ursprung aus dieser, direkt als Definition der Selbstinduktion L ansehen, genauer gesagt, desjenigen Teiles von L, der von dem Äußeren der Drähte herrührt, vgl. Fig. 22.

Hier ist der für uns in Betracht kommende Teil des Verzweigungsschnittes S durch Schraffierung hervorgehoben. Er erstreckt sich in der $x\,y$-Ebene (Verbindungsebene beider Drahtachsen) von der Peripherie des einen zu der des anderen Drahtes und habe in der y-Richtung die Länge l. Das Magnetfeld $\mathfrak{H}$ superponiert sich im allgemeinen *vektoriell* aus den Magnetfeldern $\mathfrak{H}_1$ und $\mathfrak{H}_2$ der beiden Drähte; auf dem Ebenenstück S sind aber $\mathfrak{H}_1$ und $\mathfrak{H}_2$ gleichgerichtet, wegen $I_1 = -I_2$, und stehen senkrecht auf S. Mit x bzw. $a - x$ als Abstand des betrachteten Punktes auf S von dem Leiter bzw. Rückleiter ergibt sich

$$\mathfrak{H}_n = \frac{I}{2\pi}\left(\frac{1}{x} + \frac{1}{a-x}\right);$$

daher ist nach (14) für die Länge l der Doppelleitung

$$L_a = \frac{\mu\,l}{2\pi}\int_b^{a-b}\left(\frac{1}{x} + \frac{1}{a-x}\right)\mathrm{d}\,x. \tag{18}$$

Der Index a bei L weist auf „äußere Selbstinduktion" hin. Die Ausführung von (18) ergibt:

$$\frac{1}{l}\,L_a = \frac{\mu}{2\pi}\left(\ln\frac{a-b}{b} - \ln\frac{b}{a-b}\right) = \frac{\mu}{\pi}\ln\frac{a-b}{b} \approx \frac{\mu}{\pi}\ln\frac{a}{b}, \tag{19}$$

letzteres wegen $b \ll a$. Vergleichen wir dies mit (15. 35), so sehen wir, daß der erste Teil der früheren Formel unserer „*äußeren*" Selbstinduktion entspricht und schließen daraus, daß der zweite Teil derselben die „innere" Selbstinduktion L bedeuten wird.

Wir bestätigen dies wie folgt: Auf Grund der energetischen Definition der Selbstinduktion in (15. 17) setzen wir:

$$W_i = \frac{1}{2}\,L_i\,I^2. \tag{20}$$

W_i bedeutet die magnetische Energie im Inneren eines Abschnittes unserer Doppelleitung von der Länge l. Im Inneren des Einzeldrahtes ist das Magnetfeld wie in (15. 33a) gegeben durch

$$\mathfrak{H} = \frac{r}{b}\,\frac{I}{2\pi\,b},$$

sofern wir das dagegen schwache Magnetfeld des anderen Einzeldrahtes vernachlässigen. Daher wird der Energieinhalt des Einzeldrahtes für die Länge l wie in (15. 33a)

$$\frac{\mu\,l}{2}\int_0^b\int_0^{2\pi}\mathfrak{H}^2\,r\,\mathrm{d}\,r\,\mathrm{d}\varphi = \mu\,\pi\,l\int_0^b\left(\frac{r}{b}\,\frac{I}{2\pi\,b}\right)^2 r\,\mathrm{d}\,r = \frac{\mu\,l\,I^2}{4\pi\,b^4}\int_0^b r^3\,\mathrm{d}\,r = \frac{\mu\,l}{16\pi}\,I^2.$$

Dies ist die Hälfte der in (20) gemeinten Energie W_i. Aus (20) folgt also

$$\frac{1}{l}\,L_i = \frac{\mu}{8\pi}. \tag{20a}$$

Zusammen mit (19) bestätigt dies unser früheres Ergebnis (15. 35).

D. Stromschleife als magnetischer Dipol

Wir gehen auf Gl. (8) zurück und setzen zunächst die von dem Strom I umflossene Fläche S als *eben* voraus; der Aufpunkt, für den ψ berechnet werden soll, befinde sich in *großer* Entfernung von S. Dann werden die Richtung von dn und die Größe von $1/r$ für alle Elemente $d\sigma$ von S dieselben. Die Integration über $d\sigma$ läßt sich daher unmittelbar ausführen und liefert

$$(21) \qquad 4\pi\,\psi = I\,S\frac{\partial}{\partial n}\frac{1}{r}.$$

Andererseits erinnern wir an Gl. (7. 10b) für das Potential eines einzelnen magnetischen Pols p. Aus ihr folgt für das Potential des Dipols von dem sehr kleinen Polabstand l und der Achsenrichtung n:

$$(22) \qquad 4\pi\,\psi = M\frac{\partial}{\partial n}\frac{1}{r}, \qquad M = p\,l = \text{Moment des Dipols.}$$

Der Vergleich von (21) und (22) zeigt: *Das magnetische Feld eines Stromes I, der eine Fläche S umfließt, ist in großer Entfernung gleich dem eines Dipols*, wir können auch sagen *eines kurzen Stabmagneten, der senkrecht zur Fläche S gestellt ist und das Moment $M = I\,S$ hat.*

Handelt es sich um eine nicht-ebene Strombahn, so kann man diese auf drei zueinander senkrechte Ebenen projizieren und senkrecht zu den entstehenden ebenen Strombahnen die zugehörigen äquivalenten Stabmagneten anbringen. Durch vektorielle Zusammensetzung ihrer Momente erhält man einen schräg gestellten Dipol, der wieder in großer Entfernung dasselbe magnetische Feld liefert wie das der ursprünglichen Strombahn.

Diese *Äquivalenz von Strom und Magnetismus* liegt den berühmten „Elektrodynamischen Maßbestimmungen" von WILHELM WEBER zugrunde. Auf ihr, d. i. auf der Gleichsetzung

$$(23) \qquad I\,S = M,$$

ist auch das an WEBER anknüpfende elektromagnetische Maßsystem aufgebaut. Die *elektrische Größe I* wird dadurch zu einer *magnetischen* Größe. Oder vielmehr: Für die elektrische Größe I wird eine ihr zunächst wesensfremde Größe M/S substituiert. Das ist nur möglich, wenn die Dimension des Magnetpols, dessen Stärke wir wie früher mit P bezeichnen wollen, zur Dimension der Ladung Q in eine bestimmte Beziehung gesetzt wird. Diese Beziehung lautet nach (23)

$$[Q]\cdot\frac{\text{Fläche}}{\text{Zeit}} = [P]\cdot\text{Länge},$$

also

$$[P] = [Q]\cdot\frac{\text{Länge}}{\text{Zeit}} = [Q]\cdot\text{Geschwindigkeit.}$$

Wir kommen so zu der *Ampèreschen Hypothese*, nach welcher Magnetismus nichts anderes ist als bewegte Elektrizität. Wir bemerkten aber schon S. 43, daß diese Hypothese heutzutage, nach der Entdeckung des Neutrons als eines Grundbestandteiles aller Kernmaterie, nicht mehr so bindend scheint wie vor hundert Jahren; auch sahen wir in § 8 B, daß das COHNsche Maßsystem von dieser Hypothese frei ist und sich gerade dadurch empfiehlt.

§ 17. Spezielle Ausführungen über das Feld eines geraden Drahtes und einer Spule

Wir betrachten den scheinbar trivialen Fall eines unendlich langen, stationär durchflossenen geraden Drahtes mit Rückleitung durch einen denselben koaxial umgebenden Hohlzylinder. Radius des Drahtes a, innerer Radius des Hohlzylinders b, äußerer Radius $c \to \infty$. Aus Symmetriegründen ist das magnetische Feld unmittelbar bekannt, ebenso der spezifische Strom. Wir haben nämlich wie in § 4, Gl. (10) bis (13)

$$(1)\qquad \begin{aligned} &r < a, && \mathfrak{H}_\varphi = \frac{r}{a}\,\frac{I}{2\pi a}, && \mathfrak{J}_z = \frac{I}{\pi a^2},\\ &a < r < b, && \mathfrak{H}_\varphi = \frac{I}{2\pi r}, && \mathfrak{J} = 0,\\ &b < r < \infty, && \mathfrak{H}_\varphi = \frac{I}{2\pi r}, && \mathfrak{J} = 0. \end{aligned}$$

Die Richtung von $\mathfrak{H}$ ist überall azimutal: $\mathfrak{H} = \mathfrak{H}_\varphi$.

Das elektrische Feld ist im Inneren axial gerichtet und beträgt nach dem OHMschen Gesetz

$$(2)\qquad \mathfrak{E}_z = \frac{\mathfrak{J}_z}{\sigma} = \frac{I}{\pi a^2 \sigma}, \ldots r \leqq a.$$

Ebenfalls nach dem OHMschen Gesetz gilt im Innern des Hohlzylinders (Leitfähigkeit σ_1)

$$(3)\qquad \mathfrak{E} = \frac{\mathfrak{J}}{\sigma_1} = 0, \ldots b \leqq r < \infty.$$

Im Zwischenraum zwischen Draht und Hohlzylinder ist das Feld aber noch zu bestimmen, nämlich aus den Differentialgleichungen

$$(4)\qquad \mathfrak{E} = -\operatorname{grad}\psi, \qquad \triangle\psi = 0$$

und den Grenzbedingungen

$$(5)\qquad \frac{\partial\psi}{\partial z} = -\mathfrak{E}_z = \begin{cases} -\dfrac{I}{\pi a^2\sigma} & \text{für } r = a,\\ 0 & \text{für } r = b. \end{cases}$$

Da diese Bedingungen von z und φ unabhängig sind, können wir die Lösung von $\triangle\psi = 0$ in der Form ansetzen

$$(6)\qquad \psi = z\,\psi_1(r).$$

Von der Hinzufügung eines von z unabhängigen Addenden $\psi_2(r)$ durften wir absehen, da wir schon mit dem Ansatz (6) allen Bedingungen des Problems genügen können. Aus (5) folgt dann

$$(7)\qquad \psi_1(a) = -\frac{I}{\pi a^2\sigma}; \qquad \psi_1(b) = 0.$$

Die Differentialgleichung (4) verlangt

$$\frac{d}{dr}\left(r\frac{d\psi_1}{dr}\right) = 0, \qquad \psi_1 = A\ln r + B;$$

daraus ergibt sich zusammen mit (7)

$$\psi_1(r) = -\frac{I}{\pi a^2 \sigma} \ln\frac{r}{b} \Big/ \ln\frac{a}{b}. \tag{8}$$

Das Feld $\mathfrak{E}$ ist jetzt auch im Zwischenraum $a < r < b$ bekannt. Es wird nach (6) und (8) dargestellt durch

$$\mathfrak{E}_z = -\psi_1 = \frac{I}{\pi a^2 \sigma} \ln\frac{r}{b} \Big/ \ln\frac{a}{b}, \tag{9}$$

$$\mathfrak{E}_r = -z\frac{d\psi_1}{dr} = \frac{I z}{\pi a^2 \sigma r} \Big/ \ln\frac{a}{b}. \tag{9a}$$

Das Feld ist also hier, im Gegensatz zum Drahtinneren, keineswegs axial gerichtet; seine radiale Komponente ist vielmehr von gleicher Größenordnung wie die axiale.

Beim Übergang vom Inneren zum Äußeren des Drahtes tritt ein Sprung in $\mathfrak{E}_r$ und daher auch in der zugehörigen Erregungskomponente $\mathfrak{D}$ auf, welcher die Existenz einer *Oberflächenladung* anzeigt:

$$\omega = \mathfrak{D}_r = \varepsilon\,\mathfrak{E}_r = \frac{\varepsilon I z}{\pi a^3 \sigma} \Big/ \ln\frac{a}{b}. \tag{10}$$

Diese Oberflächenladung fällt längs des Drahtes in der Stromrichtung von positiven zu negativen Werten linear ab, schematisch gesprochen von $+\infty$ bis $-\infty$. Von dem Radius b des äußeren Rückleiters hängt sie nur wenig, nämlich logarithmisch, ab. Der Ladungs-Nullpunkt bleibt unbestimmt, da ja die Stelle $z = 0$ beliebig gelegt werden kann.

Über die Größenordnung dieser Ladung orientieren wir uns folgendermaßen: Die in (10) gemeinte D.K. bezieht sich auf das Äußere des Drahtes. Das in (10) vorkommende Produkt $\varepsilon I/\sigma$, welches dimensionell eine Ladung darstellt, ist daher für $I = 1$ A und für Kupfer als Leitermaterial von der Ordnung 10^{-19} As. Die periphere Aufladung des Drahtes und die ihr entsprechende radiale Feldstärke sind also sehr klein. Dies ist der Grund, daß sie experimentell und theoretisch gewöhnlich nicht beachtet werden, obwohl sie, wie wir sehen werden, für das Verständnis der Stromführung unerläßlich sind.

Gleichbedeutend mit der Existenz des radialen elektrischen Feldes ist das Auftreten einer Spannung zwischen Draht und Rückleiter. Sie ist nach (9a) gegeben durch

$$V = \int_a^b \mathfrak{E}_r\,dr = -\frac{I z}{\pi a^2 \sigma}. \tag{11}$$

Wir vergleichen sie mit der auf der Längeneinheit des Drahtes befindlichen Ladung $Q' = 2\pi a \omega$ oder der entgegengesetzt gleichen Ladung auf der Längeneinheit des Rückleiters. Wir erhalten

$$\frac{Q'}{V} = \frac{2\pi\varepsilon}{\ln\frac{b}{a}}. \tag{11a}$$

Dies ist die Kapazität pro Längeneinheit des von Draht und Rückleiter gebildeten Zylinderkondensators, vgl. Übungsaufgabe II. 4. Man spricht in diesen und ähnlichen Fällen von einer „verteilten Kapazität" oder einem „Kapazitätsbelag".

Fig. 23 zeigt den Verlauf der *Äquipotentiallinien* $\psi =$ konst. in der z, r-Ebene, gegeben nach Gl. (6) und (8) durch

$$z \ln\frac{b}{r} = C. \tag{12}$$

Für $C = 0$ hat man $z = 0$ oder $r = b$ oder beides, entsprechend den beiden Linienzügen ABC und ABD der Figur. In den durch sie gespannten Rahmen ordnen sich die Äquipotentiallinien mit $C > 0$ bzw. $C < 0$ ein. Die Winkel, unter denen sie die Drahtoberfläche treffen, weichen um so mehr von einem Rechten ab, je weiter ihr Treffpunkt von A entfernt ist. Die zu den Äquipotentiallinien orthogonale Kurvenschar stellt die *Kraftlinien* dar; die in ihnen eingezeichneten Pfeile weisen in der Richtung von positiver zu negativer Oberflächenladung ω. Zu dieser Kurvenschar gehören zwei Grenzkurven, die durch den „Gleichgewichtspunkt" B [vgl. Anm. nach Gl. (9. 14b)] hindurchgehen. Während die Äquipotentiallinien nach (12) der Differentialgleichung

$$\ln\frac{b}{r}\,\mathrm{d}z - z\frac{\mathrm{d}r}{r} = 0$$

genügen, sind die dazu orthogonalen Kraftlinien (Vertauschung von $\mathrm{d}z/\mathrm{d}r$ mit $-\mathrm{d}r/\mathrm{d}z$) gegeben durch

$$z\,\mathrm{d}z + r\ln\frac{b}{r}\,\mathrm{d}r = 0;$$

daraus folgt für die Umgebung von B, wenn man $\varrho = b - r$ setzt,

$$z\,\mathrm{d}z - \varrho\,\mathrm{d}\varrho = 0.$$

Durch den Punkt B gehen daher zwei Kraftlinien der Tangenten-Richtungen $z = \pm\varrho$ hindurch, die miteinander den Winkel von 90° bilden. In größerer Entfernung von diesen Grenzkurven, oberhalb und unterhalb derselben, gehen die Kraftlinien mehr und mehr radial von der Drahtoberfläche nach dem äußeren Leiter.

Die Äquipotentiallinien stellen gleichzeitig die Bahnen des *Energieflusses* S dar; die ihnen eingezeichneten Pfeile geben die Richtung von $\mathfrak{S}$ an. In der Tat: Nach der Formel $\mathfrak{S} = \mathfrak{E} \times \mathfrak{H}$ steht $\mathfrak{S}$ auf $\mathfrak{H}$ senkrecht, liegt also in der Zeichenebene, da $\mathfrak{H}$ senkrecht gegen diese gerichtet ist; außerdem steht $\mathfrak{S}$ auf $\mathfrak{E}$ senkrecht, hat also in der Tat überall die Richtung der Kurvenschar $\psi =$ konst. Daß die Pfeile richtig eingezeichnet sind, folgt aus der Rechtsschraubenregel für die drei Vektoren $\mathfrak{E}$, $\mathfrak{H}$, $\mathfrak{S}$.

Im Inneren des Drahtes verlaufen die Kraftlinien wegen $\mathfrak{E} = \mathfrak{J}/\sigma$ axial (in der Figur nicht eingezeichnet), der Vektor $\mathfrak{S}$ ist also nach innen hin *normal* zur Drahtoberfläche gerichtet; er fällt auch hier in die Äquipotentialflächen $\psi =$ konst. Der Energieeinfluß versickert im Inneren des Drahtes, da er für $r = 0$ wegen $\mathfrak{H} = 0$ selbst gleich Null wird. Dies wird in der Figur durch die abgebrochenen Pfeile bei A angedeutet; solche Pfeile möge man sich längs der ganzen Oberfläche $r = a$

angebracht denken. Die von der Oberfläche her zugeführte Energie wird im Inneren des Drahtes in JOULEsche Wärme umgesetzt.

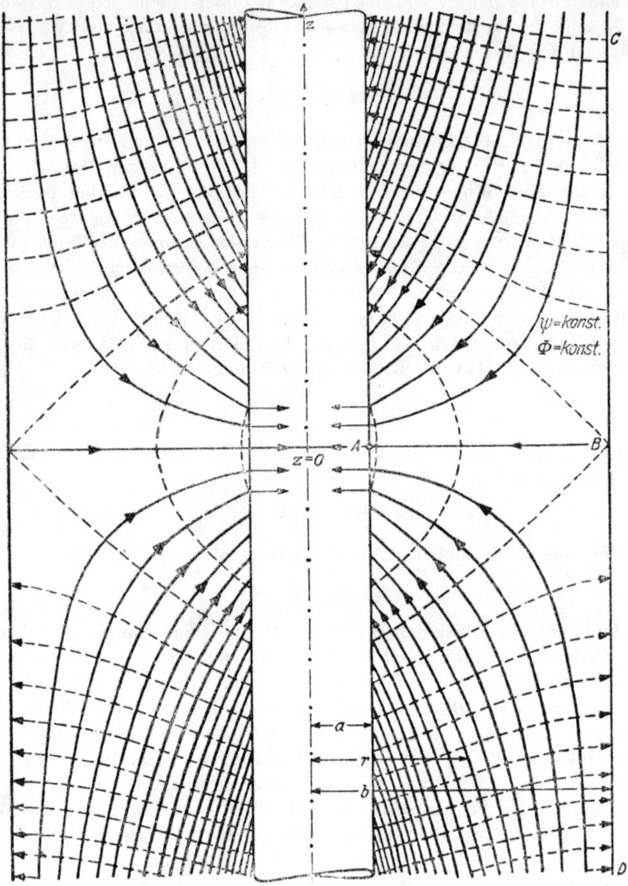

Fig. 23. Energiefluß in der Umgebung eines geraden, stationär durchflossenen Drahtes mit koaxialem zylindrischem Rückleiter. Äquipotentiallinien = Stromlinien der Energie ausgezogen, elektrische Kraftlinien = Erregungslinien strichliert. Sie bilden Röhren einheitlicher Ladung, ausgehend und endigend auf der Oberfläche des Drahtes bzw. des Rückleiters. Ihre Zahl pro Längeneinheit des Drahtes zeigt die auf diesem befindliche Oberflächenladung und ihre mit der Entfernung von A linear zunehmende Größe derselben an, positiv für $z < 0$, negativ für $z > 0$

Die Größe des Energieflusses für $r = a$ ist nach (9) und (1)

$$|\mathfrak{S}_r| = \mathfrak{E}_z \mathfrak{H}_\varphi = \frac{I}{\pi a^2 \sigma} \cdot \frac{I}{2\pi a};$$

die der Längeneinheit des Drahtes allseitig zugeführte Leistung wird also

$$(13) \qquad 2\pi a |\mathfrak{S}_r| = I^2 R_1, \qquad R_1 = \frac{1}{q\sigma}, \qquad q = \pi a^2.$$

R_1 ist der OHMsche Widerstand der Längeneinheit des Drahtes; (13) gibt also in der Tat die in dieser Längeneinheit entwickelte JOULEsche Wärmeleistung an.

Somit gewinnen wir das folgende energetische Gesamtbild: *Die Energie fließt im Außenraum von den Elektroden $z = \pm\infty$ allseitig nach der Oberfläche des Drahtes hin. In diese eingetreten, strömt sie radial auf die Drahtachse zu, wobei sie sich in Wärme verwandelt. Parallel zur Drahtachse gibt es im Inneren des Drahtes keinen Energiestrom.*

Dieses Bild ist wesentlich verschieden von dem, was man sich populärerweise unter dem Energiehaushalt eines stromdurchflossenen Drahtes vorzustellen pflegt. Vom MAXWELLschen Standpunkt aus besteht aber kein Zweifel an der inneren Konsistenz und Zwangsläufigkeit unseres Bildes. Es zeigt den fundamentalen Wechsel, den die MAXWELLsche Theorie in den Begriffen Leiter und Nichtleiter gebracht hat: *Die Leiter sind Nichtleiter der Energie. Nur in den Nichtleitern wird die elektromagnetische Energie ohne Verlust transportiert*; in den Leitern wird sie zerstört, d. h. umgewandelt. Die Bezeichnung „Leiter" und „Nichtleiter" kennzeichnet nur ihr Verhalten gegenüber der *Ladung*; sie ist irreführend bezüglich ihres Verhaltens gegenüber der *Energie*.

Wir kommen hiernach zu dem Ergebnis, daß unser einfaches Beispiel doch nicht so trivial ist, wie es anfangs scheinen mochte.

Der nächst einfache Fall des *kreisförmigen* Leiters läßt sich schon nicht mehr elementar behandeln. Selbst im Grenzfall des linearen Leiters führt die geometrische Formel für den körperlichen Winkel auf ein elliptisches Integral. In der Tat hat man bei Benutzung von Zylinderkoordinaten

$$r, \varphi, z \quad \text{für den Aufpunkt,}$$

$$\varrho, \alpha + \varphi - \pi, 0 \quad \text{für den Integrationspunkt}$$

nach Gl. (16.8) mit R als Abstand zwischen Integrations- und Aufpunkt

$$\int\limits_S \frac{\partial}{\partial n} \frac{1}{R} \, d\sigma = \int\limits_0^a \varrho \, d\varrho \int\limits_0^{2\pi} d\alpha \frac{\partial}{\partial z} (r^2 + \varrho^2 + 2r\varrho\cos\alpha + z^2)^{-1/2}$$

$$= 4 \frac{\partial}{\partial z} \int\limits_0^a \frac{\varrho \, d\varrho}{\sqrt{(r+\varrho)^2 + z^2}} \int\limits_0^{\pi/2} \frac{d\beta}{\sqrt{1 - k^2 \sin^2\beta}} \dots \left\{ \begin{array}{l} \beta = \dfrac{\alpha}{2} \\ k^2 = \dfrac{4r\varrho}{(r+\varrho)^2 + z^2}. \end{array} \right.$$

Das vorstehende Integral nach β ist ein „vollständiges elliptisches Integral erster Gattung in der LEGENDREschen Normalform", k ist der „Modul" desselben. Wir können uns hier natürlich nicht mit der weiteren Entwicklung der Formel befassen.

Noch umständlicher wäre die exakte Behandlung einer Spule von endlicher Dicke des Drahtes und endlicher Ganghöhe. Wir gehen daher sogleich zum Grenzfall sehr kleiner Dicke und Ganghöhe, nämlich zum AMPÈREschen Solenoid über, dessen magnetisches Feld bereits in Gl. (4. 14), wenn auch recht oberflächlich, skizziert wurde. Wir wollen es hier vergleichen mit dem Feld eines permanenten homogen magnetisierten Stahlstabes von denselben Abmessungen wie die der Spule. Dabei wollen wir das Innere der Spule und den Spulendraht als unmagnetisch ($\mu = \mu_0$) voraussetzen.

Wir zeigen, daß das „$\mu_0\,\mathfrak{H}$-Feld" *der Spule* mit dem $\mathfrak{B}$-Feld eines *solchen Stabmagneten* übereinstimmt. Den Beweis führen wir allgemein, indem wir zunächst die Gleichungen zur Bestimmung des Magnetfeldes einer gegebenen Stromverteilung im Material der Permeabilität μ_0

(14a) $$\operatorname{div}(\mu_0\,\mathfrak{H}) = 0\,, \qquad \operatorname{rot}(\mu_0\,\mathfrak{H}) = \mu_0\,\mathfrak{J}$$

und die Gleichungen zur Bestimmung der magnetischen Induktion bei gegebener Magnetisierung

(14b) $$\operatorname{div}\mathfrak{B} = 0\,, \qquad \operatorname{rot}\mathfrak{B} = \mu_0 \operatorname{rot}\mathfrak{M}$$

einander gegenüberstellen. Wir sehen daran, daß beide Gleichungssysteme dieselbe Lösung $\mu_0\,\mathfrak{H}$ bzw. $\mathfrak{B}$ besitzen, wenn wir $\mathfrak{J} = \operatorname{rot}\mathfrak{M}$ wählen. Eine Magnetisierung $\mathfrak{M}$ erzeugt also dieselbe magnetische Induktion $\mathfrak{B}$ im ganzen Raum wie eine Stromverteilung $\mathfrak{J} = \operatorname{rot}\mathfrak{M}$ im Material mit $\mu = \mu_0$. Wir nennen sie die äquivalente Stromverteilung des magnetisierten Körpers.

Kehren wir nun zum Beispiel des homogen magnetisierten Stabmagneten zurück. Die äquivalente Stromverteilung ist dann in seinem Inneren und Äußeren gleich Null wegen $\mathfrak{M} = \text{konst}$. Um die Verhältnisse an den Stirnflächen und auf der Mantelfläche zu untersuchen, denke man sich den Übergang vom Inneren zum Äußeren des Stabmagneten in einer sehr dünnen Oberflächenschicht vollzogen. Man überlegt sich dann leicht, daß $\operatorname{rot}\mathfrak{M} = 0$ in den beiden Stirnflächen; denn $\mathfrak{M}$ hat nur eine z-Komponente (z ist die Richtung des Magnetstabes), und diese hängt in den Stirnflächen beim Übergang vom Innenraum zum Außenraum nur von z ab.

Wir betrachten nun eine Stelle der Mantelfläche und führen dort ein lokales Koordinatensystem so ein, daß die x-Achse zur Mantelfläche senkrecht ist. Dann hängt $\mathfrak{M}$ in der dünnen Oberflächenschicht nur von x ab; $\operatorname{rot}\mathfrak{M}$ hat daher nur eine Komponente in der y-Richtung gleich $-\partial\mathfrak{M}_z/\partial x$. Wir erhalten also eine äquivalente Stromverteilung, die einem Solenoid entspricht. Den Strom selbst erhalten wir, indem wir die Stromverteilung nach x integrieren. Es ergibt sich dann als Strom pro Längeneinheit des Solenoids der Unterschied der Magnetisierung im Innen- und Außenraum, also $\mathfrak{M}_z$. Ist N_1 die Zahl der Windungen pro Längeneinheit, I die Stromstärke in der Spule, so gilt also $N_1\,I = \mathfrak{M}_z$ für den äquivalenten Spulenstrom.

Wir sehen daraus, daß unsere frühere Fig. 17, die das $\mathfrak{B}$-Feld des Stabmagneten darstellte, zugleich das $\mu_0\,\mathfrak{H}$-Feld des Solenoids wiedergibt. Die frühere, nur für eine unendlich lange Spule gültige Gl. (4. 14) wird somit durch Fig. 17 graphisch ergänzt; sie liefert uns jetzt zugleich ein erschöpfendes Bild von der Streuung der Erregungslinien an den Enden der Spule und von ihrem Austritt durch deren Mantelfläche.

Bezüglich der Darstellung des Spulenfeldes durch das Potential ψ sei ausdrücklich auf die uns bekannte Verzweigung desselben hingewiesen; der Verzweigungsschnitt S, der es eindeutig macht, ist eine Schraubenfläche von unendlich dicht übereinander liegenden Blättern, die den Drahtwindungen folgt. Damit hängt es zusammen, daß die beim Stabmagneten ausnahmslos gültige Gleichung

$$\oint \mathfrak{H} \cdot d\mathfrak{s} = 0$$

bei der Spule ihre Gültigkeit verliert, wenn der Integrationsweg einige oder alle Wicklungen umläuft. Deshalb wird auch der Schluß, den wir beim Stabmagneten auf den entmagnetisierenden Charakter des $\mathfrak{H}$-Feldes zogen, bei der Spule hinfällig. Als Integrationsweg benutzen wir nämlich bei diesem Schluß, vgl. S. 76, einen Weg, der im Inneren längs der Stabachse und im Äußeren zur Stabachse zurückführte. Derselbe Weg bei der Spule durchschneidet aber die eben genannte Schraubenfläche und ist deshalb kein erlaubter Integrationsweg mehr.

Wir können auch so sagen: Das $\mathfrak{H}$-Feld des *Stabmagneten* ist ausnahmslos *wirbelfrei*, das der *Spule* ist es *nicht*; es hat vielmehr in den Punkten der Wicklung die in diesen Punkten *konzentrierte Rotation* I. Das $\mathfrak{H}$-Feld der Spule ist ausnahmslos *divergenzfrei*, da ja überall die Gleichung $\mathfrak{B} = \mu_0\,\mathfrak{H}$ gilt, das des Stabmagneten ist es *nicht*; bei dem homogen magnetisierten Stab sind die Stabenden mit *flächenhaft konzentrierten Divergenzen* belegt. Wegen der Proportionalität zwischen $\mathfrak{B}$ und $\mathfrak{H}$ bei der Spule stellt Fig. 17 offenbar auch das $\mathfrak{B}$-Feld *der Spule dar*; dagegen ist das *$\mathfrak{H}$-Feld des Stabmagneten,* Fig. 18, wesentlich verschieden von Fig. 17.

Die aus Fig. 17 ersichtliche weitgehende Homogenität des Innenfeldes legt es nahe, die magnetische Energie W der Spule nach der Formel

$$W = \frac{\mu}{2} H^2 V \tag{15}$$

zu berechnen, wo $V = \pi a^2 l$ das Volumen des Spuleninneren bedeutet. Wegen der Beziehung $H\,l = N\,I$, Gl. (4. 14), N = Windungszahl auf der ganzen Spulenlänge, geht (14) über in

$$W = \frac{\pi a^2}{l} \mu N^2 \frac{I^2}{2}. \tag{15a}$$

Daraufhin liefert der Vergleich mit unserer energetischen Definition der Selbstinduktion in (15. 17) für diese den Wert

$$L = \frac{\pi a^2}{l} \mu N^2. \tag{15b}$$

Natürlich gilt diese Formel, wie ebenfalls Fig. 17 erkennen läßt, nur für eine *sehr lange* Spule und ist daher auf die praktisch vorkommenden Formen kaum anzuwenden. Dagegen behält sie ihre Gültigkeit, wenn man die gerade Spule zu einem *Ring-Elektromagneten* zusammenbiegt, wegen der weitgehenden Homogenität des Feldes im Inneren desselben. Hierbei wird auch der Faktor μ in (15b) bedeutsam, sofern wir den Ring mit einem Weicheisenkern versehen. Gl. (15b) zeigt dann, daß diese zuerst von AMPÈRE vorgeschlagene Anordnung eine außerordentlich viel größere Selbstinduktion besitzt und daher auch eine viel stärkere Energiekonzentration verwirklicht als derselbe Elektromagnet ohne Kern bei *gleicher Größe des Stromes.*

Qualitativ überträgt sich diese gesteigerte Energiekonzentration offenbar auch auf den Fall der geraden Spule mit Weicheisenkern. Die quantitative Feld- und Energieberechnung wäre aber in diesem Falle viel komplizierter, da hier zu der von uns behandelten Summationsaufgabe der Stromwirkungen eine Randwertaufgabe hinzukommt, entsprechend dem Austritt der magnetischen Kraftlinien aus Eisen in Luft.

Wir wollen zum Abschluß noch das gesamte magnetische Moment $\int \mathfrak{M}\, d\tau$ eines magnetisierten Körpers durch die äquivalente Stromverteilung ausdrücken. Dazu bilden wir

$$\int \mathfrak{r} \times \mathfrak{J}\, d\tau = \int \mathfrak{r} \times \operatorname{rot} \mathfrak{M}\, d\tau, \tag{16}$$

wobei sich die Integration über den ganzen Raum erstrecken soll. Ist $\mathfrak{M}$ in genügend großer Entfernung gleich Null, so ergibt sich

$$\frac{1}{2}\int \mathfrak{r} \times \mathfrak{J}\, d\tau = \int \mathfrak{M}\, d\tau. \tag{17}$$

Zum Beweis betrachtet man am einfachsten die x-Komponente des Integranden und erhält

$$\frac{1}{2}\int (y\,\mathfrak{J}_z - z\,\mathfrak{J}_y)\, d\tau = \frac{1}{2}\int \left[y\left(\frac{\partial M_y}{\partial x} - \frac{\partial M_x}{\partial y}\right) - z\left(\frac{\partial M_x}{\partial z} - \frac{\partial M_z}{\partial x}\right)\right] d\tau$$

$$= \frac{1}{2}\int \left[\frac{\partial}{\partial x}(y\,M_y + z\,M_z) - \frac{\partial}{\partial y}(y\,M_x) - \frac{\partial}{\partial z}(z\,M_x) + 2M_x\right] d\tau.$$

Die ersten drei Anteile des Integrals verschwinden; denn durch Anwendung des GAUSSschen Satzes erhält man Oberflächenintegrale über eine den magnetischen Körper umschließende Fläche, auf der $\mathfrak{M} = 0$ ist.

Umgekehrt stellt Gl. (17) das der Stromverteilung äquivalente magnetische Moment dar; mit seiner Hilfe kann man das Magnetfeld der Stromverteilung in großer Entfernung durch ein magnetisches Dipolfeld mit dem Potential

$$\psi_m(P) = \frac{1}{4\pi r^3}\,\mathfrak{r}\int \mathfrak{M}(Q)\, d\tau = \frac{1}{8\pi r^3}\,\mathfrak{r}\int (\mathfrak{r}_Q \times \mathfrak{J}(Q))\, d\tau \tag{18}$$

darstellen. Wir haben damit den im Anschluß an (16. 22) ausgesprochenen Satz auf eine beliebige Stromverteilung verallgemeinert. Eine Anwendung davon werden wir in § 19 D machen.

§ 18. Quasistationäre Ströme

Die meisten Probleme der Elektrotechnik und der Laboratoriumsphysik spielen sich im Gebiet der *langsam veränderlichen Felder* ab. Die Frage „langsam wogegen?" ist allerdings nicht mit einem Wort zu beantworten. Im Falle zeitlich periodischer oder gedämpft periodischer Schwingungen kann man die Antwort in die Forderung zusammenfassen, daß der einer Schwingungsdauer τ entsprechende Lichtweg groß gegen die Abmessungen l der Apparatur sein soll:

$$c\tau \gg l. \tag{1}$$

Dann kann nämlich die in § 19 einzuführende „Retardierung der Felder" vernachlässigt werden. Wir werden aber am Schluß dieses Paragraphen auch sehr lange Leitungen, die dieser Bedingung nicht genügen, durch Unterteilung in differentielle Strecken noch mit Erfolg als quasistationär behandeln.

Allgemein gesprochen besteht die *quasistationäre* Näherungsmethode darin, daß wir das Magnetfeld wie bei stationären Vorgängen berechnen; d. h., wir vernachlässigen im Inneren und Äußeren der Leiter die Verschiebungsstromdichte $\dot{\mathfrak{D}}$. Damit sind die Formeln des § 15 zur Magnetfeldberechnung aus der Stromverteilung anwendbar.

Eine besondere Vereinfachung tritt ein, wenn das Leitersystem aus Drähten besteht, wobei aber eine Unterbrechung des metallischen Weges durch Nichtleiterstrecken (Kondensatoren) das Verfahren nicht stört. Man spricht dann von elektrischen Netzwerken. Der Fall *dünner* Drähte ist besonders bequem, weil hier das elektrische Feld im Drahtinneren nahezu homogen ist.

Die erwähnte Vereinfachung besteht darin, daß von der ganzen Geometrie des Netzwerkes nur noch die topologische Struktur zu berücksichtigen bleibt, während der Rest sich in die Induktivitätskoeffizienten, Widerstände und Kapazitäten zurückzieht. Ihre Kenntnis ist gleichsam das Ergebnis einer Integration der MAXWELLschen Gleichungen nach den Raumkoordinaten. Es bleibt also nur noch die Integration nach der Zeit auszuführen. Die dadurch erzielte mathematische Vereinfachung ist erheblich: Während die exakte Behandlung schnell veränderlicher Felder die Integration der MAXWELLschen partiellen *Differentialgleichungen* erfordert, kommt man bei langsam veränderlichen Feldern in Netzwerken mit der Integration *gewöhnlicher Differentialgleichungen* mit konstanten Koeffizienten aus, die sich bei periodischen Vorgängen sogar auf *algebraische Gleichungen* reduzieren lassen.

Die Netzwerkgleichungen ergeben sich, indem man die *erste* MAXWELLsche Gleichung in Integralform auf geschlossene Wege im Netzwerk anwendet, die längs Leitern (und bei Unterbrechung durch Kondensatoren durch diese) verlaufen. Die *zweite* MAXWELLsche Gleichung ist, soweit sie die Entstehung magnetischer Felder durch Ströme darstellt, schon durch die Berechnung der Induktivitätskoeffizienten und, soweit sie die Entstehung dieser Ströme durch das elektrische Feld darstellt, durch die Berechnung der Widerstände und Kapazitäten zum Ausdruck gebracht.

Bei einem einfachen unverzweigten Stromkreis gilt nach der ersten MAXWELLschen Gleichung

(2) $$-\dot{\Phi} = \oint \mathfrak{E} \cdot \mathrm{d}\mathfrak{s}.$$

Φ ist der magnetische Fluß, der vom Stromkreis umfaßt wird und von dem in ihm fließenden Strom I erzeugt wird. Nach (16. 14) gilt

(2a) $$\Phi = L I,$$

wobei L die Induktivität des *geschlossenen* Stromkreises ist. Das Integral rechter Hand in (2) erstrecken wir zunächst nur über die leitenden Bereiche des Stromkreises. Dann erhalten wir wegen Gl. (4. 5e)

(3) $$\int \mathfrak{E} \cdot \mathrm{d}\mathfrak{s} = -\int \mathfrak{E}^e \cdot \mathrm{d}\mathfrak{s} + \int \frac{1}{\sigma} \mathfrak{J} \cdot \mathrm{d}\mathfrak{s}.$$

Im letzten Integral schreiben wir

(3a) $$\frac{1}{\sigma} \mathfrak{J} \cdot \mathrm{d}\mathfrak{s} = \frac{1}{\sigma} \frac{I}{q} |\mathrm{d}\mathfrak{s}| = I \frac{|\mathrm{d}\mathfrak{s}|}{\sigma q}.$$

Der zweite Faktor ist ersichtlich der OHMsche Widerstand des Leiterelementes von der Länge $|\mathrm{d}\mathfrak{s}|$ und vom Querschnitt q. Der Strom I ist längs des Leiters konstant. Das Integral gibt daher $R I$, wobei R die Summe aller Widerstände im Stromkreis ist. Das Integral über die eingeprägte Feldstärke in (3) ist die eingeprägte elektromotorische Kraft V^e, auch Klemmenspannung genannt.

Nunmehr bleibt nur noch der Beitrag zur rechten Seite von (2) beim Durchgang durch einen Kondensator der Kapazität C zu berücksichtigen. Er ist gleich Q/C, wenn Q die Ladung bedeutet. Damit nimmt (2) die Form an

(4) $$-L \dot{I} = -V^e + R I + \frac{Q}{C}.$$

Die übliche Schreibweise ergibt sich durch Umordnen zu

(4a) $$L \dot{I} + R I + \frac{Q}{C} = V^e.$$

Dabei besteht zwischen I und Q noch die Beziehung

(5) $$\dot{Q} = I.$$

Durch Einführung der Klemmenspannung V^e umgeht man am bequemsten die Fortführung des Integrationsweges durch Apparate, deren Wirkung über die MAXWELLsche Theorie hinausgeht (Galvanische oder Thermoelemente, lichtelektrische Zellen oder Elektronenröhren, vgl. auch das in § 4A Gesagte), oder aber von „Maschinen", die zwar ganz auf dem Boden der Theorie wirken, aber durch Berücksichtigung ihres Aufbaus die Aufgabe unnötig komplizieren würden.

Hängen *mehrere* Stromkreise *netzartig* zusammen, so denke man sich das Netzwerk aus Strecken (Zweigen) zwischen den „Knotenpunkten" aufgebaut. Die n-te dieser Strecken führt einen Strom I_n von einem Knotenpunkt zu einem anderen. Da wir sein Vorzeichen noch nicht kennen, bringen wir willkürlich einen Zählpfeil an der Strecke an, der die Richtung anzeigt, in der wir den Strom positiv wählen wollen. Für den Knoten gilt wegen der Quellenfreiheit des Stromes (infolge der Vernachlässigung von $\dot{\mathfrak{D}}$ gilt $\operatorname{div} \mathfrak{J} = 0$)

$$(5a) \qquad \sum \pm I_n = 0,$$

wobei die Summe sich über alle Zweige erstreckt, die im betrachteten Knoten einen Endpunkt haben. Für *jeden* aus beliebigen Strecken zusammengesetzten geschlossenen Kreis (Masche) gilt in Verallgemeinerung von (4)

$$(5b) \qquad -\dot{\Phi}_\alpha = -\sum (\pm V_n^e) + \sum (\pm R_n I_n) + \sum \left(\pm \frac{Q_n}{C_n}\right).$$

Hier erstrecken sich die Summen über die Zweige, die die betrachtete Masche zusammensetzen. Die Vorzeichen $\pm$ bestimmen sich unter Berücksichtigung der gewählten positiven Stromrichtungen in den einzelnen Zweigen der Masche und können nur im Einzelfall festgelegt werden. Der magnetische Fluß Φ_α, der von der Masche α umfaßt wird, ist eine lineare Funktion aller Stromstärken des Netzwerkes, die ebenfalls nur im Einzelfall unter Berücksichtigung der Induktivitäten und Gegeninduktivitäten angegeben werden kann. Sie ist jedoch bei konzentrierten Induktivitäten (einfache Spulen und gekoppelte Spulenpaare) sehr leicht anzugeben. Man vergleiche die Anwendungen in § 18 B und C.

A. Energetische Erläuterung der Schwingungsgleichung

Im besonderen betrachten wir einen unverzweigten Stromkreis mit Selbstinduktion, Kapazität und Ohmschem Widerstand, die wir uns in Reihe geschaltet und wie bei Gl. (4) an bestimmten Stellen des Kreises konzentriert denken. Statt des über den Draht verteilten Widerstandes fügen wir also einen Widerstandskasten ein, statt der verteilten Selbstinduktion, die wir bei der Doppelleitung in § 15 E kennenlernten, schalten wir eine Spule ein; von verteilten Kapazitäten des Stromkreises wollen wir hier absehen, vielmehr wollen wir statt ihrer in den Kreis einen elektrischen Plattenkondensator einbauen.

Einen besonders einfachen Zugang zur Behandlung eines solchen Systems eröffnet, wie in der Mechanik der materiellen Schwingungen, der Energiesatz. Wir schreiben ihn in der Form von Gl. (5. 7a) an:

$$(6) \qquad V^e I = W_J + \dot{W}_m + \dot{W}_e + \oint \mathfrak{S}_n \, d\sigma.$$

W_J ist die im Widerstandskasten entwickelte Joulesche Wärmeleistung

$$(6a) \qquad W_J = R I^2.$$

W_m ist die in der Spule konzentrierte magnetische Energie aus Gl. (15. 17)

$$(6b) \qquad W_m = \frac{L}{2} I^2.$$

W_e ist die elektrische Energie, die nach Gl. (10. 11) gegeben wird durch

$$(6c) \qquad W_e = \frac{1}{2C} Q^2.$$

Hier bedeutet $\pm Q$ die zeitlich veränderliche Aufladung der beiden Kondensatorplatten, die über (5) mit der Stromstärke I zusammenhängt. Der Energiefluß $\mathfrak{S}$ bezieht sich auf eine den Stromkreis einschließende und genügend weit entfernte Hülle. Das Oberflächenintegral $\oint \mathfrak{S}_n \, d\sigma$ gibt die vom Netzwerk abgestrahlte Leistung an. Sie ist, wie wir in § 19 sehen werden, bei quasistationären Strömen in Netzwerken vernachlässigbar.

Aus (6b, c) ergibt sich mit Hilfe von (5)

$$\dot{W}_m = L I \dot{I}, \quad \dot{W}_e = \frac{1}{C} Q \dot{Q} = \frac{1}{C} Q I. \tag{6d}$$

Durch Einsetzen von (6a, d) in (6) folgt nach Fortheben eines Faktors I:

$$L \dot{I} + R I + \frac{1}{C} Q = V^e \tag{7}$$

und durch nochmalige Differentiation nach t als *Schwingungsgleichung*

$$L \ddot{I} + R \dot{I} + \frac{1}{C} I = \dot{V}^e. \tag{7a}$$

In der Terminologie der Punktmechanik entspricht hiernach

Q der Elongation,

V^e der anregenden Kraft,

L der Trägheit, insbesondere der Masse der schwingenden Partikel,

R der Dämpfung,

$1/C$ dem Koeffizienten der rücktreibenden Kraft.

Wir unterscheiden wie dort *freie* und *erzwungene* Schwingungen.

a) Freie Schwingungen

Wir setzen $V^e = 0$, fragen also nach der Lösung der homogenen Gleichung

$$L \ddot{I} + R \dot{I} + \frac{1}{C} I = 0. \tag{8}$$

Wir könnten I in trigonometrischer Form ansetzen, wissen aber aus der Punktmechanik, daß es viel besser ist, statt dessen die exponentielle Form zu benutzen und erst nach der Integration zum reellen Teil von I überzugehen. Wir setzen also[1])

$$I = I_0 \, e^{i \omega_0 t} \tag{8a}$$

und erhalten für die Kreisfrequenz $\omega_0 = 2\pi/\tau_0$ der freien Schwingung die quadratische Gleichung:

$$-L \omega_0^2 + i R \omega_0 + \frac{1}{C} = 0. \tag{8b}$$

[1]) Wir schließen uns hier vorübergehend dem üblichen positiven Vorzeichen von i im Exponenten an, obgleich wir im allgemeinen das negative Zeichen bevorzugen. Vgl. z. B. § 6, Gl. (11).

Im *dämpfungsfreien Falle* ergibt sich

$$\omega_0^2 = \frac{1}{C L}, \qquad \tau_0 = 2\pi \sqrt{C L}. \tag{9}$$

Dies ist die KIRCHHOFF-THOMSONsche Formel. Wenn die Dämpfung berücksichtigt werden muß, liefert die Auflösung von (8b):

$$\omega_0 = \frac{\mathrm{i} R}{2L} \pm \sqrt{\frac{1}{C L} - \frac{R^2}{4L^2}}. \tag{9a}$$

Der Vorgang ist *aperiodisch* oder *gedämpft periodisch*, je nachdem

$$\frac{R}{2L} \geqq \frac{1}{\sqrt{C L}} \quad \text{oder} \quad \frac{R}{2L} < \frac{1}{\sqrt{C L}}. \tag{9b}$$

Im aperiodischen Falle ist ω_0 rein imaginär, der Strom (8a) klingt dann *monoton* ab. In dem bei Kondensatorladungen gewöhnlichen gedämpft-periodischen Falle ist die Kreisfrequenz der gedämpften Schwingung

$$\sqrt{\frac{1}{C L} - \frac{R^2}{4L^2}}. \tag{9c}$$

Da die ohmsche Dämpfung hier nur als Korrektion zweiter Ordnung auftritt, im Gegensatz zum ersten Term rechts in (9a), kann man meist (9c) durch (9) ersetzen — analog zum mathematischen Pendel, wo die Formel $\tau = 2\pi \sqrt{l/g}$ durch Luftwiderstand usw. nicht merklich gestört wird; man kann daher statt (8a) meistenfalls schreiben:

$$I = I_0 \, \mathrm{e}^{-Rt/2L} \cdot \mathrm{e}^{\pm 2\pi \mathrm{i} t/\tau_0}, \tag{9d}$$

wo nun τ_0 den dämpfungsfreien Wert (9) bedeutet. Das doppelte Vorzeichen in (9d) wird offenbar beim schließlichen Übergang zum reellen Teil gegenstandslos, ermöglicht aber durch Superposition beider Lösungen, die außer der Amplitude willkürlich vorgebbare Phase der Schwingung zu berücksichtigen.

b) Erzwungene Schwingungen

Wir gehen hier am besten von Gl. (7) aus und setzen

$$V^e = V_0^e \, \mathrm{e}^{\mathrm{i}\omega t};$$

ω ist die Kreisfrequenz der Wechselstromquelle. In demselben Rhythmus schwingt der Stromkreis mit, nachdem seine durch einen beliebigen Anfangszustand bedingten Eigenschwingungen abgeklungen sind. Es ist also auch

$$I = I_0 \, \mathrm{e}^{\mathrm{i}\omega t}, \qquad \dot{I} = \mathrm{i}\omega I, \qquad Q = \frac{I}{\mathrm{i}\omega} \quad \text{[vgl. (6c)]}.$$

Dadurch erhalten wir aus (7)

$$\left(\mathrm{i}\omega L + R + \frac{1}{\mathrm{i}\omega C}\right) I = V,$$

wofür wir kürzer schreiben wollen

$$\Re I = V^e. \tag{10}$$

(10) ist das *Ohmsche Gesetz für Wechselstrom*; der reelle OHMsche Widerstand R ist hier durch den komplexen Widerstand vertreten

(10a) $$\Re = R + \mathrm{i}\left(\omega L - \frac{1}{\omega C}\right).$$

Setzt man

(10b) $$\Re = |\Re|\, e^{\mathrm{i}\alpha},$$

so wird ersichtlich

(10c) $$|\Re| = \sqrt{R^2 + \left(\omega L - \frac{1}{\omega C}\right)^2}, \quad \tan\alpha = \frac{\omega L - 1/\omega C}{R}.$$

Die Verhältnisse sind ganz analog zu den erzwungenen gedämpften Schwingungen eines Massenpunktes, die wir in Bd. I, § 18 behandelt haben. Wir betonen jedoch, daß die dortige Fig. 33 nicht dem Zusammenhang zwischen Strom und Spannung, sondern zwischen Ladung und Spannung entspricht. Das Bild, das die Stromstärke bei gegebener Spannung gibt, erhalten wir, indem wir $|\Re(\omega)|^{-1}$ und $-\alpha(\omega)$ auftragen [statt $|\omega\Re(\omega)|^{-1}$ und $-\alpha(\omega) - (\pi/2)$ für die Ladung bei gegebener Spannung]. Die Funktion $|\Re(\omega)|^{-1}$ verschwindet für $\omega = 0$ und $\omega \to \infty$ und besitzt ein Maximum genau bei $\omega = (LC)^{-1/2}$, also nach (9) bei der Eigenfrequenz ω_0 der ungedämpften Schwingung. Strom und Spannung sind in Phase für $\omega = \omega_0$; für $\omega \to 0$ eilt der Strom der Spannung um den Winkel $-\alpha = \pi/2$ voraus, für $\omega \to \infty$ bleibt er um denselben Winkel zurück.

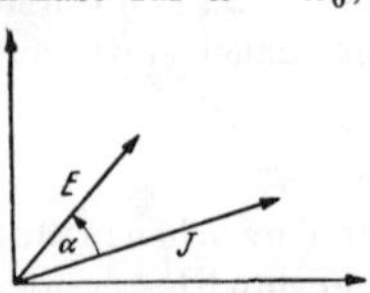

Fig. 24. Darstellung der komplexen V^e und I in der GAUSSschen Ebene. Nacheilung von I gegen V_e um den Winkel α

Wir führen folgende Bezeichnungen ein:

$$R = \text{Wirkwiderstand},$$
$$\omega L - 1/(\omega C) = \text{Blindwiderstand} = \text{Reaktanz},$$
$$\omega L = \text{Induktanz},$$
$$1/(\omega C) = \text{Kapazitanz},$$
$$|\Re| = \text{Scheinwiderstand},$$
$$\Re = \text{Impedanz}.$$

Wir deuten Gl. (10) in der komplexen GAUSSschen Ebene der Fig. 24. Der zweidimensionale „Vektor“ I bleibt um den konstanten Winkel α hinter dem zweidimensionalen „Vektor“ V^e zurück. Physikalische Bedeutung haben natürlich nur die Realteile von V^e und I.

Der Techniker nennt diese Darstellung ein rotierendes Vektor-Diagramm; in der Tat hat man sich die Figur mit der Winkelgeschwindigkeit ω in der Zeit rotierend zu denken. Die Projektionen der zweidimensionalen Vektoren V^e und I auf die reelle Achse geben die Augenblickswerte dieser Größen.

Wir stellen noch fest, wie die in das System hineingesteckte Energie verbraucht wird; zu diesem Zweck multiplizieren wir Gl. (7) mit I, wobei wir aber jetzt unter I und V^e die reellen Teile zu verstehen haben. Wir erhalten

(11) $$\frac{L}{2}\frac{\mathrm{d}}{\mathrm{d}t}I^2 + R I^2 + \frac{1}{2C}\frac{\mathrm{d}}{\mathrm{d}t}Q^2 = I V^e.$$

Mitteln wir über eine Schwingungsdauer $\tau = 2\pi/\omega$, so erhalten wir:

$$\frac{1}{\tau}\int_0^\tau R\,I^2\,\mathrm{d}t = \frac{1}{\tau}\int_0^\tau I\,V^e\,\mathrm{d}t,$$

also

$$R\,\overline{I^2} = \overline{I\,V^e}. \tag{11a}$$

Die von L und C herrührenden Beiträge sind als vollständige Differentialquotienten verschwunden. Die in das System hineingesteckte mittlere Leistung $\overline{I\,V^e}$ wird also ganz vom OHMschen Widerstand R aufgezehrt. Der imaginäre Teil unseres Widerstandsoperators $\mathfrak{R}$ beeinflußt die Spannung nur wattlos, d. h., er verbraucht im Zeitmittel keine Energie. Man berechnet unmittelbar

$$\overline{I^2} = \frac{1}{\tau}\int_0^\tau I_0^2\cos^2(\omega\,t - \alpha)\,\mathrm{d}t = \frac{1}{2}\,I_0^2; \tag{11b}$$

$$I_{\text{eff}} = \frac{1}{\sqrt{2}}\,I_0 \quad \text{und entsprechend} \quad V_{\text{eff}} = \frac{1}{\sqrt{2}}\,V_0^e. \tag{11c}$$

I_{eff} heißt „effektive Stromstärke“, V_{eff} „effektive Spannung“. Für die mittlere Leistung erhalten wir:

$$\begin{aligned}\overline{V^e\,I} &= \frac{1}{\tau}\int_0^\tau V_0^e\,I_0\cos\omega\,t\cos(\omega\,t - \alpha)\,\mathrm{d}t\\ &= \frac{1}{\tau}\,V_0^e\,I_0\left\{\int_0^\tau \cos^2\omega\,t\cos\alpha\,\mathrm{d}t + \int_0^\tau \cos\omega\,t\sin\omega\,t\sin\alpha\,\mathrm{d}t\right\}\\ &= \frac{1}{2}\,V_0^e\,I_0\cos\alpha = I_{\text{eff}}\,V_{\text{eff}}\cos\alpha.\end{aligned} \tag{12}$$

Analogon: Leistung = Geschwindigkeit · Projektion der Kraft auf den Weg, wobei hier die Projektion in der komplexen Ebene zu nehmen ist. Diese Analogie betrifft aber nur das Zeitmittel, in welchem das zweite Integral der mittleren Zeile von (12) fortfällt. Letzteres bedeutet eine Energie-Pendelung zwischen Energiereserven (C, L) und Stromquelle (V^e).

B. Die Wheatstonesche Brücke

Wir unterscheiden die vier Brückenzweige a, b, c, d von dem die Stromquelle enthaltenden Zweig e und dem Galvanometerzweig f. Der letztere wird mittels des Schleifkontaktes S (oder gegebenenfalls mittels der beiden Schleifkontakte S und T) auf Stromfreiheit eingestellt, wodurch eine der in der messenden Physik so bewährten *Nullmethoden* entsteht. Ihrem geometrischen Zusammenhang nach wird die Anordnung am besten als Tetraeder charakterisiert, Fig. 26, in dessen sechs Seiten die sechs Zweige der Brücke ohne Verletzung ihres Zusammenhanges wie in des analysis situs übergeführt werden können. Die beiden Zweige e und f werden dabei gegenüberliegende Seiten, ebenso die Zweige a, d und b, c, dagegen die Zweige a, b usw. „anliegende Seiten".

Aus den mannigfachen Anwendungsmöglichkeiten der WHEATSTONEschen Brücke greifen wir zwei charakteristische Sonderfälle heraus, wobei sich auch der

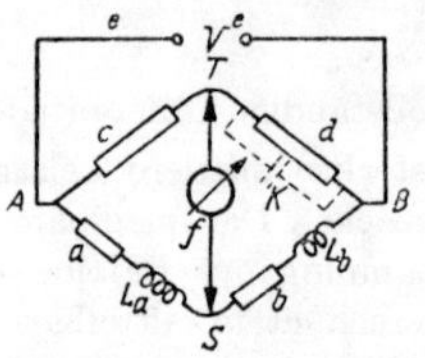

Fig. 25. WHEATSTONEsche Brücke: a, b, c, d Brückenzweige mit hintereinandergeschalteten Widerstandskästen, Induktionsspulen und evtl. parallel geschalteter Kapazität; f und e Galvanometer- und EMK-Zweig; S und T Schleifkontakte

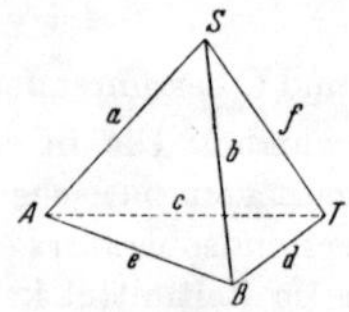

Fig. 26. Räumliche Darstellung der WHEATSTONEschen Brücke als Tetraeder, anliegende und gegenüberliegende Zweige

triviale Fall des Vergleiches zweier OHMscher Gleichstromwiderstände als Nebenprodukt ergeben wird:

a) *Vergleich zweier Selbstinduktionen.*

b) *Vergleich einer Selbstinduktion mit einer Kapazität.*

a) Die beiden Selbstinduktionen L_a und L_b mögen, wie Fig. 25 zeigt, in die anliegenden Zweige a und b hinter die OHMschen Widerstände a und b geschaltet sein. Damit der Zweig f stromfrei wird, stellen wir die Schleifkontakte S und T so ein, daß zwischen ihnen keine Spannung herrscht; dann ist

$$I_f = 0\,, \qquad I_a = I_b = I_1\,, \qquad I_c = I_d = I_2\,.$$

Wir verlangen also von A ausgehend nach (10) und (10a)

$$(a + i\,\omega\,L_a)\,I_1 = c\,I_2 \tag{13}$$

und zugleich von B ausgehend:

$$(b + i\,\omega\,L_b)\,I_1 = d\,I_2\,, \tag{13a}$$

mithin

$$(a + i\,\omega\,L_a)\,d = (b + i\,\omega\,L_b)\,c\,. \tag{14}$$

Damit diese Gleichung erfüllt ist, muß sie sowohl für die Real- als auch für die Imaginärteile bestehen. Also:

$$a\,d = b\,c\,, \quad L_a\,d = L_b\,c\,.$$

$$\frac{a}{b} = \frac{c}{d} = \frac{L_a}{L_b}\,. \tag{14a}$$

Die erste Hälfte dieser Doppelgleichung gilt zugleich für das Gleichgewicht einer selbstinduktionsfreien Brücke, gleichviel, ob sie von Gleich- oder Wechselstrom durchflossen wird.

b) Selbstinduktion und Kapazität mögen in zwei *gegenüberliegenden* Zweigen der Brücke, z. B. a und d, liegen, so zwar, daß die Selbstinduktion L und der OHMsche Widerstand a hintereinander, die Kapazität C und der OHMsche Widerstand d *parallel zueinander* geschaltet werden. Nach KIRCHHOFF (vgl. S. 92) ist der Spannungsabfall an den Enden zweier parallelgeschalteter OHMscher Widerstände R' und R'' mit den Strömen I' und I'' bekanntlich gegeben durch

$$R\,I \quad \text{mit} \quad I = I' + I'', \qquad \frac{1}{R} = \frac{1}{R'} + \frac{1}{R''}.$$

Der entsprechende Spannungsabfall bei Wechselstrom wird offenbar

$$\mathfrak{R}\,I \quad \text{mit} \quad I = I' + I'', \qquad \frac{1}{\mathfrak{R}} = \frac{1}{\mathfrak{R}'} + \frac{1}{\mathfrak{R}''}. \tag{15}$$

Im Falle unseres Brückenzweiges d ist der Gesamtstrom an den Endpunkten desselben I_2, vgl. Fig. 25; wir setzen also in (15)

$$I = I_2, \quad \mathfrak{R}' = d, \quad \mathfrak{R}'' = \frac{1}{i\,\omega\,C}, \qquad \frac{1}{\mathfrak{R}} = \frac{1}{d} + i\,\omega\,C$$

und erhalten an Stelle von Gl. (13a)

$$b\,I_1 = \frac{I_2}{\dfrac{1}{d} + i\,\omega\,C}. \tag{15a}$$

Durch Kombination mit der ungeändert bleibenden Gl. (13) folgt nun:

$$\frac{I_2}{I_1} = \frac{a}{c} + i\,\omega\,\frac{L}{c} = \frac{b}{d} + i\,\omega\,b\,C,$$

also durch Spaltung in reell und imaginär

$$a\,d = b\,c = \frac{L}{C}. \tag{16}$$

Das letzte Glied dieser Doppelgleichung ist nach den Bezeichnungen von S. 126 das *Produkt* aus Induktanz und Kapazitanz. Gl. (16) zeigt, daß die Messung einer Kapazität im Brückengleichgewicht außer auf OHMsche Widerstände auf eine als bekannt vorausgesetzte Selbstinduktanz zurückgeführt werden kann (oder umgekehrt diese auf jene).

Wir haben uns in unseren Beispielen auf Fälle beschränkt, in denen die Abgleichungsbedingungen, unsere Gln. (14a) und (16), nicht von ω abhängen. In solchen Fällen besteht das Brückengleichgewicht nicht nur für den von uns vorausgesetzten rein periodischen Wechselstrom, sondern auch für beliebigen Zeitverlauf desselben, z. B. bei Anregung durch einen Unterbrecher. Es gibt andere Fälle, in denen die Abgleichungsbedingungen von ω abhängen; dann ist die Brücke nur bei sinusförmigem Wechselstrom einer bestimmten Frequenz im Gleichgewicht.

C. Gekoppelte Schwingungskreise

Zur Aufstellung der Schwingungsgleichung für einen Freiheitsgrad genügte der Energiesatz. Für ein System von zwei Schwingungskreisen (zwei Freiheitsgrade I_1 und I_2) ist genau wie in der Mechanik der Energiesatz zur Aufstellung der Differentialgleichungen nicht mehr ausreichend. Dagegen liefert der KIRCHHOFFsche Satz (5b) beispielsweise für zwei induktiv gekoppelte Stromkreise sofort

$$\left\{\begin{aligned} L_{11}\dot{I}_1 + L_{12}\dot{I}_2 + R_1 I_1 + \frac{Q_1}{C_1} &= V_1^e, \\ L_{22}\dot{I}_2 + L_{21}\dot{I}_1 + R_2 I_2 + \frac{Q_2}{C_2} &= V_2^e. \end{aligned}\right. \tag{17}$$

Die Verallgemeinerung auf mehr als zwei Stromkreise liegt auf der Hand.

Wir können nun aus (17) einerseits die *freien* Schwingungen unseres gekoppelten Systems berechnen, andererseits die durch eine EMK erzwungenen Schwingungen. Bei ersteren setzen wir $V_1^e = V_2^e = 0$ und reduzieren das so entstehende homogene Gleichungssystem durch den Ansatz

$$I_1 = A_1 e^{i\omega_0 t}, \qquad I_2 = A_2 e^{i\omega_0 t}$$

nach Elimination der Verhältniszahl $A_2 : A_1$ auf eine biquadratische Gleichung für ω_0. Bei Besprechung der aus ihr zu ziehenden Folgerungen dürfen wir uns kurz fassen, weil wir dasselbe Problem schon in Bd. I, § 20, ausführlich dargestellt und durch die dortigen Fign. 34 bis 36 veranschaulicht haben. Die charakteristischen *Schwebungserscheinungen* der sympathischen Pendel im *Resonanzfalle* treten, in unsere jetzige Bezeichnungsweise übertragen, dann auf, wenn die Perioden der entkoppelten Schwingungskreise einander gleich sind, was auf $C_1 L_{11} = C_2 L_{22}$ führt, und wenn außerdem die beiden „Koppelungs-Koeffizienten" L_{12}/L_{11} und L_{21}/L_{22} einander gleich sind, was wegen der allgemeingültigen Gleichheit von L_{12} und L_{21} auf $L_{11} = L_{22}$ führt. Besonders eindrucksvoll werden diese Schwebungserscheinungen, wenn wir wie bei den sympathischen Pendeln voraussetzen, daß die Dämpfung gering ist, in unserem Falle $R_1 \approx 0$, $R_2 \approx 0$.

Auch für die Behandlung der *erzwungenen* Schwingungen kann das in Bd. I, S. 100, Gesagte als Muster dienen.

Im Eingang des genannten § 20 wurde schon darauf hingewiesen, daß in den Anfängen der drahtlosen Telegraphie die gekoppelten mechanischen Schwingungen vielfach als Modell für die gekoppelten elektrischen Schwingungen gedient haben, die sich in dem ungeschlossenen *primären* Antennenkreis und dem auf ihn abgestimmten, von FERDINAND BRAUN eingeführten sekundären Kreis ausbilden. Allerdings ist bei diesen schnellen Schwingungen die quasistationäre Behandlung nur eine grobe Näherung; eine befriedigende Darstellung derselben kann erst die vollständige Integration der MAXWELLschen Gleichungen in § 19 liefern.

D. Die Telegraphengleichung

Auch bei einer langen Doppelleitung, wo die Bedingung (1) nicht erfüllt ist, kann man für kurze Stücke derselben quasistationär rechnen. Wenn wir die Länge dieser Stücke gegen Null abnehmen lassen, gehen die totalen Differentialgleichungen des Systems in eine *partielle Differentialgleichung* über. Diese wurde zuerst von W. THOMSON schon vor MAXWELL bei der Behandlung der Fortpflanzung von Telegraphensignalen in Seekabeln aufgestellt. Die Ladungsdichte auf je zwei gegenüberliegenden und entgegengesetzt geladenen Stellen der Doppelleitung hängt bei Änderung der Spannung von Ort und Zeit ab; deshalb ist hier außer der Spannung $V(x)$ *auch der Strom* $I(x)$ längs der Leitung *stetig veränderlich.* Diese beiden Veränderlichen sind der zweiten KIRCHHOFFschen Gl. (5b) entsprechend verknüpft durch die Beziehung

$$L\frac{\partial I}{\partial t} + R\,I + \frac{\partial V}{\partial x} = 0\,; \tag{18}$$

L und R beziehen sich hier auf die Längeneinheit der Doppelleitung. Ferner folgt aus der Quellenfreiheit des Gesamtstromes (vgl. (3. 5a)),

$$\frac{\partial I}{\partial x} + C\frac{\partial V}{\partial t} + G\,V = 0\,. \tag{18a}$$

Hier ist neben dem Verschiebungsstrom $C\;\partial V/\partial t$ der Vollständigkeit halber auch ein Leitungsstrom $G\,V$ durch das eventuell halbleitende Dielektrikum berücksichtigt, in den auch etwaige Hysteresisverluste des Dielektrikums einbezogen werden können. G heißt „Ableitung" der Doppelleitung pro Längeneinheit derselben; auch C bezieht sich hier auf diese Längeneinheit.

Durch Elimination von V aus (18) und (18a) entsteht die partielle Differentialgleichung

$$\left\{L\,C\frac{\partial^2}{\partial t^2} + (R\,C + L\,G)\frac{\partial}{\partial t} + R\,G - \frac{\partial}{\partial x^2}\right\}I = 0\,, \tag{19}$$

die auch für V gilt. Setzt man im besonderen die dissipativen Koeffizienten R und G gleich Null, so nimmt sie die einfache Form der Differentialgleichung der schwingenden Saite an:

$$\left\{L\,C\frac{\partial^2}{\partial t^2} - \frac{\partial^2}{\partial x^2}\right\}I = 0$$

und wird für einen nach der positiven x-Richtung fortschreitenden Vorgang integriert durch

$$I = f(x - c\,t)\,, \qquad c = \sqrt{\frac{1}{L\,C}}\,. \tag{20}$$

Der zugehörige Wert von V ist in diesem Sonderfall nach (18) oder (18a)

$$V = L\,c\,f(x - c\,t) = \sqrt{\frac{L}{C}}\,I\,. \tag{21}$$

Zwischen Spannung V und Strom I besteht also das von x und t unabhängige Verhältnis $(L/C)^{1/2}$, welches einen Widerstand bedeutet. Er wird *Wellenwiderstand* genannt.

Aus (21) ergibt sich die praktisch bemerkenswerte Folgerung: Wenn man eine endliche Doppelleitung an ihrem Ende durch einen OHMschen Widerstand der

Größe $(L/C)^{1/2}$ schließt, so tritt daselbst keine Unstetigkeit im Strom-Spannungs-Verlauf, also auch *keine Reflexion*, auf.

Gl. (20) besagt, daß sich der Strom und daher auch die Spannung *unverzerrt* und *ungedämpft* längs der Leitung fortpflanzt. Man kann nach der Bedingung fragen, daß sich der Strom längs des Drahtes *unverzerrt*, aber *gedämpft* fortpflanzt, daß also

$$I = e^{-\alpha x} f(x - c\,t) \tag{22}$$

eine Lösung der Differentialgleichung (19) darstellt. Man erhält durch Einsetzen von (22) in (19) und durch Nullsetzen der entstehenden Faktoren von f'', f' und f

$$c = \sqrt{\frac{1}{LC}}, \qquad \alpha = \frac{1}{2}\,\frac{RC + LG}{\sqrt{LC}} = \sqrt{RG}. \tag{23}$$

Die Fortpflanzung c ist dieselbe wie in (20). Aus der doppelten Forderung für α schließt man auf

$$RC + LG = 2\sqrt{RCLG}, \quad \text{also} \quad \sqrt{\frac{RC}{LG}} + \sqrt{\frac{LG}{RC}} = 2,$$

somit

$$\sqrt{\frac{RC}{LG}} = 1 \quad \text{oder auch} \quad \frac{C}{G} = \frac{L}{R}. \tag{23a}$$

Das bedeutet gleiche Abklingungszeit des reinen Verschiebungsstromes $C\dot{V} + GV = 0$ [Gl. (18a) mit $\partial I/\partial x = 0$] und des reinen Leitungsstromes $L\dot{I} + RI = 0$ [Gl. (18) mit $\partial V/\partial x = 0$]. Unser Dämpfungskoeffizient α wird dann nach (23) und (23a) gleich $R\sqrt{C/L}$.

Bei Telephonleitungen wird man natürlich für gute Isolation zwischen den beiden Leitern sorgen, d. h. die Ableitung G möglichst klein machen. Man erreicht dann Verzerrungsfreiheit durch Erfüllung von (23a), indem man die Induktivität über den Wert, den die Leitung an sich besitzt, künstlich erhöht, etwa indem man in hinreichend kurzen Abständen zusätzliche Induktivitäten, die sogenannten PUPIN-Spulen, einführt. Ihr Abstand wird aus wirtschaftlichen Gründen möglichst groß gemacht; er muß aber andererseits klein gegen die Wellenlänge der größten zu übertragenden Frequenzen sein. Dann wirkt nämlich die konzentrierte Induktivität der Spule so, als ob sie kontinuierlich auf der Leitung verteilt wäre. c ist hier von der Größenordnung der Lichtgeschwindigkeit. Ist also die größte zu übertragende Frequenz im Sprechverkehr etwa $3000\,s^{-1}$, so ist die kleinste Wellenlänge 100 km. Mit einem üblichen Spulenabstand von 2 km bleibt man somit erheblich darunter[1]).

Im allgemeinen Falle verzerrt sich die Stromform beim Fortschreiten längs der Leitung. Man ist dann darauf angewiesen, den Vorgang in zeitlich periodische, aber räumlich gedämpfte Partialwellen von der Form $\exp i(kx - \omega t)$ mit komplexem frequenzabhängigen k aufzulösen. Der Gesamtvorgang ist nunmehr nicht *verzerrungsfrei*.

---

[1]) Siehe hierzu das Buch von PUPIN: Vom Einwanderer zum Erfinder.

Wir nähern uns dem Idealfall ungedämpfter *ebener* Wellen an, wenn wir unsere beiden Drähte in breite Bänder auseinandergezogen denken, den Zwischenraum als Vakuum und das Bandmaterial als vollkommen leitend ansehen. Dann ist, von den Randpartien abgesehen, das elektrische Feld des Zwischenraumes homogen, ebenso das magnetische Feld; $\mathfrak{E}$ ist senkrecht zu den Bändern gerichtet, $\mathfrak{H}$ parallel zu ihnen. Der Strom wird $I = |\mathfrak{H}|\, b$ (b = Bandbreite), die Spannung $V = |\mathfrak{E}|\, d$ (d = Abstand der Bänder). Die Ladung pro Längeneinheit ist $Q = \varepsilon_0 |\mathfrak{E}|\, b$ und die Kapazität pro Längeneinheit, $C = Q/V = \varepsilon_0\, b/d$. Der magnetische Fluß pro Längeneinheit, d. i. durch ein Rechteck von den Seiten 1 und d, ergibt sich zu $\Phi = \mu_0 |\mathfrak{H}|\, d$, daher die Selbstinduktion $L = \Phi/I = \mu_0\, d/b$. Aus C und L berechnen wir nach (20) und (21)

$$\text{Wellengeschwindigkeit} \quad c = \frac{1}{\sqrt{C\,L}} = \frac{1}{\sqrt{\varepsilon_0\,\mu_0}},$$

$$\text{Wellenwiderstand} \quad \sqrt{\frac{L}{C}} = \sqrt{\frac{\mu_0}{\varepsilon_0}}\,\frac{d}{b}.$$

Damit ist die Größe $(\mu_0/\varepsilon_0)^{1/2}$ wieder gefunden, die wir in § 6 als Wellenwiderstand des Vakuums bei der Fortpflanzung einer ebenen Welle bezeichnet hatten. (Um Übereinstimmung zu erzielen, müssen wir ihn jetzt auf ein quadratisches Stück der Wellenfläche beziehen, also $b = d$ machen.)

Wir haben diesen recht skizzenhaften Anhang über die Telegraphengleichung gebracht, teils um den Begriff des Wellenwiderstandes auf seinen historischen Ursprung zurückzuführen, teils um den Übergang zu den schnell veränderlichen Feldern im nächsten Paragraphen vorzubereiten.

§ 19. Schnell veränderliche Felder, die elektrodynamischen Potentiale

Erst in diesem Paragraphen nutzen wir die vollständigen, unverkürzten MAXWELLschen Gleichungen aus. Wir geben ein allgemeines Integrationsschema an, welches allerdings auf den Fall eines einheitlichen Mediums, z. B. des Vakuums, beschränkt ist. Wir setzen also im ganzen Raum $\varepsilon = \varepsilon_0$, $\mu = \mu_0$ und denken uns überdies die Ladungsdichte ϱ und die Stromdichte $\mathfrak{J}$ im ganzen Raum und für alle Zeitpunkte $t < t_0$ (t_0 = Beobachtungszeit) gegeben. Bei dieser Problemstellung fassen wir bereits die Elektronentheorie ins Auge, der wir aber erst im dritten Teil nähertreten werden. Die MAXWELLschen Gleichungen legen wir in der Form (4. 4) zugrunde mit den Zusatzbedingungen (4. 4a, b, c). Wegen unserer Annahme $\varepsilon = \varepsilon_0$ = konst., $\mu = \mu_0$ = konst. können wir dafür schreiben

$$(1) \quad \dot{\mathfrak{B}} = -\operatorname{rot}\mathfrak{E}, \qquad (2) \quad \frac{1}{c^2}\dot{\mathfrak{E}} + \mu_0\,\mathfrak{J} = \operatorname{rot}\mathfrak{B},$$

$$(3) \quad \operatorname{div}\mathfrak{E} = \frac{\varrho}{\varepsilon_0}, \qquad (4) \quad \operatorname{div}\mathfrak{B} = 0, \qquad (5) \quad \operatorname{div}\mathfrak{J} + \frac{\partial\varrho}{\partial t} = 0.$$

Wir genügen der Gl. (4) durch unseren früheren Ansatz aus (15. 3)

$$(6) \quad \mathfrak{B} = \operatorname{rot}\mathfrak{A}.$$

Indem wir ihn in (1) eintragen, erhalten wir

$$\mathrm{rot}(\mathfrak{E} + \dot{\mathfrak{A}}) = 0.$$

Daraus folgt mit Notwendigkeit, daß der hinter dem Zeichen rot stehende Vektor ein Gradient ist. Wir haben also

$$\mathfrak{E} = -\mathrm{grad}\,\psi - \dot{\mathfrak{A}}. \tag{7}$$

Wir nennen ψ *skalares Potential*, $\mathfrak{A}$ *Vektorpotential.*

Die Ausdrücke (6) und (7) setzen wir in (2) ein und erhalten:

$$-\frac{1}{c^2}(\ddot{\mathfrak{A}} + \mathrm{grad}\,\dot{\psi}) + \mu_0\,\mathfrak{J} = \mathrm{rot}\,\mathrm{rot}\,\mathfrak{A} = -\triangle\mathfrak{A} + \mathrm{grad}\,\mathrm{div}\,\mathfrak{A}. \tag{8}$$

Dabei haben wir die wiederholt, z. B. in Gl. (6. 2) benutzte Umformung von rot rot benutzt, die allerdings, wie wir wissen, nur bei *kartesischer* Komponenten-Zerlegung des Vektors $\mathfrak{A}$ legitim ist.

Zur weiteren Behandlung der Gl. (8) erinnern wir uns an die Vereinfachung, die wir an Gl. (15. 4b) vornehmen konnten, indem wir dem Vektorpotential $\mathfrak{A}$ die Zusatzbedingung (15. 5), $\mathrm{div}\,\mathfrak{A} = 0$ auferlegten. Diese ändern wir nun ab zu

$$\mathrm{div}\,\mathfrak{A} + \frac{1}{c^2}\dot{\psi} = 0. \tag{9}$$

Auch diese Bedingung ist zulässig, weil auch hier $\mathfrak{A}$ bei gegebenem $\mathfrak{B}$ nur bis auf den Gradienten einer skalaren Funktion bestimmt ist, die man analog wie dort ausnützen kann, um (9) zu befriedigen. Damit entsteht aber aus (8)

$$\triangle\mathfrak{A} - \frac{1}{c^2}\ddot{\mathfrak{A}} = -\mu_0\,\mathfrak{J}. \tag{10}$$

Damit sind die Gln. (1), (2) und (4) erfüllt. Es bleibt also nur noch (3) zu befriedigen, da ja (5), wie schon nach Gl. (4. 4c) bemerkt, eine Folge von (2) und (3) ist. Indem wir also (7) in (3) einsetzen und $\mathrm{div}\,\mathfrak{A}$ mit Hilfe von (9) eliminieren, erhalten wir

$$\triangle\psi - \frac{1}{c^2}\ddot{\psi} = -\frac{\varrho}{\varepsilon_0}. \tag{11}$$

Unsere beiden Potentiale $\mathfrak{A}$ und ψ genügen also zwei Differentialgleichungen derselben Form. Wir nennen sie „Wellengleichungen". Wir haben damit die Aufgabe, das elektromagnetische Feld bei gegebener Strom- und Ladungsverteilung $\mathfrak{J}(x, y, z, t)$, $\varrho(x, y, z, t)$ zu ermitteln auf die Integration der beiden Wellengleichungen (10) und (11) mit der Nebenbedingung (9) zurückgeführt.

Daß die Bedingung (9) naturgemäß ist, erkennen wir, indem wir

$$\mathrm{div}\,(10) + \varepsilon_0\,\mu_0\frac{\partial}{\partial t}\,(11)$$

bilden. Dann entsteht

$$\left(\triangle - \frac{1}{c^2}\frac{\partial^2}{\partial t^2}\right)\left(\mathrm{div}\,\mathfrak{A} + \frac{1}{c^2}\dot{\psi}\right) = -\mu_0\left(\mathrm{div}\,\mathfrak{J} + \frac{\partial\varrho}{\partial t}\right). \tag{12}$$

Mit (9) ist also auch die Kontinuitätsgleichung (5) erfüllt.

A. Die retardierten Potentiale

Hinsichtlich der Integration unserer Wellengleichungen (9) und (11) werden wir uns kurz fassen, da erst der nächste Teil den sachgemäßen Weg dazu eröffnen wird. Wir führen sogleich das Resultat der Integration an:

(13a) $4\pi\,\varepsilon_0\,\psi = \int \frac{[\varrho]\,d\tau}{r}$, (13b) $4\pi \frac{1}{\mu_0}\mathfrak{A} = \int \frac{[\mathfrak{J}]\,d\tau}{r}$.

ψ und $\mathfrak{A}$ beziehen sich auf den Aufpunkt x, y, z und die „Aufzeit" t, für welche wir die Werte von ψ und $\mathfrak{A}$ berechnen wollen. ξ, η, ζ ist der Integrationspunkt, $d\tau$ bedeutet also soviel wie $d\xi\, d\eta\, d\zeta$. Die Integration erstreckt sich auf den ganzen unendlichen Raum, und es ist

$$r^2 = (x-\xi)^2 + (y-\eta)^2 + (z-\zeta)^2.$$

$[\varrho]$ und $[\mathfrak{J}]$ sind aber *nicht* die Werte von Ladungs- und Stromdichte zur Beobachtungszeit t, sondern zu der *früheren* Zeit

(13c) $$t' = t - r/c.$$

r/c ist die Zeit, die das „Licht" braucht, um den Weg vom Integrationspunkt zum Aufpunkt zurückzulegen. Man nennt deshalb die Ausdrücke (13) *retardierte Potentiale.* Sie werden berechnet aus Ladungs- und Stromdichte zu der gegenüber der Beobachtungszeit um *r/c zurückverlegten* Zeit.

Das Integrationsverfahren (13) ist mathematisch eindeutig, wenn man das Hinzutreten von *avancierten Potentialen* aus physikalischen Gründen ausschließt, die dem vorverlegten Zeitpunkt

(13d) $$t'' = t + r/c$$

entsprechen. Es sei aber bemerkt, daß solche avancierten Potentiale versuchsweise von Dirac in die Theorie des Elektrons eingeführt sind und in neueren Arbeiten eine bedeutsame Rolle spielen; vgl. § 37.

Schließlich bemerken wir noch, daß eine volle Einsicht in den Aufbau des vorstehenden Formalismus einschließlich der Bedeutung unserer retardierten und avancierten Potentiale erst vom Boden der Relativitätstheorie aus zu gewinnen ist. Was bisher willkürlich und unsymmetrisch erscheinen könnte, wird dort eine überraschend zwangsläufige und symmetrische Form annehmen.

B. Der Hertzsche Dipol

Wir wollen unser Integrationsverfahren (13) zunächst an einem speziellen Fall erläutern, dem Fall des *Hertzschen Dipols.* Er liegt vor, wenn wir eine bewegliche Ladung Q zusammen mit einer ihr benachbarten ruhenden Ladung $-Q$ zu einem zeitlich veränderlichen Moment $\mathfrak{P}(t) = Q\,\mathfrak{l}$ zusammenfassen, wo $\mathfrak{l}$ den vektoriellen und zeitlich veränderlichen Abstand beider Ladungen bedeuten möge.

Wir setzen in (13b) $\mathfrak{J} = \varrho\,\mathfrak{v}$ (unter ϱ die Raumdichte der bewegten Ladung, unter $\mathfrak{v}$ ihre Geschwindigkeit verstanden) und erhalten durch Ausführung der Integration, bei der r und $\mathfrak{v}$ als räumlich konstant angesehen werden können, wenn wir die Amplitude von $\mathfrak{l}$ als sehr klein annehmen,

$$\int \frac{[\mathfrak{J}]\,d\tau}{r} = \frac{[\mathfrak{v}]}{r}\int \varrho\, d\tau = \frac{Q[\mathfrak{v}]}{r} = \frac{Q}{r}\left[\frac{\partial \mathfrak{l}}{\partial t}\right] = \frac{1}{r}\left[\frac{\partial \mathfrak{P}}{\partial t}\right].$$

Aus (13b) wird so, wenn wir die in (13c) erklärte Bedeutung des $[\cdot]$-Symbols beachten,

$$4\pi\mathfrak{A} = \frac{\mu_0}{r}\frac{\partial}{\partial t}\mathfrak{P}\left(t - \frac{r}{c}\right). \tag{14}$$

Es ist historisch üblich und bequem, statt des Vektorpotentials $\mathfrak{A}$ den *Hertzschen Vektor* $\vec{\Pi}$ einzuführen durch den Ansatz

$$\mathfrak{A} = \mu_0 \frac{\partial \vec{\Pi}}{\partial t}, \qquad 4\pi\vec{\Pi} = \frac{1}{r}\mathfrak{P}\left(t - \frac{r}{c}\right). \tag{15}$$

Mit dieser Bezeichnung knüpfen wir an die schon in § 1, S. 5, besprochene große Arbeit von HERTZ an[1]): „Die Kräfte elektrischer Schwingungen, behandelt nach der MAXWELLschen Theorie.“

$\vec{\Pi}$ genügt im ganzen Raum mit Ausnahme des Koordinatenursprunges nach (10) der Differentialgleichung

$$\triangle\vec{\Pi} - \frac{1}{c^2}\frac{\partial^2\vec{\Pi}}{\partial t^2} = 0, \tag{16}$$

die sich auch aus der in (15) angegebenen expliziten Darstellung von $\vec{\Pi}$ leicht verifizieren läßt. Der zugehörige Wert von ψ berechnet sich nach (9)

$$\varepsilon_0\,\psi = -\operatorname{div}\vec{\Pi}. \tag{16a}$$

Aus (6) und (7) folgt dann als Darstellung des elektromagnetischen Feldes

$$\mathfrak{H} = \operatorname{rot}\dot{\vec{\Pi}}, \qquad \varepsilon_0\mathfrak{E} = \operatorname{grad}\operatorname{div}\vec{\Pi} - \frac{1}{c^2}\frac{\partial^2\vec{\Pi}}{\partial t^2}. \tag{17}$$

Wir nehmen beispielsweise an, daß die Bahn der beweglichen Ladung Q geradlinig sei und wählen ihre Richtung, welche zugleich die des Vektors $\vec{\Pi}$ ist, zur Achse $\vartheta = 0$ eines sphärischen Polarkoordinatensystems r, ϑ, φ. Es ist dann[2])

$$\Pi_r = \cos\vartheta\cdot\Pi, \qquad \Pi_\vartheta = -\sin\vartheta\cdot\Pi, \qquad \Pi_\varphi = 0,$$

---

[1]) Ann. d. Physik 36, S. 1. 1888, Ges. Werke Bd. II, S. 147.

[2]) Die positive r-Richtung bildet mit der Richtung von $\vec{\Pi}$ den Winkel ϑ, die positive ϑ-Richtung den Winkel $\vartheta + \frac{\pi}{2}$; daher die Faktoren $\cos\vartheta$ bei Π_r und $\cos\left(\vartheta + \frac{\pi}{2}\right) = -\sin\vartheta$ bei Π_ϑ.

wo Π nach (15) nur von t und r abhängt, also von ϑ und φ unabhängig ist. In diesen Koordinaten berechnet man nach Bd. II, Aufg. I. 3,

$$\operatorname{rot}_\varphi \vec{\Pi} = \frac{-\sin\vartheta}{r}\left(\frac{\partial(r\Pi)}{\partial r} - \Pi\right) = -\sin\vartheta\,\frac{\partial\Pi}{\partial r}, \qquad \operatorname{rot}_r\vec{\Pi} = \operatorname{rot}_\vartheta\vec{\Pi} = 0,$$

$$\operatorname{div}\vec{\Pi} = \frac{\cos\vartheta}{r^2}\,\frac{\partial}{\partial r}(r^2\Pi) - \frac{1}{r\sin\vartheta}\,\frac{\partial}{\partial\vartheta}(\sin^2\vartheta\,\Pi) = \cos\vartheta\,\frac{\partial\Pi}{\partial r},$$

$$\operatorname{grad}_r\operatorname{div}\vec{\Pi} = \cos\vartheta\,\frac{\partial^2\Pi}{\partial r^2}, \qquad \operatorname{grad}_\vartheta\operatorname{div}\vec{\Pi} = \frac{-\sin\vartheta}{r}\,\frac{\partial\Pi}{\partial r}, \qquad \operatorname{grad}_\varphi\operatorname{div}\vec{\Pi} = 0.$$

Hieraus folgt nach (17)

$$\mathfrak{H}_r = \mathfrak{H}_\vartheta = \mathfrak{E}_\varphi = 0 \tag{18}$$

und mit Rücksicht auf (15)

$$\left\{\begin{aligned} 4\pi\,\mathfrak{H}_\varphi &= -\frac{\sin\vartheta}{r}\left(\frac{\partial}{\partial r}\dot{\mathfrak{P}} - \frac{1}{r}\dot{\mathfrak{P}}\right),\\ 4\pi\,\varepsilon_0\,\mathfrak{E}_r &= \frac{\cos\vartheta}{r}\left(\frac{\partial^2}{\partial r^2}\mathfrak{P} - \frac{2}{r}\,\frac{\partial}{\partial r}\mathfrak{P} + \frac{2}{r^2}\mathfrak{P} - \frac{1}{c^2}\ddot{\mathfrak{P}}\right),\\ 4\pi\,\varepsilon_0\,\mathfrak{E}_\vartheta &= -\frac{\sin\vartheta}{r}\left(\frac{1}{r}\,\frac{\partial}{\partial r}\mathfrak{P} - \frac{1}{r^2}\mathfrak{P} - \frac{1}{c^2}\ddot{\mathfrak{P}}\right).\end{aligned}\right. \tag{19}$$

Aus (18) schließen wir: Die magnetischen Kraftlinien verlaufen in Kreisen um die Richtung von $\mathfrak{P}$, die elektrischen Kraftlinien liegen in den durch diese Richtung gehenden Meridianebenen.

Wegen des Argumentes $t - r/c$ von $\mathfrak{P}$ läßt sich in den Gln. (19) die Differentiation nach r in eine solche nach t umwandeln. Man hat nämlich

$$\frac{\partial\mathfrak{P}}{\partial r} = -\frac{1}{c}\dot{\mathfrak{P}}, \qquad \frac{\partial^2\mathfrak{P}}{\partial r^2} = \frac{1}{c^2}\ddot{\mathfrak{P}}. \tag{19a}$$

Dann hebt sich in Gl. (19) für $\mathfrak{E}_r$ das Glied mit $\frac{\partial^2\mathfrak{P}}{\partial r^2}$ gegen das mit $\ddot{\mathfrak{P}}$ fort. Gleichzeitig wollen wir uns auf die „Fernzone" (große Entfernungen vom Koordinatensprung) beschränken, also $r \to \infty$ setzen. Was das des Genaueren zu bedeuten hat, werden wir sogleich im Falle des periodisch schwingenden Dipols ausführen. Wir vernachlässigen also in (19) alle Glieder mit höheren Potenzen von $1/r$ als der ersten. Dann entsteht

$$\left\{\begin{aligned} 4\pi\,\mathfrak{H}_\varphi &= \frac{\sin\vartheta}{c\,r}\,\ddot{\mathfrak{P}}\left(t - \frac{r}{c}\right),\\ 4\pi\,\varepsilon_0\,\mathfrak{E}_r &= 0,\\ 4\pi\,\varepsilon_0\,\mathfrak{E}_\vartheta &= \frac{\sin\vartheta}{c^2\,r}\,\ddot{\mathfrak{P}}\left(t - \frac{r}{c}\right).\end{aligned}\right. \tag{20}$$

Die Vektoren $\mathfrak{H}$ und $\mathfrak{E}$ stehen aufeinander und auf dem vom Ursprung auslaufenden Radiusvektor r senkrecht. In der *Achse $\vartheta = 0$ und $\vartheta = \pi$ verschwindet* sowohl $\mathfrak{H}$ wie $\mathfrak{E}$; in der Äquatorebene $\vartheta = \pi/2$ sind die $\mathfrak{H}$- und $\mathfrak{E}$-Felder *maximal.*

Aus (20) berechnet man

$$\frac{\mathfrak{E}_\vartheta}{\mathfrak{H}_\varphi} = \frac{1}{\varepsilon_0\,c} = \sqrt{\frac{\mu_0}{\varepsilon_0}}. \tag{21}$$

Dies ist dasselbe Verhältnis, wie es sich aus den Gln. (6. 11) und (6. 13) für das dortige Verhältnis $\mathfrak{E}_y : \mathfrak{H}_z$ ergab. *Die Struktur des ausgestrahlten elektromagnetischen Feldes ist also in jedem kleinen Raumwinkel die einer ebenen Lichtwelle.* Gewöhnlich sagt man statt dessen in beiden Fällen, daß $\mathfrak{E}$ und $\mathfrak{H}$ einander gleich seien, was aber dimensionell natürlich widersinnig ist.

Als Größe der pro Flächen- und Zeiteinheit ausgestrahlten Energie ergibt sich

$$(22) \qquad \mathfrak{S} = \mathfrak{E} \times \mathfrak{H}, \quad S_r = \mathfrak{E}_\vartheta \cdot \mathfrak{H}_\varphi = \frac{1}{16\pi^2 \varepsilon_0 c^3} \frac{\sin^2\vartheta}{r^2} \ddot{\mathfrak{P}}^2.$$

Daraus berechnet sich die gesamte, pro Zeiteinheit ausgestrahlte Energie durch Integration über die Kugelfläche vom Radius r:

$$(23) \qquad N = \int S_r \, d\sigma = 2\pi r^2 \int S_r \sin\vartheta \, d\vartheta = \frac{\ddot{\mathfrak{P}}^2}{6\pi \varepsilon_0 c^3}.$$

Da $\mathfrak{P} = Q\,\mathfrak{l}$ ist ($\mathfrak{l}$ = Abstand der beweglichen von der ruhenden Ladung), wird $\dot{\mathfrak{P}} = Q\,\mathfrak{v}$, $\ddot{\mathfrak{P}} = Q\,\dot{\mathfrak{v}}$, wobei natürlich, entsprechend der Bedeutung von $\ddot{\mathfrak{P}}$, unter $\dot{\mathfrak{v}}$ der Wert der Beschleunigung zu der früheren Zeit $t - r/c$ zu verstehen ist. Wir erhalten dann aus (23)

$$(24) \qquad N = \frac{Q^2 \dot{\mathfrak{v}}^2}{6\pi \varepsilon_0 c^3}.$$

In der Atomphysik schreibt man in elektrischen oder magnetischen cgs-Einheiten gewöhnlich

$$(24\text{a}) \qquad N = \frac{2}{3} \frac{Q^2 \dot{v}^2}{c^3} \qquad \text{oder} \qquad (24\text{b}) \qquad N = \frac{2}{3} \frac{Q^2 \dot{v}^2}{c},$$

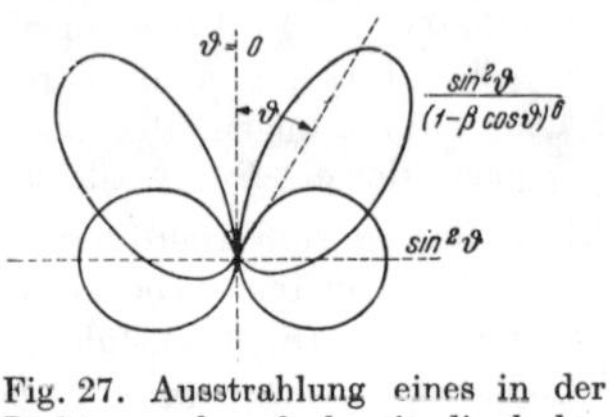

Fig. 27. Ausstrahlung eines in der Richtung $\vartheta = 0$ longitudinal beschleunigten Elektrons. Unteres Kurvenpaar: die HERTZsche Formel (22), $v \ll c$.
Oberes Kurvenpaar: relativistisch korrigiert, v mit c vergleichbar

was mit (24) übereinstimmt. In der Form (24b) tritt dieses fundamentale Ausstrahlungsgesetz erstmalig bei J. J. LARMOR[1]) auf.

Fig. 27 stellt die spezifische Ausstrahlung $\mathfrak{S}$ als Funktion von ϑ dar. Sie ist nichts anderes als das Polardiagramm von $\sin^2\vartheta$. Ausgiebige Verwendung findet sie in der Theorie der drahtlosen Telegraphie, vgl. Bd. VI, Kap. VI, bei einer frei in den Raum ausstrahlenden Linear-Antenne. In der Tat strahlt eine solche in ihrer eigenen Richtung *keine* Energie aus, ihre maximale Ausstrahlung ist *transversal* gerichtet.

Statt des einzelnen Dipols $\mathfrak{P}$ können wir offenbar auch eine diskrete oder kontinuierliche Dipol-Folge betrachten. Im letzteren Falle schreiben wir statt (15):

$$(25) \qquad 4\pi \vec{\Pi} = \int_C \frac{d\,\mathfrak{P}(t - r/c)}{r},$$

[1]) Phil. Mag. 1897 pag. 512. Auf den Zusammenhang mit der HERTZschen Arbeit von 1888 weist LARMOR in seinem Buche: Aether and Matter, Cambridge 1900, S. 225 hin.

wo jetzt die Integration über eine vorgegebene Kurve C zu erstrecken und die Richtungs-Verschiedenheit der Vektoren $d\mathfrak{P}$ zu beachten ist.

Der Vergleich des Vorstehenden mit der HERTZschen Rechnung in cartesischen Koordinaten, der sich die meisten Lehrbücher anschließen, zeigt die Überlegenheit unserer Vektor-Darstellung des Problems bzw. unserer dem Problem angepaßten sphärischen Polarkoordinaten. Noch wichtiger als dieses scheint uns, daß unsere Darstellung die Dimensionen aller Feldgrößen klar herausstellt, während das von HERTZ verwendete GAUSSsche Maßsystem dieselben verwischt.

C. Spezialisierung auf periodische Vorgänge

Wir gelangen zum einfachsten Modell einer *Lichtquelle*, wenn wir annehmen, daß das elektrische Moment $\mathfrak{P}$ mit einer gewissen Kreisfrequenz ω monochromatisch hin- und herschwingt. Wir setzen also z. B.

$$\left\{\begin{aligned} \mathfrak{P}(t) &= \vec{A}\cos\omega t = \vec{A}\,\mathfrak{Re}\, e^{-i\omega t}, \\ \mathfrak{P}(t - r/c) &= \vec{A}\,\mathfrak{Re}\exp\{-i\omega(t - r/c)\}. \end{aligned}\right. \tag{26}$$

Führen wir wie in (6. 10a, b) die Wellenzahl $k = \omega/c$ ein und lassen das Zeichen des reellen Teiles fort, was bei allen Feldgrößen außer den quadratischen $\mathfrak{S}$, N erlaubt ist, so erhalten wir

$$\frac{1}{r}\mathfrak{P}(t - r/c) = \vec{A}\,\frac{e^{ikr}}{r}\,e^{-i\omega t}. \tag{27}$$

Damit sind wir auf die Darstellung der *Kugelwelle* aus Bd. II, Gl. (13. 18), geführt, sofern wir in (27) auch noch den Zeitfaktor unterdrücken. Dies kann und soll im folgenden geschehen. Wir erhalten dann aus den Gln. (20) die folgende Darstellung des elektromagnetischen Feldes

$$\begin{aligned} \mathfrak{E} = \mathfrak{E}_\vartheta &= -\frac{A\,k^2}{4\pi\,\varepsilon_0}\sin\vartheta\,\frac{e^{ikr}}{r}, \\ \mathfrak{H} = \mathfrak{H}_\varphi &= -\frac{A\,k\,\omega}{4\pi}\sin\vartheta\,\frac{e^{ikr}}{r}. \end{aligned} \tag{28}$$

Sie gilt, wie schon bei (20) bemerkt, für die „Fernzone", wobei wir aber jetzt in der Lage sind, dieses Wort genau zu definieren. Ordnen wir nämlich der Kreisfrequenz ω die Wellenlänge

$$\lambda = \frac{2\pi}{\omega}\,c$$

zu, so umfaßt die Fernzone alle Entfernungen

$$r \gg \lambda, \tag{29}$$

schließt also nur die unmittelbare Umgebung der Lichtquelle aus. Bei unperiodischen Vorgängen treten an die Stelle von (29) die Ungleichungen

$$\frac{1}{c^2}|\ddot{\mathfrak{P}}| \gg \frac{|\dot{\mathfrak{P}}|}{c\,r} \gg \frac{|\mathfrak{P}|}{r^2}. \tag{29a}$$

Durch diese Festsetzungen werden nun gerade diejenigen Vernachlässigungen begründet, die wir beim Übergang von (19) zu (20) zugelassen haben.

Unser Modell der Lichtquelle ist gegenüber einer natürlichen Lichtquelle außer durch den Monochromatismus auch durch ihre Intensitätsverteilung spezialisiert. Sie strahlt in den Richtungen $\vartheta = 0$ und $\vartheta = \pi$ keine Energie aus; für den Strahlungsvektor $\mathfrak{S}$ gilt nämlich auch jetzt Fig. 27 und Gl. (22). In letzterer fällt der Zeitfaktor ebenso wie der Phasenfaktor e^{ikr} im Zeitmittel heraus. In der Tat ist nach (26)

$$\frac{\ddot{\mathfrak{P}}}{r} = -\frac{\vec{A}\,\omega^2}{r}\cos(k\,r - \omega\,t)$$

und der zeitliche quadratische Mittelwert davon

$$A^2\,\omega^4/2\,r^2 = A^2\,c^4\,k^4/2\,r^2\,. \tag{29b}$$

Wegen der Bedeutung von $k = 2\pi/\lambda$ ist dies *umgekehrt proportional zur vierten Potenz der Wellenlänge.*

Trägt man also (29b) in (22) oder (23) ein, so hat man das große Gesetz LORD RAYLEIGHS, seine Erklärung des *Himmelblaus*. Die auf die Luftpartikeln auffallenden Sonnenstrahlen erzeugen in diesen mitschwingende elektrische Momente, die ihrerseits Licht ausstrahlen. Ihre Ausstrahlung ist am blauen Ende des Spektrums viel stärker als am roten Ende. Das Verhältnis[1]) beider beträgt wegen $\lambda_{\text{rot}} \approx 2\,\lambda_{\text{blau}}$ etwa 2^4. Dasselbe Gesetz erklärt auch die rote Farbe von Sonne und Mond beim Auf- und Untergang. Bei dem dann besonders weiten Weg durch die Atmosphäre wird das von ihnen ausgesandte blaue Licht viel stärker von seiner direkten Bahn weggestreut als das rote Licht; in unser Auge gelangt wesentlich rotes Sonnen- oder Mondlicht. Ob dabei auch eine gewisse Selektivität des in der Atmosphäre enthaltenen Wasserdampfes mitspielt, möge hier unerörtert bleiben.

D. Quadrupolstrahlung

Wir wollen nun die Methode der retardierten Potentiale auf einen allgemeineren Fall anwenden, nämlich auf eine Stromverteilung $\mathfrak{J}(Q, t)$ und eine Ladungsverteilung $\varrho(Q, t)$, die beide nur in einem endlichen Bereich (Durchmesser d) von Null verschieden sind, wobei wir uns auf die Berechnung der Potentiale in großem Abstand ($r \gg d$) von der Verteilung beschränken. Der Koordinatenanfangspunkt, von dem aus r gerechnet wird, soll innerhalb der Ladungsverteilung liegen.

Wir geben zuerst einige Hilfsformeln an, die unmittelbar aus der Kontinuitätsgleichung

$$\operatorname{div}\mathfrak{J} + \frac{\partial\varrho}{\partial t} = 0 \tag{30}$$

fließen. Es sei $\mathfrak{p}_e$ das elektrische Dipolmoment der Ladungsverteilung

$$\mathfrak{p}_e(t) = \int \mathfrak{r}_Q\,\varrho(Q, t)\,d\tau \tag{31a}$$

[1]) Vorausgesetzt ist dabei $A_{\text{rot}} = A_{\text{blau}}$, d. h. Unabhängigkeit des angeregten Momentes von der Wellenlänge des anregenden Lichtes, was sich leicht beweisen läßt, hier aber unterdrückt werden möge.

und q_{ik} das tensorielle Quadrupolmoment wie in § 9 F

(31b) $$q_{ik}(t) = \int x_i\, x_k\, \varrho(Q, t)\, d\tau .$$

x_1, x_2, x_3 bedeuten dabei der Reihe nach x, y, z. Dann folgt durch partielle Integration, da ϱ und $\mathfrak{J}$ in genügender Entfernung nach Voraussetzung verschwinden.

(32a) $$\dot{\mathfrak{p}}_e(t) = \int \mathfrak{J}(Q, t)\, d\tau ,$$

(32b) $$\dot{q}_{ik}(t) = \int \{x_i\, \mathfrak{J}_k(Q, t) + x_k\, \mathfrak{J}_i(Q, t)\}\, d\tau .$$

Wir setzen nun in erster Näherung für große r an

(33) $$r_{PQ} = \sqrt{r^2 - 2\mathfrak{r}\cdot\mathfrak{r}_Q + r_Q^2} \approx r - \frac{\mathfrak{r}}{r}\cdot\mathfrak{r}_Q .$$

und entwickeln

(34) $$\frac{1}{r_{PQ}}\, \mathfrak{J}\left(Q, t - \frac{r_{PQ}}{c}\right) = \frac{1}{r}[\mathfrak{J}] + \frac{\mathfrak{r}\cdot\mathfrak{r}_Q}{r^3}\left\{[\mathfrak{J}] + \frac{r}{c}\left[\frac{\partial\mathfrak{J}}{\partial t}\right]\right\} + \cdots .$$

Das Symbol [ ] bezeichnet hier den retardierten Wert zur Zeit $t - \frac{r}{c}$ im Gegensatz zu dem in (13a, b) gemeinten Wert zur Zeit $t - \frac{r_{PQ}}{c}$. Die Vernachlässigung von höheren Entwicklungsgliedern in (34) setzt voraus, daß die Stromdichte sich in einem Zeitintervall $\triangle t = \left|\frac{\mathfrak{r}\cdot\mathfrak{r}_Q}{r\,c}\right| < \frac{d}{c}$ nur langsam ändert. Dies trifft bei periodischen Vorgängen dann zu, wenn die Wellenlänge $\lambda = 2\pi\, c/\omega$ groß gegen d ist.

Wir setzen nun (34) in (13b) ein und erhalten unter Berücksichtigung von (32a, b)

(35) $$\frac{4\pi}{\mu_0}\,\mathfrak{A}(P, t) = \frac{1}{r}[\dot{\mathfrak{p}}_e] + \frac{1}{2r^3}\left([\dot{q}] + \frac{r}{c}[\ddot{q}]\right)\mathfrak{r} + \frac{1}{r^3}\left([\dot{\mathfrak{p}}_m] + \frac{r}{c}[\ddot{\mathfrak{p}}_m]\right) \times \mathfrak{r} + \cdots$$

Hierin bedeutet $\mathfrak{p}_m$ das magnetische Moment der Stromverteilung, welches nach (17. 17) durch

(36) $$\mathfrak{p}_m = \frac{1}{2}\int \mathfrak{r}\times\mathfrak{J}\, d\tau$$

definiert ist. Im Symbol $\boldsymbol{q}$ haben wir die Komponenten des Tensors q_{ik} zusammengefaßt, und $\boldsymbol{q}\,\mathfrak{r}$ ist als Vektor mit den Komponenten $\sum_{k=1}^{3} q_{ik}\, x_k$ $(i = 1, 2, 3)$ definiert (Produkt des Tensors $\boldsymbol{q}$ mit dem Vektor $\mathfrak{r}$).

Die Glieder auf der rechten Seite von (35) genügen, wie man leicht nachrechnet, einzeln der homogenen Wellengleichung $\triangle\mathfrak{A} - \frac{1}{c^2}\ddot{\mathfrak{A}} = 0$ im ganzen Raum, mit Ausnahme des singulären Punktes $r = 0$. Sie haben auch einzeln eine einfache und anschauliche Bedeutung. Das erste Glied ist identisch mit dem Ausdruck (14) für das Vektorpotential des HERTZschen Dipols. Das dritte Glied gibt das Vektorpotential eines schwingenden magnetischen Dipols vom magnetischen Moment $\mathfrak{p}_m$. Seine Divergenz verschwindet und gibt daher keinen entsprechenden Term im Potential ψ. Das zweite Glied hingegen stellt das Vektorpotential eines schwingenden elektrischen Quadrupols dar. Man erkennt dies einerseits am Auftreten der elektrischen Quadrupolmomente, andererseits aber noch deutlicher, wenn man das Potential ψ nach (19. 9) aus (35) berechnet. Bei der Zeitintegration von $\dot{\psi}$ tritt noch eine Integrationskonstante bezüglich t, nämlich das Potential der Gesamtladung $\int \varrho \, d\tau$ auf. Damit erhalten wir

$$(37)\quad 4\pi\varepsilon_0\,\psi(P,t) = \frac{1}{r}\int \varrho\,d\tau - \operatorname{div}\frac{1}{r}[\mathfrak{p}_e] - \operatorname{div}\left\{\frac{1}{2r^3}\left([q] + \frac{r}{c}[\dot{q}]\right)\mathfrak{r}\right\} + \cdots.$$

Für eine ruhende Ladungsverteilung mit $\mathfrak{p}_e = \text{konst.}$, $q_{ik} = \text{konst.}$ fallen wir ersichtlich auf die in § 9 F gegebene Entwicklung zurück.

Wir spezialisieren nun wieder auf periodische Vorgänge mit der Zeitabhängigkeit $e^{-i\omega t}$. Dann wird [siehe (26)]

$$(38)\quad [\mathfrak{p}_e] = \mathfrak{p}_{e,0}\,e^{i(kr-\omega t)}, \qquad [q_{ik}] = q_{ik,0}\,e^{i(kr-\omega t)}, \qquad [\mathfrak{p}_m] = \mathfrak{p}_{m,0}\,e^{i(kr-\omega t)}.$$

Die Differentiation nach der Zeit bedeutet jetzt Multiplikation mit $-i\omega$. Beschränken wir uns weiter auf Abstände von der Ladungsverteilung, die nicht nur groß gegen d, sondern auch gegen die Wellenlänge $\lambda = 2\pi/k$ sind (Fernfeld) — dies bedeutet $k\,r \gg 1$ —, dann erhalten wir für das Vektorpotential $\mathfrak{A}$ in (35)

$$(39)\quad \frac{4\pi}{\mu_0}\,\mathfrak{A}(P,t) = -\frac{i\omega}{r}\,e^{i(kr-\omega t)}\left\{\mathfrak{p}_{e,0} - \frac{ik}{2}\,q_0\,\frac{\mathfrak{r}}{r} + \frac{1}{c}\,\mathfrak{p}_{m,0}\times\frac{\mathfrak{r}}{r} + \cdots\right\}.$$

Für die Berechnung der magnetischen Induktion $\mathfrak{B}$ kommt es im Fernfeld nur auf die Ortsabhängigkeit im Exponenten an. Man erhält dann

$$(40)\qquad \mathfrak{B} = i\,k\,\frac{\mathfrak{r}}{r}\times\mathfrak{A}.$$

Für die elektrische Feldstärke erhält man in derselben Näherung

$$(41)\qquad \mathfrak{E} = i\omega\,\frac{\mathfrak{r}}{r}\times\left(\mathfrak{A}\times\frac{\mathfrak{r}}{r}\right);$$

denn auch hier ist die Struktur der ausgestrahlten Lichtwelle in einem kleinen Raumwinkel die einer ebenen Welle.

Bei oberflächlicher Betrachtung würde man annehmen, es gäbe entsprechend den sechs unabhängigen Komponenten des symmetrischen Tensors q_{ik} auch sechs unabhängige Quadrupolfelder. Betrachtet man aber etwa den Spezialfall $q_{11} = q_{22} = q_{33} \neq 0$, $q_{12} = q_{23} = q_{31} = 0$, so wird der Anteil in $\mathfrak{A}$, der von den elektrischen Quadrupolmomenten herrührt, parallel zu $\mathfrak{r}$, seine Rotation und damit $\mathfrak{B}$ ist daher gleich Null. Ferner läßt sich nachweisen, daß auch $-\dot{\mathfrak{A}} - \operatorname{grad}\psi = 0$ und somit $\mathfrak{E} = 0$ ist. Wenn wir also von q_{11}, q_{22}, q_{33} je $\frac{1}{3}(q_{11} + q_{22} + q_{33})$ abziehen, so ändert sich nichts an der Ausstrahlung. Da aber die Spur des neuen Tensors verschwindet, bleiben höchstens fünf unabhängige Koeffizienten. Dies ist in Übereinstimmung mit den elektrostatischen Quadrupolen des § 9 F.

Wollten wir die oben durchgeführte Näherung weitertreiben — dies kommt insbesondere dann in Betracht, wenn das elektrische Dipol- und Quadrupolmoment sowie das magnetische Dipolmoment der Ladungsverteilung verschwinden oder sehr klein sind —, so würden wir auf dem oben eingeschlagenen Weg zu sehr komplizierten und unübersichtlichen Ausdrücken kommen. Ein anderer und allgemeinerer Weg besteht in der Entwicklung der Kugelwelle $e^{i(k r_{PQ} - \omega t)}/r_{PQ}$ nach Kugelfunktionen, wie wir sie im Bd. VI, Gl. (24. 9), angegeben haben. Man kommt zwar dann nicht mehr mit elementaren Funktionen aus, benötigt vielmehr die Kenntnis der Kugel- und Zylinderfunktionen; man erhält dafür als Gegenleistung eine einfache Reihenentwicklung der Potentiale $\mathfrak{A}$ und ψ mit wohldefinierten Gliedern.

Ein Hauptproblem der Antennentheorie ist die Berechnung von Stromverteilungen, die zu einer scharf gebündelten Ausstrahlung führen. Nur durch die Zusammensetzung von schwingenden Multipolen bis zu sehr hoher Ordnung kann man diesen Zweck erreichen. Bei Problemen dieser Art wirken sich die allgemeinen Entwicklungen von Bd. VI nutzbringend aus.

Der Aufbau von elektromagnetischen Strahlungsfeldern aus elektrischen und magnetischen Dipolfeldern wird besonders durchsichtig, wenn man die skalaren Potentiale Π_1, Π_2 einführt, welche DEBYE in seinen Arbeiten über die Beugung von ebenen Lichtwellen an homogenen leitenden oder dielektrischen Kugeln benutzt hat. Wir müssen uns versagen, hierauf einzugehen, möchten aber wegen ihrer Definition, wegen ihres Zusammenhanges mit unseren Potentialen $\mathfrak{A}$ und ψ und wegen der Darstellung der reinen elektrischen und magnetischen Multipole durch diese Potentiale auf den Handbuchartikel von MEIXNER[1]) verweisen.

E. Die Eigenschwingungen eines metallischen kugelförmigen Oszillators

Das Problem der *elektromagnetischen* Eigenschwingungen wurde durch die HERTZschen Versuche aktuell. Ein aus zwei entgegengesetzt geladenen Hälften bestehender Metallkörper (HERTZscher Oszillator) entlädt sich unter Funkenbildung und strahlt exponentiell abklingende Schwingungen ins Unendliche aus. Wie berechnet sich ihre Frequenz und Dämpfung? Im Falle der Kugel, die wir uns in zwei eng benachbarte, entgegengesetzt geladene Halbkugeln unterteilt denken wollen, erledigt sich die Frage unmittelbar durch die uns schon bekannten Formeln. Wir dürfen dabei allerdings nicht von den Gln. (20) für die Fernzone ausgehen, sondern müssen die allgemeinen Formeln (19) benutzen, da die Wellenlänge der entstehenden Eigenschwingung begreiflicherweise von der Größenordnung des Kugelradius sein wird, die Kugeloberfläche also der Nahzone angehört. Für diese ist, vollkommene Leitfähigkeit der Kugel vorausgesetzt, $\mathfrak{E}_\vartheta = 0$ für $r = a =$ Kugelradius und für alle ϑ; also gilt nach (19) als Randbedingung

$$\left(\frac{1}{r}\frac{\partial}{\partial r} - \frac{1}{r^2} - \frac{1}{c^2}\frac{\partial^2}{\partial t^2}\right)\mathfrak{P} = 0. \tag{42}$$

Wir setzen $\mathfrak{P}$ wie in (26) an, aber nicht mit reellem k wie bisher, sondern behandeln k als unbekannte komplexe Zahl. Dasselbe gilt dann auch von $\omega = c\,k$. Zur

---

[1]) J. MEIXNER, Spezielle Funktionen der mathematischen Physik. Handbuch der Physik Bd. I, S. 147, insbesondere S. 207. Berlin/Göttingen/Heidelberg 1956.

Bestimmung von k liefert (42) die Gleichung

$$\frac{i\,k}{a} - \frac{1}{a^2} + k^2 = 0\,. \tag{43}$$

Die Lösung dieser in $k\,a$ quadratischen Gleichung lautet

$$k\,a = -\frac{\mathrm{i} \pm \sqrt{3}}{2}\,. \tag{43a}$$

Der imaginäre Teil ist negativ, wie wir es verlangen müssen, da es sich um eine zeitlich abklingende Schwingung handelt. Im reellen Teil ist das positive Vorzeichen zu wählen, damit Wellenlänge und Frequenz positiv ausfallen.

Man erhält so nach (27)

$$\frac{1}{r}\,\mathfrak{P}\left(t - \frac{r}{c}\right) = \vec{A}\,\mathrm{e}^{(r-ct)/2a} \cdot \frac{1}{r}\,\mathrm{e}^{\mathrm{i}\sqrt{3}(r-ct)/2a}\,. \tag{44}$$

Der letzte Faktor ist wieder eine Kugelwelle von der Wellenlänge λ und Frequenz ω':

$$\lambda = \frac{4\pi\,a}{\sqrt{3}}, \qquad \omega' = \frac{\sqrt{3}}{2}\,\frac{c}{a}\,.$$

Die Wellenlänge ist also in der Tat von der Größenordnung des Kugelradius. Der Exponentialfaktor $\mathrm{e}^{-ct/2a}$ zeigt uns, daß die Kugelwelle zeitlich gedämpft ist und nach einer Schwingungsdauer $4\pi\,a/(\sqrt{3}\,c)$ um den Faktor $\mathrm{e}^{-2\pi/\sqrt{3}} \approx 0{,}026$ ihres jeweiligen Betrages abnimmt; die Dämpfung ist also sehr stark.

Merkwürdig und unphysikalisch erscheint uns die Tatsache, daß die Amplitude unserer ausgestrahlten Welle nach außen hin exponentiell stark zunimmt und sich bei Vergrößerung des Abstandes um eine Wellenlänge mit dem Faktor $\mathrm{e}^{2\pi/\sqrt{3}} \approx 38$ multipliziert. Dies ist indessen nicht überraschend, da wir in Wirklichkeit nicht das Anfangswertproblem, (Funkenbildung bei $t = 0$ und anschließende Schwingung) behandelt haben, sondern für $\mathfrak{P}$ den Ansatz (27) als zu allen Zeiten gültig angenommen haben. Die exponentielle Zunahme der Amplitude mit wachsendem r bei festem t entspricht also der exponentiellen Zunahme der Amplitude des Oszillators in die Vergangenheit hinein.

Diese Sachlage ist uns, worauf hier nur kurz hingewiesen sei, auch von der wellenmechanischen Theorie des α-Zerfalls her bekannt. Sie ist ebenfalls als Anfangswertproblem (α-Teilchen zur Zeit $t = 0$ im Kern) oder als Eigenwertproblem behandelbar. Die zweite Methode führt auf einen komplexen Energieeigenwert, der unserem komplexen k in (43a) entspricht.

Damit ist der Charakter der *Grundschwingung* unseres Kugel-Oszillators beschrieben. Es gibt aber auch Oberschwingungen in unendlicher Anzahl, bei denen die Kugel nicht in zwei entgegengesetzt geladenen Halbkugeln, sondern in 4, 6, ... abwechselnd geladene Zonen unterteilt ist. Während die Grundschwingung dem HERTZschen Dipol entspricht, lassen sich diese Oberschwingungen nicht direkt aus dem HERTZschen Vektor $\vec{\Pi}$ gewinnen. Wir müssen dieserhalb auf Bd. VI verweisen, insbesondere auf den Anhang II zu Kap. V daselbst.

Der Fall des verlängerten Rotationsellipsoides, der dem HERTZschen Oszillator besser angepaßt ist als die Kugelform, wurde von MAX ABRAHAM[1]) behandelt, nachdem das Problem des kugelförmigen Oszillators schon 1884 von J. J. THOMSON allgemein gelöst worden war.

F. Anwendung auf die Theorie der Röntgenstrahlen

Die primären Röntgenstrahlen entstehen beim Auftreffen der Kathodenstrahlen auf die Antikathode. Klassisch gesprochen wird dabei die ursprüngliche Geschwindigkeit v der auffallenden Elektronen auf einen niedrigeren Wert *abgebremst*; die Elektronen erleiden eine Verzögerung $-\dot{v}$. Wir erwarten nach Fig. 27, daß in der Richtung der Kathodenstrahlen, sofern diese mit der Richtung von $\dot{v}$ übereinstimmt, keine Ausstrahlung erfolgt. Der Nachweis gelingt bei extrem dünnen Antikathoden (Folien von wenigen μ m-Dicke) im durchgehenden Röntgenlicht, wie KULENKAMPFF und seine Schüler gezeigt haben. Bei soliden Metallantikathoden findet die Bremsung auf einem Zickzackwege statt; es werden daher die Richtungsunterschiede herausgemittelt. Daß das Maximum der Ausstrahlung nicht, wie das untere Kurvenpaar in Fig. 27 verlangt, bei $\vartheta = \pi/2$ liegt, daß es vielmehr mit zunehmender Härte der Kathodenstrahlen (zunehmender Größe von v) mehr und mehr nach $\vartheta = 0$ hin voreilt, werden wir relativistisch in § 30 bei Gl. (11) daselbst zeigen. Daß das in Rede stehende kontinuierliche oder ,,Bremsspektrum" eine kurzwellige Grenze besitzt, ist eine Folge der Quantentheorie, auf die wir hier nicht eingehen können, ebenso daß die Härte der Röntgenstrahlen und ihre Intensität mit der Härte der Kathodenstrahlen gesetzmäßig anwächst.

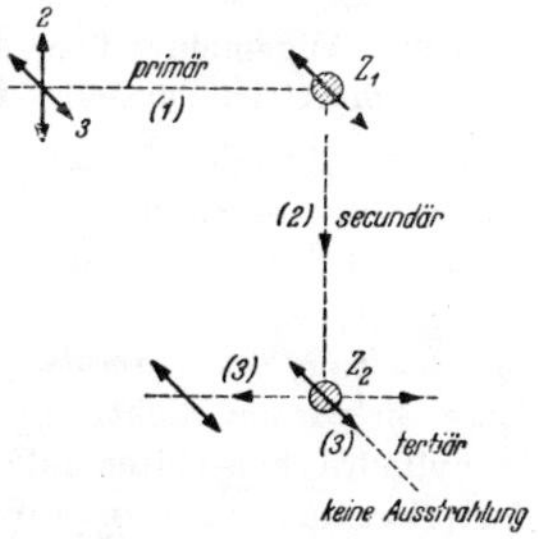

Fig. 28. Die Anordnung von BARKLA zum Nachweis der transversalen Natur der Röntgenstrahlen. Z_1, Z_2 Zerstreuer, Kugeln aus Paraffin

Hier wollen wir nur noch den Nachweis der *transversalen* Natur der Röntgenstrahlen besprechen, den BARKLA 1905, zehn Jahre nach der RÖNTGENschen Entdeckung, erbracht hat. BARKLA setze bei der Planung seines Versuches diese Transversalität voraus, zog daraus die Konsequenzen und bestätigte sie an der Erfahrung.

Wir betrachten einen Linienzug von drei zueinander senkrechten Ästen, vgl. Fig. 28, dem ,,primären", ,,sekundären" und ,,tertiären". In dem ersten verlaufen die *primären Röntgenstrahlen*, über deren Polarisation wir nichts voraussetzen (bei einer sehr dünnen Antikathode wären schon diese teilweise polarisiert). Wir denken uns ihre elektrische Feldstärke nach den Richtungen *2* und *3* der beiden anderen Äste zerlegt. Sie fallen auf einen ersten Zerstreuer Z_1, dessen Elektronen sie in Schwingungen versetzen. Diejenigen parallel *2* kommen für den sekundären

[1]) Vgl. Enzykl. d. mathem. Wiss., Bd. V_2, art. 18, S. 498.

Ast nicht in Betracht, diejenigen parallel *3* erzeugen auf ihm *sekundäre Röntgenstrahlen,* die parallel *3* schwingen und *total polarisiert sind.* Sie fallen auf einen Zerstreuer Z_2 und regen dessen Elektronen zu Schwingungen in der Richtung *3* an. Dadurch werden *tertiäre Röntgenstrahlen* erzeugt, die aber auf dem tertiären Aste die *Intensität Null* haben. Ihre maximale Intensität strahlen sie vielmehr in Richtung des primären Astes aus. Dieses Verhalten der tertiären Röntgenstrahlen beweist sowohl die transversale Natur der primären wie die totale Polarisation der sekundären Röntgenstrahlen.

Die Zerstreuer Z_1 und Z_2 waren Kugeln aus Paraffin; bei schwerem Material hätten die entstehenden „Eigenstrahlungen“ das Versuchsergebnis fälschen können.

§ 20. Allgemeines über die Struktur der Wellenfelder von zylindrischer Symmetrie. Spezielles über Wechselstromwiderstand und Skineffekt

In den folgenden Paragraphen werden wir uns fast ausschließlich mit *Oberflächenwellen* beschäftigen, die an Körpern *zylindrischer Gestalt* entlang *geführt* werden. Der Zustand sei vermöge seiner Anregung *zeitlich periodisch* von der Kreisfrequenz ω. Es handelt sich dann hauptsächlich um die Berechnung von *Fortpflanzung* und *Dämpfung* der Wellen beim Fortschreiten nach der Zylinderachse, die wir zur Richtung einer x-Koordinate machen werden. Den Querschnitt der zylindrischen Leiter (oder auch Nichtleiter) lassen wir zunächst unbestimmt. Fortpflanzung und Dämpfung fassen wir zusammen zu einer *komplexen Wellenzahl h,* die von der reellen Wellenzahl $k = \omega/c$ des Vakuums verschieden ist. Wir betrachten also einen Wellentyp von der x, t-Abhängigkeit:

$$\exp\{i(h\,x - \omega\,t)\};$$

h hat bei der vorausgesetzten zylindrischen Struktur des Wellenfeldes außerhalb und innerhalb der dasselbe führenden Oberflächen notwendig den *gleichen* Wert; dasselbe gilt natürlich von ω.

In der Ebene senkrecht zur x-Achse definieren wir ein orthogonales Koordinatensystem u, v; $\mathrm{d}x$, $\mathrm{d}u$, $\mathrm{d}v$ mögen in dieser Reihenfolge ein Rechtssystem bilden. Das räumliche Linienelement legen wir in der Form von (2. 22) in Bd. II zugrunde:

$$\mathrm{d}s^2 = \mathrm{d}x^2 + g_u^2\,\mathrm{d}u^2 + g_v^2\,\mathrm{d}v^2. \tag{1}$$

g_u und g_v bedeuten hier gegebene Funktionen von u und v. Der (in jedem Leiter konstante, d. h. von x unabhängige) Querschnitt kann für die verschiedenen Leiter verschieden sein. Die Koordinaten u, v sind jeweils der Gestalt des Querschnittes anzupassen: als gewöhnliche Polarkoordinaten beim Einzeldraht, als Bipolarkoordinaten bei der Doppelleitung, als kartesische beim Halbraum (Grenzfall des Einzeldrahtes von unendlich großem Radius).

Wir stellen uns die Aufgabe, die Transversalkomponenten $\mathfrak{E}_u$, $\mathfrak{E}_v$, $\mathfrak{H}_u$, $\mathfrak{H}_v$ durch die Longitudinalkomponenten $\mathfrak{E}_x$, $\mathfrak{H}_x$ zu berechnen. Dies ist möglich, ohne daß wir genötigt wären, die Querschnitte der die Welle fortpflanzenden zylindrischen Leiter irgendwie zu spezialisieren, ohne auf die diesbezüglichen Randbedingungen einzugehen, auch ohne die Separierbarkeit der Wellengleichung in den beiden Koordinaten u, v vorauszusetzen. Die so zu erhaltende allgemeine Struktur des Wellenfeldes gilt nicht nur für das Äußere der Leiter, sondern auch, bei abgeänderter Wahl der Materialkonstanten, für das Innere derselben.

A. Longitudinal- und Transversal-Komponenten

Die Longitudinalkomponenten $\mathfrak{E}_x$ und $\mathfrak{H}_x$, die wir zusammenfassend mit X bezeichnen wollen, genügen als *kartesische* Komponenten bei verschwindender Raumladung der einfachen Schwingungsgleichung (6. 4)

$$\left(\triangle - \varepsilon\,\mu \frac{\partial^2}{\partial t^2} - \sigma\,\mu \frac{\partial}{\partial t}\right) X = 0. \tag{2}$$

Sie ist in dieser Form für das Innere der Leiter hingeschrieben, gilt aber auch für das Äußere, wo $\sigma = 0$, $\varepsilon = \varepsilon_0$, $\mu = \mu_0$ ist. Wir setzen

$$\triangle = \frac{\partial^2}{\partial x^2} + \triangle_{uv},$$

wo $\triangle_{uv}$ den in die krummlinigen Koordinaten u, v transformierten *zweidimensionalen* LAPLACE-Operator bedeutet. Wegen der Abhängigkeit des Phasenfaktors von x und t können wir statt (2) schreiben

$$(\triangle_{uv} + k^2 - h^2)\,X = 0, \qquad k^2 = \varepsilon\,\mu\,\omega^2 + \mathrm{i}\,\mu\,\sigma\,\omega. \tag{3}$$

Im Äußeren der Leiter ist k reell $= \sqrt{\varepsilon_0\,\mu_0}\,\omega = \omega/c$, im Inneren komplex. Durch Einführung der komplexen D.K. ε' aus Gl. (6. 18) können wir aber beidemal dieselbe Formel

$$k = \sqrt{\varepsilon\,\mu}\,\omega \tag{3a}$$

benutzen, wenn wir weiterhin so spezialisieren

$$\begin{aligned} \varepsilon &= \varepsilon_0, \quad & \mu &= \mu_0 \quad \text{im Äußeren,} \\ \varepsilon &= \varepsilon', \quad & \mu &= \mu \quad \text{im Inneren.} \end{aligned} \tag{3b}$$

Um Gl. (2) wirklich zu integrieren, müßten wir natürlich auf spezielle, der Leiterform angepaßte Koordinaten u, v übergehen, was wir zunächst vermeiden wollen. Trotzdem können wir für das Folgende die Longitudinalkomponenten $\mathfrak{E}_x$ und $\mathfrak{H}_x$ als bekannte Ortsfunktionen ansehen.

Um aus ihnen die Transversalkomponenten zu berechnen, stützen wir uns auf die in Gl. (2. 26) von Bd. II enthaltene Definition der Rotation eines beliebigen Vektors $\mathfrak{A}$ in beliebigen orthogonalen krummlinigen Koordinaten p_1, p_2, p_3:

$$\mathrm{rot}_1 \mathfrak{A} = \frac{1}{g_2\,g_3}\left(\frac{\partial (g_3\,\mathfrak{A}_3)}{\partial p_2} - \frac{\partial (g_2\,\mathfrak{A}_2)}{\partial p_3}\right) \tag{4}$$

und setzen in ihr nach (1)

$$p_1 = x, \quad p_2 = u, \quad p_3 = v; \quad g_1 = 1, \quad g_2 = g_u, \quad g_3 = g_v.$$

Durch zyklische Vertauschung der Indices 1, 2, 3 und der Koordinaten x, u, v erhalten wir aus (4) sämtliche in den MAXWELLschen Gleichungen vorkommenden Rotationskomponenten.

Wir berechnen so aus dem ersten und zweiten MAXWELLschen Tripel bei gleichzeitiger Berücksichtigung der x, t-Abhängigkeit des Phasenfaktors

$$\mathrm{i}\,\omega\,\mu\,\mathfrak{H}_v = \mathrm{rot}_v\,\mathfrak{E} = \mathrm{i}\,h\,\mathfrak{E}_u - \frac{1}{g_u}\frac{\partial \mathfrak{E}_x}{\partial u},$$

$$-\mathrm{i}\,\omega\,\varepsilon\,\mathfrak{E}_u = \mathrm{rot}_u\,\mathfrak{H} = -\mathrm{i}\,h\,\mathfrak{H}_v + \frac{1}{g_v}\frac{\partial \mathfrak{H}_x}{\partial v}.$$

Auf Grund unserer Verabredung in (3a, b) setzen wir hier linker Hand $\omega = k/\sqrt{\varepsilon\,\mu}$ und erhalten

$$\mathrm{i}\left(k\sqrt{\frac{\mu}{\varepsilon}}\,\mathfrak{H}_v - h\,\mathfrak{E}_u\right) = -\frac{1}{g_u}\frac{\partial \mathfrak{E}_x}{\partial u},$$

$$\mathrm{i}\left(h\sqrt{\frac{\mu}{\varepsilon}}\,\mathfrak{H}_v - k\,\mathfrak{E}_u\right) = \frac{1}{g_v}\sqrt{\frac{\mu}{\varepsilon}}\frac{\partial \mathfrak{H}_x}{\partial v}.$$

Hieraus berechnen sich $\mathfrak{E}_u$ und $\mathfrak{H}_v$ durch einfache Elimination

$$(5)\quad \left\{\begin{aligned} \mathrm{i}(k^2-h^2)\,\mathfrak{E}_u &= -\frac{h}{g_u}\frac{\partial \mathfrak{E}_x}{\partial u} - \frac{k}{g_v}\sqrt{\frac{\mu}{\varepsilon}}\frac{\partial \mathfrak{H}_x}{\partial v},\\ \mathrm{i}(k^2-h^2)\sqrt{\frac{\mu}{\varepsilon}}\,\mathfrak{H}_v &= -\frac{k}{g_u}\frac{\partial \mathfrak{E}_x}{\partial u} - \frac{h}{g_y}\sqrt{\frac{\mu}{\varepsilon}}\frac{\partial \mathfrak{H}_x}{\partial v}.\end{aligned}\right.$$

Damit ist unser Ziel für die beiden Transversalkomponenten $\mathfrak{E}_u$ und $\mathfrak{H}_v$ bereits erreicht, da ja rechts nur mehr die als bekannt vorausgesetzten Longitudinalkomponenten vorkommen.

Die Rechnung für $\mathfrak{E}_v$ und $\mathfrak{H}_u$ verläuft ebenso. Bei diesen benutzt man die MAXWELL-Gleichungen:

$$\mathrm{i}\,\omega\,\mu\,\mathfrak{H}_u = -\mathrm{i}\,h\,\mathfrak{E}_v + \frac{1}{g_v}\frac{\partial \mathfrak{E}_x}{\partial v},$$

$$-\mathrm{i}\,\omega\,\varepsilon\,\mathfrak{E}_v = \mathrm{i}\,h\,\mathfrak{H}_u - \frac{1}{g_u}\frac{\partial \mathfrak{H}_x}{\partial u}$$

und ersetzt darin ω wieder auf Grund der Verabredung (3a, b). Man erhält nach Elimination einer der beiden Unbekannten $\mathfrak{H}_u$ oder $\mathfrak{E}_v$

$$(6)\quad \left\{\begin{aligned} \mathrm{i}(k^2-h^2)\,\mathfrak{E}_v &= -\frac{h}{g_v}\frac{\partial \mathfrak{E}_x}{\partial v} + \frac{k}{g_u}\sqrt{\frac{\mu}{\varepsilon}}\frac{\partial \mathfrak{H}_x}{\partial u},\\ \mathrm{i}(k^2-h^2)\sqrt{\frac{\mu}{\varepsilon}}\,\mathfrak{H}_u &= \frac{k}{g_v}\frac{\partial \mathfrak{E}_x}{\partial v} - \frac{h}{g_u}\sqrt{\frac{\mu}{\varepsilon}}\frac{\partial \mathfrak{H}_x}{\partial u}.\end{aligned}\right.$$

Die hier etwas kurz und abstrakt gehaltenen Ausführungen werden sich in den folgenden §§ 21—25 bestens bewähren, wo wir unsere allgemeinen Koordinaten u, v teils zu Polar-, teils zu Bipolarkoordinaten spezialisieren werden. Sie zeigen z. B. unmittelbar, daß bei Polarkoordinaten r, φ und Unabhängigkeit des Feldes von φ die beiden im allgemeinen miteinander verkoppelten Gleichungspaare (5) und (6) zerfallen in ein Paar, das nur die $\mathfrak{E}_x$, $\mathfrak{E}_r$, $\mathfrak{H}_\varphi$ und ein anderes Paar, das nur die $\mathfrak{H}_x$, $\mathfrak{H}_r$, $\mathfrak{E}_\varphi$ enthält. Diese Vereinfachung entspricht der Symmetrie des Einzeldrahtes. Im gegenwärtigen Paragraphen beschäftigen wir uns zunächst mit dem noch einfacheren Falle der rechtwinkligen Koordinaten $u = y$, $v = z$ bei Unabhängigkeit des Feldes von z, der dem Grenzübergange: Drahtradius $\to \infty$ in Fig. 30 entspricht. In all diesen speziellen Fällen nehmen die vorstehenden allgemeinen Beziehungen eine leicht verständliche Form an und lassen sich, wie wir sehen werden, direkt verifizieren.

Unabhängig von der Wahl der u, v läßt sich aber noch ein wesentlicher Schluß ziehen, der für alle zylindrischen *vollkommenen* Leiter gültig ist: *Die Fortpflanzungsgeschwindigkeit an ihnen ist stets gleich der Lichtgeschwindigkeit.* Wir konstatieren zunächst, daß die elektrischen Kraftlinien auf der Leiteroberfläche senkrecht stehen müssen und schließen daraus auf $\mathfrak{E}_x = 0$. Da hier ferner der Energiefluß keine Komponente in Richtung auf den Leiter hin haben kann, so muß auch $\mathfrak{H}_x = 0$ sein. Dies gilt zunächst nur für die Oberfläche der Leiter. Wir machen aber den Ansatz, daß beide longitudinalen Komponenten *überall* im Nichtleiter verschwinden, und setzen uns damit nicht in Widerspruch zu den MAXWELLschen Gleichungen. Aus (5) und (6) folgt dann (bei Ausschaltung der trivialen Lösung $\mathfrak{E}_u = \mathfrak{E}_v = \mathfrak{H}_u = \mathfrak{H}_v = 0$), daß $h = k$ sein muß. Die für jede kartesische Komponente des elektrischen und magnetischen Feldes gültige Wellengleichung (3) geht damit über in die Potentialgleichung. In einem speziellen Beispiel (§ 25 A) wird von dieser Folgerung Gebrauch gemacht werden.

B. Das Wellenfeld des Halbraumes und sein Skineffekt

Der metallische Halbraum sei durch die Ebene $y = 0$ begrenzt. Die positive y-Achse weise nach oben in den leeren (oder mit Luft erfüllten) Halbraum $y > 0$. Die Welle schreite nach rechts (positive x-Achse) fort. Von den beiden möglichen Ansätzen (5) und (6) wählen wir den ersteren, weil er dem wechselstromdurchflossenen Draht entspricht. Wir machen daher den unmittelbar verständlichen Ansatz:

$$\left.\begin{aligned}\mathfrak{E}_x &= E(y)\\ \mathfrak{E}_y &= F(y)\\ \mathfrak{H}_z &= G(y)\end{aligned}\right\} \exp\{\mathrm{i}(h x - \omega t)\}; \quad \left.\begin{aligned}&\mathfrak{E}_z\\ &\mathfrak{H}_x\\ &\mathfrak{H}_y\end{aligned}\right\} = 0. \tag{7}$$

Die Differentialgleichung (3) für $\mathfrak{E}_x$ geht über in

$$\frac{\mathrm{d}^2 E}{\mathrm{d} y^2} + (k^2 - h^2) E = 0, \quad \text{mit} \quad k^2 = \varepsilon \mu \omega^2 + \mathrm{i} \mu \sigma \omega. \tag{8}$$

Ihre Lösung ist

$$E(y) = A\, \mathrm{e}^{\mathrm{i}\sqrt{k^2-h^2}\, y} + B\, \mathrm{e}^{-\mathrm{i}\sqrt{k^2-h^2}\, y}. \tag{8a}$$

Für $y < 0$ ist k^2 komplex, für $y > 0$ reell. Wir wollen aber auch für $y > 0$ vorerst mit einem (sehr kleinen) $\sigma > 0$ rechnen und erst etwas später zur Grenze $\sigma \to 0$ übergehen[1]).

[1]) Auf diese Weise gehen wir hier den im Äußeren des Drahtes auftretenden prinzipiellen Fragen aus dem Wege, die erst in § 22 behandelt werden sollen.

Das Vorzeichen von $\sqrt{k^2 - h^2}$ wollen wir ein für allemal so wählen, daß die Wurzel einen *positiven* Imaginärteil hat.

Da der Zustand für $y \to \pm \infty$ endlich bleiben muß, haben wir in (8a) zu setzen

$$\text{für} \quad y > 0 \qquad B = 0,$$
$$\text{für} \quad y < 0 \qquad A = 0.$$

Da andererseits $\mathfrak{E}_x$ für $y = 0$ stetig sein muß, ist in den beiden so entstehenden Ausdrücken $B = A$ zu setzen.

Weiterhin wollen wir aber den Buchstaben k nur für die im Limes $\sigma \to 0$ reelle Wellenzahl bei $y > 0$ beibehalten. Den Wert von k im Leiter bezeichnen wir zum Unterschied mit k_L. Dann schreibt sich (8a) definitiv:

$$E(y) = \begin{cases} A\, e^{i\sqrt{k^2 - h^2}\, y} & y > 0, \\ A\, e^{-i\sqrt{k_L^2 - h^2}\, y} & y < 0. \end{cases} \tag{9}$$

Aus (5) erhält man mit $u = y$, $v = z$, $g_u = g_v = 1$ und $\frac{\partial}{\partial z} = 0$.

$$F(y) = \begin{cases} -\dfrac{h A}{\sqrt{k^2 - h^2}}\, e^{i\sqrt{k^2 - h^2}\, y} & y > 0, \\ \dfrac{h A}{\sqrt{k_L^2 - h^2}}\, e^{-i\sqrt{k_L^2 - h^2}\, y} & y < 0. \end{cases} \tag{9a}$$

$$\left.\begin{matrix} \sqrt{\dfrac{\mu_0}{\varepsilon_0}} \\ \sqrt{\dfrac{\mu}{\varepsilon'}} \end{matrix}\right\} G(y) = \begin{cases} -\dfrac{k A}{\sqrt{k^2 - h^2}}\, e^{i\sqrt{k^2 - h^2}\, y} & y > 0, \\ \dfrac{k_L A}{\sqrt{k_L^2 - h^2}}\, e^{-i\sqrt{k_L^2 - h^2}\, y} & y < 0. \end{cases} \tag{9b}$$

Die Faktoren links bei G bedeuten „Wellenwiderstände", der obere den reellen des Vakuums wie S. 34, der untere den entsprechend definierten komplexen unseres Leiters. Wir sahen bereits dort, daß sich die Dimensionen von $\mathfrak{H}$ und $\mathfrak{E}$ gerade um einen Faktor dieser Dimension unterscheiden müssen.

Wir tragen jetzt der Stetigkeit von $\mathfrak{H}_z$ für $y = 0$ Rechnung. Sie verlangt mit Rücksicht auf (3a, b)

$$\frac{\mu_0 \sqrt{k^2 - h^2}}{k^2} = -\frac{\mu \sqrt{k_L^2 - h^2}}{k_L^2}. \tag{10}$$

Daraus berechnet sich

$$\frac{1}{h^2} = \frac{\mu_0^2 \dfrac{k_L^2}{k^2} - \mu^2 \dfrac{k^2}{k_L^2}}{\mu_0^2 k_L^2 - \mu^2 k^2}. \tag{10a}$$

Dieser Wert hängt in *symmetrischer* Weise von den Konstanten μ_0, k und μ, k_L der beiden Medien Luft und Metall ab. Im besonderen ergibt sich für $\mu = \mu_0$

$$\frac{1}{h^2} = \frac{1}{k^2} + \frac{1}{k_L^2}. \tag{10b}$$

Im Fall eines gut leitenden Metalls überwiegt der Leitungsstrom (das σ-Glied in k_L) bis zu sehr hohen Frequenzen ($\omega \lesssim 10^{14}\,\mathrm{s}^{-1}$) den Verschiebungsstrom (das ε-Glied). Wir können also annehmen:

$$k_L \approx \sqrt{\mathrm{i}\,\mu\,\sigma\,\omega} = \sqrt{2\mathrm{i}}\sqrt{\frac{\mu\,\sigma\,\omega}{2}} = (1+\mathrm{i})\,\varkappa, \qquad \varkappa^2 = \frac{\mu\,\sigma\,\omega}{2}. \tag{11}$$

Zugleich ist dann auch für $\mu = \mu_0$

$$\varkappa \gg k, \qquad \text{also nach (10b)} \quad h \approx k. \tag{11a}$$

In diesem Falle erhält man als Phasengeschwindigkeit einfach:

$$\frac{\omega}{h} \approx \frac{\omega}{k} = c,$$

wie schon gegen Ende von Abschnitt A hervorgehoben wurde.

Aus (9) und (9a) folgt unter der Annahme (11a)

$$\text{im Äußeren des Leiters:} \quad |E| \ll |F|,$$
$$\text{im Inneren des Leiters:} \quad |E| \gg |F|.$$

Die elektrischen Kraftlinien haben also außerhalb des Leiters im wesentlichen die Richtung der y-Achse, innerhalb derselben im wesentlichen die der x-Achse.

Wir wollen nun diejenige y-Koordinate im Inneren des Metall berechnen, für welche $|\mathfrak{E}_x|$ und daher auch $|\mathfrak{J}_x|$ auf 1/e des Oberflächenwertes abgenommen hat. Wir nennen diesen y-Wert $-d$. Nach unseren Voraussetzungen (11), (11a) gilt:

$$\varkappa\, d = 1, \qquad d = \frac{1}{\varkappa} \ll \frac{1}{k}, \tag{12}$$

also auch, da $k = 2\pi/\lambda$ ist, klein gegen die zur Frequenz ω gehörende Wellenlänge λ. *Der Strom ist auf eine dünne Haut am Umfange des Leiters beschränkt, während das ganze Innere fast stromfrei ist.* Man spricht von einem *Skineffekt*, der bekanntlich in der ganzen Wechselstromtechnik eine wichtige Rolle spielt. Die Hautdicke ist um so kleiner, je größer die Frequenz ω ist [$\varkappa$ nimmt nach (11) wie $\sqrt{\omega}$ zu]. Die folgende Tabelle enthält einige Werte von d für Cu ($\sigma = 57{,}5 \cdot 10^6\,\Omega\,\mathrm{m}^{-1}$, $\mu = \mu_0 = 4\pi \cdot 10^{-7}\,\Omega\,\mathrm{m}^{-1}\,\mathrm{s}$).

Technischer Wechselstrom	Telephon	Drahtlose Telegraphie	HERTZsche Schwingung
$\frac{\omega}{2\pi} = 50/\mathrm{s}$	$1000/\mathrm{s}$	$3 \cdot 10^5/\mathrm{s}$	$10^9/\mathrm{s}$
$\lambda = 6 \cdot 10^3\,\mathrm{km}$	$300\,\mathrm{km}$	$1\,\mathrm{km}$	$30\,\mathrm{cm}$
$\varkappa = 105\,\mathrm{m}^{-1}$	$4{,}7 \cdot 10^2\,\mathrm{m}^{-1}$	$8{,}15 \cdot 10^3\,\mathrm{m}^{-1}$	$4{,}7 \cdot 10^5\,\mathrm{m}^{-1}$
$d = 9{,}5\,\mathrm{mm}$	$2{,}1\,\mathrm{mm}$	$0{,}13\,\mathrm{mm}$	$2{,}1 \cdot 10^{-3}\,\mathrm{mm}$.

Wir erläutern dies durch Fig. 29, welche aber nicht die Verhältnisse beim Halbraum, sondern die praktisch interessanteren bei einem Draht von kreisförmigem Querschnitt darstellt. Die Gerade *0—0* bei Gleichstrom oder technischem

Wechselstrom (50/s) geht in die flach gewölbte Kurve *1—1* bei den Frequenzen der Telephonie (1000/s) über; bei der eigentlichen Hochfrequenz (z. B. 1 km Wellenlänge) gilt Kurve *2—2*, die einen ausgeprägten Skineffekt zeigt. Die drei Kurven *0—0*, *1—1*, *2—2* sind für denselben Gesamtstrom I gezeichnet.

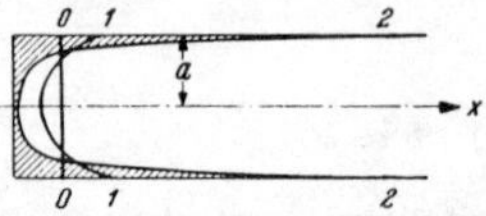

Fig. 29. Verteilung der Wechselstrom-Amplitude über den Querschnitt eines Drahtes: *0—0* Gleichstrom, *1—1* Telephonstrom, *2—2* Hochfrequenzstrom

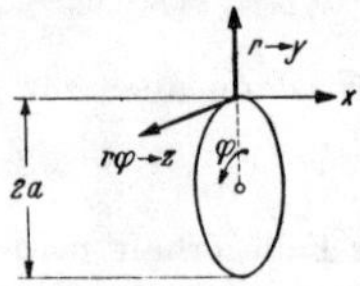

Fig. 30. Grenzübergang vom kreisförmigen Drahtquerschnitt (Koordinaten x, r, φ) zum Halbraum (Koordinaten x, y, z)

Gleichzeitig erläutern wir durch Fig. 30 den Grenzübergang von den Koordinaten x, r, φ des Drahtes zu den Koordinaten x, y, z des Halbraumes.

C. Der Wechselstromwiderstand des Halbraumes

Wir schneiden aus dem metallischen Halbraum einen in der y-Richtung unendlich langen Quader heraus, dessen obere Deckfläche in der Ebene $y = 0$ liegt. Er habe in der z-Richtung die Seitenlänge l, in der x-Richtung sei seine Seitenlänge gleich der Wellenlänge λ der sich in dieser Richtung fortpflanzenden Welle. Wenn wir für das Folgende den imaginären Teil von h (die kleine Dämpfung der Welle in der x-Richtung) vernachlässigen, wird $\lambda = 2\pi/h$. Der durch den Quader fließende Gesamtstrom ist:

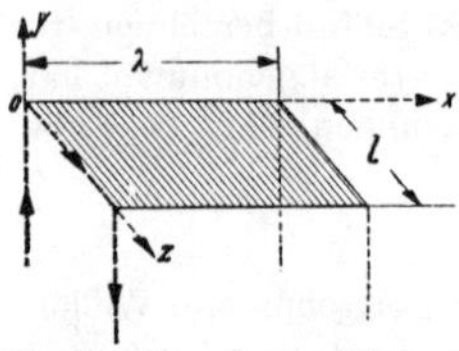

Fig. 31. Durch die Ebene $y = 0$ und die beiden Ebenenpaare $x = 0$, $x = \lambda$; $z = 0$, $z = l$ wird aus dem metallischen Halbraum $y < 0$ ein Quader ausgeschnitten. Berechnung seines Widerstandes bei einer in der x-Richtung fortschreitenden Oberflächenwelle

$$I = \int_0^l \int_0^{-\infty} \mathfrak{J}_x \, dz \, dy. \tag{13}$$

Den Widerstand des Quaders definieren wir energetisch durch die in ihm stattfindende Wärmeentwicklung, gegeben durch die über den Quader integrierte und zeitlich gemittelte JOULEsche Wärme W_J. Nach dem POYNTINGschen Satz gilt für unseren Quader:

$$\dot{W}_e + \dot{W}_m + W_J = -\int \mathfrak{S}_n \, d\sigma. \tag{13a}$$

Hier fallen die beiden ersten Glieder links im Zeitmittel fort infolge der zeitlichen Periodizität des Vorganges. Der POYNTINGsche Vektor rechts rührt nur von der x-z-Fläche (in Fig. 31 schraffiert) her; denn die Beiträge der x-y-Flächen sind Null wegen $\mathfrak{H}_x = \mathfrak{H}_y = 0$ und die Beiträge der y-z-Flächen heben sich gegenseitig auf wegen der Periodizität nach x. Daher wird:

$$\int \mathfrak{S}_n \, d\sigma = \int_0^l dz \int_0^\lambda \mathfrak{S}_y \, dx = -l \int_0^\lambda \mathfrak{E}_x \mathfrak{H}_z \, dx.$$

Benutzen wir für $\mathfrak{E}_x$ und $\mathfrak{H}_z$ die Werte im Metall (die, wie wir wissen, für $y = 0$ mit denen in Luft übereinstimmen und sich wegen $|h| \ll |k_L|$ vereinfachen lassen), so erhalten wir aus (9) und (9b) bei Berücksichtigung der Darstellung (7)

$$\int \mathfrak{S}_n \, d\sigma = -l A^2 \int_0^\lambda \Re\{e^{-i\omega t + i h x}\} \cdot \Re\left\{\sqrt{\frac{\varepsilon'}{\mu}}\, e^{-i\omega t + i h x}\right\} dx .$$

Setzen wir hier für ε' in ausreichender Näherung $i\,\sigma/\omega$ und für $\sqrt{i}$ seinen Wert $(1+i)/\sqrt{2}$ ein, so können wir den Faktor $(\sigma/2\mu\,\omega)^{1/2}$ vor das Integralzeichen ziehen, während hinter dem Zeichen $\Re$ der Faktor $1+i$ verbleibt. Machen wir noch die Substitution

$$u = h x - \omega t, \qquad dx = \frac{du}{h} = \frac{\lambda\, du}{2\pi}, \qquad u_0 = -\omega t,$$

so geht die vorangehende Gleichung über in

$$\text{(13b)} \quad \int \mathfrak{S}_n \, d\sigma = -l \frac{\lambda A^2}{2\pi} \sqrt{\frac{\sigma}{2\mu\,\omega}} \int_{u_0}^{u_0+2\pi} \cos u (\cos u - \sin u)\, du = -l \frac{\lambda A^2}{2} \sqrt{\frac{\sigma}{2\mu\,\omega}} .$$

Da dieser Wert von t unabhängig geworden ist, stellt er zugleich das Zeitmittel von W_J dar, das wir zur Definition des Widerstandes benötigen. Wir setzen nämlich, indem wir die energetische Definition von R aus (18. 6a) zeitlich mitteln und dadurch auf Wechselstrom erweitern:

$$\text{(14)} \qquad R\,\overline{I^2} = \overline{W_J} = l \frac{\lambda A^2}{2} \sqrt{\frac{\sigma}{2\mu\,\omega}} .$$

Um schließlich noch den hier vorkommenden Wert von $\overline{I^2}$ zu berechnen, benutzen wir das Umlaufsintegral von $\mathfrak{H}$ um den Quader, z. B. an der Ebene $x = 0$ (in Fig. 31 durch verstärkte Pfeile angedeutet), zu dem aber wegen der Richtung von $\mathfrak{H}$ nur die Kante $y = 0$, $0 < z < l$ des Quaders einen Beitrag liefert. Wir haben daher

$$\text{(14a)} \quad I = \int_0^l \mathfrak{H}_z \, dz = l\, \mathfrak{H}_z = l\, G(0)\, e^{-i\omega t} = \sqrt{\frac{\varepsilon'}{\mu}}\, l A\, e^{-i\omega t} = \sqrt{\frac{\sigma}{2\mu\,\omega}}\, l A (1+i)\, e^{-i\omega t} .$$

Bevor wir hiervon das quadratische Mittel bilden, müssen wir aber wieder zum reellen Teil übergehen:

$$I = \sqrt{\frac{\sigma}{2\mu\,\omega}}\, l A (\cos\omega t + \sin\omega t) .$$

Wir erhalten dann

$$\text{(14b)} \qquad \overline{I^2} = \frac{\sigma}{2\mu\,\omega} l^2 A^2 .$$

Einsetzen in (14) liefert

$$\text{(15)} \qquad R = \frac{\lambda}{l} \sqrt{\frac{\mu\,\omega}{2\sigma}} = \frac{\lambda \varkappa}{l \sigma}, \quad \text{vgl. (11).}$$

Der Sinn dieser Formel wird deutlich, wenn wir darin die Hautdicke d aus Gl. (12) einführen. Sie lautet dann

$$R = \frac{\lambda}{d\,l\,\sigma}. \tag{15a}$$

λ ist die in der Fortschreitungsrichtung der Wellen gemessene „Länge" unseres Leiter-Ausschnittes. Vergleichen wir (15a) mit der elementaren Gleichstromformel

$$R_0 = \frac{\lambda}{q\,\sigma}, \tag{15b}$$

so sehen wir, daß der Querschnitt q in unserem Wechselstrom-Falle vertreten wird durch das Rechteck $q = d\,l$. Statt des ihm zur Verfügung stehenden unendlich großen Querschnittes (der y-z-Fläche unseres Quaders) nützt der Wechselstrom sozusagen nur das Rechteck $d\,l$ aus; anders ausgedrückt: Der im Leiter exponentiell abfallende Wechselstrom verhält sich hinsichtlich seines Widerstandes ebenso wie ein Gleichstrom, der über die Hautdicke d gleichmäßig verteilt ist.

D. Der Rayleighsche Widerstand des Drahtes

Wir übertragen jetzt unsere Widerstandsformel (15) von dem *eben* begrenzten Leiter auf einen *kreiszylindrischen Draht* vom Radius a. Wir nehmen dabei an

$$a \gg d,$$

so daß sich der Skineffekt an der Oberfläche des Drahtes unbehindert ausbilden kann und das Innere desselben stromfrei bleibt. Wir werden aber jetzt nicht die Breite l des Quaders, sondern die Breite $2\pi\,a$ desselben zu betrachten haben und werden uns seine stromführende Schicht in die stromführende Oberflächenschicht des Drahtes zusammengebogen denken. Dadurch haben wir den oben definierten Querschnitt $q = d\,l$ in $q = d \cdot 2\pi\,a$ und den in (15a) gefundenen Widerstand R in R_a abgeändert:

$$R_a = \frac{R\,l}{2\pi\,a} = \frac{\lambda}{2\pi\,a\,\sigma\,d}. \tag{16}$$

Führen wir noch den Gleichstromwiderstand des Drahtes

$$R_0 = \frac{\lambda}{\pi\,a^2\,\sigma} \tag{16a}$$

ein, den wir also, ebenso wie R_a, auf dieselbe Länge λ und dieselbe Leitfähigkeit σ wie unser R beziehen, so erhalten wir einfach:

$$\frac{R_a}{R_0} = \frac{1}{2}\,\frac{a}{d} = \frac{a}{2}\,\varkappa. \tag{17}$$

Dies ist die *Rayleighsche Widerstandsformel* für hochfrequenten Wechselstrom Fig. 32 erläutert ihre Gültigkeitsgrenzen. Für kleine ω (stationär und quasistationäre Ströme) ist im Gegensatz zu (17) $R_a = R_0$: unsere Schaulinie tangiert (in höherer Ordnung) für $\omega = 0$ die Horizontale im Abstande 1 von der Abszissenachse.

Nur für hinreichend große ω gilt die Näherungsdarstellung (17). Wegen der Wahl unseres Abszissen-Maßstabes folgt die Richtung unserer Schaulinie mit wachsendem ω der unter 45° gegen die Achsen geneigten Asymptote $0\,A$. Das Zwischengebiet zwischen kleinen und großen ω erfordert eine eingehendere analytische Behandlung (vgl. den Schluß dieses Paragraphen).

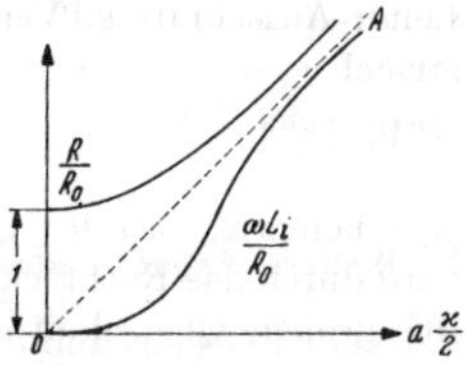

Fig. 32. Widerstand und innere Selbstinduktanz des Wechselstromes in Abhängigkeit von seiner Frequenz. Die Abszisse ist proportional der Quadratwurzel aus der Frequenz. $0\,A$ = Winkelhalbierende der beiden Achsen. Die Induktanzkurve schmiegt sich ihr asymptotisch an, die Widerstandskurve läuft zu ihr asymptotisch parallel

E. Die Wechselstrom-Induktanz

Unsere bisherige Methode konnte nur den *Wirkwiderstand* liefern. Wollten wir auf ähnliche Weise zum *Blindwiderstand* gelangen, so müßten wir die *magnetische* Energie W_m in Abhängigkeit vom Strome I berechnen:

$$W_m = \frac{L}{2} I^2,$$

und zwar nicht nur für den Leiter (innere Selbstinduktion L_i, vgl. S. 111), sondern auch für den umgebenden Luftraum (äußere Selbstinduktion L_a). Indessen würde zur Übertragung auf den Draht unsere bisherige Analyse des Außenfeldes nicht ausreichen, so daß wir uns im folgenden auf das Innenfeld und die innere Selbstinduktion L_i beschränken werden.

Für diese haben wir aber eine allgemeinere und zugleich einfachere Methode zur Verfügung, nämlich die des Widerstandsoperators aus Gl. (18. 10)

$$\text{(18)} \qquad \mathfrak{R} I = V, \quad \mathfrak{R} = R - \mathrm{i}\,\omega\, L_i.\text{[1]}$$

Wir setzen V gleich der Feldstärke $\mathfrak{E}_x$ (Spannung pro Längeneinheit unseres Leiters) an der Oberfläche $y = 0$ desselben, haben also bei Unterdrückung des Phasenfaktors nach Gl. (9) $V = A$, wobei dann auch R sowie L auf die Längen λ zu beziehen sein werden. I entnehmen wir aus (14a), wobei wir den Zeitfaktor ebenfalls unterdrücken:

$$I = \sqrt{\frac{\sigma}{2\mu\,\omega}}\, A\,(1+\mathrm{i})\, 2\pi a = \frac{\sigma}{\varkappa} A\,(1+\mathrm{i})\,\pi a.$$

Als Quotient beider ergibt sich

$$\frac{V}{I} = (1-\mathrm{i})\,\frac{\varkappa}{\sigma}\cdot\frac{1}{2\pi a},$$

[1]) Wir haben das Vorzeichen der imaginären Einheit gegenüber § 18 abgeändert, um die vorangehenden Formeln für I und E direkt benutzen zu können. In diesen war nämlich der Zeitfaktor in der Form $\exp(-\mathrm{i}\,\omega\, t)$ geschrieben, während er in § 18 bei den entsprechenden Formeln $\exp(+\mathrm{i}\,\omega\, t)$ hieß.

also nach (18)

(19) $$\mathfrak{R} = \lambda \frac{V}{I} = (1 - \mathrm{i}) \frac{\varkappa}{\sigma} \frac{\lambda}{2\pi a}, \qquad R = \omega L_i = \frac{\varkappa}{\sigma} \frac{\lambda}{2\pi a}.$$

Dies stimmt bezüglich R mit (15) überein, wenn man das dortige l durch $2\pi a$ ersetzt, und zeigt zugleich, daß die *innere Induktanz* ωL_i gleich *dem Widerstande* R ist. Das gilt allgemein für den von einer Ebene begrenzten Leiter, es gilt aber auch für den kreiszylindrischen Draht *im Rayleighschen Grenzfalle hinreichend hoher Frequenz.*

F. Weitere Angaben über das Wechselstromfeld eines kreiszylindrischen Drahtes

Um den Gegenstand dieses Paragraphen abzuschließen, müssen wir auf einige Formeln vorgreifen, die erst in § 22 systematisch entwickelt werden können. Es handelt sich zunächst um das longitudinale Wechselstromfeld in einem Draht vom Radius a

(20) $$\mathfrak{E}_x = C J_0(k r).$$

J_0 bedeutet die für $r = 0$ stetige BESSEL-Funktion vom Index 0. (Der Phasenfaktor ist wie bisher hinzuzudenken.) k soll im folgenden die für das Drahtinnere geltende *komplexe* Wellenzahl bedeuten, nicht, wie vorher, die Wellenzahl in Luft. Der Koeffizient C in (20) bestimmt sich aus dem im Draht fließenden spezifischen Strom $\mathfrak{J} = \sigma \mathfrak{E}_x$ und dem Gesamtstrom I nach der späteren Gl. (22. 3d) zu

(20a) $$C = -\frac{k I}{2\pi a \sigma} \frac{1}{J_0'(k a)}.$$

Für den spezifischen Strom $\mathfrak{J}$ erhalten wir aus (20) und (20a)

(21) $$\frac{\mathfrak{J}}{\mathfrak{J}_0} = -\frac{k a}{2} \frac{J_0(k r)}{J_0'(k a)};$$

$\mathfrak{J}_0 = I/\pi a^2$ ist der Gleichstromwert von $\mathfrak{J}$.

Gl. (21) kann dazu dienen, unsere Fig. 29 zu kontrollieren. Bei *kleiner* Frequenz sind die Argumente $k r$ und $k a$ von kleinem absoluten Betrag. Dann benutzt man die Reihe (22. 3c) und ihre Ableitung:

(21a) $$\begin{cases} J_0(\varrho) = 1 - \left(\frac{\varrho}{2}\right)^2 + \frac{1}{4}\left(\frac{\varrho}{2}\right)^4 - \frac{1}{36}\left(\frac{\varrho}{2}\right)^6 \pm \cdots, \\ J_0'(\varrho) = -\frac{\varrho}{2}\left(1 - \frac{1}{2}\left(\frac{\varrho}{2}\right)^2 + \frac{1}{12}\left(\frac{\varrho}{2}\right)^4 \mp \cdots\right) \end{cases}$$

und erhält aus (21) mit Rücksicht auf (11)

(21b) $$\frac{\mathfrak{J}}{\mathfrak{J}_0} = \frac{1 - \left(\frac{k r}{2}\right)^2 + \frac{1}{4}\left(\frac{k r}{2}\right)^4 - \cdots}{1 - \frac{1}{2}\left(\frac{k a}{2}\right)^2 + \frac{1}{12}\left(\frac{k a}{2}\right)^4 - \cdots} = \frac{1 - \frac{\mathrm{i}}{2}(\varkappa r)^2 - \frac{1}{16}(\varkappa r)^4}{1 - \frac{\mathrm{i}}{4}(\varkappa a)^2 - \frac{1}{48}(\varkappa a)^4}.$$

Daraus folgt

$$\text{(21c)} \qquad \left|\frac{\mathfrak{J}}{\mathfrak{J}_0}\right|^2 = \frac{1+\frac{1}{8}(\varkappa r)^4}{1+\frac{1}{48}(\varkappa a)^4}.$$

Man hat also gegenüber der Gleichstromgeraden *0 0* von Fig. 29 eine Einsenkung, die auf der Drahtachse ($r = 0$) die Tiefe $(\varkappa a)^4/96$ und eine Erhebung an der Drahtperipherie ($r = a$) von einer fünfmal größeren Höhe hat.

Bei *großer* Frequenz wird asymptotisch nach (22. 7) und (22. 6a)

$$\text{(22)} \qquad J_0(k r) = (2\pi k r)^{-1/2} \exp(-i k r + i\pi/4),$$

$$\text{(22a)} \qquad \begin{cases} \dfrac{\mathfrak{J}}{\mathfrak{J}_0} = -i\dfrac{k a}{2}\left(\dfrac{a}{r}\right)^{1/2} e^{i k (a-r)}, \\ \left|\dfrac{\mathfrak{J}}{\mathfrak{J}_0}\right| = \dfrac{\varkappa a}{\sqrt{2}}\left(\dfrac{a}{r}\right)^{1/2} e^{-\varkappa (a-r)}. \end{cases}$$

Das ganze Innere des Drahtes wird wegen des steilen Abfalles bei $r < a$ merklich stromfrei; die Erhebung am Rande ist $\varkappa a/\sqrt{2}$ mal größer als im Gleichstromfalle.

Dieselben Formeln liefern auch einen geschlossenen Wert für den Operator $\mathfrak{R}$ in Gl. (18). Nach (20) und (20a) wird nämlich

$$\text{(23)} \qquad \mathfrak{R} = \frac{\mathfrak{E}_z}{I} = -\frac{k}{2\pi a \sigma}\,\frac{J_0(k r)}{J_0'(k a)} = -\frac{k a}{2}\,\frac{J_0(k r)}{J_0'(k a)} R_0,$$

wo R_0 wieder den Gleichstromwiderstand pro Längeneinheit, also $1/\pi a^2 \sigma$ bedeutet. Somit wird für *kleine* Frequenzen nach (21a), wenn wir nach Potenzen von $\varkappa a$ entwickeln,

$$\frac{R}{R_0} - \frac{i\omega L_i}{R_0} = 1 - \frac{i}{4}(\varkappa a)^2 + \frac{1}{48}(\varkappa a)^4.$$

Die Trennung von reell und imaginär liefert

$$\text{(23a)} \qquad \frac{R}{R_0} = 1 + \frac{1}{48}(\varkappa a)^4, \qquad \frac{\omega L_i}{R_0} = \frac{1}{4}(\varkappa a)^2.$$

Andererseits erhält man bei sehr *großen* Frequenzen aus (22) und (22a) einfach

$$\text{(23b)} \qquad \begin{gathered} \frac{R}{R_0} - \frac{i\omega L_i}{R_0} = -i\frac{k a}{2} = (1-i)\frac{\varkappa a}{2}, \\ \frac{R}{R_0} = \frac{\omega L_i}{R_0} = \frac{\varkappa a}{2}. \end{gathered}$$

Dies stimmt mit unseren früheren, für den eben begrenzten Leiter gewonnenen Resultaten (17) und (19) überein.

Unsere Näherungen (23a, b) setzen uns nun in den Stand, auch Fig. 32 zu kontrollieren und für das Zwischengebiet zwischen kleinen und großen Frequenzen zu interpolieren. Die Widerstandskurve schmiegt sich bei kleinen Frequenzen nach (23a) als Parabel vierter Ordnung an die Gerade $R = R_0$ an und nähert sich bei großen Frequenzen von oben her der Geraden OA in Fig. 32. Die Kurve für die innere Selbstinduktanz beginnt bei kleinen Frequenzen als Parabel zweiter Ordnung[1]) und nähert[2]) sich bei großen Frequenzen derselben Geraden von unten her.

§ 21. Die Wechselstrom führende Spule

Nachdem wir schon das Gleichstromfeld des kreisförmigen Einzeldrahtes als mathematisch zu kompliziert in § 17 zurückstellen mußten, wäre es aussichtslos, das Wechselstromfeld einer langen Spule streng behandeln zu wollen. Wir machen daher dieselbe Näherung wie S. 24, ersetzen also unsere als eng gewickelt und zunächst als einlagig angenommene Spule durch einen unendlich langen Hohlzylinder aus einheitlichem Metall. Seine Achse (x-Achse) sei vertikal, er werde von horinzontalen Kreisströmen durchflossen, deren Intensitätsverteilung wir bestimmen wollen. Der innere Radius des Hohlzylinders sei a, der äußere $a + d$.

A. Das Feld der Spule

Wir nehmen wie im Gleichstromfalle an, daß die magnetische Erregung im Äußeren der Spule Null, im Inneren homogen[3]) und zur Spulenachse parallel sei, setzen also

(1) $$\mathfrak{H} = 0 \quad \text{für} \quad r \geqq a + d, \qquad \mathfrak{H} = \mathfrak{H}_x = H\,\mathrm{e}^{-\mathrm{i}\omega t} \quad \text{für} \quad r \leqq a.$$

Im metallischen Leiter werden wir dann das $\mathfrak{H}$-Feld ebenfalls parallel zur Zylinderachse ansetzen müssen, in der Form

$$\mathfrak{H} = \mathfrak{H}_x = H(r)\,\mathrm{e}^{-\mathrm{i}\omega t} \quad \text{für} \quad a < r < a + d.$$

$\mathfrak{H}_x$ muß der allgemeinen Schwingungsgleichung (20. 2) genügen, welche für $H(r)$ die Differentialgleichung liefert

(2) $$\triangle H(r) + k^2 H(r) = 0, \qquad k^2 = \varepsilon\mu\omega^2 + \mathrm{i}\mu\sigma\omega.$$

Sie wird, auf Polarkoordinaten x, r, φ transformiert, durch BESSEL-Funktionen integriert. Wir brauchen hier aber nicht, wie in (20. 20) die Partikularlösung $J_0(kr)$, sondern die allgemeine, zweikonstantige Lösung, die wir am besten in der Form schreiben:

(2a) $$C_1 H_0^1(kr) + C_2 H_0^2(kr).$$

---

[1]) Diese Aussage betrifft das in der Figur aufgetragene Produkt ωL_i; L_i selbst hat für $\omega = 0$ nach der Bedeutung von $x^2 = \mu\sigma\omega/2$ den nicht verschwindenden Wert

$$L_i = \frac{R_0}{4}\,\frac{\mu\sigma a^2}{2} = \frac{\mu}{8\pi},$$

in Übereinstimmung mit § 16 C.

[2]) Diese Annäherung ist für $\omega \to \infty$ eine richtige Tangierung; dagegen verläuft die Schaulinie der Widerstandskurve auch für $\omega \to \infty$ um ein endliches Stück 1/4 oberhalb der Geraden OA, wie eine Verschärfung der Approximation (23b) ergeben würde.

[3]) Diese bei unendlicher Länge der Spule allgemein gebräuchliche und kaum zu entbehrende Vorstellung ist strenggenommen nach der MAXWELLschen Theorie unzulässig. Sie widerspricht der für den nichtleitenden Innenraum gültigen Gl. $\dot{\mathfrak{D}} = \operatorname{rot}\mathfrak{H}$, kommt also wegen $\operatorname{rot}\mathfrak{H} = 0$ auf die Vernachlässigung des Verschiebungsstromes $\dot{\mathfrak{D}}$ hinaus.

H^1, H^2 sind die beiden HANKELschen Zylinder-Funktionen, über die wir einige provisorische Angaben im folgenden Paragraphen machen werden. Insbesondere werden wir dort ihr asymptotisches Verhalten für große Werte des Argumentes $\varrho = k\,r \to \infty$ kennenlernen:

(2b)
$$H_0^1(\varrho) \to \sqrt{\frac{2}{\pi\,\varrho}}\,\mathrm{e}^{\mathrm{i}(\varrho-\pi/4)},$$
$$H_0^2(\varrho) \to \sqrt{\frac{2}{\pi\,\varrho}}\,\mathrm{e}^{-\mathrm{i}(\varrho-\pi/4)}.$$

Da bei schnellem Wechselstrom stets $|k|\,a \gg 1$ ist, können wir uns bei der Integration von (2) auf diese asymptotischen Werte beschränken und können setzen

(3)
$$H(r) = \sqrt{\frac{2}{\pi\,k\,r}}\,(C_1\,\mathrm{e}^{\mathrm{i}(kr-\pi/4)} + C_2\,\mathrm{e}^{-\mathrm{i}(kr-\pi/4)}).$$

Aus den Gln. (1) folgen die Grenzbedingungen

$$H(a+d) = 0 \quad \text{und} \quad H(a) = H.$$

Sie werden erfüllt, wenn wir durch spezielle Wahl der C_1, C_2 den Ausdruck (3) umsetzen in

(4)
$$H(r) = \sqrt{\frac{a}{r}}\,H\,\frac{\sin k(a+d-r)}{\sin k\,d}.$$

Nachdem wir auf diese Weise $\mathfrak{H}_x$ als Funktion von r (wir können auch sagen als Funktion der Polarkoordinaten x, r, φ) gefunden haben, können wir uns weiterhin auf § 20 A berufen. Allerdings handelt es sich jetzt nicht, wie dort, um eine nach der x-Achse fortschreitende Welle, sondern um einen gewöhnlichen (stehenden) Wechselstrom, für den die dortige Wellenzahl h verschwindet. In der Tat geht unsere jetzige Gl. (2) in die frühere (20. 3) über für $X = \mathfrak{H}_x$ und $h = 0$. Außerdem haben wir jetzt nicht, wie im vorigen Paragraphen, Gl. (20. 5), elektrischer Typ, sondern (20. 6), magnetischer Typ, zu verwenden. Sie liefert die transversalen Komponenten $\mathfrak{H}_r$, $\mathfrak{E}_\varphi$, ausgedrückt durch die longitudinale $\mathfrak{H}_x$. Wir interessieren uns insbesondere für $\mathfrak{E}_\varphi$. Mit $g_u = 1$, $g_v = r$, $h = 0$ wird nach (20. 6)

(5)
$$\mathfrak{E}_\varphi = -\frac{\mathrm{i}}{k}\sqrt{\frac{\mu}{\varepsilon'}}\,\frac{\mathrm{d}H(r)}{\mathrm{d}r}\,\mathrm{e}^{-\mathrm{i}\,\omega t} = \mathfrak{J}/\sigma.$$

Führen wir die Differentiation nach r nur an dem Faktor $\sin k(a+d-r)$ aus (der Wurzelfaktor ist „langsam veränderlich“) und bezeichnen wir den Wert von $\mathfrak{J}$ an der Innenseite der Spule mit $\mathfrak{J}_a$, so wird

(6)
$$\mathfrak{J} = \mathfrak{J}_a\sqrt{\frac{a}{r}}\,\frac{\cos k(a+d-r)}{\cos k\,d}, \qquad \mathfrak{J}_a = \mathrm{i}\,\sigma\sqrt{\frac{\mu}{\varepsilon'}}\,H\,\frac{\cos k\,d}{\sin k\,d}\,\mathrm{e}^{-\mathrm{i}\,\omega t}.$$

Zur Diskussion des Feldes übergehend, unterscheiden wir zwei Fälle

(6a)
$$\text{a)}\quad |k|\,d \gg 1 \quad \text{und} \quad \text{b)}\quad |k|\,d \ll 1\,;$$

an der eingangs gemachten Voraussetzung $|k|\,a \gg 1$ halten wir natürlich fest.

a) Schneller Wechselstrom bei nicht zu kleiner Spulendicke. Da wir k mit positiv imaginärem Bestandteil rechnen, ist dann

$$|e^{-ikd}| \gg |e^{+ikd}|$$

und insbesondere in der Nähe der inneren Spulenbegrenzung auch

$$|e^{-ik(a+d-r)}| \gg |e^{ik(a+d-r)}|.$$

Aus (4) folgt daraufhin für $r \approx a$

$$H(r) \approx H\, e^{ik(r-a)}, \tag{7}$$

also ein steiler exponentieller Abfall an der Innenseite der Spule. Ebenso fällt nach (6) der spezifische Strom

$$\mathfrak{J} \approx \mathfrak{J}_a\, e^{ik(r-a)}, \tag{7a}$$

$$\mathfrak{J}_a \approx \sigma \sqrt{\frac{\mu}{\varepsilon'}}\, H\, e^{-i\omega t} \tag{7b}$$

exponentiell steil ab. Wir haben also an der Innenseite der Spule einen *ausgeprägten Skineffekt.*

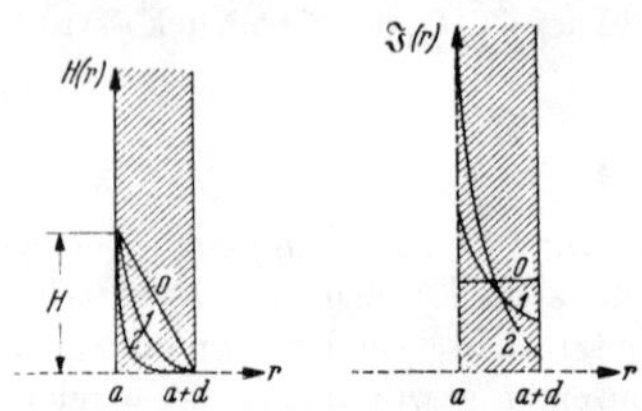

Fig. 33. Magnetfeld und Stromverteilung bei einer einlagigen Spule: links Magnetfeld $\mathfrak{H} = \mathfrak{H}_z = H(r)$, rechts spezifischer Strom $\mathfrak{J} = \mathfrak{J}_\varphi = \mathfrak{J}(r)$. Die Kurven *0* und *2* entsprechen den Grenzfällen Gleichstrom und schneller Wechselstrom, die Kurven *1* einer mittleren Frequenz bei gleichem Gesamtstrom wie in den beiden Grenzfällen

b) Kleine Spulendicke bei nicht zu schnellem Wechselstrom. Wir können dann die Gln. (4) und (6) nach Potenzen von kd und insbesondere in der Nähe von $r = a$ auch nach Potenzen von $k(a+d-r)$ entwickeln. Wir geben nur das erste Glied der betreffenden Entwicklung an:

$$H(r) \approx H\,\frac{a+d-r}{d}, \qquad \mathfrak{J} \approx \mathfrak{J}_a. \tag{8}$$

Fig. 33 erläutert dies graphisch: im linken Teil das Verhalten von $H(r)$, im rechten Teil das von $\mathfrak{J}$. Die Kurven *0* entsprechen dem Grenzfalle b), die Kurven *2* dem Falle a), die Kurven *1* einem mittleren Falle. Alle drei Kurvenpaare beziehen sich auf gleiches H im Inneren der Spule und daher auch auf gleichen Gesamtstrom I in der Spule.

B. Widerstand und innere Induktanz der Spule

Wir berechnen diese Größe pro Längeneinheit der Spule und müssen dazu zunächst den durch diese Längeneinheit fließenden Gesamtstrom kennen. Er ergibt sich aus (5) durch Integration nach r zu

$$\int_a^{a+d} \mathfrak{J}\,dr = C\{H(a+d) - H(a)\}\,e^{-i\omega t} = -C\,H\,e^{-i\omega t};$$

hier ist nach der Bedeutung von k und ε'

$$(9) \qquad -C = \frac{\mathrm{i}\,\sigma}{k}\sqrt{\frac{\mu}{\varepsilon'}} \approx 1\,.$$

Um diesen Gesamtstrom auf den im *einzelnen Spulendraht* fließenden Strom I zu reduzieren, setzen wir ihn gleich $N\,I$, unter N die Windungszahl pro Längeneinheit verstanden:

$$(9\,\mathrm{a}) \qquad I = \frac{1}{N} H\,\mathrm{e}^{-\mathrm{i}\,\omega t}.$$

Mit diesem Wert von I bilden wir die Gleichung

$$(R - \mathrm{i}\,\omega\,L_i)\,I = l\,E\,,$$

wobei $E = \mathfrak{J}_a/\sigma$ die Feldstärke auf der Innenseite der Spule und $l = 2\pi\,a\,N$ bedeuten. Wir erhalten so nach (6) und (9)

$$(10) \qquad R - \mathrm{i}\,\omega\,L_i = \frac{N\,k\,l}{\sigma}\,\frac{\cos k\,d}{\sin k\,d} = \mathrm{i}\,\frac{N\,k\,l}{\sigma}\,\frac{\mathrm{e}^{\mathrm{i}\,k\,d} + \mathrm{e}^{-\mathrm{i}\,k\,d}}{\mathrm{e}^{\mathrm{i}\,k\,d} - \mathrm{e}^{-\mathrm{i}\,k\,d}}\,.$$

Zur Diskussion dieses Ausdruckes setzen wir wie in (20. 11) $k = (1 + \mathrm{i})\,\varkappa$. Der letzte Nenner von (10) lautet dann

$$\mathrm{e}^{(-1+\mathrm{i})\,\varkappa\,d} - \mathrm{e}^{(1-\mathrm{i})\,\varkappa\,d}.$$

Mit dem Komplex-konjugierten hiervon multiplizieren wir Zähler und Nenner, worauf sie sich durch die trigonometrischen und hyperbolischen Funktionen von $2\varkappa\,d$ ausdrücken lassen. Wir erhalten

$$(11) \qquad R - \mathrm{i}\,\omega\,L_i = (1 - \mathrm{i})\,\frac{N\,l\,\varkappa}{\sigma}\,\frac{\sinh 2\varkappa\,d + \mathrm{i}\sin 2\varkappa\,d}{\cosh 2\varkappa\,d - \cos 2\varkappa\,d}\,,$$

also, nach der Aufspaltung in Reell und Imaginär,

$$(11\,\mathrm{a}) \qquad R = \frac{N\,l\,\varkappa}{\sigma}\,\frac{\sinh 2\varkappa\,d + \sin 2\varkappa\,d}{\cosh 2\varkappa\,d - \cos 2\varkappa\,d}\,,$$

$$(11\,\mathrm{b}) \qquad \omega\,L_i = \frac{N\,l\,\varkappa}{\sigma}\,\frac{\sinh 2\varkappa\,d - \sin 2\varkappa\,d}{\cosh 2\varkappa\,d - \cos 2\varkappa\,d}\,.$$

Im Gleichstromfalle $\varkappa\,d \to 0$ folgt aus (11a)

$$(12) \qquad R_0 = \frac{N\,l}{\sigma\,d}\,,$$

entsprechend dem Gleichstromwiderstand pro Längeneinheit eines Drahtes von rechteckigem Querschnitt der Breite d unserer Spule (nicht zu verwechseln mit der Schichtdicke d von S. 151) und der Höhe $1/N$. Man hat daher

$$(12\,\mathrm{a}) \qquad \frac{R}{R_0} = \varkappa\,d\,\frac{\sinh 2\varkappa\,d + \sin 2\varkappa\,d}{\cosh 2\varkappa\,d - \cos 2\varkappa\,d}\,,$$

$$(12\,\mathrm{b}) \qquad \frac{\omega\,L_i}{R_0} = \varkappa\,d\,\frac{\sinh 2\varkappa\,d - \sin 2\varkappa\,d}{\cosh 2\varkappa\,d - \cos 2\varkappa\,d}\,.$$

Insbesondere betrachten wir die beiden Grenzfälle a) und b) von S. 160.

a) $\varkappa d \gg 1$. Dann wird $\sinh 2\varkappa d = \cosh 2\varkappa d \to \infty$, also

$$\frac{R}{R_0} = \frac{\omega L_i}{R_0} = \varkappa d. \tag{13a}$$

b) $\varkappa d \ll 1$. Durch Entwicklung nach Potenzen von $2\varkappa d$ und Abbrechen nach der ersten nicht verschwindenden Potenz erhält man aus (12a, b)

$$\frac{R}{R_0} = 1 + \frac{4}{45}(\varkappa d)^4, \qquad \frac{\omega L_i}{R_0} = \frac{2}{3}(\varkappa d)^2. \tag{13b}$$

Qualitativ werden diese Ergebnisse (13a, b) wieder durch Fig. 32 dargestellt. Auch jetzt wird die Gleichstrom-Gerade $R/R_0 = 1$ bei kleinen Frequenzen in vierter Ordnung approximiert und die Abszissenachse von der Kurve $\omega L_i/R_0$ im Nullpunkt parabolisch berührt. Beide Kurven verlaufen für große Frequenzen auch jetzt asymptotisch zu der unter 45° gezeichneten Geraden. Nur der Abszissenmaßstab, jetzt durch $\varkappa d$ gegeben, ist natürlich von dem früheren verschieden wegen des hier nur einseitig, am inneren Umfang der Spule auftretenden Skineffektes.

Viel wichtiger als die innere Selbstinduktion, auf die wir uns hier beschränkt haben, ist natürlich die *äußere Selbstinduktion der Spule*. Nur für diese hatten wir uns bei der gleichstromdurchflossenen Spule in § 17, Gl. (15), interessiert. Unter der in Anm. 3, S. 158, besprochenen Einschränkung des Problems (Vernachlässigung des Verschiebungsstromes) können wir den dort gefundenen Wert direkt auf den Wechselstromfall übernehmen.

Bei unserer Idealisierung des Problems (geschlossene, horizontal verlaufende Ringströme) konnten wir uns der Bestimmung des elektrischen Feldes im Inneren der Spule entziehen und die Grenzbedingungen für dieses Feld außer acht lassen. In Wirklichkeit sind die Ströme wegen der (wenn auch kleinen) Ganghöhe natürlich nicht genau horizontal, und es tritt von Windung zu Windung ein äußeres elektrisches Feld von kompliziertem Verlauf und vorwiegend axialer Richtung auf. Dieses zu bestimmen, reichen unsere elementaren Betrachtungen offenbar nicht aus.

C. Die Spule von mehreren Lagen

Wir denken uns die einzelnen Lagen, n an der Zahl, ohne Zwischenraum übereinandergelegt, jede als Hohlzylinder der Dicke d/n idealisiert und eine hinter der anderen von demselben, gleich stark bleibenden Wechselstrom I durchflossen. Die Isolation zwischen den aufeinanderfolgenden Lagen sei vollkommen, obschon nach unseren Annahmen unendlich dünn, ebenso die Isolation zwischen den innerhalb jeder Lage aufeinanderfolgenden Windungen.

Das Magnetfeld nimmt vermöge des um jede einzelne Lage erstreckten rechteckigen Umlaufintegrals von $\mathfrak{H}$ (Höhe des Rechteckes l, Breite d/n) je um NI ab (N = Anzahl der Wicklungen pro Längeneinheit der Spulenachse). Es beträgt also von innen nach außen an den Grenzen der aufeinanderfolgenden Lagen

$$H_0 = H, \quad H_1 = H - NI, \quad H_2 = H - 2NI, \ldots, H_n = H - nNI = 0, \tag{14}$$

wobei wir hier und im folgenden den Faktor $\exp(-\mathrm{i}\,\omega\,t)$ hinzudenken. In der ν-ten Lage genügt das Magnetfeld der Differentialgleichung und den Grenzbedingungen

$$(15)\qquad \Delta H(r) + k^2 H(r) = 0\,, \qquad H(r) = \begin{cases} H_{\nu-1}\,, & r = a + (\nu-1)\dfrac{d}{n}\,,\\ H_\nu\,, & r = a + \nu\dfrac{d}{n}\,. \end{cases}$$

Die Differentialgleichung wird wieder integriert durch Superposition der beiden Hankel-Funktionen, für die wir wegen des großen Betrages von $k\,r$ ihre asymptotischen Werte aus Gl. (2b) einsetzen können; ferner können wir den Nenner $\sqrt{k\,r}$ derselben als langsam veränderlich gegen die Exponentialfunktionen behandeln und diesen nebst den sonstigen Konstanten ($\exp\{-\mathrm{i}\,\pi/4\}$ und $\sqrt{2/\pi}$) in die Amplituden C_1, C_2 aufnehmen. Gl. (3) vereinfacht sich dadurch zu

$$H(r) = C_1\,\mathrm{e}^{\mathrm{i}kr} + C_2\,\mathrm{e}^{-\mathrm{i}kr}.$$

Von dieser Form ist der folgende Ausdruck, der zugleich die Grenzbedingungen (15) erfüllt und daher das Magnetfeld in der ν-ten Spulenlage darstellt,

$$(16)\qquad H(r) = H_{\nu-1}\,\frac{\cos k\left(r - a - \left(\nu - \frac{1}{2}\right)\frac{d}{n}\right)}{\cos k\,\frac{d}{2n}} - N\,I\,\frac{\sin k\left(r - a - (\nu-1)\frac{d}{n}\right)}{\sin k\,\frac{d}{n}}\,.$$

Insbesondere ergibt sich für die erste Lage $a < r < a + \dfrac{d}{n}$, $\nu = 1$

$$(16\,\mathrm{a})\qquad H(r) = H\,\frac{\cos k\left(r - a - \frac{d}{2n}\right)}{\cos k\,\frac{d}{2n}} - N\,I\,\frac{\sin k(r-a)}{\sin k\,\frac{d}{n}}\,.$$

Nur diese brauchen wir zu betrachten, wenn wir jetzt das elektrische Feld $\mathfrak{E}_\varphi$ am inneren Spulenrand und durch dieses den Widerstandsoperator $\mathfrak{R} = R - \mathrm{i}\,\omega\,L_i$ der mehrlagigen Spule berechnen wollen.

Aus (5) ergibt sich zunächst für den spezifischen Strom $\mathfrak{J}_\varphi$, den wir sogleich auf $r = a$ spezialisieren können, vgl. auch (9):

$$\mathfrak{J}_a = C\left(\frac{\mathrm{d}H}{\mathrm{d}r}\right)_a = -H\,k\,\frac{\sin k\,\frac{d}{2n}}{\cos k\,\frac{d}{2n}} + N\,I\,k\,\frac{1}{\sin k\,\frac{d}{n}}\,.$$

Wir setzen hier $H = n\,N\,I$, vgl. die letzte der Gln. (14), und erhalten nach einfacher trigonometrischer Umformung

$$\mathfrak{J}_a = N\,I\,k\,\frac{n\cos k\,\frac{d}{n} - (n-1)}{\sin k\,\frac{d}{n}}\,.$$

Daraus folgt

$$E = \mathfrak{E}_\varphi = \frac{1}{\sigma}\,\mathfrak{J}_a \quad \text{und} \quad \mathfrak{R} = \frac{l\,E}{I} = \frac{N\,l\,k}{\sigma}\,\frac{n\cos k\dfrac{d}{n} - (n-1)}{\sin k\dfrac{d}{n}},$$

was für $n = 1$ mit Gl. (10) übereinstimmt.

Wir dividieren $\mathfrak{R}$ durch den Gleichstromwert R_0 von $\mathfrak{R}$, indem wir zur Grenze $\omega \to 0$, d. h. $k \to 0$, übergehen:

$$R_0 = \frac{N\,l\,n}{\sigma\,d}$$

und erhalten

$$\frac{\mathfrak{R}}{R_0} = k\,d\,\frac{\cos k\dfrac{d}{n} - \left(1 - \dfrac{1}{n}\right)}{\sin k\dfrac{d}{n}}. \tag{17}$$

Die Aufspaltung von (17) in Reell und Imaginär ist etwas umständlich. Sie liefert, wenn man wie früher $k = (1 + \mathrm{i})\,\varkappa$ setzt:

$$\left.\begin{matrix} R/R_0 \\ \omega\,L_i/R_0 \end{matrix}\right\} = \varkappa\,d\,\frac{\sinh 2\varkappa\dfrac{d}{n} \pm \sin 2\varkappa\dfrac{d}{n} - 2\left(1 - \dfrac{1}{n}\right) \times \left(\sinh\varkappa\dfrac{d}{n}\cdot\cos\varkappa\dfrac{d}{n} \pm \cosh\varkappa\dfrac{d}{n}\cdot\sin\varkappa\dfrac{d}{n}\right)}{\cosh 2\varkappa\dfrac{d}{n} - \cos 2\varkappa\dfrac{d}{n}}. \tag{18}$$

Wir haben also auch hier eine recht durchsichtige Endformel gewonnen dank unserer weitgehenden (vielleicht zu weitgehenden) Idealisierung des Problems. Das Frequenzband, in dem unsere Formel gilt, wird nach oben hin begrenzt durch die Eigenfrequenz der Spule; kommen wir in deren Nähe, so wird unsere Vorstellung von dem in allen Windungen gleichen Strom offenbar hinfällig. Es sei auch betont, daß unsere Formel die regelmäßige Übereinanderschichtung der Lagen voraussetzt, also die aus praktischen Gründen (Unterdrückung des Skineffektes) oft bevorzugte spiralige Verflechtung der Drahtwindungen (Dolezalek, Litzendraht) nicht umfaßt.

§ 22. Das Problem der Drahtwellen. Elektrische Hauptwellen

Die Versuche von Heinrich Hertz betrafen bekanntlich neben den im freien Luftraum fortgepflanzten „Raumwellen“ die an Drähten entlanglaufenden „Oberflächenwellen“. Hertz erwartete, die Geschwindigkeit derselben ebenfalls gleich c zu finden, konnte dieses Resultat aber zunächst weder experimentell noch theoretisch begründen. Der Grund seines experimentellen Mißerfolges war das Mitspielen der Laboratoriumswände, der seines theoretischen eine zu weitgehende Idealisierung des Problems: Er behandelte den Draht als unendlich dünn und konnte daher keine elektromagnetischen Grenzbedingungen ansetzen, die, wie wir sehen werden, für die Berechnung der Fortpflanzung unentbehrlich sind. Sie liefern einen Wert nahezu gleich c, genaugenommen ein wenig kleiner als c.

Wesentlich ist dabei, daß wir eine Fortpflanzung der Phase mit einem Wert größer als c, durch eine Bedingung im Unendlichen ausschließen werden. Die experimentellen Schwierigkeiten wurden von E. LECHER, vgl. § 25, durch Anordnung einer *Doppelleitung* überwunden. Im gegenwärtigen Paragraphen beschränken wir uns auf das HERTZsche Problem des *Einzeldrahtes.*

A. Das Feld im Inneren und Äußeren des Drahtes

Während wir in den vorangehenden Paragraphen die MAXWELLschen Gleichungen nur unvollständig ausgenutzt haben, indem wir den Verschiebungsstrom nicht nur im Leiter, sondern zum Teil auch im Luftraum vernachlässigten, müssen wir uns jetzt streng an diese Gleichungen halten. Das Problem ist symmetrisch um die Drahtachse. Wir machen sie zur x-Achse eines zylindrischen Polarkoordinatensystems x, r, φ. Dann wird für alle Komponenten $\partial/\partial\varphi = 0$, und es sind nur die Komponenten

$$\mathfrak{E}_x,\ \mathfrak{E}_r,\ \mathfrak{H}_\varphi \tag{1}$$

von Null verschieden. Wir setzen sie ähnlich wie in § 20 als Produkt des gemeinsamen Faktors

$$e^{-i\omega t + ihx} \tag{1a}$$

mit je einer reinen Funktion von r an. Der zeitliche Ablauf sei rein periodisch, also ω reell; die Fortpflanzung der Phase finde nach der positiven x-Richtung statt; h muß dann einen positiven Realteil besitzen.

Wir beschäftigen uns zunächst mit der cartesischen Longitudinal-Komponente $\mathfrak{E}_x$. Sie genügt der Schwingungsgleichung (20. 3), in der wir $u = r$, $v = \varphi$ setzen. Führen wir statt r die dimensionslose Variable

$$\varrho = \sqrt{k^2 - h^2}\, r \tag{1b}$$

ein und setzen

$$\mathfrak{E}_x = F(\varrho)\, e^{-i\omega t + ihx}, \tag{2}$$

so ergibt sich für F die Differentialgleichung

$$\frac{1}{\varrho}\frac{d}{d\varrho}\left(\varrho\frac{dF}{d\varrho}\right) + F = 0 \tag{3}$$

oder ausgeführt

$$\frac{d^2F}{d\varrho^2} + \frac{1}{\varrho}\frac{dF}{d\varrho} + F = 0. \tag{3a}$$

Sie sowie die allgemeinere Gleichung:

$$\frac{d^2F}{d\varrho^2} + \frac{1}{\varrho}\frac{dF}{d\varrho} + \left(1 - \frac{n^2}{\varrho^2}\right)F = 0 \tag{3b}$$

heißt BESSELsche Differentialgleichung. Wir haben uns mit ihr schon in Bd. II, § 27, beschäftigt. Ihre für $\varrho = 0$ stetige Lösung wurde in (27. 7) daselbst dargestellt durch die Reihe

$$J_n(\varrho) = \frac{1}{n!}\left(\frac{\varrho}{2}\right)^n - \frac{1}{1!\,(n+1)!}\left(\frac{\varrho}{2}\right)^{n+2} + \frac{1}{2!\,(n+2)!}\left(\frac{\varrho}{2}\right)^{n+4} - \cdots. \tag{3c}$$

n kann für alles folgende als ganz und $\geqq 0$ vorausgesetzt werden. Für $n = 0$ ergibt sich die in § 20 benutzte Darstellung (21a) von $J_0(\varrho)$, aus der sich unmittelbar ablesen läßt

$$(3\mathrm{d}) \qquad J_1(\varrho) = -\frac{\mathrm{d}}{\mathrm{d}\varrho} J_0(\varrho), \qquad \int_0^\varrho \varrho\, J_0(\varrho)\, \mathrm{d}\varrho = \varrho\, J_1(\varrho).$$

Im *Inneren* des Drahtes $r < a$ ($a =$ Drahtradius), wo $\mathfrak{E}_x$ nirgends unendlich werden darf, ist hiernach unsere Funktion F durch ihre Differentialgleichung (3) bis auf eine Konstante bestimmt:

$$(4) \qquad F = C\, J_0(\varrho)\ \ldots, \qquad 0 < r < a.$$

Im *Äußeren* des Drahtes (Luft) ist $\sigma = 0$, $\varepsilon = \varepsilon_0$, $\mu = \mu_0$, also $k = \omega/c$, reell. Zum Unterschied werden wir den im Drahtinneren geltenden komplexen Wert von k wie in § 20 mit k_L bezeichnen. Da die Stetigkeitsbedingung für $r = 0$ im Äußeren nicht in Frage kommt, müssen wir Gl. (3) allgemein integrieren. Dies geschieht durch die beiden schon S. 158 genannten „HANKELschen Funktionen vom Index 0":

$$H_0^1(\varrho) \quad \text{und} \quad H_0^2(\varrho).$$

Wir werden uns mit diesen und den allgemeinen HANKELschen Funktionen vom Index n ausführlich in Bd. VI, § 19, beschäftigen. Hier muß es genügen, einige ihrer Haupteigenschaften zusammenzustellen:

a) Die Funktionen H_0^1 und H_0^2 werden für $\varrho = 0$ *logarithmisch unendlich*; es gilt nämlich für kleine ϱ:

$$(5) \qquad H_0^{1,2}(\varrho) = 1 \pm \frac{2\mathrm{i}}{\pi} \ln \frac{\gamma\varrho}{2} + \cdots = \pm \frac{2\mathrm{i}}{\pi} \ln\left(\frac{\gamma\varrho}{\pm 2\mathrm{i}}\right) + \cdots.$$

γ hängt mit der EULER-MASCHERONIschen Konstanten

$$\lim_{n\to\infty}\left(1 + \frac{1}{2} + \frac{1}{3} + \cdots + \frac{1}{n} - \ln n\right) = 0{,}5772\ldots$$

zusammen; es ist nämlich

$$(5\mathrm{a}) \qquad \ln\gamma = 0{,}5772\ldots\ \gamma = 1{,}781\ldots.$$

b) Die HANKELschen Funktionen sind ebenso wie der Logarithmus in der komplexen ϱ-Ebene verzweigt. Um sie eindeutig zu machen, müssen wir die ϱ-Ebene aufschneiden, etwa längs der negativ-reellen Achse. Setzen wir $\varrho = |\varrho|\, \mathrm{e}^{\mathrm{i}\vartheta}$, so beschränken wir also den Winkel ϑ auf die Werte $-\pi < \vartheta < \pi$. Wir sprechen in diesem Sinne von dem *Hauptzweig* der HANKELschen Funktionen, so wie man von dem Hauptzweig des Logarithmus spricht.

c) Die HANKELschen Funktionen $H_n^1(\varrho)$ und $H_n^2(\varrho)$ vom Index n sind als Lösungen der Differentialgleichung (3b) so definiert, daß auch ihre Darstellung für $\varrho \to 0$ ein logarithmisches Glied enthält, daß also auch bei ihnen die unter b) genannte Verzweigung stattfindet. Maßgebend für ihre Singularität ist hier aber nicht dieses logarithmische, sondern das am stärksten unendlich werdende Glied:

$$(6)\qquad H_n^1(\varrho) = \frac{(n-1)!}{\mathrm{i}\,\pi}\left(\frac{2}{\varrho}\right)^n, \qquad H_n^2(\varrho) = \frac{(n-1)!}{-\mathrm{i}\,\pi}\left(\frac{2}{\varrho}\right)^n \qquad (n = 1, 2, 3, \ldots).$$

In der Summe der beiden Funktionen H_n fällt die logarithmische Singularität und Verzweigung heraus. Man erhält die reguläre Lösung der Differentialgleichung (3b) in der Form

$$(6\,\mathrm{a})\qquad J_n(\varrho) = \frac{1}{2}\left(H_n^1(\varrho) + H_n^2(\varrho)\right).$$

d) Für $\varrho \to \infty$ gilt als *asymptotische Darstellung* der beiden Hauptzweige

$$(7)\qquad H_n^1(\varrho) = \sqrt{\frac{2}{\pi\,\varrho}}\,e^{\mathrm{i}\,(\varrho-(n+1/2)\pi/2)}, \qquad H_n^2(\varrho) = \sqrt{\frac{2}{\pi\,\varrho}}\,e^{-\mathrm{i}\,(\varrho-(n+1/2)\pi/2)}.$$

H_n^1 verschwindet also für große ϱ in der positiv-imaginären ϱ-Halbebene, H_n^2 in der negativ-imaginären; beide zusammen verschwinden für große ϱ nur auf der reellen Achse. J_n wird wegen (6a) überall im Unendlichen unendlich außer auf der reellen Achse. Im Unendlichen der positiv-imaginären ϱ-Halbebene gilt als Folge von (6a) und (7)

$$(7\,\mathrm{a})\qquad \frac{J_n(\varrho)}{J_n'(\varrho)} = +\mathrm{i}.$$

Nach diesen Einschaltungen, die leider für alles folgende unerläßlich waren, kehren wir zu unserem eigentlichen Problem zurück. Wir verabreden: das Vorzeichen der Quadratwurzel in (1b) soll stets so gewählt werden, daß ihr imaginärer Teil *positiv* ausfällt. Dies für den Fall, daß die Wurzel selbst *komplex* ist. Wir müssen aber auch die Möglichkeit ins Auge fassen, daß die Wurzel *reell* und $h < k$ sein könnte.

Im ersten Falle ist der einzig mögliche Ansatz für das Äußere des Drahtes

$$(8)\qquad F(\varrho) = A\,H_0^1(\varrho), \qquad a < r < \infty, \qquad A = \text{konst.},$$

da ja nach (7) $H_0^2(\varrho)$ für $r \to \infty$ unendlich groß wird.

Im zweiten Falle ist

$$(9)\qquad F(\varrho) = A\,H_0^1(\varrho) + B\,H_0^2(\varrho), \qquad a < r < \infty$$

ein möglicher Ansatz, da ja jetzt bei reellem ϱ *beide* H nach (7) wie $\varrho^{-1/2}$ verschwinden. Hier sind A und B zunächst willkürlich wählbare Konstanten.

Was bedeutet dieser Fall? Da die Phasengeschwindigkeit der Welle nach unserem Ansatz (2) gleich ω/h ist und da ω/k gleich c ist, bedeutet er

Phasengeschwindigkeit > Lichtgeschwindigkeit.

Wir ergänzen unsere Darstellung von $\mathfrak{E}_x$ durch diejenige der transversalen Komponenten $\mathfrak{E}_r$ und $\mathfrak{H}_\varphi$, was am einfachsten nach der allgemeinen Regel der Gln. (20. 5) geschieht (in welcher die Glieder mit $\mathfrak{H}_x$ aber natürlich fortfallen).

Sie liefert, wenn wir die bei $\mathfrak{E}_r$ und $\mathfrak{H}_\varphi$ auftretenden Funktionen von ϱ vorübergehend mit $G(\varrho)$ und $E(\varrho)$ bezeichnen:

$$G(\varrho) = \frac{\mathrm{i}\,h}{k^2 - h^2}\,\frac{\partial F(\varrho)}{\partial r} = \frac{\mathrm{i}\,h}{\sqrt{k^2 - h^2}}\,F'(\varrho)\,, \tag{10}$$

$$\sqrt{\frac{\mu}{\varepsilon}}\,E(\varrho) = \frac{\mathrm{i}\,k}{k^2 - h^2}\,\frac{\partial F(\varrho)}{\partial r} = \frac{\mathrm{i}\,k}{\sqrt{k^2 - h^2}}\,F'(\varrho)\,. \tag{11}$$

B. Die Grenzbedingung im Unendlichen

Wie bei der Oberflächenwelle in § 20 handelt es sich auch jetzt um einen Vorgang, der seine Energie von dem Ende des Drahtes bei $x = -\infty$ bezieht. Wir werden daher verlangen, daß der gesamte Energiefluß durch einen zum Draht koaxialen Zylindermantel $r = R$ verschwinde:

$$S = 2\pi\,\{r\,\mathfrak{S}_r\}_{r=R} = 0\,. \tag{12}$$

Bezeichnen wir abkürzend die Phase $h\,x - \omega\,t$ mit Φ, so wird

$$\mathfrak{S}_r = -\,\mathfrak{E}_x\,\mathfrak{H}_\varphi = \Re\{F(\varrho)\,e^{\mathrm{i}\Phi}\}\,\Re\left\{\sqrt{\frac{\varepsilon_0}{\mu_0}}\,\frac{-\mathrm{i}\,k}{\sqrt{k^2 - h^2}}\,\frac{\mathrm{d}F(\varrho)}{\mathrm{d}\varrho}\,e^{\mathrm{i}\Phi}\right\}.$$

Wir betrachten den *zweiten* Fall, in dem h, $\sqrt{k^2 - h^2}$ und ϱ reell waren. Für $F(\varrho)$ gilt dann Gl. (9), und man erhält, wenn alle unwesentlichen konstanten Faktoren durch ... angedeutet und die asymptotischen Ausdrücke (7) mit $n = 0$ benutzt werden,

$$S = \cdots \frac{r}{\varrho}\,\{A^2\cos^2(\Phi + \varrho - \pi/4) - B^2\cos^2(\Phi - \varrho + \pi/4)\}\,. \tag{12a}$$

Wesentlich ist hier, daß der Faktor r/ϱ für ein beliebig großes $r = R$ endlich bleibt und daß die Phase Φ beliebiger reeller Werte fähig ist. Unsere Forderung (12) kann dann nur durch

$$A = B = 0$$

erfüllt werden. Das heißt aber: *Im zweiten Falle sind Drahtwellen unmöglich; sie müßten durch eine künstliche Anordnung von Energiequellen im Unendlichen gespeist werden,* was dem physikalischen Sinn des Vorganges widerspricht.

Anders im ersten Falle, wo ϱ einen *positiv*-imaginären Bestandteil hat. Hier nimmt das Feld im Äußeren des Drahtes nach Gl. (8) und (7) für $r \to \infty$ *exponentiell* ab; von gleicher Ordnung verschwindet dann der Energiefluß S. Dieser Fall kommt allein für uns in Betracht. Wir berechnen das zugehörige Feld im Inneren und Äußeren des Drahtes nach den Gln. (2), (4), (8), (10), (11), unterscheiden das komplexe k_L des Inneren von dem reellen k des Äußeren sowie das komplexe ε'/μ des Inneren von dem reellen ε_0/μ_0 des Äußeren, wie in (20. 9a, b) vorgesehen war. Ferner ist es bequem, unter Abänderung der bisherigen Konstanten C und A alle Komponenten zu multiplizieren mit $\dfrac{\sqrt{k_L^2 - h^2}}{\mathrm{i}\,h}$ im Inneren, mit $\dfrac{\sqrt{k^2 - h^2}}{\mathrm{i}\,h}$

im Äußeren. Wir erhalten so die folgende tabellarische Darstellung, wobei jeweils der Faktor $e^{i(hx-\omega t)}$ hinzuzudenken ist:

	$0 < r < a, \quad \varrho = \sqrt{k_L^2 - h^2}\, r$	$a < r < \infty, \quad \varrho = \sqrt{k^2 - h^2}\, r$
(13)	$\mathfrak{E}_x = \frac{\sqrt{k_L^2 - h^2}}{i h} C J_0(\varrho)$	$\mathfrak{E}_x = \frac{\sqrt{k^2 - h^2}}{i h} A H_0(\varrho)$
	$\mathfrak{E}_r = C J_0'(\varrho)$	$\mathfrak{E}_r = A H_0'(\varrho)$
	$\sqrt{\frac{\mu}{\varepsilon'}}\, \mathfrak{H}_\varphi = \frac{k_L}{h} C J_0'(\varrho)$	$\sqrt{\frac{\mu_0}{\varepsilon_0}}\, \mathfrak{H}_\varphi = \frac{k}{h} A H_0'(\varrho)$

H_0 ist soviel wie H_0^1; der $'$ bei J_0 und H_0 bedeutet Differentiation nach dem Argument ϱ.

C. Die Grenzbedingung auf der Oberfläche des Drahtes

Für $r = a$ muß die Stetigkeit von $\mathfrak{E}_x$ und $\mathfrak{H}_\varphi$ gewahrt werden. Wir müssen also fordern

$$(14) \quad \begin{cases} \varrho_L C J_0(\varrho_L) = \varrho A H_0(\varrho), \quad \sqrt{\frac{\varepsilon'}{\mu}}\, k_L C J_0'(\varrho_L) = \sqrt{\frac{\varepsilon_0}{\mu_0}}\, k A H_0'(\varrho), \\ \varrho_L = \sqrt{k_L^2 - h^2}\, a, \quad \varrho = \sqrt{k^2 - h^2}\, a. \end{cases}$$

Durch Elimination der Amplitudenfaktoren A, C entsteht daraus die *transzendente Gleichung*

$$(14\text{a}) \qquad \frac{\varrho H_0(\varrho)}{H_0'(\varrho)} = \sqrt{\frac{\varepsilon_0 \mu}{\varepsilon' \mu_0}}\, \frac{k}{k_L} \cdot \frac{\varrho_L J_0(\varrho_L)}{J_0'(\varrho_L)}.$$

Wir sehen sie als Bestimmungsgleichung für die noch unbekannte Wellenzahl h an. Gl. (14a) läßt sich aber erheblich vereinfachen, wenn man beachtet, daß bei gut leitendem Drahtmaterial ϱ_L eine große komplexe Zahl mit positiv-imaginärem Teil ist und daher Gl. (7a) gilt. Mit ihrer Hilfe läßt sich die rechte Seite von (14a) umschreiben in

$$(14\text{b}) \qquad i \sqrt{\frac{\varepsilon_0 \mu}{\varepsilon' \mu_0}}\, \frac{k}{k_L}\, \varrho_L \approx i \sqrt{\frac{\varepsilon_0 \mu}{\varepsilon' \mu_0}}\, k a.$$

Ihr absoluter Betrag ist klein gegen 1 wegen $|\varepsilon'| \gg \varepsilon_0$. Aber auch die linke Seite läßt sich vereinfachen. Da sie ebenfalls klein werden muß, können wir Gl. (5) benutzen; wir erhalten dann als linke Seite von (14a)

$$(14\text{c}) \qquad \varrho^2 \ln \frac{\gamma \varrho}{2i} = -\frac{2}{\gamma^2}\, u \ln u \quad \text{mit} \quad u = \left(\frac{\gamma \varrho}{2i}\right)^2.$$

Der Vergleich mit (14b) liefert daraufhin als definitive Form unserer transzendenten Gleichung

$$(15) \qquad u \ln u = v \quad \text{mit} \quad v = -\frac{i \gamma^2}{2} \sqrt{\frac{\varepsilon_0 \mu}{\varepsilon' \mu_0}}\, k a.$$

Zu ihrer Lösung kann man ein eigenartiges kettenbruchähnliches Verfahren benutzen. Es beruht darauf, daß $\ln u$ langsam veränderlich ist gegen u. Hat man also eine n-te Näherung u_n gefunden, so gewinnt man eine $(n+1)$-te Näherung aus

(15a) $$u_{n+1} \ln u_n = v \,.$$

Man beginnt etwa mit $u_0 = v$ und setzt nach (15a)

(15b) $$u_1 = \frac{v}{\ln v},$$

wobei es aber auf diesen Anfangswert nicht genau ankommt, da er durch die folgenden Näherungen schrittweise korrigiert wird. Weiterhin nach (15a)

(15c) $$u_2 = \frac{v}{\ln u_1} = \frac{v}{\ln \dfrac{v}{\ln v}},$$

$$u_3 = \frac{v}{\ln \dfrac{v}{\ln \dfrac{v}{\ln v}}} \qquad \text{usw.}$$

Als Beispiel betrachten wir einen Kupferdraht vom Radius $a = 1$ mm und die in der Tabelle von S. 151 an letzter Stelle angegebene Frequenz, die einer Wellenlänge von 30 cm und einem Wert $k\,a = 2{,}1 \cdot 10^{-3}$ entspricht. Mit dem zugehörigen Wert von $\varkappa$ aus derselben Tabelle berechnet man nach (15)

$$v = -(1 + \mathrm{i})\, 7{,}2 \cdot 10^{-7}.$$

Wir beginnen mit

(16) $$u_1 = (1 + \mathrm{i})\, 5{,}3 \cdot 10^{-8},$$

wobei wir also den in (15b) vorkommenden $\ln v$ angenähert durch $-13{,}8$ ersetzt haben. Wir erhalten dann nach (15a)

(16a) $$u_2 = (4{,}1 + 4{,}5\,\mathrm{i})\, 10^{-8}, \qquad u_3 = (4{,}2 + 4{,}5\,\mathrm{i})\, 10^{-8};$$

damit sind wir bereits an der Konvergenzgrenze unseres „Kettenbruches" angelangt.

Aus diesem u ergibt sich nach (14c)

(16b) $$\varrho^2 = -\frac{4}{\gamma^2}\, u = -(5{,}3 + 5{,}7\,\mathrm{i})\, 10^{-8}$$

und nach (14)

(17) $$h^2 = k^2 + \frac{1}{a^2}(5{,}3 + 5{,}7\,\mathrm{i})\, 10^{-8}, \qquad h = k\{1 + (6{,}0 + 6{,}4\,\mathrm{i})\, 10^{-5}\}.$$

Wir bilden

(17a) $$\frac{\omega}{h} = \frac{\omega}{k}\{1 - (6{,}0 + 6{,}4\mathrm{i})\, 10^{-5}\}$$

und entnehmen daraus, weil $\omega/k = c$ ist, daß die *Fortpflanzung der Phase nur um $6 \cdot 10^{-5}\, c$ hinter c zurückbleibt*. Andererseits entnehmen wir aus unserem Feldfaktor $\exp(\mathrm{i}\,h\,x)$, daß die *Amplitude auf* $1/e$ *erst nach Durchlaufung einer Strecke* x *herabsinkt*, die gegeben ist durch

(17b) $$k \cdot 6{,}4 \cdot 10^{-5}\,x = 1, \qquad x = 770\ \mathrm{m}.$$

Dies entspricht vollkommen der allgemeinen Erwartung: *Fast ungedämpfte Fortpflanzung mit fast c als Phasengeschwindigkeit.*

Es gibt aber auch Bedingungen, unter denen diese Erwartung getäuscht wird. Nehmen wir z. B. einen Wollastondraht aus Platin, sagen wir vom Radius $a = 2 \cdot 10^{-4}$ cm; die Leitfähigkeit von Pt ist 8mal kleiner als die von Cu; die Wellenlänge in Luft sei 1 m. Dann wird

$$\varkappa = 9{,}2 \cdot 10^{2}\,\mathrm{cm}^{-1}, \qquad \sqrt{\frac{\varepsilon_0\,\mu}{\varepsilon'\,\mu_0}} = (1 - \mathrm{i})\,0{,}34 \cdot 10^{-4}, \qquad \varrho_L = (1 + \mathrm{i})\,0{,}2 .$$

Das Argument von J_0 in (14) ist dann nicht mehr groß, so daß wir Gl. (3c) statt (7a) benutzen müssen. Sie liefert

$$\frac{J_0(\varrho_L)}{J_0'(\varrho_L)} = -(1 - \mathrm{i})\,5{,}0$$

und als rechte Seite von (15) bei ungeänderter Bedeutung von u die Zahl $v = -\mathrm{i} \cdot 7{,}0 \cdot 10^{-9}$. Unsere transzendente Gleichung wird also

$$u \ln u = v, \qquad v = -\mathrm{i} \cdot 7{,}0 \cdot 10^{-9}.$$

Nehmen wir $u_1 = -v/20$, so erhalten wir nach dem Schema (15c)

$$u_2 = (-0{,}29 + 3{,}5\mathrm{i})\,10^{-10} \approx u_3 ,$$

also

$$\varrho^2 = -\frac{4}{\gamma'^2}\,u = (0{,}36 - 4{,}4\mathrm{i})\,10^{-10},$$

mithin zwei Größenordnungen kleiner als vorher in (16b). Aber die weitere Rechnung wird ganz verschieden wegen der Kleinheit von $a = 2 \cdot 10^{-4}$ cm. Statt (17) erhält man nämlich

$$h^2 = k^2 - (0{,}09 - 1{,}1\,\mathrm{i})\,10^{-2}\,\mathrm{cm}^{-2};$$

man kann die Wurzel hier nicht mehr binomisch ausziehen, da $k^2 = (2\pi/\lambda)^2 = 0{,}004\ \mathrm{cm}^{-2}$ wird. Vielmehr erhält man

$$h = (0{,}085 + 0{,}065\mathrm{i})\ \mathrm{cm}^{-1}.$$

Daraus folgt für diejenige Drahtlänge, nach deren Durchlaufung die Welle auf $1/e$ abgesunken ist,

$$x = \frac{1}{0{,}065\ \mathrm{cm}^{-1}} \approx 15\ \mathrm{cm}$$

und für die *Phasengeschwindigkeit* $\omega/0{,}085\ \mathrm{cm}^{-1}$. Dividiert man sie durch die Lichtgeschwindigkeit ω/k, so erhält man in

$$\frac{k}{0{,}085\ \mathrm{cm}^{-1}} \approx 0{,}74$$

das Verhältnis der Wellenfortpflanzung zur Lichtgeschwindigkeit. *Jene bleibt hinter dieser um 26% zurück.*

Der Grund für diese abnormen Verhältnisse liegt offenbar in der extremen Dünnheit des Drahtes, die den Wechselstromwiderstand erhöht und die Ausbildung des normalen Skineffektes verhindert. Das Innere des Drahtes ist dann nicht mehr stromfrei; die Stromverteilung hat nicht mehr den Typus *2—2* von Fig. 29, sondern vielmehr den der Kurve *1—1*. Das Feld ist dann nicht mehr „immunisiert" gegen den JOULEschen Wärmeverlust; Dämpfung und Fortpflanzung werden abnorm.

§ 23. Allgemeine Lösung des Drahtwellen-Problems

Im vorangehenden Paragraphen haben wir diejenige spezielle Lösung entwickelt, die zum ursprünglichen HERTZschen Problem der Drahtwellen in Beziehung steht. Es entsteht die Frage, ob es allgemeinere Lösungen gibt. Diese Frage wurde D. HONDROS als Thema für seine Münchener Dissertation[1]) vorgelegt. Sie schien damals von rein theoretischem Interesse, fern von jeder praktischen Anwendung. Es hat sich seitdem gezeigt, daß sie enge Analogien aufweist zur Theorie der Hohlleiter (§ 24), die einem heutzutage viel bearbeiteten Gebiet der Nachrichtentechnik zugrunde liegt, und daß sie für die Theorie der LECHERschen Doppelleitung mit Vorteil verwertet werden kann, durch welche bekanntlich der ursprüngliche HERTZsche Einzeldraht erst zu einer einwandfrei funktionierenden Anordnung ausgestaltet worden ist. Auch die an die HONDROSsche Problemstellung anschließenden „Drahtwellen in Nichtleitern" haben technische Anwendung gefunden.

A. Hauptwelle und elektrische Nebenwellen

Die Lösung in § 22 nennen wir *Hauptwelle*; bei ihr war $|\varrho|$ klein und daher $|\varrho_L|$ groß. Wenn der umgekehrte Fall $|\varrho|$ groß vorliegt, sprechen wir von einer *Nebenwelle*. Dann wird die linke Seite von (22. 14a) nach (22. 7) gleich $-i\,\varrho$, also ebenfalls absolut genommen groß. Der Nenner auf der rechten Seite von (22. 14) muß dann nahezu verschwinden. Es muß also ϱ_L nahezu übereinstimmen mit einer der unendlich vielen reellen und oft tabellierten Wurzeln von

(1) $$J_0'(\varrho_L) = 0, \qquad \varrho_L = w_1', \; w_2' \ldots,$$

allgemein w_ν', wobei wir insbesondere anmerken wollen

(1a) $$w_1' = 3{,}83;$$

nach Gl. (22. 3d) sind diese w_ν' identisch mit den Wurzeln von $J_1(\varrho) = 0$; (das Zeichen w_ν wollen wir uns für die Wurzeln von $J_0(\varrho) = 0$ reservieren). Wegen der Bedeutung von ϱ_L in (22. 14) ist dann angenähert

(2) $$h_\nu^2 \approx k_L^2 - \left(\frac{w_\nu'}{a}\right)^2;$$

[1]) Ann. d. Phys. 30, S. 905, 1909.

h_ν ist also bei einem gut leitenden Draht ungefähr gleich k_L, wir können für alle nicht zu großen ν setzen, vgl. (20. 11):

(2a) $$h_\nu \approx (1 + \mathrm{i})\,\varkappa\,.$$

Aus dem wie früher zu benutzenden Ansatz $\exp(-\mathrm{i}\,\omega\,t + \mathrm{i}\,h\,x)$ für Phase und Dämpfung ergibt sich daraufhin: *Alle Nebenwellen werden beim Fortschreiten längs des Drahtes ungeheuer stark gedämpft*, ihre Amplitude nimmt auf der kurzen Strecke $1/\varkappa$ um $1/\mathrm{e}$ ab. *Ihre Phasengeschwindigkeit $\omega/\varkappa$ ist klein gegen die Lichtgeschwindigkeit $c = \omega/k$*, das Verhältnis beider ist nämlich gleich $k/\varkappa$.

Auch im Charakter des Feldes verhalten sich die Nebenwellen gerade umgekehrt wie die Hauptwelle: *Im Äußeren des Drahtes* ist nach (2a)

$$\varrho = \sqrt{k^2 - h_\nu^2}\,r \approx (-1 + \mathrm{i})\,\varkappa\,r$$

und nach (22. 7)

$$H_0^1(\varrho) \approx \mathrm{e}^{-(1+\mathrm{i})\varkappa r} \quad \text{für} \quad a < r < \infty\,.$$

Das bedeutet nach (22. 8) *Skineffekt im Äußeren des Drahtes.* Im Inneren desselben ist dagegen das Argument von $J_0(\varrho)$ reell wegen

$$\varrho = \sqrt{k_L^2 - h^2}\,r = w_\nu'\,\frac{r}{a} \quad (w_\nu' \text{ reelle Zahl});$$

und daher $J_0(\varrho)$ von der Größenordnung 1 für $0 \leqq r \leqq a$.

Das ganze Innere ist von Strom erfüllt. Hier tritt erhebliche *Joulesche Wärme* auf, welche die rasche Dämpfung der Welle beim Fortschreiten längs des Drahtes erklärt und jede Beobachtung der Nebenwellen *illusorisch* macht.

B. Magnetische Wellen

Während wir bei den elektrischen Haupt- und Nebenwellen an die allgemeine Gl. (20. 5) anknüpfen, erhalten wir die magnetischen Wellen aus (20. 6). Wir setzen hier $\mathfrak{E}_x = 0$, $\mathfrak{H}_x$ bis auf je eine Konstante gleich der Besselschen Funktion J_0 im Inneren bzw. der ersten Hankelschen Funktion H_0 im Äußeren des Drahtes. Indem wir die zugehörigen transversalen Komponenten aus (20. 6) entnehmen, erhalten wir mit $u = r$, $v = \varphi$, $g_u = 1$, $g_v = r$:

	$0 < r < a, \quad \varrho = \sqrt{k_L^2 - h^2}\,r$	$a < r < \infty, \quad \varrho = \sqrt{k^2 - h^2}\,r$
(3)	$\sqrt{\frac{\mu}{\varepsilon'}}\,\mathfrak{H}_x = \frac{\sqrt{k_L^2 - h^2}}{\mathrm{i}\,h}\,D\,J_0(\varrho)$	$\sqrt{\frac{\mu_0}{\varepsilon_0}}\,\mathfrak{H}_x = \frac{\sqrt{k^2 - h^2}}{\mathrm{i}\,h}\,B\,H_0(\varrho)$
	$\sqrt{\frac{\mu}{\varepsilon'}}\,\mathfrak{H}_r = D\,J_0'(\varrho)$	$\sqrt{\frac{\mu_0}{\varepsilon_0}}\,\mathfrak{H}_r = B\,H_0'(\varrho)$
	$-\mathfrak{E}_\varphi = \frac{k_L}{h}\,D\,J_0'(\varrho)$	$-\mathfrak{E}_\varphi = \frac{k}{h}\,B\,H_0'(\varrho)\,.$

Aus der Stetigkeitsforderung für $\mathfrak{H}_x$ und $\mathfrak{E}_\varphi$ ergeben sich jetzt die *Grenzbedingungen*

$$(4)\quad \begin{aligned} \varrho_L D J_0(\varrho_L) &= \sqrt{\frac{\varepsilon_0 \mu}{\varepsilon' \mu_0}}\, \varrho\, B H_0(\varrho), \\ k_L D J_0'(\varrho_L) &= k\, B H_0'(\varrho). \end{aligned}$$

Hier ist wie in (22. 14) $\varrho = \sqrt{k^2 - h^2}\, a$, $\varrho_L = \sqrt{k_L^2 - h^2}\, a$ gesetzt. Man überzeuge sich übrigens, daß auch die zu fordernde Stetigkeit von $\mathfrak{B}_r$ durch die zweite dieser Bedingungen gewährleistet wird, wobei die Beziehung $k^2 = \varepsilon_0 \mu_0 \omega^2$ zu beachten ist, die wir auch im folgenden benützen werden.

Aus (4) folgt durch Elimination von B und D die transzendente Gleichung

$$(5)\quad \varrho \frac{H_0(\varrho)}{H_0'(\varrho)} = \sqrt{\frac{\varepsilon' \mu_0}{\varepsilon_0 \mu}}\, \frac{k}{k_L}\, \frac{\varrho_L J_0(\varrho_L)}{J_0'(\varrho_L)},$$

deren rechte Seite sich wesentlich, auch größenordnungsmäßig, von derjenigen in (22. 14a) unterscheidet. Wir fragen, ob (5) eine Lösung vom Charakter der *Hauptwelle* $h \approx k$, also $|\varrho| \ll 1$, besitzt. Dann wäre die linke Seite nach (22. 5) von der Ordnung $\varrho^2 \ln \varrho$, also absolut genommen $\ll 1$, die rechte Seite aber nach (22. 7a) und wegen $\varrho_L \approx k_L a$ annähernd gleich $(\varepsilon' \mu_0/\varepsilon_0 \mu)^{1/2} k a$, also absolut genommen $\gg 1$ wegen $|\varepsilon'| \gg \varepsilon_0$. Dies trifft auch noch zu bei weichem Eisen, wo μ erheblich größer als μ_0 ist. Die Annahme $h \approx k$ führt also zu einem Widerspruch. *Es gibt keine magnetische Hauptwelle*; die magnetischen Wellen sind sämtlich vom Charakter der *Nebenwellen*

$$|\varrho| \gg 1, \qquad J_0'(\varrho_L) \approx 0, \qquad h_\nu^2 \approx k_L^2 - \left(\frac{w_\nu'}{a}\right)^2,$$

wie in (1). Das vorher über die *elektrischen Nebenwellen* Gesagte überträgt sich dabei ohne Änderung auf die *magnetischen Nebenwellen*. Auch ihr Feld zeigt im Äußeren des Drahtes einen Skineffekt und wird im Inneren durch JOULEsche Wärme rapide geschwächt.

C. Unsymmetrische Wellen vom elektromagnetischen Typ

Wir betrachten jetzt Vorgänge, die keine Rotationssymmetrie um die Drahtachse besitzen und benutzen zur Darstellung von $\mathfrak{E}_x$ statt der Funktionen $J_0(\varrho)$ bzw. $H_0(\varrho)$ die allgemeineren Lösungen der BESSELschen Differentialgleichung

$$(6)\quad J_n(\varrho) \cos n\varphi \quad \text{bzw.} \quad H_n(\varrho) \cos n\varphi .$$

Auch hier kommt nur die *erste* HANKEL-Funktion in Betracht, für die wir kurz $H_n(\varrho)$ schreiben.

Wir überzeugen uns dann leicht, daß die bisherigen dreikomponentigen Lösungen $\mathfrak{E}_x$, $\mathfrak{E}_r$, $\mathfrak{H}_\varphi$ oder $\mathfrak{H}_x$, $\mathfrak{H}_r$, $\mathfrak{E}_\varphi$ nicht mehr ausreichen, sondern daß alle sechs Komponenten von $\mathfrak{E}$ und $\mathfrak{H}$ in der Lösung auftreten müssen. Und zwar müssen wir jetzt mit dem Ansatz (6) für $\mathfrak{E}_x$ den Ansatz

$$(6\text{a})\quad \left\{\begin{matrix} J_n(\varrho) \\ H_n(\varrho) \end{matrix}\right\} \sin n\varphi$$

für $\mathfrak{H}_x$ kombinieren, um alle Glieder in (20. 5) auf den gemeinsamen Faktor $\cos n\varphi$, in (20. 6) auf $\sin n\varphi$ zu bringen. Wir erhalten so aus (20. 5, 6) im *Inneren* des Drahtes mit $\varrho = \sqrt{k_L^2 - h^2}\, r$

$$(7)\quad \left\{\begin{aligned}
\mathfrak{E}_x &= \frac{\sqrt{k_L^2 - h^2}}{\mathrm{i}\,h}\, C\, J_n(\varrho)\cos n\varphi,\\
\mathfrak{E}_r &= \left\{C\, J_n'(\varrho) + \frac{k_L\, n}{h\,\varrho}\, D\, J_n(\varrho)\right\}\cos n\varphi,\\
-\mathfrak{E}_\varphi &= \left\{\frac{n}{\varrho}\, C\, J_n(\varrho) + \frac{k_L}{h}\, D\, J_n'(\varrho)\right\}\sin n\varphi,\\
\sqrt{\frac{\mu}{\varepsilon'}}\,\mathfrak{H}_x &= \frac{\sqrt{k_L^2 - h^2}}{\mathrm{i}\,h}\, D\, J_n(\varrho)\sin n\varphi,\\
\sqrt{\frac{\mu}{\varepsilon'}}\,\mathfrak{H}_r &= \left\{\frac{n}{\varrho}\,\frac{k_L}{h}\, C\, J_n(\varrho) + D\, J_n'(\varrho)\right\}\sin n\varphi,\\
\sqrt{\frac{\mu}{\varepsilon'}}\,\mathfrak{H}_\varphi &= \left\{\frac{k_L}{h}\, C\, J_n'(\varrho) + \frac{n}{\varrho}\, D\, J_n(\varrho)\right\}\cos n\varphi.
\end{aligned}\right.$$

Der Phasenfaktor $\exp\{-\mathrm{i}\,\omega\, t + \mathrm{i}\, h\, x\}$ ist wieder hinzuzudenken. Die konstanten Faktoren bei $\mathfrak{E}_x$ und $\mathfrak{H}_x$ sind so gewählt, daß (7) für $D = 0$ und $n = 0$ in (22. 13) sowie (nach der zulässigen Vertauschung von cos mit sin) für $C = 0$ und $n = 0$ in (3) übergeht.

Verfahren wir ebenso im *Äußeren* des Drahtes, so erhalten wir mit $\varrho = \sqrt{k^2 - h^2}\, r$

$$(8)\quad \left\{\begin{aligned}
\mathfrak{E}_x &= \frac{\sqrt{k^2 - h^2}}{\mathrm{i}\,h}\, A\, H_n(\varrho)\cos n\varphi,\\
\mathfrak{E}_r &= \left\{A\, H_n'(\varrho) + \frac{k\, n}{h\,\varrho}\, B\, H_n(\varrho)\right\}\cos n\varphi,\\
-\mathfrak{E}_\varphi &= \left\{\frac{n}{\varrho}\, A\, H_n(\varrho) + \frac{k}{h}\, B\, H_n'(\varrho)\right\}\sin n\varphi,\\
\sqrt{\frac{\mu_0}{\varepsilon_0}}\,\mathfrak{H}_x &= \frac{\sqrt{k^2 - h^2}}{\mathrm{i}\,h}\, B\, H_n(\varrho)\sin n\varphi,\\
\sqrt{\frac{\mu_0}{\varepsilon_0}}\,\mathfrak{H}_r &= \left\{\frac{n}{\varrho}\,\frac{k}{h}\, A\, H_n(\varrho) + B\, H_n'(\varrho)\right\}\sin n\varphi,\\
\sqrt{\frac{\mu_0}{\varepsilon_0}}\,\mathfrak{H}_\varphi &= \left\{\frac{k}{h}\, A\, H_n'(\varrho) + \frac{n}{\varrho}\, B\, H_n(\varrho)\right\}\cos n\varphi.
\end{aligned}\right.$$

Wir kommen zu den Grenzbedingungen zwischen Innerem und Äußerem bei $r = a$. Mit $\varrho = \sqrt{k^2 - h^2}\, a$ und $\varrho_L = \sqrt{k_L^2 - h^2}\, a$ erhalten wir aus der Stetigkeit von $\mathfrak{E}_x$ und $\mathfrak{H}_x$

$$(9)\qquad \varrho_L\, C\, J_n(\varrho_L) = \varrho\, A\, H_n(\varrho),$$

$$(9\text{a})\qquad \varrho_L\, D\, J_n(\varrho_L) = q\,\varrho\, B\, H_n(\varrho),$$

$$q = \sqrt{\frac{\varepsilon_0\,\mu}{\varepsilon'\,\mu_0}}.$$

Sodann ergeben sich aus der Stetigkeit von $\mathfrak{E}_\varphi$ und $\mathfrak{H}_\varphi$ die beiden Bedingungen:

$$C\frac{n}{\varrho_L}J_n(\varrho_L) + D\frac{k_L}{h}J'_n(\varrho_L) = A\frac{n}{\varrho}H_n(\varrho) + B\frac{k}{h}H'_n(\varrho), \tag{10}$$

$$C\frac{k_L}{h}J'_n(\varrho_L) + D\frac{n}{\varrho_L}J_n(\varrho_L) = A\frac{q\,k}{h}H'_n(\varrho) + B\frac{q\,n}{\varrho}H_n(\varrho). \tag{10a}$$

Aus diesen vier Gln. (9), (9a), (10) und (10a) sind die Konstanten A, B, C, D zu eliminieren, am übersichtlichsten in Form einer vierreihigen Determinante. Wir dividieren ihre Kolonnen sogleich durch H_n bzw. J_n und finden:

$$\begin{vmatrix} \varrho & 0 & \varrho_L & 0 \\ 0 & q\varrho & 0 & \varrho_L \\ \frac{n}{\varrho} & \frac{k}{h}\frac{H'_n}{H_n} & \frac{n}{\varrho_L} & \frac{k_L}{h}\frac{J'_n}{J_n} \\ q\frac{k}{h}\frac{H'_n}{H_n} & \frac{q\,n}{\varrho} & \frac{k_L}{h}\frac{J'_n}{J_n} & \frac{n}{\varrho_L} \end{vmatrix} = 0. \tag{11}$$

Diese transzendente Gleichung ist als *Bestimmungsgleichung für die Wellenzahl* h aufzufassen, die nicht nur explizite, sondern auch implizite in ϱ, ϱ_L, H'/H und J'/J vorkommt. Die elektrischen und magnetischen Komponenten der Welle sind durch sie miteinander *verkoppelt*. Eine *Entkoppelung* liegt nur im symmetrischen Falle $n = 0$ vor, wo sich (11) spalten läßt in

$$\left\{\varrho\,k_L\frac{J'_0}{J_0} - \varrho_L\,q\,k\frac{H'_0}{H_0}\right\}\left\{\varrho_L\,k\frac{H'_0}{H_0} - \varrho\,q\,k_L\frac{J'_0}{J_0}\right\} = 0. \tag{11a}$$

Einzeln gleich Null gesetzt, stimmen die beiden Klammern genau überein mit den transzendenten Gleichungen für den symmetrischen magnetischen und elektrischen Fall, d. h. mit der vorstehenden Gl. (5) und mit Gl. (22. 14a).

Weiterhin benutzen wir (11) nur, um die Frage zu beantworten, ob im unsymmetrischen Fall ein Zustand vom Typus der *Hauptwelle* möglich ist. Wir setzen also voraus:

$$h \approx k, \quad \varrho \approx 0, \quad |\varrho_L| \gg 1, \quad \frac{J'_n}{J_n} \to -\mathrm{i}, \quad \frac{H'_n}{H_n} \to -\frac{n}{\varrho},$$

wo die beiden letzten Angaben aus den Gln. (22. 6) und (22. 7a) folgen. Wir können dann in den ersten beiden Zeilen von (11) nicht nur $q\,\varrho$, sondern auch ϱ gegen ϱ_L vernachlässigen. Daraufhin zerfällt die Determinante (11) in das Produkt der beiden Unterdeterminanten

$$\begin{vmatrix} \varrho_L & 0 \\ 0 & \varrho_L \end{vmatrix} = \varrho_L^2 \quad \text{und} \quad q\left(\frac{n}{\varrho}\right)^2 \begin{vmatrix} 1 & -\frac{k}{h} \\ -\frac{k}{h} & 1 \end{vmatrix} = -\frac{q\,n^2}{a^2 h^2}; \tag{12}$$

das Produkt beider ergibt $(k^2 - k_L^2)\,q\,n^2/h^2$; gleich Null gesetzt, liefert es, wenn $n \neq 0$ ist, $h = \pm k_L$, was unserer Forderung $h \approx k$ widerspricht. *Es gibt also keine unsymmetrische Hauptwelle.* Wegen der etwas komplizierten Auflösung der transzendenten Gleichung für die unsymmetrischen *Nebenwellen* müssen wir auf die Dissertation von HONDROS verweisen.

D. Drahtwellen am Nichtleiter. Elektrischer Wellentypus

Die Aufzehrung der Nebenwellen am metallischen Draht durch die JOULEsche Wärme legt die Frage nahe, ob nicht Nebenwellen an einem *dielektrischen* Draht beobachtbar sein könnten. Diese Frage ist nach HONDROS und DEBYE zu bejahen[1]).

Wir werden von einem „Wasserdraht" sprechen (den man sich von einem unendlich dünnwandigen geraden Glaszylinder umgeben denken kann). h ist wegen fehlender Absorption reell, also $\sqrt{k^2 - h^2}$ entweder reell oder rein imaginär. Die erste Möglichkeit ($h < k$, Fortpflanzung mit Überlichtgeschwindigkeit) ist wegen des Einstrahlungsverbotes nach §22 B auszuschließen. Es wird also $\sqrt{k^2 - h^2}$ und unser früheres $\varrho = \sqrt{k^2 - h^2}\,a$ *rein imaginär*. Dagegen wird $\varrho_L = \sqrt{k_L^2 - h^2}\,a$ reell, wenn $nk > h$. Wir haben ja jetzt wegen $\sigma = 0$

$$k_L^2 = \varepsilon\,\mu\,\omega^2 = \frac{\varepsilon\,\mu}{\varepsilon_0\,\mu_0}\,\varepsilon_0\,\mu_0\,\omega^2 = n^2\,k^2,$$

wo nun n nach dem MAXWELLschen Gesetz aus Gl. (6. 7) den *Brechungsindex* bedeuten soll (nicht wie bisher den Index der BESSEL-Funktionen!). Für Wasser ist im Hochfrequenzgebiet (Dezimeterwellen) $n \sim 9$.

Wir führen die beiden *reellen* Größen ein:

$$\xi = \sqrt{h^2 - k^2}\,a, \qquad \eta = \sqrt{n^2\,k^2 - h^2}\,a, \tag{13}$$

die uns sogleich als rechtwinklige Koordinaten einer graphischen Konstruktion dienen werden.

Alle unsere früheren Formeln, insbesondere die für symmetrische Wellen, bleiben, soweit sie keine Näherungen enthalten, für unseren jetzigen Fall reeller ξ, η bestehen. Gl. (22. 14a) lautet jetzt

$$\mathrm{i}\,\xi\,\frac{H_0(\mathrm{i}\,\xi)}{H_0'(\mathrm{i}\,\xi)} = \frac{\eta}{n^2}\,\frac{J_0(\eta)}{J_0'(\eta)}. \tag{14}$$

Ihre linke Seite verhält sich für $\xi \to 0$ und $\xi \to \infty$ nach (22. 5) und (22. 7) wie

$$\frac{\mathrm{i}\,\xi \ln \frac{\gamma\,\xi}{2}}{1/\mathrm{i}\,\xi} = \xi^2 \ln \frac{2}{\gamma\,\xi} \quad \text{bzw. wie} \quad \frac{\mathrm{i}\,\xi}{\mathrm{i}} = \xi;$$

sie wird also zugleich mit ξ Null bzw. ∞. Deshalb muß auch die rechte Seite von (14) für $\xi = 0$ verschwinden; das ist nicht der Fall für $\eta = 0$ [wegen $J_0'(0) = 0$], sondern nur dann, wenn

$$J_0(\eta) = 0 \tag{15}$$

ist. Andererseits wird die rechte Seite von (14) unendlich für

$$J_0'(\eta) = -J_1(\eta) = 0. \tag{15a}$$

Wir wollen uns den von (14) geforderten Zusammenhang in einer ξ, η-Ebene graphisch veranschaulichen. Wir markieren auf der Ordinatenachse die Wurzeln

[1]) D. HONDROS und P. DEBYE, Ann. d. Phys. 32, S. 465, 1910.

von (15) und (15a), welche miteinander alternieren. Wir nennen die Punktfolgen wie S. 172

$$w_1, w_2, w_3, \ldots \quad \text{bzw.} \quad w_1', w_2', w_3', \ldots$$

und notieren insbesondere

(15b) $$w_1 = 2{,}40.$$

Durch die Punkte $\eta = w_i'$, $\xi = 0$ ziehen wir Parallelen zur Abszissenachse. Die Punkte $\eta = w_i$, $\xi = 0$ sind Ausgangspunkte von Kurvenästen der gesuchten Darstellung, deren asymptotischer Ablauf für $\xi \to \infty$ den gezeichneten horizontalen Geraden $\eta = w_i'$ sich anschmiegen muß.

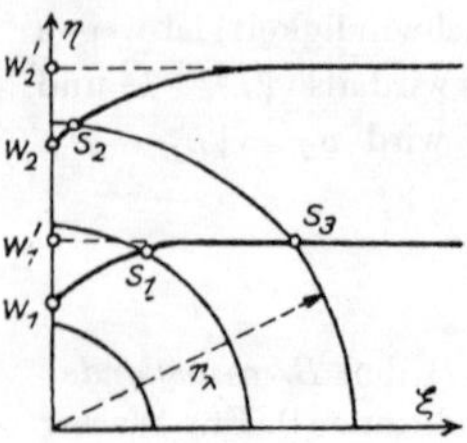

Fig. 34. Drahtwellen am Nichtleiter. Ebene der reellen Koordinaten

$$\xi = \sqrt{h^2 - k^2}\, a,$$
$$\eta = \sqrt{n^2 k^2 - h^2}\, a.$$

Konstruktion der Wurzeln von Gl. (14) mit Hilfe der Wurzeln $w_1, w_2, \ldots$ von Gl. (15), $J_0(\eta) = 0$ und der Wurzeln $w_1', w_2', \ldots$ von Gl. (15a), $J_1(\eta) = 0$

Nun besteht aber zwischen ξ und η nach (13) noch die Beziehung

(16) $$\xi^2 + \eta^2 = (n^2 - 1)\, k^2 a^2 = (n^2 - 1) \left(\frac{2\pi a}{\lambda}\right)^2.$$

Das bedeutet, daß die gesuchten Lösungen von (14) auch auf Kreisen um den Nullpunkt der ξ, η-Ebene vom Radius

(16a) $$r_\lambda = 2\pi \sqrt{n^2 - 1}\, \frac{a}{\lambda}$$

liegen müssen, wo λ die unserem Schwingungszustand entsprechende „Wellenlänge in Luft" ist. Wir müssen also unsere Kurvenäste mit den Kreisen (16) zum Schnitt bringen.

Je nach der Größe von λ gibt es keinen, einen, zwei oder mehr Schnittpunkte. Unsere Figur zeigt unmittelbar:

Für $r_\lambda < w_1$ gibt es keinen Schnittpunkt.
Für $w_1 < r_\lambda < w_2$ gibt es einen Schnittpunkt.
Für $w_2 < r_\lambda < w_3$ gibt es zwei Schnittpunkte usw.

Die erste Wurzel von $J_0(\eta) = 0$ ist nach (15b) $w_1 = 2{,}40$. Diesem kleinsten Wert von r_λ, für den eine Drahtwelle noch gerade möglich ist, entspricht nach (16a) als *größter* zulässiger Wert von λ

$$\lambda_{\max} = \frac{2\pi}{2{,}40} \sqrt{n^2 - 1}\, a.$$

Das bedeutet für unseren „Wasserdraht" beim Radius $a = 1$ cm

$$\lambda_{\max} = \frac{2\pi \sqrt{80}}{2{,}40}\,\text{cm} = 23{,}4\,\text{cm}.$$

Größere Wellenlängen als diese können von ihm nicht fortgeleitet werden. Wir befinden uns also in dem heutzutage so interessanten Gebiet der „Dezimeterwellenlängen".

Bei abnehmendem λ gibt es eine Möglichkeit der Fortleitung, dargestellt durch den ersten in der Figur gezeichneten Schnittpunkt S_1; bei weiter abnehmendem λ, entsprechend zunehmendem $r_\lambda > 5{,}52$, *zwei* Möglichkeiten, entsprechend den beiden Schnittpunkten S_2, S_3 der Figur. Der erste liegt bei kleinem ξ und liefert $h \approx k$ (Fortpflanzung am Draht nahezu gleich c), der zweite bei größerem ξ (h wesentlich größer als k, Fortpflanzung merklich kleiner als c) und bei einem η nahezu gleich der ersten Wurzel von $J_1(\eta) = 0$, die nach Gl. (23. 1a) $w_1' = 3{,}83$ beträgt. Im ersten dieser beiden Fälle stehen die elektrischen Kraftlinien nahezu *senkrecht* auf dem Draht, die Abnahme des Feldes nach außen erfolgt langsam (der asymptotische Abfall $e^{-\xi r/a}$ wird erst bei großem r erreicht). Im zweiten Fall, wo ξ erheblich ist, haben wir einen *Skineffekt* nach außen hin, wie bei unseren *Nebenwellen* am metallischen Draht. Der erste Fall ist im Äußeren vom Typus der *Hauptwelle*, aber mit dem Unterschied, daß das Innere des Dielektrikums vom Strom erfüllt ist. (η reell und von mäßiger Größe.) Ebenso ordnen sich bei noch kleinerem λ die dann vorhandenen zahlreicheren Schwingungs-Möglichkeiten zwischen die Grenzfälle der Haupt- und Nebenwellen ein. Gleichzeitig schwankt die Phasengeschwindigkeit der Welle zwischen der Geschwindigkeit c des Vakuums und der des „Wassers".

Am erfolgreichsten sind die vorstehenden von Hondros und Debye vorausgesagten Ergebnisse im Laboratorium der Bell Telephon Co. durch G. Southworth geprüft worden. Auch in Deutschland fanden solche dielektrischen Drahtwellen für Zwecke der Nachrichtentechnik vorteilhafte Verwendung.

§ 24. Einiges zur Theorie der Hohlleiter

Wir haben im vorigen Paragraphen gesehen, daß elektromagnetische Felder durch die Oberfläche eines nichtleitenden Stabes zusammengehalten und geführt werden können und daß sie sich gegen Abstrahlung nach außen durch Skineffekt schützen. Dieser Schutz wird vollkommen sein, wenn wir den Nichtleiter in ein metallisches Rohr einbetten, wobei dann auch die Bedingung einer hinreichend hohen D.K. fortfallen und das Dielektrikum im Inneren des Rohres Luft sein kann. Wir kommen dadurch zur Anordnung der *Hohlleiter*, die in der Hochfrequenz-Technik wichtig geworden sind.

Wir betrachten speziell den zylindrischen Hohlleiter, weil dieser unmittelbar an die vorangehenden Formeln angeschlossen werden kann. a sei der Radius des metallischen Mantels, der vorderhand als *vollkommener* Leiter vorausgesetzt werden möge, h die Wellenzahl der Fortpflanzung. Sie ist reell, da die Welle weder durch Joulesche Wärme noch durch Abstrahlung gedämpft wird. Es gibt elektrische und magnetische Wellen von symmetrischem Typus und solche von unsymmetrischem Typus.

Die *symmetrischen elektrischen Wellen* setzen wir wie in (22. 13) unter Weglassung des Amplitudenfaktors C und des hinzuzudenkenden Phasenfaktors $\exp(-i\omega t + i h x)$ in der Form an:

$$(1) \qquad \mathfrak{E}_x = \frac{\sqrt{k^2 - h^2}}{i h} J_0(\varrho), \qquad \mathfrak{E}_r = J_0'(\varrho), \qquad \sqrt{\frac{\mu_0}{\varepsilon_0}}\, \mathfrak{H}_\varphi = \frac{k}{h} J_0'(\varrho).$$

Dieser Ansatz folgt, wenn $\mathfrak{E}_x$ bekannt ist, auch unmittelbar aus dem Zusammenhang der Transversal- und Longitudinal-Komponenten in (20. 5). Die Grenzbedingungen reduzieren sich auf die einzige Gleichung $\mathfrak{E}_x = 0$ für $r = a$, da die für $\mathfrak{H}_\varphi$ zu stellende Grenzbedingung durch einen im Mantel induzierten Flächenstrom erfüllt wird [siehe die Anmerkung[1]) auf S. 16]. Wir haben also mit $\varrho = \sqrt{k^2 - h^2}\, a$

$$(2) \qquad J_0(\varrho) = 0, \qquad \varrho = w_1, w_2, \ldots, w_\nu, \ldots \quad \text{mit} \quad w_1 = 2{,}40.$$

Daraus folgt nach der Bedeutung von ϱ

$$(2\text{a}) \qquad h_\nu^2 = k^2 - \left(\frac{w_\nu}{a}\right)^2, \quad h_\nu < k, \quad \frac{\omega}{h_\nu} > \frac{\omega}{k} = c.$$

Die Phasen-Fortpflanzung ω/h_ν längs der Röhre erfolgt also mit *Überlichtgeschwindigkeit*. Wie bei unserem dielektrischen Draht gibt es eine *untere* Grenze für die Wellenzahl k, also eine *obere* Grenze für die ihr entsprechende „primäre[1]) Wellenlänge" $\lambda = 2\pi/k$. Sie entspricht dem Wert $h = h_1 = 0$ (Phasenfortpflanzung gleich unendlich) und liefert nach (2a)

$$(3) \qquad k_{\min} = \frac{w_1}{a}, \quad \lambda_{\max} = \frac{2\pi}{k_{\min}} = \frac{2\pi}{w_1} a = \frac{2\pi}{2{,}40} a.$$

Da a von der Größenordnung cm ist, spielen sich alle folgenden Betrachtungen im Frequenzband der *Zentimeterwellen* ab. Die Zahl der möglichen Zustände vom Typus (1) hängt von der Frequenz ω oder, was dasselbe ist, von der primären Wellenzahl $k = \omega/c$ ab. Sie ist nämlich nach (2a) gleich der Anzahl der Wurzeln w_ν, die unterhalb $k\,a$ liegen.

Die *magnetischen symmetrischen Wellen werden entsprechend* den Gln. (23. 3) dargestellt durch

$$(4) \qquad \sqrt{\frac{\mu_0}{\varepsilon_0}}\,\mathfrak{H}_x = \frac{\sqrt{k^2 - h^2}}{\mathrm{i}\,h} J_0(\varrho), \quad \sqrt{\frac{\mu_0}{\varepsilon_0}}\,\mathfrak{H}_r = J_0'(\varrho), \quad -\mathfrak{E}_\varphi = \frac{k}{h} J_0'(\varrho),$$

gemäß dem allgemeinen Schema der Gln. (20. 6). Die einzige, hier zu erfüllende Grenzbedingung ist $\mathfrak{E}_\varphi = 0$ für $\varrho = \sqrt{k^2 - h^2}\, a$. Sie verlangt

$$(5) \qquad J_0'(\varrho) = 0, \qquad \varrho = w_1', w_2', \ldots, w_\nu', \ldots \quad \text{mit} \quad w_1' = 3{,}83$$

und liefert wie in (2a) Werte von h_ν, die $< k$ sind. Die obere Grenze für die primäre Wellenlänge liegt etwas tiefer als beim elektrischen Typus. Sie ist nämlich

$$(5\text{a}) \qquad \lambda_{\max} = \frac{2\pi}{w_1'} a = \frac{2\pi}{3{,}83} a.$$

Zu den *unsymmetrischen Typen* übergehend, knüpfen wir an die Gln. (23. 7) an. Wegen der verminderten Zahl der Grenzbedingungen können wir aber jetzt von

[1]) Unter der „primären" Wellenlänge verstehen wir diejenige der *anregenden* Schwingung, die natürlich dieselbe Frequenz ω hat wie die von ihr angeregte Hohlleiterschwingung. Diese primäre Wellenlänge ist eigentlich nur ein dem Praktiker geläufiges und dimensionell bequemes Maß der Frequenz ω. Die Wellenlänge im Hohlleiter ist lediglich in axialer Richtung eindeutig definierbar und beträgt $\lambda = 2\pi/h$, während die primäre Wellenlänge $2\pi/k = 2\pi\, c/\omega$ ist. Im Falle $\lambda_{\text{prim}} = \lambda_{\max}$ wird $\lambda_{\text{achs}} = \infty$ wegen $h = 0$.

den beiden dort erforderlichen Amplituden C und D die eine gleich 0, die andere gleich 1 setzen. Dadurch vereinfacht sich der Formalismus beträchtlich und spaltet in einen *unsymmetrischen elektrischen* ($D = 0$) und einen *unsymmetrischen magnetischen* ($C = 0$) auf.

Man erhält dann als unsymmetrischen elektrischen Typ:

$$(6)\quad \begin{cases} \mathfrak{E}_x = \dfrac{\sqrt{k^2-h^2}}{\mathrm{i}\,h} J_n(\varrho)\cos n\varphi, & \mathfrak{H}_x = 0, \\ \mathfrak{E}_r = J_n'(\varrho)\cos n\varphi, & \sqrt{\dfrac{\mu_0}{\varepsilon_0}}\,\mathfrak{H}_r = \dfrac{k}{h}\dfrac{n}{\varrho} J_n(\varrho)\sin n\varphi, \\ \mathfrak{E}_\varphi = -\dfrac{n}{\varrho} J_n(\varrho)\sin n\varphi, & \sqrt{\dfrac{\mu_0}{\varepsilon_0}}\,\mathfrak{H}_\varphi = \dfrac{k}{h} J_n'(\varrho)\cos n\varphi. \end{cases}$$

und als unsymmetrischen magnetischen Typ, wenn man bequemerweise $n\,\varphi$ mit $n\,\varphi + \pi/2$ vertauscht,

$$(7)\quad \begin{cases} \mathfrak{E}_x = 0, & \sqrt{\dfrac{\mu_0}{\varepsilon_0}}\,\mathfrak{H}_x = \dfrac{\sqrt{k^2-h^2}}{\mathrm{i}\,h} J_n(\varrho)\cos n\varphi, \\ \mathfrak{E}_r = -\dfrac{k}{h}\dfrac{n}{\varrho} J_n(\varrho)\sin n\varphi, & \sqrt{\dfrac{\mu_0}{\varepsilon_0}}\,\mathfrak{H}_r = J_n'(\varrho)\cos n\varphi, \\ \mathfrak{E}_\varphi = -\dfrac{k}{h} J_n'(\varrho)\cos n\varphi, & \sqrt{\dfrac{\mu_0}{\varepsilon_0}}\,\mathfrak{H}_\varphi = -\dfrac{n}{\varrho} J_n(\varrho)\sin n\varphi. \end{cases}$$

Für $n = 0$ gehen (6) und (7) in (1) und (4) über.

Die Grenzbedingungen verlangen für $r = a$, $\varrho = \sqrt{k^2 - h^2}\,a$

bei (6) $\qquad \mathfrak{E}_x = \mathfrak{E}_\varphi = 0$, also $J_n(\varrho) = 0$,

bei (7) $\qquad \mathfrak{E}_\varphi = 0$, also $J_n'(\varrho) = 0$.

Die Wurzeln dieser beiden Gleichungen nennen wir wie in (2) und (5) wieder w_ν und w_ν' und unterscheiden sie, wenn nötig, von jenen durch Hinzufügung des Argumentes n, also $w_\nu(n)$ gegen $w_\nu(0)$, $w_\nu'(n)$ gegen $w_\nu'(0)$.

Über die gegenseitige Lage der kleinsten Wurzeln des zweifach indizierten Doppelsystems w, w' orientiert die folgende Tabelle:

$J_1' = 0$	$J_0 = 0$	$J_0' = J_1 = 0$
$w_1'(1) = 1{,}84$	$w_1(0) = 2{,}40$	$w_1'(0) = 3{,}83 = w_1(1)$
$w_2'(1) = 5{,}34$	$w_2(0) = 5{,}52$	$w_2'(0) = 7{,}02 = w_2(1)$

Sie zeigt, daß — gegen die Erwartung — nicht die *elektrische symmetrische* Welle mit $n = 0$ die kleinste Wurzel besitzt, sondern die *magnetische unsymmetrische Welle* mit $n = 1$. Auch bei der zweiten Wurzel $\nu = 2$, zweite Zeile der Tabelle, ist die Reihenfolge dieser beiden Wellen dieselbe wie bei der Wurzel $\nu = 1$. Die dritte Spalte zeigt sodann, daß auf die elektrische symmetrische die *magnetische symmetrische Welle* mit $n = 0$ folgt, die ihrerseits wegen $J_0' = -J_1$ dieselbe Wurzel liefert wie die *elektrische unsymmetrische Welle* vom Index $n = 1$.

Bei dieser Lage der Dinge ist nicht die in (3) angegebene Wellenlänge $\lambda_{\max}$ die absolute obere Grenze aller in der Röhre fortpflanzungsfähigen Wellen, sondern vielmehr die Wellenlänge

$$\lambda_{\max} = \frac{2\pi}{1{,}84}\, a. \tag{8}$$

Es tritt also bei stetiger Erhöhung der Frequenz (Übergang zu immer kleineren primären Wellenlängen) und bei geeigneter räumlicher Anordnung der anregenden Elemente als erste nicht die elektrische symmetrische Welle auf, sondern die magnetische unsymmetrische mit $n = 1$. Erst nach dieser stellt sich die elektrische

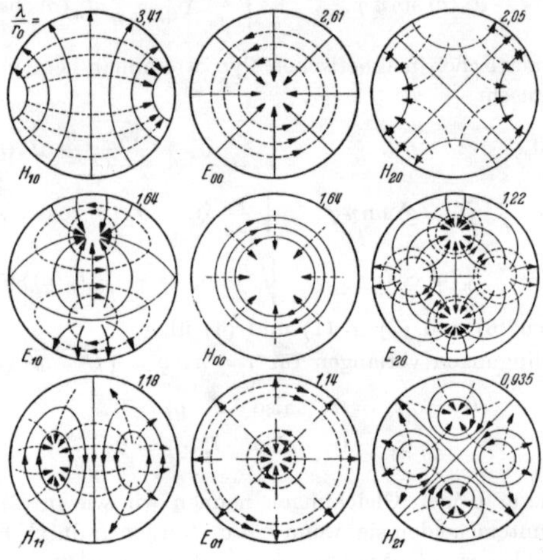

Fig. 35. Transversalfelder der zylindrischen Hohlleiterwellen, geordnet nach der Grenzwellenlänge $\lambda_{\max}/a$. Ausgezogen *elektrische*, strichliert *magnetische* Kraftlinien, beide dargestellt in den Querschnitten ihrer Schwingungsbäuche. Freies Anfangen oder Endigen der Kraftlinien bedeutet Umbiegen derselben aus der oder in die Achsenrichtung. Gebräuchliche technische Bezeichnung: H magnetischer, E elektrischer Typus. Erster Index: azimutale Knotenlinienzahl. Zweiter Index: radiale Knotenlinienzahl im Inneren der Röhre

symmetrische Welle und später die magnetische symmetrische zugleich mit der ersten elektrischen unsymmetrischen Welle $n = 1$ ein. Vgl. hierzu die Bildfolge von Fig. 35.

Bisher haben wir nur von exakt kreiszylindrischen Röhren gesprochen. Jede im Verlauf des Rohres auftretende Abweichung von der Kreiszylinderform bedeutet offenbar soviel wie eine Störung in der Symmetrie der Anregung und bewirkt daher das Auftreten neuer Partialwellen anderer Symmetrie, was bei der praktischen Anwendung der gewünschten Schwingungsformen Schwierigkeiten verursacht.

Auch ein Rohr von elliptischem Querschnitt läßt sich nach der allgemeinen Methode von § 20 A unmittelbar behandeln, weil die Wellengleichung in elliptischen Koordinaten u, v separierbar ist, vgl. Bd. II, Aufgabe IV. 3. Man braucht nur $\mathfrak{E}_x$, $\mathfrak{H}_x$ gleich einer *Mathieuschen Funktion* (Funktion des elliptischen Zylinders) $F(\mathrm{i}\,u)$ oder gleich dem Produkt zweier solcher $F(\mathrm{i}\,u)\cdot F(v)$ zu setzen und kann dann die Transversalkomponenten $\mathfrak{E}_u$, $\mathfrak{H}_v$; $\mathfrak{H}_u$, $\mathfrak{E}_v$ auf Grund der Gln. (20. 5) und (20. 6) direkt hinschreiben.

Einen kurzen Blick wollen wir nur noch auf die Röhren mit *rechteckigem Querschnitt* werfen. Da bei der Rechtecksform (Seiten b und c in der y- und z-Richtung) von symmetrischen Wellen keine Rede sein kann, geben wir sogleich die den Gln. (6) und (7) entsprechenden allgemeinen Formeln an (n und m beliebige ganze Zahlen); die Amplituden von $\mathfrak{E}_x$ in (9) und $\mathfrak{H}_x$ in (10) sind, wie schon bei (6) und (7) geschehen, in einer für das folgende bequemen Weise spezialisiert. Der Phasenfaktor $\exp\{\mathrm{i}(h\,x-\omega\,t)\}$ ist wie vorher hinzuzudenken.

$$(9)\qquad \left\{\begin{aligned} \mathfrak{E}_x &= \pi^2\left(\frac{n^2}{b^2}+\frac{m^2}{c^2}\right)\sin n\pi\frac{y}{b}\sin m\pi\frac{z}{c},\\ \mathfrak{E}_y &= \mathrm{i}\,h\frac{n\pi}{b}\cos n\pi\frac{y}{b}\sin m\pi\frac{z}{c},\\ \mathfrak{E}_z &= \mathrm{i}\,h\frac{m\pi}{c}\sin n\pi\frac{y}{b}\cos m\pi\frac{z}{c},\end{aligned}\right.$$

$$\mathfrak{H}_x = 0,$$

$$\sqrt{\frac{\mu_0}{\varepsilon_0}}\,\mathfrak{H}_y = -\frac{k}{h}\,\mathfrak{E}_z,$$

$$\sqrt{\frac{\mu_0}{\varepsilon_0}}\,\mathfrak{H}_z = +\frac{k}{h}\,\mathfrak{E}_y.$$

$$(10)\qquad \left\{\begin{aligned} \sqrt{\frac{\mu_0}{\varepsilon_0}}\,\mathfrak{H}_x &= \pi^2\left(\frac{n^2}{b^2}+\frac{m^2}{c^2}\right)\cos n\pi\frac{y}{b}\cos m\pi\frac{z}{c},\\ \sqrt{\frac{\mu_0}{\varepsilon_0}}\,\mathfrak{H}_y &= -\mathrm{i}\,h\frac{n\pi}{b}\sin n\pi\frac{y}{b}\cos m\pi\frac{z}{c},\\ \sqrt{\frac{\mu_0}{\varepsilon_0}}\,\mathfrak{H}_z &= -\mathrm{i}\,h\frac{m\pi}{c}\cos n\pi\frac{y}{b}\sin m\pi\frac{z}{c},\end{aligned}\right.$$

$$\mathfrak{E}_x = 0,$$

$$\mathfrak{E}_y = \frac{k}{h}\sqrt{\frac{\mu_0}{\varepsilon_0}}\,\mathfrak{H}_z,$$

$$\mathfrak{E}_z = -\frac{k}{h}\sqrt{\frac{\mu_0}{\varepsilon_0}}\,\mathfrak{H}_y.$$

Die Wellenzahl h bestimmt sich beidemal aus der Differentialgleichung $\Delta X + k^2 X = 0$, die für jede der kartesischen Komponenten von $\mathfrak{E}$ und $\mathfrak{H}$ zu erfüllen ist; man findet leicht durch Einsetzen sowohl aus (9) wie aus (10):

$$h^2+\pi^2\left(\frac{n^2}{b^2}+\frac{m^2}{c^2}\right)=k^2=\left(\frac{2\pi}{\lambda}\right)^2,\qquad \lambda = \text{primäre Wellenlänge};$$

der Maximalwert von λ bei gegebenem n und m, unterhalb dessen die Röhre schwingungsfähig wird, tritt für $h = 0$ auf und beträgt

$$\lambda_{\max} = 2 \Big/ \sqrt{\frac{n^2}{b^2} + \frac{m^2}{c^2}}\,;$$

der absolute Maximalwert wird, wenn, was wir annehmen können, $b > c$ ist, für $n = 1$, $m = 0$ erreicht und beträgt

$$\lambda_{\max} = 2b\,.$$

Man kann, wie LÉON BRILLOUIN bemerkt, diese und ähnliche Röhrenschwingungen elegant und anschaulich durch Überlagerung von gewöhnlichen ebenen Raumwellen erzeugen, die an den Röhrenwänden interferieren.

Derselbe Gedanke führt auch unmittelbar von den vorstehend entwickelten fortschreitenden Wellen zu den stehenden Eigenschwingungen, sei es eines rechtwinkligen Quaders, sei es eines Kreiszylinders von endlicher Länge. Man hat im wesentlichen nur die Wellenzahl h zu ersetzen durch ein ganzes Vielfaches von π/a, wo a die dritte Kantenlänge des Quaders bzw. die Länge des Zylinders bedeutet. Wir werden dies in Übungsaufgabe II. 10 und II. 11 näher ausführen und in II. 12 auch die radial-symmetrischen Eigenschwingungen der Kugel behandeln. Insbesondere finden die Eigenschwingungen des Quaders in der Hohlleitertechnik eine nützliche Verwendung, um die Frequenz der primären Anregung nach dem Resonanzprinzip zu bestimmen.

Schwierige Fragen treten bei der praktischen Verwendung der Hohlleiter auf, wo man statt der vollkommen leitenden Röhrenwände das Leitvermögen der wirklichen Metalle und den in ihm stattfindenden Wärmeverlust berücksichtigen muß; letzterer hat bisher die Fortpflanzung auf große Entfernungen unmöglich gemacht. Auch die Ausgestaltung der Rohrenden zu kegelförmigen oder hornartigen Öffnungen stellt uns vor Fragen, die wir hier nicht angehen wollen[1]).

§ 25. Die LECHERsche Doppelleitung

Sie ist, mathematisch gesprochen, die Verallgemeinerung der in § 18 D behandelten *quasistationären* Doppelleitung auf hochfrequente *Wechselströme*. Ihr Vorzug gegenüber dem von Wechselstrom durchflossenen *Einzeldraht* besteht darin, daß das Feld im Äußeren der Drähte stärker abnimmt als bei diesem, so daß die S. 164 besprochenen Störungen durch die Umgebung vermieden werden.

Die *Wechselstromphase* läuft in beiden Strömen *gleichsinnig*, sagen wir nach der positiven x-Richtung; die Stromrichtung ist aber wie in § 15 E in beiden Drähten jeweils *entgegengesetzt*; wir können sagen: Bei gleichem x strömt in einem Draht durch den Querschnitt positive, im anderem Draht negative Ladung; auch die an der Oberfläche jeweils angesammelte Ladung hat bei gleichem x in beiden

[1]) Wir verweisen auf das in Amerika weitverbreitete umfassende Lehrbuch von S. A. SCHELKUNOFF, Electromagnetic Waves, New York 1943 als Bell-Monography bei Van Nostrand erschienen; ferner auf die Vorlesungen von L. DE BROGLIE, „Problèmes de propagation guidée des ondes électromagnétiques". Paris, Gauthier-Villars 1941.

Drähten das *umgekehrte* Vorzeichen. Wir sprechen dann von einer *Gegentakt-Erregung*. Aber auch der Fall, wo die Ladung in beiden Drähten mit gleichem Vorzeichen strömt (bzw. an ihrer Oberfläche angesammelt wird), ist möglich. Wir nennen sie *Gleichtakt-Erregung*. Welcher von beiden Fällen eintritt, hängt von den Anregungsbedingungen ab; jede Unsymmetrie der Anregung bedingt das Auftreten beider Wellentypen. Aber nur die Gegentakt-Anordnung nennen wir „LECHERsches System". Im Gleichtaktfalle liegen die Verhältnisse, wie wir sehen werden, ganz ähnlich wie beim Einzeldraht in § 22 und führen zu denselben experimentellen Unzuträglichkeiten wie dieser.

Eine vollständige theoretische Behandlung des LECHER-Problems ist G. MIE[1]) schon im Jahre 1900 gelungen. Die folgende, etwas vereinfachte und vervollständigte Darstellung[2]) weicht mehr in der Form als im Wesen von der MIEschen ab. Ebenso wie MIE führen wir ein System von *Bipolarkoordinaten* ein, dem die beiden als kreisförmig vorausgesetzten Querschnitts-Peripherien angehören. Diese Koordinaten wären das ideale mathematische Hilfsmittel, wenn die Wellengleichung in ihnen separierbar wäre. Das ist aber leider nicht der Fall, vgl. Bd. II, Aufgabe IV. 1. Wir sind daher auf Näherungsmethoden angewiesen, die auf dem Ersatz der Wellengleichung durch die Potentialgleichung in der y-z-Ebene beruhen. Diese Näherung ist aber nur bei hinreichend guter Leitfähigkeit des Drahtmaterials und nur im Äußeren der Drähte zulässig. Im Inneren sind wir genötigt, mit gewöhnlichen zylindrischen Polarkoordinaten zu rechnen. Der Vergleich beider Ansätze an der Drahtoberfläche führt dann zu einer übersichtlichen Bestimmungsgleichung für die Wellenzahl h, die im Gegentaktfalle sogar einfacher wird als beim Einzeldraht, indem sie nicht transzendent, sondern algebraisch ist. Im Gleichtaktfalle ergibt sie sich als wesentlich identisch mit der des Einzeldrahtes.

A. Der Grenzfall unendlicher Leitfähigkeit

Für $\sigma \to \infty$ erfolgt, wie allgemein am Ende von § 20 A ausgeführt wurde und wie auch direkt beim Einzeldraht aus Gl. (22. 15) geschlossen werden kann, die Fortpflanzung der Wellen mit Lichtgeschwindigkeit c, so daß $h = k$ wird. Damit geht die dreidimensionale Wellengleichung für jede cartesische Feldkomponente nach Gl. (20. 3) über in die zweidimensionale Potentialgleichung. Diese läßt sich aber nach der Methode der konformen Abbildung für beliebige Querschnittsperipherien (die nicht kreisförmig, nicht einmal für beide Drähte die gleichen zu sein brauchen) behandeln. Die Methode ist auch anwendbar, wenn die Anregung nicht rein periodisch-monochromatisch erfolgt, wenn also unser Phasenfaktor $\exp\{i(h\,x - \omega\,t)\}$ ersetzt wird durch eine beliebige Funktion $f(x - c\,t)$.

---

[1]) Ann. d. Phys. 2, S. 201.

[2]) Sie beruht auf eingehendem Studium des Problems durch J. JAUMANN; er hat mir auch die elegante Behandlung des Grenzfalles $\sigma \to \infty$ im folgenden Abschnitt A zugänglich gemacht, die von seinem verstorbenen Vater, dem bekannten Brünner Physiker G. JAUMANN, herrührt.

Allerdings verschwinden die Longitudinalkomponenten $\mathfrak{E}_x$, $\mathfrak{H}_x$, von denen in Gl. (20. 3) zunächst die Rede war, im Limes $h \to k$, weil bei unendlich guter Leitfähigkeit die elektrischen Kraftlinien auf der Oberfläche der beiden Leiter senkrecht stehen und auch die magnetischen Kraftlinien in den Ebenen $x =$ konst. verlaufen. Für die longitudinalen Komponenten gilt daher in erster Näherung

$$(2) \qquad \mathfrak{E}_x = 0, \quad \mathfrak{H}_x = 0.$$

Aber die cartesischen Transversalkomponenten $\mathfrak{E}_y$, $\mathfrak{E}_z$, $\mathfrak{H}_y$, $\mathfrak{H}_z$ lassen sich fast unmittelbar daraus bestimmen, daß sie, als Lösungen der zweidimensionalen Potentialgleichung, ein elektrostatisches und ein zugehöriges magnetostatisches Feld aufbauen. Man faßt sie am übersichtlichsten zusammen in die Vektorformel[1])

$$(2\text{a}) \qquad \mathfrak{E} + \mathrm{i}\sqrt{\frac{\mu_0}{\varepsilon_0}}\,\mathfrak{H} = \operatorname{grad} w, \qquad w = u + \mathrm{i}\,v.$$

$w = w(\zeta)$ ist eine durch konforme Abbildung herstellbare Funktion der komplexen Variabeln $\zeta = y + \mathrm{i}\,z$; die transversalen $\mathfrak{E}$- bzw. $\mathfrak{H}$-Komponenten erhält man als Gradienten des reellen bzw. imaginären Teiles u und v dieser komplexen Funktion.

Im Falle unserer zwei kongruenten kreisförmigen Querschnitte ist uns die hier in Betracht kommende konforme Abbildung aus § 19 von Bd. II bekannt. Die dortige Fig. 26 wird in der folgenden Figur mit den jetzt zu verwendenden Bezeichnungen wiederholt. Beide Kraftliniensysteme sind Kreise, die elektrischen $v =$ konst. gehen von den Fixpunkten $Q_1\,Q_2$ des Kreisbüschels aus, die Mittelpunkte der magnetischen $u =$ konst. liegen auf der reellen Achse unserer ζ-Ebene, auf der auch die $Q_1\,Q_2$ liegen. Ihre Mitte M sei der Anfangspunkt $\zeta = 0$. Unsere Funktion w ist gegeben durch Gl. (19. 10) von Bd. II, welche in den jetzigen Bezeichnungen (u, v, ζ, ζ_0 statt ϱ, φ, z, c) bei bequemer Wahl der dortigen Konstanten A lautet:

$$(3) \qquad w = \ln\frac{\zeta - \zeta_0}{\zeta + \zeta_0}.$$

$\pm\zeta_0$ sind die zu Q_2 bzw. Q_1 gehörigen (reellen) Werte von ζ; als reeller und imaginärer Teil von w bedeuten u und v dasselbe wie die in Gl. (19. 10b) von Bd. II definierten Parameter ϱ und φ des *Bipolar-Koordinatensystems*. Von den magnetischen Kraftlinien sind in Fig. 36 diejenigen beiden verstärkt gezeichnet, die den Drahtquerschnitten (Radius a) entsprechen sollen. Ihre Mittelpunkte O_1, O_2 fallen nicht mit den Punkten Q_1, Q_2 zusammen. Letztere nennen wir, als Ursprung der elektrischen Kraftlinien, *Quellpunkte* (räumlich gesprochen sind es *Quelllinien* parallel zu den Drahtachsen). Q_1 und Q_2 sind im Sinne von Gl. (9. 8) die *elektrischen Bilder voneinander* in bezug auf unsere *beiden* Querschnittskreise, gehen also durch die „Transformation der reziproken Radien" auseinander hervor. Mit den Bezeichnungen

$$O_1 Q_1 = O_2 Q_2 = f, \qquad O_1 Q_2 = O_2 Q_1 = F, \qquad O_1 M = O_2 M = b$$

[1]) Der Faktor $(\mu_0/\varepsilon_0)^{1/2}$ muß wie früher aus Dimensionsgründen zu $\mathfrak{H}$ hinzugefügt werden.

hat man hiernach

(3a) $$fF = a^2, \quad f + F = 2b, \quad F - f = 2\zeta_0.$$

Daraus folgt durch Auflösung einer einfachen quadratischen Gleichung

(3b) $$F = b + \sqrt{b^2 - a^2}, \quad f = b - \sqrt{b^2 - a^2}, \quad \zeta_0 = \sqrt{b^2 - a^2}.$$

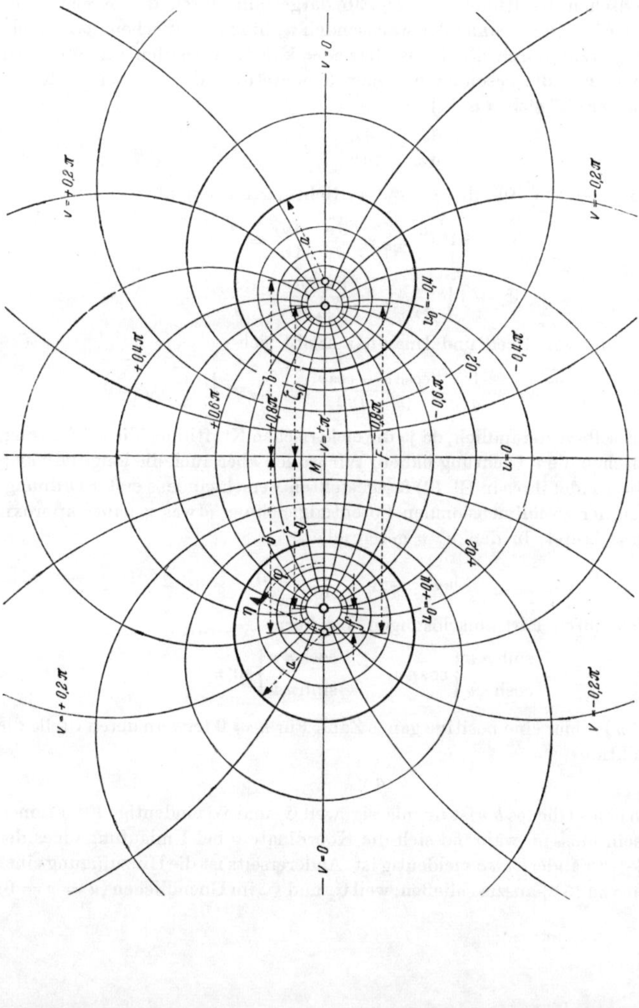

Fig. 36. Das Kreisbüschel der Bipolar-Koordinaten n = konst., v = konst. mit den Fixpunkten (Quellpunkten) Q_1, Q_2. Die Peripherien der beiden Drahtquerschnitte $u = \pm u_0$ sind verstärkt ausgezogen; O_1, O_2 ihre Mittelpunkte, a ihr Radius. Die Mitte M der Figur ist der Anfangspunkt der Komplexen Variablen $\zeta = y + iz$

B. Das Äußere der Drähte

Das Linienelement der Bipolarkoordinaten schreibt sich nach der Übungsaufgabe IV. 1 in Bd. II

(4) $$\mathrm{d}s^2 = g^2(\mathrm{d}u^2 + \mathrm{d}v^2), \qquad \frac{1}{g} = \frac{\cosh u - \cos v}{(F-f)/2}.$$

Gegenüber dem allgemeinen orthogonalen Linienelement in Gl. (20. 1) liegt hier also der besondere (isometrische) Fall vor, daß $g_u = g_v = g$ ist.

Die elektrischen Kraftlinien, in Fig. 36 dargestellt durch das Kreisbüschel $v =$ konst., verlaufen im Sinne der wachsenden u, die magnetischen, dazu senkrechten, dargestellt durch die Kreisschar $u =$ konst., verlaufen im Sinne der wachsenden v. Für die besonderen Linienelemente $\mathrm{d}s_u$, $\mathrm{d}s_v$ der beiden Kraftliniensysteme ergibt sich aus (4)

(4a) $$\frac{\mathrm{d}s_u}{\mathrm{d}u} = \frac{\mathrm{d}s_v}{\mathrm{d}v} = g.$$

Wir schreiben Gl. (2a) für die u- und v-Richtung einzeln hin:

$$\mathfrak{E}_u + \mathrm{i}\sqrt{\frac{\mu_0}{\varepsilon_0}}\,\mathfrak{H}_u = \frac{\partial w}{\partial u}\,\frac{\mathrm{d}u}{\mathrm{d}s_u} = \frac{1}{g},$$

$$\mathfrak{E}_v + \mathrm{i}\sqrt{\frac{\mu_0}{\varepsilon_0}}\,\mathfrak{H}_v = \frac{\partial w}{\partial v}\,\frac{\mathrm{d}v}{\mathrm{d}s_v} = \frac{\mathrm{i}}{g}.$$

Durch Trennung von Reell und Imaginär ergibt sich

(5) $$\mathfrak{E}_u = \sqrt{\frac{\mu_0}{\varepsilon_0}}\,\mathfrak{H}_v = \frac{1}{g} = \frac{\cosh u - \cos v}{(F-f)/2}, \qquad \mathfrak{E}_v = \sqrt{\frac{\mu_0}{\varepsilon_0}}\,\mathfrak{H}_u = 0.$$

Letzteres ist selbstverständlich, da ja die elektrischen Kraftlinien die u-Richtung, die magnetischen die v-Richtung haben. Wir wollen aber auch die longitudinalen $\mathfrak{E}_x$, $\mathfrak{H}_x$, unbeschadet ihres in Gl. (2) festgestellten Verschwindens erster Ordnung, als Lösungen der zweidimensionalen Potentialgleichung etwas genauer approximieren. Diese lautet, in den u, v geschrieben:

$$\Delta_{uv} = \frac{\partial^2}{\partial u^2} + \frac{\partial^2}{\partial v^2} = 0.$$

Sie läßt sich durch Partikularlösungen der Form

(5a) $$\left.\begin{matrix}\sinh n u\\ \cosh n u\end{matrix}\right\}\cos n v, \qquad \left.\begin{matrix}\cosh n u\\ \sinh n u\end{matrix}\right\}\sin n v$$

integrieren. n ist hier eine positive ganze Zahl. Für $n = 0$ tritt an deren Stelle die lineare Funktion

(5b) $$a\,u.$$

Hinzufügen eines Gliedes $b\,v$ ist unzulässig, weil $\mathfrak{E}_x$ und $\mathfrak{H}_x$ eindeutige Funktionen des Ortes sein müssen, während sich die Koordinate v bei Umlaufung eines der Drähte um $\pm 2\pi$ ändert, also vieldeutig ist. Andererseits ist die Hinzufügung einer Konstanten c zu (5b) auszuschließen, weil $\mathfrak{E}_x$ und $\mathfrak{H}_x$ im Unendlichen ($u = v = 0$)

verschwinden müssen. Mit Rücksicht auf die Symmetrie unseres Problems schreiben wir $\mathfrak{E}_x$ als ungerade Funktion in u und als gerade Funktion in v an, umgekehrt $\mathfrak{H}_x$ als gerade Funktion in u und ungerade in v:

$$(6)\quad \begin{cases} \mathfrak{E}_x = E_0 u + E_1 \sinh u \cos v + E_2 \sinh 2u \cos 2v + \cdots, \\ \sqrt{\dfrac{\mu_0}{\varepsilon_0}}\,\mathfrak{H}_x = H_1 \cosh u \sin v + H_2 \cosh 2u \sin 2v + \cdots. \end{cases}$$

Zur Begründung betrachten wir zwei symmetrisch gelegene Punkte u, v und $-u$, v rechts und links in der Figur. Im Gegentaktfalle, der uns zunächst allein interessiert, fließen die Ströme in beiden Drähten entgegengesetzt; dasselbe gilt von den x-Komponenten der Verschiebungsströme außerhalb der Drähte. Daher ist auch $\mathfrak{E}_x$ in unseren beiden Punkten entgegengesetzt gleich. Dagegen ist $\mathfrak{H}_x$ in diesen beiden Punkten, wegen ihrer rechten und linken Lage gegen die beiden Drähte, vorzeichengleich. Betrachten wir andererseits zwei Punkte u, v und $u, -v$ in der Figur oberhalb und unterhalb der Geraden $v = \begin{cases}0\\ \pi\end{cases}$. In ihnen ist $\mathfrak{E}_x$ vorzeichengleich und $\mathfrak{H}_x$ entgegengesetzt. Der Ansatz (6) ist also gerechtfertigt.

Von den Koeffizienten $E_0, E_1, \ldots, H_1, \ldots$ wissen wir bereits nach (2), daß sie in erster Ordnung für $h \to k$ verschwinden. Um Näheres darüber zu erfahren, greifen wir am besten auf die allgemeinen Beziehungen (20. 5) und (20. 6) zurück, die uns früher dazu dienten, die transversalen Komponenten aus den longitudinalen zu berechnen und die wir jetzt dazu benutzen können, um aus den in nullter Näherung bekannten transversalen Komponenten die longitudinalen in erster Näherung zu approximieren. Wir erhalten wegen $g_u = g_v = g$ beim Einsetzen von (5) und (6) in (20. 5) und (20. 6)

$$\left.\begin{aligned} \mathrm{i}(k^2 - h^2) &= -hE_0 - (hE_1 + kH_1)\cosh u \cos v + \cdots \\ \mathrm{i}(k^2 - h^2) &= -kE_0 - (kE_1 + hH_1)\cosh u \cos v + \cdots \end{aligned}\right\} \quad \text{aus (20.5)},$$

$$\left.\begin{aligned} 0 &= (hE_1 + kH_1)\sinh u \sin v + \cdots \\ 0 &= -(kE_1 + hH_1)\sinh u \sin v + \cdots \end{aligned}\right\} \quad \text{aus (20.6)}.$$

Daraus schließen wir

$$(7)\qquad E_0 \approx \frac{\mathrm{i}(h^2 - k^2)}{h} \approx 2\mathrm{i}(h - k),$$

$$(8)\qquad H_1 \approx -\frac{h}{k}E_1 \approx -\frac{k}{h}E_1 \approx -E_1.$$

Das Zeichen $\approx$ bedeutet dabei „gleich bis auf höhere Glieder in $h - k$". Man sieht leicht, daß für $H_2, H_3, \ldots$ das Entsprechende wie für H_1 gilt. Wir haben also E_0 und $H_1, H_2, \ldots, H_n$ bestimmt. Die $E_1, E_2, \ldots, E_n$ bleiben von hier aus unbestimmt und für das Folgende verfügbar.

Um die Betrachtung des Äußeren der Drähte abzuschließen, schreiben wir noch den Ausdruck für $\mathfrak{H}_v$ auf der Peripherie des ersten Drahtes hin, wenn wir uns dieser vom Äußeren her nähern: Da diese Peripherie eine magnetische Kraftlinie ist, wird hier $u =$ konst., sagen wir $= u_0$. Wir benutzen die Abkürzung

$$p = e^{-u_0} \tag{9}$$

und haben nach (5)

$$\sqrt{\frac{\mu_0}{\varepsilon_0}}\,\mathfrak{H}_v = \frac{1}{F-f}\left(p + \frac{1}{p} - 2\cos v\right) \quad \text{für} \quad u = u_0. \tag{9a}$$

C. Das Innere der Drähte

Da wie in den vorangehenden Paragraphen innerhalb der Drähte

$$k_L = \sqrt{\varepsilon\,\mu\,\omega^2 + i\,\mu\,\sigma\,\omega} = \sqrt{\varepsilon'\,\mu}\,\omega$$

an die Stelle von k tritt und da $|k_L| \gg h$ ist, kommen wir mit den Lösungen der Potentialgleichung in Bipolarkoordinaten nicht zum Ziel, sondern müssen wirkliche Lösungen der Wellengleichung, und zwar in gewöhnlichen Zylinderkoordinaten, benutzen. Wir führen also im Mittelpunkt z. B. des ersten Drahtes eine neue komplexe Variable $\eta = r\,e^{i\varphi}$ mit dem Mittelpunkt O_1 ein und müssen uns mit der Transformation unserer beiden Systeme, Polar- und Bipolar-Koordinaten, ineinander befassen, insbesondere für die Peripherie der Drähte. Sie wird durch Gl. (3) geleistet, wenn wir darin ζ durch die neue Variable η ausdrücken. Mit Rücksicht auf Fig. 36 und die Gln. (3a, b) setzen wir

$$\zeta + b = \eta, \quad \zeta \mp \zeta_0 = \eta - b \mp \sqrt{b^2 - a^2} = \begin{cases} \eta - F \\ \eta - f \end{cases}$$

und haben dann nach (3)

$$e^w = e^{u+iv} = \frac{\zeta - \zeta_0}{\zeta + \zeta_0} = \frac{\eta - F}{\eta - f}; \tag{10}$$

durch Umkehrung ergibt sich daraus

$$\eta = r\,e^{i\varphi} = \frac{f\,e^{u+iv} - F}{e^{u+iv} - 1}. \tag{10a}$$

Die Koordinaten r, φ lassen sich hiernach durch die Koordinaten u, v und diese durch jene ausdrücken.

Zum Beispiel berechnet man auf dem Umfang des ersten Drahtes, wo $u = u_0$ und $r = a$ sein sollte, durch Bildung des absoluten Betrages in (10) und Quadrieren desselben

$$e^{-2u_0} = p^2 = \frac{a\,e^{i\varphi} - f}{a\,e^{i\varphi} - F} \cdot \frac{a\,e^{-i\varphi} - f}{a\,e^{-i\varphi} - F} = \frac{a^2 + f^2 - 2\,a\,f\cos\varphi}{a^2 + F^2 - 2\,a\,F\cos\varphi}.$$

Diese Gleichung kann, da p von φ unabhängig ist, nur erfüllt sein, wenn beim Heraufmultiplizieren des Nenners die Faktoren von $\cos\varphi$ beiderseits gleich werden; also

$$-2\,a\,p^2 F = -2\,a\,f, \quad p = \sqrt{\frac{f}{F}}$$

oder, vollständiger geschrieben, mit Rücksicht auf die Inversionsbeziehung in Gl. (3a)

$$(11)\qquad p=\sqrt{\frac{f}{F}}=\frac{a}{F}=\frac{f}{a}.$$

Aus derselben Gl. (10) ergibt sich für $r=a$ mit Rücksicht auf $p<1$:

$$(11\text{a})\qquad \begin{aligned} e^{iv} &= p\,\frac{e^{i\varphi}-F/a}{e^{i\varphi}-f/a}=\frac{p\,e^{i\varphi}-1}{e^{i\varphi}-p}=(p-e^{-i\varphi})\,(1+p\,e^{-i\varphi}+p^2\,e^{-2i\varphi}+\cdots)\\ &= p+(p^2-1)\,e^{-i\varphi}+(p^3-p)\,e^{-2i\varphi}+\cdots, \end{aligned}$$

also auch

$$(12)\qquad \cos v=p+(p^2-1)\cos\varphi+p\,(p^2-1)\cos 2\varphi+p^2(p^2-1)\cos 3\varphi+\cdots.$$

Andererseits folgt aus (10a) für $r=a$ mit Rücksicht auf (11)

$$(13)\qquad e^{i\varphi}=\frac{p-e^{-iv}}{1-p\,e^{-iv}},\qquad e^{in\varphi}=(p-e^{-iv})^n\,(1-p\,e^{-iv})^{-n}$$

und hieraus durch Übergang zum reellen Teil für $n=1,\ 2,\ 3$

$$(14)\qquad \left\{\begin{aligned} \cos\varphi &= p-(1-p^2)\cos v-(p-p^3)\cos 2v-(p^2-p^4)\cos 3v+\cdots,\\ \cos 2\varphi &= p^2-2\,(p-p^3)\cos v+(1-4p^2+3p^4)\cos 2v+\cdots,\\ \cos 3\varphi &= p^3-3\,(p^2-p^4)\cos v+(3p-9p^3+6p^5)\cos 2v+\cdots. \end{aligned}\right.$$

Als allgemeinen Ansatz für das Feld im Inneren des ersten Drahtes benutzen wir die Überlagerung des Systems der Partialwellen aus (23. 7), wobei wir aber hier nur die Ausdrücke für $\mathfrak{E}_x$ und $\mathfrak{H}_\varphi$ anzuschreiben brauchen:

$$(15)\qquad \left\{\begin{aligned} \mathfrak{E}_x &= \frac{\sqrt{k_L^2-h^2}}{i\,h}\sum_{n=0}^{\infty} C_n\,J_n(\varrho)\cos n\,\varphi,\\ \sqrt{\frac{\mu}{\varepsilon'}}\,\mathfrak{H}_\varphi &= \sum_{n=0}^{\infty}\left\{\frac{k_L}{h}\,C_n\,J_n'(\varrho)+\frac{n}{\varrho}\,D_n\,J_n(\varrho)\right\}\cos n\,\varphi. \end{aligned}\right.$$

Indem wir hier alle möglichen unsymmetrischen HONDROS-Wellen überlagern, berücksichtigen wir implicite und in allgemeinster Weise den einseitigen Einfluß des „zweiten Drahtes" auf das Innere des „ersten".

D. Die Grenzbedingung $\mathfrak{H}_v=-\mathfrak{H}_\varphi$

Die Amplituden C, D waren früher bei der einzelnen Partialwelle willkürlich wählbar. Jetzt haben wir nicht die einzelne Partialwelle zu betrachten, sondern die Überlagerung ihrer Gesamtheit, wobei die Amplituden C_n, D_n jeder Partialwelle durch die Stetigkeit des Anschlusses an das Außenfeld festzulegen sein werden.

Wir vergleichen zu diesem Ende zunächst den Ausdruck (9a) von $\mathfrak{H}_v$, nachdem wir in ihm $\cos v$ durch die Reihe (12) ersetzt haben, mit der Darstellung von $\mathfrak{H}_\varphi$ in (15). An der Drahtoberfläche nimmt v zu, wenn φ abnimmt; daher lautet die Grenzbedingung $\mathfrak{H}_v=-\mathfrak{H}_\varphi$. Als Faktor von $\cos n\,\varphi$ in (9a) erhalten wir, wenn wir zugleich (11) berücksichtigen,

$$(16)\qquad \sqrt{\frac{\varepsilon_0}{\mu_0}}\,\frac{2\,p^{n-1}}{F-f}\,(1-p^2)=\sqrt{\frac{\varepsilon_0}{\mu_0}}\,\frac{2\,p^n}{a};$$

den entsprechenden Faktor in (15) schreiben wir $\left(\varrho = \sqrt{k_L^2 - h^2}\, a\right)$:

(16a) $$\sqrt{\frac{\varepsilon'}{\mu}}\, C_n \frac{k_L}{h} J_n'(\varrho)\left\{1 + \frac{h}{k_L}\frac{n}{\sqrt{k_L^2 - h^2}\, a}\frac{D_n}{C_n}\frac{J_n}{J_n'}\right\}.$$

Hier ist J_n/J_n' von der Größenordnung 1, wie bei (22. 7a) bemerkt; von den damit multiplizierten Faktoren sind die beiden ersten sehr kleine Größen; dasselbe gilt, wie wir später bestätigen werden, von D_n/C_n. Der Vergleich von (16) und (16a) liefert also direkt

(17) $$C_n = -\sqrt{\frac{\varepsilon_0 \mu}{\varepsilon' \mu_0}}\,\frac{h}{k_L}\,\frac{2p^n}{a J_n'(\varrho)}.$$

Der Fall $n = 0$ muß besonders betrachtet werden wegen des in Gl. (12) auftretenden konstanten Gliedes von $\cos v$. An Stelle von (16) und (16a) erhält man hier

$$\sqrt{\frac{\varepsilon_0}{\mu_0}}\,\frac{1}{F-f}\left(-p + \frac{1}{p}\right) = \sqrt{\frac{\varepsilon_0}{\mu_0}}\,\frac{1}{a} \quad \text{bzw.} \quad \sqrt{\frac{\varepsilon'}{\mu}}\,\frac{k_L}{h}\, C_0 J_0'(\varrho),$$

also

(17a) $$C_0 = -\sqrt{\frac{\varepsilon_0 \mu}{\varepsilon' \mu_0}}\,\frac{h}{k_L}\,\frac{1}{a J_0'(\varrho)}.$$

Mit diesen Ausdrücken für C_n und C_0 ist der Stetigkeitsbedingung $\mathfrak{H}_v = -\mathfrak{H}_\varphi$ Genüge geleistet.

E. Die Grenzbedingung für $\mathfrak{E}_x$ und das Gesetz der Phasenfortpflanzung

Nach Einsetzen von (17), (17a) entsteht aus (15) als Darstellung von $\mathfrak{E}_x$ im Inneren des Drahtes

(18) $$-\sqrt{\frac{\varepsilon_0 \mu}{\varepsilon' \mu_0}}\,\frac{\sqrt{k_L^2 - h^2}}{i\, k_L\, a}\left(\frac{J_0(\varrho)}{J_0'(\varrho)} + 2\sum_{n=1}^{\infty}\frac{J_n(\varrho)}{J_n'(\varrho)}\, p^n \cos n\varphi\right),$$

was wegen $|k_L| \gg |h|$ und $J_n/J_n' = i$ vereinfacht werden kann zu

(18a) $$-\sqrt{\frac{\varepsilon_0 \mu}{\varepsilon' \mu_0}}\,\frac{1}{a}\left(1 + 2\sum_{n=1}^{\infty} p^n \cos n\varphi\right).$$

Hier denken wir uns für $\cos n\varphi$ die FOURIER-Reihen (14) substituiert und vergleichen darauf (18a) mit der Darstellung (6) im Äußeren der Drähte, in der wir $u = u_0$ setzen:

(18b) $$+E_0 u_0 + E_1 \sinh u_0 \cos v + E_2 \sinh 2u_0 \cos 2v + \cdots.$$

Aus den beiderseitigen Faktoren von $\cos v$, $\cos 2v$, $\cos 3v$ ergibt sich

(19) $$\left\{\begin{aligned} E_1 \sinh u_0 &= \frac{2p}{a}\sqrt{\frac{\varepsilon_0 \mu}{\varepsilon' \mu_0}}\,\{1 - p^2 + 2p^2(1-p^2) + 3p^4(1-p^2) + \cdots\},\\ E_2 \sinh 2u_0 &= \frac{2p^2}{a}\sqrt{\frac{\varepsilon_0 \mu}{\varepsilon' \mu_0}}\,\{1 - p^2 - (1 - 4p^2 + 3p^4) + \cdots\},\\ E_3 \sinh 3u_0 &= \frac{2p^3}{a}\sqrt{\frac{\varepsilon_0 \mu}{\varepsilon' \mu_0}}\,\{1 - p^2 + \cdots\}.\end{aligned}\right.$$

Hiernach sind die bisher unbekannt gebliebenen Koeffizienten E_n des äußeren Feldes für $n > 0$ direkt bestimmt, wobei sich übrigens ihre Werte bei Benutzung von

$$\sinh u_0 = \frac{1}{2p}(1-p^2)\,, \qquad \sinh 2u_0 = \frac{1}{2p^2}(1-p^4)\,, \ldots$$

noch vereinfachen ließen.

Wie steht es aber mit dem Koeffizienten E_0, den wir schon in (7) festgelegt haben und daher nicht mehr zur Erfüllung unserer Grenzbedingung verwenden können? Zum Glück enthält er die noch unbekannte Größe h. Die ausstehende, E_0 enthaltende Bedingungsgleichung dient also *zur endgültigen Bestimmung der Fortpflanzungskonstanten* h, welcher hier, wie beim Einzeldraht, unser Hauptinteresse gilt. Die betreffende Gleichung ergibt sich durch Vergleich der von v unabhängigen Glieder in (18a, b) und lautet

$$E_0 u_0 = -\sqrt{\frac{\varepsilon_0 \mu}{\varepsilon' \mu_0}}\,\frac{1}{a}\Big(1 + 2\sum_{n=1}^{\infty} p^{2n}\Big)\,.$$

Setzen wir hier für E_0 und u_0 die Werte aus (7) und (9) ein und führen die Summe rechts aus, so entsteht:

$$h = k + \frac{\mathrm{i}}{2}\sqrt{\frac{\varepsilon_0 \mu}{\varepsilon' \mu_0}}\,\frac{1}{a}\,\frac{1+p^2}{1-p^2}\Big/\ln\frac{1}{p}\,. \tag{20}$$

Wir sehen: h ist *direkt und elementar* gegeben, nicht wie beim Einzeldraht durch eine *transzendente Gleichung*. Ferner: Bei vollkommen leitendem Material $\varepsilon_0/\varepsilon' \to 0$ wird $h = k$, wie es sein muß. Bei endlicher Leitfähigkeit ist ε' im wesentlichen positiv imaginär, $\sqrt{\varepsilon'}$ also vom Charakter $\exp \mathrm{i}\,\pi/4$ und $(\varepsilon_0/\varepsilon')^{1/2}$ vom Charakter

$$\mathrm{e}^{-\mathrm{i}\pi/4} = \frac{1-\mathrm{i}}{\sqrt{2}}\,;$$

daher wird das Korrektionsglied in (20) vom Charakter $1 + \mathrm{i}$. Der reelle Teil von h wird also *größer* als k; das bedeutet *Fortpflanzung kleiner als* c. Zugleich wird der reelle Teil von $\mathrm{i}\,h$ *negativ*; das bedeutet nach unserem Ansatz $\exp \mathrm{i}(h\,x - \omega\,t)$ *Dämpfung beim Fortschreiten nach der positiven* x*-Achse*. Das Korrektionsglied verhält sich also in seinem reellen und imaginären Teil physikalisch vernünftig.

Um schließlich noch die Abhängigkeit des Korrektionsgliedes von den geometrischen Daten des LECHER-Systems zu prüfen, nämlich vom Drahtradius a und vom Drahtabstand $2b$, können wir, wenn $2b \gg a$ ist, F durch $2b$ ersetzen. Wir haben dann nach Formel (11)

$$p = \frac{a}{2b} \ll 1\,, \qquad \frac{1+p^2}{1-p^2}\Big/\ln\frac{1}{p} \approx 1/\ln\frac{2b}{a}\,. \tag{20a}$$

Das Korrektionsglied hängt dann nur logarithmisch vom Drahtabstand ab und ist dem Drahtradius umgekehrt proportional.

Wenn umgekehrt b nur wenig größer als a, sagen wir $b = a(1+\alpha)$ und $\alpha \ll 1$ ist, so ergibt sich aus (3b) und (11)

$$F \approx a\big(1 + \sqrt{2\alpha}\big)\,, \qquad p \approx 1 - \sqrt{2\alpha}\,, \qquad \ln\frac{1}{p} \approx \sqrt{2\alpha}\,,$$

und es wird

$$\text{(20b)}\qquad \frac{1}{a}\,\frac{1+p^2}{1-p^2}\Big/\ln\frac{1}{p}\approx\frac{1}{a}\left(\frac{1}{\sqrt{2\alpha}}-1\right)\Big/\sqrt{2\alpha}\approx\frac{1}{2a\,\alpha}\approx\frac{1}{2(b-a)}.$$

Wir haben diese kleine Rechnung ausgeführt, um zu zeigen, daß unsere Endformel (20) auch den Fall eng zusammengerückter Drähte beherrscht, wo die gegenseitige Beeinflussung der Drähte sehr stark und ihr Skineffekt einseitig ausgeprägt sein muß. Wir verdeutlichen dadurch, daß unsere Untersuchung bezüglich der *geometrischen* Verhältnisse ganz allgemein gehalten ist. Sie ist nur durchweg an die schon im Abschnitt A eingeführte Beschränkung auf *hohe Leitfähigkeit* der Drähte gebunden.

F. Ergänzungen bezüglich der übrigen Grenzbedingungen

Um die Vollständigkeit und Widerspruchsfreiheit unserer Lösung darzutun, wollen wir noch andeutungsweise von den restierenden Grenzbedingungen sprechen. Es sind das die Stetigkeitsbedingungen für $\mathfrak{H}_x$ einerseits, für $\mathfrak{E}_\varphi = \mathfrak{E}_v$ andererseits.

Die aus (23. 7) durch Summation nach n zu gewinnende Darstellung des inneren Feldes enthielt bei $\mathfrak{H}_x$ die Koeffizienten D_n, die wir bisher unterdrückt haben. Durch die Grenzbedingung werden sie mit den in (6) vorkommenden Konstanten H_n des äußeren Feldes in Beziehung gesetzt, die nach (8) entgegengesetzt gleich den uns bereits bekannten Konstanten E_n sind. *Die Grenzbedingung für $\mathfrak{H}_x$ dient also zur Bestimmung der Konstanten D_n des inneren Feldes.* Es ergibt sich, was wir hier nicht nachrechnen wollen, aber schon bei (17) benutzt haben,

$$|D_n| \ll |C_n|.$$

Was schließlich die Grenzbedingung

$$\mathfrak{E}_\varphi\,(\text{innen}) = \mathfrak{E}_v\,(\text{außen})$$

betrifft, so bleiben zur Erfüllung derselben keine verfügbaren Koeffizienten mehr übrig. Wie wir wissen, ist aber im Außenraum, insbesondere auf den Drahtoberflächen, zufolge unserer Näherungsrechnung überall $\mathfrak{E}_v = 0$. Man muß sich also überzeugen, daß nach unserer Darstellung (23. 7) auch die Summe aller $\mathfrak{E}_\varphi$ (innen) viel kleiner wird als die anderen Feldkomponenten. Das ist in der Tat der Fall, und zwar um mehrere Größenordnungen. Der Nachweis muß aber hier unterdrückt werden.

G. Gleichtakt und Gegentakt

Die vorangehende Methodik ist durchaus auf die Anregung im Gegentakt zugeschnitten. Im Gleichtaktfall sind die transversalen Komponenten nicht aus dem Potential (3), sondern aus

$$\text{(21)}\qquad w = \ln(\zeta - \zeta_0) + \ln(\zeta + \zeta_0)$$

abzuleiten, und auch das nur für hinreichend dünne Drähte [$a \ll b$; sonst sind die Niveaulinien von (21) nicht annähernd Kreise!]. Die Bipolarkoordinaten verlieren dabei ihre Bedeutung, da sie nicht mehr mit dem Niveaulinien-System von (21) übereinstimmen. Insbesondere verlaufen die elektrischen Kraftlinien nicht mehr wie in Fig. 36 von Q_1 nach Q_2, sondern stoßen sich als gleichnamig gegenseitig ab und gehen von Q_1 und Q_2 aus einzeln ins Unendliche. Wir sind daher jetzt, auch für das Äußere der Drähte, auf gewöhnliche Zylinderkoordinaten im Mittelpunkt des ersten und zweiten Drahtes, r, φ bzw. $\bar{r}$, $\bar{\varphi}$, angewiesen. Aus den Beiträgen beider Drähte ist das Feld jetzt als Überlagerung mit *gleichem* Vorzeichen herzustellen. Und zwar *muß*[1]) man diese Darstellungen jetzt sogleich als Lösungen der Wellengleichung anschreiben, was früher wegen der geringen Reichweite des Feldes nicht erforderlich war. Wir greifen also jetzt auch im Äußeren auf den HONDROSschen Ansatz (23. 8) zurück, von dem wir aber bei Beschränkung auf dünne Drähte nur die Glieder nullter Ordnung zu berücksichtigen brauchen. In der Darstellung von $\mathfrak{E}_x$ tritt dann als Überlagerung beider Drähte das Aggregat auf:

$$(22) \qquad \frac{\sqrt{k^2-h^2}}{h}\left\{H_0\left(\sqrt{k^2-h^2}\,r\right)+H_0\left(\sqrt{k^2-h^2}\,\bar{r}\right)\right\}.$$

Längs der Peripherie des ersten Drahtes $r = a$, $\bar{r} \approx 2b$ erhält man nach (22. 5) wegen der Kleinheit von $\sqrt{k^2-h^2}$ (auch jetzt wird natürlich große Leitfähigkeit vorausgesetzt)

$$(22\text{a}) \qquad \frac{\sqrt{k^2-h^2}}{h}\,\frac{2\mathrm{i}}{\pi}\left(\ln\frac{\gamma\sqrt{k^2-h^2}}{2\mathrm{i}}\,a+\ln\frac{\gamma\sqrt{k^2-h^2}}{2\mathrm{i}}\,2b\right).$$

Soviel über das Äußere der Drähte. Im Inneren derselben hat man den vorstehenden, vollkommen allgemeinen Ansatz (15) für $\mathfrak{E}_x$ zu benutzen. Der hier eingehende Koeffizient C_0 bestimmt sich mittels der Stetigkeitsbedingung für $\mathfrak{H}_\varphi$. Damit ist auch das longitudinale Feld $\mathfrak{E}_x$ im Inneren des Drahtes, insbesondere seine nullte Partialwelle, bestimmt. Diese muß mit dem Gliede (22a) des äußeren Feldes für $r = a$ übereinstimmen. Man erhält so eine Gleichung der Form

$$(23) \qquad (k^2-h^2)\left(\ln\frac{\gamma\sqrt{k^2-h^2}}{2\mathrm{i}}\,a+\ln\frac{\gamma\sqrt{k^2-h^2}}{2\mathrm{i}}\,2b\right)=\text{konst.}$$

mit bekannter rechter Seite. Sie muß durch Wahl von h erfüllt werden und ist *transzendenter* Natur, wie beim Einzeldraht. [Offenbar kann sie der dortigen Gl. (22. 15) angeglichen werden durch Zusammenfassung der beiden Logarithmen.] Man sieht jetzt den Grund dafür ein, weshalb die entsprechende Gleichung für h im LECHERschen Falle nicht transzendent, sondern elementar wurde: Die beiden Logarithmen in (23) sind dann statt mit dem +- mit dem —-Zeichen überlagert; bei ihrer Zusammenfassung fällt der Faktor $\gamma\sqrt{k^2-h^2}/2\mathrm{i}$ unter dem ln-Zeichen fort, und es bleibt nur $\ln a/2b$ zurück, wie in Gl. (20a). Man sieht zugleich, daß die hier skizzierte Rechnung ohne Bipolarkoordinaten auch im LECHERschen Falle zum Ziel geführt hätte, daß sie aber erheblich umständlicher

[1]) Wegen der jetzt als wesentlich zu fordernden Ausstrahlungsbedingung für $r \to \infty$ vgl. das über den Einzeldraht in § 22 Gesagte.

ausfallen würde als unsere frühere, zumal, wenn man sich nicht auf extrem dünne Drähte beschränken will.

Nicht nur in ihrer mathematischen Formulierung, sondern auch in ihrer physikalischen Struktur ähnelt die Gleichtaktwelle der Einzeldrahtwelle. Sie nimmt nach außen hin viel langsamer ab als die Gegentaktwelle und wird daher durch die Umgebung mehr gestört als jene. Es ist ohne weiteres anschaulich, daß in großer Entfernung die beiden gleichgerichteten Wechselströme der Gleichtaktwelle dasselbe Feld erzeugen müssen wie der Wechselstrom des Einzeldrahtes.

Experimentell wünscht man durchaus eine reine Anregung der Gegentaktwelle, um von den Störungen durch die Umgebung frei zu sein. Es werden aber, bei nicht ganz symmetrischer Anordnung, gelegentlich auch Gleichtaktwellen angeregt, die dann die Lage der Knotenpunkte, auf der die Wellenlängen-Bestimmung beruht, unscharf machen.

Deshalb ist es schon vom experimentellen Standpunkt aus wichtig, auch die Möglichkeit der Gleichtakt-Vorgänge im Auge zu behalten, insbesondere also auch die Theorie des Einzeldrahtes zu berücksichtigen, die wir in § 22 vorangestellt hatten, obwohl sie gegenüber der Theorie des LECHER-Systems nur von untergeordneter praktischer Bedeutung ist.

TEIL III

Relativitätstheorie und Elektronentheorie

§ 26. Die Invarianz der MAXWELLschen Gleichungen in der vierdimensionalen Welt

Der Weg, den EINSTEIN 1905 bei der Entdeckung der speziellen Relativitätstheorie einschlug, war steil und mühsam. Er führte über die Analyse des Zeit- und Raumbegriffes und einige geistreiche Gedankenexperimente. Der Weg, den wir einschlagen werden, ist breit und bequem. *Er geht aus von der Allgemeingültigkeit der Maxwellschen Gleichungen* und von dem ungeheuren Erfahrungsmaterial, welches ihnen zugrunde liegt; er endigt fast unversehens bei der *Lorentz-Transformation* mit all ihren relativistischen Konsequenzen.

A. Das Viererpotential

Wir verweisen auf die elektrodynamischen Potentiale in § 19, die dort noch im Nebel eines unbefriedigenden Formalismus lagen. Ich wünsche, meinen Zuhörern den Eindruck zu verschaffen, daß die wahre mathematische Form dieser Gebilde erst jetzt hervortreten wird, wie bei einer Gebirgslandschaft, wenn der Nebel zerreißt.

In den beiden Differentialgleichungen (19.10) und (19.11), denen $\mathfrak{A}$ und ψ genügten, stand links der Operator

(1) $$\Delta - \frac{1}{c^2}\frac{\partial^2}{\partial t^2}.$$

Wir führen statt x, y, z, t die neuen Koordinaten ein:

(2) $$x_1 = x, \quad x_2 = y, \quad x_3 = z, \quad x_4 = i c t,$$

wobei über die imaginäre Einheit bei x_4 später das Nötige zu sagen sein wird. Wir nennen diese x_i *Raum-Zeit-Koordinaten*[1]), weil alles Geschehen in der Welt

[1]) Der Mathematiker würde einfach von einem vierdimensionalen Raum sprechen. Aber schon der Faktor i läßt erkennen, daß die Zeit eine besondere Rolle spielt. So ist der im Englischen eingebürgerte Name space-time = Raum-Zeit angemessen. Von „Welt“ zu sprechen, wie es früher üblich gewesen, ist nicht nur etwas anspruchsvoll, sondern es erweckt auch beim Anfänger falsche Assoziationen.

raumzeitlich bestimmt ist. Der Operator (1) erweist sich dann als vierdimensionale Verallgemeinerung des LAPLACE-Operators $\triangle$ und möge mit

(3) $$\square = \sum_{i=1}^{4} \frac{\partial^2}{\partial x_i^2}$$

bezeichnet werden[1]).

Ebenso wie die unabhängigen Koordinaten x_i fassen wir die Potentiale $\mathfrak{A}$, ψ zu einer vierdimensionalen Einheit, dem *Viererpotential* Ω, zusammen. Seine vier Komponenten seien

(4) $$\Omega_1 = \mathfrak{A}_x, \quad \Omega_2 = \mathfrak{A}_y, \quad \Omega_3 = \mathfrak{A}_z, \quad \Omega_4 = \frac{i}{c}\,\psi.$$

Der Faktor i bei Ω_4 ist nach der Definition von x_4 verständlich; der Faktor $1/c$ macht die vier Komponenten von Ω dimensionengleich und wird bei (7) begründet werden. Die Differentialgleichungen (19. 10) und (19. 11) schreiben sich dann

(5) $$\square\, \Omega = -\mu_0\, \Gamma.$$

Die hier eingeführte Größe Γ heiße *Viererstromdichte*. Ihre vier Komponenten sind, wie aus (4), (19. 9) und (19. 11) hervorgeht:

(6) $$\Gamma_1 = \mathfrak{J}_x, \quad \Gamma_2 = \mathfrak{J}_y, \quad \Gamma_3 = \mathfrak{J}_z, \quad \Gamma_4 = i\,c\,\varrho;$$

sie haben die gemeinsame Dimension $\mathrm{A/m^2}$ einer Stromdichte.

Wir kommen zu der die Potentiale $\mathfrak{A}$ und ψ verknüpfenden Gl. (19. 9). Der zweite Summand ihrer linken Seite lautet wegen (4)

$$\frac{1}{c^2}\,\dot{\psi} = \frac{1}{i\,c}\,\frac{\partial \Omega_4}{\partial t} = \frac{\partial \Omega_4}{\partial x_4}.$$

Gl. (19. 9) geht also über in

$$\frac{\partial \Omega_1}{\partial x_1} + \frac{\partial \Omega_2}{\partial x_2} + \frac{\partial \Omega_3}{\partial x_3} + \frac{\partial \Omega_4}{\partial x_4} = 0.$$

Wir schreiben dafür kurz

(7) $$\operatorname{Div} \Omega = 0$$

oder

(7a) $$\nabla \cdot \Omega = 0, \qquad \nabla = \left(\frac{\partial}{\partial x_1}, \frac{\partial}{\partial x_2}, \frac{\partial}{\partial x_3}, \frac{\partial}{\partial x_4}\right).$$

Der Operator Div heiße *vierdimensionale Divergenz*, ∇ vierdimensionales Nabla. Seine vierdimensionale Symmetrie bedeutet *Isotropie* des Geschehens in Raum-Zeit. Dieselbe Isotropie zeigt unser Operator $\square = \nabla \cdot \nabla = \nabla^2$.

Damit hängt zusammen, daß wir unser Viererpotential Ω und unsere Viererstromdichte Γ als *Vektoren* in der vierdimensionalen Raum-Zeit, kurz gesagt, als *Vierervektoren* auffassen dürfen. Diese Bezeichnung schließt eine Aussage in sich über das Verhalten der Größen Ω und Γ bei einer Änderung der Koordinaten x_i.

---

[1]) Gewisse weitergehende Theorien von EINSTEIN und KALUZA benutzen auch das fünfdimensionale Symbol

$$\pentagon = \sum_{i=1}^{5} \frac{\partial^2}{\partial x_i^2}.$$

Wie in Bd. II, § 2, ausgeführt, ist ein gewöhnlicher „Dreiervektor" eine Größe, die sich bei orthogonaler Transformation der x, y, z ebenso verhält wie der Radiusvektor $\mathfrak{r} = (x, y, z)$. Entsprechend nennen wir eine vierkomponentige Größe nur dann einen Vierervektor, wenn sie sich bei jeder orthogonalen Transformation in Raum-Zeit wie der vierdimensionale Radiusvektor $\mathfrak{R} = (x_1, x_2, x_3, x_4)$ transformiert. Der Vierervektor gewinnt dadurch eine von dem jeweils benutzten Koordinatensystem losgelöste, selbständige Bedeutung in der vierdimensionalen Raum-Zeit. An der gleichen Stelle in Bd. II definierten wir einen Skalar als eine Größe, welche sich gegenüber orthogonalen Transformationen *invariant* verhält; wir zeigten dort durch eine einfache Rechnung, daß insbesondere die Divergenz eines Dreiervektors diese Eigenschaft besitzt. Die dortige Rechnung überträgt sich unmittelbar ins Vierdimensionale und zeigt, daß die in (7) definierte Divergenz, angewandt auf einen beliebigen Vierervektor, einen *Skalar*, d. h. eine vierdimensionale Invariante, liefert.

Indem wir die MAXWELLschen Gleichungen auf den Vierervektor Ω und die invarianten Operatoren $\Box$, Div zurückgeführt haben, haben wir zugleich ihre vom Koordinatensystem unabhängige *Allgemeingültigkeit* in Evidenz gesetzt. Die Isotropie des *dreidimensionalen* Raumes fand ihren adäquaten Ausdruck in der gewöhnlichen Vektorrechnung von Teil I und II. An ihre Stelle tritt jetzt wegen der Raum-Zeit-Isotropie die *vierdimensionale Vektorrechnung.* Sie besagt, daß beim Übergang zu einem „gestrichenen" Koordinatensystem x_i' die MAXWELLschen Gleichungen invariant bleiben, d. h. in den gestrichenen Feldgrößen und Koordinaten ebenso lauten wie in den ursprünglichen „ungestrichenen". *Diese Invarianz ist nichts anderes als das Relativitätsprinzip in elektrodynamischer Fassung.* Die MAXWELLschen Gleichungen genügen von Hause aus dem Relativitätspostulat. Sie brauchen nicht, wie die Gleichungen der Mechanik (vgl. § 32), nachträglich diesem angepaßt zu werden.

B. Die Sechservektoren von Feld und Erregung

Wir gehen jetzt zur Darstellung der *Feldkomponenten* $\mathfrak{E}$ über. Nach Gl. (19. 7) ist z. B.

$$\mathfrak{E}_x = -\frac{\partial \psi}{\partial x} - \frac{\partial \mathfrak{A}_x}{\partial t}.$$

Das bedeutet nach den Gln. (4) und (2) soviel wie

$$(8) \qquad -\frac{i}{c}\,\mathfrak{E}_x = \frac{\partial \Omega_4}{\partial x_1} - \frac{\partial \Omega_1}{\partial x_4}.$$

Dieser Zusammenhang fordert uns dazu auf, die *vierdimensionale Rotation*

$$(9) \qquad \mathrm{Rot}_{nm}\,\Omega = \frac{\partial \Omega_m}{\partial x_n} - \frac{\partial \Omega_n}{\partial x_m}$$

einzuführen. Sie hat als zweifach indizierte Größe *sechs* Komponenten [auch die dreidimensionale Rotation war nach Bd. II, Gl. (2. 17) besser zweifach als einfach zu indizieren]. Ersichtlich ist

$$(9\,a) \qquad \mathrm{Rot}_{nn} = 0, \qquad \mathrm{Rot}_{mn} = -\mathrm{Rot}_{nm}.$$

Man nennt Rot Ω einen *Sechservektor* oder wegen der in (9a) angedeuteten Symmetrieeigenschaften besser einen *antisymmetrischen Tensor zweiter Stufe*. Auch der Name „Flächentensor" ist dafür gebräuchlich. Von den sechzehn Komponenten eines solchen Tensors sind nur sechs voneinander linear unabhängig. Sie zerfallen in drei raumzeitliche und drei raum-räumliche Bildungen, entsprechend dem Schema der Indizes

(9b) $$14, \quad 24, \quad 34 \quad \text{und} \quad 23, \quad 31, \quad 12.$$

Die ersten drei gehören nach (8) zum elektrischen Vektor, die letzten drei zum magnetischen. Aber wir dürfen nicht die Quantitätsgröße $\mathfrak{H}$ mit der Intensitätsgröße $\mathfrak{E}$ zu einer vierdimensionalen Einheit koppeln, sondern müssen dazu die Intensitätsgröße $\mathfrak{B}$ verwenden. Wir müssen, genauer gesagt, $\mathfrak{B}$ mit der gleichdimensionierten Größe $-\frac{i}{c}\mathfrak{E}$ verbinden. Neben Gl. (8) haben wir

(10) $$\mathfrak{B}_x = \mathrm{rot}_{yz}\,\mathfrak{A} = \frac{\partial \Omega_3}{\partial x_2} - \frac{\partial \Omega_2}{\partial x_3}.$$

Wenn wir beide Gleichungen zusammenfassen und auf die übrigen Feldkomponenten zyklisch erweitern, erhalten wir die folgende Darstellung des *sechskomponentigen Feldvektors*, in der die ( ) lediglich die Zusammenfassung der beiden dreidimensionalen Vektoren zu einer vierdimensionalen Größe andeuten soll:

(11) $$F = (F_{23}, \ldots, F_{14}, \ldots) = \left(\mathfrak{B}, \quad -\frac{i}{c}\mathfrak{E}\right) = \mathrm{Rot}\,\Omega.$$

Dieser Feldtensor F ist ebenso wie Rot Ω doppelt zu indizieren nach dem Schema (9b)[1]).

Wir fragen andererseits nach dem *Erregungsvektor*, den wir mit f bezeichnen wollen. Wir setzen ihn aus den beiden gleichdimensionierten Größen $\mathfrak{H}$ und $c\,\mathfrak{D}$ zusammen. Wir benutzen zur Umrechnung von $\mathfrak{H}$ und $\mathfrak{D}$ auf $\mathfrak{B}$ und $\mathfrak{E}$ die Vakuumskonstanten μ_0 und ε_0, da sich unser Teil III durchweg auf den von Materie freien Raum (z. B. eine Vakuumröhre) beschränken wird. Da

$$\mathfrak{H} = \frac{\mathfrak{B}}{\mu_0} = \sqrt{\frac{\varepsilon_0}{\mu_0}}\,c\,\mathfrak{B} \quad \text{und} \quad c\,\mathfrak{D} = c\,\varepsilon_0\,\mathfrak{E} = \sqrt{\frac{\varepsilon_0}{\mu_0}}\,\mathfrak{E}$$

ist, erhalten wir aus (11) einfach

(12) $$f = (f_{23}, \ldots, f_{14}, \ldots) = (\mathfrak{H}, \quad -i\,c\,\mathfrak{D}) = \frac{1}{\mu_0}\,\mathrm{Rot}\,\Omega.$$

Somit ergibt sich die Beziehung[2])

(13) $$f_{\mu\nu} = \frac{1}{\mu_0} F_{\mu\nu}.$$

---

[1]) Selbstverständlich gelten für Div und Rot in Raum-Zeit andere Rechenregeln als für div und rot im Raum.

[2]) In der ersten Auflage steht $\sqrt{\frac{\varepsilon_0}{\mu_0}}$ an Stelle von $\frac{1}{\mu_0}$, einer etwas anderen Definition von F entsprechend. Das Auftreten des reziproken Wellenwiderstandes mag sehr befriedigend sein, führt aber zu inkonventionellen Faktoren c.

Hier tritt an Stelle von μ_0 der reziproke Faktor $\mu' = \frac{1}{\mu_0}$ auf. In der Tat haben wir schon bei der Einführung der Permeabilität in § 4, S. 20, betont, daß das sinngemäße magnetische Analogon der Dielektrizitätskonstanten ε nicht μ, sondern das Reziproke μ' sei. Jedenfalls faßt Gl. (13) die dreidimensionalen Erregungs-Feldstärken-Beziehungen symmetrisch mittels einer einzigen Vakuumskonstanten zusammen. Zugleich sind durch unsere Darstellungen (11) und (12) die früheren so heterogenen Darstellungen (19. 7) und (19. 6) von $\mathfrak{E}$ und $\mathfrak{H}$ in eine völlig symmetrische und harmonische Form übergeführt.

Um die Struktur des antisymmetrischen Tensors deutlich vor Augen zu haben, schreiben wir das Schema der sämtlichen Komponenten von f in Matrixform hin; dasjenige von F folgt daraus nach (13) durch Multiplikation mit μ_0, wobei $-\frac{i}{c}\,\mathfrak{E}$ an die Stelle von $-i\,c\,\mathfrak{D}$ tritt. Die Komponenten von $\mathfrak{H}$ und $\mathfrak{D}$ unterscheiden wir in der üblichen dreidimensionalen Weise mit x, y, z; sie würden von unserem jetzigen vierdimensionalen Standpunkt aus besser in den Doppelindizes (9b) zu schreiben sein wie in der Matrix links. Auf die Reihenfolge 1 2, 1 3, 1 4 in der ersten, 2 1, 2 3, 2 4 in der zweiten Zeile usw. sowie die Vorzeichenänderung bei umgekehrter Reihenfolge sei dabei ausdrücklich hingewiesen:

$$f = \begin{pmatrix} 0 & f_{12} & f_{13} & f_{14} \\ f_{21} & 0 & f_{23} & f_{24} \\ f_{31} & f_{32} & 0 & f_{34} \\ f_{41} & f_{42} & f_{43} & 0 \end{pmatrix} = \begin{pmatrix} 0 & \mathfrak{H}_z & -\mathfrak{H}_y & -i\,c\,\mathfrak{D}_x \\ -\mathfrak{H}_z & 0 & \mathfrak{H}_x & -i\,c\,\mathfrak{D}_y \\ \mathfrak{H}_y & -\mathfrak{H}_x & 0 & -i\,c\,\mathfrak{D}_z \\ i\,c\,\mathfrak{D}_x & i\,c\,\mathfrak{D}_y & i\,c\,\mathfrak{D}_z & 0 \end{pmatrix}. \tag{14}$$

C. Die Maxwellschen Gleichungen in vierdimensionaler Form

Wir wollen auch die ursprünglichen MAXWELLschen Gleichungen in Doppelindizes anschreiben. Ausgehend von der Gleichung

$$\dot{\mathfrak{D}}_x - \frac{\partial \mathfrak{H}_z}{\partial y} + \frac{\partial \mathfrak{H}_y}{\partial z} = -\mathfrak{J}_x$$

erhalten wir aus der obersten Zeile von Schema (14) mit Rücksicht auf die Definition von Γ in (6)

$$-\frac{\partial f_{12}}{\partial x_2} - \frac{\partial f_{13}}{\partial x_3} - \frac{\partial f_{14}}{\partial x_4} = -\Gamma_1$$

und entsprechend für die zweite und dritte Komponente dieses MAXWELLschen Gleichungstripels. Wir haben also allgemein für $m = 1, 2, 3$

$$\sum_{n=1}^{4} \frac{\partial f_{mn}}{\partial x_n} = \Gamma_m. \tag{15}$$

Dehnen wir diese Gleichungsform auf $m = 4$ aus, so erhalten wir nach (14) und (6)

$$i\,c\left(\frac{\partial \mathfrak{D}_x}{\partial x} + \frac{\partial \mathfrak{D}_y}{\partial y} + \frac{\partial \mathfrak{D}_z}{\partial z}\right) = i\,c\,\varrho = \Gamma_4.$$

Unsere ursprüngliche *Definition der Ladungsdichte* ϱ in (4. 4b) erweist sich also als *vierdimensionale Ergänzung* des zweiten *Maxwell-Tripels* (4. 4).

Die in (15) ausgeführte Operation $\frac{\partial}{\partial x_n}$ mit Summation über n heißt „Verjüngung" (vgl. Bd. II, § 8), falls der Index n hinter der Ableitung oder in einem vorausgehenden Faktor noch einmal vorkommt. Sie macht aus einem vierdimensionalen Tensor zweiter Stufe einen Vierervektor. Wir kürzen sie ab in $\mathfrak{Div}$, um sie der in (7) definierten Operation Div gegenüberzustellen, die aus einem Vierervektor einen Skalar macht. Wir schreiben also statt (15)

(16) $$\mathfrak{Div}_m f = \sum_{n=1}^{4} \frac{\partial f_{mn}}{\partial x_n} = \Gamma_m \quad \text{oder} \quad \mathfrak{Div} f = \Gamma.$$

Allgemein gilt für jeden antisymmetrischen Tensor T die Beziehung

(16a) $$\operatorname{Div} \mathfrak{Div}\, T = 0,$$

die unmittelbar aus $T_{nm} = -T_{mn}$ folgt. Wir schließen hieraus auf die *Divergenzfreiheit des Viererstromes*

(16b) $$\operatorname{Div} \Gamma = 0,$$

die nichts anderes ist als die *Kontinuitätsgleichung* (4. 4c) in veredelter vierdimensionaler Form.

Wie steht es nun mit dem anderen Tripel der Maxwell-Gleichungen (4. 4), z. B. mit seiner x-Komponente

$$\dot{\mathfrak{B}}_x + \frac{\partial \mathfrak{E}_z}{\partial y} - \frac{\partial \mathfrak{E}_y}{\partial z} = 0\,?$$

Nach der zu (14) analogen Bedeutung unseres Feldtensors F

(17) $$F = \begin{pmatrix} 0 & F_{12} & F_{13} & F_{14} \\ F_{21} & 0 & F_{23} & F_{24} \\ F_{31} & F_{32} & 0 & F_{34} \\ F_{41} & F_{42} & F_{43} & 0 \end{pmatrix} = \begin{pmatrix} 0 & \mathfrak{B}_z & -\mathfrak{B}_y & -\frac{i}{c}\mathfrak{E}_x \\ -\mathfrak{B}_z & 0 & \mathfrak{B}_x & -\frac{i}{c}\mathfrak{E}_y \\ \mathfrak{B}_y & -\mathfrak{B}_x & 0 & -\frac{i}{c}\mathfrak{E}_z \\ \frac{i}{c}\mathfrak{E}_x & \frac{i}{c}\mathfrak{E}_y & \frac{i}{c}\mathfrak{E}_z & 0 \end{pmatrix}$$

schreibt sie sich um in

(17a) $$i\,c\left(\frac{\partial F_{23}}{\partial x_4} + \frac{\partial F_{34}}{\partial x_2} + \frac{\partial F_{42}}{\partial x_3}\right) = 0.$$

Diese zunächst etwas verwirrende, durch zyklische Vertauschung auseinander hervorgehende Indexverteilung wird vollends übersichtlich, wenn wir den zu F „dualen" Sechservektor

(17b) $$F^* = \left(-\frac{i}{c}\mathfrak{E},\, \mathfrak{B}\right)$$

einführen, der also aus F durch Vertauschung des reellen und imaginären Bestandteiles entsteht. Die Berechnung der einzelnen Komponenten von F^* wird durch die Regel festgelegt:

$$F^*_{mn} = F_{kl} \tag{17c}$$

mit der Maßgabe, daß die Indexfolge

$$k\, l\, m\, n \quad \text{aus} \quad 1\,2\,3\,4 \tag{17d}$$

durch eine *gerade Anzahl von Vertauschungen* hervorgehen soll. Nach dieser Festsetzung ist eindeutig

$$F_{23} = F^*_{14}, \qquad F_{34} = F^*_{12}, \qquad F_{42} = F^*_{13}, \tag{17e}$$

und Gl. (17a) geht über in

$$\frac{\partial F^*_{12}}{\partial x_2} + \frac{\partial F^*_{13}}{\partial x_3} + \frac{\partial F^*_{14}}{\partial x_4} = 0. \tag{17f}$$

Sie ist dadurch zur ersten Komponente von

$$\mathfrak{Div} F^* = 0 \tag{18}$$

geworden, und dieselbe Form nehmen die beiden anderen Komponenten des in Rede stehenden MAXWELL-Tripels an.

Was bedeutet nun die vierte Komponente von (18)? Sie lautet zunächst

$$\frac{\partial \mathfrak{F}^*_{41}}{\partial x_1} + \frac{\partial \mathfrak{F}^*_{42}}{\partial x_2} + \frac{\partial \mathfrak{F}^*_{43}}{\partial x_3} = 0$$

und schreibt sich nach (17b) und (17) um in

$$-c\left(\frac{\partial \mathfrak{B}_x}{\partial x} + \frac{\partial \mathfrak{B}_y}{\partial y} + \frac{\partial \mathfrak{B}_z}{\partial z}\right) = 0.$$

Sie ist also identisch mit der uns vertrauten *Quellenfreiheit der magnetischen Feldintensität* $\mathfrak{B}$. Diese erscheint jetzt, vom vierdimensional-relativistischen Standpunkt aus, als *formal notwendige Ergänzung* unseres ersten MAXWELL-Tripels, während wir sie ursprünglich in Gl. (4. 4a) als Erfahrungstatsache besonders *postulieren* mußten.

Zu Gl. (17a) gibt es noch drei analoge Gleichungen; sie lassen sich wie folgt zusammenfassen:

$$\frac{\partial F_{lm}}{\partial x_k} + \frac{\partial F_{mk}}{\partial x_l} + \frac{\partial F_{kl}}{\partial x_m} = 0. \tag{18a}$$

In ihr sind k, l, m irgend drei Zahlen aus der Reihe $1, 2, 3, 4$. Bei lauter verschiedenen Indizes ergeben sich die erwähnten vier Gleichungen. Stimmen zwei oder alle drei Indizes überein, so ergeben sich Identitäten.

Wir haben auf diese Weise die MAXWELLsche Theorie des Vakuums vollständig zusammengefaßt in die Aussagen

$$\mathfrak{Div} f = \Gamma, \qquad \mathfrak{Div} F^* = 0, \qquad F = \mu_0 f, \tag{19}$$

welche als gleichberechtigt neben unsere Potentialaussagen treten:

$$\Box\, \Omega = -\mu_0 \Gamma, \qquad \mathrm{Div}\, \Omega = 0, \qquad F = \mu_0 f = \mathrm{Rot}\, \Omega. \tag{20}$$

Alle in beiden Formulierungen auftretenden Größen und Operationen haben legitimes Bürgerrecht in der vierdimensionalen Welt und genügen daher dem Relativitätsprinzip.

Bei dieser Gelegenheit möge betont werden: Die Relativitätstheorie läßt keinen Zweifel darüber, daß die Vektoren $\mathfrak{E}$ und $\mathfrak{B}$ einerseits, die Vektoren $\mathfrak{D}$ und $\mathfrak{H}$ andererseits zusammengehören, indem sie sich als Bestandteile der höheren Einheiten F und f erweisen. Dies war uns von Anfang an einleuchtend, teils aus dimensionellen Gründen, teils wegen ihrer unterschiedlichen Bedeutung als Intensitäts- und Quantitätsgrößen. Insbesondere läßt die Relativitätstheorie auch keinen Zweifel darüber, daß diese Unterscheidung im Vakuum ebenso notwendig ist wie in einem beliebigen ponderabeln Medium, daß also auch hier die beiden Sechservektoren F und f (die vier Dreiervektoren $\mathfrak{E}$, $\mathfrak{B}$, $\mathfrak{D}$, $\mathfrak{H}$) nebeneinander zu benutzen sind.

D. *Über die geometrische Natur des Sechservektors und seine Invarianten*

Der *Vierervektor* wird naturgemäß dargestellt durch eine *Strecke* im vierdimensionalen Raum (durch einen R_1 mit Richtungssinn). Es liegt nahe, den *Sechservektor* geometrisch zu veranschaulichen durch ein zweidimensionales *Ebenenstück*, d. h. durch dessen Größe und Stellung im vierdimensionalen Raum (einen R_2, dessen eine Seite als die positive ausgezeichnet ist). Aber diese Darstellung ist zu speziell. Ein solches Flächenstück hat nur fünf unabhängige Bestimmungsstücke, nicht sechs wie der Sechservektor, nämlich *ein* Bestimmungsstück für seine Größe (auf die Form soll es nicht ankommen), *vier*[1]) für seine Stellung im Raum (Parallelverschiebungen zählen nicht mit). Um nun zur geometrischen Interpretation des allgemeinen Sechservektors zu gelangen, beachte man, daß jedem R_2 im vierdimensionalen Raum ein dazu senkrechter[2]) R_2 eindeutig zugeordnet ist. Indem man auch in diesem ein Ebenenstück vorgibt, erhält man einen und nur einen weiteren Parameter (die Lage im Raum ist ja schon durch die des ersten Flächenstückes bestimmt), also im ganzen die erforderliche Zahl von sechs unabhängigen Bestimmungsstücken. Das geometrische Gegenbild des Sechservektors ist also nicht *ein* Ebenenstück, sondern *zwei zueinander senkrechte von beliebiger* Größe. Die Komponenten des Sechservektors sind gleich den Summen der Projektionen *beider* Ebenenstücke auf die sechs Koordinaten-Ebenen (x_n, x_m). Wenn man die Größe beider miteinander vertauscht, geht man von dem ursprünglichen Sechservektor F zu dem *dualen* F^* über und bestätigt dadurch die Komponenten-Beziehung (17c) zwischen F und F^*.

---

[1]) Denkt man sich seine Lage durch zwei im R_2 gelegene, etwa vom gleichen Punkt ausgehende Vierervektoren bestimmt, so werden diese durch je drei Größen, etwa die Verhältniszahlen ihrer vier Komponenten, gegeben. Beide können aber noch im R_2 beliebig gedreht werden, wodurch sich die Zahl $2 \cdot 3$ auf $2 \cdot 3 - 2 = 4$ reduziert.

[2]) Man kann den einen R_2 als die „Achse" des anderen bezeichnen, weil der eine um den anderen beliebig in sich gedreht werden kann. Das Verhältnis beider ist natürlich gegenseitig oder „dual". Die Achse eines R_2 ist also im R_4 eine zweidimensionale, nicht wie im R_3 eine eindimensionale Mannigfaltigkeit.

Der Vierervektor besitzt nur *eine* Invariante, das Quadrat seiner Länge, gleich der Quadratsumme seiner vier Komponenten (das Quadrat der vierten Komponente ist natürlich wegen ihres imaginären Charakters negativ). Dagegen besitzt jeder Sechservektor F *zwei Invarianten*

$$(F, F) \quad \text{und} \quad (F, F^*),$$

beide nach der Regel des skalaren Produktes durch Summation über die sechs gleich-indizierten Komponenten zu bilden. Wir führen dies im elektrodynamischen Fall näher aus. Nach dem Schema (17) und (17b) wird

$$\begin{aligned} (F, F) &= F_{12}^2 + F_{23}^2 + F_{31}^2 + F_{14}^2 + F_{24}^2 + F_{34}^2 = \mathfrak{B}^2 - \frac{1}{c^2}\mathfrak{E}^2, \\ (F, F^*) &= F_{12}F_{34} + F_{23}F_{14} + F_{31}F_{24} + \cdots = -\frac{2i}{c}\mathfrak{E}\cdot\mathfrak{B}. \end{aligned} \tag{21}$$

Hier bedeuten die ... Wiederholung der drei vorangehenden Produkte mit Umkehrung der Faktorenfolge, also nichts anderes als Verdoppelung des Resultates. Beide Invarianten (21) sind im Falle der *Vakuum-Lichtwelle* gleich Null. In der Tat ist bei ihr nach § 6 $\mathfrak{B} \perp \mathfrak{E}$ und $c|\mathfrak{B}| = |\mathfrak{E}|$. Diese Eigenschaft behält die Lichtwelle vermöge unserer Invarianz-Aussage in allen Bezugssystemen der vierdimensionalen Welt bei.

Dieselben Invarianten besitzt natürlich der Erregungsvektor

$$\begin{aligned} (f, f) &= \mathfrak{H}^2 - c^2\mathfrak{D}^2, \\ (f, f^*) &= -2ic\,\mathfrak{D}\cdot\mathfrak{H}. \end{aligned} \tag{21a}$$

Nur durch einen Faktor unterscheiden sich von (21) und (21a) die gemischten Invarianten

$$\begin{aligned} (f, F) = {} & f_{12}F_{12} + f_{23}F_{23} + f_{31}F_{31} + \\ & + f_{14}F_{14} + f_{24}F_{24} + f_{34}F_{34} = \mathfrak{B}\cdot\mathfrak{H} - \mathfrak{E}\cdot\mathfrak{D} \end{aligned} \tag{22}$$

und

$$\begin{aligned} (f, F^*) &= f_{12}F_{12}^* + f_{23}F_{23}^* + f_{31}F_{31}^* + f_{14}F_{14}^* + f_{24}F_{24}^* + f_{34}F_{34}^* \\ &= -\frac{i}{c}\mathfrak{H}\cdot\mathfrak{E} - ic\,\mathfrak{D}\cdot\mathfrak{B} = -2i\sqrt{\frac{\varepsilon_0}{\mu_0}}\,\mathfrak{E}\cdot\mathfrak{B}. \end{aligned} \tag{23}$$

Wir bezeichnen

$$\Lambda = \frac{1}{2}(f, F) = \frac{1}{2}(\mathfrak{B}\cdot\mathfrak{H} - \mathfrak{E}\cdot\mathfrak{D}) \tag{24}$$

als *Lagrange-Dichte* (LAGRANGE-Funktion der Feldgleichungen pro Volumeinheit des Feldes). Dagegen wird sich die durch $\frac{1}{2}\mathfrak{H}\cdot\mathfrak{B} + \frac{1}{2}\mathfrak{D}\cdot\mathfrak{E}$ dargestellte Energiedichte W als *Komponente* eines Raum-Zeit-Tensors erweisen; sie besitzt also für sich genommen keine vom Bezugssystem unabhängige Bedeutung.

Durch die im Sechservektor einander zugeordneten beiden Flächengrößen a und b drücken sich unsere Invarianten folgendermaßen aus:

$$(F, F) = a^2 + b^2, \quad (F, F^*) = 2ab. \tag{25}$$

Daraus folgt, daß ein spezieller Sechservektor ($b = 0$) vor dem allgemeinen durch die Bedingung $(F, F^*) = 0$ ausgezeichnet ist.

E. Relativistisch-invariante Dreiervektoren

Wir stellen uns die Frage, wie ein Dreiervektor beschaffen sein muß, wenn er in der vierdimensionalen Welt existenzberechtigt sein soll. Zu dem Ende betrachten wir einen *zu sich selbst dualen Sechservektor*. Wir können seine Komponenten in der Form ansetzen:

(26) $$\overline{F}_{mn} = F_{mn} + F^*_{mn} = F_{mn} + F_{kl}.$$

Dieser Sechservektor besitzt in der Tat nur *drei* voneinander unabhängige Komponenten. Wir nennen sie etwa

(26 a) $$\begin{cases} \mathfrak{a}_x = \overline{F}_{14} = \overline{F}_{23} = F_{14} + F_{23}, \\ \mathfrak{a}_y = \overline{F}_{24} = \overline{F}_{31} = F_{24} + F_{31}, \\ \mathfrak{a}_z = \overline{F}_{34} = \overline{F}_{12} = F_{34} + F_{12} \end{cases}$$

und erhalten als spezielles Tensorschema dieses Dreiervektors $\mathfrak{a}$ nach (17)

(26 b) $$\overline{F} = \begin{pmatrix} 0 & \mathfrak{a}_z & -\mathfrak{a}_y & \mathfrak{a}_x \\ -\mathfrak{a}_z & 0 & \mathfrak{a}_x & \mathfrak{a}_y \\ \mathfrak{a}_y & -\mathfrak{a}_x & 0 & \mathfrak{a}_z \\ -\mathfrak{a}_x & -\mathfrak{a}_y & -\mathfrak{a}_z & 0 \end{pmatrix}.$$

In dem besonderen Fall des elektrodynamischen Tensors F ergibt sich als zugeordneter Dreiervektor

$$\mathfrak{a}_x = \mathfrak{B}_x - \frac{i}{c}\mathfrak{E}_x, \qquad \mathfrak{a}_y = \mathfrak{B}_y - \frac{i}{c}\mathfrak{E}_y, \qquad \mathfrak{a}_z = \mathfrak{B}_z - \frac{i}{c}\mathfrak{E}_z.$$

Somit kann der komplexe Dreiervektor

(27) $$\mathfrak{a} = \mathfrak{B} - \frac{i}{c}\mathfrak{E}$$

als vierdimensionaler, *zu sich selbst dualer Tensor* der Form (26) aufgefaßt werden.

Andererseits können wir statt (26) auch bilden

$$\overline{F}_{mn} = F_{mn} - F^*_{mn} = F_{mn} - F_{kl};$$

dieser Sechservektor ist zu sich selbst *entgegengesetzt-dual* und führt auf den Dreiervektor

(27 a) $$\mathfrak{b} = \mathfrak{B} + \frac{i}{c}\mathfrak{E}.$$

Es ist schon vor der Relativitätstheorie oft bemerkt worden, daß die komplexen Zusammenfassungen $\mathfrak{E} \pm i\,c\,\mathfrak{B}$ sowie die analogen $\mathfrak{H} \pm i\,c\,\mathfrak{D}$ für die Integration der MAXWELLschen Gleichungen charakteristische Vorteile bieten.

Nunmehr können wir auch den HERTZschen Vektor Π vierdimensional legitimieren. Er trat in § 19 als *Dreiervektor* auf, ist aber in Wirklichkeit ein verkappter

Sechservektor, von der Struktur eines *elektrostatischen* Feldvektors F_{stat}. Bei einem solchen ist: $\mathfrak{B}_{\text{stat}} = 0$, $\mathfrak{E}_{\text{stat}}$ gleich einem Dreiervektor, den wir vorübergehend mit $\mathfrak{P}_x$, $\mathfrak{P}_y$, $\mathfrak{P}_z$ bezeichnen wollen. Nach dem Schema (17) haben wir dann:

$$(28) \qquad F_{\text{stat}} = \begin{pmatrix} 0 & 0 & 0 & -\frac{i}{c}\mathfrak{P}_x \\ 0 & 0 & 0 & -\frac{i}{c}\mathfrak{P}_y \\ 0 & 0 & 0 & -\frac{i}{c}\mathfrak{P}_z \\ \frac{i}{c}\mathfrak{P}_x & \frac{i}{c}\mathfrak{P}_y & \frac{i}{c}\mathfrak{P}_z & 0 \end{pmatrix}.$$

Durch Divergenzbildung entsteht daraus ein Vierervektor, der vorübergehend wie unser Viererpotential Ω heißen möge:

$$(28\text{a}) \qquad \Omega = \mathfrak{Div} F_{\text{stat}},$$

und die Komponenten hat

$$\Omega_{1,2,3} = -\frac{i}{c}\frac{\partial \mathfrak{P}_{x,y,z}}{\partial x_4} = -\frac{1}{c^2}\dot{\mathfrak{P}}, \qquad \Omega_4 = \frac{i}{c}\operatorname{div}\mathfrak{P}.$$

Gehen wir hier von diesen $\Omega_{1,2,3,4}$ nach Gl. (4) zu den elektrodynamischen Potentialen $\mathfrak{A}$ und ψ über, so erhalten wir

$$(28\text{b}) \qquad \mathfrak{A} = -\frac{1}{c^2}\dot{\mathfrak{P}}, \qquad \psi = \operatorname{div}\mathfrak{P}.$$

Machen wir noch $\mathfrak{P} = -\frac{1}{\varepsilon_0}\vec{\Pi}$, so gehen unsere Gln. (28b) genau in die Gln. (19.15) und (19. 16a) über, durch die wir den HERTZschen Vektor ursprünglich definiert hatten. Ebenso wie $\mathfrak{P}$ ist also auch der Dreiervektor Π auf den Sechservektor (28) zurückgeführt worden. Dieser Sechservektor ist dabei auf ein Koordinatensystem bezogen, in dem der HERTZsche Dipol *ruht*. Der Übergang von diesem „Ruhsystem" zu einem beliebigen Bezugssystem kann nach den Regeln des folgenden Paragraphen ausgeführt werden.

§ 27. Die Gruppe der LORENTZ-Transformationen und die Kinematik der Relativitätstheorie

In seinem „Erlanger Programm" hat FELIX KLEIN[1]) die verschiedenen geometrischen Disziplinen nach der Gruppe der von ihnen zugelassenen Transformationen klassifiziert. Die *projektive Geometrie* sieht alle Figuren als gleich an, die durch *Zentralprojektionen* im dreidimensionalen Raum auseinander hervorgehen. Die *affine Geometrie* hält die unendlich ferne Ebene fest, läßt also nur *Parallelprojektionen* zu. Für die *Elementargeometrie* sind auch die Formen der Figuren, ihre Winkel und Längenverhältnisse, wesentlich. Ihre Gruppe ist die der *orthogonalen*

[1]) Vergleichende Betrachtungen über neuere geometrische Forschungen, Erlangen 1872.

Transformationen im dreidimensionalen Raum, erweitert um die Ähnlichkeitstransformationen. Bei ihr wird außer der unendlich fernen Ebene auch der darin enthaltene imaginäre Kugelkreis festgehalten. Die Geometrie der allgemeinen *Punkttransformationen* vermag jede Fläche in jede andere überzuführen, unterwirft aber jedes unendlich kleine Raumgebiet nur linearen (affinen) Änderungen. Die Gruppe der *Berührungstransformationen* löst auch den Bestand der Flächen im Raum auf und läßt nur die vereinigte Lage von Flächenpunkt und Tangentialebene unberührt.

Daß hier nicht von einzelnen Transformationen, sondern nur von Transformations-*Gruppen* die Rede war, liegt offenbar an der Nötigung, die durch Aufeinanderfolge und Zusammensetzung entstehenden Transformationen als gleichberechtigt mitzuzählen. Wenn man das Augenmerk nicht auf die Abänderung der geometrischen Gebilde, sondern auf ihre ungeändert bleibenden Eigenschaften richtet, spricht man statt von der Transformationsgruppe von der zugehörigen *Invariantentheorie.*

Die Transformationsgruppe der *klassischen Mechanik* ist die der *Galilei*-Transformationen, vgl. Bd. I, § 2. Sie zerfällt in die Gruppe der orthogonalen Transformationen des Raumes und die Verschiebungen der Zeitskala, entsprechend der Newtonschen Idee vom absoluten Raum und der absoluten Zeit. Ihre Invarianten sind das Abstandsquadrat im Raum und der Zeitunterschied. Die Gruppe der *Maxwellschen Elektrodynamik* ist, wie wir im vorigen Paragraphen sahen, die der *orthogonalen Transformationen in der Raum-Zeit-Welt.* Einstein hat sie zu Ehren des großen Holländers Hendrik Antoon Lorentz *Lorentz-Transformationen* genannt. So wie das Wesen der verschiedenen Geometrien je durch ihre besondere Gruppe gekennzeichnet wird, besteht der Wesenskern der Maxwellschen Theorie in ihrer *Invarianz gegenüber der Lorentz-Gruppe.* Ihre fundamentale Invariante ist der *Abstand zweier Raum-Zeit-Punkte,* insbesondere das *vierdimensionale Linienelement,* d. h. der Abstand zweier benachbarter Raum-Zeit-Punkte.

A. Die allgemeine und die spezielle Lorentz-Transformation

Das allgemeine Schema der Lorentz-Transformation haben wir bereits in (2. 10) von Bd. I angeschrieben. Es ist enthalten in den Formeln

$$x_i' = \sum \alpha_{ik} x_k, \qquad x_k = \sum \alpha_{ik} x_i', \qquad \left.\begin{matrix} i \\ k \end{matrix}\right\} = 1, 2, 3, 4, \tag{1}$$

$$\sum_{j=1}^{4} \alpha_{ij} \alpha_{kj} = \sum_{j=1}^{4} \alpha_{ji} \alpha_{jk} = \delta_{ik} = \begin{cases} 0 & k \neq i \\ 1 & k = i. \end{cases} \tag{2}$$

Eine Untergruppe bilden die orthogonalen Transformationen des dreidimensionalen Raumes, seine Verdrehungen in sich. Entsprechend kann die allgemeine Lorentz-Transformation als *Raum-Zeit-Drehung* bezeichnet werden. Wir haben auch bereits die *spezielle Lorentz-Transformation* in Bd. I, Gl. (2. 14), abgeleitet, bei der zwei Raumkoordinaten ungeändert bleiben. Wählen wir als solche die y- und z-Koordinate, so reduziert sich das Schema auf

(2a)

	x_1	x_2	x_3	x_4
x'_1	α_{11}	0	0	α_{14}
x'_2	0	1	0	0
x'_3	0	0	1	0
x'_4	α_{41}	0	0	α_{44}

Nach den Bedingungen (2) muß sein

(3) $$\alpha_{11}^2 + \alpha_{14}^2 = \alpha_{41}^2 + \alpha_{44}^2 = \alpha_{11}^2 + \alpha_{41}^2 = \alpha_{14}^2 + \alpha_{44}^2 = 1,$$

also

(4) $$\alpha_{11}^2 = \alpha_{44}^2, \quad \alpha_{14}^2 = \alpha_{41}^2.$$

Wir setzen mit gleichem Wurzelvorzeichen, wie aus $\alpha_{14} \to 0$ folgt:

(5) $$\alpha_{11} = \alpha_{44} = \alpha$$

und schließen weiter aus (2)

(6) $$\alpha_{11}\alpha_{14} + \alpha_{41}\alpha_{44} = \alpha(\alpha_{14} + \alpha_{41}) = 0;$$

wir können also bei Einführung einer neuen Konstanten β schreiben:

(7) $$\alpha_{14} = -\alpha_{41} = \mathrm{i}\,\alpha\beta.$$

Der hier hinzugefügte Faktor i ist wegen der Imaginarität von x_4 und x'_4 notwendig, damit sich aus den in unserem Schema enthaltenen Gleichungen

$$x'_1 = \alpha x_1 + \alpha_{14} x_4 \quad \text{und} \quad x_1 = \alpha x'_1 + \alpha_{41} x'_4$$

reelle Werte für x'_1 und x_1 ergeben.

Setzen wir schließlich (5) und (7) in (3) ein, so folgt

(8) $$\alpha^2(1-\beta^2) = 1, \quad \alpha = \frac{1}{\sqrt{1-\beta^2}},$$

und unser Schema (2a) geht über in

(9) $$\begin{cases} x'_1 = \dfrac{1}{\sqrt{1-\beta^2}}(x_1 + \mathrm{i}\,\beta x_4), \quad x'_2 = x_2, \quad x'_3 = x_3, \\ x'_4 = \dfrac{1}{\sqrt{1-\beta^2}}(-\mathrm{i}\,\beta x_1 + x_4) \end{cases}$$

oder reell geschrieben

(10) $$x' = \frac{1}{\sqrt{1-\beta^2}}(x - \beta c t), \quad y' = y, \quad z' = z, \quad t' = \frac{1}{\sqrt{1-\beta^2}}\left(t - \frac{\beta}{c}x\right).$$

Machen wir in (10) den Grenzübergang

$$c \to \infty, \quad \beta \to 0, \quad \text{aber} \quad \beta c = v = \text{endlich},$$

so entsteht

(10a) $$x' = x - vt, \quad y' = y, \quad z' = z, \quad t' = t.$$

Wir nennen diese Gleichungen mit EINSTEIN die *Galilei-Transformation*. Zeit und Raum sind vom Standpunkt dieser Transformationsgruppe aus „absolut" geworden, d. h., die „Zeitschnitte", die „Hyperebenen" $t =$ konst., ändern sich bei dieser Transformation nicht. Hiernach tritt die GALILEI-Gruppe nur dann an die Stelle der LORENTZ-Gruppe, wenn

$$v \ll c, \quad \text{also} \quad \beta \ll 1. \tag{10b}$$

Die allgemein übliche Bezeichnung $\beta = v/c$ möge an die β-Strahlen erinnern, die ja eine mit c vergleichbare Geschwindigkeit haben, für die also die GALILEI-Gruppe unzulässig ist.

Die Gln. (10) bedeuten, daß sich die beiden Systeme (x, t) und (x', t') gegeneinander mit der Geschwindigkeit $v = \beta\, c$ bewegen. Nennen wir z. B. (x, t) das „Ruhsystem" und fassen wir einen bestimmten Punkt $x' =$ konst. des „bewegten Systems" ins Auge, so gilt für diesen nach (10)

$$x - \beta\, c\, t = x - v\, t = \text{konst.}$$

Das bewegte System schreitet also nach der positiven x-Achse, die zugleich x'-Achse ist, mit der Geschwindigkeit v fort; die beiden anderen Achsen y' und z' verschieben sich, räumlich gesprochen, parallel zu den Achsen y und z mit derselben Geschwindigkeit v. Für $t = 0$ fallen bewegtes und Ruhsystem zusammen.

Den etwas allgemeineren Fall, daß die Relativbewegung beider Systeme nicht nach der x-Achse, sondern nach einer anderen, z. B. in der $x\,y$-Ebene gelegenen, Richtung erfolge, werden wir in Übungsaufgabe III.1 behandeln.

B. Die Relativierung der Zeit

Aus den Gln. (10) und (10a) ersieht man, daß die Zeit nur in der Grenze für $c \to \infty$ absolut abläuft, während sie bei endlichem c vom Standpunkt des Beobachters abhängt: Der „gestrichene" Beobachter mißt eine andere Zeit als der „ungestrichene".

Dies wird völlig einleuchtend, wenn wir von der reellen Darstellung (10) zu der imaginären (9) zurückgehen, die darin vorkommenden Größen aber trotzdem als reell zeichnen (Fig. 37). Wir können dann wie in der analytischen Geometrie der Ebene schreiben

$$x_1' = x_1 \cos\gamma + x_4 \sin\gamma, \qquad x_4' = -x_1 \sin\gamma + x_4 \cos\gamma \tag{11}$$

mit

$$\cos\gamma = \frac{1}{\sqrt{1-\beta^2}}, \qquad \sin\gamma = \frac{\mathrm{i}\,\beta}{\sqrt{1-\beta^2}}, \qquad \tan\gamma = \mathrm{i}\,\beta, \tag{11a}$$

Die erste Gl. (11) bedeutet, wie allgemein bekannt, die Projektion des Linienzuges OPQ auf die Achse x_1', die zweite die auf die Achse x_4'. Aber der Drehwinkel beider Systeme gegeneinander ist bei uns *imaginär*, daher auch $\sin\gamma$ und $\tan\gamma$; $\cos\gamma$ ist in Wirklichkeit ein hyperbolischer Cosinus und daher > 1, wegen $\beta < 1$.

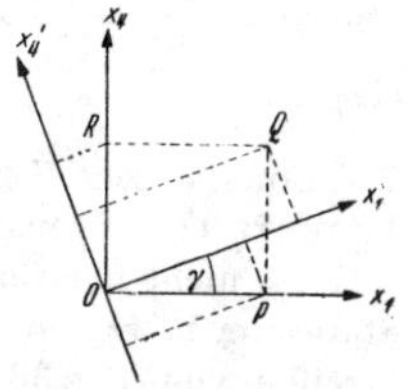

Fig. 37. Das System x_1, x_4 wird durch den imaginären Drehwinkel γ in das System x_1', x_4' transformiert. Die beiden in t *gleichzeitigen* Ereignisse RQ erhalten dabei verschiedene Koordinaten x_4', ebenso wie die beiden *gleichixigen* Ereignisse PQ verschiedene Koordinaten x_1' haben

Fig. 37 zeigt unmittelbar, daß zwei „Ereignisse" (Raum-Zeit-Punkte) Q und R, die im ungestrichenen System gleichzeitig sind, im gestrichenen System es nicht mehr sind. Diese *Aufhebung der Gleichzeitigkeit* nimmt uns jetzt nicht mehr wunder als die *Aufhebung der „Gleichixigkeit"* bei den beiden Ereignissen Q und P[1]).

Unsere pseudoreelle Darstellung in Fig. 37 wird uns auch weiterhin nützlich sein und kann kaum zu Mißverständnissen führen. Wir weichen damit allerdings von dem großen Vorbild HERMANN MINKOWSKIS ab. Dieser zeichnet und rechnet in seinem klassischen Vortrag „Raum und Zeit", Kölner Naturforscher-Gesellschaft 1908, durchweg reell. Was wir Einheitskreis $x_1^2 + x_4^2 = 1$ nennen würden, ist bei ihm die Hyperbel $x^2 - c^2 t^2 = 1$; zwei Gerade, die bei uns senkrecht aufeinanderstehen, sind bei ihm konjugierte Durchmesser an dieser Hyperbel. Es ist kaum nötig, zu betonen, daß wir trotz dieses (nur äußerlichen) Unterschiedes schon im vorigen Paragraphen auf den Schultern MINKOWSKIS gestanden haben und auch weiterhin seiner Auffassung der Relativitätstheorie folgen werden.

C. *Die Lorentz-Kontraktion*

Diese ist von H. A. LORENTZ schon vor der Relativitätstheorie als Hypothese ad hoc aufgestellt worden, um das negative Ergebnis des MICHELSON-Versuches zu erklären. Indem wir die Besprechung desselben bis Bd. IV zurückstellen, formulieren wir die LORENTZsche Hypothese hier folgendermaßen: *Ein Stab von der „Eigenlänge" l_0 erscheint, wenn er mit der gleichförmigen Geschwindigkeit v in seiner Richtung bewegt wird, einem ruhenden Beobachter verkürzt in* $l = l_0 \sqrt{1 - \beta^2}$.

Der Stab befinde sich im bewegten System x', t'; seine Endpunkte mögen in diesem System die Koordinaten x_a', x_b' haben; ihre Differenz ist die Eigenlänge $l_0 = x_b' - x_a'$. Auf die Zeitpunkte t_a', t_b' der Messung kommt es dabei nicht an. Anders beim ruhenden Beobachter. Er muß die Messungen der beiden Stabenden so einrichten, daß sie von seinem Standpunkt aus *gleichzeitig* geschehen, d. h. in demselben Zeitpunkt $t_a = t_b$; er findet dabei die Orte x_a und x_b und sieht die Differenz $x_b - x_a$ als Stablänge l an. Aus der ersten Gl. (10) folgt

$$x_a' = \frac{1}{\sqrt{1-\beta^2}}\,(x_a - \beta\, c\, t_a)\,, \qquad x_b' = \frac{1}{\sqrt{1-\beta^2}}\,(x_b - \beta\, c\, t_b)\,,$$

[1]) Man bemerke, daß es sich hier um die Fragen der Gleichzeitigkeit (sehr rasch) gegeneinander bewegter und räumlich getrennt liegender Objekte handelt, über die unser „Zeitgefühl" keine unmittelbare Auskunft gibt.

also wegen $t_a = t_b$, $x_b - x_a = l$, $x'_b - x'_a = l_0$

(12) $$l_0 = \frac{l}{\sqrt{1-\beta^2}}, \quad l = l_0\sqrt{1-\beta^2}.$$

Die LORENTZsche Kontraktions-Hypothese ist also eine unmittelbare Folge der LORENTZ-Transformation.

Es ist nicht überflüssig, dasselbe Resultat figürlich zu erläutern. Der Ort des Stabes im bewegten System wird durch den parallel der x'_1-Achse schraffierten Streifen von Fig. 38 dargestellt. Der ruhende Beobachter legt durch diesen Streifen einen Schnitt parallel der x_1-Achse. Die Länge desselben ist nach der Figur

$$l = \frac{l_0}{\cos\gamma}.$$

Sie erscheint in unserer pseudoreellen Darstellung länger als die Eigenlänge l_0, ist aber in Wirklichkeit kürzer wegen $\cos\gamma = (1-\beta^2)^{-1/2}$.

Als Folge dieser Kontraktion erscheint eine bewegte Kugel (Radius a) als abgeplattetes Rotationsellipsoid mit der kleinen Achse $b = a\sqrt{1-\beta^2}$ in der Bewegungsrichtung und der großen Achse a. LORENTZ gründet hierauf seine Hypothese des *deformierbaren Elektrons*, zuerst ausgesprochen 1903 als Schlußergebnis seines großen Artikels über Elektronentheorie[1]).

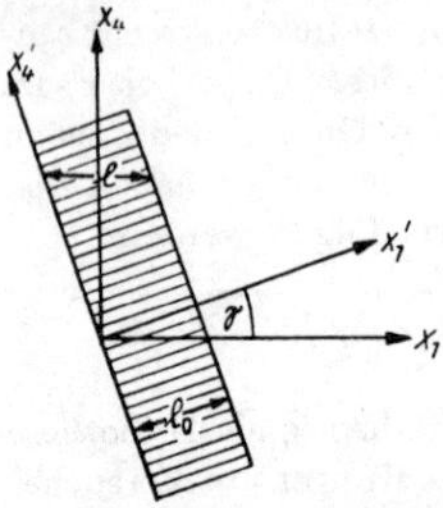

Fig. 38. *Lorentz-Kontraktion:* Ein im gestrichenen System ruhender, gegen das ungestrichene System bewegter Stab wird durch den schraffierten Streifen dargestellt. Seine Länge l im ungestrichenen System erscheint in der Figur länger, ist aber tatsächlich gegenüber seiner Eigenlänge l_0 verkürzt, weil γ imaginär ist

Die oft aufgeworfene Frage, ob die LORENTZ-Kontraktion „wirklich" oder „scheinbar" sei, ist natürlich ebenso müßig wie die Frage, ob sich ein Körper „in Wirklichkeit" bewege. Ebenso gegenstandslos und willkürlich ist die Unterscheidung zwischen ruhendem und bewegtem System, die wir im vorstehenden nur zugunsten der kürzeren Ausdrucksweise zugelassen haben. Wenn wir ohne nähere Angaben von ruhenden oder bewegten Körpern sprechen, beziehen wir uns gewöhnlich auf den Beobachter oder, unpersönlich ausgedrückt, auf das Laborsystem, d. h. auf das Koordinatensystem, in dem das Laboratorium ruht.

D. Die Einsteinsche Zeitdilatation

Eine Uhr[2]) ruhe im gestrichenen System und markiere durch ihre Pendelschläge die Zeiten und aufeinanderfolgenden Zeitdifferenzen

$$t'_1, t'_2, t'_3, \ldots; \quad t'_2 - t'_1 = t'_3 - t'_2 = \cdots = \tau'.$$

---

[1]) Enzyklopädie der Math. Wiss., Bd. V_2. Die Seiten 277—279 daselbst sind Vorboten der Relativitätstheorie.

[2]) Statt mit EINSTEIN von einer Uhr zu sprechen, können wir auch, um im elektromagnetischen Bild zu bleiben, an einen Schwingungskreis und seine Eigenschwingungsdauer τ denken.

Sie projizieren sich im ungestrichenen System in

$$t_1, t_2, t_3, \ldots; \quad t_2 - t_1 = t_3 - t_2 = \cdots = \tau .$$

In Fig. 39 erscheint τ gegenüber τ' verkürzt, ist aber tatsächlich verlängert vermöge

$$\tau = \tau' \cos\gamma = \frac{\tau'}{\sqrt{1-\beta^2}} . \tag{13}$$

Analytisch sieht man das am einfachsten, wenn man die Gln. (10) umkehrt, wobei sich, wie man durch Rechnung bestätigen möge, lediglich das Vorzeichen von v umkehrt. Man erhält auf diese Weise

$$x = \frac{1}{\sqrt{1-\beta^2}} (x' + \beta c t'), \qquad t = \frac{1}{\sqrt{1-\beta^2}} \left(t' + \frac{\beta x'}{c}\right) \tag{14}$$

und wegen $x' =$ konst. aus der zweiten dieser Gleichungen durch Bildung der aufeinanderfolgenden Differenzen $t_2 - t_1$, $t_3 - t_2$, $t_2' - t_1'$, ... wieder

$$\tau = \frac{\tau'}{\sqrt{1-\beta^2}} .$$

Eine solche Uhr wird realisiert durch ein schnell bewegtes Atom, welches eine monochromatische Spektrallinie aussendet, z. B. durch einen Wasserstoff-Kanalstrahl. EINSTEIN sah in der zu erwartenden Rotverschiebung der Spektrallinie das experimentum crucis der Relativitätstheorie und sprach von dem „*transversalen Dopplereffekt*", indem er Beobachtung unter 90° gegen den Kanalstrahl ins Auge faßte. IVES hat aber gezeigt, daß die Beobachtung gleich gut unter beliebigem Winkel ausgeführt werden kann, am besten unter kleinem Winkel, wo man das primäre Licht des Kanalstrahles mit dem an einem Spiegel reflektierten Licht des (umgekehrt laufenden) Kanalstrahles vergleichen kann. Man beobachtet dann z. B. bei der Linie H_α des Wasserstoff-Kanalstrahles außer dem nach Blau verschobenen primären Licht das reflektierte nach Rot verschobene. Das arithmetische Mittel beider Wellenlängen fällt aber nicht mit der unverschobenen Spektrallinie H_α des ruhenden Atoms zusammen, sondern weicht von ihr um den Betrag der relativistischen Rotverschiebung ab, und zwar unabhängig von der Visionsrichtung. Der Versuch[1]) bestätigt vollauf EINSTEINS Erwartung.

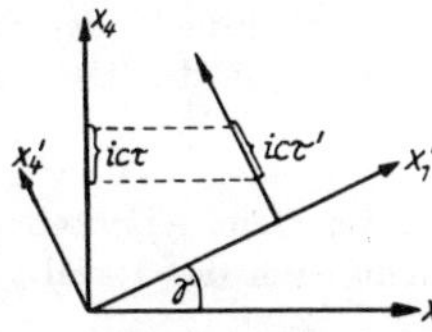

Fig. 39.
Einsteins Zeit-Dilatation: Die Schwingungsdauer τ' der bewegten Uhr erscheint für den im x_1, x_4-System ruhenden Beobachter nach der Figur verkürzt in τ, ist aber tatsächlich verlängert, weil γ imaginär ist

[1]) H. J. IVES und G. R. STILLVELL, Journ. Opt. Soc. 28, 215, 1938; H. J. IVES, ebenda 29, 183 und 294, 1939. G. OTTING, Diss. München, Phys. Z. S. 40, 681, 1939. In der theoretischen Deutung besteht zwischen den amerikanischen Arbeiten und der gleichzeitigen deutschen Dissertation ein bei den damals (1939!) gegebenen Zeitverhältnissen beachtlicher Gegensatz: Die amerikanischen suchen die Vorstellung des absoluten Äthers festzuhalten, während sich die deutsche Arbeit von Anfang an auf den relativistischen Standpunkt stellt.

Auch ein *radioaktives Präparat* markiert durch seine mittlere Lebensdauer eine Eigenzeit τ'. Es müßte also, im Kanalstrahl beobachtet, *langlebiger* sein als in der Ruhe. Dieses Experiment wird unter geeignetsten Bedingungen (β nahezu gleich 1) beim *Mesonen-Zerfall* der kosmischen Strahlung realisiert. Für die Lebensdauer von μ-Mesonen, die in einem Absorber steckengeblieben sind und also praktisch ruhen, erhielt Rasetti durch Bestimmung der Zeitunterschiede zwischen Einfall des Mesons und Auftreten des bei dem Zerfall entstehenden Sekundärelektrons einen Wert, der innerhalb seiner Meßgenauigkeit mit dem heute ziemlich genau bekannten $\tau' = (2{,}22 \pm 0{,}02) \cdot 10^{-6}$ s übereinstimmt. Dagegen kann man aus Absorptionsmessungen an μ-Mesonen der kosmischen Strahlung auf Zerfallswege schließen, die am häufigsten um den Wert von 20 km herum liegen. Diesem Wert entspricht im („ungestrichenen") Zeitmaß des Erdbeobachters eine Zerfallszeit $\tau \approx 20\,\mathrm{km}/c \approx 7 \cdot 10^{-5}$ s. Die Zeitdilatation hat hier also den enormen Wert[1]) von

$$\frac{\tau}{\tau'} \approx \frac{7 \cdot 10^{-5}}{2{,}2 \cdot 10^{-6}} \approx 30\,.$$

Als Geschwindigkeit der Mesonen würde sich daraus nach (13) der Wert ergeben

$$\frac{1}{\sqrt{1-\beta^2}} \approx 30\,, \qquad v \approx c\left(1 - \frac{1}{1800}\right).$$

Bestätigt wird diese Überlegung durch die experimentelle Bestimmung der Energie der Mesonen; für die am häufigsten auftretenden μ-Mesonen erhält man etwa das 30fache der Ruheenergie, was mit der Abhängigkeit der kinetischen Energie von der Geschwindigkeit, vgl. § 32, gerade übereinstimmt.

E. Das Additionstheorem der Geschwindigkeit

Zwei gleichgerichtete Geschwindigkeiten v_1 und v_2 setzen sich relativistisch nicht nach der Regel

$$v = v_1 + v_2$$

zusammen. Es gilt vielmehr

$$v = \frac{v_1 + v_2}{1 + \frac{v_1 v_2}{c^2}}\,. \tag{15}$$

Hier bedeutet v_2 die Geschwindigkeit, mit der sich ein Punkt 2 gegen einen Körper 1 bewegt, der selbst in gleicher Richtung wie 2 mit der Geschwindigkeit v_1 fortschreitet. Als Einstein 1905 diese Formel aufstellte, erregte sie begreifliche Verwunderung. Sie wird aber völlig einleuchtend, wenn man beachtet, daß es sich hier um die Zusammensetzung zweier Lorentz-Transformationen handelt und daß jede derselben nach Fig. 37 eine Drehung[2]) bedeutet. Es sei γ_2 der nach Gl. (11a) zu v_2 und γ_1 der zu v_1 gehörende Drehwinkel. Das Resultat der Zusammensetzung beider ist eine Drehung um den Winkel

$$\gamma = \gamma_1 + \gamma_2\,. \tag{15a}$$

[1]) W. Heisenberg, Vorträge über kosmische Strahlen, Springer 1943, S. 78 u. ff.

[2]) Beide Drehungen γ_1, γ_2 sowie die aus ihr Resultierende γ finden um dieselbe „Drehachse" statt, nämlich um den zur x_1, x_4-Ebene senkrechten R_2, vgl. S. 204, Anm. 2.

Es addieren sich also die *Drehwinkel*, nicht deren *Tangenten*. Für letztere gilt vielmehr

$$\tan\gamma = \frac{\tan\gamma_1 + \tan\gamma_2}{1 - \tan\gamma_1 \tan\gamma_2}.$$

Daraus folgt nach (11a)

$$\beta = \frac{\beta_1 + \beta_2}{1 + \beta_1\beta_2}, \tag{15b}$$

was mit (15) übereinstimmt. Das Additionstheorem der Geschwindigkeiten ist also eigentlich nichts anderes als die elementare Additionsformel der Tangensfunktion.

Es ist nicht schwer, wenn auch viel umständlicher, dasselbe Resultat analytisch durch Zusammensetzung der beiden LORENTZ-Transformationen zu erhalten Man schreibt sie etwa in der Form der Gln. (14)

$$\left\{\begin{aligned} \sqrt{1-\beta_1^2}\,x &= x_1 + \beta_1 c\, t_1, \\ \sqrt{1-\beta_1^2}\,t &= t_1 + \frac{\beta_1}{c}x_1, \end{aligned}\right. \quad\Bigg|\quad \begin{aligned} \sqrt{1-\beta_2^2}\,x_1 &= x_2 + \beta_2 c\, t_2, \\ \sqrt{1-\beta_2^2}\,t_1 &= t_2 + \frac{\beta_2}{c}x_2 \end{aligned} \tag{15c}$$

und erhält daraus durch Elimination von x_1, t_1 für den direkten Übergang von x, t zu x_2, t_2:

$$\left\{\begin{aligned} \frac{\sqrt{1-\beta_1^2}\sqrt{1-\beta_2^2}}{1+\beta_1\beta_2}\,x &= x_2 + \frac{\beta_1+\beta_2}{1+\beta_1\beta_2}\,c\,t_2, \\ \frac{\sqrt{1-\beta_1^2}\sqrt{1-\beta_2^2}}{1+\beta_1\beta_2}\,t &= t_2 + \frac{\beta_1+\beta_2}{1+\beta_1\beta_2}\,\frac{x_2}{c}. \end{aligned}\right. \tag{15d}$$

Dies ist wieder eine LORENTZ-Transformation der Form (14), wenn man in dieser setzt

$$\beta = \frac{\beta_1+\beta_2}{1+\beta_1\beta_2}, \qquad \sqrt{1-\beta^2} = \frac{\sqrt{1-\beta_1^2}\sqrt{1-\beta_2^2}}{1+\beta_1\beta_2}. \tag{15e}$$

Die erste dieser Formeln stimmt mit (15a) überein, die zweite folgt aus ihr durch leichte Umrechnung.

Für kleine Geschwindigkeiten ($v_1 \ll c$ oder $v_2 \ll c$) geht natürlich (15) in die elementare Superpositionsformel über.

F. *c als obere Grenze aller Geschwindigkeiten*

Wenn man durch wiederholte Superposition von Geschwindigkeiten die Resultierende bis nahe an die Lichtgeschwindigkeit steigert, so macht die weitere Hinzufügung einer beliebigen Geschwindigkeit nichts mehr aus. In der Tat ist nach (15b) mit $\beta_1 \approx 1$

$$\beta \approx \frac{1+\beta_2}{1+\beta_2} \approx 1.$$

Die Lichtgeschwindigkeit c kann nur approximiert, nie überschritten werden. Auch ein Zyklotron oder Betatron, das ja mit immer wiederholter Geschwindigkeitssteigerung arbeitet, kann keine *Überlichtgeschwindigkeit* geben.

Wir wollen unseren Satz genau präzisieren. Zunächst ist unter „Geschwindigkeit" offenbar „Relativgeschwindigkeit" zu verstehen. Aber damit ist es noch nicht getan. Man denke an ein Radiumpräparat. Es sendet Elektronen von nahezu Lichtgeschwindigkeit aus. Zwei Elektronen, die gleichzeitig nach entgegengesetzten Seiten fortfliegen, haben nahezu die Relativgeschwindigkeit $2c$, wenn man sie von dem Laboratorium aus betrachtet, in dem das Radiumpräparat ruht. Wir müssen aber, um ihre Relativgeschwindigkeit im Sinne unseres Satzes richtig zu definieren, das eine Elektron von dem anderen aus betrachten. Dann und nur dann gilt sozusagen die paradoxe Gleichung $c + c = c$. Es handelt sich also in unserem Satz um die *Relativgeschwindigkeit eines bewegten Punktes gegen ein auf Ruhe transformiertes Bezugssystem.*

Der bewegte Punkt braucht dabei kein materieller Punkt zu sein; es kann auch ein *Vorgang* sein, *durch den materielle Änderungen hervorgerufen werden.* Einen solchen Vorgang nennt man ein *Signal* und spricht dann von der *Signalgeschwindigkeit.* Würde diese jemals $> c$ sein, so würde die ganze Zeitfolge in Unordnung geraten (s. u.). Als Signal dient in der drahtlosen Telegraphie oder beim Radargerät ein Bündel elektromagnetischer Wellen. Dagegen ist eine *monochromatische* Welle kein Signal, weil die rein periodische Welle keinen Anfang und kein Ende hat. Ihre Fortpflanzung fällt daher nicht in den Wirkungsbereich unseres Satzes. In der Tat ergaben sich bei den Hohlleitern in § 24 Phasengeschwindigkeiten ω/h, die $> c$ waren. Ebenso werden wir in Bd. IV sehen, daß bei anomaler Dispersion der Lichtwellen Phasengeschwindigkeiten $> c$ auftreten können. Es gibt auch ganz triviale Vorgänge von Überlichtgeschwindigkeit, die dann aber offenbar nicht als Signale dienen können, z. B. das Schneiden eines Lineals mit einer Geraden unter einem sehr kleinen Winkel: Wenn wir das Lineal senkrecht zu sich selbst auch nur mit mäßiger Geschwindigkeit bewegen, schreitet der Schnittpunkt auf der Geraden mit Überlichtgeschwindigkeit fort, vorausgesetzt, daß nur der Winkel klein genug gewählt ist.

Ein formales Anzeichen für das Verbot $v > c$ liefert ersichtlich schon die Lorentz-Transformation in der Form von Gl. (10), weil dann $\sqrt{1-\beta^2}$, also auch x' und t' imaginär werden würde.

G. Lichtkegel, raum- und zeitartige Vektoren, Eigenzeit

Charakteristisch für die Metrik der Lorentz-Transformationen ist das vierdimensionale Gebilde

$$(16) \qquad \sum_{i=1}^{4} x_i^2 = 0, \quad \text{reell geschrieben:} \quad r^2 - c^2 t^2 = 0.$$

Dasselbe bedeutet dreidimensional eine sich mit Lichtgeschwindigkeit expandierende Kugelfläche, vierdimensional einen kegelförmigen R_3 mit Rotationssymmetrie um die t-Achse. Wir nennen ihn mit Minkowski den *Lichtkegel.* Das Innere desselben heißt *Vorkegel* oder *Nachkegel*, je nachdem $t < 0$ oder $t > 0$ ist.

Alle vom Nullpunkt auslaufenden Vierervektoren, die im Äußeren des Lichtkegels liegen, heißen *raumartig*, die im Inneren verlaufenden *zeitartig.* Raumartig ist z. B. der Vektor $\mathfrak{r}$ in der Äquatorebene des Lichtkegels, zeitartig sind alle vom Nullpunkt ausgehenden zulässigen Geschwindigkeiten.

Unter *Raum-Zeit-Linie* verstehen wir die Aufeinanderfolge aller vierdimensionalen Positionen, die ein bewegter materieller Punkt einnimmt. Die Raum-Zeit-Linie eines ruhenden Punktes ist der t-Achse parallel. Alle durch den Nullpunkt hindurchgehenden Raum-Zeit-Linien verlaufen im Nachkegel für $t > 0$, im Vorkegel für $t < 0$.

Wir betrachten das Linienelement in Raum-Zeit

$$\mathrm{d}s = \sqrt{\sum_{i=1}^{4} \mathrm{d}x_i^2}.$$

Es ist als Abstand zweier benachbarter Weltpunkte LORENTZ-invariant, vgl. § 26. Dasselbe gilt von der *Minkowskischen Eigenzeit*

(17) $$\mathrm{d}\tau = \frac{\mathrm{d}s}{i\,c} = \sqrt{\mathrm{d}t^2 - \frac{1}{c^2}(\mathrm{d}x^2 + \mathrm{d}y^2 + \mathrm{d}z^2)} = \mathrm{d}t\sqrt{1 - \frac{v^2}{c^2}} = \mathrm{d}t\sqrt{1-\beta^2}.$$

Wir wollen den *Vierervektor der Geschwindigkeit* längs einer Weltlinie definieren. Der Ansatz

$$\frac{\mathrm{d}x}{\mathrm{d}t},\ \frac{\mathrm{d}y}{\mathrm{d}t},\ \frac{\mathrm{d}z}{\mathrm{d}t},\ i\,c = (\mathfrak{v}, i\,c)$$

wäre keine zulässige Definition desselben, da $\mathrm{d}t$ keine invariante Bedeutung hat. Anders die Definition

(18) $$\mathfrak{V} = \frac{\mathrm{d}x}{\mathrm{d}\tau},\ \frac{\mathrm{d}y}{\mathrm{d}\tau},\ \frac{\mathrm{d}z}{\mathrm{d}\tau},\ i c\frac{\mathrm{d}t}{\mathrm{d}\tau} = \frac{\mathrm{d}t}{\mathrm{d}\tau}(\mathfrak{v}, i\,c).$$

Sein Längenquadrat ist

(18a) $$\mathfrak{V}\cdot\mathfrak{V} = \frac{\mathrm{d}x^2 + \mathrm{d}y^2 + \mathrm{d}z^2 - c^2\,\mathrm{d}t^2}{\mathrm{d}\tau^2} = -c^2,$$

also in der Tat eine Invariante, die noch dazu für alle Geschwindigkeitsvektoren $\mathfrak{V}$ denselben Wert hat. Entsprechend ist der *Vierervektor der Beschleunigung* zu definieren durch

(18b) $$\mathfrak{W} = \frac{\mathrm{d}\mathfrak{V}}{\mathrm{d}\tau} = \frac{\mathrm{d}^2x}{\mathrm{d}\tau^2},\ \frac{\mathrm{d}^2y}{\mathrm{d}\tau^2},\ \frac{\mathrm{d}^2z}{\mathrm{d}\tau^2},\ i c\frac{\mathrm{d}^2t}{\mathrm{d}\tau^2}.$$

Er steht auf dem Vierervektor der Geschwindigkeit im vierdimensionalen Sinne senkrecht. Durch Differentiation von (18a) nach τ folgt nämlich

(18c) $$\mathfrak{V}\cdot\mathfrak{W} = 0.$$

H. Das Additionstheorem verschieden gerichteter Geschwindigkeiten

Geschwindigkeiten *gleicher* Richtung waren so zusammenzusetzen, daß ihre Winkel addiert wurden. Da Winkel im elementaren Sinne Bögen des Einheitskreises sind, bedeutet ihre Addition soviel als Aneinanderlegung von Bögen auf einem Kreis, der in unserem Falle allerdings nicht den Radius 1, sondern den Radius i hat. Bei dieser Zusammenlegung der Bögen galten die Formeln der *ebenen* Trigonometrie.

Um Geschwindigkeiten *verschiedener* Richtung zusammenzusetzen, müssen wir vom Kreis zur Kugel, also von den Formeln der ebenen zu denen der *sphärischen* Trigonometrie übergehen, allerdings auf einer Sphäre vom Radius i, nicht vom Radius 1. Zusammensetzung der Geschwindigkeiten v_1, v_2 zur Resultierenden v bedeutet daher soviel wie Zusammensetzung der Drehwinkel γ_1, γ_2 zu dem resultierenden Winkel γ, mit anderen Worten: Konstruktion eines sphärischen Dreiecks aus den Seiten γ_1, γ_2 und γ. Sei α der Winkel, um den v_2 gegen v_1 geneigt ist, so erscheint α im sphärischen Dreieck als Außenwinkel zwischen den Seiten γ_1 und γ_2. Nach dem Cosinussatz (Übungsaufgabe I. 4) gilt dann:

$$\cos\gamma = \cos\gamma_1 \cos\gamma_2 - \sin\gamma_1 \sin\gamma_2 \cos\alpha. \tag{19}$$

Dies ist das gesuchte *verallgemeinerte Additionstheorem*. Mit $\alpha = 0$ folgt daraus $\cos\gamma = \cos(\gamma_1 + \gamma_2)$; $\gamma = \gamma_1 + \gamma_2$, also die frühere Gl. (15a). Vermöge der Beziehung $\cos\gamma = (1 - \beta^2)^{-1/2}$ usw. ist (19) gleichbedeutend mit der schon bei Einstein vorkommenden, weniger übersichtlichen Formel

$$\beta^2 = \frac{\beta_1^2 + \beta_2^2 + 2\beta_1\beta_2\cos\alpha - \beta_1^2\beta_2^2\sin^2\alpha}{(1 + \beta_1\beta_2\cos\alpha)^2}. \tag{19a}$$

Sie soll in Aufgabe III. 2 analytisch durch Lorentz-Transformation bewiesen werden.

Die Einführung unserer Kugel vom Radius i könnte als willkürlicher Kunstgriff erscheinen, sie ist aber nur ein anderer Ausdruck dafür, daß die Kreisbögen γ_1, γ_2, die wir zusammenzusetzen haben, nach (11a) imaginär sind.

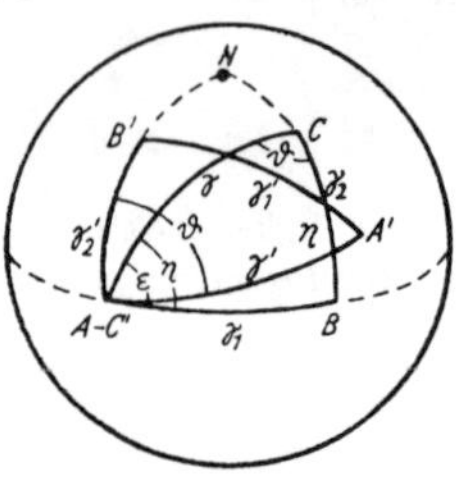

Fig. 40. Zusammensetzung zweier verschieden gerichteter Geschwindigkeiten v_1, v_2 zu der Resultierenden v, entsprechend den Kreisbögen γ_1, γ_2, γ auf einer Kugel vom Radius i, wobei der bequemeren Zeichnung wegen der Winkel α zwischen v_1 und v_2 speziell gleich $\pi/2$ genommen ist. Die Figur zeigt die Nicht-Vertauschbarkeit der Komponenten: $v_1 v_2 = ABC \neq v_2 v_1 = C'B'A'$; der Winkel ε zwischen AC und $C'A'$ ist gleich dem sphärischen Exzeß des Dreiecks ABC (der des zu ihm kongruenten $A'B'C'$)

Wir erwähnen noch eine interessante Folgerung, die sich unmittelbar aus Fig. 40 ablesen läßt: In der Relativitätstheorie ist die Aufeinanderfolge verschieden gerichteter Geschwindigkeiten *nicht vertauschbar*; das Resultat der Zusammensetzung von v_1 und v_2 ist *verschieden* von demjenigen von v_2 und v_1. Zwar ist die *Größe* der Resultierenden dieselbe, aber ihre *Richtung* ist verschieden. Der Unterschied der beiden Richtungen ist um so größer, je größer die Geschwindigkeiten; dieser Unterschied ist nämlich, wie wir zeigen werden, gleich dem *sphärischen Exzeß* des bei unserer Konstruktion entstehenden sphärischen Dreiecks.

In Fig. 40 ist der Winkel α zwischen v_1 und v_2, um die Zeichnung übersichtlich zu machen, gleich $\pi/2$ gewählt und der zu v_1 gehörende Bogen γ_1 in den Äquator der Kugel gelegt. Der Bogen γ_2 läuft dann verlängert durch den Nordpol N.

Tragen wir aber vom gleichen Anfangspunkt A zuerst γ_2 auf (in der Figur mit γ_2' bezeichnet), also senkrecht zum Äquator und ebenfalls verlängert durch N hindurchgehend, so haben wir im Endpunkt B' von γ_2' einen größten Kreis, und zwar (wegen $\alpha = \pi/2$) senkrecht zum Längenkreis AB' zu ziehen und auf ihm $\gamma_1' = \gamma_1 = AB$ abzutragen. Der so erhaltene Punkt A' fällt nicht mit C zusammen, die Verbindungsbögen AC und $C'A'$ schließen vielmehr einen gewissen Winkel ε ein. Wegen der Kongruenz der Dreiecke ABC und $A'B'C'$ ist dabei $\sphericalangle BAC = \sphericalangle B'A'C'$ und $\sphericalangle ACB = \sphericalangle A'C'B'$. Nennen wir diese beiden Winkel η und ϑ, so erkennt man, daß der bei A gelegene rechte Winkel sich aus η, ϑ und ε folgendermaßen zusammensetzt:

$$\frac{\pi}{2} = \eta + \vartheta - \varepsilon.$$

Es ist also

$$\varepsilon = \eta + \vartheta - \frac{\pi}{2} = \eta + \vartheta + \frac{\pi}{2} - \pi. \tag{20}$$

ε ist also in der Tat der sphärische Exzeß unseres rechtwinklig-sphärischen Dreiecks ABC sowie der des kongruenten $A'B'C'$. (Das Entsprechende gilt auch für ein schiefwinklig-sphärisches Dreieck.)

Besonders übersichtlich ist der Grenzfall $\gamma_1 = \gamma_2 = \pi/2$, wo beide Dreiecke ABC und $A'B'C'$ gleich einem und demselben Kugeloktanten werden. Dann stehen die beiden Resultierenden offenbar aufeinander senkrecht, und es wird wegen $\eta = \vartheta = \pi/2$ auch der sphärische Exzeß gleich $\pi/2$.

J. Die Prinzipien der Konstanz von Lichtgeschwindigkeit und Ladung

EINSTEIN hat 1905 das erste dieser Prinzipien ausdrücklich als empirisches Postulat dem Relativitätsprinzip an die Seite gestellt. Es besagt, daß die Fortpflanzung des Lichtes unabhängig davon ist, ob der emittierende Körper ruht oder sich bewegt. Wir haben dieses Prinzip bereits in die ursprüngliche Fassung unserer Weltgeometrie aufgenommen, indem wir die Allgemeingültigkeit der MAXWELLschen Gleichungen forderten. Ebenso wie die Geschwindigkeit ist auch die kugelförmige Ausbreitung des Lichtes beim Übergang von $x_1 \ldots x_4$ zu $x_1' \ldots x_4'$ invariant. Die Lichtkugel wird durch die LORENTZ-Transformation nicht etwa in ein Licht*ellipsoid* verwandelt, sondern bleibt eine Licht*kugel*. (Anders steht es mit der *Wellenlänge* des Lichtes, die keine Invariante ist, sondern bekanntlich vom Standpunkt des Beobachters abhängt; Dopplereffekt!)

In der früheren, aber längst überwundenen Theorie des universellen *Äthers* war die Unabhängigkeit des Lichtes vom Bewegungszustand des emittierenden Körpers leicht zu verstehen: einmal an den Äther übertragen, pflanzt es sich gemäß den (elastischen oder elektromagnetischen) Eigenschaften dieses Trägers fort. Konstanz der Lichtgeschwindigkeit bedeutete hier dasselbe wie Feldwirkung. Nicht so vom Standpunkt einer mechanischen Emissionstheorie, wie sie NEWTON vorschwebte. Aus ihr ist eine Geschwindigkeitsübertragung vom aussendenden

Körper auf die ausgesandte Lichtpartikel kaum fortzudenken[1]). Wir können sagen: Die Konstanz der Lichtgeschwindigkeit ist das einzige noch heute berechtigte *Residuum der Äther-Vorstellung.* Wollten wir heutzutage vom Äther sprechen, so müßten wir jedem Bezugssystem seinen besonderen Äther zubilligen, also z. B. von einem gestrichenen und ungestrichenen Äther sprechen. Den LENARDschen „Uräther" sehen wir nur noch als Kuriosum und die aristotelisch-scholastische „Quintessenz" (das fünfte Element neben Feuer, Wasser, Luft und Erde) als historische Merkwürdigkeit an. Deshalb haben wir auch in Teil I und II fast nie vom „Äther" gesprochen, sondern haben dafür das nicht mißverständliche Wort „Vakuum" gebraucht.

Ebenso wichtig wie das Prinzip der konstanten Lichtgeschwindigkeit ist das der *konstanten Ladung.* Die Ladung ist für jedes Bezugssystem dieselbe. Das ist nicht selbstverständlich, sondern folgt aus den MAXWELLschen Gleichungen, wenn wir deren Allgemeingültigkeit für jedes Bezugssystem beanspruchen dürfen. Dagegen läßt sich das früher als selbstverständlich gehaltene Prinzip von der Konstanz der Masse bei einem Wechsel des Bezugssystems nicht aufrechthalten, wie wir alsbald sehen werden. *Die Ladung ist eine absolute Invariante gegenüber Lorentz-Transformationen; die Masse und,* wie wir ebenfalls alsbald sehen werden, *die Energie sind es nicht.*

Indem wir den Inhalt dieses und des vorhergehenden Paragraphen zusammenfassen, können wir sagen: Die Relativitätstheorie ist vom Standpunkt der MAXWELLschen Gleichungen aus selbstverständlich. Ein Mathematiker, dessen Augen durch das Erlanger Programm von KLEIN geschult waren, hätte aus der Form der MAXWELLschen Gleichungen ihre Transformationsgruppe mit all ihren kinematischen und optischen Folgerungen ablesen können. Tatsächlich gibt es Vorläufer EINSTEINS, den Mathematiker H. POINCARÉ und den mathematischen Physiker H. A. LORENTZ, allen voran, bereits 1887, W. VOIGT, denen die Transformationseigenschaften der MAXWELLschen Gleichungen vertraut gewesen sind. Doch hat man die physikalische Tragweite ihrer mathematischen Ergebnisse erst nach EINSTEINS Entdeckung der Folgen der LORENTZ-Transformation für das Problem der Gleichzeitigkeit verstehen können.

§ 28. Vorbereitung auf die Elektronentheorie

MAXWELL hatte die Aufmerksamkeit von den Ladungen fort- und auf die Kraftlinien hingelenkt. Seit der Entdeckung des Elektrons und der vorangehenden HELMHOLTZschen Bemerkung[2]) über den Atomismus der Elektrizität hat sich

[1]) Daß die NEWTONsche Emmissionstheorie in der heutigen Theorie der Lichtquanten eine Art Auferstehung erleben konnte, liegt nur an dem Additionstheorem der Relativitätstheorie, nach welchem ja sozusagen $c + v = c$ ist (c = Geschwindigkeit der Lichtquanten, v = Geschwindigkeit des emittierenden Körpers).

[2]) In seiner FARADAY-Lecture 1881: „Wenn wir Atome der chemischen Elemente annehmen, so können wir nicht umhin, weiter zu schließen, daß auch die Elektrizität, positive wie negative, in bestimmte elementare Quanten geteilt ist, die sich wie Atome der Elektrizität verhalten."

das Interesse wieder den Quellen der Kraftlinien, den Elektronen und Ionen, zugewendet. Die gesicherte mathematische Grundlage für diese neue Elektrodynamik (wir können sie *Elektronendynamik* nennen) hat H. A. LORENTZ[1]) geschaffen. Es ist bewundernswert, mit welchem Takt er dabei verfuhr, indem er nur solche Begriffe einführte, die auch in der späteren Relativitätstheorie Bestand behalten haben. Wir werden unsere Darstellung abkürzen, wenn wir den historischen Sachverhalt umkehren und die Elektronentheorie auf der Grundlage der Relativitätstheorie aufbauen.

Bei LORENTZ gibt es nicht wie bei MAXWELL viele elektrisch und magnetisch verschiedene Medien, sondern alles spielt sich in einem einheitlichen Medium, dem Vakuum, ab. Die verschiedenen Materialeigenschaften kommen nur durch verschiedene Bindung und Bewegung der Elektronen bzw. Ionen zustande. Im Dielektrikum sind die Elektronen an Ionen gebunden, im Leiter mehr oder minder frei beweglich, im Magnetikum haben wir es mit Elektronen zu tun, die vermöge ihres Spins durch das Magnetfeld ausgerichtet werden.

Bei dieser Erklärung der elektromagnetischen Materialeigenschaften handelt es sich um das Zusammenwirken sehr vieler Elektronen, also um eine *Elektronenstatistik*. Wir können dieser erst in Bd. V nähertreten. Im gegenwärtigen Band müssen wir uns auf die *Theorie des einzelnen Elektrons* beschränken. Allerdings wird dabei die Grundfrage nach der Natur des Elektrons ungeklärt bleiben. *Das Elektron ist ein Fremdling in der Elektrodynamik*, wie EINSTEIN gelegentlich gesagt hat. Wir verstehen es elektrodynamisch nicht, wie die endliche Elektronenladung e, punktförmig oder auf einen engsten Raum konzentriert, stabil zusammenhalten kann, trotz der zwischen den Ladungselementen wirkenden COULOMBschen Kräfte. Eine Lösung dieses Problems können wir nur von einer *allgemeinen Theorie der Elementarpartikeln* erhoffen, des Elektrons, Protons, Neutrons, Neutrinos, Positrons, Mesons (und weiterer neuentdeckter oder noch zu entdeckender Elementarteilchen). Von einer solchen Theorie sind wir auch heute noch weit entfernt, obwohl seit der letzten Auflage eine überwältigende Fülle neuer Entdeckungen gemacht und neuer Erfahrungen gesammelt worden ist.

A. Die Transformationseigenschaften des elektrischen Feldes

Gegeben seien die Felder $\mathfrak{E}$ und $\mathfrak{B}$ in einem ungestrichenen Koordinatensystem. Wir fragen nach dem Felde $\mathfrak{E}'$ im gestrichenen System. Um möglichst elementar, d. h. nur mit Vierervektoren zu rechnen, gehen wir auf das Viererpotential Ω zurück, das sich wie der Koordinatenvektor transformiert. Wir benutzen die Gln. (27. 11), welche, auf Ω übertragen, lauten:

$$(1)\quad \begin{cases} \Omega_1' = \cos\gamma\, \Omega_1 + \sin\gamma\, \Omega_4, \qquad \Omega_2' = \Omega_2, \qquad \Omega_3' = \Omega_3, \\ \Omega_4' = -\sin\gamma\, \Omega_1 + \cos\gamma\, \Omega_4. \end{cases}$$

[1]) In seinem Buch „Versuch einer Theorie der elektrischen und optischen Erscheinungen in bewegten Körpern", Leiden 1895; unveränderter Abdruck Teubner 1906. Vgl. auch die spätere „Theory of Electrons", Teubner 1909. Unabhängig von LORENTZ und fast gleichzeitig mit ihm ist EMIL WIECHERT zu denselben Anschauungen und Formeln gekommen, vgl. Abh. der Physikalisch-ökonomischen Gesellschaft zu Königsberg 1896: Die Theorie der Elektrodynamik und die RÖNTGENsche Entdeckung.

Dieselben Gln. (27. 11) geben, nach den x aufgelöst,

$$(2)\qquad \begin{cases} x_1 = \cos\gamma\, x_1' - \sin\gamma\, x_4', & x_2 = x_2', \quad x_3 = x_3', \\ x_4 = \sin\gamma\, x_1' + \cos\gamma\, x_4'. \end{cases}$$

Wir beschäftigen uns zunächst mit $\mathfrak{E}_y'$ und bilden entsprechend (26. 9)

$$(3)\qquad \mathrm{Rot}_{24}'\,\Omega' = \frac{\partial \Omega_4'}{\partial x_2'} - \frac{\partial \Omega_2'}{\partial x_4'}.$$

Bei Benutzung von (1) und (2) ergibt sich

$$(3\,\mathrm{a})\qquad \frac{\partial \Omega_4'}{\partial x_2'} = \frac{\partial \Omega_4'}{\partial x_2} = -\sin\gamma \frac{\partial \Omega_1}{\partial x_2} + \cos\gamma \frac{\partial \Omega_4}{\partial x_2},$$

$$(3\,\mathrm{b})\qquad \frac{\partial \Omega_2'}{\partial x_4'} = \frac{\partial \Omega_2}{\partial x_1}\frac{\partial x_1}{\partial x_4'} + \frac{\partial \Omega_2}{\partial x_4}\frac{\partial x_4}{\partial x_4'} = -\sin\gamma \frac{\partial \Omega_2}{\partial x_1} + \cos\gamma \frac{\partial \Omega_2}{\partial x_4}$$

und als Differenz der rechten Seiten von (3a, b)

$$(4)\qquad \cos\gamma\left(\frac{\partial \Omega_4}{\partial x_2} - \frac{\partial \Omega_2}{\partial x_4}\right) + \sin\gamma\left(\frac{\partial \Omega_2}{\partial x_1} - \frac{\partial \Omega_1}{\partial x_2}\right) = \cos\gamma\,\mathrm{Rot}_{24}\,\Omega + \sin\gamma\,\mathrm{Rot}_{12}\,\Omega.$$

Dies ist zugleich die rechte Seite von (3). Man hat also

$$(5)\qquad \mathrm{Rot}_{24}'\,\Omega' = \cos\gamma\,\mathrm{Rot}_{24}\,\Omega + \sin\gamma\,\mathrm{Rot}_{12}\,\Omega.$$

Daraus schließt man nach Gl. (26. 11) auf

$$(6)\qquad -\frac{i}{c}\,\mathfrak{E}_y' = -\frac{i}{c}\,\mathfrak{E}_y \cos\gamma + \mathfrak{B}_z \sin\gamma.$$

Mit Rücksicht auf (27. 11a) können wir dafür schreiben

$$(6\,\mathrm{a})\qquad \mathfrak{E}_y' = \frac{\mathfrak{E}_y - \beta c \mathfrak{B}_z}{\sqrt{1-\beta^2}}.$$

Eine ganz entsprechende Rechnung ergibt

$$(6\,\mathrm{b})\qquad \mathfrak{E}_z' = \frac{\mathfrak{E}_z + \beta c \mathfrak{B}_y}{\sqrt{1-\beta^2}}.$$

Die Rechnung für die x-Komponente ist insofern etwas umständlicher, als sie zunächst auf acht Glieder führt, von denen vier mit $\sin\gamma\cos\gamma$ und je zwei mit $\sin^2\gamma$ und $\cos^2\gamma$ multipliziert sind. Die ersteren kompensieren sich gegenseitig, die letzteren ziehen sich zusammen zu

$$\frac{\partial \Omega_1}{\partial x_4} - \frac{\partial \Omega_4}{\partial x_1}$$

und liefern einfach

$$(7)\qquad \mathfrak{E}_x' = \mathfrak{E}_x.$$

Um die bisherige Bevorzugung der x-Achse aufzuheben, bezeichnen wir durch die Indizes $||$ und $\perp$ die Richtung parallel und senkrecht zur relativen Bewegung der beiden Systeme. Die Gln. (7) und (6a, b) lauten dann

$$(8)\qquad \mathfrak{E}_{||}' = \mathfrak{E}_{||}, \qquad \mathfrak{E}_{\perp}' = \left(\frac{\mathfrak{E} + \mathfrak{v} \times \mathfrak{B}}{\sqrt{1-\beta^2}}\right)_{\perp}.$$

Wegen $(\mathfrak{v} \times \mathfrak{B})_{||} = 0$ läßt sich dafür auch schreiben

$$\text{(8a)} \qquad \mathfrak{E}'_{||} = (\mathfrak{E} + \mathfrak{v} \times \mathfrak{B})_{||}, \qquad \mathfrak{E}'_{\perp} = \left(\frac{\mathfrak{E} + \mathfrak{v} \times \mathfrak{B}}{\sqrt{1-\beta^2}}\right)_{\perp}.$$

Die hier auftretende Größe $\mathfrak{E} + \mathfrak{v} \times \mathfrak{B}$ hat, mit e multipliziert, die Dimension Dyn und wird uns in Abschnitt D als LORENTZ-Kraft begegnen:

$$\text{(9)} \qquad \mathfrak{K} = e(\mathfrak{E} + \mathfrak{v} \times \mathfrak{B}).$$

Durch Formulierung derselben und der ebenfalls noch einzuführenden Kraftdichte hat LORENTZ den ergebnislosen Diskussionen der älteren Theorie zur Frage der ponderomotorischen Kräfte auf bewegte Ladungen ein Ende gemacht. Gl. (9) stellt trotz ihrer erstaunlichen Einfachheit die Gesamtheit der Kraftwirkungen in beliebigen elektromagnetischen Feldern im Vakuum dar. Ein Versuch von W. WIEN[1]) mit Wasserstoff-Kanalstrahlen bestätigt dies direkt. Heute bestätigen Elektronenmikroskop, Massenspektrograph und Teilchenbeschleuniger[2]) den Ausdruck für die LORENTZ-Kraft mit erstaunlicher Genauigkeit. Nachdem J. STARK den Dopplereffekt an elektrisch beschleunigten Kanalstrahlen nachgewiesen hatte, konnte WIEN denselben Effekt erzeugen, indem er statt des elektrischen ein entsprechendes Magnetfeld wirken ließ. Er ersetzte also $\mathfrak{E}$ durch das nach (9) ihm äquivalente $\mathfrak{v} \times \mathfrak{B}$.

Es sei übrigens bemerkt, daß man in (9) gewöhnlich $\mathfrak{v} \times \mathfrak{H}$ statt $\mathfrak{v} \times \mathfrak{B}$ schreibt, was hier natürlich von unserem dimensionellen Standpunkt aus unmöglich ist.

B. Die Transformation des magnetischen Feldes

Wir müssen jetzt $\mathfrak{B}'$ berechnen, also die Raum-Raum-Komponenten der Rotation von Ω' statt der bisherigen Raum-Zeit-Komponenten. Sehr einfach wird dies bei der in Bewegungsrichtung gelegenen Komponente. Sie lautet nämlich, wegen (1) und (2),

$$\mathrm{Rot}'_{23}\,\Omega' = \frac{\partial \Omega'_3}{\partial x'_2} - \frac{\partial \Omega'_2}{\partial x'_3} = \frac{\partial \Omega_3}{\partial x_2} - \frac{\partial \Omega_2}{\partial x_3} = \mathrm{Rot}_{23}\,\Omega.$$

Daraus folgt nach Gl. (26.11) direkt:

$$\text{(10)} \qquad \mathfrak{B}'_x = \mathfrak{B}_x.$$

Bei $\mathfrak{B}'_y$ verfahren wir ähnlich wie vorher bei $\mathfrak{E}'_y$, indem wir notieren

$$\mathrm{Rot}'_{31}\,\Omega' = \frac{\partial \Omega'_1}{\partial x'_3} - \frac{\partial \Omega'_3}{\partial x'_1} = \frac{\partial}{\partial x_3}\{\cos\gamma\,\Omega_1 + \sin\gamma\,\Omega_4\} - \frac{\partial \Omega_3}{\partial x'_1},$$

$$\frac{\partial \Omega_3}{\partial x'_1} = \left\{\cos\gamma\frac{\partial}{\partial x_1} + \sin\gamma\frac{\partial}{\partial x_4}\right\}\Omega_3,$$

somit

$$\mathrm{Rot}'_{31}\,\Omega' = \cos\gamma\left(\frac{\partial \Omega_1}{\partial x_3} - \frac{\partial \Omega_3}{\partial x_1}\right) + \sin\gamma\left(\frac{\partial \Omega_4}{\partial x_3} - \frac{\partial \Omega_3}{\partial x_4}\right)$$
$$= \cos\gamma\,\mathrm{Rot}_{31}\,\Omega + \sin\gamma\,\mathrm{Rot}_{34}\,\Omega.$$

---

[1]) Preuß. Akad. Januar 1914.

[2]) In letzteren bewegen sich die Teilchen über Hunderttausende von Kilometern auf vorgeschriebener Bahn bei einer Treffsicherheit von etwa $10 \times 20\ \mathrm{cm}^2$.

Daraus folgt nach Gl. (26. 11) und (27. 11a):

$$(10\text{a})\qquad \mathfrak{B}'_y = \frac{\mathfrak{B}_y + \beta\,\mathfrak{E}_z/c}{\sqrt{1-\beta^2}}.$$

Entsprechend erhält man

$$(10\text{b})\qquad \mathfrak{B}'_z = \frac{\mathfrak{B}_z - \beta\,\mathfrak{E}_y/c}{\sqrt{1-\beta^2}}.$$

Diese Formeln (10) lassen sich vektoriell verallgemeinern zu

$$(11)\qquad \mathfrak{B}'_{||} = (\mathfrak{B} - \mathfrak{v}\times\mathfrak{E}/c^2)_{||}, \qquad \mathfrak{B}'_{\perp} = \left(\frac{\mathfrak{B} - \mathfrak{v}\times\mathfrak{E}/c^2}{\sqrt{1-\beta^2}}\right)_{\perp}.$$

Die in (11) auftretende Größe $\mathfrak{B} - \mathfrak{v}\times\mathfrak{E}/c^2$ gibt zugleich die ponderomotorische Kraft auf einen Magnetpol von der Stärke 1 an, ist also das *magnetische Analogon* der vom Feld auf die Ladungseinheit ausgeübten *Lorentz-Kraft* aus Gl. (9).

C. Das Eigenfeld eines gleichförmig bewegten Elektrons

In einem Bezugssystem x, y, z, das an der Bewegung des Elektrons teilnimmt, hat das Eigenfeld des Elektrons elektrostatischen Charakter; es gilt also mit $r = \sqrt{x^2+y^2+z^2}$:

$$(12)\qquad \mathfrak{E} = -\frac{e}{4\pi\varepsilon_0}\,\mathrm{grad}\frac{1}{r} \quad \text{und} \quad \mathfrak{B} = 0.$$

Für einen ruhenden Beobachter, gegen den sich das Elektron nach der positiven Achse bewegt, ist dann wegen (6a, b), (7) und (10), (10a, b)

$$(12\text{a})\qquad \left|\begin{array}{lll} \mathfrak{E}'_x = \mathfrak{E}_x, & \mathfrak{E}'_y = \dfrac{1}{\sqrt{1-\beta^2}}\,\mathfrak{E}_y, & \mathfrak{E}'_z = \dfrac{1}{\sqrt{1-\beta^2}}\,\mathfrak{E}_z, \\ \mathfrak{B}'_x = 0, & \mathfrak{B}'_y = \dfrac{v}{c^2\sqrt{1-\beta^2}}\,\mathfrak{E}_z, & \mathfrak{B}'_z = -\dfrac{v}{c^2\sqrt{1-\beta^2}}\,\mathfrak{E}_y. \end{array}\right.$$

Wir drücken diese gestrichenen Feldstärken durch die gestrichenen Koordinaten x', y', z' des ins Auge gefaßten Feldpunktes aus, die wir ebenso wie die x, y, z von dem jeweiligen Ort des Elektrons aus rechnen wollen und beachten die Lorentz-Kontraktion in der x-Koordinate:

$$(13)\qquad x' = \sqrt{1-\beta^2}\,x, \qquad y' = y, \qquad z' = z.$$

Gleichzeitig setzen wir $s(x', y', z') \equiv r(x, y, z)$, d. h.

$$(13\text{a})\qquad s^2 = \frac{x'^2}{1-\beta^2} + y'^2 + z'^2.$$

Wir erhalten dann aus (12) und (12a)

$$(14)\qquad \mathfrak{E}'_x, \mathfrak{E}'_y, \mathfrak{E}'_z = \frac{e}{4\pi\varepsilon_0\sqrt{1-\beta^2}}\,\frac{x', y', z'}{s^3},$$

$$(14\text{a})\qquad \mathfrak{B}'_x, \mathfrak{B}'_y, \mathfrak{B}'_z = \frac{e\,v}{4\pi\varepsilon_0 c^2\sqrt{1-\beta^2}}\,\frac{0, z', -y'}{s^3}.$$

Unser gestrichener Beobachter stellt also, im Gegensatz zu dem mitbewegten, neben dem elektrischen auch ein *magnetisches Feld* fest. Die Kraftlinien desselben verlaufen nach (14a) in Kreisen um die Bewegungsrichtung; seine Intensität ist, wenn wir noch $\varepsilon_0 c^2$ im Nenner von (14a) durch μ_0 im Zähler ersetzen und von der Feldstärke $\mathfrak{B}$ zur Erregung $\mathfrak{H} = \mathfrak{B}/\mu_0$ übergehen,

$$(14\text{b}) \qquad |\mathfrak{H}| = \frac{e v}{4\pi \sqrt{1-\beta^2}} \frac{\sin\vartheta}{s^2}, \qquad \sin\vartheta = \frac{\sqrt{y'^2 + z'^2}}{s}.$$

Man vergleiche dies mit dem Ausdruck (15. 12) der Biot-Savartschen Kraft, von dem sich (14b) nur durch relativistische Korrektionen zweiter Ordnung in β unterscheidet. Ein im Kathodenstrahl bewegtes Elektron *realisiert* also gewissermaßen das oft genannte, aber irreale Stromelement der älteren Theorie; $e\,v$ tritt dabei an die Stelle von $I\,ds$.

Die elektrischen Kraftlinien andererseits verlaufen nach (14) im gestrichenen ebenso wie im ungestrichenen System als Gerade von dem jeweiligen Ort des Elektrons aus [wegen der Proportionalität der Komponenten von $\mathfrak{E}'$ in (14) mit $x'\ y'\ z'$], aber nicht wie dort nach allen Seiten in gleicher Dichte. Sie sind vielmehr nach der Meridianebene $x' = 0$ zusammengedrängt. Wegen der Bedeutung (13a) von s geht nämlich $s \to \infty$, also $\mathfrak{E}' \to 0$ für $\beta \to 1$, *es sei denn, daß* $x' = 0$ *ist*. In diesem Grenzfall wäre das elektrische Feld vollständig auf die Meridianebene konzentriert. Das Elektron ist also nicht nur hinsichtlich seiner Gestalt (auf die es hier aber gar nicht ankommt), sondern auch hinsichtlich seines Feldes in der Grenze $v \to c$ *plattgedrückt*.

Wir haben uns im vorstehenden überzeugt, daß die Bestimmung des Feldes bei gleichförmiger Bewegung nur eine Angelegenheit *algebraischer Transformation* ist, während es in der älteren Elektrodynamik immerhin einige Integrationsumstände machte[1]). Über das Feld der *beschleunigten* Bewegung wird § 30 handeln.

Allgemein betonen wir: Elektrisches und magnetisches Feld bilden eine *Einheit* und sind nur relativ zum benutzten Bezugssystem zu scheiden. Sie sind verkoppelt zum Sechservektor. Beim Wechsel des Bezugssystems tragen seine elektrischen Komponenten zu den magnetischen und umgekehrt bei. Wir haben es hier mit einem *perspektivischen Effekt in vier Dimensionen* zu tun. Das dreidimensionale Analogon bildet der Anblick eines Würfels: Bei spezieller Wahl des Standpunktes sehen wir nur die („elektrische“) Vorderfläche, bei schiefer Blickrichtung auch die („magnetischen“) Seitenflächen.

D. Ableitung des Vierervektors der Kraftdichte und der Lorentzkraft

In Gl. (9) haben wir bereits den Ausdruck für die Lorentz-Kraft vorweggenommen. Wir können ihn jetzt aus folgenden Voraussetzungen ableiten:

1. Die elektrische Kraft auf eine ruhende Punktladung e beträgt $\mathfrak{K} = e\,\mathfrak{E}$.
2. Ein magnetisches Feld ist ohne Einfluß auf ruhende Ladungen.
3. Die elektrische Ladung ist lorentzinvariant.

---

[1]) Vgl. Oliver Heaviside, Phil. Mag. 1889. Die Fläche $s =$ konst., Gl. (13a), heißt Heaviside-Ellipsoid, vgl. Übungsaufgabe III. 3.

Bei ausgedehnten Ladungen gilt dasselbe, nur müssen wir für jedes Ladungselement die an seinem Ort herrschende Feldstärke einsetzen. Bezeichnen wir mit $\varrho\,\mathrm{d}V$ die Ladung in einem Volumenelement $\mathrm{d}V$, mit ϱ also die Ladungsdichte, so ist

(15) $$\mathfrak{K} = \int \mathfrak{k}\,\mathrm{d}V\,, \quad \mathfrak{k} = \varrho\,\mathfrak{E}.$$

Darin ist $\mathfrak{k}$ die Kraftdichte bei ruhender Ladungsverteilung in einem elektrischen und magnetischen Feld. Wir fragen, was aus diesem Ausdruck wird, wenn wir zu einem bewegten Koordinatensystem übergehen.

Zu diesem Behufe gehen wir von dem Vierervektor $x_1 \ldots x_4$ aus. Auch der Lageunterschied zweier benachbarter Punkte in Raum-Zeit ist ein Vierervektor:

(15a) $$\mathrm{d}x_1,\ \mathrm{d}x_2,\ \mathrm{d}x_3,\ \mathrm{i}\,c\,\mathrm{d}t.$$

Andererseits ist das vierdimensionale Raumelement

(15b) $$\mathrm{d}x_1\,\mathrm{d}x_2\,\mathrm{d}x_3\cdot \mathrm{i}\,c\,\mathrm{d}t,$$

ebenso wie das Raumelement $\mathrm{d}x_1\,\mathrm{d}x_2\,\mathrm{d}x_3$ im Dreidimensionalen, von der Koordinatenwahl unabhängig. Da auch die zugehörige Ladung Δe (Anzahl der im vierdimensionalen Raumelement enthaltenen Elektronen), ebenso wie e selbst, *invariant* ist, so entsteht durch Division von Δe mit (15b) wieder ein invarianter Skalar und durch Multiplikation dieses Skalars mit (15a) wieder ein Vierervektor. Wir nennen ihn wie in (26. 6) die *Viererstromdichte* Γ:

(16) $$\Gamma = \frac{\Delta e}{\mathrm{d}x_1\,\mathrm{d}x_2\,\mathrm{d}x_3}\left(\frac{\mathrm{d}x_1}{\mathrm{d}t},\ \frac{\mathrm{d}x_2}{\mathrm{d}t},\ \frac{\mathrm{d}x_3}{\mathrm{d}t},\ \mathrm{i}\,c\right) = \varrho\,(\mathfrak{v},\ \mathrm{i}\,c).$$

ϱ ist die gewöhnliche dreidimensionale Ladungsdichte. Aus dem Vergleich der vorstehenden Definition von Γ mit derjenigen in (26. 6) ersehen wir, daß der spezifische Strom $\mathfrak{J}$ der Elektrodynamik elektronentheoretisch in den spezifischen *Konvektionsstrom* $\varrho\,\mathfrak{v}$ übergeht; ferner, daß der Vierervektor Γ gleichgerichtet ist mit dem in (27. 18) definierten Vierervektor $\mathfrak{V}$ der Geschwindigkeit, vermöge der Beziehung

(16a) $$\Gamma = \varrho\,\frac{\mathrm{d}\tau}{\mathrm{d}t}\,\mathfrak{V} = \varrho\,\sqrt{1-\beta^2}\,\mathfrak{V}.$$

Speziell bei ruhender Ladung folgt aus (16):

$$\Gamma_1 = \Gamma_2 = \Gamma_3 = 0\,, \qquad \Gamma_4 = \mathrm{i}\,c\,\varrho\,.$$

Wir können also für Gl. (15) schreiben mit Rücksicht auf (26. 17) und darauf, daß die räumlichen Komponenten der Viererdichte verschwinden:

(17) $$\mathfrak{k}_i = \varrho\,\mathfrak{E}_i = F_{i4}\,\Gamma_4 = \sum_{k=1}^{4} F_{ik}\,\Gamma_k\,. \qquad (i = 1,\ 2,\ 3)$$

Das sind die räumlichen Komponenten des Vierervektors

(17a) $$\mathfrak{k} = F\,\Gamma.$$

Da dieser Ausdruck kovariant ist und bei ruhender Ladung zur richtigen Kraftdichte führt, muß er diese auch in beliebigen, gleichförmig bewegten Koordinatensystemen liefern. Diese können wir nun explizit hinschreiben:

$$
(17\text{b})\qquad \left\{\begin{aligned}
\mathfrak{k}_1 &= \phantom{F_{21}\Gamma_1 + {}} F_{12}\Gamma_2 + F_{13}\Gamma_3 + F_{14}\Gamma_4,\\
\mathfrak{k}_2 &= F_{21}\Gamma_1 \phantom{{}+F_{12}\Gamma_2} + F_{23}\Gamma_3 + F_{24}\Gamma_4,\\
\mathfrak{k}_3 &= F_{31}\Gamma_1 + F_{32}\Gamma_2 \phantom{{}+F_{23}\Gamma_3} + F_{34}\Gamma_4,\\
\mathfrak{k}_4 &= F_{41}\Gamma_1 + F_{42}\Gamma_2 + F_{43}\Gamma_3.
\end{aligned}\right.
$$

Daraus erhält man in dreidimensionalen Koordinaten:

$$
(17\text{c})\qquad \left.\begin{aligned}
\mathfrak{k}_1 &= \mathfrak{k}_x = \varrho(\mathfrak{v}_y\mathfrak{B}_z - \mathfrak{v}_z\mathfrak{B}_y + \mathfrak{E}_x)\\
\mathfrak{k}_2 &= \mathfrak{k}_y = \varrho(\mathfrak{v}_z\mathfrak{B}_x - \mathfrak{v}_x\mathfrak{B}_z + \mathfrak{E}_y)\\
\mathfrak{k}_3 &= \mathfrak{k}_z = \varrho(\mathfrak{v}_x\mathfrak{B}_y - \mathfrak{v}_y\mathfrak{B}_x + \mathfrak{E}_z)
\end{aligned}\right\} = \varrho(\mathfrak{E} + \mathfrak{v}\times\mathfrak{B}).
$$

Der rechtsstehende dreidimensionale Vektor ist es, mit dem Lorentz in seiner ursprünglichen Theorie vornehmlich operiert. Auf ihn haben wir schon im Anschluß an Gl. (9) hingewiesen.

Wir interessieren uns natürlich auch für seine vierte Komponente. Sie ist nach (17b)

$$
(17\text{d})\qquad \mathfrak{k}_4 = \frac{i\varrho}{c}(\mathfrak{E}_x\mathfrak{v}_x + \mathfrak{E}_y\mathfrak{v}_y + \mathfrak{E}_z\mathfrak{v}_z) = \frac{i\varrho}{c}\,\mathfrak{E}\cdot\mathfrak{v} = \frac{i\varrho}{c}L.
$$

Der hier eingeführte Buchstabe L weist auf *Leistung* hin; L ist die Leistung der elektrischen Feldstärke an einer mit der Geschwindigkeit $\mathfrak{v}$ bewegten Einheitsladung.

Aus der Darstellung (17b) entnimmt man leicht, daß der Vierervektor $\mathfrak{k}$ auf der Weltlinie der Ladung senkrecht steht. Man erhält nämlich durch skalare Multiplikation von $\mathfrak{k}$ mit $\mathfrak{V}$ wegen der Proportionalität (16a) von Γ und $\mathfrak{V}$ und wegen des antisymmetrischen Charakters von F:

$$
(17\text{e})\qquad \mathfrak{V}\cdot\mathfrak{k} = 0.
$$

Wir gehen von der *Kraftdichte* zur Kraft selbst über. Dabei dürfen wir aber nicht einfach ϱ durch Integration über den Raum in die Elektronenladung e verwandeln. Denn das dreidimensionale Raumelement ist keine relativistische Invariante, sondern ein willkürlicher (senkrecht zu der ebenfalls willkürlich gewählten Zeitachse geführter) Durchschnitt durch die von dem Elektron durchlaufene Röhre in Raum-Zeit. Viel sachgemäßer ist es, den Durchschnitt senkrecht zu der (von der Lage der t-Achse unabhängigen) Raum-Zeit-Linie des Elektrons (oder, was dasselbe ist, senkrecht zu den Mantellinien obiger Röhre) zu legen. Bezeichnen wir den Winkel zwischen Raum-Zeit-Linie und t-Achse mit γ, so projiziert sich das dreidimensionale $dx\,dy\,dz$ in den „Röhrenquerschnitt"

$$
(18)\qquad dx\,dy\,dz\cos\gamma = \frac{dx\,dy\,dz}{\sqrt{1-\beta^2}}.
$$

mit der in Gl. (27. 11a) angegebenen Bedeutung von γ. Durch Integration über diesen Querschnitt entsteht

$$\int \varrho \,\mathrm{d}x\,\mathrm{d}y\,\mathrm{d}z \cos\gamma = \frac{e}{\sqrt{1-\beta^2}}. \tag{18a}$$

Aus der Darstellung (17c) für die Kraftdichte erhalten wir daher unmittelbar

$$\int \frac{\mathfrak{k}\,\mathrm{d}x\,\mathrm{d}y\,\mathrm{d}z}{\sqrt{1-\beta^2}} = \frac{e}{\sqrt{1-\beta^2}}(\mathfrak{E} + \mathfrak{v} \times \mathfrak{B}) = \frac{\mathfrak{K}}{\sqrt{1-\beta^2}}. \tag{19}$$

$\mathfrak{K}$ ist die *Lorentzsche Kraft* aus Gl. (9). *Sie ist nicht direkt Bestandteil eines Vierervektors, sondern wird es erst nach Division mit* $\sqrt{1-\beta^2}$.

Die zugehörige vierte *energetische Komponente* dieses Vierervektors ist nach (17d)

$$\int \frac{\mathfrak{k}_4\,\mathrm{d}x\,\mathrm{d}y\,\mathrm{d}z}{\sqrt{1-\beta^2}} = \frac{e\,i}{c\sqrt{1-\beta^2}}\mathfrak{v}\cdot\mathfrak{E} = \frac{e\,i\,L}{c\sqrt{1-\beta^2}}. \tag{19a}$$

Den so vervollständigten *Vierervektor der Kraft* nennen wir $\mathfrak{F}$; wir fassen seine vier Komponenten übersichtlich zusammen in:

$$\mathfrak{F} = \left(\frac{\mathfrak{K}}{\sqrt{1-\beta^2}},\ \frac{e\,i\,L}{c\sqrt{1-\beta^2}}\right). \tag{19b}$$

Wegen seiner Entstehungsweise aus der LORENTZschen Kraftdichte $\mathfrak{k}$ und wegen der Beziehung (17d) steht er auf der Weltlinie des Elektrons *senkrecht*

$$\mathfrak{v}\cdot\mathfrak{F} = 0. \tag{19c}$$

Warum wir $\mathfrak{K}$ und nicht $\mathfrak{K}/\sqrt{1-\beta^2}$ als LORENTZ-Kraft bezeichnen, wird aus § 32 hervorgehen, in dem wir die relativistische Mechanik behandeln.

E. Die allgemeine orthogonale Transformation des Tensors zweiter Stufe

In Verallgemeinerung des antisymmetrischen Feldtensors F betrachten wir jetzt einen beliebigen (symmetrischen oder unsymmetrischen) Tensor zweiter Stufe T_{nm}, dessen Komponenten T_{nn} also nicht zu verschwinden brauchen und für den auch nicht $T_{nm} = T_{mn}$ zu sein braucht. Dabei definieren wir als Tensor eine Größe, deren Komponenten T_{nn} und T_{nm} sich bei der orthogonalen Transformation (27. 1) wie die Quadrate und Produkte x_n^2 und $x_n\,x_m$ der vierdimensionalen Koordinaten verhalten. Die nach (27. 1) für das Produkt $x_n\,x_m$ gültige Formel

$$x_n'\,x_m' = \sum_{i=1}^{4}\sum_{k=1}^{4} \alpha_{ni}\,\alpha_{mk}\,x_i\,x_k$$

überträgt sich also auf T folgendermaßen:

$$T_{nm}' = \sum_{i=1}^{4}\sum_{k=1}^{4} \alpha_{ni}\,\alpha_{mk}\,T_{ik}. \tag{20}$$

Ein *symmetrischer* Tensor wird uns in § 31 begegnen. Er bleibt bei der Transformation symmetrisch.

Bei einem *antisymmetrischen* Tensor kann (20) geschrieben werden

$$(20\text{a})\qquad T'_{nm} = \sum_{i>k}\sum (\alpha_{ni}\,\alpha_{mk} - \alpha_{mi}\,\alpha_{nk})\,T_{ik} = \sum_{i>k}\sum \begin{vmatrix}\alpha_{ni} & \alpha_{nk}\\ \alpha_{mi} & \alpha_{mk}\end{vmatrix} T_{ik}.$$

Hier sind die Komponenten $T_{ki} = -T_{ik}$ bereits mit der Komponente T_{ik} zusammengefaßt worden. Deshalb ist die Doppelsumme in (20a) so auszuführen, daß zwar i alle Werte von 1 bis 4, aber k nur die Werte $k < i$ durchläuft; der Wert $k = i$ kommt offenbar nicht in Betracht wegen $T_{ii} = 0$ sowie auch wegen des Verschwindens aller Determinanten in (20a). Ein antisymmetrischer Tensor bleibt bei der Transformation antisymmetrisch, weil die Vertauschung von n mit m das Vorzeichen aller Determinanten umkehrt.

Nach diesen Allgemeinheiten kommen wir noch einmal kurz auf das Verhalten des Sechservektors bei der speziellen LORENTZ-Transformation (27. 2a) zurück. Wir überzeugen uns, daß alle Unterdeterminanten dieses Schemas verschwinden mit Ausnahme von

$$\begin{vmatrix}\alpha_{11} & \alpha_{12}\\ \alpha_{21} & \alpha_{22}\end{vmatrix} = \begin{vmatrix}\alpha_{11} & \alpha_{13}\\ \alpha_{31} & \alpha_{33}\end{vmatrix} = \begin{vmatrix}\alpha_{22} & \alpha_{24}\\ \alpha_{42} & \alpha_{44}\end{vmatrix} = \begin{vmatrix}\alpha_{33} & \alpha_{34}\\ \alpha_{43} & \alpha_{44}\end{vmatrix} = \frac{1}{\sqrt{1-\beta^2}},$$

$$\begin{vmatrix}\alpha_{22} & \alpha_{23}\\ \alpha_{32} & \alpha_{33}\end{vmatrix} = \begin{vmatrix}\alpha_{11} & \alpha_{14}\\ \alpha_{41} & \alpha_{44}\end{vmatrix} = 1,$$

$$\begin{vmatrix}\alpha_{12} & \alpha_{14}\\ \alpha_{22} & \alpha_{24}\end{vmatrix} = \begin{vmatrix}\alpha_{13} & \alpha_{14}\\ \alpha_{33} & \alpha_{34}\end{vmatrix} = -\begin{vmatrix}\alpha_{21} & \alpha_{22}\\ \alpha_{41} & \alpha_{42}\end{vmatrix} = -\begin{vmatrix}\alpha_{31} & \alpha_{33}\\ \alpha_{41} & \alpha_{43}\end{vmatrix} = \frac{-\mathrm{i}\beta}{\sqrt{1-\beta^2}}$$

auf Grund der in den Gln. (27. 5, 7, 8) angegebenen Werte der α_{ik}. Die sechsgliedrigen Summen in (20a) reduzieren sich daraufhin und werden zwei- oder eingliedrig. Man findet nämlich

$$T'_{12} = \frac{1}{\sqrt{1-\beta^2}}(T_{12} - \mathrm{i}\beta\,T_{24}),\qquad T'_{23} = T_{23},\qquad T'_{31} = \frac{1}{\sqrt{1-\beta^2}}(T_{31} + \mathrm{i}\beta\,T_{34}),$$

$$T'_{14} = T_{14},\qquad T'_{24} = \frac{1}{\sqrt{1-\beta^2}}(T_{24} + \mathrm{i}\beta\,T_{12}),\qquad T'_{34} = \frac{1}{\sqrt{1-\beta^2}}(T_{34} - \mathrm{i}\beta\,T_{31}).$$

Setzt man hier für T_{ik} die in dem Matrix-Schema (26. 17) enthaltene elektromagnetische Bedeutung der F_{ik} ein, so sieht man leicht, daß die vorstehenden Transformationsformeln mit den Gln. (8) und (11) übereinstimmen. Das vorstehende Verfahren zur Ableitung dieser Gleichungen ist vielleicht etwas umständlicher als das frühere, aber im Grunde elementarer und jedenfalls umfassender, da es beliebige Tensoren zweiter Stufe beherrscht.

§ 29. Integration der Differentialgleichung des Viererpotentials

Wir wenden uns zur Differentialgleichung (26. 5) (zunächst mit reellen $x_1 \ldots x_4$):

$$(1)\qquad \Box\,\Omega = -\mu_0\,\Gamma,$$

haben es also mit einem Problem der *vierdimensionalen Potentialtheorie* zu tun. Als Vorbild dient uns die dreidimensionale Potentialtheorie, Gl. (7. 5). Wir brauchen zunächst das vierdimensionale Analogon zum NEWTONschen Potential $1/r$. Es wird gegeben durch

$$(2) \qquad U = \frac{1}{R^2}, \qquad R^2 = (\xi_1 - x_1)^2 + (\xi_2 - x_2)^2 + (\xi_3 - x_3)^2 + (\xi_4 - x_4)^2.$$

Zum Beweis berechnen wir

$$\frac{\partial}{\partial \xi_i} \frac{1}{R^2} = -2 \frac{\xi_i - x_i}{R^4}, \qquad \frac{\partial^2}{\partial \xi_i^2} \frac{1}{R^2} = -\frac{2}{R^4} + \frac{8}{R^6} (\xi_i - x_i)^2;$$

daraus folgt

$$(3) \qquad \Box U = \sum_{i=1}^{4} \frac{\partial^2}{\partial \xi_i^2} \frac{1}{R^2} = -\frac{8}{R^4} + \frac{8 R^2}{R^6} = 0,$$

gültig für alle Punkte mit Ausnahme des „Quellpunktes" $\xi_i = x_i$, $i = 1, \ldots, 4$. Ebenso beweist man, daß im Raum von $p + 2$ Dimensionen das zentrisch-symmetrische Potential dargestellt wird durch $U = R^{-p}$ bei entsprechend verallgemeinerter Bedeutung von R^2.

Ferner wollen wir vorbereitend die „Oberfläche" der Kugel $R =$ konst. bestimmen, also eines dreidimensionalen Gebildes im vierdimensionalen Raum. Sie beträgt, wenn ω die Oberfläche der Einheitskugel bedeutet:

$$(4) \qquad \omega R^3 \quad \text{mit} \quad \omega = 2\pi^2.$$

Zum Beweis betrachten wir das Integral

$$(4\text{a}) \qquad I = \iiiint_{-\infty}^{+\infty} \exp\left\{ -\sum_{i=1}^{4} \xi_i^2 \right\} \mathrm{d}\xi_1 \, \mathrm{d}\xi_2 \, \mathrm{d}\xi_3 \, \mathrm{d}\xi_4.$$

Indem wir es für jede Koordinate einzeln ausführen und das bekannte LAPLACEsche Integral benutzen, erhalten wir die vierte Potenz von $\sqrt{\pi}$, also π^2. Indem wir andererseits Polarkoordinaten einführen, mit $r^2 = \sum \xi_i^2$, entsteht

$$(4\text{b}) \qquad I = \omega \int_0^\infty e^{-r^2} r^3 \, \mathrm{d}r = \frac{\omega}{2}.$$

Der Vergleich von (4a) mit (4b) beweist Gl. (4). Ebenso ergibt sich für den Raum von $p + 2$ Dimensionen

$$(4\text{c}) \qquad \omega = 2\pi^{p/2+1} / \Gamma(p/2 + 1);$$

(man überzeuge sich auch von der Gültigkeit dieser Formel im drei- und zweidimensionalen Falle $p = 1$ und $p = 0$).

A. Vierdimensionale Form des Potentials Ω

Wir wenden jetzt den GREENschen Satz auf unsere beiden Potentiale Ω und U an:

$$(5) \qquad \int (\Omega \Box U - U \Box \Omega) \, \mathrm{d}\xi_1 \ldots \mathrm{d}\xi_4 = \int \left(\Omega \frac{\partial U}{\partial n} - U \frac{\partial \Omega}{\partial n} \right) \mathrm{d}\sigma.$$

Die Integration links ist über den unendlichen vierdimensionalen Raum zu erstrecken. Dabei muß aber der Quellpunkt $x_i = \xi_i$ durch eine Kugel K vom Radius

$R \to 0$ bei der Integration ausgeschlossen werden. Die Integration rechts erstreckt sich über diese Kugel K und eine Kugel $R \to \infty$, die aber, wie im dreidimensionalen Falle, vgl. S. 37, keinen Beitrag zur Integration liefert. Bei Benutzung der Differentialgleichungen (1), (2) und (3) erhält man daraufhin aus (5) (Γ bedeutet jetzt nicht die Γ-Funktion, sondern den Viererstrom):

$$\mu_0 \int \Gamma \frac{\mathrm{d}\xi_1 \ldots \mathrm{d}\xi_4}{R^2} = \int\limits_K \Omega \frac{\partial}{\partial n} \frac{1}{R^2} \mathrm{d}\sigma - \int\limits_K \frac{\partial \Omega}{\partial n} \frac{\mathrm{d}\sigma}{R^2}. \tag{5a}$$

Wegen $\int \mathrm{d}\sigma = 2\pi^2 R^3$, Gl. (4), verschwindet das zweite Integral rechts für $R \to 0$. Das erste wird, da $\mathrm{d}n = -\mathrm{d}R$ ist (die Normale ist von dem Integrationsraum nach außen hin, also ins Innere der Kugel K, positiv zu rechnen):

$$\int\limits_K \Omega \frac{2}{R^3} \mathrm{d}\sigma = 4\pi^2 \Omega.$$

Ω bedeutet hier den Wert unseres Potentials für $R = 0$, also für $\xi_i = x_i$. Somit ergibt sich aus (5a)

$$4\pi^2 \Omega(x_1, x_2, x_3, x_4)/\mu_0 = \int \Gamma \frac{\mathrm{d}\xi_1 \ldots \mathrm{d}\xi_4}{R^2}, \tag{6}$$

in vollständiger Analogie zu (7.5). *Durch* (6) *wird das Viererpotential* Ω *in einem beliebigen Raum-Zeit-Punkt* $x_1 \ldots x_4$ *durch eine vierdimensionale Integration über die als bekannt vorausgesetzte Viererstromdichte* Γ *dargestellt.*

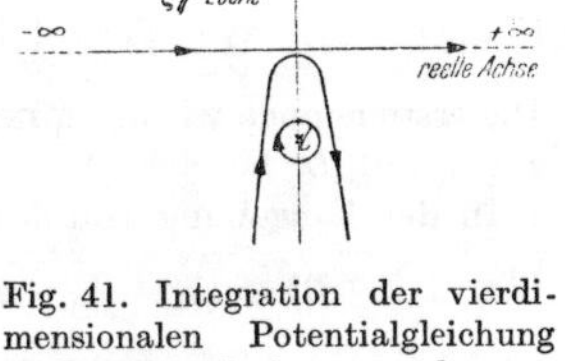

Fig. 41. Integration der vierdimensionalen Potentialgleichung $\Box\, \Omega = 0$. Umformung des ursprünglichen Integrationsweges längs der reellen ξ_4-Achse in einen Umlauf um den auf der negativ-imaginären Achse gelegenen „Lichtpunkt" L

Aber Γ ist uns nur *für die der Beobachtungszeit* t *vorangehenden reellen Zeitpunkte* $\tau < t$ *gegeben*; wir können auch sagen, für die Zeiten $\tau < 0$, wenn wir, was ohne Einschränkung der Allgemeinheit geschehen kann, die Beobachtungszeit vorübergehend $t = 0$ nennen. *Demnach ist uns* Γ *nicht längs der reellen* ξ_4-*Achse bekannt, wie wir bisher stillschweigend annahmen, sondern nur für die negativ-imaginären Werte*

$$\xi_4 = \mathrm{i}c\tau = -\mathrm{i}c|\tau|. \tag{6a}$$

Wir werden daher den Integrationsweg für ξ_4 von der reellen Achse $-\mathrm{i}\infty < \xi_4 < +\mathrm{i}\infty$ deformieren in eine Schleife um die negativ imaginäre Halbachse, die von $-i\,\infty$ über die Umgebung des Nullpunktes der komplexen ξ-Ebene bis zurück zu $-i\,\infty$ führt, vgl. Fig. 41. An unserer Darstellung (6) und an der Tatsache, daß (6) unserer Differentialgleichung (1) genügt, wird dadurch nichts geändert.

Ehe wir das Integral (6) berechnen, wollen wir uns auch noch davon überzeugen, daß zugleich die Nebenbedingung (26.7) $\mathrm{Div}\,\Omega = 0$ erfüllt wird. Dies folgt daraus, daß Γ der Kontinuitätsgleichung (26.16b) $\mathrm{Div}\,\Gamma = 0$ genügt. In der Tat haben wir, wenn wir die Differentiation nach x_i und ξ_i durch untere Indizes andeuten und unter dem vierfachen Integralzeichen ausführen:

$$(7)\qquad 4\pi^2 \operatorname{Div} \Omega/\mu_0 = \int \Gamma \cdot \nabla_x \frac{d\xi_1 \ldots d\xi_4}{R^2} = -\int \Gamma \cdot \nabla_\xi \frac{d\xi_1 \ldots d\xi_4}{R^2},$$

also nach Ausführung einer partiellen Integration

$$(7\,a)\qquad 4\pi^2 \operatorname{Div} \Omega/\mu_0 = -\int \operatorname{Div}_\xi \Gamma \frac{d\xi_1 \ldots d\xi_4}{R^2} = -\oint \frac{\Gamma}{R^2}\, d\sigma = 0,$$

wenn $\frac{\Gamma}{R^2}$ außerhalb eines endlichen Raum-Zeit-Bereiches verschwindet.

Zur weiteren Behandlung der Darstellung (6) können wir entweder die Integration nach ξ_4 ausführen oder diejenige nach ξ_1, ξ_2, ξ_3. Wir schlagen zunächst den ersten Weg ein.

B. Retardierte Potentiale

Unter Hinweis auf Fig. 41 suchen wir diejenigen Stellen der komplexen ξ_4-Ebene auf, wo der Nenner R^2 verschwindet. Wir schreiben

$$(8)\qquad R^2 = r^2 + (x_4 - \xi_4)^2,$$

worin r den dreidimensionalen Abstand des Integrationspunktes ξ_1, ξ_2, ξ_3 und des Beobachtungspunktes x_1, x_2, x_3 bedeutet und wobei wir unsere vorübergehende Festsetzung $x_4 = 0$, die nur zugunsten der bequemeren Beschreibung von Fig. 41 getroffen war, wieder fallengelassen haben.

Es gibt zwei Stellen, für die $R^2 = 0$ ist, nämlich

$$(8\,a)\qquad x_4 - \xi_4 = +i\,r \quad \text{und} \quad (8\,b)\qquad x_4 - \xi_4 = -i\,r.$$

Die erste nennen wir mit Minkowski den „Lichtpunkt“ L; die zweite[1]) ist in der Figur mit L' bezeichnet.

In der Umgebung von L haben wir nach (8) und (8a)

$$(8\,c)\qquad R^2 = (x_4 - \xi_4 - i\,r)(x_4 - \xi_4 + i\,r) \approx 2\,i\,r(x_4 - \xi_4 - i\,r).$$

Wir können nun das Schleifenintegral von Fig. 41 nach dem Cauchyschen Satz in einen Umlauf um L deformieren, wobei wir nach der Residuenmethode erhalten:

$$(9)\qquad \oint \Gamma \frac{d\xi_4}{R^2} = \frac{\Gamma_L}{2\,i\,r} \oint \frac{d\xi_4}{x_4 - \xi_4 - i\,r} = \frac{\Gamma_L}{2\,i\,r}(+2\,i\,\pi) = \frac{\pi\,\Gamma_L}{r}.$$

Γ_L bedeutet den Wert von Γ im Lichtpunkt. Der Faktor $(+2\pi\,i)$ kommt dadurch zustande, daß zwar im Nenner $-\xi_4$ stand, aber der Integrationsweg im Uhrzeigersinne, also funktionentheoretisch im negativen Sinne um L herumläuft.

Indem wir (9) in (6) eintragen, entsteht

$$(10)\qquad 4\pi\,\Omega/\mu_0 = \int \frac{\Gamma_L}{r}\, d\xi_1\, d\xi_2\, d\xi_3.$$

---

[1]) Die Deformation des ursprünglichen reellen Integrationsweges in einen Umlauf um L würde statt zu den retardierten zu den „avancierten“ Potentialen, vgl. S. 135, führen.

In Komponenten aufgelöst, ergibt sich nach (26. 4) und (26. 6)

(10a) $$4\pi\,\mathfrak{A}/\mu_0 = \int \frac{\mathfrak{J}_L}{r}\,\mathrm{d}\xi_1\,\mathrm{d}\xi_2\,\mathrm{d}\xi_3,$$

$$4\pi\,\varepsilon_0\,\psi = \int \frac{\varrho_L}{r}\,\mathrm{d}\xi_1\,\mathrm{d}\xi_2\,\mathrm{d}\xi_3.$$

Dies sind aber genau die Darstellungen der *retardierten Potentiale* aus Gl. (19. 13). In der Tat bedeuten unsere jetzigen $\mathfrak{J}_L$ und ϱ_L dasselbe wie unsere früheren $[\mathfrak{J}]$ und $[\varrho]$ in § 19. Bezeichnen wir nämlich die der Beobachtungszeit vorausgegangene Zeit des Lichtpunktes wie in (6a) mit τ, so ist nach (8a)

(10b) $$\mathrm{i}\,c\,t = \mathrm{i}\,c\,\tau + i\,r, \qquad \tau = t - r/c.$$

Das ist aber genau der in (19. 13c) definierte Zeitpunkt, der für die Berechnung der Werte von $[\mathfrak{J}]$ und $[\varrho]$ maßgebend war. Damit ist der früher unterdrückte Beweis der Darstellungen (19. 13) auf einem mathematisch besonders sachgemäßen Wege nachgeholt worden. Es ist bemerkenswert, daß G. Herglotz die hier dargestellte Methode schon vor der Relativitätstheorie, lediglich aus Gründen der mathematischen Symmetrie und Eleganz ersonnen hatte[1]).

C. *Die Liénard-Wiechertsche Näherung*

Wir schlagen jetzt den anderen der beiden obengenannten Wege ein, indem wir die Integration über ξ_1, ξ_2, ξ_3 ausführen. Dabei denken wir uns Strom und Ladung nicht wie bisher räumlich verteilt, sondern auf einen Punkt, das *Elektron*, konzentriert. Für Γ benutzen wir den elektronen-theoretischen Wert (28. 16), durch den der Leitungsstrom $\mathfrak{J}$ als Konvektionsstrom erklärt wurde, und bilden daraus mit e als Elektronenladung:

(11) $$\int \Gamma\,\mathrm{d}\xi_1\,\mathrm{d}\xi_2\,\mathrm{d}\xi_3 = e(\mathfrak{v}, \mathrm{i}\,c) = -e\,\dot{\mathfrak{R}}.$$

$\mathfrak{R}$ ist der Radiusvektor Elektron → Aufpunkt, $\dot{\mathfrak{R}}$ seine Ableitung nach der Lichtpunktszeit t bei festgehaltenen Raum-Zeit-Koordinaten des Aufpunktes:

(11a) $$\dot{\mathfrak{R}} = -\left(\frac{\mathrm{d}\xi_1}{\mathrm{d}t}, \frac{\mathrm{d}\xi_2}{\mathrm{d}t}, \frac{\mathrm{d}\xi_3}{\mathrm{d}t}, \mathrm{i}\,c\right) = -(\mathfrak{v}, \mathrm{i}\,c).$$

Aus (6) entsteht daraufhin durch Ausführung der drei ersten Integrationen

(12) $$4\pi^2\,\Omega/\mu_0 = -e\oint \frac{\dot{\mathfrak{R}}}{R^2}\,\mathrm{d}\xi_4.$$

Die Integration ist wie in (9) als Umlauf um den Lichtpunkt der Fig. 41 auszuführen. Aber der Ort des Elektrons ξ_1, ξ_2, ξ_3 ist nicht wie bisher unabhängiger Integrationspunkt, sondern hängt seinerseits von der nunmehrigen Integrationsvariabeln ξ_4 ab. Man hat also die *Raum-Zeit-Linie des Elektrons in der Umgebung des Lichtpunktes L* zu betrachten und muß, um die Residuenmethode anwenden zu können, R^2 folgendermaßen entwickeln:

(13) $$R^2 = R_L^2 + (\xi_4 - \xi_{4L})\left(\frac{\mathrm{d}R^2}{\mathrm{d}\xi_4}\right)_L + \cdots.$$

[1]) Vgl. Göttinger Nachr. 1904.

Hier ist[1])

$$R_L^2 = 0 \quad \text{und} \quad \left(\frac{\mathrm{d}R^2}{\mathrm{d}\xi_4}\right)_L = \frac{1}{\mathrm{i}c}\frac{\mathrm{d}\mathfrak{R}^2}{\mathrm{d}t} = \frac{2}{\mathrm{i}c}\dot{\mathfrak{R}}\cdot\mathfrak{R}.$$

Die Entwicklung von R^2 wird daher

$$R^2 = (\xi_4 - \xi_{4L})\frac{2}{\mathrm{i}c}\mathfrak{R}\cdot\dot{\mathfrak{R}}, \tag{13a}$$

und Gl. (12) geht über in

$$4\pi^2\,\Omega/\mu_0 = -\frac{e}{2}\frac{\mathrm{i}c\dot{\mathfrak{R}}}{\mathfrak{R}\cdot\dot{\mathfrak{R}}}\oint\frac{\mathrm{d}\xi_4}{\xi_4 - \xi_{4L}}. \tag{13b}$$

Das Integral ist jetzt [wegen des gegen (9) umgekehrten Vorzeichens von ξ_4 im Nenner] gleich $-2\pi\mathrm{i}$. Man erhält also

$$4\pi\,\Omega/\mu_0 = -\frac{e\,c\,\dot{\mathfrak{R}}}{\mathfrak{R}\cdot\dot{\mathfrak{R}}}. \tag{14}$$

Der Vektor $\mathfrak{R}$ hat nach (8a) die Zeitkomponente $i\,r$, sein räumlicher Bestandteil (Lichtpunkt → Aufpunkt) ist $\mathfrak{r}$; die Zeit- und Raumkomponenten von $\dot{\mathfrak{R}}$ sind nach (11a) $-\mathrm{i}\,c$ und $-\mathfrak{v}$. Es wird daher

$$\mathfrak{R}\cdot\dot{\mathfrak{R}} = r\,c - \mathfrak{v}\cdot\mathfrak{r} = r\,c\left(1 - \frac{\mathfrak{v}\cdot\mathfrak{r}}{r\,c}\right) = r\,c\left(1 - \frac{\mathfrak{v}_r}{c}\right), \tag{14a}$$

wo $\mathfrak{v}_r$ die Projektion von $\mathfrak{v}$ auf die Richtung von r bedeutet. Durch Einsetzen in (14) und Zerspaltung in Reell und Imaginär ergeben sich die bemerkenswert einfachen Formeln von LIÉNARD (1898) und WIECHERT (1900)

$$4\pi\,\mathfrak{A}/\mu_0 = \frac{e}{r}\,\frac{\mathfrak{v}}{1 - \mathfrak{v}_r/c}, \qquad 4\pi\,\varepsilon_0\,\psi = \frac{e}{r}\,\frac{1}{1 - \mathfrak{v}_r/c}. \tag{15}$$

Unsere Ableitung zeigt, daß, ebenso wie r, auch $\mathfrak{v}$ und $\mathfrak{v}_r$ für die vorangehende Zeit des Lichtpunktes zu nehmen sind. Es ist interessant, zu bemerken, daß uns der Nenner $1 - \mathfrak{v}_r/c$ in Bd. IV beim Dopplereffekt wiederbegegnen wird.

Nützlicher als diese ausintegrierten Formeln (15) oder (10a) wird für das Folgende allerdings die ursprüngliche vierdimensionale Integralform (6) des Viererpotentials sein.

§ 30. Das Feld des beschleunigten Elektrons

Der Vorzug von Gl. (29. 6) besteht darin, daß in ihr die Variabeln $x_1 \ldots x_4$ des Aufpunktes nur in dem Nenner R^2 vorkommen. Nur diesen haben wir zu differentiieren, wenn wir das Feld eines *beliebig bewegten Elektrons* berechnen wollen. Wir erhalten auf diese Weise aus (29. 6) zunächst:

$$4\pi^2\,\mathrm{Rot}_{n\,m}\,\Omega = -\mu_0\int\left(\Gamma_n\frac{\partial}{\partial x_m}\frac{1}{R^2} - \Gamma_m\frac{\partial}{\partial x_n}\frac{1}{R^2}\right)\mathrm{d}\xi_1\ldots\mathrm{d}\xi_4. \tag{1}$$

Nun ist

$$\frac{\partial}{\partial x_n}\frac{1}{R^2} = -2\,\frac{x_n - \xi_n}{R^4} = -\frac{2\,\mathfrak{R}_n}{R^4}.$$

[1]) Von hier an lassen wir den Index L einfachheitshalber weg.

Daher wird die Klammer in (1) gleich

$$\frac{2}{R^4}(\Gamma_m \mathfrak{R}_n - \Gamma_n \mathfrak{R}_m) = \frac{2}{R^4}(\Gamma \times \mathfrak{R})_{mn}.$$

Hier haben wir das übliche Zeichen $\times$ des dreidimensionalen Vektorproduktes auf das Produkt unserer beiden Vierervektoren übertragen, welches ersichtlich eine sechskomponentige Größe ist. Dasselbe gilt von der linken Seite der Gl. (1), wo ja nach (26. 12) $\mathrm{Rot}_{nm}\Omega$ die $n\,m$-Komponente des Sechservektors $\mu_0 f$ bedeutet. Wir erhalten so aus (1)

$$2\pi^2 f_{nm} = \int \frac{1}{R^4}(\Gamma \times \mathfrak{R})_{nm}\, d\xi_1 \ldots d\xi_4. \tag{1a}$$

Erst jetzt führen wir die Integration nach ξ_1, ξ_2, ξ_3 aus, wobei sich Γ zufolge Gl. (29. 11) in $-e\dot{\mathfrak{R}}$ verwandelt und sich die Koordinate ξ_4 weiterhin auf das Punktelektron bezieht. Wir erhalten so

$$2\pi^2 f = -e \oint \frac{\dot{\mathfrak{R}} \times \mathfrak{R}}{R^4}\, d\xi_4; \tag{2}$$

die Integration ist dabei als Umlauf um den Lichtpunkt wie in Fig. 41 auszuführen. Der Unterschied gegen früher besteht nur darin, daß der Nenner im Lichtpunkt jetzt von zweiter Ordnung verschwindet, weshalb wir die Entwicklung im Nenner und Zähler um ein Glied weiterführen müssen. Indem wir zur Abkürzung setzen

$$\frac{\xi_4 - \xi_{4L}}{i c} = u,$$

schreiben wir statt (29. 13a)

$$R^2 = 2u\,\dot{\mathfrak{R}} \cdot \mathfrak{R} + u^2\{(\ddot{\mathfrak{R}} \cdot \mathfrak{R} + \dot{\mathfrak{R}}^2)\} + \cdots,$$

$$R^4 = 4u^2(\dot{\mathfrak{R}} \cdot \mathfrak{R})^2\left[1 + u\,\frac{\ddot{\mathfrak{R}} \cdot \mathfrak{R} + \dot{\mathfrak{R}}^2}{\dot{\mathfrak{R}} \cdot \mathfrak{R}} + \cdots\right]$$

und mit Rücksicht auf $\dot{\mathfrak{R}} \times \dot{\mathfrak{R}} = 0$

$$\mathfrak{R} \times \dot{\mathfrak{R}} = (\mathfrak{R} \times \dot{\mathfrak{R}})_L + u(\mathfrak{R} \times \ddot{\mathfrak{R}})_L + \cdots.$$

Dadurch entsteht aus (2), wenn wir den Nenner sogleich teilweise in den Zähler hinübernehmen und den Index L weiterhin unterdrücken:

$$2\pi^2 f = \frac{e i c}{4(\dot{\mathfrak{R}} \cdot \mathfrak{R})^2} \oint \frac{du}{u^2}(\mathfrak{R} \times \dot{\mathfrak{R}} + u\,\mathfrak{R} \times \ddot{\mathfrak{R}})\left(1 - u\,\frac{\ddot{\mathfrak{R}} \cdot \mathfrak{R} + \dot{\mathfrak{R}}^2}{\dot{\mathfrak{R}} \cdot \mathfrak{R}}\right).$$

Hier brauchen wir nur das mit u^{-1} multiplizierte Glied auszuschreiben, weil es nur auf dieses bei der Residuenbildung ankommt, können also die Glieder mit $u^{-2}, u^0, u^1, \ldots$ unterdrücken. Wir erhalten so

$$2\pi^2 f = \frac{i c e}{4(\dot{\mathfrak{R}} \cdot \mathfrak{R})^2} \oint \frac{du}{u}\left(\mathfrak{R} \times \ddot{\mathfrak{R}} - (\mathfrak{R} \times \dot{\mathfrak{R}})\,\frac{\mathfrak{R} \cdot \ddot{\mathfrak{R}} + \dot{\mathfrak{R}}^2}{\mathfrak{R} \cdot \dot{\mathfrak{R}}}\right).$$

Da die Integration nach Fig. 41 lediglich in der Hinzufügung des Faktors $-2\pi i$ besteht, ergibt sich definitiv

$$\frac{4\pi f}{e c} = \frac{\mathfrak{R} \times \ddot{\mathfrak{R}}}{(\mathfrak{R} \cdot \dot{\mathfrak{R}})^2} - (\mathfrak{R} \times \dot{\mathfrak{R}}) \frac{\mathfrak{R} \cdot \ddot{\mathfrak{R}} + \dot{\mathfrak{R}}^2}{(\mathfrak{R} \cdot \dot{\mathfrak{R}})^3}. \tag{3}$$

Die Ausdrücke rechts sind zu spezialisieren, vgl. (29. 8a) und (29. 11a), für

$$\mathfrak{R} = (\mathfrak{r}, i r), \quad \dot{\mathfrak{R}} = -(\mathfrak{v}, i c), \quad \ddot{\mathfrak{R}} = (-\dot{\mathfrak{v}}, 0). \tag{3a}$$

Wir prüfen zunächst diese allgemeine Darstellung im Sonderfalle des

A. gleichförmig bewegten Elektrons

Hier gilt wegen $\ddot{\mathfrak{R}} = 0$

$$\frac{4\pi f}{e c} = -(\mathfrak{R} \times \dot{\mathfrak{R}}) \frac{\dot{\mathfrak{R}}^2}{(\mathfrak{R} \cdot \dot{\mathfrak{R}})^3} = \mathfrak{R} \times \dot{\mathfrak{R}} \frac{c^2 - v^2}{c^3 r^3 (1 - \mathfrak{v}_r/c)^3}. \tag{4}$$

Der Sechservektor $\mathfrak{R} \times \dot{\mathfrak{R}}$ ist nach (3a) in Matrixform gegeben durch

$$\mathfrak{R} \times \dot{\mathfrak{R}} = -\begin{pmatrix} \mathfrak{r}_x & \mathfrak{r}_y & \mathfrak{r}_z & i r \\ \mathfrak{v}_x & \mathfrak{v}_y & \mathfrak{v}_z & i c \end{pmatrix}. \tag{5}$$

Wir rechnen seine Raum-Raum- und Raum-Zeit-Komponenten als Unterdeterminanten des Matrixschemas aus. In der Schreibweise der gewöhnlichen dreidimensionalen Vektorrechnung ergibt sich

$$\mathfrak{R} \times \dot{\mathfrak{R}} = \begin{cases} \mathfrak{v} \times \mathfrak{r} \ldots \text{Raum-Raum-Komp.} \\ i(r\,\mathfrak{v} - c\,\mathfrak{r}) \ldots \text{Raum-Zeit-Komp.} \end{cases} \tag{5a}$$

Setzt man dies rechter Hand in (4) ein und spaltet auch linker Hand f in seinen Raum-Raum-Teil $\mathfrak{H}$ und seinen Raum-Zeit-Teil $-i\,c\,\mathfrak{D}$ auf, so erhält man

$$\frac{4\pi \mathfrak{H}}{e} = \mathfrak{v} \times \mathfrak{r} \frac{1 - v^2/c^2}{r^3 (1 - \mathfrak{v}_r/c)^3}, \qquad -\frac{4\pi \mathfrak{D}}{e} = \left(r \frac{\mathfrak{v}}{c} - \mathfrak{r}\right) \frac{1 - v^2/c^2}{r^3 (1 - \mathfrak{v}_r/c)^3}. \tag{6}$$

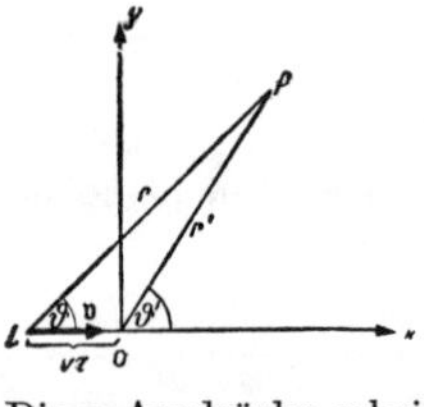

Fig. 42. Zum Feld des gleichförmig bewegten Elektrons. Das Elektron läuft längs der x-Achse mit der Geschwindigkeit $\mathfrak{v}$; O ist der mit der Beobachtung in P gleichzeitige Ort des Elektrons, L der Lichtpunkt, also $L O = v\,\tau$, wo τ die Laufzeit des von L nach P ausgehenden Lichtsignals ist

Diese Ausdrücke scheinen grundverschieden von den Ausdrücken (28. 14) und (28. 14a), durch die wir früher das Feld des gleichförmig bewegten Elektrons (dort mit $\mathfrak{H}'$, $\mathfrak{E}'$ bezeichnet) dargestellt haben, sind aber tatsächlich in diese durch elementargeometrische Betrachtungen überführbar. Wir werden dies in Aufg. III. 3 zeigen. Dabei werden wir an die nebenstehende Figur anknüpfen, die zugleich den verschiedenen Standpunkt der jetzigen und früheren Formeln veranschaulicht:

In den jetzigen Formeln beziehen sich $\mathfrak{r}$ und r auf den Lichtpunkt L, in dem sich das Elektron zur Zeit $t - r/c$ befand, wo t die zum Aufpunkt P gehörige Zeitkoordinate ist. Die früheren Formeln dagegen betrafen die mit t gleichzeitige Lage des Elektrons, in der Figur mit O bezeichnet; die von O aus gerechneten Aufpunkt-Koordinaten sind wie in (28. 14) mit x', y', z' bezeichnet.

B. Das beschleunigte Elektron

Läßt man in (3) den Anteil (4) fort, so erhält man das „reine Beschleunigungsfeld“

(7) $$\frac{4\pi f}{e c} = \frac{\mathfrak{R} \times \ddot{\mathfrak{R}}}{(\mathfrak{R} \cdot \dot{\mathfrak{R}})^2} - \mathfrak{R} \times \dot{\mathfrak{R}} \frac{\mathfrak{R} \cdot \ddot{\mathfrak{R}}}{(\mathfrak{R} \cdot \dot{\mathfrak{R}})^3}.$$

Um dieses zu analysieren, berechnen wir aus (3a)

(7a) $$\mathfrak{R} \times \ddot{\mathfrak{R}} = \begin{cases} -\mathfrak{r} \times \dot{\mathfrak{v}} \ldots \text{Raum-Raum-Teil} \\ i\, r\, \dot{\mathfrak{v}} \quad \ldots \text{Raum-Zeit-Teil} \end{cases}$$

sowie

(7b) $$\mathfrak{R} \cdot \ddot{\mathfrak{R}} = -\mathfrak{r} \cdot \dot{\mathfrak{v}}.$$

Wir erhalten dann aus (7) mit Rücksicht auf (5a) und (29. 14a)

(8) $$\begin{aligned} \frac{4\pi \mathfrak{H}}{e c} &= -\frac{\mathfrak{r} \times \dot{\mathfrak{v}}}{c^2 r^2 (1 - \mathfrak{v}_r/c)^2} - \frac{(\mathfrak{r} \times \mathfrak{v})(\mathfrak{r} \cdot \dot{\mathfrak{v}})}{c^3 r^3 (1 - \mathfrak{v}_r/c)^3}, \\ \frac{4\pi \mathfrak{D}}{e} &= -\frac{r\, \dot{\mathfrak{v}}}{c^2 r^2 (1 - \mathfrak{v}_r/c)^2} + \frac{(c\,\mathfrak{r} - r\,\mathfrak{v})(\mathfrak{r} \cdot \dot{\mathfrak{v}})}{c^3 r^3 (1 - \mathfrak{v}_r/c)^3}. \end{aligned}$$

Hieraus schließt man unmittelbar

(8a) $$r\,\mathfrak{H}/c = \mathfrak{r} \times \mathfrak{D} \quad \text{und} \quad \mathfrak{r} \cdot \mathfrak{D} = 0.$$

$\mathfrak{H}$, $\mathfrak{D}$ und $\mathfrak{r}$ oder, wie wir auch sagen können, $\mathfrak{H}$, $\mathfrak{E}$ und $\mathfrak{r}$ stehen also wechselseitig aufeinander senkrecht. Durch Bildung des absoluten Betrages in der ersten Gl. (8a) folgt ferner mit Rücksicht auf die zweite Gl. (8a)

(8b) $$\frac{1}{c} |\mathfrak{H}| = |\mathfrak{D}|$$

oder, wie wir auch sagen können,

(8c) $$|\mathfrak{H}| = \sqrt{\frac{\varepsilon_0}{\mu_0}}\, |\mathfrak{E}|.$$

Wir haben also ein typisch transversales Feld, wie bei der ebenen Lichtwelle in den Gln. (6. 11) und (6. 13). Die Stärke desselben nimmt mit wachsendem r wie $1/r$ ab; die Nenner in (8) enthalten nämlich je *einen* Faktor r mehr als die Zähler, nicht *zwei* wie bei dem gleichförmig bewegten Elektron der Gln. (6). In großer Entfernung ist also (6) gegen (7) zu vernachlässigen, und (7) stellt das Feld des beschleunigten Elektrons vollständig dar.

C. Das longitudinal beschleunigte Elektron

Setzen wir speziell voraus, daß $\mathfrak{v}$ und $\dot{\mathfrak{v}}$ gleichgerichtet sind (geradlinige Bewegung, longitudinal beschleunigtes Elektron), so sieht man leicht, daß

$$\dot{\mathfrak{v}}\,\mathfrak{r}\cdot\mathfrak{v} = \mathfrak{v}\,\mathfrak{r}\cdot\dot{\mathfrak{v}}$$

und daher auch

$$\mathfrak{r}\times\dot{\mathfrak{v}}(\mathfrak{r}\cdot\mathfrak{v}) = \mathfrak{r}\times\mathfrak{v}(\mathfrak{r}\cdot\dot{\mathfrak{v}})$$

wird. Bringt man nun die rechten Seiten der Gln. (8) auf gleichen Nenner, so heben sich je zwei Glieder gegenseitig auf. Diese Gln. (8) vereinfachen sich dann zu

$$(9) \qquad \frac{4\pi\,\mathfrak{H}}{e\,c} = -\frac{\mathfrak{r}\times\dot{\mathfrak{v}}}{c^2 r^2 (1-\mathfrak{v}_r/c)^3}, \qquad \frac{4\pi\,\mathfrak{D}}{e} = \frac{-r\,\dot{\mathfrak{v}} + \mathfrak{r}\,\dot{\mathfrak{v}}_r}{c^2 r^2 (1-\mathfrak{v}_r/c)^3}.$$

Machen wir hier die übereinstimmende Richtung von $\mathfrak{v}$ und $\dot{\mathfrak{v}}$ zur Achse $\vartheta = 0$ eines sphärischen Polarkoordinatensystems r, ϑ, φ, so wird

$$\begin{aligned} \mathfrak{v}_r &= v\cos\vartheta, & \mathfrak{v}_\vartheta &= -v\sin\vartheta, & \mathfrak{v}_\varphi &= 0,\\ \dot{\mathfrak{v}}_r &= \dot{v}\cos\vartheta, & \dot{\mathfrak{v}}_\vartheta &= -\dot{v}\sin\vartheta, & \dot{\mathfrak{v}}_\varphi &= 0,\\ \mathfrak{r}\times\dot{\mathfrak{v}} &= (\mathfrak{r}\times\dot{\mathfrak{v}})_\varphi, & \mathfrak{H} &= \mathfrak{H}_\varphi, & \mathfrak{D} &= \mathfrak{D}_\vartheta \end{aligned}$$

und man erhält aus (9)

$$(10) \qquad 4\pi\,\mathfrak{H}_\varphi = \frac{e\,\dot{v}}{c\,r}\,\frac{\sin\vartheta}{(1-\beta\cos\vartheta)^3}, \qquad 4\pi\,c\,\mathfrak{D}_\vartheta = \frac{e\,\dot{v}}{c\,r}\,\frac{\sin\vartheta}{(1-\beta\cos\vartheta)^3}.$$

Das sind dieselben Ausdrücke wie (19. 20), nur daß jetzt der *relativistische Nenner* $(1-\beta\cos\vartheta)^3$ hinzugetreten ist, der früher bei der unrelativistischen Rechnung ($\beta\to 0$) natürlich fehlte. In der Tat ist der frühere Faktor $\mathfrak{P}(t - r/c)$ soviel wie unser jetziger Faktor $e\,v$, genommen für den Lichtpunkt. Entsprechend erhält man statt der Ausstrahlung $\mathfrak{S}$ in (19. 22) jetzt

$$(11) \qquad \mathfrak{S} = \frac{e^2\,\dot{v}^2}{16\pi^2\,\varepsilon_0\,c^3\,r^2}\,\frac{\sin^2\vartheta}{(1-\beta\cos\vartheta)^6}.$$

Das Maximum der Ausstrahlung liegt also nicht mehr bei $\vartheta = \pi/2$, sondern wandert mit gegen 1 wachsendem β von $\vartheta = \pi/2$ gegen $\vartheta = 0$ hin[1]). Auf diese für die Theorie der Röntgenstrahlung charakteristische Erscheinung wurde bereits S. 145 hingewiesen.

D. Energiereiche Elektronen auf Kreisbahnen

Ein hübsches und auch wichtiges Beispiel für die Wirksamkeit des Richtungsnenners in Gl. (11) ist das von Elektronen, die sich mit sehr großer Energie auf einer Kreisbahn bewegen. Es hat für Elektronenbeschleuniger Bedeutung. In

[1]) Als Bedingung für $\mathfrak{S}_{max}$ erhält man durch Differentiation von (11) nach ϑ eine quadratische Gleichung für $\cos\vartheta$, welche für kleine β liefert

$$\cos\vartheta = 3\beta, \qquad \vartheta = \frac{\pi}{2} - 3\beta,$$

dagegen für β nahezu gleich 1

$$\cos\vartheta = 1 - \frac{1-\beta^2}{10}, \qquad \vartheta = \sqrt{\frac{1-\beta^2}{5}}.$$

diesem Fall ist $\beta \cong 1$. Beim Bonner Synchrotron, das Elektronen der Energie $E \cong 500\,\text{MeV}$ liefert, ist z. B. ($m c^2$ = Ruhenergie)

$$\frac{E}{m c^2} = \frac{1}{\sqrt{1-\beta^2}} = 1000\,, \quad \beta = 1 - \frac{1}{2} \cdot 10^{-6}.$$

Führen wir in Gl. (8a) den Einheitsvektor der Strahlenrichtung $\mathfrak{s} = \mathfrak{r}/r$ ein, so erhält man für den Energiefluß

$$\mathfrak{S} = \mathfrak{E} \times \mathfrak{H} = c\,(\mathfrak{E} \cdot \mathfrak{D})\,\mathfrak{s}.$$

Dieses einfache Resultat ist eine Folge der Abtrennung des reinen Strahlungsfeldes in Gl. (7). Setzen wir $\mathfrak{D}$ aus Gl. (8) ein, so erhalten wir für den Betrag des Energieflusses unter Berücksichtigung von $\mathfrak{v} \cdot \dot{\mathfrak{v}} = 0$

$$S = |\mathfrak{S}| = \frac{e^2}{16\pi^2 \varepsilon_0 c^3 r^2} \left(\frac{\dot{\mathfrak{v}}^2}{\left(1 - \frac{1}{c}\,\mathfrak{s} \cdot \mathfrak{v}\right)^4} - \frac{(1-\beta^2)\,(\mathfrak{s} \cdot \dot{\mathfrak{v}})^2}{\left(1 - \frac{1}{c}\,\mathfrak{s} \cdot \mathfrak{v}\right)^6} \right)$$

oder

$$S = |\mathfrak{S}| = \frac{e^2 a^2 \omega^4}{16\pi^2 \varepsilon_0 c^3 r^2} \left(\frac{1}{(1 + \beta \sin\vartheta \sin(\omega t - \varphi))^4} - \frac{(1-\beta^2) \sin^2\vartheta \cos^2(\omega t - \varphi)}{(1 + \beta \sin\vartheta \sin(\omega t - \varphi))^6} \right),$$

wenn wir den Einheitsvektor

$$\mathfrak{s} = (\sin\vartheta \cos\varphi,\ \sin\vartheta \sin\varphi,\ \cos\vartheta)$$

einführen und für die Geschwindigkeit und die Beschleunigung des Elektrons auf seiner Kreisbahn

$$\mathfrak{v} = a\,\omega\,(-\sin\omega t,\ \cos\omega t,\ 0)\,,$$
$$\dot{\mathfrak{v}} = -a\,\omega^2 (\cos\omega t,\ \sin\omega t,\ 0)$$

schreiben. Darin ist a der Radius der Kreisbahn und ω die Winkelgeschwindigkeit des Elektrons.

Da in unserem Fall $1 - \beta$ äußerst klein ist, bewirkt der Nenner, daß die Strahlenintensität nur in einem engen Raumwinkel um die Laufrichtung des Elektrons herum merklich von 0 verschieden ist. Der Öffnungswinkel des Strahlenbündels, in dem die Intensität auf 0 abnimmt und außerhalb nicht mehr 1/729 des ursprünglichen Wertes übersteigt, bestimmt sich aus

$$\sin\frac{\alpha}{2} = \sqrt{1-\beta^2} = \frac{m c^2}{E}\,;$$

er nimmt also umgekehrt proportional zur Energie ab.

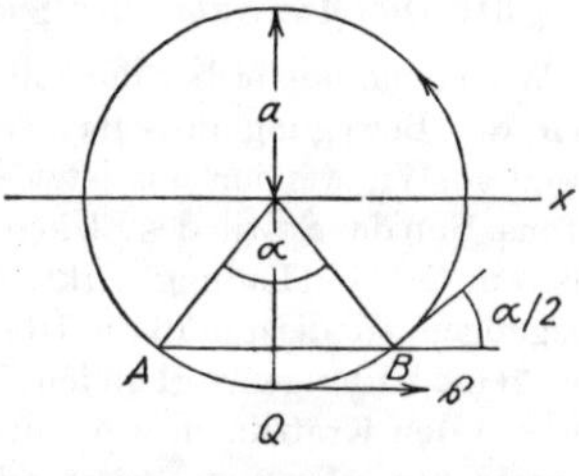

Fig. 43. Zur Impulsdauer der Bremsstrahlung im Synchrotron. (α in Wirklichkeit etwa gleich 10^{-3})

In die Richtung $\mathfrak{s}$ (s. Fig. 43) strahlt also das Elektron nur längs eines kleinen Bogens um den Punkt Q herum, also nur in Zeitintervallen, die durch die Differenz der Laufzeiten von Elektron und Licht zwischen den Punkten A und B bestimmt sind:

$$\tau = \frac{a}{c}\left(\frac{\alpha}{\beta} - 2 \sin\frac{\alpha}{2}\right) \approx \frac{1}{6}\,\frac{a}{c}\,\alpha^3 \approx \frac{4}{3}\,\frac{a}{c} \left(\frac{m c^2}{E}\right)^3.$$

Die Dauer der Strahlungsimpulse in einer bestimmten Richtung ist also umgekehrt proportional zur dritten Potenz der Energie. Daraus folgt durch FOURIER-Analyse des Feldimpulses, daß wir ein breites Frequenzspektrum haben, welches erst oberhalb einer kritischen Frequenz von der Größe

$$\omega_{kr} = \frac{1}{\tau} = \frac{3c}{4a}\left(\frac{E}{m\,c^2}\right)^3$$

rasch abfällt. Tatsächlich nimmt die Spektralintensität nach der oberen Grenze hin zu, so daß man die maximale Intensität etwa bei

$$\frac{\omega_{kr}}{\omega} = \frac{3}{4}\left(\frac{E}{m\,c^2}\right)^3$$

findet, also bei einer sehr hohen Oberschwingung der Grundfrequenz. Hierin unterscheidet sich unser Ergebnis sowohl von Antennenproblemen als auch von gewöhnlichen atomaren Problemen. Bei beiden überwiegt durchaus der Beitrag der Grundschwingung.

Den genaueren Verlauf des Spektrums wollen wir hier nicht ausrechnen. Für die spektrale Intensitätsverteilung erhält man die Gleichung[1]):

$$S_\omega = \frac{3}{4}\sqrt{\frac{3}{2\pi}}\,\frac{e^2\,c}{4\pi\,\varepsilon_0\,a^2}\left(\frac{E}{m\,c^2}\right)^4\sqrt{\frac{\omega}{\omega_{kr}}}\,\mathrm{e}^{-\sqrt{\frac{\omega}{\omega_{kr}}}}.$$

Sie ist für kleine Frequenzen proportional zu $\sqrt{\omega}$ und nimmt oberhalb der kritischen Grenze exponentiell ab. Beim Bonner Zyklotron liegt die kritische Grenze bei $\omega_{kr} \approx 10^{17}$ Hertz, also im Bereich weicher Röntgenstrahlen. Die Quantenenergie dieser Strahlung ist rund 100 eV.

§ 31. Die MAXWELLschen Spannungen und der Spannungs-Energie-Tensor

Wir haben uns bisher nur mit der *Kinematik* des Elektrons beschäftigt, indem wir die Bewegung desselben vorschrieben und nach dem zugehörigen Felde fragten. Wir wenden uns jetzt zur *Statik* und weiterhin zur *Dynamik* des Elektrons. Von der Statik des Elektrons kennen wir bisher nur die LORENTZsche Kraft, die am Ort der Ladung wirkt. Eine Feldauffassung kann sich aber damit nicht begnügen, sondern muß die Übertragung der Kraftwirkungen auch im Vakuum, wo keine Ladungen vorhanden sind, verfolgen. Dies schwebte FARADAY vor, wenn er von den Kraftlinien wie von elastischen Bändern sprach, die Zug und Druck übertragen. MAXWELL verstand es auch hier, die FARADAYschen Ahnungen in das Licht der mathematischen Klarheit zu rücken. So entstand der MAXWELLsche *Spannungstensor*, der sich relativistisch zu einem *Spannungs-Energie-Tensor* erweitert.

Wir gehen aus von der LORENTZschen Kraftdichte in Gl. (28.17)

$$(1) \qquad \mathfrak{k} = F\,\Gamma, \quad \mathfrak{k}_m = \sum_{n=1}^{4} F_{m\,n}\,\Gamma_n, \qquad (m = 1, 2, 3, 4)$$

[1]) D. IWANENKO, A. SOKOLOW, übers. v. Helmut Vogel, Klassische Feldtheorie, Akademie-Verlag, Berlin 1953, S. 200, Gl. (43.12).

und ersetzen darin Γ nach der MAXWELLschen Gl. (26. 16) durch den Sechservektor der Erregung $\mathfrak{f}$. Aus (1) entsteht dadurch

$$\text{(2)} \qquad \mathfrak{k} = F \cdot \mathfrak{Div}\, \mathfrak{f}, \qquad \mathfrak{k}_m = \sum_{n=1}^{4} \sum_{r=1}^{4} F_{mn} \frac{\partial \mathfrak{f}_{nr}}{\partial x_r}.$$

Wir wollen zeigen, daß sich $\mathfrak{k}$ als vierdimensionale Divergenz eines Tensors T darstellen läßt, daß nämlich gilt

$$\text{(3)} \qquad \mathfrak{k} = \mathfrak{Div}\, T, \qquad \mathfrak{k}_m = \sum_{n=1}^{4} \frac{\partial T_{mn}}{\partial x_n}$$

und

$$\text{(4)} \qquad T_{mn} = -\sum_{r=1}^{4} F_{mr} \mathfrak{f}_{nr} + \delta_{mn} \Lambda,$$

wo Λ die LAGRANGE-Dichte aus (26. 24) bedeutet.

Hier empfiehlt sich eine Schreibweise, die in der Relativitätstheorie üblich ist, weil sie die Übersichtlichkeit der Umrechnungen mit Doppelindizes erhöht. Die Summen in den Gln. (1) bis (4) sind alle von solcher Art, daß der Summationsindex zweimal auftritt. Wenn wir vereinbaren, daß über Paare gleichlautender Indizes, die Koordinaten in Raum-Zeit beschreiben, stets von 1 bis 4 zu summieren ist, können wir die Summenzeichen weglassen, und es ergeben sich Formeln, die so einprägsam sind wie Vektorgleichungen und so klar wie Komponentengleichungen. Die Gln. (2) und (4) lauten z. B., wenn wir diese Konvention benutzen und für $\frac{\partial}{\partial x_n}$ kurz ∂_n schreiben:

$$\text{(4a)} \qquad \mathfrak{k}_m = F_{mn} \partial_r \mathfrak{f}_{nr}$$

und

$$\text{(4b)} \qquad T_{mn} = -F_{mr} \mathfrak{f}_{nr} + \Lambda \delta_{mn}, \qquad \Lambda = \frac{1}{4} F_{ik} \mathfrak{f}_{ik}.$$

Besonders bei den folgenden, etwas unanschaulichen Umrechnungen ist es vorteilhaft, die Formeln von entbehrlichen Zeichen zu befreien.

Wir benutzen zur Umformung der rechten Seite von (2) die Identität

$$\text{(5)} \quad F_{mn} \partial_r \mathfrak{f}_{nr} = \partial_r (F_{mn} \mathfrak{f}_{nr}) - \mathfrak{f}_{nr} \partial_r F_{mn} = -\partial_n (F_{mr} \mathfrak{f}_{nr}) - \mathfrak{f}_{nr} \partial_r F_{mn}.$$

Darin ist benutzt, daß die Tensoren $\mathfrak{f}$ und F schiefsymmetrisch sind und daß wir Summationsindizes beliebig benennen können. Aus den gleichen Gründen ist der zweite Term

$$-\mathfrak{f}_{nr} \partial_r F_{mn} = -\frac{1}{2} \mathfrak{f}_{nr} (\partial_r F_{mn} - \partial_n F_{mr}) = -\frac{1}{2} \mathfrak{f}_{nr} (\partial_r F_{mn} + \partial_n F_{rm}),$$

d. i. nach Umbenennung der Summationsindizes

$$\text{(6)} \qquad = -\frac{1}{2} \mathfrak{f}_{rs} (\partial_s F_{mr} + \partial_r F_{sm}).$$

Jetzt benutzen wir die MAXWELLsche Gl. (26. 18). Nach dieser gilt (die drei Glieder gehen auseinander durch zyklische Vertauschung der Indizes m, n, r hervor)

$$\frac{\partial F_{mn}}{\partial x_r} + \frac{\partial F_{nr}}{\partial x_m} + \frac{\partial F_{rm}}{\partial x_n} = 0 .$$

Statt (6) können wir daher, wenn wir das negative Vorzeichen durch Umstellung der Indizes in F wettmachen, auch schreiben

$$\text{(7)} \qquad \frac{1}{2} f_{rs}\, \partial_m F_{rs} .$$

Dies ist das Ergebnis der Summation im zweiten Gliede der rechten Seite von (5), während dasjenige im ersten Gliede durch (6) gegeben war. Im ganzen erhält man daher aus (2), (5) und (7)

$$\text{(8)} \qquad \mathfrak{k}_m = -\partial_n (F_{mr} f_{nr}) + \frac{1}{2} f_{rs}\, \partial_m F_{rs} .$$

Hier ist das erste Glied rechts bereits mit der ersten Hälfte der in (3) und (4) bzw. (4a) enthaltenen Darstellung des Tensors T in (3) identisch. Um jene Darstellung vollends zu beweisen, müssen wir uns nur noch überzeugen, daß das zweite Glied rechts in (8) gleich wird

$$\sum_{n=1}^{4} \delta_{nm} \frac{\partial \Lambda}{\partial x_n} = \frac{\partial \Lambda}{\partial x_m} .$$

Das ist aber in der Tat nach (26. 24) der Fall. Die Behauptung (3) ist also bewiesen.

Unser Ausdruck (4b) für T stellt einen *symmetrischen Tensor zweiter Stufe* dar. Seine Symmetrie ergibt sich unmittelbar aus der Proportionalität zwischen f und F und aus der Bedeutung von δ_{mn}; der Tensorcharakter im Sinne von § 28 E folgt aus dem Verhalten der Sechservektoren f und F bei der LORENTZ-Transformation. Diese etwas index-beschwerte und scheinbar formale Umrechnung führt, wie wir sehen werden, zu weitreichenden physikalischen Folgerungen.

Wir berechnen aus (4) die Komponenten von T einzeln, zunächst die Diagonalglieder des Matrixschemas, denen allen das Glied mit Λ gemeinsam ist. Man erhält

$$\begin{aligned} T_{11} &= -\{f_{12}F_{12} + f_{13}F_{13} + f_{14}F_{14}\} + \Lambda \\ &= -\mathfrak{H}_z\mathfrak{B}_z - \mathfrak{H}_y\mathfrak{B}_y + \mathfrak{D}_x\mathfrak{E}_x + \frac{1}{2}\mathfrak{H}\cdot\mathfrak{B} - \frac{1}{2}\mathfrak{D}\cdot\mathfrak{E} \\ &= -(\mathfrak{H}\mathfrak{B}) + \mathfrak{H}_x\mathfrak{B}_x + \mathfrak{D}_x\mathfrak{E}_x + \frac{1}{2}\mathfrak{H}\cdot\mathfrak{B} - \frac{1}{2}\mathfrak{D}\cdot\mathfrak{E} \\ &= \mathfrak{H}_x\mathfrak{B}_x + \mathfrak{D}_x\mathfrak{E}_x - W , \end{aligned}$$

wo W die Energiedichte bedeutet. Ebenso ergibt sich

$$\begin{aligned} T_{22} &= \mathfrak{H}_y\mathfrak{B}_y + \mathfrak{D}_y\mathfrak{E}_y - W , \\ T_{33} &= \mathfrak{H}_z\mathfrak{B}_z + \mathfrak{D}_z\mathfrak{E}_z - W ; \end{aligned}$$

dagegen

$$\begin{aligned} T_{44} &= -\{f_{41}F_{41} + f_{42}F_{42} + f_{43}F_{43}\} + \Lambda \\ &= \mathfrak{D}_x\mathfrak{E}_x + \mathfrak{D}_y\mathfrak{E}_y + \mathfrak{D}_z\mathfrak{E}_z + \frac{1}{2}\mathfrak{H}\cdot\mathfrak{B} - \frac{1}{2}\mathfrak{D}\cdot\mathfrak{E} \\ &= \frac{1}{2}\mathfrak{D}\cdot\mathfrak{E} + \frac{1}{2}\mathfrak{H}\cdot\mathfrak{B} = W. \end{aligned}$$

Wir kommen zu den Nicht-Diagonal-Elementen, zunächst zu den mit dem Index 4 behafteten, z. B.

$$\begin{aligned} T_{14} = T_{41} &= -(f_{42}F_{12} + f_{43}F_{13}) = -\mathrm{i}\,c(\mathfrak{D}_y\mathfrak{B}_z - \mathfrak{D}_z\mathfrak{B}_y) \\ &= -\mathrm{i}\,c\,\varepsilon_0\mu_0(\mathfrak{E}\times\mathfrak{H})_x = -\frac{\mathrm{i}}{c}\mathfrak{S}_x. \end{aligned}$$

Ebenso ergibt sich:

$$T_{24} = T_{42} = -\frac{\mathrm{i}}{c}\mathfrak{S}_y, \qquad T_{34} = T_{43} = -\frac{\mathrm{i}}{c}\mathfrak{S}_z.$$

Die übrigen Nicht-Diagonal-Elemente sind

$$T_{12} = T_{21} = -(f_{13}F_{23} + f_{14}F_{24}) = \begin{cases} \mathfrak{H}_y\mathfrak{B}_x + \mathfrak{D}_x\mathfrak{E}_y = \mathfrak{H}_y\mathfrak{B}_x + \mathfrak{D}_y\mathfrak{E}_x, \\ \mathfrak{H}_x\mathfrak{B}_y + \mathfrak{D}_x\mathfrak{E}_y = \mathfrak{H}_x\mathfrak{B}_y + \mathfrak{D}_y\mathfrak{E}_x, \end{cases}$$

wobei die Gleichheit der vier letzten Ausdrücke wieder aus der Proportionalität von $\mathfrak{D}$ und $\mathfrak{E}$ folgt, ebenso

$$T_{13} = T_{31} = \begin{cases} \mathfrak{H}_x\mathfrak{B}_z + \mathfrak{D}_x\mathfrak{E}_z, \\ \mathfrak{H}_z\mathfrak{B}_x + \mathfrak{D}_z\mathfrak{E}_x, \end{cases}$$

$$T_{23} = T_{32} = \begin{cases} \mathfrak{H}_z\mathfrak{B}_z + \mathfrak{D}_y\mathfrak{E}_z, \\ \mathfrak{H}_z\mathfrak{B}_y + \mathfrak{D}_z\mathfrak{E}_y. \end{cases}$$

Die vollständige T-Matrix lautet also in abgekürzter Schreibweise

$$T = \left(\begin{array}{c|c} \sigma & -\frac{\mathrm{i}}{c}\mathfrak{S} \\ \hline -\frac{\mathrm{i}}{c}\mathfrak{S} & W \end{array}\right). \tag{9}$$

Hier ist σ die *dreidimensionale* Matrix der sog. MAXWELLschen Spannungen:

$$\begin{cases} \mathfrak{H}_x\mathfrak{B}_x + \mathfrak{D}_x\mathfrak{E}_x - W, & \mathfrak{H}_y\mathfrak{B}_x + \mathfrak{D}_y\mathfrak{E}_x, & \mathfrak{H}_z\mathfrak{B}_x + \mathfrak{D}_z\mathfrak{E}_x, \\ \mathfrak{H}_x\mathfrak{B}_y + \mathfrak{D}_x\mathfrak{E}_y, & \mathfrak{H}_y\mathfrak{B}_y + \mathfrak{D}_y\mathfrak{E}_y - W, & \mathfrak{H}_z\mathfrak{B}_y + \mathfrak{D}_z\mathfrak{E}_y, \\ \mathfrak{H}_x\mathfrak{B}_z + \mathfrak{D}_x\mathfrak{E}_z, & \mathfrak{H}_y\mathfrak{B}_z + \mathfrak{D}_y\mathfrak{E}_z, & \mathfrak{H}_z\mathfrak{B}_z + \mathfrak{D}_z\mathfrak{E}_z - W. \end{cases} \tag{10}$$

In der Tat berechnet sich der Beitrag von σ zur Kraft nach dem räumlichen Anteil von Gl. (3) wie in der Mechanik der Kontinua aus den Spannungen (s. Sommerfeld Vorl. Bd. II, 4. Aufl.)[1]), (8.11):

$$\mathfrak{k}_i = \frac{\partial\sigma_{ix}}{\partial x} + \frac{\partial\sigma_{iy}}{\partial y} + \frac{\partial\sigma_{iz}}{\partial z}. \qquad (i = x, y, z)$$

---

[1]) Man beachte den Vorzeichenunterschied hier und in II (8.11). Dort ist $\mathfrak{F}$ die Kraft, die den Spannungen das Gleichgewicht hält; hier ist die LORENTZ-Kraft ein anderer Ausdruck für die Spannungen, sie ist die von den Spannungen erzeugte Kraft.

σ bedeutet hiernach in seinem elektrischen Bestandteil einen Zug in Richtung der Kraftlinien von der Größe W und einen Druck von derselben Größe in den dazu senkrechten Richtungen. Man erkennt das unmittelbar, wenn man z. B. die x-Achse in die Richtung von $\mathfrak{E}$ legt und $\mathfrak{B} = 0$ setzt. Dann wird nämlich

$$\sigma_{xx} = \frac{1}{2}\mathfrak{D}\cdot\mathfrak{E}, \qquad \sigma_{yy} = \sigma_{zz} = -\frac{1}{2}\mathfrak{D}\cdot\mathfrak{E}, \qquad \sigma_{ik} = 0 \quad \text{für} \quad i \neq k;$$

dasselbe zeigt man für die magnetischen Kraftlinien, wenn man die x-Achse in deren Richtung legt und $\mathfrak{E} = 0$ macht. Damit sind wir auf die Vorstellungen zurückgeführt, die sich Faraday seinerzeit rein intuitiv gebildet hatte.

Dieser Spannungstensor σ ist aber, für sich genommen, keine legitime physikalische Größe im Sinne der Relativitätstheorie. Er wird es erst durch seine Ränderung mit den Energiegrößen $\mathfrak{S}$ und W, also durch ihre Vervollständigung zu dem „Spannungs-Energie-Tensor" T. Dieser hat die charakteristische Eigenschaft, daß seine „Spur" (Summe aller vier Glieder der Hauptdiagonale) verschwindet. In der Tat haben wir:

$$T_{11} + T_{22} + T_{33} + T_{44} = \mathfrak{H}\cdot\mathfrak{B} + \mathfrak{D}\cdot\mathfrak{E} - 3W + W = 0.$$

Wir kommen jetzt auf den durch (3) gegebenen Zusammenhang von T mit der Lorentzschen Kraftdichte $\mathfrak{k}$ zurück und betrachten zuerst die vierte Zeile von (3). Sie lautet mit Rücksicht auf (9):

$$\mathfrak{k}_4 = -\frac{i}{c}\operatorname{div}\mathfrak{S} + \frac{\partial W}{\partial x_4}.$$

Setzen wir hier für $\mathfrak{k}_4$ den Wert $i\,\varrho\, L/c$ aus (28. 17c) ein, so ergibt sich mit $x_4 = i\,c\,t$

(11) $$\frac{\partial W}{\partial t} + \operatorname{div}\mathfrak{S} + \varrho\, L = 0, \qquad L = \mathfrak{v}\cdot\mathfrak{E}.$$

Dies ist der Poyntingsche Satz, Gl. (5. 7), wobei nur die an der bewegten Ladung ϱ geleistete Arbeit an die Stelle des früheren Energieverlustes durch Joulesche Wärme getreten ist.

Betrachten wir andererseits eine der Raumkomponenten von Gl. (3), z. B. die erste Zeile derselben,

$$\mathfrak{k}_1 = \mathfrak{k}_x = \mathfrak{div}\,\sigma - \frac{i}{c}\frac{\partial \mathfrak{S}_x}{\partial x_4};$$

sie lautet, ausführlich geschrieben:

(12) $$\frac{\partial \sigma_{xx}}{\partial x} + \frac{\partial \sigma_{xy}}{\partial y} + \frac{\partial \sigma_{xz}}{\partial z} - \frac{1}{c^2}\frac{\partial \mathfrak{S}_x}{\partial t} = \mathfrak{k}_x.$$

Lassen wir hier das letzte Glied links fort, beschränken uns also zunächst auf einen stationären Zustand, so haben wir wieder die typische Formel (8. 11) des elastischen Gleichgewichtes aus Bd. II vor uns. Wie dort die Volumkraft F_x von den Spannungen σ_{ik}, soweit sie in die x-Richtung weisen, aufgenommen und äquilibriert wurde, können in unserem Falle diese Spannungen die Lorentzsche Kraftdichte völlig ersetzen. Sie sind überall im Felde durch das Tensorschema (10) definiert, auch da, wo es mangels einer Ladungsdichte σ keine Lorentzsche Kraft gibt. Das im Anfang dieses Paragraphen aufgestellte Ziel, die Übertragung der Kraft durch das Vakuum hindurch zu verfolgen (ohne Zuhilfenahme eines Probekörpers), ist dadurch erreicht.

Wie steht es aber im nicht-stationären Zustand und was bedeutet das dann in (12) hinzutretende Glied mit $\delta \mathfrak{S}/\delta t$? Die Antwort darauf gibt uns Gl. (14. 1) in Bd. II, wo das entsprechende Glied, dort mit $-\varrho\, \partial^2 \mathfrak{s}/\partial t^2$ bezeichnet, den *Trägheitswiderstand* der Volumeinheit des elastischen Körpers oder, mit positivem Zeichen genommen, die *Änderung seines Bewegungsimpulses* bedeutete. Wir lernen daraus, daß auch im elektromagnetischen Felde Impuls enthalten ist und daß die Impulsdichte $\mathfrak{g}$ (Impuls pro Volumeinheit) nach Richtung und Größe zu definieren ist durch

$$\mathfrak{g} = \frac{1}{c^2}\, \mathfrak{S}. \tag{13}$$

Daß das elektromagnetische Feld *Energie* besitzt und wie diese im Raum lokalisiert werden muß, ist uns längst bekannt. Jetzt sehen wir, daß wir dem Felde auch *Impuls* zuschreiben müssen, kontinuierlich im Raum verteilt, wo immer Energiefluß $\mathfrak{S}$ vorhanden ist, und gleichgerichtet mit diesem.

Dementsprechend führt auch eine *Lichtwelle* Impuls mit sich und übt auf einen nicht-reflektierenden (schwarzen) Körper, auf den sie auffällt, einen Druck aus — den von MAXWELL entdeckten *Lichtdruck*. Wenn andererseits eine Lichtwelle von einem Körper ausgesandt wird, erteilt sie diesem einen Rückstoß, entgegengesetzt gleich dem von ihr mitgeführten Impuls. Wir nennen den letzteren Körper ,,Sender", den ersteren ,,Empfänger" und nehmen an, daß beide für $t < 0$ in Ruhe waren. Im Zeitpunkt $t = 0$, wo die Lichtwelle vom Sender emittiert wird, erhält dieser einen Rückstoß. Der Schwerpunkt vom Sender und Empfänger setzt sich dann in Bewegung und bleibt in Bewegung während der Zeit $0 < t < T$. Im Zeitpunkt $t = T$ wird die Lichtwelle vom Empfänger absorbiert (wir wollen der Kürze halber annehmen, ohne Reflexion); sie erteilt diesem dann den gleichen Impuls nach vorwärts. Von da ab ist der Schwerpunkt beider Körper wieder in Ruhe, in der Zwischenzeit T aber ist er entsprechend dem sich rückwärts bewegenden Sender ein Stück gewandert. Dieser Widerspruch gegen den Schwerpunktssatz wird nur dadurch behoben, daß wir der Lichtwelle selbst während ihrer Lebensdauer T einen Impuls zuschreiben. Dann entsteht und vergeht überhaupt kein Impuls, weder bei der Emission noch bei der Absorption, und der Schwerpunkt bleibt *dauernd* in Ruhe.

Es ist bekanntlich schwer, den Lichtdruck im Laboratorium nachzuweisen. Die dazu konstruierten Radiometer zeigen meistens Konvektionsströme der Gasreste an, hervorgerufen durch thermische Wirkung der Bestrahlung. Um so großartiger dokumentiert sich aber der Lichtdruck am Himmelsgewölbe. Die von der Sonne fortgerichteten Kometenschweife zeigen ihn an (LEBEDEW), ebenso die Sonnenkorona, in der leuchtende Partikeln durch den Licht- oder Strahlungsdruck bis zur Höhe des Sonnenradius in der Schwebe gehalten werden. Auch die innere Konstitution der Sonne und der hellen Fixsterne überhaupt wird durch die gemeinsame Wirkung von Strahlungsdruck und thermodynamischem Gasdruck beherrscht

(KARL SCHWARZSCHILD, † 1916, für die Sonnenoberfläche; in voller Allgemeinheit A. S. EDDINGTON, † 1944). Wir müssen uns hier damit begnügen, auf einige allgemeine Zusammenhänge zwischen Impuls, Energie und Lichtdruck hinzuweisen.

Aus der Definition von $\mathfrak{S}$ ergibt sich bei einer transversalen ebenen Welle $\left(\mathfrak{H} \perp \mathfrak{E},\ |\mathfrak{H}| = \sqrt{\frac{\varepsilon_0}{\mu_0}}\,|\mathfrak{E}|\right)$:

$$|\mathfrak{S}| = |\mathfrak{E} \times \mathfrak{H}| = |\mathfrak{E}|\,|\mathfrak{H}| = \left\{\begin{matrix} \sqrt{\frac{\varepsilon_0}{\mu_0}}\,\mathfrak{E}^2 = \varepsilon_0\, c\, \mathfrak{E}^2 \\ \sqrt{\frac{\mu_0}{\varepsilon_0}}\,\mathfrak{H}^2 = \mu_0\, c\, \mathfrak{H}^2 \end{matrix}\right\} = c\, w.$$

Daraus folgt nach der Definition (13) von $\mathfrak{g}$

$$(14) \qquad |\mathfrak{g}| = \frac{w}{c}.$$

Der auf einen Schirm auffallende Impuls ist also dem absoluten Betrag nach bis auf den Faktor $1/c$ gleich *der Energiedichte vor dem Schirm* (gültig nicht nur für das Vakuum, sondern für jedes nicht-absorbierende Mittel).

Wir betrachten ein Bündel paralleler Strahlen, ein „Wellenpaket", von der Länge l und dem Querschnitt q. W sei die in ihm enthaltene Energie, $\mathfrak{G}$ der in ihm enthaltene Impuls:

$$(15) \qquad W = q\, l\, w, \qquad |\mathfrak{G}| = q\, l\, |\mathfrak{g}| = q\, l\, \frac{w}{c} = \frac{W}{c};$$

letzteres nach (14). Bei einem „Photon" oder „Lichtquant" ist die Energie W des Bündels gleich $h\,\nu$ (h = PLANCKsche Konstante, ν = Schwingungszahl in der Sekunde). Der Impuls dieses Bündels ist dann nach (15)

$$(15\text{a}) \qquad \mathfrak{G} = \frac{h\,\nu}{c}.$$

In der Lichtquantentheorie erscheint also der Lichtdruck als Folge der Stöße eines „Photonenhagels", zu dem jedes Photon den Beitrag $h\,\nu/c$ leistet.

Wir prüfen diese Aussage noch einmal an Hand der Darstellung (10) des Spannungstensors σ. Die als eben vorausgesetzte Lichtwelle falle in der positiven x-Richtung auf eine dazu senkrechte Platte. Wegen der Transversalität des Lichtes sind $\mathfrak{E}_x$, $\mathfrak{D}_x$, $\mathfrak{B}_x$, $\mathfrak{H}_x$ gleich Null, und die erste Zeile von (10) reduziert sich auf

$$\sigma_{xx} = -w, \qquad \sigma_{xy} = \sigma_{xz} = 0.$$

Handelt es sich um das in (15) beschriebene Lichtbündel, so wirkt auf die Platte während der Zeit $T = l/c$ die Kraft

$$-\sigma_{xx}\, q = w\, q;$$

ihr Zeitintegral gibt den der Platte erteilten Impuls. Wir berechnen ihn durch

$$|\mathfrak{G}| = \int_0^T w\, q\, \mathrm{d}t = \frac{1}{c}\int_0^l w\, q\, \mathrm{d}l = \frac{w\, q\, l}{c} = \frac{W}{c},$$

was mit Gl. (15) übereinstimmt.

Fällt die Lichtwelle nicht senkrecht auf die Platte, sondern unter dem Winkel α gegen ihre Normale, so folgt aus der quadratischen Natur der Koeffizienten in der Tensor-Transformationsformel (28. 20)

$$\sigma_{xx} = -w \cos^2\alpha .$$

Man macht sich diese Winkelabhängigkeit dadurch klar, daß man bedenkt: Die von dem Lichtbündel getroffene Fläche ist jetzt $q/\cos\alpha$, und von dem Impuls der Lichtstrahlen kommt nur die Komponente nach der x-Richtung als Lichtdruck zur Wirkung.

§ 32. Die relativistische Mechanik

Im Gegensatz zur Elektrodynamik, die von Hause aus den Anforderungen der Relativitätstheorie angepaßt ist, so daß wir sie geradezu zu deren Begründung verwerten konnten, müssen wir die klassische Mechanik einschneidenden Änderungen unterziehen, um sie mit der Relativitätstheorie in Einklang zu bringen. Diese Änderungen betreffen beim einzelnen Massenpunkt schon die Definition seines *Impulses* (seiner „quantitas motus") als *Vierervektor*. In Übereinstimmung mit Bd. I, § 2, setzen wir ihn proportional zum Vierervektor $\mathfrak{B}$ der Geschwindigkeit aus Gl. (27. 18) und nennen ihn wieder $\mathfrak{G}$:

(1) $$\mathfrak{G} = m_0 \mathfrak{B}, \qquad \mathfrak{B} = \frac{\mathrm{d}x_1}{\mathrm{d}\tau}, \frac{\mathrm{d}x_2}{\mathrm{d}\tau}, \frac{\mathrm{d}x_3}{\mathrm{d}\tau}, \frac{\mathrm{d}x_4}{\mathrm{d}\tau}.$$

Der Proportionalitätsfaktor m_0 ist die *Ruhmasse* der betrachteten Partikel, $\mathrm{d}\tau = \sqrt{1-\beta^2}\,\mathrm{d}t$ ist das Differential der Eigenzeit. Statt (1) können wir also auch schreiben

(1a) $$\mathfrak{G} = \frac{m_0}{\sqrt{1-\beta^2}}(\mathfrak{v}, i c), \qquad \mathfrak{v} = \frac{\mathrm{d}x}{\mathrm{d}t}, \frac{\mathrm{d}y}{\mathrm{d}t}, \frac{\mathrm{d}z}{\mathrm{d}t}.$$

Man nennt

(2) $$m = \frac{m_0}{\sqrt{1-\beta^2}}$$

die relativistische Masse; sie ist die Masse bewegter Teilchen. Sie ist nicht, wie in der klassischen Mechanik, konstant, sondern wächst für $\beta \to 1$, $v \to c$ ins Unendliche, ist also vom Bezugssystem abhängig und keine legitime Weltgröße. Dies gilt nicht nur für das Elektron, sondern für jede Masse, nur daß man eine große Masse nicht wie das Elektron bis nahezu c beschleunigen kann. (Bei den kosmischen Strahlen mit ihren ungeheuren Energien kommt die Veränderlichkeit der Masse dagegen auch bei den schweren oder halbschweren Partikeln, den Protonen oder Mesonen, zum deutlichen Ausdruck.)

Das Trägheitsgesetz, die *prima lex* Newtons, lautet nun in relativistischer Fassung

(3) $$\mathfrak{G} = \text{konst.}$$

Entsprechend werden wir die *secunda lex* als vierdimensionale Vektorgleichung zunächst folgendermaßen schreiben:

(4) $$\frac{\mathrm{d}\mathfrak{G}}{\mathrm{d}\tau} = \mathfrak{F}.$$

Hier bedeutet $\mathfrak{F}$ die *zu einem Vierervektor ergänzte* äußere Kraft. Beim einzelnen Elektron ist, wie wir wissen, die LORENTZsche Kraftdichte $\mathfrak{f}$ ein solcher Vierervektor, nicht aber die LORENTZsche Kraft $\mathfrak{K}$ selbst. Diese wird es erst, wenn wir sie mit $\sqrt{1-\beta^2}$ dividieren und dadurch mit $\mathfrak{f}$ in die durch die Gln. (28. 19) und (28. 19a) ausgedrückte invariante Beziehung setzen. Das führt dazu, den Vierervektor $\mathfrak{F}$ beim einzelnen Elektron folgendermaßen mit Hilfe von $\mathfrak{K}$ zu definieren:

$$\text{(4a)} \qquad \mathfrak{F}_{1,2,3} = \frac{\mathfrak{K}}{\sqrt{1-\beta^2}} = \frac{e(\mathfrak{E} + \mathfrak{v} \times \mathfrak{B})}{\sqrt{1-\beta^2}}, \quad \mathfrak{F}_4 = \frac{e\,i}{c\sqrt{1-\beta^2}}\,\mathfrak{v}\cdot\mathfrak{E}.$$

Beim Einsetzen in (4) läßt sich dann der Faktor $\sqrt{1-\beta^2}$ rechts gegen den in $d\tau$ enthaltenen Faktor $\sqrt{1-\beta^2}$ fortheben. Man erhält so statt der ersten drei Komponenten von (4)

$$\text{(5)} \qquad \frac{d}{dt}\,m\,\mathfrak{v} = \frac{d}{dt}\,\frac{m_0\,\mathfrak{v}}{\sqrt{1-\beta^2}} = \mathfrak{K}.$$

Dies ist die Bewegungsgleichung (4. 6) aus Bd. I. Das ist die in Aussicht gestellte Rechtfertigung dafür, daß man nicht den räumlichen Anteil aus (4a), sondern $\mathfrak{K}$ LORENTZ-Kraft nennt. Sie tritt hier, wie zuerst PLANCK[1]) hervorgehoben hat, an die Stelle der klassischen *Newtonschen Kraft*. Im Gegensatz zu dieser bezeichnet man die Viererkraft $\mathfrak{F}$ in (4) als *Minkowskische Kraft*.

In Bd. I, § 4, wurde bereits ausgeführt, daß bei *longitudinaler* bzw. *transversaler* Richtung der Kraft ($\mathfrak{K} \parallel \mathfrak{v}$ bzw. $\mathfrak{K} \perp \mathfrak{v}$) aus (5) entsteht

$$\frac{m_0}{(1-\beta^2)^{3/2}}\,\frac{d\mathfrak{v}}{dt} = \mathfrak{K} \quad \text{bzw.} \quad \frac{m_0}{(1-\beta^2)^{1/2}}\,\frac{d\mathfrak{v}}{dt} = \mathfrak{K}.$$

Die Bezeichnungen *longitudinale* und *transversale* Masse für $m_0(1-\beta^2)^{-3/2}$ und $m_0(1-\beta^2)^{-1/2}$ sind an der gleichen Stelle von Bd. I besprochen und kritisiert worden.

Wir ergänzen Gl. (5) durch ihre aus (4) und (4a) folgende vierte energetische Komponente

$$\text{(6)} \qquad \frac{d}{dt}\,\frac{m_0\,c^2}{\sqrt{1-\beta^2}} = e\,\mathfrak{v}\cdot\mathfrak{E} = \mathfrak{v}\cdot\mathfrak{K}.$$

Die hier postulierte Gleichheit von $e\,\mathfrak{v}\cdot\mathfrak{E}$ und $\mathfrak{v}\cdot\mathfrak{K}$ ergibt sich im elektrodynamischen Falle einfach daraus, daß $\mathfrak{v}\cdot(\mathfrak{v}\times\mathfrak{B}) = 0$ ist. Bei der Übertragung auf ein beliebiges Kraftgesetz bedeutet sie, daß die MINKOWSKIsche Viererkraft $\mathfrak{F}$ auf der Weltlinie des Massenpunktes *senkrecht*[2]) stehen muß, vgl. § 28, Gl. (19c).

$\mathfrak{v}\cdot\mathfrak{K}$ ist die an dem bewegten Massenpunkt von der Kraft $\mathfrak{K}$ pro Zeiteinheit geleistete Arbeit, also gleich dA/dt. Hiernach ist die linke Seite von (6) nichts anderes als die von der Kraft $\mathfrak{K}$ bewirkte Änderung der kinetischen Energie T. Wir haben also

$$\text{(6a)} \qquad T = \frac{m_0\,c^2}{\sqrt{1-\beta^2}} + \text{konst.}$$

[1]) Verhandl. der deutschen physikal. Ges. 4 (1906) S. 136.

[2]) Das gilt unabhängig von der Gestalt der Viererkraft, solange die Leistung an einem Teilchen gleich der von der Kraft an dem Teilchen geleisteten Arbeit ist. Sie würde nur ungültig, wenn sich die Ruhmasse, was tatsächlich nicht vorkommt, aus irgendeinem Grunde ändern würde. Diese Orthogonalität ist also sehr fundamental.

In Übungsaufgabe III. 4 werden wir uns davon überzeugen, daß Gl. (6) aus der Bewegungsgleichung (5) auch durch den beim Energiesatz der elementaren Mechanik üblichen Formalismus, nämlich durch skalare Multiplikation mit $\mathfrak{v}$, abgeleitet werden kann. Da T für $v \to 0$ definitionsgemäß verschwinden muß, ist die Konstante in (6a) gleich $-m_0 c^2$ zu setzen. Daher wird mit Rücksicht auf (2)

$$T = m_0 c^2 \left(\frac{1}{\sqrt{1-\beta^2}} - 1 \right) = (m - m_0) c^2. \tag{7}$$

Der klassische Ausdruck $T = m v^2/2$ ergibt sich daraus durch den Grenzübergang $c \to \infty$, wie bereits in Bd. I am Ende von § 4 bemerkt wurde.

A. Die Äquivalenz von Energie und Masse

Ebenso wie wir neben der Masse der Bewegung m die Ruhmasse m_0 zu betrachten hatten, führen wir neben der *Energie der Bewegung* E die *Ruhenergie* E_0 ein, wobei dann $T = E - E_0$ wird. Statt (7) können wir hiernach schreiben

$$E - E_0 = (m - m_0) c^2. \tag{7a}$$

Wir verschärfen diese Gleichung zu der Aussage

$$E = m c^2 \tag{8}$$

und der daraus folgenden Aussage

$$E_0 = m_0 c^2. \tag{8a}$$

Dies ist der Satz von der *Trägheit der Energie*, der nach EINSTEIN das wichtigste Ergebnis der (speziellen) Relativitätstheorie darstellt. Wir zitieren EINSTEIN wörtlich: „Die Masse eines Körpers ist ein Maß für dessen Energieinhalt; ändert sich die Energie um $\triangle E$, so ändert sich die Masse in demselben Sinne um $\triangle E/c^2$. Es ist nicht ausgeschlossen, daß bei Körpern, deren Energieinhalt in hohem Maße veränderlich ist (z. B. bei den Radiumsalzen), eine Prüfung der Theorie gelingen wird[1])".

Diese Prüfung ist seitdem in größtem Maßstabe erfolgt: Die inzwischen entdeckten, bei den meisten leichteren Elementen genau untersuchten Atomumwandlungen haben, unter Benutzung des Äquivalenzsatzes, zu einer ungeahnten *Präzisierung der chemischen Atomgewichte*[2]) geführt, und die erst Ende 1938 von OTTO HAHN entdeckte Zerspaltung des schwersten Elementes Uran, genauer gesagt, des Uranisotops vom Atomgewicht 235, hat sich auf Grund der dabei auftretenden Massenverluste in den *Zerstörungen durch die Uranbombe* erschreckend

[1]) A. EINSTEIN, Ist die Trägheit eines Körpers von seinem Energieinhalt abhängig? Ann. d. Phys. 17, 1905. EINSTEIN erläutert hier die Verschärfung der Gl. (7a) zu dem Äquivalenzgesetz (8) durch ein Gedankenexperiment: ein bewegter Körper emittiert Strahlung und wird von einem Ruhesystem aus beobachtet.

[2]) H. BETHE, Phys. Rev. 47, 633, 1935; OLIPHANT, KEMPTON und RUTHERFORD, Proc. R. Soc. 149, 406, 1935. Das fast gleichzeitige Erscheinen dieser beiden Arbeiten diesseits und jenseits des Atlantischen Ozeans zeigt wieder einmal die Zwangsläufigkeit des durch das jeweils verfügbare experimentelle Material vorgeschriebenen Fortschrittes der physikalischen Erkenntnis auf.

ausgewirkt. Wir wollen uns hier nur mit dem zweiten Beispiel und auch mit diesem nur ganz kurz und oberflächlich beschäftigen.

Das Uranatom 235 hat nach Einfang eines Neutrons (Atomgewicht 1) das Atomgewicht $M = 236$ angenommen, aber wie das ursprüngliche Uranatom die Ordnungszahl $Z = 92$ beibehalten. Es kann z. B. zerfallen in Krypton, $Z = 36$, und Barium, $Z = 56$, oder in Xenon, $Z = 54$, und Strontium, $Z = 38$. Beide Zerfallsmöglichkeiten sind beobachtet. Die *Erhaltung der Kernladung* $e\,Z$ ist dabei gewahrt, indem ja

$$92 = 36 + 56 = 54 + 38.$$

Aber die Masse bleibt nicht erhalten. Ein Atomkern besteht aus Z Protonen mit der Masse m_p und $A - Z$ Neutronen mit der Masse m_n. Darin ist A die Massenzahl, d. i. einerseits die Zahl der Protonen und Neutronen zusammen, also die der Nukleonen oder Kernbausteine, und andererseits empirisch, die dem Atomgewicht nächst benachbarte ganze Zahl. Gälte das EINSTEINsche Prinzip der Äquivalenz von Masse und Energie nicht, sondern das der Massenerhaltung, so wäre das Atomgewicht bei einem Kern mit A Nukleonen und Z Protonen

$$Z\,m_p + (A - Z)\,m_n.$$

Erfahrungsgemäß ist aber

$$m_{A,Z} = Z\,m_p + (A - Z)\,m_n - \triangle m_{A,Z}.$$

Es ergibt sich eine Massenverminderung, die sich mittels

$$\triangle m_{A,Z} = \frac{1}{c^2} B_{A,Z}$$

aus der Bindungsenergie der Nukleonen im Kern berechnet.

Zerfällt der Kern (A, Z) in mehrere Bruchstücke (A', Z'), (A'', Z'') ... oder verschmelzen die Teile zu einem Ganzen gemäß

$$(A, Z) \rightleftharpoons (A', Z') + (A'', Z'') + \cdots,$$

so ist die Differenz

$$\triangle m_{A,Z} - (\triangle m_{A',Z'} + \triangle m_{A'',Z''} + \cdots)$$

ein Maß für die Energie, die je nach dem Vorzeichen beim Zerfall oder bei der Verschmelzung frei wird.

Die quantitativen Verhältnisse sind besonders leicht bei der Verschmelzung von zwei H-Atomen und zwei Neutronen zu einem He-Atom zu überblicken. Die Massen des H-Atoms und des Neutrons betragen in Atomgewichtseinheiten:

$$m_{\mathrm{H}} = 1{,}008141,$$
$$m_n = 1{,}008982.$$

Daraus ergibt sich als Massensumme

$$2m_{\mathrm{H}} + 2m_n = 4{,}034246,$$

der als Masse des He-Atoms

$$m_{\mathrm{He}} = 4{,}003860$$

gegenübersteht. Wir erhalten so die Massendifferenz

$$\triangle m = 0{,}030386$$

und daraus nach dem Äquivalenzsatz eine Bindungsenergie von rund

$$B = 6{,}72 \cdot 10^{11}\,\mathrm{Ws/g} = 1{,}61 \cdot 10^{11}\,\mathrm{cal/g} \approx 8 \cdot 10^{6}\,\mathrm{kWd/kg}$$

(kWd = Kilowatt-Tag)[1]). Das ist etwa die Energie, die bei der Kernspaltung von Plutonium, einem Transuran mit der Ordnungszahl $Z = 94$, frei wird. Beachten wir, daß die Wärmetönungen der gewöhnlichen Molekularprozesse in der Größe von 1 bis 10 kcal/g liegen, so sehen wir, daß die Kernspaltung viele millionenmal energiereicher ist als jene. Von da aus versteht man sowohl die furchtbare Wirkung der Atomkernbombe wie die wohltätige Wirkung des Kernspaltungsreaktors, d. h. eines kontrollierbaren, stetig verlaufenden Spaltungsprozesses, der alle Wirtschaftsnöte der Zeit beseitigen könnte.

B. Zusammenhang zwischen Impuls und Energie

In der klassischen Mechanik sind die Impulskomponenten *Ableitungen der kinetischen Energie* nach den Geschwindigkeitskomponenten, z. B. beim einzelnen Massenpunkt in kartesischen Koordinaten:

(9) $$\mathfrak{G}_k = m\,\dot{x}_k = \frac{\partial T}{\partial \dot{x}_k}, \qquad T = \frac{m}{2}(\dot{x}_1^2 + \dot{x}_2^2 + \dot{x}_3^2) \quad \text{mit} \quad m = \text{konst.}$$

Das trifft in der relativistischen Mechanik nicht mehr zu. Man bestätigt aber unmittelbar, daß die relativistischen Impulskomponenten (1a) *Ableitungen der folgenden Größe*

(9a) $$K = -m_0\,c^2\sqrt{1-\beta^2} + \text{konst.}$$

nach den $\dot{x}_k$ sind. Man nennt eine Funktion, die dieses leistet, mit HELMHOLTZ[2]) „*kinetisches Potential*"; normiert man K wieder so, daß es für $\beta = 0$ verschwindet, so muß die Konstante gleich $m_0\,c^2$ gewählt werden, und man erhält

(9b) $$K = m_0\,c^2\left(1 - \sqrt{1-\beta^2}\right).$$

An die Stelle von (9) tritt also jetzt als Impulsdefinition beim einzelnen Massenpunkt

(10) $$\mathfrak{G}_k = \frac{\partial K}{\partial \dot{x}_k} = \frac{m_0\,\dot{x}_k}{\sqrt{1-\beta^2}},$$

übereinstimmend mit der Definition (1a). Für $c \to \infty$ geht offenbar K in T und (10) in (9) über.

C. D'Alembertsches und Hamiltonsches Prinzip

Welche Konsequenzen hat nun dieser abgeänderte Ausdruck (10) für die allgemeinen Prinzipien der Mechanik? Wir sprechen zunächst von dem *D'Alembertschen Prinzip*. Die von D'ALEMBERT eingeführten Trägheitswiderstände, vgl.

---

[1]) A. M. WEINBERG, E. P. WIGNER, The Physical Theory of Neutron chain Reactors, Univ. Chicago Press 1958, S. 138.

[2]) In seinen allgemeinen Untersuchungen über das Prinzip der kleinsten Wirkung.

Bd. I, Gl. (10. 1), sind auch jetzt durch $-\dot{\mathfrak{G}}_k$ gegeben. (Die übliche Definition durch Masse × Beschleunigung ist jetzt natürlich hinfällig.) Die Aussagen des D'ALEMBERTschen Prinzips in Bd. I, § 10 bleiben dann wörtlich erhalten: „Die Trägheitswiderstände stehen mit den physikalisch eingeprägten Kräften im Gleichgewicht" (Bd. I, S. 57). „Die verlorenen Kräfte halten sich am System das Gleichgewicht" (Bd. I, S. 58). Als Definition des Wortes „mechanisches System" dient dabei die Forderung (Bd. I, S. 49): „Die virtuelle Arbeit der Reaktionen innerhalb des Systems ist gleich Null."

Aus dem D'ALEMBERTschen Prinzip leitet man das *Hamiltonsche Prinzip* nach dem Vorbilde von Bd. I, § 33 ab. Man hat dabei nur T durch K zu ersetzen und erhält bei Kräften, die ein Potential V besitzen, an Stelle von (33. 12) in Bd. I

$$\delta \int_{t_0}^{t_1} (K - V)\, \mathrm{d}t = 0. \tag{11}$$

Hier ist die Variation ebenso wie l. c. auszuführen: Die Lagenkoordinaten werden variiert, die Endpunkte der Bahn und die Zeit beim Durchlaufen derselben bleiben fest.

Bei der Anwendung auf den einzelnen Massenpunkt wird

$$\delta \int_{t_0}^{t_1} K\, \mathrm{d}t = \delta \int_{t_1}^{t_1} m_0 c^2 \left(1 - \sqrt{1 - \beta^2}\right) \mathrm{d}t = -\delta \int_{t_0}^{t_1} m_0 c^2 \sqrt{1 - \beta^2}\, \mathrm{d}t. \tag{11a}$$

Hier haben wir bereits berücksichtigt, daß die Zeiten t_0 und t_1 nicht zu variieren sind, also daß $\delta(t_1 - t_0) = 0$ ist. Aus (11) folgt daher

$$\delta \int_{t_0}^{t_1} \left(m_0 c^2 \sqrt{1 - \beta^2} + V\right) \mathrm{d}t = 0. \tag{12}$$

Wir überzeugen uns leicht, daß diese Variationsvorschrift mit unserer Bewegungsgleichung (5) übereinstimmt, und zwar nicht nur für den Fall der LORENTZschen Kraft $\mathfrak{K}$, auf den (5) beschränkt war, sondern für eine beliebig gegebene potentielle Energie und eine beliebige, daraus abgeleitete Kraft $\mathfrak{K} = -\operatorname{grad} V$.

Bei der Variation ist zu setzen $x + \delta x$, $y + \delta y$, $z + \delta z$ statt x, y, z, und es wird

$$\delta \frac{\mathrm{d}x}{\mathrm{d}t} = \frac{\mathrm{d}\,\delta x}{\mathrm{d}t}, \ \ldots, \ \delta V = \frac{\partial V}{\partial x}\delta x + \cdots = -\mathfrak{K}_x\, \delta x - \ldots,$$

wo die ... entsprechende Ausdrücke in den y, z bedeuten. Ebenso ist zu bilden:

$$\delta \sqrt{1 - \beta^2} = \delta \sqrt{1 - \frac{1}{c^2}\left\{\left(\frac{\mathrm{d}x}{\mathrm{d}t}\right)^2 + \left(\frac{\mathrm{d}y}{\mathrm{d}t}\right)^2 + \left(\frac{\mathrm{d}z}{\mathrm{d}t}\right)^2\right\}}$$
$$= \frac{1}{2\sqrt{1-\beta^2}}\left(-\frac{2}{c^2}\right)\left(\frac{\mathrm{d}x}{\mathrm{d}t}\,\frac{\mathrm{d}\,\delta x}{\mathrm{d}t} + \cdots\right)$$

und daher

$$\delta \int_{t_0}^{t_1} m_0 c^2 \sqrt{1 - \beta^2}\, \mathrm{d}t = \int_{t_0}^{t_1} \left\{-\frac{m_0}{\sqrt{1-\beta^2}}\,\frac{\mathrm{d}x}{\mathrm{d}t}\,\frac{\mathrm{d}\,\delta x}{\mathrm{d}t} + \cdots\right\} \mathrm{d}t. \tag{12a}$$

Eine partielle Integration, bei der die Glieder ohne Integralzeichen (wegen $\delta x = 0$ für $t = t_0$ und $t = t_1$) nach Voraussetzung verschwinden, führt dies über in

(12b) $$\int_{t_0}^{t_1} \frac{\mathrm{d}}{\mathrm{d}t}\left(\frac{m_0}{\sqrt{1-\beta^2}} \frac{\mathrm{d}x}{\mathrm{d}t}\right)\delta x + \cdots .$$

Somit liefert (12) im ganzen

(12c) $$\int_{t_0}^{t_1} \left\{\left[\frac{\mathrm{d}}{\mathrm{d}t}\left(\frac{m_0}{\sqrt{1-\beta^2}} \frac{\mathrm{d}x}{\mathrm{d}t}\right) - \mathfrak{K}_x\right]\delta x + \cdots\right\}\mathrm{d}t = 0 .$$

Wegen Unabhängigkeit der Variationen δx, δy, δz voneinander muß der Faktor von δx verschwinden, ebenso der von δy, δz. Wir haben daher in der Tat genau unsere frühere Bewegungsgleichung (5) bei beliebigem $\mathfrak{K}$; sie gilt übrigens auch dann, wenn $\mathfrak{K}$ nicht aus einer potentiellen Energie abzuleiten ist.

Wenn keine äußeren Kräfte wirken ($V =$ konst.), kann man (12) abkürzen in

(13) $$\delta \int_{t_0}^{t_1} \sqrt{1-\beta^2}\,\mathrm{d}t = \delta \int_{\tau_0}^{\tau_1} \mathrm{d}\tau = 0 .$$

Dies ist das *Fermatsche Prinzip der kürzesten Ankunft*, das sich aber nicht mehr auf die konventionelle Zeit t, sondern auf die LORENTZ-invariante *Eigenzeit* bezieht. Da $\mathrm{d}\tau$ bis auf den Faktor $\mathrm{i}\,c$ mit dem vierdimensionalen Linienelement $\mathrm{d}s$ übereinstimmt, können wir statt (13) auch schreiben

(13a) $$\delta \int_A^E \mathrm{d}s = 0 .$$

Dies ist das *Prinzip des kürzesten Weges* bei gegebenem Anfangspunkt A und Endpunkt E oder, wie wir in Bd. I, Gl. (37. 14) auch sagten, das *Prinzip der geodätischen Bahn*, ebenfalls vierdimensional erweitert und LORENTZ-invariant gemacht. Wir wollen es deshalb genauer als *Prinzip der kürzesten Eigenzeit* bezeichnen.

D. Lagrangesche Funktion und Lagrangesche Gleichungen

In unserer Formulierung (11) des HAMILTONschen Prinzips ist die relativistische LAGRANGEsche Funktion

(14) $$L_{\mathrm{rel}} = K - V$$

an die Stelle der klassischen LAGRANGEschen Funktion $L_{\mathrm{kl}} = T - V$ in Bd. I, Gl. (33. 13) getreten. So wie dort in § 34 aus L_{kl} leitet man jetzt aus L_{rel} die *allgemeinen Lagrangeschen Gleichungen* bei beliebigen Lagen- und Geschwindigkeits-Koordinaten durch Ausführung der in (11) vorgeschriebenen Variation ab:

(14a) $$\frac{\mathrm{d}}{\mathrm{d}t}\frac{\partial L_{\mathrm{rel}}}{\partial \dot{q}_k} - \frac{\partial L_{\mathrm{rel}}}{\partial q_k} = 0 .$$

In der Anwendung auf spezielle Fälle ergeben diese Gleichungen, trotz ihrer Ähnlichkeit mit denen der klassischen Mechanik, merklich andere Resultate als letztere. Sie liefern z. B. beim KEPLER-Problem des Wasserstoffatoms — als Folge der relativistischen Massenveränderlichkeit — statt der geschlossenen Ellipse eine Ellipse mit präzidierendem Perihel; vgl. auch § 38 über das Merkur-Perihel.

E. Das Schwarzschildsche Prinzip der kleinsten Wirkung

In seinen grundlegenden Arbeiten „Zur Elektrodynamik" führt SCHWARZSCHILD[1]) unter der Bezeichnung „elektrokinetisches Potential" die Größe

$$L = \psi - \mathfrak{v} \cdot \mathfrak{A} \tag{15}$$

ein. Wir wollen zeigen, daß sie, mit der Ladungsdichte ϱ multipliziert, eine relativistische Invariante ist. Zu diesem Ende bilden wir das skalare Produkt aus dem Vierervektor Γ der Stromdichte, Gl. (28.16), und dem Viererpotential Ω, Gl. (26.4). Es ergibt sich

$$\Gamma \cdot \Omega = \varrho(\mathfrak{v} \cdot \mathfrak{A} - \psi).$$

Wir nennen $-\Gamma \cdot \Omega$ die *Schwarzschildsche Invariante*. Wegen (15) ist

$$\Gamma \cdot \Omega = -\varrho L. \tag{16}$$

SCHWARZSCHILD fügt dieser Invarianten die LAGRANGE-Dichte Λ aus (26.24) hinzu, welche, wie wir wissen, ebenfalls LORENTZ-invariant ist, und bildet mit T = kinetischer Energie

$$T - \Lambda - \varrho L. \tag{17}$$

Wir werden (17) ersetzen durch

$$K' = T' - 2\Lambda - \varrho L = T' - 2\Lambda + \Gamma \cdot \Omega. \tag{17a}$$

Hier bedeutet T' den relativistischen Wert der kinetischen Energie aus (7), wobei aber die frühere Ruhmasse m_0 durch die Ruhmassedichte μ_0 zu ersetzen ist. (Auch die übrigen Terme in (17a) sind ja pro Volumeneinheit als Dichten gemeint.) Es ist also

$$T' = \mu_0 c^2 \left((1 - \beta^2)^{-1/2} - 1\right). \tag{17b}$$

Was andererseits den Faktor 2 bei Λ in (17a) betrifft, so rührt dieser von unserer prinzipiellen Unterscheidung zwischen Quantitäts- und Intensitätsgrößen f und F her[2]); SCHWARZSCHILD, der $\mathfrak{D} = \mathfrak{E}$, $\mathfrak{B} = \mathfrak{H}$ setzt und daher in unserer Gl. (26.24)

---

[1]) K. SCHWARZSCHILD, Göttinger Nachr. 1903, vgl. insbesondere die erste der drei Noten. Die Bezeichnung L ist dieselbe wie bei SCHWARZSCHILD; unser ψ heißt bei SCHWARZSCHILD φ. Man beachte das Erscheinungsjahr 1903! SCHWARZSCHILD hat also sechs Jahre vor MINKOWSKI das invariantentheoretische Postulat richtig herausgefühlt.

[2]) Wir folgen diesem Weg SOMMERFELDS nur zögernd, konnten uns aber nicht zu einer Abänderung entschließen,

1. weil SOMMERFELD sein Verfahren ganz bewußt und sehr betont dem SCHWARZSCHILDschen entgegenstellt,
2. weil der angegebene Weg offensichtlich möglich ist.

Zweifellos besteht mathematisch eine gewisse Willkür in der Festlegung derjenigen „Nichtlösungen", die man zur Vergleichung mit den „Lösungen" heranzieht, weil die Vergleichsfunktionen nicht physikalisch bestimmt sind. Doch ist es unschön, daß die Gleichungen $F = \mu f$ nicht aus dem Variationsprinzip folgen. Das liegt daran, daß die Intensitätsgrößen hier gar nicht variiert werden. Man kann das beheben und erhält dann in den Feldtermen im

$\mathfrak{H}^2 - \mathfrak{E}^2$ statt $\mathfrak{H} \cdot \mathfrak{B} - \mathfrak{D} \cdot \mathfrak{E}$ schreibt, gewinnt einen Faktor 2 bei der Variation, den wir in (17a) ergänzen mußten. Ausführlich geschrieben lautet hiernach unser Ansatz (17a)

(18)
$$K' = \mu_0 c^2 \left((1 - \beta^2)^{-1/2} - 1 \right) - 2\Lambda + \Gamma \cdot \Omega .$$

Des weiteren folgen wir dem Vorgang von SCHWARZSCHILD. Er integriert (17) über ein beliebiges Raumzeitgebiet und konstruiert dadurch eine Wirkungsfunktion W, die er der Forderung $\delta W = 0$ unterwirft. Wir bilden dementsprechend

(19)
$$W = \iiiint K' \,\mathrm{d}x \,\mathrm{d}y \,\mathrm{d}z \,\mathrm{d}t$$

und machen ebenfalls

(19a)
$$\delta W = 0 .$$

Diese Variation ist nach SCHWARZSCHILD folgendermaßen auszuführen:

a) die Komponenten Ω_1, Ω_2, Ω_3, Ω_4 des Potentials und

b) die Koordinaten x_1, x_2, x_3, x_4 der Elektronen werden willkürlichen, beliebig kleinen Änderungen unterworfen; auf der Berandung des Integrationsgebietes sollen diese Änderungen verschwinden. Die Variationen a) und b) sind unabhängig[1]) voneinander und können einzeln, z. B. auch in jeder Komponente von Ω vollzogen werden. Wenn mehrere Elektronen vorhanden sind, können wir uns auf eines derselben beschränken, da die Wirkungen der übrigen auf dieses in dem Potential Ω enthalten sind. Daß wir hier das ursprünglich als Rechengröße eingeführte Viererpotential Ω als fundamentale Feldgröße benutzen, nicht den Sechservektor F des Feldes, ist ein bemerkenswerter neuer Gesichtspunkt, auf den wir in § 37 zurückkommen werden.

a) Da das erste Glied rechts in Gl. (18) von Ω unabhängig ist, haben wir es nur mit Λ und $\Gamma \cdot \Omega$ zu tun. Beschränken wir uns auf die Variation $\delta \Omega_1$, so wird

(20)
$$\delta(\Gamma \cdot \Omega) = \Gamma_1 \, \delta \Omega_1 .$$

In dem Ausdruck (26. 24) von Λ andererseits haben wir uns F nach (26. 11) durch Rot Ω ausgedrückt zu denken, nicht aber f, welches als gesuchte Größe anzusehen ist. Bei der genannten speziellen Variation reduziert sich daher $\delta(-2\Lambda)$ auf die folgenden drei Terme (die übrigen, mit Ω_2, Ω_3, Ω_4 zu bildenden Terme der Rot fallen fort):

$$\delta(-2\Lambda) = f_{12} \frac{\partial\, \delta \Omega_1}{\partial x_2} + f_{13} \frac{\partial\, \delta \Omega_1}{\partial x_3} + f_{14} \frac{\partial\, \delta \Omega_1}{\partial x_4}$$
$$= -\left(\frac{\partial f_{12}}{\partial x_2} + \frac{\partial f_{13}}{\partial x_3} + \frac{\partial f_{14}}{\partial x_4} \right) \delta \Omega_1 + \cdots .$$

wesentlichen wieder das SCHWARZSCHILDsche Wirkungsintegral; vgl. hierzu Aufgabe III. 11. Hier sei noch darauf hingewiesen, daß in den in § 37 behandelten Feldgleichungen von MIE und BORN die Intensitäts- und Quantitätsgrößen von Grund auf verschieden sind und daß dort ein Wirkungsintegral verwendet wird, welches wie das SCHWARZSCHILDsche nur die Intensitätsgrößen enthält (Die Bearbeiter).

[1]) SCHWARZSCHILD berücksichtigt nicht die Nebenbedingung Div $\Omega = 0$, die bei unserer Integrationsmethode in § 29 von selbst erfüllt war. Wir schließen uns auch in diesem Punkte der SCHWARZSCHILDschen Vorschrift an.

In der letzten Zeile bedeuten die ... partielle Differentialquotienten nach den Koordinaten, die bei der späteren Integration über unser Weltgebiet verschwinden (wegen $\delta\Omega = 0$ auf der Berandung desselben). Mit (20) zusammengefaßt, ergibt sich als Faktor von $\delta\Omega_1$ unter dem Integral in (19)

$$-\left(\frac{\partial f_{12}}{\partial x_2} + \frac{\partial f_{13}}{\partial x_3} + \frac{\partial f_{14}}{\partial x_4}\right) + \Gamma_1 .$$

Er muß wegen $\delta W = 0$ verschwinden. Setzen wir für f_{ik} die Werte aus dem Schema (26. 14) und für Γ seinen Wert aus (28. 16) ein, so ergibt sich

$$(21) \qquad -\frac{\partial \mathfrak{H}_z}{\partial y} + \frac{\partial \mathfrak{H}_y}{\partial z} + \frac{\partial \mathfrak{D}_x}{\partial t} + \varrho\, \mathfrak{v}_x = 0 .$$

Das ist exakt die erste Komponente des MAXWELLschen Gleichungstripels $\dot{\mathfrak{D}} + \mathfrak{J} = \operatorname{rot}\mathfrak{H}$, wobei in dem vorliegenden Falle des Vakuums $\mathfrak{J}$ durch den spezifischen Konvektionsstrom $\varrho\,\mathfrak{v}$ vertreten wird. Ebenso folgt offenbar die zweite und dritte Komponente aus der Variation von Ω_2, Ω_3; entsprechend die Bedingung $\operatorname{div}\mathfrak{D} = \varrho$ aus der von Ω_4. Wir können natürlich nicht erwarten, auch das andere Tripel der MAXWELLschen Gleichungen oder die Bedingung $\operatorname{div}\mathfrak{B} = 0$ auf diesem Wege zu erhalten, da wir diese bereits in die Existenz der Potentiale hineingesteckt haben.

Hiermit ist zugleich der Grund für unseren früheren Namen „LAGRANGE-Dichte" für Λ, vgl. S. 205, klar: Λ tritt in unserem elektrodynamischen Variationsprinzip an die Stelle der früheren LAGRANGEschen Funktion L oder L_{rel}, Gl. (32. 14).

b) Das Potential Ω wird nicht variiert; daher ist $\delta\Lambda = 0$.

Dagegen ist die Weltlinie des Elektrons mit benachbarten Weltlinien zu vergleichen, also das erste Glied rechts in (18) und die SCHWARZSCHILDsche Invariante $\Gamma \cdot \Omega$ zu variieren. Wir beschäftigen uns zunächst mit dem Gliede $\Gamma \cdot \Omega$. Dabei ist es bequem, das Weltraumelement $\mathrm{d}x\,\mathrm{d}y\,\mathrm{d}z\,\mathrm{d}t = \mathrm{d}V\,\mathrm{d}t$ in (19) zu ersetzen durch $\mathrm{d}V_n\,\mathrm{d}\tau$, wo $\mathrm{d}V_n$ den dreidimensionalen Querschnitt senkrecht zur Weltlinie bedeuten soll. Da die in Γ vorkommende elektrische Ladungsdichte ϱ auf die Weltlinie des Elektrons konzentriert ist, entsteht bei der Integration über $\mathrm{d}V_n$ (nicht bei der über $\mathrm{d}V$!) die Elektronenladung e.

Gleichzeitig gehen wir in den Ausdrücken für Γ und Ω von den bisherigen Koordinaten $x_1 \ldots x_4$ zu den Koordinaten $\xi_1 \ldots \xi_4$ des gerade betrachteten Weltlinienelementes ($\mathrm{d}\xi_4 = i\,c\,\mathrm{d}\tau$, $\mathrm{d}\tau$ = Element der Eigenzeit) über, wobei $\mathrm{d}\xi_j/\mathrm{d}\tau$ an Stelle von $\mathrm{d}x_j/\mathrm{d}t$ tritt. Wir erhalten dann

$$(22) \qquad \iiiint \Gamma \cdot \Omega\, \mathrm{d}V_n\, \mathrm{d}\tau = e \int \sum_j \frac{\mathrm{d}\xi_j}{\mathrm{d}\tau}\, \Omega_j\, \mathrm{d}\tau .$$

Bei der Variation ist zu beachten, daß nicht nur ξ_j um $\delta\xi$ geändert wird, sondern daß sich wegen Verlagerung der Weltlinie auch Ω_j um

$$\delta\Omega_j = \Omega_j(\xi_1 + \delta\xi_1 \ldots \xi_4 + \delta\xi_4) - \Omega_j(\xi_1 \ldots \xi_4) = \sum_i \frac{\partial \Omega_j}{\partial \xi_i}\, \delta\xi_i$$

ändert (die Ladung e bleibt natürlich erhalten). Daher entsteht aus (22)

$$\text{(22a)} \qquad \delta \iiiint \Gamma \cdot \Omega \, \mathrm{d}V_n \, \mathrm{d}\tau = e \int \Big(\sum_j \frac{\mathrm{d}\,\delta\xi_j}{\mathrm{d}\tau} \Omega_j + \sum_i \sum_j \frac{\mathrm{d}\xi_i}{\mathrm{d}\tau} \frac{\partial \Omega_j}{\partial \xi_i} \delta\,\xi_i \Big) \mathrm{d}\tau .$$

Der erste der beiden Terme rechts wird durch partielle Integration umgeformt und liefert (wegen $\delta\xi_j = 0$ auf der Berandung unseres Weltgebietes)

$$-\sum_j \frac{\mathrm{d}\Omega_j}{\mathrm{d}\tau} \delta\xi_j = -\sum_j \sum_i \frac{\partial \Omega_j}{\partial \xi_i} \frac{\mathrm{d}\xi_i}{\mathrm{d}\tau} \delta\xi_j .$$

Dadurch geht (22a) nach Vertauschung der Indizes i, j in der dortigen Doppelsumme über in

$$\text{(23)} \qquad e \int \sum_j \sum_i \frac{\mathrm{d}\xi_i}{\mathrm{d}\tau} \left(\frac{\partial \Omega_i}{\partial \xi_j} - \frac{\partial \Omega_j}{\partial \xi_i} \right) \delta\xi_j \, \mathrm{d}\tau .$$

Hier steht in der Klammer $\mathrm{Rot}_{ji}\,\Omega$, also nach (26. 11) die Komponente F_{ji} des Feldes. Nun war nach (28. 17a)

$$\text{(24)} \qquad \Gamma \cdot F = \mathfrak{k} = \text{Kraftdichte}$$

und nach (28. 19)

$$\int \mathfrak{k} \, \mathrm{d}V_n = \frac{\mathfrak{K}}{\sqrt{1-\beta^2}} \qquad (\mathfrak{K} = \text{Lorentz-Kraft}).$$

Unser Ausdruck (23), der durch Ausführung der Integration nach V_n entstanden war, bedeutet also einfach

$$\text{(25)} \qquad \int \sum_j \mathfrak{K}_j \delta\,\xi_j \frac{\mathrm{d}\tau}{\sqrt{1-\beta^2}} = \int \sum_j \mathfrak{K}_j \,\delta\xi_j \, \mathrm{d}t .$$

Dazu kommt von dem ersten Gliede der rechten Seite von (18), wenn wir auch hier $\mathrm{d}V\,dt = \mathrm{d}V_n\,\mathrm{d}\tau$ setzen und über den Weltlinienquerschnitt $\mathrm{d}V_n$ integrieren:

$$m_0 c^2 \,\delta \int \left((1-\beta^2)^{-1/2} - 1 \right) \mathrm{d}\tau = m_0 c^2 \,\delta \int \left(1 - \sqrt{1-\beta^2} \right) \mathrm{d}t = \delta \int K \,\mathrm{d}t .$$

Die Variation dieses Integrals über K haben wir aber bereits in Gl. (11a) u. ff. ausgeführt; es ergab sich, in die jetzige Bezeichnung ξ_j der Weltlinienkoordinaten umgeschrieben, vgl. (12b):

$$\text{(26)} \qquad -\int \sum_j \frac{\mathrm{d}}{\mathrm{d}t} \left(\frac{m_0}{\sqrt{1-\beta^2}} \frac{\mathrm{d}\xi_j}{\mathrm{d}t} \right) \delta\xi_j \, \mathrm{d}t .$$

Zusammen mit (25) entsteht als Variation des Wirkungsintegrals

$$\text{(27)} \qquad \delta W = -\int \sum_j \left\{ \frac{\mathrm{d}}{\mathrm{d}t} \left(\frac{m_0}{\sqrt{1-\beta^2}} \frac{\mathrm{d}\xi_j}{\mathrm{d}t} \right) - \mathfrak{K}_j \right\} \delta\xi_j \, \mathrm{d}t .$$

Unsere Forderung ist, daß dieses Integral bei beliebigen Verrückungen $\delta\xi_j$ verschwinden solle. Das ist nur möglich, wenn die { } in (27) gleich Null ist für $j = 1, 2, 3, 4$. Damit haben wir unsere frühere Gl. (5) einschließlich der zugehörigen vierten Komponente abgeleitet, und zwar in wesentlich verschärfter Form: Unsere jetzige Ableitung liefert nicht nur diese Bewegungsgleichung, sondern auch die dem Elektron vom Felde aufgeprägte LORENTZsche Kraft. Das *Schwarzschildsche Prinzip der kleinsten Wirkung faßt also tatsächlich die Maxwellsche Elektrodynamik und die Lorentzsche Elektronentheorie in einer einheitlichen, vierdimensional-invarianten Form zusammen.*

In historischer Hinsicht sei bemerkt, daß SCHWARZSCHILD, ausgehend von dem kinetischen Potential (17), ebenfalls die MAXWELLschen Gleichungen und die Bewegungsgleichung des Elektrons einschließlich des Ausdruckes für die LORENTZsche Kraft erhält. Nur entgeht ihm natürlich die Massenveränderlichkeit des Elektrons, da er in (17) den klassischen Wert der kinetischen Energie benutzt. Seine Ableitung der MAXWELLschen Gleichungen ist allerdings von unserem Standpunkt aus nicht ganz korrekt wegen des fehlenden Faktors 2 bei Λ, der bei SCHWARZSCHILD durch die Gleichsetzung von f und F ($\mathfrak{D} = \mathfrak{E}$, $\mathfrak{H} = \mathfrak{B}$) wettgemacht wird. Bei unserer Darstellung ist die Proportionalität zwischen f und F ebenfalls in dem SCHWARZSCHILDschen Prinzip enthalten. Man braucht nur aus den Gln. (21) und (26. 5), die wir schreiben können

$$\mathfrak{Div}\, f = \Gamma \quad \text{und} \quad \mathfrak{Div}\, F = \mu_0 \Gamma,$$

die Größe Γ zu eliminieren.

Das SCHWARZSCHILDsche Wirkungsprinzip ist äußerst suggestiv. Man könnte es an die Spitze der Theorie stellen und die MAXWELLschen Gleichungen als Ausfluß desselben ansehen. Gleichzeitig ergäbe sich die verlockende Möglichkeit, durch Vervollständigung des kinetischen Potentials (18) (Hinzufügung weiterer Feldinvarianten, Berücksichtigung von Wechselwirkungen zwischen den Elektronen, ihres magnetischen Momentes und Spins), die MAXWELLschen Gleichungen selbst zu verfeinern. Wir werden auf solche Fragen in § 37 eingehen.

§ 33. Elektromagnetische Theorie des Elektrons

Um die Jahrhundertwende stand die veränderliche Masse des Elektrons im Brennpunkt des Interesses. Die Annahme des *starren Elektrons*, die in der Theorie des absoluten Äthers naturgemäß schien, lieferte ein anderes, viel komplizierteres Änderungsgesetz (MAX ABRAHAM) als die LORENTZsche Annahme des *deformierbaren Elektrons*, die bald darauf in der Relativitätstheorie ihre gesicherte Begründung fand. Diesem Änderungsgesetz galten die Versuche von KAUFMANN, BUCHERER, NEUMANN und vielen anderen.

Die theoretische Behandlung des Problems stützte sich, auch beim starren Elektron, auf die Definition (31. 13) des elektromagnetischen Impulses. Ohne uns hier mit dem starren Elektron aufzuhalten, werden wir zeigen, daß die gleiche Grundlage bei relativistischer Berechnung dieses Impulses zu demselben Gesetz (32. 2) der Massenänderung führt, wie die Relativitätstheorie, die es dann aber sogleich auf jede beliebige Masse m ausdehnt.

Als Nebenprodukt wird sich dabei eine interessante Formel für die Ruhmasse m_0 des Elektrons ergeben.

Wir verstehen unter $\mathfrak{G}$ im folgenden den *Gesamtimpuls* des Feldes im unendlichen Raum. Dann haben wir nach (31. 13) mit $\mathrm{d}V$ als dreidimensionalem Volumenelement:

$$\text{(1)} \qquad \mathfrak{G} = \int \mathfrak{g}\, \mathrm{d}V = \frac{1}{c^2} \int \mathfrak{S}\, \mathrm{d}V.$$

Um die hier gemeinte Integration ausführen zu können, knüpfen wir an die Vorstellungen und Bezeichnungen der Gln. (28. 12) an. x, y, z sei das mit dem Elektron bewegte Bezugssystem, x', y', z' ein Ruhsystem, gegen das sich das Elektron gleichförmig geradlinig[1]) mit der Geschwindigkeit v in der x'-Richtung bewegt. Im x, y, z-System ist natürlich $\mathfrak{G} = 0$; das Feld ist elektrostatisch, also $\mathfrak{H} = 0$ und $\mathfrak{S} = 0$. Uns interessiert der Impuls $\mathfrak{G}'$, insbesondere seine x-Komponente:

$$\text{(2)} \qquad \mathfrak{G}_x' = \frac{1}{c^2} \int \mathfrak{S}_x'\, \mathrm{d}V' = \frac{1}{c^2} \int (\mathfrak{E}_y' \mathfrak{H}_z' - \mathfrak{E}_z' \mathfrak{H}_y')\, \mathrm{d}V'.$$

Wir drücken die gestrichenen Größen nach (28. 12a) durch die ungestrichenen aus. Dabei müssen wir v durch $-v$ ersetzen. Zwar ruht das in (12a) beschriebene Teilchen wie hier im ungestrichenen System. Aber nach (12. 1) hat das gestrichene System gegen das ungestrichene, anders als hier, die Geschwindigkeit $-v$. Darum haben wir nun:

$$\text{(2a)} \qquad \begin{aligned} &\mathfrak{E}_x' = \mathfrak{E}_x, \quad \mathfrak{E}_y' = \frac{1}{\sqrt{1-\beta^2}} \mathfrak{E}_y, \quad \mathfrak{E}_z' = \frac{1}{\sqrt{1-\beta^2}} \mathfrak{E}_z, \\ &\mathfrak{H}_x' = 0, \quad \mathfrak{H}_y' = \frac{\mathfrak{B}_y'}{\mu_0} = \frac{-v}{\mu_0 c^2 \sqrt{1-\beta^2}} \mathfrak{E}_z, \\ &\mathfrak{H}_z' = \frac{\mathfrak{B}_z'}{\mu_0} = \frac{v}{\mu_0 c^2 \sqrt{1-\beta^2}} \mathfrak{E}_y, \end{aligned}$$

$$\text{(2b)} \qquad \mathrm{d}V' = \mathrm{d}V \sqrt{1-\beta^2} \quad (\text{Lorentz-Kontraktion}).$$

Dadurch entsteht aus (2)

$$\text{(3)} \qquad \mathfrak{G}_x' = \frac{v}{\mu_0 c^4 \sqrt{1-\beta^2}} \int (\mathfrak{E}_y^2 + \mathfrak{E}_z^2)\, \mathrm{d}V.$$

Im x, y, z-System ist das $\mathfrak{E}$-Feld kugelsymmetrisch, also

$$\text{(3a)} \qquad \int \mathfrak{E}_x^2\, \mathrm{d}V = \int \mathfrak{E}_y^2\, \mathrm{d}V = \int \mathfrak{E}_z^2\, \mathrm{d}V = \frac{1}{3} \int \mathfrak{E}^2\, \mathrm{d}V;$$

ebenso die Ladungsverteilung. Es liegt am nächsten, die Ladung e gleichförmig auf einer Kugel vom Radius a („Elektronenradius") auszubreiten. Dann wird, vgl. z. B. (7. 6a),

$$\text{(3b)} \qquad \mathfrak{E} = \mathfrak{E}_r = \begin{cases} 0 & \text{für } r < a \\ \dfrac{e}{4\pi \varepsilon_0 r^2} & \text{für } r \geqq a \end{cases}$$

---

[1]) Bei beschleunigten Elektronen haben wir die bekannte Komplikation, daß die Strahlung Impuls fortführt, der in diesem Zusammenhang nicht interessiert. Beschleunigte Teilchen sind einbegriffen, solange man die Terme (30. 7) vernachlässigen darf.

und daher

$$\text{(3c)} \qquad \int \mathfrak{E}^2 \,\mathrm{d}V = 4\pi \int \mathfrak{E}_r^2 r^2 \,\mathrm{d}r = \frac{e^2}{4\pi\,\varepsilon_0^2} \int_a^\infty \frac{\mathrm{d}r}{r^2} = \frac{e^2}{4\pi\,\varepsilon_0^2\,a}.$$

Aus (3) und (3a) folgt dann

$$\text{(4)} \qquad \mathfrak{G}_x' = \frac{v}{\mu_0 c^4 \sqrt{1-\beta^2}} \, \frac{2}{3} \, \frac{e^2}{4\pi\,\varepsilon_0^2\,a} = \frac{e^2}{6\pi\,\varepsilon_0\,c^2\,a} \, \frac{v}{\sqrt{1-\beta^2}}.$$

Wir überzeugen uns auch leicht, daß, wie wir es bei Kugelsymmetrie im x, y, z-System erwarten müssen,

$$\text{(4a)} \qquad \mathfrak{G}_y' = \mathfrak{G}_z' = 0$$

ist. Bilden wir nämlich analog zu (2)

$$\mathfrak{G}_y' = \frac{1}{c^2} \int \mathfrak{S}_y' \,\mathrm{d}V' = \frac{1}{c^2} \int (\mathfrak{E}_z' \mathfrak{H}_x' - \mathfrak{E}_x' \mathfrak{H}_z') \,\mathrm{d}V'$$

und benutzen wir wieder die Gln. (2a, b), so wird

$$\mathfrak{G}_y' = -\frac{v}{\mu_0 c^2} \int \mathfrak{E}_x \mathfrak{E}_y \,\mathrm{d}V = 0,$$

weil bei kugelsymmetrischem Felde $\mathfrak{E}_x$ und $\mathfrak{E}_y$ proportional zu x und y sind, und weil $x\,y$, über die Kugel integriert, verschwindet.

Die Gln. (4) und (4a) können wir zusammenfassen in

$$\text{(5)} \qquad \mathfrak{G}' = m\,\mathfrak{v}, \qquad m = \frac{m_0}{\sqrt{1-\beta^2}}.$$

Der hier eingeführte Massenfaktor m hat also die uns aus § 32 bekannte Geschwindigkeits-Abhängigkeit. Für die Ruhmasse m_0 gewinnt man aus (4) die Bedeutung:

$$\text{(6)} \qquad m_0 = \frac{e^2}{6\pi\,c^2\,\varepsilon_0\,a}.$$

Man überzeuge sich, daß diese Formel dimensionell richtig, also unabhängig von der Wahl der Ladungseinheit Q und der Längeneinheit M ist. Der Faktor ε_0, der im Gaussschen Maßsystem gleich 1 gesetzt wird, ist von unserem Standpunkt aus unerläßlich; würden wir ihn unterdrücken, so hätten wir eine dimensionell sinnlose Formel.

Ehe wir auf das Numerische eingehen, sei noch vermerkt: Ein bewegtes Elektron führt entsprechend den sich kreuzenden elektrischen und magnetischen Kraftlinien elektromagnetischen Impuls mit sich und damit eine bestimmte elektromagnetische Ruhmasse. Geeigneten Radius a vorausgesetzt, kann auf diese Weise die ganze Masse des Elektrons elektromagnetisch erklärt werden. Relativistische Mechanik und relativistische Elektrodynamik schließen sich hier zusammen.

Aus Gl. (6) lesen wir unmittelbar ab, daß der Grenzübergang $a \to 0$ leider unmöglich ist; er würde ja zu $m_0 \to \infty$ und $e/m_0 \to 0$ führen. Um a numerisch zu bestimmen, müssen wir die experimentellen Werte von e und e/m_0 kennen. Diese sind:

$$\text{(7)} \qquad e = 1{,}6 \cdot 10^{-19}\,\mathrm{As}, \qquad \frac{e}{m_0} = 1{,}76 \cdot 10^{11}\,\mathrm{As/kg};$$

man berechnet daraus

$$m_0 \approx 0{,}9 \cdot 10^{-30}\,\mathrm{kg}. \tag{8}$$

Gl. (6) gibt dann bei Benutzung von (7. 17a)

$$a = \frac{2}{3}\,\frac{e^2}{4\pi\,\varepsilon_0\,c^2\,m_0} = \frac{2}{3}\,\frac{e^2}{10^7\,m_0}\,\frac{\mathrm{m\,kg}}{\mathrm{A^2\,s^2}} = \frac{2}{3}\,\frac{(1{,}60\cdot 10^{-19})^2}{0{,}9\cdot 10^{-23}}\,\mathrm{m} \approx 2\cdot 10^{-13}\,\mathrm{cm}. \tag{9}$$

Dies ist eine subatomare Länge, von derselben Größenordnung wie die Kerndimensionen.

Daß wir hier mit einer Oberflächenladung gerechnet haben, ist natürlich ganz willkürlich. Ebensogut hätten wir die Elektronenladung e gleichförmig über das *Volumen* einer Kugel verteilen können.

Nennen wir den Radius derselben wieder a, so haben[1]) wir statt (3b)

$$\mathfrak{E} = \mathfrak{E}_r = \begin{cases} \dfrac{e\,r}{4\pi\,\varepsilon_0\,a^3} & \text{für} \quad r \leqq a, \\[2ex] \dfrac{e}{4\pi\,\varepsilon_0\,r^2} & \text{für} \quad r \geqq a \end{cases} \tag{10}$$

und statt (3c)

$$\int \mathfrak{E}^2\,\mathrm{d}V = \frac{e^2}{4\pi\,\varepsilon_0^2}\left\{\int_0^a \frac{r^4\,\mathrm{d}r}{a^6} + \int_a^\infty \frac{\mathrm{d}r}{r^2}\right\} = \frac{e^2}{4\pi\,\varepsilon_0^2\,a}\left(\frac{1}{5}+1\right). \tag{10a}$$

Zu der Berechnung von $\mathfrak{G}$ in (4) tritt dann der Faktor 6/5 hinzu, so daß wir statt (6) erhalten

$$m_0 = \frac{e^2}{5\pi\,c^2\,\varepsilon_0\,a}. \tag{10b}$$

Die Größenordnung des in (9) gewonnenen Wertes von a bleibt dadurch unberührt.

Wichtiger ist die folgende Bemerkung: Wer garantiert uns, daß die Maxwellschen Gleichungen bis hart an die Oberfläche oder bis ins Innere des Elektrons extrapoliert werden dürfen? Ist deren Einfachheit und Linearität nicht vielleicht dadurch vorgetäuscht, daß sie nur für schwache Felder exakt richtig sind und in unmittelbarer Nähe von konzentrierten Ladungen durch höhere Glieder korrigiert werden sollten, ähnlich wie die Theorie der verdünnten Lösungen in der Thermochemie? Wir werden auf diese Fragestellung in § 37 zurückkommen. Hier genüge es hervorzuheben, daß die Berechnung des Massen-Geschwindigkeits-Gesetzes dieser Kritik nicht unterliegt, da sie in § 32 aus den allgemeinen Prinzipien der relativistischen Mechanik abgeleitet werden konnte, daß also nur unsere jetzige Berechnung von m_0 dadurch betroffen wird, die aber ohnehin durch das Eingehen des hypothetischen Elektronenradius experimentell unkontrollierbar ist. Die Ableitung des Massen-Geschwindigkeits-Gesetzes in § 32 ist lediglich, wie alle Betrachtungen der speziellen Relativitätstheorie, an die Voraussetzung gebunden, daß die in Frage kommenden relativen Bewegungen nahezu gleich-

[1]) Offenbar folgt die obere Zeile von (10) daraus, daß die Ladungselemente, deren Abstand r vom Mittelpunkt $< a$ ist, im Mittelpunkt der Kugel vereinigt gedacht werden können, während die vom Abstand $r > a$ nichts zur Feldstärke beitragen.

förmig erfolgen müssen. Wir drücken das in unserem Falle so aus, daß wir verlangen: Die Bewegung des Elektrons soll *quasistationär* sein. Damit meinen wir, daß seine Geschwindigkeitsänderung während der Zeit, die das Licht zum Überstreichen des Elektrons braucht (also während der Zeit $2a/c$), klein gegen v sein soll. Wir verlangen also nur:

$$\dot{v}\frac{2a}{c} \ll v. \tag{11}$$

Dieser Forderung genügen alle Anordnungen in Elektronenröhren.

Zur Formel (6) für die Ruhmasse bemerken wir noch, daß sie auch auf folgendem ganz elementaren Wege erhalten werden kann: Wir betrachten ein *langsam* bewegtes Elektron. Seine Masse ist gleich der Ruhmasse m_0 und seine kinetische Energie

$$T = \frac{m_0}{2} v^2. \tag{12}$$

Wenn sie elektromagnetischen Ursprungs sein soll, müssen wir sie der *magnetischen* Energie des Feldes gleichsetzen, da die elektrische Energie für kleine Geschwindigkeiten konstant, d. h. nicht mit v^2 proportional ist. Wir machen also

$$T = \frac{\mu_0}{2} \int \mathfrak{H}^2 \, \mathrm{d}V. \tag{12a}$$

Hier können wir für $\mathfrak{H}$ den Wert (15. 12) aus dem Biot-Savartschen Gesetz eintragen

$$\mathfrak{H} = \frac{e\,v}{4\pi} \frac{\sin\vartheta}{r^2}.$$

Wir erhalten dann bei Oberflächenladung

$$T = \frac{\mu_0}{2} \left(\frac{e\,v}{4\pi}\right)^2 \int_a^\infty \frac{\mathrm{d}r}{r^2} \int_0^\pi \sin^3\vartheta \, \mathrm{d}\vartheta \int_0^{2\pi} \mathrm{d}\varphi.$$

Die drei Integrale sind bzw.

$$\frac{1}{a}, \quad \frac{4}{3}, \quad 2\pi.$$

Somit wird

$$T = \frac{\mu_0}{2} \frac{e^2 v^2}{6\pi} \frac{1}{a}. \tag{13}$$

Der Vergleich mit (12) liefert

$$m_0 = \frac{\mu_0 e^2}{6\pi} \frac{1}{a},$$

was wegen $\varepsilon_0 \mu_0 c^2 = 1$ in der Tat mit (6) übereinstimmt.

Nachdem sich so die Bewegungsenergie des Elektrons gleich der magnetischen Energie des umgebenden Feldes erwiesen hat, werden wir vielleicht vermuten, daß seine *Ruhenergie* der *elektrostatischen Energie* des Coulomb-Feldes entsprechen wird. Wir berechnen diese, wieder für den einfachen Fall der Oberflächenladung zu

$$E_{\text{stat}} = \frac{\varepsilon_0}{2} \int \mathfrak{E}^2 \, \mathrm{d}V = \frac{\varepsilon_0}{2} 4\pi \int_{r=a}^\infty \mathfrak{E}_r^2 r^2 \, \mathrm{d}r$$

und erhalten wegen (3c)

$$E_{\text{stat}} = \frac{e^2}{8\pi\,\varepsilon_0\,a}. \tag{14}$$

Im Gegensatz dazu muß die Ruhenergie unseres Elektrons nach dem EINSTEINschen Äquivalenzgesetz sein:

$$E_0 = m_0\,c^2 = \frac{e^2}{6\pi\,\varepsilon_0\,a}. \tag{15}$$

Nur $^3/_4$ dieser Ruhenergie ist also elektrischen Ursprungs; $^1/_4$ derselben rührt von Wirkungen her, die nicht im Bereich der Maxwellschen Theorie liegen.

Das Elektron ist, wie wir schon S. 221 sagten, ein Fremdling in der Elektrodynamik. Die Kräfte, die, entgegen den COULOMBschen, seine Explosion verhindern, sind uns unbekannt, wie überhaupt die Theorie der Elementarpartikeln. POINCARÉ führte (schon 1906, Rendiconti di Parlermo) einen Kohäsionsdruck unbekannten Ursprungs ein, der das ruhende Elektron wie eine allseitig gleichgespannte Membran umgeben sollte; in dieser sollte das fehlende Viertel der Ruhenergie stecken. Die Starrheitshypothese der Absoluttheorie konnte diesen Kohäsionsdruck auf das bewegte Elektron übertragen. Sie gelangte aber doch nicht zu einer rein elektromagnetischen Beschreibung des Elektrons. Denn schon die Annahme der Starrheit widerspricht der gruppentheoretischen Natur der MAXWELLschen Elektrodynamik, die ihrerseits, wie wir wissen, das LORENTZsche deformierbare Elektron fordert.

Überhaupt dürfen wir uns nicht verhehlen, daß unsere elektrodynamische Theorie des Elektrons noch sehr unvollständig ist. Seit 20 Jahren wissen wir, daß das Elektron außer seiner Ladung auch einen ganz bestimmen Spin und ein ganz bestimmtes magnetisches Moment besitzt. Beide lassen sich nur quantentheoretisch definieren und sind der MAXWELLschen Elektrodynamik unzugänglich. Das Geheimnis des Spins wurde zuerst bei der genaueren Analyse des ZEEMAN-Effektes entdeckt; das Geheimnis des magnetischen Momentes lag eigentlich, wie wir heute wissen, im Ferromagnetismus offenkundig und handgreiflich zutage. Es ist merkwürdig genug, daß die praktische Elektronik von diesen fundamentalen Tatsachen unberührt blieb und mit der Vorstellung des geladenen Massenpunktes oder des geladenen Kügelchens ausreicht.

Mit dieser Praxis der Elektronentheorie beschäftigen sich unsere Übungsaufgaben III. 5 bis III. 10. Die mannigfachen Elektronenbahnen, die in Vakuumröhren auftreten und bei den e/m-Versuchen zur erstmaligen Ergründung der Natur des Elektrons dienten, sind zugleich gewissermaßen die einfachsten und am besten definierten Beispiele zur Mechanik des einzelnen Massenpunktes.

TEIL IV

Die MAXWELLsche Theorie für bewegte Körper und andere Ergänzungen

§ 34. Die MINKOWSKIschen Gleichungen für bewegte Medien

Die Erweiterung der MAXWELLschen Theorie von ruhenden auf bewegte Medien war ein viel umworbenes Problem der älteren Elektrodynamik. HEINRICH HERTZ war daran gescheitert (vgl. die S. 2 in Anm.[2]) zit. Arbeit), da er sich konsequent auf den Boden der klassischen Theorie (der „GALILEI-Transformation") stellte. Sein Freund EMIL COHN[1]) kam dem Ziele zwar näher, verfügte aber noch nicht (im Jahre 1902!) über das erforderliche Rüstzeug, die LORENTZ-Transformation. Selbst H. A. LORENTZ hat in seinen Ezyklopädie-Artikeln (1903) die endgültige Form noch nicht ganz getroffen, insbesondere nicht für magnetisierbare Körper. EINSTEIN nannte seine Arbeit vom Jahre 1905 „Zur Elektrodynamik bewegter Körper" und deutete damit ein Hauptziel seiner Relativitätstheorie an; aber er geht nicht auf die allgemeine Struktur der Gleichungen für ponderable Körper ein, beschränkt sich vielmehr auf die beim einzelnen Elektron auftretenden Fragen. Erst MINKOWSKI[2]) hat im Jahre 1908, nunmehr im Vollbesitz des Relativitätsprinzips, das Problem vollständig gelöst.

Der Gedankengang MINKOWSKIs ist einfach: Im Laboratorium gelten die MAXWELLschen Gleichungen der Ruhe. Man fasse einen Raumzeitpunkt P des gegen das Laboratorium bewegten[3]) Körpers zu einer vom Laboratorium aus gemessenen Zeit t ins Auge; er habe die Geschwindigkeit $\mathfrak{v}$. Man transformiere P auf Ruhe, führe also, zur Beschreibung der Vorgänge in der Umgebung von P, t, Koordinaten x', y', z', t' ein. In diesem System gelten für die Größen $\mathfrak{E}', \mathfrak{B}', \mathfrak{D}', \mathfrak{H}', \mathfrak{J}', \varrho'$ wieder die MAXWELLschen Gleichungen der Ruhe

$$\text{(1)} \qquad \frac{\partial \mathfrak{B}'}{\partial t'} = -\operatorname{rot}\mathfrak{E}', \qquad \frac{\partial \mathfrak{D}'}{\partial t'} + \mathfrak{J}' = \operatorname{rot}\mathfrak{H}', \qquad \operatorname{div}\mathfrak{D}' = \varrho', \qquad \operatorname{div}\mathfrak{B}' = 0,$$

aber mit den vom Vakuum verschiedenen Materialkonstanten:

$$\text{(2)} \qquad \mathfrak{D}' = \varepsilon\,\mathfrak{E}', \qquad \mathfrak{B}' = \mu\,\mathfrak{H}', \qquad \mathfrak{J}' = \sigma\,\mathfrak{E}'.$$

Diese Konstanten haben dieselben Werte, wie wenn der Körper gegen das Laboratorium ruhte, da er ja nichts von seiner Bewegung weiß. Die Zeichen rot und div in (1) beziehen sich natürlich, ebenso wie die Zeit t' auf das gestrichene

---

[1]) Göttinger Nachr. 1901, S. 74, Ann. d. Phys. 7, 1902, S. 29.

[2]) Göttinger Nachr. 1908, S. 53, Ges. Werke II, S. 352.

[3]) Die Bewegung kann räumlich und zeitlich veränderlich sein und muß nur im Sinne von Gl. (33. 11) als quasistationär behandelt werden. $\mathfrak{v}$ braucht also keine reine Translation und der Körper nicht starr zu sein. Für die folgenden LORENTZ-Transformationen kommt nur der feste Wert von $\mathfrak{v}$ im Raumzeitpunkte P, t in Betracht.

System. Jetzt mache man die inverse LORENTZ-Tranformation, die das gestrichene System in das ursprüngliche des Laboratoriums zurückführt. In diesem gelten wieder die Gln. (1) bei Fortlassung aller Striche wegen der Grundeigenschaft der MAXWELLschen Gleichungen, ihrer Konvarianz gegen LORENTZ-Transformationen. Aber die Gln. (2) nehmen, auf das ungestrichene System transformiert, eine andere Form an.

Wir kennen den Zusammenhang, der $\mathfrak{E}'$, $\mathfrak{B}'$ mit den $\mathfrak{E}$, $\mathfrak{B}$ aus den Gln. (28. 8a) und (28. 11):

$$(3)\qquad \begin{cases} \mathfrak{E}'_{||} = (\mathfrak{E} + \mathfrak{v} \times \mathfrak{B})_{||}, & \mathfrak{E}'_{\perp} = \left(\dfrac{\mathfrak{E} + \mathfrak{v} \times \mathfrak{B}}{\sqrt{1-\beta^2}}\right)_{\perp}, \\ \mathfrak{B}'_{||} = \left(\mathfrak{B} - \dfrac{1}{c^2}\,\mathfrak{v} \times \mathfrak{E}\right)_{||}, & \mathfrak{B}'_{\perp} = \left(\dfrac{\mathfrak{B} - \frac{1}{c^2}\,\mathfrak{v} \times \mathfrak{E}}{\sqrt{1-\beta^2}}\right)_{\perp}. \end{cases}$$

$||$ und $\perp$ bedeuten wie dort ,,parallel“ und ,,senkrecht zur Geschwindigkeit $\mathfrak{v}$“. Wir wollen die entsprechenden Beziehungen zwischen $\mathfrak{D}'$, $\mathfrak{H}'$ und $\mathfrak{D}$, $\mathfrak{H}$ nachtragen. Wegen der Bedeutung der Sechservektoren

$$f = (\mathfrak{H},\ -\mathrm{i}\,c\,\mathfrak{D}), \qquad F = \left(\mathfrak{B},\ \frac{-\mathrm{i}}{c}\,\mathfrak{E}\right)$$

ergeben sie sich aus (3), wenn man darin $\mathfrak{E}$ mit $c^2\,\mathfrak{D}$ und $\mathfrak{B}$ mit $\mathfrak{H}$ vertauscht. Man erhält dadurch

$$(4)\qquad \begin{cases} \mathfrak{D}'_{||} = \left(\mathfrak{D} + \dfrac{1}{c^2}\,\mathfrak{v} \times \mathfrak{H}\right), & \mathfrak{D}'_{\perp} = \left(\dfrac{\mathfrak{D} + \frac{1}{c^2}\,\mathfrak{v} \times \mathfrak{H}}{\sqrt{1-\beta^2}}\right)_{\perp}, \\ \mathfrak{H}'_{||} = (\mathfrak{H} - \mathfrak{v} \times \mathfrak{D})_{||}, & \mathfrak{H}'_{\perp} = \left(\dfrac{\mathfrak{H} - \mathfrak{v} \times \mathfrak{D}}{\sqrt{1-\beta^2}}\right)_{\perp}. \end{cases}$$

Einsetzen von (3) und (4) in (2) liefert, nicht nur für die parallelen, sondern auch für die senkrechten Komponenten, bei denen sich der Nenner $\sqrt{1-\beta^2}$ beiderseits forthebt:

$$(5)\qquad \begin{cases} \mathfrak{D} + \dfrac{1}{c^2}\,\mathfrak{v} \times \mathfrak{H} = \varepsilon(\mathfrak{E} + \mathfrak{v} \times \mathfrak{B}), \\ \mathfrak{B} - \dfrac{1}{c^2}\,\mathfrak{v} \times \mathfrak{E} = \mu(\mathfrak{H} - \mathfrak{v} \times \mathfrak{D}). \end{cases}$$

Hier kann man z. B. noch $\mathfrak{B}$ in der ersten Gleichung mittels der zweiten eliminieren und dadurch $\mathfrak{D}$ allein durch $\mathfrak{E}$ und $\mathfrak{H}$ ausdrücken[1]), ebenso $\mathfrak{B}$ durch entsprechende Elimination von $\mathfrak{D}$. Die entstehenden Gleichungen vereinfachen sich, wenn man sie für die Komponente $||$ und $\perp$ einzeln anschreibt. Sie lauten dann

$$(5\text{a})\qquad \mathfrak{D}_{||} = \varepsilon\,\mathfrak{E}_{||}, \qquad \mathfrak{B}_{||} = \mu\,\mathfrak{H}_{||},$$

$$(5\text{b})\qquad \left(1 - \frac{\varepsilon\mu}{\varepsilon_0\mu_0}\,\beta^2\right) \begin{cases} \mathfrak{D}_{\perp} = \varepsilon(1-\beta^2)\,\mathfrak{E}_{\perp} + (\varepsilon\mu - \varepsilon_0\mu_0)\,\mathfrak{v} \times \mathfrak{H}, \\ \mathfrak{B}_{\perp} = \mu(1-\beta^2)\,\mathfrak{H}_{\perp} + (\varepsilon_0\mu_0 - \varepsilon\mu)\,\mathfrak{v} \times \mathfrak{E}. \end{cases}$$

---

[1]) Dabei ist von der Umformung $\mathfrak{A} \times (\mathfrak{B} \times \mathfrak{C}) = (\mathfrak{A} \cdot \mathfrak{C})\,\mathfrak{B} - (\mathfrak{A} \cdot \mathfrak{B})\,\mathfrak{C}$ und von der Beziehung $\varepsilon_0\,\mu_0\,c^2 = 1$ Gebrauch zu machen. Man beachte, daß nach (5a, b) die Richtungsgleichheit zwischen $\mathfrak{D}$ und $\mathfrak{E}$ sowie die zwischen $\mathfrak{B}$ und $\mathfrak{H}$ auch im isotropen Medium zu bestehen aufgehört hat.

Wir kommen jetzt nach Erledigung der beiden ersten Gln. (2) zum „OHMschen Gesetz für bewegte Leiter", der dritten Gl. (2). Wie hängt $\mathfrak{J}'$ mit $\mathfrak{J}$ zusammen? Wir wissen aus Gl. (26. 6), daß $\mathfrak{J}$ der Raumteil eines Vierervektors Γ ist, dessen Zeitkomponente $i\,c\,\varrho$ war. Andrerseits wissen wir, daß sich jeder Vierervektor wie der Koordinatenvektor x_1, x_2, x_3, x_4 transformiert. Wir haben also bei der speziellen LORENTZ-Transformation $(\mathfrak{v} \parallel x)$:

$$\mathfrak{J}'_x = \frac{\mathfrak{J}_x - \mathfrak{v}\,\varrho}{\sqrt{1-\beta^2}}, \quad \mathfrak{J}'_y = \mathfrak{J}_y, \quad \mathfrak{J}'_z = \mathfrak{J}_z, \quad \varrho' = \frac{\varrho - \frac{v}{c^2}\mathfrak{J}_x}{\sqrt{1-\beta^2}}.$$

Bei allgemeiner Bewegungsrichtung $\mathfrak{v}$ wird daraus

$$(6) \qquad \mathfrak{J}'_{||} = \left(\frac{\mathfrak{J} - \varrho\,\mathfrak{v}}{\sqrt{1-\beta^2}}\right)_{||}, \quad \mathfrak{J}'_{\perp} = \mathfrak{J}_{\perp}, \quad \varrho' = \frac{\varrho - \frac{1}{c^2}\mathfrak{v}\cdot\mathfrak{J}}{\sqrt{1-\beta^2}},$$

wobei wir die mittlere dieser Gleichungen auch schreiben können:

$$(6\text{a}) \qquad \mathfrak{J}'_{\perp} = (\mathfrak{J} - \varrho\,\mathfrak{v})_{\perp},$$

da ja definitionsgemäß $\mathfrak{v}_{\perp} = 0$ ist.

Mit dieser Bedeutung von $\mathfrak{J}'$ und der Bedeutung (3) von $\mathfrak{E}'$ wird unser OHMsches Gesetz

$$(7) \qquad \left(\frac{\mathfrak{J} - \varrho\,\mathfrak{v}}{\sqrt{1-\beta^2}}\right)_{||} = \sigma(\mathfrak{E} + \mathfrak{v}\times\mathfrak{B})_{||}, \quad (\mathfrak{J} - \varrho\,\mathfrak{v})_{\perp} = \sigma\left(\frac{\mathfrak{E} + \mathfrak{v}\times\mathfrak{B}}{\sqrt{1-\beta^2}}\right)_{\perp}.$$

Auch diese beiden Gleichungen lassen sich einheitlich, wenn auch etwas künstlich, zusammenfassen. Wir benutzen dabei die auch sonst in der Literatur üblichen und für später nützlichen Bezeichnungen[1])

$$(8) \qquad \mathfrak{E}^* = \mathfrak{E} + \mathfrak{v}\times\mathfrak{B}, \quad \mathfrak{H}^* = \mathfrak{H} - \mathfrak{v}\times\mathfrak{D};$$

statt (7) können wir dann schreiben:

$$(9) \qquad \mathfrak{J} - \varrho\,\mathfrak{v} = \sigma\,\frac{\mathfrak{E}^* - \frac{\mathfrak{v}}{c}\left(\frac{\mathfrak{v}}{c}\cdot\mathfrak{E}^*\right)}{\sqrt{1-\beta^2}}.$$

In der Tat ist die senkrechte Komponente hiervon wegen $\mathfrak{v}_{\perp} = 0$ direkt mit der zweiten Gl. (7) identisch. Andrerseits wird die parallele Komponente von (9) wegen $\mathfrak{v}\cdot\mathfrak{E}^* = v\,\mathfrak{E}_{||}$

$$(\mathfrak{J} - \varrho\,\mathfrak{v})_{||} = \frac{\sigma}{\sqrt{1-\beta^2}}\left(\mathfrak{E}^*_{||} - \frac{v}{c}\,\frac{v}{c}\,\mathfrak{E}^*_{||}\right) = \frac{\sigma}{\sqrt{1-\beta^2}}\,\mathfrak{E}^*_{||}(1-\beta^2),$$

was nun ebenfalls mit der ersten Gl. (7) übereinstimmt. Wir nennen

$$(9\text{a}) \qquad \mathfrak{J}_l = \mathfrak{J} - \varrho\,\mathfrak{v}$$

den „Leitungsstrom".

---

[1]) **Dieser * hat natürlich nichts mit dem früheren * des dualen Sechservektors zu tun.**

Gl. (9) bringt zum Ausdruck, daß *Konvektionsstrom* $\varrho\,\mathfrak{v}$ und *Leitungsstrom* $\mathfrak{J}_l$ sich überlagern und daß die Unterscheidung zwischen beiden vom *Standpunkt des Beobachters* abhängt. Der Grund hiervon liegt offenbar in der vierdimensionalen Zusammenfassung von $\mathfrak{J}$ und $\varrho\,\mathfrak{v}$ zum Vierervektor Γ. Ebenso wie beim Sechservektor F die Unterscheidung zwischen seiner elektrischen und magnetischen Seite von der Blickrichtung des Beobachters abhing (vgl. S. 225), so tritt jetzt beim Wechsel des Standpunktes die Zeitkomponente $i\,c\,\varrho$ des Γ-Vektors und der damit zusammenhängende Konvektionsstrom $\varrho\,\mathfrak{v}$ zum Leitungsstrom $\mathfrak{J}_l$ hinzu. Jener erzeugt so gut wie dieser ein *magnetisches Feld.*

Diese Feststellung enthält bereits den 1878 entdeckten *Rowland-Effekt.* Da es sich bei ihm lediglich um bewegte Ladung handelt und daher in (9) das Leitungsglied fortfällt, wird hier der Konvektionsstrom $\varrho\,\mathfrak{v}$ allein magnetisch wirksam und tritt an die Stelle von $\mathfrak{J}$ in die betreffende MAXWELLsche Gleichung ein.

Es liegt nahe zu fragen, ob auch die sog.[1] „freie Ladung", die auf der Oberfläche eines homogenen Dielektrikums in einem elektrischen Felde entsteht, magnetisch wirksam sei, wenn das Dielektrikum in Bewegung gesetzt wird. Dies veranlaßte RÖNTGEN[2] zu seinem Fundamentalversuch: Eine dielektrische Platte befindet sich in einem Plattenkondensator, parallel zu dessen Belegungen gestellt, und wird senkrecht zu den Kraftlinien des Kondensators bewegt (im Experiment um eine zu den Belegungen senkrechte Achse rotiert). Erzeugt diese Bewegung ein Magnetfeld? RÖNTGEN konnte dies bejahen und LORENTZ nannte daraufhin den dieser Bewegung äquivalenten Strom *Röntgen-Strom.* Seine Größe ist, in Übereinstimmung mit späteren Versuchen und Überlegungen von EICHENWALD[3], bei der beschriebenen Versuchsanordnung:

$$\mathfrak{R} = \mathfrak{v}\,(\varepsilon - \varepsilon_0)\,|\mathfrak{E}_0| = \mathfrak{v}\,|\mathfrak{P}_0|. \tag{10}$$

Die Platte ist dabei als unmagnetisch ($\mu = \mu_0$), ihre Bewegung als Parallelverschiebung $\mathfrak{v}$ vorausgesetzt, $\mathfrak{E}_0$ ist die Feldstärke im geladenen Kondensator, $\mathfrak{P}_0$ die zugehörige Polarisation der Platte, beide, wie der Index 0 andeutet, für die ruhende Platte gemeint. Da die „freie Ladung" auf der Oberfläche der dielektrischen Platte konzentriert ist, ist auch der RÖNTGEN-Strom $\mathfrak{R}$ ein Flächenstrom: er ist weder im Luftspalt, noch im Innern der Platte vorhanden, sondern nur an der Grenze beider, und hat die Richtung von $\mathfrak{v}$, ebenso wie ein ROWLAND-Strom.

---

[1]) Wir haben diese Bezeichnung sonst vermieden (wie sie auch RÖNTGEN vermeidet, der seine dielektrische Platte ausdrücklich als ungeladen bezeichnet), da die „freie Ladung" dimensionell keine Ladung ist, sondern eine Feldstärken-Divergenz (vgl. § 7 A), in unserem Falle eine Flächendivergenz der elektrischen Feldstärke.

[2]) W. C. RÖNTGEN, Ann. d. Phys. 35, S. 264, 1888. In einem Zusatz zu dieser Arbeit berichtet RÖNTGEN über das negative Ergebnis eines Versuchs mit einem drehbar aufgehängten Kondensator, den er so gegen die Erdbewegung orientierte, daß der „Ätherwind" durch die Kondensatorplatten hindurchstrich. Erzeugt dieser Ätherwind ein Magnetfeld und durch dieses eine Ablenkung des Kondensators? Von unserem heutigen relativistischen Standpunkt aus ist das negative Versuchsergebnis selbstverständlich. Eine entsprechende, verfeinerte Anordnung ist später als TROUTON-NOBLEscher Versuch berühmt geworden.

[3]) A. EICHENWALD, Ann. d. Phys. 11, S. 1 und 241, 1903.

Wir wollen zeigen, daß (10) aus (5a, b) folgt, wenn man $\beta^2 = (|\mathfrak{v}|/c)^2$ vernachlässigt (was natürlich bei den gegebenen Beobachtungsmöglichkeiten vollauf gerechtfertigt ist), wenn man ferner $\mu = \mu_0$ setzt und rechter Hand die $\mathfrak{E}$, $\mathfrak{H}$-Werte bei ruhender Platte, nämlich $\mathfrak{E}_\perp = \mathfrak{E}_0$, $\mathfrak{E}_{||} = 0$, $\mathfrak{H} = \mathfrak{H}_0 = 0$ benutzt. Man erhält dann $\mathfrak{D}_{||} = \mathfrak{B}_{||} = 0$

$$\mathfrak{D} = \mathfrak{D}_\perp = \varepsilon\,\mathfrak{E}_0, \qquad \mathfrak{B} = \mathfrak{B}_\perp = \mu_0(\varepsilon_0 - \varepsilon)\,\mathfrak{v} \times \mathfrak{E}_0.$$

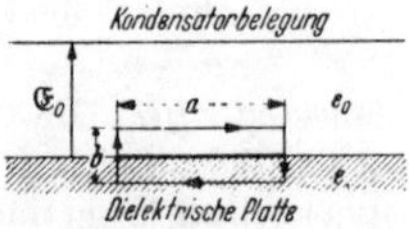

Fig. 44. Zur Erläuterung des Röntgenstromes; Schnitt senkrecht zur Bewegungsrichtung der dielektrischen Platte und zur Kondensatorbelegung. Der Ort des Röntgenstromes ist die Oberfläche der Platte; derjenige Teil derselben, der von dem rechteckigen Umlauf a, b, a, b umfaßt wird, ist verstärkt gezeichnet.

In der nebenstehenden Skizze, die in ihrem unteren schraffierten Teil die dielektrische Platte, in ihrem oberen den Luftspalt des Kondensators bedeutet und einen Schnitt senkrecht zu $\mathfrak{v}$ darstellt ($\mathfrak{v}$ in der Figur nach hinten gerichtet), berechnen wir das Linienintegral von $\mathfrak{H} = \mathfrak{B}/\mu_0$ auf dem eingezeichneten rechteckigen Umgang, der der $\mathfrak{v}$-Richtung im Rechtsschraubensinne zugeordnet ist. $\mathfrak{H}$ hat wegen der Richtung von $\mathfrak{v} \times \mathfrak{E}_0$ die Pfeilrichtung der oberen Rechteckseite a, verschwindet aber auf dieser wegen $\varepsilon = \varepsilon_0$, ebenso auf den Rechteckseiten b. Bleibt also nur die untere Rechteckseite a, welche entgegen der Richtung von $\mathfrak{H}$ durchlaufen wird. Sie liefert

$$\oint \mathfrak{H} \cdot d\mathfrak{s} = -a(\varepsilon_0 - \varepsilon)\,(\mathfrak{v} \times \mathfrak{E}_0).$$

Dieser magnetische Umlauf ist gleich dem durch sein Inneres fließenden Flächenstrom, der in der Figur durch die verstärkte Mittellinie des Rechteckes angedeutet ist. Er beträgt, wenn wir den spezifischen Flächenstrom $\mathfrak{R}$ nennen, $a\,\mathfrak{R}$. Wir haben also

$$\text{(10a)} \qquad \oint \mathfrak{H} \cdot d\mathfrak{s} = a\,|\mathfrak{R}|, \qquad \mathfrak{R} = (\varepsilon - \varepsilon_0)\,\mathfrak{v}\,|\mathfrak{E}_0| = \mathfrak{v}\,|\mathfrak{P}_0|,$$

wobei wir durch die vektorielle Schreibweise $\mathfrak{v}$ zugleich die positive Richtung von $\mathfrak{R}$ (in der Figur ebenso wie $\mathfrak{v}$ nach hinten weisend) angedeutet haben. Gl. (10) ist damit verifiziert.

Von besonderem Interesse sind diejenigen Versuche von EICHENWALD, bei denen die dielektrische Platte und die beiden Kondensatorflächen als Ganzes um ihre Normale rotiert wurden, so daß zu den RÖNTGEN-Strömen auf der Platte $\mathfrak{v}\,|\mathfrak{P}_0|$ die Konvektionsströme der Kondensator-Belegungen (Flächendichte $\omega = \mathfrak{D}$) hinzukamen, die durch $\mathfrak{v}\,|\mathfrak{D}|$ gegeben werden. Da $\mathfrak{D}$ und $\mathfrak{P}$ voneinander verschieden sind, bleibt auch in diesem Falle, entgegen der älteren HERTZschen Theorie, ein resultierendes magnetisches Restfeld übrig, trotz des entgegengesetzten Vorzeichens von ROWLAND- und RÖNTGEN-Strom. (Das Vorzeichen der Kondensatorladung ist entgegengesetzt der von ihr induzierten Plattenladung.) Von diesem Restfeld sagt EICHENWALD, l. c. S. 331 ausdrücklich: „Die magnetische Wirkung ist von dem Material des Dielektrikums unabhängig." In der Tat ist ja $\mathfrak{D} - \mathfrak{P} = \varepsilon_0\,\mathfrak{E}$ der Vakuum-Bestandteil von $\mathfrak{D}$, auf den der Name „dielektrische

Verschiebung" eigentlich nicht paßt, der aber für die MAXWELLsche Theorie und ihre optische Anwendung besonders charakteristisch ist.

Wir erwähnen nur eben eine Art Umkehr des RÖNTGENschen Versuches, den Versuch von H. A. WILSON[1]): Zwischen den Belegungen eines ungeladenen Zylinderkondensators befindet sich ein dielektrischer Hohlzylinder in einem homogenen Magnetfeld, welches zur Achse der Zylinder parallel gerichtet ist. *Wird der Zylinder in Rotation versetzt, so lädt sich der Kondensator auf.*

Wir haben uns bisher eng an MINKOWSKI angeschlossen und glauben, dadurch die sonst unübertreffliche Darstellung in dem Enzyklopädie-Artikel von W. PAULI noch durchsichtiger gestaltet zu haben. Wir wollen jetzt auch den Anschluß an die Enzyklopädie-Artikel von H. A. LORENTZ herstellen, der seinerseits in der mathematischen Formulierung an die Arbeit von H. HERTZ (1891) und ältere Arbeiten von HELMHOLTZ anknüpft. Wir führen zu dem Ende in den auf unser Laboratorium bezogenen (also ohne Striche geschriebenen) Gln. (1) rechter Hand statt $\mathfrak{E}$ und $\mathfrak{H}$ die Größen $\mathfrak{E}^*$ und $\mathfrak{H}^*$ aus (8) ein und erhalten:

$$(11) \qquad \begin{cases} \dfrac{\partial \mathfrak{B}}{\partial t} = -\operatorname{rot}\mathfrak{E}^* + \operatorname{rot}(\mathfrak{v} \times \mathfrak{B}), \\ \dfrac{\partial \mathfrak{D}}{\partial t} + \mathfrak{J} = \operatorname{rot}\mathfrak{H}^* + \operatorname{rot}(\mathfrak{v} \times \mathfrak{D}). \end{cases}$$

Die letzten Glieder rechts nehmen wir nach links hinüber und berücksichtigen die Zusatzbedingungen (1):

$$(11a) \qquad \operatorname{div}\mathfrak{B} = 0, \qquad \operatorname{div}\mathfrak{D} = \varrho.$$

Wir können dann statt (11) auch schreiben:

$$(11b) \qquad \begin{cases} \dfrac{\partial \mathfrak{B}}{\partial t} + \mathfrak{v}\operatorname{div}\mathfrak{B} - \operatorname{rot}(\mathfrak{v} \times \mathfrak{B}) = -\operatorname{rot}\mathfrak{E}^*, \\ \dfrac{\partial \mathfrak{D}}{\partial t} + \mathfrak{v}\operatorname{div}\mathfrak{D} - \operatorname{rot}(\mathfrak{v} \times \mathfrak{D}) + \mathfrak{J} - \varrho\,\mathfrak{v} = \operatorname{rot}\mathfrak{H}^*. \end{cases}$$

Die hier links stehenden Aggregate sind uns bereits in Bd. II, Gl. (18. 7c) begegnet. Wir berechneten dort für einen beliebigen Vektor $\mathfrak{A}$ und ein Flächenelement $d\sigma$, welches sich mit der von Ort zu Ort veränderlichen Geschwindigkeit $\mathfrak{v}$ bewegt und dabei selbst Größe und Form verändert, als „$\mathfrak{A}$-Fluß durch $d\sigma$"

$$\frac{d}{dt}(\mathfrak{A}_n\,d\sigma) = \left(\frac{\partial \mathfrak{A}}{\partial t} + \mathfrak{v}\operatorname{div}\mathfrak{A} - \operatorname{rot}(\mathfrak{v} \times \mathfrak{A})\right)_n d\sigma.$$

Hier benutzen wir die von LORENTZ eingeführte Abkürzung[2])

$$(12) \qquad \underline{\dot{\mathfrak{A}}} = \frac{\partial \mathfrak{A}}{\partial t} + \mathfrak{v}\operatorname{div}\mathfrak{A} - \operatorname{rot}(\mathfrak{v} \times \mathfrak{A}).$$

Die vorige Gleichung geht dann über in

$$(12a) \qquad \frac{d}{dt}(\mathfrak{A}_n\,d\sigma) = \underline{\dot{\mathfrak{A}}}\,d\sigma$$

[1]) Phil-Trans. 1904, Bd. 204, S. 121, vgl. auch H. A. WILSON und M. WILSON, Proc. Roy. Soc. 1913, Bd. 89, S. 99.

[2]) Vgl. Enzycl. Bd. V 2, S. 75, Gl. (5).

oder auch, für eine endliche Fläche σ geschrieben,

$$\frac{\mathrm{d}}{\mathrm{d}t}\int \mathfrak{A}_n\,\mathrm{d}\sigma = \int \underline{\dot{\mathfrak{A}}}_n\,\mathrm{d}\sigma. \tag{12b}$$

Daraufhin erhalten wir statt (11b) die von LORENTZ und PAULI zugrunde gelegte Form der *Maxwell-Minkowskischen Gleichungen in bewegten (aber von unserem Laboratorium aus betrachteten) Körpern*:

$$\begin{aligned} \underline{\dot{\mathfrak{B}}} &= -\mathrm{rot}\,\mathfrak{E}^*, \\ \underline{\dot{\mathfrak{D}}} + \mathfrak{J} - \varrho\,\mathfrak{v} &= \mathrm{rot}\,\mathfrak{H}^*. \end{aligned} \tag{13}$$

Ihr Vorteil besteht darin, daß sie unmittelbar zur *Integralform* überleiten:

$$\begin{aligned} \int \underline{\dot{\mathfrak{B}}}_n\,\mathrm{d}\sigma &= -\oint \mathfrak{E}^*\cdot\mathrm{d}\mathfrak{s}, \\ \int \underline{\mathfrak{C}}_n\,\mathrm{d}\sigma &= \oint \mathfrak{H}^*\cdot\mathrm{d}\mathfrak{s}, \qquad \underline{\mathfrak{C}} = \underline{\dot{\mathfrak{D}}} + \mathfrak{J} - \varrho\,\mathfrak{v}. \end{aligned} \tag{14}$$

Links wird über eine mit der Geschwindigkeit $\mathfrak{v}$ bewegte Fläche, rechts über deren Berandung s integriert, wobei der Durchlaufungssinn von s und die Normalen von σ durch die Rechtsschraubenregel zusammengeordnet sind. Wir erinnern uns dabei an die Anm. 3 von S. 264, wonach $\mathfrak{v}$ beliebig sein durfte, also σ und s einem beliebig bewegten und deformierten Körper angeheftet sein können. Wir sind auf diese Weise zu einer Formulierung gelangt, die unseren ursprünglichen Axiomen, den Gln. (3) und (4) von § 3. engstens verwandt ist und sie weitgehend verallgemeinert. Erst in der jetzigen verallgemeinerten Fassung werden sie den schon in § 3 ausgesprochenen Tatsachen der Induktion für bewegte Leiter oder für bewegte Magnete gerecht.

Aus den Gln. (14) folgen nun auch die *Grenzbedingungen* für bewegte Körper, und zwar auf demselben Wege wie in § 3 für ruhende Medien. *Sie verlangen die Stetigkeit der Tangentialkomponenten von $\mathfrak{E}^*$ und $\mathfrak{H}^*$ sowie die der Normalkomponente von $\mathfrak{B}$.* Dabei ist zu beachten, daß die in $\mathfrak{E}^*$ und $\mathfrak{H}^*$ eingehende Geschwindigkeit $\mathfrak{v}$ als Konstante der LORENTZ-Transformation anzusehen ist, durch die wir den Punkt P des bewegten Körpers auf Ruhe transformiert hatten, daß $\mathfrak{v}$ also auf beiden Seiten der Grenzfläche denselben Wert, nämlich den im Punkte P hat oder zum mindesten sich stetig beim Durchgange durch die Grenzfläche verhält.

Anders, wenn $\mathfrak{v}$ *unstetig* von dem Werte Null (Laboratorium) auf den Wert $\mathfrak{v}$ (bewegter fester Körper) springt. Insbesondere betrachten wir den für die unipolare Induktion wichtigen Fall, daß das Feld stationär sei ($\partial/\partial t = 0$) und die Oberfläche des Körpers in sich mit der Geschwindigkeit $\mathfrak{v}$ verschoben werde ($\mathfrak{v} = \mathfrak{v}_{\tan g}$). Wir zeigen, daß dann *nicht die tangentiellen Komponenten* von $\mathfrak{E}^*$, $\mathfrak{H}^*$, sondern direkt die (vom Laboratorium aus beurteilten) *tangentiellen Komponenten* von $\mathfrak{E}$, $\mathfrak{H}$ *längs der Grenzschicht stetig verlaufen müssen.*

Vorbereitend bemerken wir, daß die beiden hier gegenübergestellten Bedingungen für eine zu $\mathfrak{v}$ *parallele* tangentielle Richtung von $\mathfrak{E}$ oder $\mathfrak{H}$ dasselbe aussagen [wegen der Bedeutung der Vektorprodukte in (8)], daß sie aber für jede davon verschiedene, insbesondere für die zu $\mathfrak{v}$ *senkrechte* tangentielle Richtung sich tatsächlich widersprechen.

Betrachten wir nun wie in Fig. 3 einen rechteckigen Umlauf $\Delta s\,\Delta h$, der anfangs senkrecht gegen die Grenzfläche gelegt ist, so verzerrt sich derselbe, indem seine zur Grenzfläche parallele Seite Δs im Körper fortschreitet, die gegenüberliegende Seite im Vakuum aber festliegt. Dann ist $\dot{\underline{\mathfrak{B}}}$ (wegen $\partial\mathfrak{B}/\partial t = 0$ und $\operatorname{div}\mathfrak{B} = 0$) nach (12) gleich $-\operatorname{rot}(\mathfrak{v} \times \mathfrak{B})$; das Integral links in der ersten Gl. (14) wird bei Hinzuziehung des STOKESschen Satzes

$$-\int \operatorname{rot}_n(\mathfrak{v} \times \mathfrak{B})\, d\sigma = -\oint (\mathfrak{v} \times \mathfrak{B}) \cdot d\mathfrak{s},$$

also im allgemeinen *nicht gleich Null* wie bei konstantem oder stetig variierendem $\mathfrak{v}$.

Andererseits ist das Integral rechts in derselben Gleichung, erstreckt über denselben verzerrten Umlauf, wegen der Bedeutung von $\mathfrak{E}^*$

$$-\oint \mathfrak{E} \cdot d\mathfrak{s} - \oint (\mathfrak{v} \times \mathfrak{B}) \cdot d\mathfrak{s}.$$

Gleichsetzung beider Ausdrücke verlangt also

$$\oint \mathfrak{E} \cdot d\mathfrak{s} = 0, \quad \text{d. h. Stetigkeit von } \mathfrak{E}_{\text{tang}}, \tag{15}$$

wie bei unserem früheren Schluß in (3. 9).

Dieselbe Überlegung, auf die zweite Gl. (14) angewandt, liefert (wegen $\partial\mathfrak{D}/\partial t = 0$ und $\operatorname{div}\mathfrak{D} = \varrho$)

$$\underline{\mathfrak{C}} = \mathfrak{v}\,\varrho - \operatorname{rot}(\mathfrak{v} \times \mathfrak{D}) + \mathfrak{J} - \varrho\,\mathfrak{v} = -\operatorname{rot}(\mathfrak{v} \times \mathfrak{D}) + \mathfrak{J}$$

und für das linke bzw. rechte Integral in der zweiten Gl. (14)

$$-\oint (\mathfrak{v} \times \mathfrak{D}) \cdot d\mathfrak{s} + \int \mathfrak{J}_n\, d\sigma \quad \text{bzw.} \quad \oint \mathfrak{H} \cdot d\mathfrak{s} - \oint (\mathfrak{v} \times \mathfrak{D}) \cdot d\mathfrak{s}.$$

Durch Gleichsetzung beider folgt

$$\int \mathfrak{J}_n\, d\sigma = \oint \mathfrak{H} \cdot d\mathfrak{s}.$$

Streicht man hier im Limes $\Delta h \to 0$ das Flächenintegral über $\mathfrak{J}$ wie bei Gl. (3. 8) (vgl. auch die Anm. 1 daselbst), so erhält man

$$\oint \mathfrak{H} \cdot d\mathfrak{s} = 0, \quad \text{also Stetigkeit von } \mathfrak{H}_{\text{tang}}. \tag{15a}$$

Soviel über die Grenzbedingungen in dem besonderen, von uns betrachteten Fall einer in sich bewegten Grenzschicht zweier verschiedener Medien.

Daß die vorangehende Theorie nicht nur für die großen Geschwindigkeiten der Relativitätstheorie wichtig ist, ergibt sich bereits aus der Existenz des *Rowland-* und *Röntgen-Stromes*. Dasselbe zeigt sich bei dem seit den Zeiten von ARAGO und FARADAY berühmten Problem der *unipolaren Induktion*. Die Literatur darüber ist weitschichtig und keineswegs widerspruchsfrei, da es sich hierbei um die exakten Gesetze der Elektrodynamik bewegter Körper handelt. Wir besprechen das Problem hier nur qualitativ und verschieben quantitative Ergänzungen auf die Übungsaufgabe IV. 1. Außerdem interessieren wir uns hauptsächlich für die dabei entstehenden Felder; wir übergehen also die aus ihnen entstehenden Bewegungserscheinungen, welche in mannigfachen Apparaten realisiert sind und experimentell das Hauptinteresse beansprucht haben.

Läßt man einen um seine Achse drehbar gelagerten Stabmagneten rotieren, so entstehen in ihm im allgemeinen (d. h. bei nicht vollkommen achsensymmetrischer Magnetisierung) Induktionsströme („Wirbelströme"). Man kann sie mit einem im Raum festen Draht abnehmen, dessen eines Ende z. B. in der Mitte des Magneten schleift, während das andere Ende zum Lager eines der beiden Achsenenden des Magneten geführt wird. Da hierbei nur der diesem Ende benachbarte Pol des Magneten wirksam ist, spricht man von „unipolarer Induktion". Die Anordnung ist nicht nur in Laboratoriumsversuchen, sondern vorübergehend auch im Großen bei Dynamomaschinen verwendet worden.

Wir vereinfachen die Fragestellung, wenn wir den Stromleiter von dem das Magnetfeld erzeugenden Körper trennen. Es handle sich z. B. um eine Kupferscheibe zwischen den Polschuhen eines Elektromagneten. Man weiß, daß eine solche „FARADAYsche Scheibe" durch die JOULEsche Wärme der Wirbelströme glühend wird, wenn sie in Rotation gehalten wird, oder daß ein anfänglicher Rotationsimpuls der Scheibe durch das Magnetfeld schnell abgebremst wird.

Das zeigt sich aber nur bei *inhomogenem Felde*, wie es im Experiment gewöhnlich vorliegt, bei dem die Scheibe über den innersten homogenen Teil des Feldes der Polschuhe hinausragt. Wir setzen, um ein definiertes und bequem lösbares Problem zu haben, das Magnetfeld überall als homogen voraus, bringen in dieses einen Metallstab, dessen Achse senkrecht gegen das Magnetfeld $\mathfrak{B}$ gerichtet ist, und versetzen ihn in gleichförmige Translation nach seiner Achse. Seine Oberfläche wird dadurch geladen. Im Inneren entsteht keine JOULEsche Wärme, da der Leitungsstrom überall Null ist; die Gesamtladung ist natürlich ebenfalls Null. Innen- und Außenfeld schließen stetig aneinander an, aber mit unstetigem, normalem Gradienten, entsprechend der Existenz der Oberflächenladung. Das *Innenfeld* ist senkrecht gegen die Achse des Stabes und gegen $\mathfrak{B}$ gerichtet und läßt sich für jede Form seines Querschnittes unmittelbar angeben.

Im Gegensatz zum Innenfelde läßt sich das *Außenfeld* nicht unmittelbar berechnen, sondern erfordert die Lösung einer *Randwertaufgabe*: den stetigen Anschluß des Potentials im Äußeren an die aus der Kenntnis des Innenfeldes zu entnehmenden Oberflächenwerte des Potentials. Im Sonderfall des Kreisquerschnittes ist diese Randwertaufgabe bequem lösbar, vgl. Aufgabe IV. 1.

Zugleich mit dem Innenfeld ist auch die *Spannung* zwischen zwei Punkten der Oberfläche bestimmt. Wenn man sie mittels Schleifkontakten in einem Schließungsdraht zur Stromerzeugung benutzen will, so bleibt das Innere nicht mehr stromfrei; die hier geschilderte Struktur des Innenfeldes wird dann hinfällig.

Außer dem elektrischen tritt ein statisches Magnetfeld auf, herrührend von den ROWLAND-Strömen auf der Oberfläche des Stabes. Es ist aber offenbar sehr klein gegen das ursprüngliche induzierende Feld und kann daher vernachlässigt werden.

Unsere Beschreibung bezieht sich durchweg auf einen im Laboratorium ruhenden Beobachter; für einen mitbewegten Beobachter ist das elektrische Feld im Inneren des Stabes Null.

Bei der wirklichen Ausführung des Versuches ersetzt man natürlich den Stab durch einen metallischen Umdrehungskörper und die Translation durch eine

Rotation um dessen Symmetrieachse. Eine damit verbundene mathematische Schwierigkeit wird ebenfalls in Übungsaufgabe IV. 1 angedeutet werden.

§ 35. Die ponderomotorischen Kräfte und der Spannungs-Energie-Tensor

Wir gehen auf § 31 zurück und verallgemeinern die dort eingeführten Begriffe vom Vakuum auf einen Körper von beliebigem ε, μ, den wir aber als *homogen* und *isotrop* voraussetzen werden, obgleich für die Fragen der Elektro- und Magnetostriktion der anisotrope Körper von besonderem Interesse wäre. Wir können ihn überdies als „*ruhend*" voraussetzen, da wir für die hier zu besprechenden Fragen unseren Standpunkt in diesen Körper selbst verlegen dürfen.

Unsere früheren Definitionen aus § 26

$$F = \left(\mathfrak{B},\ -\frac{i}{c}\,\mathfrak{E}\right), \quad f = (\mathfrak{H},\ -i c\,\mathfrak{D}), \quad \Gamma = (\mathfrak{J},\ i c\,\varrho) \tag{1}$$

sowie die Maxwellschen Gleichungen in der dortigen Differentialform

$$\mathfrak{Div} F^* = 0, \quad \mathfrak{Div} f = \Gamma \tag{1a}$$

bleiben auch jetzt bestehen; man überzeugt sich nämlich leicht, daß die in (1) vorkommenden Faktoren c nicht von den Vakuumkonstanten ε_0, μ_0, sondern von der Zeitmessung $x_4 = i\,c\,t$ herrühren, die in der speziellen Relativitätstheorie universell für alle ponderablen Medien gilt. Aber die Beziehung

$$f = \frac{1}{\mu_0} F \tag{2}$$

zwischen Erregung und Feld ist abzuändern in

$$f = \left\{\begin{matrix} \mu_0/\mu \\ \varepsilon/\varepsilon_0 \end{matrix}\right\} \frac{1}{\mu_0} F, \tag{2a}$$

wo sich die obere Zeile auf die Raum-Raum-, die untere auf die Raum-Zeit-Komponenten von f und F bezieht.

In der Tat erhalten wir nur bei dieser Abänderung die zu fordernden Verknüpfungen zwischen Erregung und Feld, wie der Vergleich von (1) mit (2a) zeigt:

$$\mathfrak{H} = \frac{\mu_0}{\mu}\frac{1}{\mu_0}\mathfrak{B}, \qquad \text{also} \quad \mathfrak{H} = \frac{\mathfrak{B}}{\mu},$$

$$-i c\,\mathfrak{D} = \frac{\varepsilon}{\varepsilon_0}\frac{1}{\mu_0}\left(-\frac{i}{c}\,\mathfrak{E}\right), \quad \text{also} \quad \mathfrak{D} = \varepsilon\,\mathfrak{E}.$$

Aus (2a) ersehen wir, daß die einfache Proportionalität (2) zwischen f und F, die für das Vakuum charakteristisch war, beim ponderablen Körper in eine Art linearer Vektorfunktion übergeht, mit zwei verschiedenen Proportionalitätsfaktoren für die Raum-Raum- und die Raum-Zeit-Komponenten. Beim anisotropen Körper tritt an deren Stelle eine viel allgemeinere lineare Vektorfunktion, vgl. S. 27, mit im allgemeinen 12 verschiedenen Materialkonstanten.

Ausgehend von der allgemeingültigen Darstellung der Lorentzschen Kraftdichte in (31. 1) überzeugen wir uns durch kritische Betrachtung der einzelnen

Schritte, daß die Umformungen bis Gl. (31. 8) erhalten bleiben, insbesondere, daß sie nicht durch die bei den magnetischen und elektrischen Größen verschiedenen Proportionalitätsfaktoren in (2a) beeinflußt werden. Dasselbe gilt auch für die Diagonalelemente des Tensors T, so daß dessen Spur ihren früheren Wert

$$\sum_{n=1}^{4} T_{nn} = 0 \tag{3}$$

beibehält. Desgleichen für die Nicht-Diagonalelemente T_{nm}, sofern n und m von vier verschieden sind. Dagegen berechnet man nach (31. 4) z. B.

$$\begin{aligned} T_{14} &= -(F_{12} f_{42} + F_{13} f_{43}) \\ &= -\mathrm{i}\, c(\mathfrak{B}_z \mathfrak{D}_y - \mathfrak{B}_y \mathfrak{D}_z) \\ &= -\mathrm{i}\, c\, \varepsilon \mu (\mathfrak{E} \times \mathfrak{H})_x = -\mathrm{i}\, c\, \varepsilon \mu \mathfrak{S}_x \end{aligned} \quad \Bigg| \quad \begin{aligned} T_{41} &= -(F_{42} f_{12} + F_{43} f_{13}) \\ &= -\frac{\mathrm{i}}{c}(\mathfrak{E}_y \mathfrak{H}_z - \mathfrak{E}_z \mathfrak{H}_y) \\ &= -\frac{\mathrm{i}}{c}(\mathfrak{E} \times \mathfrak{H})_x = -\frac{\mathrm{i}}{c}\mathfrak{S}_x. \end{aligned} \tag{4}$$

Ersetzt man hier den Index 1 durch 2 oder 3, so ergibt sich dasselbe Resultat, aber mit $\mathfrak{S}_y$ bzw. $\mathfrak{S}_z$ geschrieben.

Dieses unterschiedliche Verhalten der beiden Gruppen von T_{nm} (n und $m \neq 4$ gegen n oder $m = 4$) hat zur Folge, daß der dreidimensionale Spannungstensor σ zwar nach wie vor in der Form (31. 10) geschrieben werden kann, daß aber der vollständige vierdimensionale Tensor T die *unsymmetrische Form annimmt*:

$$T = \left(\begin{array}{c|c} \sigma & -\frac{\mathrm{i}}{c}\frac{\varepsilon\mu}{\varepsilon_0\mu_0}\mathfrak{S} \\ \hline -\frac{\mathrm{i}}{c}\mathfrak{S} & W \end{array} \right). \tag{5}$$

Diese Unsymmetrie führt zu bedenklichen Folgerungen. Wir wissen aus der Hydrodynamik und Elastizitätstheorie, daß hier ein unsymmetrischer Spannungstensor[1]) Drehmomente liefern würde, welche erfahrungsgemäß unzulässig sind, vgl. z. B. Bd. II, § 10 und § 8. Auch in der Elektrodynamik ergeben sich aus unserem zur Hauptdiagonale unsymmetrischen Tensor T Drehmomente, welche zwar sehr klein und kaum beobachtbar, aber wenig wahrscheinlich sind. M. ABRAHAM hat daher eine von der MINKOWSKIschen verschiedene, *symmetrische* Form des Tensors T vorgeschlagen. Beide Standpunkte werden von W. PAULI in seinem oft genannten Enzyklopädie-Artikel S. 665 ff. nach ihren physikalischen Konsequenzen verglichen.

Indem wir uns wieder an MINKOWSKI anschließen, folgern wir aus dem Schema (5), daß die vierte Komponente unserer früheren Gl. (31. 3) ungeändert bleibt und auch im ponderabeln Körper dem *Poyntingschen Satz* entspricht. Die drei ersten Komponenten derselben Gleichung, in denen es auf den abgeänderten rechten oberen Teil unseres Schemas (5) ankommt, führen aber zu einer von (31. 13) ver-

[1]) Der Tensor σ ist natürlich auch hier symmetrisch.

schiedenen Definition der elektromagnetischen Impulsdichte. Während wir im Vakuum fanden

(6) $$\mathfrak{G} = \frac{1}{c^2}\mathfrak{S} = \frac{1}{c^2}\mathfrak{E}\times\mathfrak{H} = \mathfrak{D}\times\mathfrak{B},$$

ergibt sich jetzt der davon verschiedene (aber natürlich gleich dimensionierte) Ausdruck

(6a) $$\mathfrak{G} = \frac{1}{c^2}\,\frac{\varepsilon\mu}{\varepsilon_0\mu_0}\,\mathfrak{S} = \mathfrak{D}\times\mathfrak{B}.$$

Auch diese Folgerung der MINKOWSKIschen Theorie ist nicht allgemein akzeptiert.

Wir haben uns in diesem Paragraphen, wie eingangs bemerkt, auf ruhende Körper beschränken können. Vermöge des uns nach (28. 20) bekannten Verhaltens des Welttensors T bei der LORENTZ-Transformation übertragen sich unsere Formeln aber auch direkt auf bewegte Körper; auch für diese wäre das Problem der ponderomotorischen Kräfte gelöst, sobald die endgültige Form unseres Tensors T für ruhende Körper festgelegt wäre. Daß letzteres, wie wir sahen, nicht eindeutig gelungen ist, bedeutet vom physikalischen Standpunkt aus eigentlich nur einen Schönheitsfehler und jedenfalls keinen schwerwiegenden Einwand gegen die Relativitätstheorie. In der Tat spielen sich nach unserer heutigen elektronentheoretischen Auffassung alle Vorgänge im Vakuum ab, für welches die Frage nach dem Spannungs-Energie-Tensor in § 31 ihre befriedigende und allgemein anerkannte Lösung gefunden hat. Die ponderabeln Körper mit ihren stetigen Materialkonstanten ε, μ sind von diesem Standpunkt aus nur bequeme Abstraktionen und keine physikalischen Realitäten.

§ 36. Der Energieverlust des beschleunigten Elektrons durch Strahlung und seine Rückwirkung auf die Bewegung

Wir wissen, daß das beschleunigte Elektron, im Gegensatz zu dem gleichförmig bewegten, strahlt. Bei einer gegen c kleinen Geschwindigkeit beträgt die pro Zeiteinheit ausgestrahlte Energie nach (19. 24)

(1) $$S = \frac{e^2\,\dot{v}^2}{6\pi\,\varepsilon_0\,c^3}.$$

Dieser Energieverlust muß sich natürlich in der Bewegungsgleichung des Elektrons geltend machen. Um ihn daselbst zu berücksichtigen, wollen wir ihn durch eine äquivalente Kraft ersetzen. Es handle sich um die Wirkung eines kurzen Beschleunigungsintervalls von t_1 bis t_2; vorher und nachher sowie an den Grenzen desselben werde die Bewegung als gleichförmig, also $\dot{v}$ als verschwindend angesehen. Bei der Kürze des Intervalls ändert sich die Geschwindigkeit nur wenig, so daß $\beta_1 \sim \beta_2 \sim \beta$ gesetzt werden kann. Wir nennen die gesuchte Kraft „Reaktionskraft der Strahlung“ und bezeichnen sie mit $\mathfrak{R}$. (Man entschuldige die Benutzung desselben Buchstabens $\mathfrak{R}$ wie beim RÖNTGEN-Strom und früher beim Widerstandsoperator!) Sie muß der Bedingung genügen, daß ihre am Elektron während des Intervalls t_1 bis t_2 geleistete Arbeit gleich dem negativ genommenen Strahlungsverlust des Elektrons sein soll, also eindimensional geschrieben

$$(2) \qquad \int \mathfrak{R} \cdot \mathrm{d}\mathfrak{s} = - \int_{t_1}^{t_2} S \,\mathrm{d}t .$$

Auf Grund der Identität

$$\dot{v}^2 = \frac{\mathrm{d}}{\mathrm{d}t} v \dot{v} - v \ddot{v}$$

und unserer Annahme $\dot{v}(t_1) = \dot{v}(t_2) = 0$ hat man

$$\int \dot{v}^2 \,\mathrm{d}t = v \dot{v} \Big|_{t_1}^{t_2} - \int \ddot{v} v \,\mathrm{d}t = - \int \ddot{v} \,\mathrm{d}s ;$$

also wegen (1) und (2)

$$(3) \qquad \int \mathfrak{R} \cdot \mathrm{d}\mathfrak{s} = \frac{e^2}{6\pi \varepsilon_0 c^3} \int \ddot{\mathfrak{v}} \cdot \mathrm{d}\mathfrak{s} .$$

Man erhält daraus als einfachsten Ansatz in vektorieller Schreibweise:

$$(4) \qquad \mathfrak{R} \doteq \frac{e^2 \ddot{\mathfrak{v}}}{6\pi \varepsilon_0 c^3} ;$$

es läßt sich überdies zeigen, daß andere mit (3) verträgliche Ansätze sich von (4) nur um Glieder geringerer Größenordnung unterscheiden, vgl. unten bei Gl. (27) u. ff.[1]). Im magnetischen cgs-System ist dies soviel wie

$$(4\text{a}) \qquad \mathfrak{R} = \frac{2}{3} \frac{e^2 \ddot{\mathfrak{v}}}{c} ;$$

vgl. hiermit auch die LARMORsche Formel (19.24b).

Wir studieren die Wirkung der Reaktionskraft am einfachsten Fall des um eine Ruhelage schwingenden Elektrons, das uns wie in § 19C als idealisiertes Modell einer Lichtquelle dienen kann. Die Schwingung sei geradlinig; wegen der Reaktionskraft ist sie gedämpft. Wir nennen den jeweiligen Abstand des Elektrons von seiner Ruhelage ξ und setzen

$$(5) \qquad \xi = \xi_0 \,\mathrm{e}^{-\mathrm{i}\omega t}, \qquad \omega = \omega_0 (1 + \alpha) .$$

$\omega_0 = 2\pi/\tau$ ist die Kreisfrequenz bei fehlender Dämpfung, τ die zugehörige Schwingungsdauer, α eine komplexe Zahl; sie hat einen sehr kleinen absoluten Betrag und muß bei unserem Ansatz von ξ einen negativ-imaginären Teil besitzen; von beidem werden wir uns überzeugen.

Die Bewegungsgleichung des Elektrons lautet

$$(6) \qquad m_0 \ddot{\xi} + f \xi = |\mathfrak{R}| .$$

---

[1]) Dort behandeln wir die LORENTZsche Methode, die DIRAC 1963 für ein punktförmig gedachtes Elektron vollendet formuliert hat. Die obige Methode geht auf ABRAHAM zurück. Natürlich reicht die Energiebilanz allein nicht zur eindeutigen Bestimmung von $\mathfrak{R}$ aus. ABRAHAM hat die Impulsbilanz hinzugefügt, uud man gelangt so für punktförmige Teilchen ebenfalls zur strengen Lösung.

Die rücktreibende Kraft, die irgendwie aus dem Atomverbande hervorgehen möge, haben wir gleich $-f\xi$ gesetzt und nach links hinübergenommen. Wir dividieren (6) durch m_0 und machen

$$\text{(7)} \qquad \frac{f}{m_0} = \omega_0^2, \qquad\qquad \text{(7a)} \qquad \frac{|\mathfrak{R}|}{m_0} = \frac{a}{c}\,\dddot{\xi}.$$

(7) folgt aus Gl. (5), nach der ω_0 die Eigenfrequenz der Schwingung für $\mathfrak{R} = 0$ bedeutet; in (7a) bedeutet a nach (4) eine Länge von derselben Größenordnung wie der Elektronenradius in Formel (33. 6); Gl. (6) geht dann über in

$$\text{(8)} \qquad \ddot{\xi} + \omega_0^2\,\xi = \frac{a}{c}\,\dddot{\xi}.$$

Einsetzen aus (5) liefert nach Fortheben von ω_0^2

$$\text{(9)} \qquad -(1+\alpha)^2 + 1 = \mathrm{i}\,\frac{a}{c}\,\omega_0(1+\alpha)^3 = 2\pi\,\mathrm{i}\,\frac{a}{\lambda}\,(1+\alpha)^3.$$

λ ist die Wellenlänge des ausgestrahlten Lichtes; sie ist (selbst im Röntgen-Gebiet) sehr groß gegen den Elektronenradius a. Auf der rechten Seite kann man daher α gegen 1, auf der linken Seite α^2 gegen 2α vernachlässigen. Man erhält dadurch aus (9)

$$\text{(10)} \qquad \alpha = -\pi\,\mathrm{i}\,\frac{a}{\lambda}.$$

Dem Vorzeichen nach stimmt unser Resultat mit der bei (5) ausgesprochenen Erwartung überein; daß α bei unserer Näherungsrechnung rein imaginär geworden ist, besagt, daß die Schwingungsdauer nicht merklich durch die Reaktionskraft geändert wird, ähnlich wie in (18. 9d), wo die Schwingungsdauer der quasistationären Stromschwankung nicht merklich von dem Widerstande abhing.

Beim Einsetzen von (10) in (5) ergibt sich

$$\text{(11)} \qquad \left|\frac{\xi}{\xi_0}\right| = \exp\left(-\pi\,\frac{a}{\lambda}\,\omega_0\,t\right) = \exp\left(-2\pi^2\,\frac{a}{\lambda}\,\frac{t}{\tau}\right).$$

Die Amplitude nimmt also auf 1/e ab nach der in Schwingungsdauern gemessenen Zeit

$$\text{(12)} \qquad \frac{t}{\tau} = \frac{\lambda}{2\pi^2 a}.$$

Ebenso groß ist der zugehörige, in Wellenlängen gemessene Lichtweg x/λ. Man erhält aus (12) mit $\lambda = 4\cdot 10^{-5}$ cm, $a = 2\cdot 10^{-13}$ cm

$$\text{(12a)} \qquad \frac{x}{\lambda} = 10^7, \qquad x = 400\ \text{cm} = 4\ \text{m}.$$

Etwa von derselben Größenordnung ist die sog. „Kohärenzlänge" des Lichtes, gemessen an ausgewählten, besonders scharfen (besonders monochromatischen) Spektrallinien. Absolut scharfe Spektrallinien gibt es nicht. Jeder abgebrochene oder abklingende Wellenzug liefert bei der Fourier-Analyse (vgl. Bd. VI, Aufgabe I. 4) eine endliche spektrale Breite (genauer gesagt Halbwertsbreite). Dasselbe bewirkt natürlich der Doppler-Effekt, der von der Wärmebewegung der emittierenden Partikeln herrührt und daher temperaturabhängig ist. Als *natürliche, klassische Linienbreite* definiert man das Reziproke der in (12) berechneten Abklingungszeit t. Mit der Bezeichnung $D = 1/t$ und mit $\tau = \lambda/c$ erhält man

$$D = 2\pi^2 \frac{a\,c}{\lambda^2}$$

oder, wenn man den Wert von a aus (33. 6) benutzt,

$$D = \frac{\pi}{3} \frac{e^2}{\varepsilon_0 m_0 c} \frac{1}{\lambda^2}, \tag{12b}$$

so finden wir mit $\frac{e}{m_0} = 1{,}76 \cdot 10^8 \frac{\text{As}}{\text{g}}$ für $\lambda = 4 \cdot 10^{-5}$ cm

$$D = 7 \cdot 10^7\,\text{s}^{-1}. \tag{12c}$$

Dies ist sehr klein, verglichen selbst mit der winzigen Schwingungszahl-Differenz des Wasserstoffdubletts der ersten BALMER-Linie:

$$\Delta\nu_H = \frac{Rc\,\alpha^2}{2^4} \sim 10^{10}\,\text{s}^{-1}$$

(Rc = RYDBERG-Frequenz, α = Feinstrukturkonst.).

Die *tatsächliche* Linienbreite der individuellen Spektrallinien ist bekanntlich viel größer als die hier berechnete klassische Linienbreite; sie hängt außer von Temperatur und Druck in der Entladungsröhre wesentlich von der Lebensdauer der Quantenzustände ab, aus denen die Spektrallinie entspringt.

In der PLANCKschen Theorie der Hohlraumstrahlung spielt die Reaktionskraft $\mathfrak{R}$ eine wichtige Rolle, vgl. Bd. V; sie bestimmt hier die Amplitude, bis zu der ein linearer Oszillator im Gleichgewicht mit der Temperaturstrahlung aufgeschaukelt wird, um von da aus seine Quantenemission betätigen zu können.

Wir haben bisher nur von dem langsam bewegten Elektron gesprochen, d. h., wir haben die Reaktionskraft nur vom Standpunkt eines mit dem Elektron mitbewegten Beobachters bestimmt. Die Relativitätstheorie ermöglicht es uns aber, den Standpunkt zu wechseln und die Reaktionskraft für das alsdann beliebig schnell erscheinende Elektron zu ermitteln. Daß sich dabei ein von unserem Werte (4) wesentlich verschiedenes Resultat ergeben wird, folgt schon daraus, daß dann nicht mehr Gl. (1) gilt, daß vielmehr nach (30. 11) die unter dem Winkel ϑ gegen die Bewegungsrichtung ausgestrahlte Energie pro Flächen- und Zeiteinheit gegeben ist durch

$$|\mathfrak{S}| = \frac{e^2\,\dot{v}^2}{16\pi^2 \varepsilon_0 c^3 r^2} \frac{\sin^2\vartheta}{(1-\beta\cos\vartheta)^6}. \tag{13}$$

Die Beschleunigung ist dabei als longitudinal, d. h. als in der Bewegungsrichtung erfolgend, vorausgesetzt. Ferner ist zu bemerken, daß sich (13) auf die Zeiteinheit des ruhenden Beobachters bezieht, daß wir aber zur Bestimmung von $\mathfrak{R}$ die Ausstrahlung pro Zeiteinheit im System des bewegten Elektrons kennen müssen. Zwischen beiden Zeiten (t des Beobachters, τ des bewegten Elektrons, zugleich dessen „Eigenzeit“) besteht die Retardierungs-Beziehung (29. 10b)

$$\tau = t - \frac{r}{c}, \quad \mathrm{d}\tau = \mathrm{d}t + \frac{\mathfrak{v}_r}{c}\mathrm{d}\tau, \quad \frac{\mathrm{d}t}{\mathrm{d}\tau} = 1 - \frac{\mathfrak{v}_r}{c} = 1 - \beta\cos\vartheta.$$

Um also $\mathfrak{S}$ auf die Zeiteinheit des bewegten Elektrons zu beziehen, müssen wir (13) mit

$$\frac{dt}{d\tau} = 1 - \beta \cos\vartheta \tag{14}$$

multiplizieren; um ferner von $\mathfrak{S}$ zur Gesamtausstrahlung S des Elektrons überzugehen, müssen wir über die Kugel vom Radius r und vom Winkelelement $d\omega = 2\pi \sin\vartheta \, d\vartheta$ integrieren. Dabei entsteht mit der Abkürzung $u = 1 - \beta \cos\vartheta$

$$2\pi \int_0^\pi \frac{\sin^2\vartheta \sin\vartheta \, d\vartheta}{(1-\beta\cos\vartheta)^5} = \frac{2\pi}{\beta} \int_{1-\beta}^{1+\beta} \left\{1 - \left(\frac{1-u}{\beta}\right)^2\right\} \frac{du}{u^5}.$$

Dieses Integral läßt sich elementar ausführen und liefert

$$\frac{2\pi}{3} \frac{1}{(1-\beta^2)^3}.$$

Man hat daraufhin

$$S = \frac{e^2 \dot{v}^2}{6\pi\varepsilon_0 c^3} \frac{1}{(1-\beta^2)^3}. \tag{15}$$

Der jetzt gesuchte Wert von $\mathfrak{R}$ — wir wollen ihn $\mathfrak{R}'$ nennen — muß (bei longitudinaler Beschleunigung) mit (15) in der impliziten Beziehung (2) stehen. Da er aber hierdurch noch nicht eindeutig bestimmt ist — man müßte, wie erwähnt, nach dem Vorgange von ABRAHAM zur Erhaltung der Energie noch die des Impulses hinzunehmen — und um uns nicht auf den longitudinalen Fall zu beschränken, ziehen wir es vor, von der relativistischen Bewegungsgleichung des Elektrons auszugehen, die uns den expliziten Wert von $\mathfrak{R}'$ verschaffen wird.

Wir schreiben sie nach Gl. (32. 4) u. ff. unter Hinzufügung der gesuchten Reaktionskraft $\mathfrak{R}'$ in der Form

$$m_0 \mathfrak{W} = \mathfrak{F} + \mathfrak{R}'. \tag{16}$$

$\mathfrak{W}$ ist der in (27. 18b) eingeführte Vierervektor der Beschleunigung, $\mathfrak{F}$ die jeweils wirkende Viererkraft, die im elektrodynamischen Falle mit der LORENTZ-Kraft $\mathfrak{K}$ durch die Gl. (28. 19b) zusammenhängt

$$\mathfrak{F} = \left(\eta \mathfrak{K}, \ \frac{i}{c} \eta \mathfrak{v} \cdot \mathfrak{K}\right), \quad \eta = (1-\beta^2)^{-\frac{1}{2}}. \tag{17}$$

$\mathfrak{W}$ und $\mathfrak{F}$ stehen auf der Weltlinie des Elektrons im vierdimensionalen Sinne senkrecht; d. h., es gilt

$$\mathfrak{B} \cdot \mathfrak{W} = 0 \quad \text{und} \quad \mathfrak{B} \cdot \mathfrak{F} = 0, \tag{18}$$

vgl. (27. 18c) und (28. 19c). Infolgedessen müssen wir nach (16) verlangen, daß auch $\mathfrak{R}'$ auf der Weltlinie senkrecht stehe:

$$\mathfrak{B} \cdot \mathfrak{R}' = 0. \tag{18a}$$

Am nächsten läge es, $\mathfrak{R}'$ im Anschluß an (4) folgendermaßen zu definieren

$$\mathfrak{R}' = b \dot{\mathfrak{W}}, \quad b = \frac{e^2}{6\pi\varepsilon_0 c^3}, \quad \dot{\mathfrak{W}} = \frac{d\mathfrak{W}}{d\tau}; \tag{19}$$

(auch im folgenden bedeutet „Punktierung" stets „Differentiation nach der Eigenzeit"). Das wäre in der Tat eine LORENTZ-invariante Definition von $\mathfrak{R}'$, welche, spezialisiert auf das Bezugssystem des Elektrons, in ihren Raumkomponenten direkt mit (4) übereinstimmen würde. Aber diese Definition widerspräche der Forderung (18a). Wir modifizieren sie daher in

$$\mathfrak{R}' = b(\dot{\mathfrak{W}} + \alpha\,\mathfrak{B}) \tag{19a}$$

und bestimmen die hier eingeführte Konstante α aus der Bedingung

$$\mathfrak{B}\cdot\dot{\mathfrak{W}} + \alpha\,\mathfrak{B}^2 = 0, \qquad \alpha = -\frac{\mathfrak{B}\cdot\dot{\mathfrak{W}}}{\mathfrak{B}^2}. \tag{20}$$

Diese Definition von $\mathfrak{R}'$ genügt ebenso wie (19) der Forderung, im Bezugssystem des Elektrons mit (4) übereinzustimmen, weil hier die drei ersten Komponenten von $\mathfrak{B}$ verschwinden; wenn man wie bei (4) Korrektionsglieder geringerer Größenordnung vernachlässigt, ist sie überdies eindeutig.

Der Wert (20) von α läßt sich noch vereinfachen: Erstens ist nach (27. 18a) $\mathfrak{B}^2 = -c^2$, zweitens folgt aus $\mathfrak{B}\cdot\mathfrak{W} = 0$ durch Differentiation nach τ

$$\mathfrak{B}\cdot\dot{\mathfrak{W}} + \dot{\mathfrak{B}}\cdot\mathfrak{W} = 0, \qquad \mathfrak{B}\cdot\dot{\mathfrak{W}} = -\dot{\mathfrak{B}}\cdot\mathfrak{W} = -\mathfrak{W}^2;$$

wir können also auch schreiben

$$\alpha = -\frac{1}{c^2}\,\mathfrak{W}^2 \tag{20a}$$

und

$$\mathfrak{R}' = b\left(\dot{\mathfrak{W}} - \frac{\mathfrak{W}^2}{c^2}\,\mathfrak{B}\right). \tag{21}$$

Dies ist die vollkommen übersichtliche, in jedem Bezugssystem gültige Darstellung der Reaktionskraft. Die Übersichtlichkeit geht verloren, wenn wir sie ins Dreidimensionale übersetzen, um sie mit den aus der Literatur bekannten Darstellungen vergleichbar zu machen. Wir gehen dann von den Gln. (27. 18) und (27. 18b) aus:

$$\mathfrak{B} = (\eta\,\mathfrak{v},\, i c\,\eta), \qquad \mathfrak{W} = \dot{\mathfrak{B}} = (\dot\eta\,\mathfrak{v} + \eta\,\dot{\mathfrak{v}},\, i c\,\dot\eta) \tag{22}$$

und berechnen nach der vorstehenden Definition (17) von η

$$\eta^2 = \frac{1}{1-\beta^2}, \qquad \eta\,\dot\eta = \frac{1}{(1-\beta^2)^2}\,\frac{\mathfrak{v}\cdot\dot{\mathfrak{v}}}{c^2} = \frac{\eta^4}{c^2}\,\mathfrak{v}\cdot\dot{\mathfrak{v}}, \qquad \frac{\dot\eta}{\eta} = \frac{\eta^2}{c^2}\,\mathfrak{v}\cdot\dot{\mathfrak{v}}. \tag{22a}$$

Aus (22) ergibt sich dann

$$\begin{aligned} \mathfrak{W} &= \eta\left(\frac{\eta^2}{c^2}(\mathfrak{v}\cdot\dot{\mathfrak{v}})\,\mathfrak{v} + \dot{\mathfrak{v}}, \quad \frac{i}{c}\,\eta^2\,\mathfrak{v}\cdot\dot{\mathfrak{v}}\right), \\ \mathfrak{W}^2 &= \eta^2\left\{\frac{\eta^4}{c^4}(\mathfrak{v}\cdot\dot{\mathfrak{v}})^2 v^2 + \frac{2\eta^2}{c^2}(\mathfrak{v}\cdot\dot{\mathfrak{v}})^2 + \dot{\mathfrak{v}}^2 - \frac{\eta^4}{c^2}(\mathfrak{v}\cdot\dot{\mathfrak{v}})^2\right\}. \end{aligned} \tag{22b}$$

Hier läßt sich das erste und letzte Glied der { } zusammenfassen zu

$$\frac{\eta^4}{c^2}(\mathfrak{v}\cdot\mathfrak{v})^2\left(\frac{v^2}{c^2} - 1\right) = -\frac{\eta^2}{c^2}(\mathfrak{v}\cdot\dot{\mathfrak{v}})^2,$$

was sich seinerseits mit dem zweiten Glied der Klammer zusammenzieht. Man erhält so:

(23)
$$\mathfrak{W}^2 = \eta^2 \left\{ \frac{\eta^2}{c^2} (\mathfrak{v} \cdot \dot{\mathfrak{v}})^2 + \dot{\mathfrak{v}}^2 \right\},$$

(23a)
$$\frac{\mathfrak{W}^2}{c^2} \mathfrak{V} = \frac{\eta^3}{c^2} \left\{ \frac{\eta^2}{c^2} (\mathfrak{v} \cdot \dot{\mathfrak{v}})^2 + \dot{\mathfrak{v}}^2 \right\} \mathfrak{v}, \ldots .$$

In der letzten Gleichung haben wir nur die drei Raumkomponenten des vierdimensionalen Vektors ausgeschrieben. Dasselbe tun wir bei der Berechnung von $\dot{\mathfrak{W}}$, d. h. bei der Differentiation von (22b) nach τ:

$$\dot{\mathfrak{W}} = \frac{3\eta^2 \dot{\eta}}{c^2} (\mathfrak{v} \cdot \dot{\mathfrak{v}}) \mathfrak{v} + \frac{\eta^3}{c^2} \{\dot{\mathfrak{v}}^2 \mathfrak{v} + (\mathfrak{v} \cdot \ddot{\mathfrak{v}}) \mathfrak{v} + (\mathfrak{v} \cdot \dot{\mathfrak{v}}) \dot{\mathfrak{v}}\} + \dot{\eta} \dot{\mathfrak{v}} + \eta \ddot{\mathfrak{v}} .$$

Berücksichtigen wir (22a), so entsteht

(24)
$$\dot{\mathfrak{W}} = \frac{3\eta^5}{c^4} (\mathfrak{v} \cdot \dot{\mathfrak{v}})^2 \mathfrak{v} + \frac{\eta^3}{c^2} \{\dot{\mathfrak{v}}^2 \mathfrak{v} + (\mathfrak{v} \cdot \ddot{\mathfrak{v}}) \mathfrak{v} + 2 (\mathfrak{v} \cdot \dot{\mathfrak{v}}) \dot{\mathfrak{v}}\} + \eta \ddot{\mathfrak{v}} .$$

Als Differenz von (24) und (23a) erhält man

(25)
$$\frac{\mathfrak{K}'}{b} = \frac{2\eta^5}{c^4} (\mathfrak{v} \cdot \mathfrak{v})^2 \mathfrak{v} + \frac{\eta^3}{c^2} \{(\mathfrak{v} \cdot \ddot{\mathfrak{v}}) \mathfrak{v} + 2 (\mathfrak{v} \cdot \dot{\mathfrak{v}}) \dot{\mathfrak{v}}\} + \eta \ddot{\mathfrak{v}} .$$

Schließlich gehen wir von der Eigenzeit des Elektrons, auf die sich $\dot{\mathfrak{v}}$ und $\ddot{\mathfrak{v}}$ beziehen, zu der Zeitskala t des Beobachters über, in der wir die entsprechenden Größen $\mathfrak{v}'$ und $\mathfrak{v}''$ nennen wollen. Wir setzen nämlich:

$$\dot{\mathfrak{v}} = \frac{\mathrm{d}\mathfrak{v}}{\mathrm{d}\tau} = \eta \frac{\mathrm{d}\mathfrak{v}}{\mathrm{d}t} = \eta \mathfrak{v}', \qquad \dot{\eta} = \frac{\eta^4}{c^2} \mathfrak{v} \cdot \mathfrak{v}',$$

$$\mathfrak{v} = \frac{\mathrm{d}}{\mathrm{d}\tau} \eta \mathfrak{v}' = \dot{\eta} \mathfrak{v}' + \eta^2 \mathfrak{v}'' = \frac{\eta^4}{c^2} (\mathfrak{v} \cdot \mathfrak{v}') \mathfrak{v}' + \eta^2 \mathfrak{v}''.$$

Dadurch entsteht aus (25)

(25a)
$$\frac{\mathfrak{K}'}{b} = \frac{3\eta^7}{c^4} (\mathfrak{v} \cdot \mathfrak{v}')^2 \mathfrak{v} + \frac{\eta^5}{c^2} (\mathfrak{v} \cdot \mathfrak{v}'') \mathfrak{v} + \frac{3\eta^5}{c^2} (\mathfrak{v} \cdot \mathfrak{v}') \mathfrak{v}' + \eta^3 \mathfrak{v}''.$$

Dieser Wert von $\mathfrak{K}'$ ist in der Bewegungsgleichung (16) zu benutzen. Schreiben wir letztere aber in die übliche Form der Impulsgleichung (32.5) um, ersetzen also $m_0 \mathfrak{W}$ durch $\mathrm{d}\mathfrak{G}/\mathrm{d}t = m_0 \mathfrak{W}/\eta$ und $\mathfrak{F}$ durch $\mathfrak{K} = \mathfrak{F}/\eta$, so ist auch $\mathfrak{K}'$ zu ersetzen durch $\mathfrak{K}^* = \mathfrak{K}'/\eta$. Für $\mathfrak{K}^*$ ergibt sich dabei aus (25.a) nach Eintragung der Bedeutung von b und η:

(26)
$$\mathfrak{K}^* = \frac{e^2}{6\pi \varepsilon_0 c^3} \frac{1}{1-\beta^2} \left(\mathfrak{v}'' + \mathfrak{v}' \frac{3\mathfrak{v} \cdot \mathfrak{v}'}{c^2(1-\beta^2)} + \frac{\mathfrak{v}}{c^2(1-\beta^2)} \left[\mathfrak{v} \cdot \mathfrak{v}'' + \frac{3(\mathfrak{v} \cdot \mathfrak{v}')^2}{c^2(1-\beta^2)} \right] \right).$$

Für kleine Geschwindigkeiten ($\beta \to 0$) folgt natürlich $\mathfrak{K}^* = \mathfrak{K}$, d. h., der Wert aus Gl. (4). Gl. (26) wurde zuerst durch Abraham aus der Elektrodynamik und durch v. LAUE aus der Relativitätstheorie abgeleitet. Der von uns eingeschlagene Weg folgt den Andeutungen von PAULI[1]).

Wir müssen uns aber noch über die Gültigkeitsgrenzen der hier entwickelten Formeln klarwerden. Indem wir die Relativitäts-Transformation der gleichförmigen Bewegung benutzten, haben wir die Beschleunigung „als klein" vorausgesetzt bei übrigens beliebiger Größe der Geschwindigkeit. Es handelt sich also um ein Näherungsverfahren, um eine abgebrochene Reihenentwicklung. Eine solche führt H. A. LORENTZ[2]) durch, indem er die retardierten Potentiale als Potenzreihen der Relaxationszeit $t - r/c$ darstellt und die mechanische Kraft des Eigenfeldes berechnet. Das erste Glied dieser Entwicklung ist die *Trägheitswirkung* des Elektrons, bei kleinen Geschwindigkeiten[3]) gegeben durch

$$(27) \qquad - m_0 \dot{v} = - \frac{e^2 \dot{v}}{6\pi \varepsilon_0 c^2 a}.$$

Als zweites Glied tritt die *Reaktionskraft* $\mathfrak{R}$ aus Gl. (4) auf:

$$(27\,a) \qquad \mathfrak{R} = \frac{e^2 \ddot{v}}{6\pi \varepsilon_0 c^3}.$$

LORENTZ betont, daß $\mathfrak{R}$ das einzige Glied der Entwicklung ist, das nicht von a („von der Gestalt des Elektrons") abhängt. Die höheren Glieder, die nicht ausgerechnet werden, sind von der Form

$$(27\,b) \qquad m_0 \left(\frac{a}{c}\right)^2 \dddot{v}, \quad m_0 \left(\frac{a}{c}\right)^3 \ddddot{v}, \quad \ldots.$$

Hier bedeutet a/c die Zeit, die das Licht braucht, um den „Radius des Elektrons" zu überstreichen. In diese Form läßt sich auch das Glied (27 a) überführen, welches nach der Bedeutung von m_0 offenbar geschrieben werden kann

$$m_0 \frac{a}{c} \ddot{v}.$$

Damit die Reihe konvergiert (praktisch brauchbar ist), müssen die Reihenglieder abnehmen. Also muß, abgesehen vom Vorzeichen, gelten

$$(28) \qquad \ddot{v} < \frac{c}{a} \dot{v}, \quad \dddot{v} < \frac{c}{a} \ddot{v}, \quad \ldots.$$

Es ist aber klar, daß bei sehr energiereichen Vorgängen, z. B. Vorbeifliegen eines Elektrons an einem Atomkern, nicht nur sehr große Beschleunigungen, sondern auch sehr große Änderungen der Beschleunigung auftreten können. Das Abbrechen der Reihe mit dem Gliede $\mathfrak{R}$ wäre dann nicht mehr zulässig. Dasselbe gilt von dem Beschleunigungsprozeß im Betatron (vgl. Übungsaufgabe III. 10) und Synchrotron. Wie in solchen extremen Fällen der Strahlungswiderstand aufzufassen

---

[1]) Enzykl. d. Math. Wiss. Bd. V_2, S. 654.

[2]) The Theory of Electrons, Teubner 1909, Note 18, S. 251.

[3]) $v', v'' \ldots$ ist dann identisch mit $\dot{v}, \ddot{v}, \ldots$.

ist, bildet ein noch ungelöstes Problem[1]), das zu vielen Diskussionen (WESSEL, DIRAC, BOPP, STÜCKELBERG) geführt hat[2]).

§ 37. Ansätze zur Verallgemeinerung der MAXWELLschen Gleichungen und zur Theorie der Elementarteilchen

Den ersten Schritt in dieser Richtung hat GUSTAV MIE 1912 in seinen bedeutenden Arbeiten[3]) „Grundlagen einer Theorie der Materie" getan. Ihr Ziel ist kein geringeres als dieses: die MAXWELLschen Gleichungen derart zu verallgemeinern, daß sie die *Existenz des Elektrons umfassen*. Damit sich die Verallgemeinerung nicht in uferlosen Möglichkeiten verliert, wird sie von Anfang an dem Relativitätsprinzip unterworfen und aus einer „Weltfunktion" abgeleitet, die nur von LORENTZ-invarianten Größen abhängen darf. Dabei wird, vielleicht zum erstenmal in konsequenter Weise, zwischen Intensitäts- und Quantitätsgrößen unterschieden, also, in unseren Bezeichnungen und Einheiten geschrieben, zwischen

$$F = \left(\mathfrak{B},\ -\frac{i}{c}\mathfrak{E}\right), \qquad \Omega = \left(\mathfrak{A},\ \frac{i}{c}\psi\right)$$

einerseits und

$$f = (\mathfrak{H},\ -i c \mathfrak{D}), \qquad \Gamma = (\varrho\mathfrak{v},\ i c \varrho)$$

andererseits. MIE prüft die aus den Intensitätsgrößen einerseits, den Quantitätsgrößen andererseits herstellbaren Invarianten. Wir schreiben von ersteren die folgenden drei[4]) an [vgl. (26. 24), (26. 21) und (26. 4)], wobei wir konstante Faktoren unterdrücken, soweit sie dimensionell entbehrlich sind:

$$\Lambda = \frac{1}{4\mu_0} F_{mn} F_{mn} = \frac{1}{2\mu_0}\left(\mathfrak{B}^2 - \frac{1}{c^2}\mathfrak{E}^2\right), \tag{1}$$

$$M^2 = \left(\frac{i}{4\mu_0} F_{mn} F^*_{mn}\right)^2 = \frac{1}{\mu_0^2}(\mathfrak{E}\cdot\mathfrak{B})^2, \tag{2}$$

$$\Omega^2 = \mathfrak{A}^2 - \frac{1}{c^2}\psi^2. \tag{3}$$

---

[1]) Die Schwierigkeiten sind doppelter Natur. — Erstens weisen die a-abhängigen Glieder auf einen Struktureinfluß hin. Man kann diesen wie in § 37 phänomenologisch zu beschreiben versuchen. Tatsächlich kommen Strukturen durch das quantenmechanische Wechselspiel verschiedener Elementarteilchen zustande und sind damit Sache der noch nicht endgültig formulierten relativistischen Quantentheorie der Teilchen und Felder. — Zweitens kann die strukturunabhängige Strahlungskraft für sich allein nicht bestehen. Sie führt, wie gezeigt, zu einer Differentialgleichung dritter Ordnung, welche instabile Lösungen ermöglicht und unausweislich ins Spiel bringt („run-away-solutions"). Vgl. dazu P. A. M. DIRAC, Proc. Roy. Soc. A 167 (1938) 148.

[2]) Neueste Beiträge hierzu liefern die Arbeiten von W. HEITLER und H. W. PENG, Proc. Cambridge, Phil. Soc. 38 (1942) 296 und, vom Standpunkte der letzten Einsteinschen Methoden, N. HU, Proc. R. Irish Academy 57 (1947) 87.

[3]) Ann. d. Phys. 1. Mitteilung Bd. 37, S. 511, 2. Mitteilung Bd. 39, S. 1. Die 3. Mitteilung Bd. 40, S. 1, 1919 handelt von der Gravitationstheorie und ist natürlich, als vor der *allgemeinen* Relativitätstheorie entstanden, überholt.

[4]) WEYL weist in § 29 von „Raum-Zeit-Materie" noch auf eine vierte, aus F und Ω zusammengesetzte Invariante des Feldes hin.

In Gl. (2) ist nur das Quadrat des Skalarprodukts invariant, weil das Produkt aus einem polaren Vektor und einem axialen Vektor ein Pseudoskalar ist, der bei Spiegelung im Raum sein Vorzeichen ändert. Man nennt heute das Verhalten gegen räumliche Spiegelung „*Parität*". $\mathfrak{E} \cdot \mathfrak{B}$ hat die Parität -1, für $(\mathfrak{E} \cdot \mathfrak{B})^2$ ist sie gleich $+1$. MIE findet, daß zur Beschreibung von quasistationären Bewegungen nur die Invarianten (1) und (3) in Betracht kommen und baut eine Weltfunktion[1]) W auf, und zwar so, daß in großer Entfernung vom Elektron die gewöhnlichen MAXWELLschen Gleichungen, am Ort desselben und in seiner Umgebung aber modifizierte Gleichungen entstehen. Die Quantitätsgrößen werden durch Differentiation der Weltfunktion nach den entsprechenden Intensitätsgrößen gewonnen. Die Weltfunktion ist wie bei SCHWARZSCHILD über ein beliebiges Gebiet der vierdimensionalen Welt zu integrieren und in geeigneter Weise zu variieren.

Wie muß die Weltfunktion W aussehen, wenn sie in hinreichendem Abstand vom Elektron die gewöhnlichen MAXWELLschen Gleichungen liefern soll? Nach unseren Erfahrungen beim SCHWARZSCHILDschen Wirkungsprinzip muß dann $W = \Lambda$ sein. In der Tat reduziert sich im reinen Vakuum ($\Gamma = 0$ und keine kinetische Energie der Materie) das kinetische Potential K' in Gl. (32. 18) auf das mittlere zu Λ proportionale Glied und liefert bei der Variation die MAXWELLschen Gleichungen des Vakuums. Andererseits sollte in der Umgebung des Elektrons die Abänderung der Weltfunktion von solcher Art sein, daß sich daraus ein bestimmter Wert der Elektronenladung e (oder wenigstens der spezifischen Elektronenladung e/m_0) berechnen ließe. Das ist sicher nicht der Fall, wenn man die beiden Invarianten Λ und $|\Omega|^2$ linear superponieren würde, weil dann auch die entstehenden Differentialgleichungen in den Feld- bzw. Potentialkomponenten linear, ihre Integrale also mit einem willkürlich wählbaren Faktor behaftet sein würden. Dagegen würden beide Forderungen etwa durch den Ansatz

$$W = \Lambda + a\,|\Omega|^n \tag{4}$$

befriedigt werden, wo n eine genügend große Zahl ist. In der Tat kann dann das zweite Glied in genügend großer Entfernung vom Elektron vernachlässigt werden, weil es wie r^{-n} verschwindet, während es am Orte des Elektrons eine hohe Singularität ergibt. MIE setzt aus rechnerischen Gründen speziell $n = 6$; er erhält auf diese Art wohl eine räumlich stark konzentrierte Ladungsverteilung, die aber im Feld eines anderen Elektrons nicht mehr stabil ist.

Es wäre ja auch erstaunlich gewesen, wenn sich das Fundamentalproblem der Elementarpartikel durch geistreiches Raten hätte lösen lassen! Vielmehr sind wir heutzutage überzeugt, daß dazu noch viele experimentelle Vorbereitungen nötig sein werden. Trotzdem war es ein großes Verdienst, den Weg zu diesem

---

[1]) MIE selbst nennt die aus den Intensitätsgrößen aufgebaute Funktion „HAMILTONsche Funktion H" und bezeichnet als „Weltfunktion" die aus den Quantitätsgrößen aufgebaute Funktion. Wir haben uns, um an die SCHWARZSCHILDsche Wirkungsfunktion W anzuschließen, erlaubt, die Bezeichnung umzukehren. Aus der MIEschen Weltfunktion folgen dann die Intensitätsgrößen durch Differentiation nach den Quantitätsgrößen.

Problem erstmalig zu bahnen, wie auch daraus hervorgeht, daß alle folgenden Bearbeiter des Problems den Spuren von MIE gefolgt sind.

Schon PAULI hat in Nr. 64 seines Enzyklopädie-Artikels betont, daß sich ernstliche Schwierigkeiten für die MIEsche Theorie wegen ihrer Abhängigkeit von den absoluten Werten der elektrodynamischen Potentiale ergeben. Daher vermeiden die im folgenden zu besprechenden Ansätze die Verwendung der Invariante (3). Insbesondere legen BORN und INFELD[1]) ihrer Theorie eine Weltfunktion zugrunde, welche nur von den Invarianten (1) und (2) abhängt. Die auch von ihnen geforderte Nicht-Linearität des elektromagnetischen Feldes kommt dadurch zustande, daß W als nichtlineare Funktion von Λ und M gewählt wird. Zugleich mit dem Potential Ω scheidet auch der ihm konjugierte Viererstrom Γ aus und muß, wie in der LORENTZschen Elektronentheorie, als Fremdling adjungiert werden.

Die Wahl von W wird so getroffen, daß jedes Unendlichwerden des Feldes am Orte des Elektrons vermieden wird. Damit erhält man für die Eigenenergie des Elektrons einen endlichen Wert, geht also der Schwierigkeit der klassischen Theorie aus dem Wege, die für $a = 0$ (punktförmiges Elektron) eine unendliche Eigenenergie lieferte. Der Ansatz von BORN-INFELD lautet für quasistationäre Probleme, bei denen die obige Invariante (2) noch nicht in Betracht gezogen zu werden braucht,

$$W = \varepsilon_0 b^2 \left\{ \sqrt{1 + \frac{2\Lambda}{\varepsilon_0 b^2}} - 1 \right\}. \tag{5}$$

Die hier eingeführte universelle Konstante b hat die Dimension einer elektrischen Feldstärke, da Λ nach (1) von der Dimension $\varepsilon_0 \mathfrak{E}^2$ ist.

Dieser Ansatz lehnt sich an das Beispiel der Wirkungsfunktion in der klassischen und relativistischen Mechanik an. In der klassischen Mechanik des kräftefreien Massenpunktes steht unter dem Integral des HAMILTONschen Prinzips die kinetische Energie

$$T = \frac{m}{2} v^2. \tag{6}$$

In der relativistischen Mechanik tritt an ihre Stelle das „kinetische Potential" aus Gl. (32. 9b)

$$K = m_0 c^2 \left(1 - \sqrt{1 - \frac{v^2}{c^2}}\right), \tag{6a}$$

welches für $v \ll c$ in (6) übergeht und von c unabhängig wird. Ebenso geht (5) für $\Lambda \ll \varepsilon_0 b^2$ in den der MAXWELLschen Theorie entsprechenden Wert $W = \Lambda$ über und wird von b unabhängig. Gl. (6a) setzt der Geschwindigkeit v die obere Grenze c, während (6) keine Beschränkung für v liefert. Ebenso setzt (5) im elektrostatischen Falle ($\mathfrak{B} = 0$, $\Lambda = -\varepsilon_0 \mathfrak{E}^2/2$) der Feldstärke $\mathfrak{E}$ die obere Grenze b, während der Ansatz $W = \Lambda$ ein unbegrenztes Anwachsen der Feldstärke erlaubt.

---

[1]) M. BORN, Proc. Roy. Soc. London (A) 143, 410, 1933/34; M. BORN und L. INFELD, ebenda 144, 425, 1934. M. BORN, Ann. de l'Inst. HENRI POINCARÉ, Tome VII.

Die MAXWELLschen Gleichungen des Vakuums für $\mathfrak{E}$, $\mathfrak{B}$ und $\mathfrak{D}$, $\mathfrak{H}$ werden in der BORN-INFELDschen Theorie beibehalten. Im elektrostatischen Fall, auf den wir uns weiterhin beschränken werden, folgt bei zentrisch symmetrischem Felde und bei einer Punktladung e am Orte $r = 0$ wie in der gewöhnlichen Theorie

$$D_r = \frac{e}{4\pi} \frac{1}{r^2}. \tag{7}$$

Andererseits läßt sich D_r aus der Weltfunktion nach der allgemeinen Regel der MIEschen Theorie bestimmen:

$$D_r = -\frac{\partial W}{\partial E_r}. \tag{7a}$$

Sie liefert nach (5) mit $\mathfrak{B} = 0$ und $W = \varepsilon_0 b^2 \{\sqrt{1 - \mathfrak{E}^2/b^2} - 1\}$

$$D_r = \frac{\varepsilon_0 E_r}{\sqrt{1 - E_r^2/b^2}}. \tag{8}$$

Daraus folgt

$$\varepsilon_0 E_r = \frac{D_r}{\sqrt{1 + D_r^2/\varepsilon_0^2 b^2}}. \tag{9}$$

Setzt man (7) in (9) ein, so ergibt sich

$$E_r = \frac{e}{4\pi\varepsilon_0} \frac{1}{\sqrt{r_0^4 + r^4}}, \qquad r_0 = \sqrt{\frac{e}{4\pi\varepsilon_0 b}}. \tag{10}$$

Die Größe r_0 kann man als Elektronenradius auffassen. E_r ist nun überall endlich; für $r = 0$ wird nämlich $E_r = b = e/4\pi\varepsilon_0 r_0^2$. Dagegen wird D an gleicher Stelle unendlich groß. Für $r > r_0$ unterscheidet sich E_r sehr wenig von dem COULOMB-Feld $e/4\pi\varepsilon_0 r^2$. Das elektrostatische Potential ist

$$\psi(r) = \int_r^\infty E_r \,\mathrm{d}r = \frac{e}{4\pi\varepsilon_0 r_0} f\left(\frac{r}{r_0}\right) \tag{11}$$

mit

$$f(x) = \int_x^\infty \frac{\mathrm{d}y}{\sqrt{1 + y^4}}.$$

Im Nullpunkt ergibt sich

$$\psi(0) = \frac{e}{4\pi\varepsilon_0 r_0} f(0), \qquad f(0) = 1{,}854.$$

Die HAMILTON-Funktion H hängt mit unserer Weltfunktion W durch die allgemeine Formel zusammen:

$$H = W + \mathfrak{E} \cdot \mathfrak{D} - \mathfrak{B} \cdot \mathfrak{H}.$$

Im elektrostatischen Falle hat man daher

$$H = \varepsilon_0 b^2 \left(\sqrt{1 - E_r^2/b^2} - 1\right) + E_r D_r. \tag{12}$$

Dies zieht sich, wenn man E_r mit Hilfe von (9) eliminiert, zusammen zu

$$H = \varepsilon_0 b^2 \left(\sqrt{1 + D_r^2/\varepsilon_0^2 b^2} - 1\right). \tag{13}$$

Für die Gesamtenergie ergibt sich daraus

$$W = 4\pi \int_0^\infty H\, r^2 \,\mathrm{d}r .$$

Einsetzen von D aus (7) liefert schließlich

$$W = \frac{e^2}{4\pi\,\varepsilon_0\, r_0} \int_0^\infty \left(\sqrt{1+y^4} - y^2\right) \mathrm{d}y . \tag{14}$$

Der Zahlenwert dieses Integrals beträgt 1,236. Setzt man (14) gleich der Selbstenergie des Elektrons $m_0 c^2$, so ergibt sich

$$r_0 = 1{,}236 \frac{e^2}{4\pi\,\varepsilon_0\, m_0\, c^2} , \tag{15}$$

also nahezu gleich dem klassischen Elektronenradius a aus (33. 9). Für b folgt daraufhin aus (10) der Wert

$$b = \frac{e}{4\pi\,\varepsilon_0\, r_0^2} \approx \frac{e}{4\pi\,\varepsilon_0\, a^2} , \tag{16}$$

also nahezu gleich der klassischen Feldstärke $\mathfrak{E}$ am „Rande des Elektrons".

Man erhält auf diese Weise einen Elektronenradius von der richtigen Größenordnung und eine extrem hohe kritische Feldstärke b. Auch das Feld mehrerer Punktladungen läßt sich in eindeutiger Weise bestimmen. Die BORN-INFELDsche Theorie führt also soweit zu vernünftigen Resultaten, obwohl der ihr zugrunde liegende Ansatz (5) nur heuristischen Wert beanspruchen kann.

Wir sprechen schließlich von dem Problem „*Streuung von Licht an Licht*". Dieses Problem war durch DIRACs theoretische Entdeckung des *Positrons* und der *Paarerzeugung* gestellt worden. (Die Paarerzeugung, d. h. die gleichzeitige Entstehung eines Elektrons und eines Positrons aus harter Wellenstrahlung wurde bekanntlich bald darauf durch das Ehepaar CURIE-JOLIOT experimentell realisiert; und das Positron wurde in der kosmischen Strahlung von ANDERSON sowie von BLACKETT und OCHIALINI beobachtet.) Es ist klar, daß auch dieses Problem auf eine Abänderung der MAXWELLschen Gleichungen des Vakuums, auf eine „nichtlineare Theorie des elektromagnetischen Feldes"[1]) hinausläuft. Die linearen MAXWELLschen Gleichungen könnten keine solche Streuung liefern, sondern würden besagen, daß die Felder zweier sich durchdringender Lichtwellen einfach zu superponieren sind.

Das Problem ist unter Leitung von HEISENBERG[2]) durch EULER und KOCKEL quantenmechanisch behandelt worden und fällt daher aus dem Rahmen unserer Darstellung vollständig heraus. Wir können nur den Weg zu seiner Lösung andeuten.

---

[1]) Dies ist der Titel der in der letzten Anm. genannten Abhandlung von BORN.

[2]) H. EULER und B. KOCKEL, Naturwiss. 23, 1935, EULER, Diss. Leipzig, Ann. d. Phys. 26, 1936, HEISENBERG und EULER, Z. f. Phys. 98, 1936. Vgl. auch die vereinfachte Darstellung in der Arbeit von M. BORN, zitiert an letzter Stelle in Anm. 1 von S. 285. Von einer anderen Seite her wurde das Problem der Paarerzeugung gleichzeitig angegriffen durch R. SERBER und E. A. UEHLIG, Phys. Rev. 48, 1933.

Die Weltfunktion wird hier so gewählt, daß sie sich bei schwachen Feldern in erster Näherung wie vorher auf die LAGRANGE-Dichte Λ reduziert. In zweiter Näherung wird sie als Funktion zweiten Grades in Λ und M angesetzt. Dabei darf aber M nur in gerader Potenz vorkommen, weil beim Übergang von einem Rechts- zu einem Linksschrauben-Koordinatensystem $\mathfrak{B}$ und daher auch M, wie erwähnt, sein Vorzeichen wechselt (M ist in der Bezeichnung von EULER nicht „spiegel-invariant"). Das nächste Glied der Entwicklung muß also die Form haben

$$\alpha \Lambda^2 + \beta M^2. \tag{17}$$

Damit α und β reine Zahlen werden und dieses zweite Glied dieselbe Dimension wie das erste Glied Λ erhält, dividieren wir (17) durch $\varepsilon_0 \times$ dem Quadrat einer kritischen Feldstärke, die wir wie vorher b nennen wollen. Sie wird hier definiert als Feldstärke „am Rande des Elektrons", d. h. im Abstande $r = a$ vom „Mittelpunkt" desselben ($a =$ klassischer Elektronenradius, noch versehen mit dem Faktor 1/137 der Feinstrukturkonstante).

Wir erhalten dadurch den Ansatz

$$W = \Lambda + \frac{1}{\varepsilon_0 b^2} (\alpha \Lambda^2 + \beta M^2) + \cdots. \tag{18}$$

Wie bei MIE werden die Komponenten der Quantitätsgrößen $\mathfrak{D}$ und $\mathfrak{H}$ aus dieser Weltfunktion als partielle Ableitungen nach den entsprechenden Komponenten von $\mathfrak{E}$ und $\mathfrak{B}$ gewonnen:

$$\mathfrak{D} = -\frac{\partial W}{\partial \mathfrak{E}}, \qquad \mathfrak{H} = \frac{\partial W}{\partial \mathfrak{B}}. \tag{19}$$

Nun ist nach (1) und (2)

$$\frac{\partial \Lambda}{\partial \mathfrak{E}} = -\varepsilon_0 \mathfrak{E}, \quad \frac{\partial M}{\partial \mathfrak{E}} = \varepsilon_0 c \mathfrak{B}, \quad \frac{\partial \Lambda}{\partial \mathfrak{B}} = \varepsilon_0 c^2 \mathfrak{B} = \mathfrak{B}/\mu_0, \quad \frac{\partial M}{\partial \mathfrak{B}} = \varepsilon_0 c \mathfrak{E} = \mathfrak{E}/\mu_0 c$$

und daher nach (19)

$$\begin{aligned} \mathfrak{D} &= \varepsilon_0 \left\{ \mathfrak{E} + \frac{2}{\varepsilon_0 b^2} (\alpha \Lambda \mathfrak{E} - \beta M c \mathfrak{B}) + \cdots \right\}, \\ \mathfrak{H} &= \frac{1}{\mu_0} \left\{ \mathfrak{B} + \frac{2}{\varepsilon_0 b^2} (\alpha \Lambda \mathfrak{B} + \beta M \mathfrak{E}/c) + \cdots \right\}. \end{aligned} \tag{20}$$

Das Schwierigste ist die Bestimmung der Zahlenkoeffizienten α und β aus der DIRACschen Theorie der Paarerzeugung, derentwegen wir auf die Originalarbeiten verweisen.

Das Schulresultat ist folgendes: Die MAXWELLschen Vakuumsgleichungen zwischen $\mathfrak{B}$, $\mathfrak{E}$ und zwischen $\mathfrak{D}$, $\mathfrak{H}$ bleiben auch jetzt der Form nach erhalten. Aber $\mathfrak{D}$ ist, wie schon bei BORN-INFELD, nicht mehr proportional zu $\mathfrak{E}$, sondern es tritt bei $\mathfrak{D}$ und $\mathfrak{H}$ je ein Korrektionsglied hinzu, welches von $\mathfrak{E}$, $\mathfrak{B}$, Λ, M abhängt und in schwachen Feldern gegen das Hauptglied verschwindet. Irgendwelche willkürlichen Annahmen sind dabei nicht gemacht; es wird nur die Entwickelbarkeit nach den aufeinanderfolgenden Potenzen der Feldstärken vorausgesetzt, die durch das Zeichen $\cdots$ in den Gln. (18) und (20) angedeutet ist. In der Arbeit von

HEISENBERG und EULER ist die Entwicklung um ein weiteres Glied fortgeführt und sogar in eine geschlossene Form zusammengefaßt. Jedenfalls scheint die Notwendigkeit einer Erweiterung der MAXWELLschen Gleichungen für extrem starke Felder auch im Vakuum durch diese Arbeiten bewiesen zu sein.

Zugleich ist zu sehen, wie man die modifizierte Elektrodynamik im Lichte der Quantentheorie der Elementarteilchen, hier speziell in dem der Quantenelektrodynamik verstehen muß. So wie man in der Elektrodynamik materieller Medien das feinere atomare Geschehen pauschal mit Polarisation und Magnetisierung beschreibt, so hat man hier mit einer „Polarisation und Magnetisierung des Vakuums" zu rechnen, die Ausdruck sind des feineren quantentheoretischen Wechselspiels zwischen Licht und Ladung.

§ 38. Allgemeine Relativitätslehre, vereinheitlichte Theorie von Gravitation und Elektrodynamik

Auch in diesem Paragraphen müssen wir uns auf Andeutungen beschränken. Eine vollständige Darstellung des Gegenstandes würde ein Lehrbuch für sich erfordern; zudem wäre es verfrüht, ein solches zu schreiben, weil manche einschlägige Fragen noch in der Schwebe sind.

Wir wollen uns zunächst an die ursprüngliche Darstellung von EINSTEIN halten, wie sie besonders schön in seinen Princeton-Vorlesungen[1]) niedergelegt ist. Er geht hier ganz im Sinne des Erlanger Programms von KLEIN vor: Die *klassische Physik* gehört zur Gruppe der Elementargeometrie (Isotropie des Raumes in sich), ergänzt durch die Verschiebbarkeit der Zeitskala in sich. Die *spezielle Relativitätstheorie* beruht auf der Gruppe der linearen orthogonalen Transformation der vier Weltkoordinaten $x_1, x_2, x_3, x_4 = i\,c\,t$ (Isotropie der vierdimensionalen Welt, LORENTZ-Transformationen). Auf die *allgemeine Relativitätstheorie* werden wir geführt, wenn wir die umfassendere Gruppe der Punkttransformationen zugrunde legen, die wir bereits in Bd. I, S. 16 durch die Formeln

$$x'_k = f_k(x_1, x_2, x_3, x_4), \quad k = 1, 2, 3, 4 \tag{1}$$

charakterisiert haben. Dadurch werden alle möglichen Bezugssysteme als berechtigt zugelassen, nicht nur solche, die sich gegeneinander mit konstanter Geschwindigkeit $v < c$ bewegen. „Raum und Zeit verlieren jeden Rest ihres von NEWTON postulierten absoluten Charakters und werden bloße Anschauungsschemata für die physikalischen Ereignisse." Das hatte schon ERNST MACH als Programm aufgestellt; aber er blieb im Negativen stecken (das er merkwürdigerweise „Positivismus" nannte) und war bis zum Ende seines Lebens ein Gegner der EINSTEINschen Relativitätstheorie. Diese nahm eine *positive* Wendung, indem sie nach solchen Raum-Zeit-Beziehungen fragte, die bei allen Punkttransformationen erhalten bleiben. Allgemeine Relativitätstheorie bedeutet soviel wie *Invarianten-* bzw. *Kovariantentheorie* dieser Transformationsgruppe.

---

[1]) Vier Vorlesungen über die Relativitätstheorie, gehalten im Mai 1921 an der Universität Princeton, Verlag Vieweg, Braunschweig.

Wichtigste Grundsteine dazu hatten GAUSS[1]) in seiner Flächentheorie und RIEMANN[2]) in seinem Habilitationsvortrag gelegt.

GAUSS untersuchte die *inneren* Eigenschaften einer Fläche unter Absehung von ihrer äußeren Gestalt und Lagerung im dreidimensionalen Raum. Er stellt zu dem Zwecke das Linienelement $\mathrm{d}s$, d. h. den Abstand zweier benachbarter Flächenpunkte dar durch die Formel

$$\mathrm{d}s^2 = E\,\mathrm{d}p^2 + 2F\,\mathrm{d}p\,\mathrm{d}q + G\,\mathrm{d}q^2. \tag{2}$$

p und q sind Parameter zweier (im allgemeinen nicht rechtwinkliger) Kurvenscharen auf der Fläche, E, F, G bestimmte Funktionen von p und q. Bei einer reinen Verbiegung der Fläche (ohne Dehnung oder Zerrung) bleibt die Gesamtheit der Linienelemente und daher auch das Koeffizientenschema der E, F, G erhalten.

GAUSS zeigt nun, daß das von ihm eingeführte Krümmungsmaß

$$K = \frac{1}{R_1 R_2} \tag{3}$$

(R_1, R_2 die beiden „Hauptkrümmungsradien" der Fläche) sich durch die E, F, G samt ihren ersten und zweiten Ableitungen nach p und q ausdrücken läßt. So kommt er zu seinem „Theorema egregium": Wenn eine krumme Fläche in eine andere Form (ohne Dehnung!) verbogen wird, bleibt das Krümmungsmaß in allen Punkten invariant. Das Krümmungsmaß drückt also eine *innere Eigenschaft* der Fläche aus, während die Definition $1/R_1 R_2$ (ebenso wie die durch das „sphärische Abbild") von der äußeren Gestalt der Fläche abzuhängen scheint und seine Invarianz nicht erkennen läßt.

GAUSS empfiehlt seine Art, die inneren Eigenschaften der Flächen zu betrachten, als „höchst würdig, von den Geometern fleißig ausgebaut zu werden". Wir werden sehen, daß diese Aufforderung von RIEMANN und EINSTEIN befolgt worden ist.

Natürlich bleibt auch der Charakter der *geodätischen*, d. h. *kürzesten Linien* bei der Verbiegung erhalten, da er nur auf der Extremal-Eigenschaft des integrierten Linienelementes beruht. Wir erwähnen noch die Approximation der Fläche durch eine ihrer Tangentialebenen, obwohl sie nicht zu den inneren Flächen-Beziehungen gehört; die Ortsbestimmungen wird man hier nicht in krummlinigen Koordinaten p, q, sondern in *gewöhnlichen cartesischen* ausführen.

Wir betrachten jetzt mit RIEMANN eine n-dimensionale Mannigfaltigkeit allgemeinster Struktur. Ihr Linienelement lautet, als Verallgemeinerung von (2) und bereits in EINSTEINscher Form geschrieben,

$$\mathrm{d}s^2 = \sum_\mu \sum_\nu g_{\mu\nu}\,\mathrm{d}x_\mu\,\mathrm{d}x_\nu, \qquad g_{\mu\nu} = g_{\nu\mu} \qquad (\mu, \nu = 1, 2 \ldots n). \tag{4}$$

Die $g_{\mu\nu}$ sind gegebene Funktionen der ganz beliebig gewählten Parameter $x_1, x_2, \ldots, x_n$. RIEMANN studiert die inneren, invarianten (allgemeiner gesagt

[1]) Disquisitiones generales circa superficies curvas 1827, Ges. Werke Bd. IV, übersetzt in Ostwalds Klassiker Nr. 5.

[2]) Über die Hypothesen, welche der Geometrie zugrunde liegen, 1854, Ges. Werke, 2. Aufl. S. 272.

kovarianten oder kontravarianten) Eigenschaften einer solchen Mannigfaltigkeit.

Im Gegensatz dazu wollen wir zunächst die einfache Frage beantworten: Welche Dimension N muß ein euklidischer Raum haben, damit sich eine solche n-fache Mannigfaltigkeit in ihn einbetten läßt? In diesem euklidischen Raum werden wir Cartesische Koordinaten $X_1, \ldots, X_N$ benutzen. Sie lassen sich auf der n-fachen Mannigfaltigkeit als Funktionen der n-Parameter x_1, $x_n \ldots$ darstellen:

(5) $$X_1 = F_1(x_1 \ldots x_n) \ldots X_N = F_N(x_1 \ldots x_n).$$

Bilden wir das euklidische Linienelement

$$\mathrm{d}X_1^2 + \mathrm{d}X_2^2 \ldots + \mathrm{d}X_N^2,$$

so gehen in dieses die ersten Ableitungen der Funktionen $F_1 \ldots F_N$ ein. Damit es auf der eingebetteten n-fachen Mannigfaltigkeit die Form (4) mit willkürlich vorgeschriebenen $g_{\mu\nu}$ annehmen kann, muß die Zahl N der willkürlich vorschreibbaren F zur Bestimmung der ebenfalls willkürlich vorschreibbaren $g_{\mu\nu}$ ausreichen und daher gleich der Zahl der $g_{\mu\nu}$ sein, welche $n(n+1)/2$ ist. Wir haben also[1])

(6) $$N = \frac{n(n+1)}{2}.$$

Im Falle der EINSTEINschen vierdimensionalen Welt wird

(6a) $$N = \frac{4 \cdot 5}{2} = 10;$$

im GAUSSschen Fall der zweifach ausgedehnten Fläche natürlich

(6b) $$N = \frac{2 \cdot 3}{2} = 3.$$

Zu jedem Punkt der n-fachen Mannigfaltigkeit kann man eine „ebene", (euklidische) Mannigfaltigkeit konstruieren, welche, aus jener heraustretend, dieselbe Rolle spielt wie die Tangentialebene im dreidimensionalen euklidischen Raum.

Zu den inneren Eigenschaften der n-fachen Mannigfaltigkeit gehört vor allem die Minimaleigenschaft der geodätischen (kürzesten oder geradesten) Linien. Sie sind, wie auf der zweifach ausgedehnten Fläche, zugleich die kräftefreien Bahnen eines Massenpunktes. Wir veranschaulichen uns das an einem Beispiel: Eine ebene Tischplatte sei mit einem Tuch bedeckt, unter dem sich zufälligerweise ein Stein befindet. Die geodätischen Bahnen sind im allgemeinen gerade, in der Nähe des Steines aber gekrümmt. Der kräftefrei bewegte (also auch schwerelose) Massenpunkt wird hier aus der geraden Bahn abgelenkt nach Maßgabe der vorhandenen Oberflächenkrümmung. Dies ist das einfachste Beispiel der EINSTEINschen Theorie der Gravitation (Stein = Sonne, Massenpunkt = Planet).

RIEMANN studiert nun die Verallgemeinerung des GAUSSschen Krümmungsbegriffes auf die n-dimensionale Mannigfaltigkeit. Anschließend an RIEMANN hat

[1]) Vgl. z. B. B. H. LANG, Ann. d. Phys. Bd. 61 (1919) (Diss. München). — Wie ich höre, ist Satz (6) schon 1871 von L. SCHLÄFLI aufgestellt (Ann. Mat. pura appl. 5, S. 190), aber bis heute noch nicht mit mathematischer Vollständigkeit bewiesen worden.

CHRISTOFFEL seine Dreiindizes-Symbole und EINSTEIN seine damit identischen Größen $\Gamma^{\sigma}_{\mu\nu}$ definiert, vgl. Zusatz I, Gl. (3) in der 2. Aufl. von Bd. II dieser Vorlesungen. Sie hängen nur von den Komponenten $g_{\mu\nu}$ des „Fundamentaltensors" und seiner Ableitungen nach den Koordinaten ab und sind daher innere Eigenschaften der Mannigfaltigkeit. Aus den g, Γ und ihren Ableitungen setzt sich der „RIEMANNsche Krümmungstensor" zusammen; sein Verschwinden liefert die Bedingung dafür, daß die Mannigfaltigkeit eine „ebene" (euklidische) wird. Aus ihm leitet sich der RIEMANNsche „symmetrische Krümmungstensor" $R_{\mu\nu}$ durch „Verjüngung" (Summation nach einem der Indexpaare) ab. In ähnlicher Weise folgt der „RIEMANNsche Skalar" R aus dem Krümmungstensor $R_{\mu\nu}$; er ist die Verallgemeinerung des GAUSSschen Krümmungsmaßes K.

Wie wir an unserem obigen primitiven Beispiel der Tischplatte sahen, prägen sich die Krümmungsverhältnisse in den Bahnen von sonst kräftefrei bewegten Massenpunkten aus; sie wirken auf diese wie Kräfte physikalischen Ursprungs. EINSTEIN erkannte darin, in quantitativer Ausgestaltung eines MACHschen Gedankens, den *Ursprung der Gravitation*. Als allgemeinste, allen sonstigen physikalischen Agentien übergeordnete Kraftwirkung führt EINSTEIN sie allein auf die Krümmungsverhältnisse des Raum-Zeit-Kontinuums zurück.

Wie aber bestimmen sich diese Krümmungsverhältnisse? Sie *bestimmen sich aus den in Raum und Zeit verteilten Energien*. Raum und Zeit existieren nur durch die physikalischen Vorgänge, die sich in ihnen abspielen. Von ihnen erhalten sie ihre Struktur. Man möchte hier an GOETHEs großartige Vision der „Mütter" in Faust II erinnern (entsprechend etwa den PLATONischen Ideen, die vor Erschaffung der realen Welt bestanden):

Göttinnen thronen hier in Einsamkeit,
Um sie kein Raum, noch wen'ger eine Zeit.
Von ihnen sprechen ist Verlegenheit.
Nichts wirst du sehn in ewig leerer Ferne,
Den Schritt nicht hören, den du tust,
Nichts Festes finden, wo du ruhst.

Vielleicht wird dem Leser der zunächst zu schildernde Zugang zu den Krümmungsverhältnissen der EINSTEINschen Welt ebenso unheimlich erscheinen, wie Faust seine Fahrt zu den Müttern; einen weniger unheimlichen Weg werden wir den Leser alsbald führen.

Der Krümmungstensor $R_{\mu\nu}$ ist mit dem Spannungs-Energietensor $T_{\mu\nu}$ des materiellen und elektromagnetischen Geschehens, wie EINSTEIN zeigt, zu verknüpfen durch das System der 10 Gleichungen ($\mu, \nu = 1, 2, 3, 4$):

$$R_{\mu\nu} - \frac{1}{2} g_{\mu\nu} R = -\varkappa T_{\mu\nu}. \tag{7}$$

Der hier eingeführte Proportionalitätsfaktor $\varkappa$ ist im wesentlichen die Konstante G des NEWTONschen Gesetzes; es gilt nämlich

$$\varkappa = \frac{8\pi}{c^2} G. \tag{7a}$$

Da sich die $R_{\mu\nu}$ und R durch die Γ und g und die Γ ihrerseits durch die g und ihre Ableitungen ausdrücken lassen, bedeuten die Gln. (7) ein System von Differentialgleichungen für die $g_{\mu\nu}$. Eine allgemeine Lösung dieses Systems wäre natürlich äußerst umständlich. EINSTEIN konnte aber zeigen, daß sie für schwache Felder und dementsprechend für $g_{\mu\nu}$, die nur wenig von den euklidischen der speziellen Relativitätstheorie (eigentlich pseudo-euklidischen wegen des negativen Vorzeichens von $d\,x_4^2$) verschieden sind, in erster Näherung in die Aussagen der NEWTONschen Gravitationstheorie übergehen[1]). Schon die erste Näherung, d. h. die bloße Tatsache der NEWTONschen Anziehung, verrät die nicht-euklidische Struktur der Maßbestimmung. In zweiter Näherung treten Abweichungen vom NEWTONschen Gesetz auf, die natürlich am stärksten in der Nachbarschaft großer Energiehäufungen sind. Daher die Anomalie in der Bahn des sonnennächsten Planeten Merkur, die (nur bei Sonnenfinsternis beobachtbaren) Ablenkungen von Lichtstrahlen, die hart am Sonnenrande vorbeigehen, und die Rotverschiebung von Spektrallinien der weißen Zwerge vermöge ihrer extrem hohen Dichten.

Schwere und träge Masse

Dies sind die abstrakt mathematischen Grundlagen der EINSTEINschen Gravitationstheorie. EINSTEIN hatte aber schon viel früher[2]) nämlich fast unmittelbar nach der Entdeckung der speziellen Relativitätstheorie, eine konkret physikalische Grundlegung in der *Äquivalenz von Gravitation und Beschleunigung* erkannt. In einem mit der konstanten Beschleunigung g nach oben bewegten Fahrstuhl, der dem Einfluß der Schwere entzogen gedacht werden möge, spielen sich genau dieselben Vorgänge ab, wie in demselben System unter dem Einfluß der Schwere, wenn es in Ruhe oder gleichförmiger Bewegung ist. In beiden Fällen

---

[1]) EINSTEIN schrieb an den Verf. am 28. November 1915:

„Ich hatte im letzten Monat eine der aufregendsten, anstrengendsten Zeiten meines Lebens, allerdings auch der erfolgreichsten. Ans Schreiben konnte ich nicht denken.

Ich erkannte nämlich, daß meine bisherigen Feldgleichungen der Gravitation gänzlich haltlos waren. Dafür ergeben sich folgende Anhaltspunkte ...

Nachdem so jedes Vertrauen in die frühere Theorie gewichen war, sah ich klar, daß nur durch einen Anschluß an die allgemeine Kovariantentheorie, d. h. an RIEMANNS Kovariante $R_{\mu\nu}$ eine befriedigende Lösung gefunden werden konnte. Die letzten Irrtümer in diesem Kampfe habe ich leider in den Akademie-Arbeiten, die ich Ihnen bald senden kann, verewigt. Das endgültige Ergebnis ist folgendes: ... Man muß die CHRISTOFFELschen Symbole $\left\{ \begin{matrix} \mu\,\nu \\ \sigma \end{matrix} \right\}$ als natürlichen Ausdruck für die ‚Komponenten' des Gravitationsfeldes ansehen ...

Das Herrliche, was ich erlebte, war nun, daß sich nicht nur NEWTONS Theorie als erste Näherung, sondern auch die Perihelbewegung des Merkur (43″ pro Jahrhundert) als zweite Näherung ergab. Für die Lichtablenkung an der Sonne ergab sich der doppelte Betrag wie früher".

Und am 8. Februar bemerkte er auf einer Postkarte:

„Von der allgemeinen Relativitätstheorie werden Sie überzeugt sein, wenn Sie dieselbe studiert haben werden. Deshalb verteidige ich sie Ihnen mit keinem Wort".

[2]) Jahrbuch f. Radioakt. und Elektronik Bd. 4, 1907, weiter ausgeführt in Ann. d. Phys. Bd. 35 (1911).

beschreibt ein geworfener Körper eine Parabel, eine auf dem Boden ruhende Masse m drückt mit der Kraft $m\,g$ auf diesen, ein Pendel hat bei gleicher Länge in beiden Fällen dieselbe Schwingungsdauer. Umgekehrt ist ein im Schwerefeld frei fallender Fahrstuhl dem Einfluß der Schwere entzogen: der Druck auf den Boden hört auf, die Schwingungsdauer des Pendels wird unendlich, ein geworfener Gegenstand beschreibt eine Gerade. Ein solches frei fallendes System realisiert eine schwerelose, also krümmungsfreie Welt, in der eine pseudo-euklidische Maßbestimmung gilt, und entspricht daher der Tangentialebene an den RIEMANNschen Raum, von der oben die Rede war.

Vorausgesetzt ist dabei die *Wesensgleichheit von schwerer und träger Masse*, die wir schon in Bd. I, § 3 durch die Gleichung

$$m_{\text{schw}} = m_{\text{tr}} \tag{8}$$

zum Ausdruck gebracht haben. Nur unter dieser Voraussetzung ist das „Gewicht" $m_{\text{schw}}\,g$ gleich dem „Trägheitswiderstand" $m_{\text{tr}}\,g$ und nur dann ist die Schwingungsdauer für alle Pendel in gleicher Länge ein und dieselbe. Ausführlich geschrieben lautet die Formel dafür nämlich

$$\tau = 2\pi \sqrt{\frac{m_{\text{tr}}\,l}{m_{\text{schw}}\,g}}. \tag{8a}$$

Daß hier ein tiefes physikalisches Problem verborgen liegt, hat schon NEWTON gesehen, BESSEL[1]) ist diesem Problem nachgegangen, indem er Messungen an Pendeln verschiedenen Materials mit größter Sorgfalt ausgeführt hat. Um Zehnerpotenzen größere Genauigkeit erreichte R. EÖTVÖS mit seiner Drehwaage. Aber erst EINSTEIN interpretierte Gl. (8) in der endgültigen Fassung

$$\text{Schwere} = \text{Trägheit}\ (= \text{Weltkrümmung}).$$

Wir wollen zeigen, daß dieses Äquivalenzprinzip genügt, um die Berechnung der $g_{\mu\nu}$ in einem speziellen Falle auf ganz elementarem Wege zu leisten[2]), also ein Problem zu lösen, das in Gl. (7) allgemein formuliert, aber von uns als zu schwierig zurückgestellt wurde.

Es handle sich um ein zentrisch-symmetrisches Gravitationsfeld, z. B. das der Sonne, Masse M, die als ruhend angenommen werden kann. Ein Kasten K_∞ falle aus dem Unendlichen in radialer Richtung nach M hin. K_∞ spürt, als frei fallend, nichts von der Gravitation und trägt daher die im Unendlichen gültige euklidische Maßbestimmung dauernd mit sich. Die in ihm gemessenen Koordinaten seien x_∞ (longitudinal, d. h. in der Bewegungsrichtung), y_∞, z_∞ (transversal) und t_∞. K_∞ kommt im Abstande r von der Sonne mit der Geschwindigkeit v an. v und r

[1]) F. W. BESSEL, Versuche über die Kraft, mit welcher die Erde Körper von verschiedener Beschaffenheit anzieht. Abhandlgen. d. Preuß. Akad. 1830; Untersuchungen über die Länge des Sekundenpendels, ebenda 1826, Ostwalds Klassiker Nr. 7.

[2]) Auf Grund einer ungedruckten Arbeit von W. LENZ, die er dem Verf. 1944 freundlichst mitgeteilt hat. Zu der beabsichtigten Publikation und der Anwendung seiner Methode auf das Innere einer mit einer inkompressiblen Flüssigkeit gefüllten Kugel ist es leider nicht mehr gekommen.

sind im System K der Sonne zu messen, das dem Gravitationsfelde unterliegt; als Koordinaten benutzen wir in ihm r, ϑ, φ, t. Unter der Annahme, daß dann zwischen K_∞ und K die Beziehungen der speziellen Relativitätstheorie bestehen, wobei K_∞ die Rolle des mit $v = \beta c$ „bewegten", K die des „ruhenden" Systems spielt, erhalten wir

$$\mathrm{d}x_\infty = \mathrm{d}r/\sqrt{1-\beta^2} \quad \text{(Lorentz-Kontraktion)},$$

$$\mathrm{d}t_\infty = \mathrm{d}t\sqrt{1-\beta^2} \quad \text{(Einstein-Dilatation)},$$

$$\left.\begin{aligned} \mathrm{d}y_\infty &= r\,\mathrm{d}\vartheta \\ \mathrm{d}z_\infty &= r\sin\vartheta\,\mathrm{d}\varphi \end{aligned}\right\} \quad \text{(Invarianz der transversalen Längen)}.$$

Daher geht das euklidische Weltlinienelement

$$\mathrm{d}s^2 = \mathrm{d}x_\infty^2 + \mathrm{d}y_\infty^2 + \mathrm{d}z_\infty^2 - c^2\,\mathrm{d}t_\infty^2 \tag{9}$$

über in

$$\mathrm{d}s^2 = \frac{\mathrm{d}r^2}{1-\beta^2} + r^2(\mathrm{d}\vartheta^2 + \sin^2\vartheta\,\mathrm{d}\varphi^2) - c^2\,\mathrm{d}t^2(1-\beta^2). \tag{9a}$$

Der hier zweimal vorkommende Faktor $1-\beta^2$ ist bisher aber nur mit Bezug auf unseren speziellen Kastenversuch erklärt. Um seine Bedeutung im System der Sonne zu ermitteln, schreiben wir uns die Energiegleichung für K_∞ hin, wie sie von K aus beurteilt wird. m sei die Masse von K_∞, m_0 seine Ruhmasse. Sie lautet:

$$(m - m_0)\,c^2 - \frac{G\,m\,M}{r} = 0. \tag{10}$$

Links steht die Summe der kinetischen Energie nach Gl. (32. 7) und der (bekanntlich negativen) potentiellen Energie der Gravitation. Die Energiekonstante rechts war gleich Null zu setzen, weil im Unendlichen $m = m_0$ und $r = \infty$ ist. Die potentielle Energie haben wir nach dem Newtonschen Gesetz berechnet, das wir als erste Näherung gelten lassen wollen. Wir dividieren (10) durch $m\,c^2$ und erhalten wegen $m = m_0/\sqrt{1-\beta^2}$

$$1 - \sqrt{1-\beta^2} = \frac{\alpha}{r}, \quad \alpha = \frac{G\,M}{c^2} = \frac{\varkappa\,M}{8\pi}, \quad \text{s. Gl. (7a)}. \tag{10a}$$

Mit $M = 3{,}3 \cdot 10^5\,M_{\mathrm{Erde}}$ und $g = G\,M_{\mathrm{Erde}}/R^2$, $R =$ Erdradius $= (2/\pi)\,10^7$ m ergibt sich

$$\alpha = 3{,}3 \cdot 10^5 \cdot 9{,}81 \cdot \left(\frac{2}{\pi}\,\frac{10^7}{3\cdot 10^8}\right)^2 \mathrm{m} = 14{,}5 \cdot 10^2\,\mathrm{m} \approx 1\,\mathrm{km}.$$

Aus (10a) folgt

$$\sqrt{1-\beta^2} = 1 - \frac{\alpha}{r}, \quad 1 - \beta^2 \sim 1 - \frac{2\alpha}{r}, \tag{11}$$

daher nach (9a)

$$\mathrm{d}s^2 = \frac{\mathrm{d}r^2}{1 - 2\alpha/r} + r^2(\mathrm{d}\vartheta^2 + \sin^2\vartheta\,\mathrm{d}\varphi^2) - c^2(1 - 2\alpha/r)\,\mathrm{d}t^2. \tag{12}$$

Dies ist das von K. SCHWARZSCHILD[1]) aus den EINSTEINschen Gln. (7) abgeleitete Linienelement. In der Darstellung von EDDINGTON[2]) werden zum Beweise desselben die 40 Komponenten $\Gamma^{\sigma}_{\mu\nu}$ des Gravitationsfeldes ausgerechnet und wird (12) als exakte Lösung der in (7) enthaltenen zehn Gleichungen nachgewiesen. *Unsere Ableitung* beansprucht nur eine angenäherte Lösung zu sein, da sie das NEWTONsche Gesetz als erste Näherung benutzt und in der zweiten Gl. (11) das Glied $(\alpha/r)^2$ vernachlässigt; *unser Resultat* ist aber trotzdem, wie SCHWARZSCHILD und EDDINGTON zeigen, im Sinne der EINSTEINschen Theorie exakt.

Vielleicht wird man an dieser Stelle fragen: Welches ist nun relativistisch die genaue Form des NEWTONschen Gesetzes? Die Frage ist verkehrt gestellt, wenn damit ein Gesetz von Vektorform gemeint ist. Das Gravitationsfeld ist kein Vektorfeld, sondern von viel komplizierterer tensorieller Form. Beim einzelnen Massenpunkt wird es vollständig durch die vier Koeffizienten g des Linienelementes (12) und das Verschwinden der übrigen $g_{\mu\nu}$ beschrieben.

Beobachtbare Folgerungen der allgemeinen Relativitätstheorie

Aus dem Linienelement (12) wollen wir zunächst die Anomalie des Merkurperihels ableiten; den allgemeinen Formalismus des Tensorkalküls werden wir dabei nicht nötig haben.

Das Gesetz der geodätischen Bahnen verlangt

$$\delta \int \mathrm{d}s = 0. \tag{13}$$

Von den vier Koordinaten r, ϑ, φ, t in (12) wählen wir φ als „unabhängige Variable" und schreiben daher statt (13)

$$\delta \int v \, \mathrm{d}\varphi = 0, \tag{13a}$$

$$v^2 = \frac{\dot r^2}{1 - 2\alpha/r} + r^2(\dot\vartheta^2 + \sin^2\vartheta) - c^2 \dot t^2 (1 - 2\alpha/r), \tag{14}$$

$$\dot{} = \frac{\mathrm{d}r}{\mathrm{d}\varphi}, \quad \dot\vartheta = \frac{\mathrm{d}\vartheta}{\mathrm{d}\varphi}, \quad \dot t = \frac{\mathrm{d}t}{\mathrm{d}\varphi}. \tag{14a}$$

Die „abhängigen Variablen" r, ϑ, t bezeichnen wir zusammenfassend mit q. Das Verfahren der Variationsrechnung, wie wir es in Bd. I, § 34 zum Beweis der LAGRANGEschen Gleichungen benutzt haben, führt auf die „EULERsche Ableitung" (vgl. die erste Anmerkung daselbst):

$$\frac{\mathrm{d}}{\mathrm{d}\varphi}\frac{\partial v}{\partial \dot q} - \frac{\partial v}{\partial q} = 0. \tag{15}$$

Für $q = \vartheta$ erhält man nach (14)

$$\frac{\partial v}{\partial \dot\vartheta} = \frac{r^2 \dot\vartheta}{v}, \quad \frac{\partial v}{\partial \vartheta} = \frac{r^2 \sin\vartheta \cos\vartheta}{v}.$$

---

[1]) Preuß. Akad., Sitzungsber. 1916, S. 189.

[2]) Vgl. sein ausgezeichnetes Buch: Relativitätstheorie in mathematischer Behandlung, deutsch bei Springer 1925, § 38.

und daher nach (15)

$$\frac{d}{d\varphi}\frac{r^2\dot{\vartheta}}{v} = \frac{r^2 \sin\vartheta \cos\vartheta}{v}.$$

Die letzte Gleichung ist erfüllt für $\vartheta = \text{konst.} = \pi/2$; die andere Möglichkeit $\vartheta = \text{konst.} = 0$ bedeutet keine *Planetenbahn*, sondern einen zentral und linear in die Sonne fallenden *Meteor*. Daß wir die Ebene der Planetenbahn mit $\vartheta = \pi/2$ bezeichnen, bedeutet offenbar nur eine bequeme Wahl unseres Polarkoordinatensystems.

Für $q = t$ ergibt (14)

$$\frac{\partial v}{\partial \dot{t}} = -\frac{c^2 \dot{t}(1-2\alpha/r)}{v}, \qquad \frac{\partial v}{\partial t} = 0, \qquad \text{also} \qquad \frac{d}{d\varphi}\frac{\dot{t}(1-2\alpha/r)}{v} = 0.$$

Man schließt daraus auf

$$\frac{\dot{t}(1-2\alpha/r)}{v} = \text{konst.} \tag{16}$$

Da t reell und v (ebenso wie ds) rein imaginär ist, wird auch die Konstante rein imaginär. Wir setzen sie gleich $i k$ und haben nach (16)

$$\dot{t} = \frac{i k v}{1-2\alpha/r}. \tag{17}$$

k ist eine erste Integrationskonstante der Planetenbahn.

Mit $q = r$ würden wir nach dem Schema (15) eine Differentialgleichung für r erhalten, deren Integration eine zweite Integrationskonstante des Problems liefern würde. Es ist aber einfacher, einen allgemeinen Satz zu benutzen, den wir in Bd. I für ein beliebiges Variationsproblem bereitgestellt haben und der im Falle der Mechanik dem Energieprinzip entspricht, nämlich Gl. (41. 18a) daselbst. Wir ersetzen das dortige L entsprechend unserem jetzigen Problem durch v und die dortige Konstante auf der rechten Seite durch $i\,h$ (Zahlenwert der HAMILTONschen Funktion H aus Gl. (41. 18) von Bd. I, zugleich zweite Integrationskonstante unseres Problems). Wir erhalten so

$$\sum_j \frac{\partial v}{\partial \dot{q}_j}\dot{q}_j - v = i\,h \tag{18}$$

oder nach Multiplikation mit v

$$\frac{1}{2}\sum_j \frac{\partial v^2}{\partial \dot{q}_j}\dot{q}_j - v^2 = i\,h\,v. \tag{18a}$$

Die linke Seite rechnen wir auf Grund von (14) aus, wobei alle Glieder mit $\dot{r}, \dot{\vartheta}, \dot{t}$ fortfallen; sie reduziert sich dabei auf

$$-r^2 \sin^2\vartheta = -r^2 \quad \text{wegen} \quad \vartheta = \pi/2.$$

Somit folgt aus (18a)

$$v = -\frac{r^2}{i\,h}. \tag{19}$$

(17) geht dadurch über in

$$\dot{t} = -\frac{k}{h} \frac{r^2}{1 - 2\alpha/r} \tag{20}$$

und (14) liefert mit $\vartheta = \pi/2$

$$-\frac{r^4}{h^2} = \frac{\dot{r}^2}{1 - 2\alpha/r} + r^2 - \frac{c^2 k^2}{h^2} \frac{r^4}{1 - 2\alpha/r}. \tag{21}$$

Dies ist eine Differentialgleichung für r, welche an die Stelle der (einmal integrierten EULERschen) Ableitung für die abhängige Variable $q = r$ in Gl. (15) tritt. Sie vereinfacht sich, wenn wir als neue Variable $u = 1/r$ einführen und mit $1 - 2\alpha/r = 1 - 2\alpha\, u$ multiplizieren, zu:

$$\dot{u}^2 + u^2(1 - 2\alpha\, u) + \frac{1 - c^2 k^2 - 2\alpha\, u}{h^2} = 0,$$

wofür wir auch schreiben können

$$\dot{u}^2 + u^2 = \frac{2\alpha\, u}{h^2} + 2\alpha\, u^3 - \frac{1 - c^2 k^2}{h^2}. \tag{22}$$

Wir differentiieren nach der unabhängigen Variabeln φ und heben $\dot{u} = \mathrm{d}u/\mathrm{d}\varphi$ heraus. Dadurch entsteht

$$\ddot{u} + u = \frac{\alpha}{h^2} + 3\alpha\, u^2. \tag{23}$$

Zum Vergleich behandeln wir dasselbe Problem nach der NEWTONschen Theorie. Wir gehen aus von der Energiegleichung ($W =$ Summe von kinetischer und potentieller Energie):

$$\frac{1}{2}\left[\left(\frac{\mathrm{d}r}{\mathrm{d}t}\right)^2 + r^2\left(\frac{\mathrm{d}\varphi}{\mathrm{d}t}\right)^2\right] - \frac{G M}{r} = \frac{W}{m}. \tag{24}$$

Nach dem Flächensatz ist, wenn wir die Flächenkonstante mit $h\, c$ bezeichnen:

$$r^2 \frac{\mathrm{d}\varphi}{\mathrm{d}t} = h\, c. \tag{24a}$$

Aus der linken Seite von (24) ziehen wir $(\mathrm{d}\varphi/\mathrm{d}t)^2 = h^2 c^2/r^4$ heraus, setzen wieder $u = 1/r$ und erhalten nach Division mit $h^2 c^2$

$$\frac{1}{2}(\dot{u}^2 + u^2) - \frac{G M}{h^2 c^2} u = \frac{W}{m\, h^2 c^2}.$$

Wir differentiieren auch jetzt nach φ, worauf sich wieder $\dot{u}$ heraushebt, und finden mit Rücksicht auf (10a)

$$\ddot{u} + u = \frac{G M}{h^2 c^2} = \frac{\alpha}{h^2}. \tag{25}$$

Die relativistische Gl. (23) unterscheidet sich von (25) nur durch das Korrektionsglied $3\alpha\, u^2$. Dieses hat auf Größe und Gestalt der Bahn keinen merklichen Einfluß, sondern nur auf die Lage des Perihels. Um das einzusehen, legen wir die Richtung $\varphi = 0$ in das Perihel, das durch $u = u_{\max}$, also $\dot{u} = 0$ zu definieren ist.

Dann wird u eine gerade Funktion von φ. Wir können also, indem wir mit der Lösung von (25) beginnen, diese in eine FOURIERsche Cosinusreihe entwickeln

$$u = A + B\cos\varphi + \cdots, \tag{26}$$

wobei sich zeigt, daß die durch ... angedeuteten höheren Glieder verschwinden. Bei (23) machen wir den Ansatz[1])

$$u = A + B\cos\gamma\varphi + C\cos 2\gamma\varphi + \cdots \tag{26a}$$

und finden zur Bestimmung der hier eingeführten Konstanten γ aus (23) die Gleichung

$$A + (1-\gamma^2)\,B\cos\gamma\varphi + (1-4\gamma^2)\,C\cos 2\gamma\varphi + \cdots$$

$$= \frac{\alpha}{h^2} + 3\alpha(A + B\cos\gamma\varphi + \cos 2\gamma\varphi + \cdots)^2$$

$$= \frac{\alpha}{h^2} + 3\alpha A^2 + \frac{3}{2}\alpha B^2 + 6\alpha A B\cos\gamma\varphi + \left(6\alpha A C + \frac{3}{2}\alpha B^2\right)\cos 2\gamma\varphi + \cdots$$

Hier haben wir in dem Korrektionsgliede bereits die höheren Reihenglieder fortgelassen. Der Vergleich der Koeffizienten liefert

$$\left\{\begin{aligned} A &= \frac{\alpha}{h^2} + 3\alpha A^2 + \frac{3\alpha}{2}B^2, \\ (1-\gamma^2)\,B &= 6\alpha A B, \\ (1-4\gamma^2)\,C &= \frac{3}{2}\alpha B^2 + 6\alpha A C. \end{aligned}\right. \tag{27}$$

Aus der mittleren Gleichung fällt B heraus; sie dient daher zur Bestimmung von γ:

$$1-\gamma^2 = 6\alpha A, \qquad \gamma \approx 1 \approx 3\alpha A, \qquad 1-\gamma \approx 3\alpha A. \tag{28}$$

A läßt sich geometrisch bestimmen durch die Perihel- und Aphel-Distanzen (a und ε bedeuten große Achse und numerische Exzentrizität der Ellipse):

$$u_{\max} = \frac{1}{r_{\min}} = \frac{1}{a(1-\varepsilon)} = A + B + \cdots \quad \text{für} \quad \gamma\varphi = 0,$$

$$u_{\min} = \frac{1}{r_{\max}} = \frac{1}{a(1+\varepsilon)} = A - B + \cdots \quad \text{für} \quad \gamma\varphi = \pi,$$

also

$$A = \frac{1}{a(1-\varepsilon^2)}.$$

Aus (28) folgt daraufhin

$$1-\gamma \approx \frac{3\alpha}{a(1-\varepsilon^2)}.$$

---

[1]) Ähnlich wie bei der Feinstruktur des Wasserstoffatoms; die folgende Rechnung dürfte übersichtlicher sein als die übliche astronomische (EDDINGTON). Es sei bemerkt, daß jede Abweichung vom NEWTONschen oder COULOMBschen Gesetz eine Perihelbewegung der KEPLER-Ellipse bewirkt. Die durch die Massenveränderlichkeit bedingte ist aber viel kleiner (um den Faktor 1/6) als die durch die Gravitations-Korrektur hervorgerufene.

Damit ist auch die Präzession $\delta\tilde{\omega}$ des Perihels während eines Umlaufs geometrisch bestimmt, nämlich durch die Aussage

$$(29) \qquad \gamma(2\pi + \delta\tilde{\omega}) = 2\pi, \qquad \delta\tilde{\omega} = 2\pi\frac{1-\gamma}{\gamma} \approx \frac{6\pi\alpha}{a(1-\varepsilon^2)}$$

bei Vernachlässigung eines Gliedes mit α^2. Für Merkur berechnet sich daraus die säkulare Perihelbewegung zu 43″, was mit der Beobachtung übereinstimmt.

Mit Benutzung der vorstehenden Rechnungen läßt sich nun auch die zweite Prüfung der allgemeinen Relativitätstheorie, nämlich die *Lichtablenkung am Sonnenrande*, leicht behandeln. Lichtbahnen sind geodätische Linien, für welche $\mathrm{d}s = 0$ ist. In der speziellen Relativitätstheorie waren es die Erzeugenden des Lichtkegels $\sum \mathrm{d}x_i^2 = 0$; sie sind jetzt gegeben durch $\sum\sum g_{ik}\,\mathrm{d}x_i\,\mathrm{d}x_k = 0$, also in unserem Falle nach Gl. (14) durch $v = 0$. Daher ist in Gl. (19) $h = \infty$ zu wählen. Gl. (23) geht dadurch über in

$$\ddot{u} + u = 3\alpha u^2.$$

Bei der Integration genügt es, angenähert zu verfahren, nämlich γ gegen 1 gehen zu lassen. Dann folgt aus (27)

$$\alpha A \to 0, \qquad C \to -\frac{1}{2}\alpha B^2, \qquad A \to \frac{3}{2}\alpha B^2$$

(letzteres mit Rücksicht auf $h = \infty$), also nach (26a)

$$(30) \qquad u = \frac{3\alpha}{2}B^2 + B\cos\varphi - \frac{\alpha}{2}B^2\cos 2\varphi + \cdots.$$

Für $\varphi = 0$ soll das Licht den Sonnenrand $r = R$ tangieren. Es soll also sein

$$\frac{1}{R} = \frac{3\alpha}{2}B^2 + B - \frac{\alpha}{2}B^2 = B + \alpha B^2,$$

$$B = \frac{1}{R}\,\frac{1}{1+\alpha B} \approx \frac{1}{R}\,\frac{1}{1+\alpha/R} \approx \frac{1}{R},$$

da $\alpha \approx 1$ km sehr klein gegen R ist. Aus (30) ergibt sich daraufhin nach Multiplikation mit rR, wenn man $x = r\cos\varphi$, $y = r\sin\varphi$ setzt:

$$R = \frac{3}{2}\frac{\alpha}{R}\sqrt{x^2+y^2} + x - \frac{1}{2}\frac{\alpha}{R}\frac{x^2-y^2}{\sqrt{x^2+y^2}}.$$

Die Lichtbahn wird hyperbelähnlich, so wie die Planetenbahn ellipsenähnlich war. Für die Asymptoten $|y| > |x|$ erhält man

$$(31) \qquad R = \pm\frac{3}{2}\frac{\alpha}{R}y + x \pm \frac{1}{2}\frac{\alpha}{R}y = x \pm \frac{2\alpha}{R}y.$$

Der Winkel zwischen beiden Asymptoten = Ablenkung des Lichtes aus seiner ursprünglichen Bahn beträgt $4\alpha/R = 1{,}75''$ und stimmt mit den Ergebnissen der Sonnenfinsternis-Expeditionen recht gut überein. Er ist doppelt so groß als eine frühere primitive Rechnung ergab. (SOLDNER sowie EINSTEIN vor 1915, vgl. die Anm. auf S. 293.)

Wir bemerken in diesem Zusammenhange noch, daß außer der Richtung auch die Geschwindigkeit des Lichtes durch das Gravitationsfeld abgeändert wird. Sie beträgt nämlich in radialer Richtung, z. B. längs des Halbstrahles $\vartheta = 0$ nach (12) mit Rücksicht auf $\mathrm{d}s = 0$

(31a) $$\frac{\mathrm{d}r}{\mathrm{d}t} = (1 - 2\alpha/r)\, c.$$

Schließlich läßt sich die *Rotverschiebung der Spektrallinien im Gravitationsfelde*, die dritte der oben genannten Prüfungsmöglichkeiten, ohne jede Rechnung einsehen. Man fasse einen Ort der gekrümmten Welt ins Auge und lege an sie die (gravitationsfreie, euklidische) Tangentialebene. Die Koordinatenänderungen in letzterer $\mathrm{d}X_1 \ldots \mathrm{d}X_4 = i\, c\, \mathrm{d}T$ mögen der Richtung nach mit den Koordinatenänderungen $\mathrm{d}r, \ldots, \mathrm{d}x_4 = i\, c\, \mathrm{d}t$ im Gravitationsfelde zusammenfallen. Wegen der Gleichheit der beiden Linienelemente wird dann für ein ruhendes, Licht ausstrahlendes Teilchen

(32) $$-c^2\, \mathrm{d}T^2 = -c^2 (1 - 2\alpha/r)\, dt^2.$$

Die Zeitmaße $\mathrm{d}t$ und $\mathrm{d}T$ sind also verschieden, daher auch die Schwingungszahlen ν und ν_0 (gravitationsfrei), die sich umgekehrt wie diese Zeitmaße verhalten. Nach (32) hat man

(33) $$\nu = \sqrt{1 - 2\alpha/r}\, \nu_0 \sim (1 - \alpha/r)\, \nu_0, \qquad \nu - \nu_0 \sim -\frac{\alpha}{r}\, \nu_0.$$

Die Schwingungszahl wird durch das Gravitationsfeld *verkleinert*. Die Größe der Rotverschiebung ist wegen der Bedeutung von α, Gl. (10a)

(34) $$\frac{1}{c^2}\, \frac{G M}{r} = \frac{|V|}{c^2},$$

wo V, s. Gl. (10) das Gravitationspotential ist. Experimentelle Bestätigung: das Spektrum von Sirius B und anderer weißer Zwerge, neuerdings terrestrisch mittels Mössbauer-Effekts.

Vereinheitlichte Theorie von Gravitation und Elektrodynamik

Einstein hatte im Anschluß an Gauss und Riemann die Metrik *vorangestellt*, also die Invarianz von $\mathrm{d}s^2$ und den Tensorcharakter der $g_{\mu\nu}$ gefordert. „Waage, Stab und Uhr" waren die Grundelemente, die er in der allgemeinen, ebenso wie in der speziellen Relativitätstheorie handhabte. Mit ihnen konnte er die *Gravitation geometrisieren*.

Aber auch die Maxwellsche Elektrodynamik des Vakuums ist ein den materiellen Vorgängen übergeordneter Tatsachenkomplex. Die erstaunlich einfache Form, die sie in der speziellen Relativitätstheorie annimmt und die sich ohne erhebliche Änderungen auf die allgemeine Relativitätstheorie, also auf beliebige Bezugssysteme überträgt, fordert ebenfalls zur Geometrisierung heraus. Ähnliches gilt für die zahlreichen Feldgleichungen, die zu den neu entdeckten Elementarteilchen gehören. Zweifellos ist jedoch die Metrik dazu zu eng. Darum sind viele Versuche unternommen worden, von allgemeineren Geometrien als der Riemannschen auszugehen. Ihr gemeinsames Ziel ist eine einheitliche, geometrisierte Feldtheorie. Bisher ist jedoch noch keine wirklich erfolgreich gewesen. Darum gehen wir nicht auf sie ein.

Doch sollten wir erwähnen, daß das Leitbild, das hinter dem Begriff „einheitlicher Theorie“ steht, nicht nur im Zusammenhang mit der Geometrisierung der Felder eine Rolle spielt, sondern auch, wenn man die Materie, MIE folgend, aus Feldern aufbauen will, hier vielleicht sogar mit mehr Recht. Denn es liegen heute viele Erfahrungen vor, die beweisen, daß die beinahe verwirrende Fülle neuer Elementarteilchen durch ein übergreifendes Gesetz verbunden ist. Auch dieses kennen wir noch nicht vollständig. Aber es gibt bereits durch Erfahrungen gefestigte Wegmarken, die auf ein sicheres Fortschreiten hindeuten. Die neue HEISENBERGsche Theorie der Elementarteilchen ist mit den ihr zugrunde liegenden einheitlichen Feldgleichungen eine der bedeutendsten auf diesem Wege, auch wenn wir noch nicht sicher sagen können, wie nahe wir damit dem Ziele gekommen sind. Wenn sie ausgearbeitet sein wird — so können wir mit SOMMERFELDS Worten schließen, obwohl wir zum Schluß den ursprünglichen Text verlassen mußten —, wird auch die MAXWELLsche Theorie in ihrer vollen Schönheit und Abrundung vor uns stehen.

Durchgehende Bezeichnungen und ihre Dimensionen

Vorbemerkung: Selbstverständlich sind alle Gleichungen dieses Bandes dimensionell konsequent geschrieben und daher nicht an eine spezielle Wahl der Einheiten (z. B. m = Meter, C = Coulomb) gebunden; sie können, wie man heute gern sagt, als „Größengleichungen" bezeichnet werden. Die nur bei spezieller Einheitswahl richtigen „Zahlengleichungen" kommen glücklicherweise mehr und mehr außer Gebrauch.

e, Q	Ladung	C = As
ϱ	Ladungsdichte	$\mathrm{As\,m^{-3}}$
ω	Oberflächen-Ladungsdichte	$\mathrm{As\,m^{-2}}$
p, P	magnetische Polstärke	A m (in § 8 dient P als unabhängige fünfte Einheit)
ϱ_m	magnetische Dichte	$\mathrm{A\,m^{-2}}$
ω_m	magnetische Oberflächendichte	$\mathrm{A\,m^{-1}}$
$\mathfrak{E}$	elektrische Feldstärke	$\mathrm{Dyn/As = V\,m^{-1}}$, $1\,\mathrm{Dyn} = 10^5\,\mathrm{dyn}$
$\mathfrak{D}$	elektrische Erregung (Verschiebung)	$\mathrm{As\,m^{-2}}$, $\operatorname{div}\mathfrak{D} = \varrho$, $\mathfrak{D}_n - \mathfrak{D}_n' = \omega$ Gl. (4.11)
$\mathfrak{J}$	spezifischer Leitungsstrom (sprich „jot")	$\mathrm{A\,m^{-2}}$, A = Ampere
I	totaler Leitungsstrom (sprich „i")	$I = \int \mathfrak{J}_n\,d\sigma$
$\dot{\mathfrak{D}}$	spezifischer Verschiebungsstrom	$\mathrm{A\,m^{-2}}$
$\mathfrak{C}$	spezifischer Gesamtstrom $= \mathfrak{J} + \dot{\mathfrak{D}}$	$\mathrm{A\,m^{-2}}$
V	elektrische Spannung $= \int_1^2 \mathfrak{E}\cdot d\mathfrak{s}$	Erg/As = Volt = V; $1\,\mathrm{Erg} = 1\,\mathrm{Joule} = 10^7\,\mathrm{erg}$
$\mathfrak{B}$	magnetische Feldstärke (Induktion)	$\mathrm{Dyn/P = Dyn/Am = Vs\,m^{-2}}$, $\operatorname{div}\mathfrak{B} = 0$; $1\,\mathrm{Gauß} = 10^{-4}\,\mathrm{Vs\,m^{-2}}$
$\mathfrak{H}$	magnetische Erregung (Amperewindungszahl pro Meter)	$\mathrm{P\,m^{-2} = A\,m^{-1}}$, $\operatorname{div}\mathfrak{H} = \varrho_m$, $\mathfrak{H}_n - \mathfrak{H}_n' = \omega_m$, $1\,\mathrm{Oersted} = 10^3/4\pi\,\mathrm{A\,m^{-1}}$
U	magnetische Spannung $= \int_1^2 \mathfrak{H}\cdot d\mathfrak{s}$	A
Φ	magnetischer Fluß $= \int \mathfrak{B}_n\,d\sigma$	Vs

ψ { ψ_e	elektrisches Potential, $\mathfrak{E} = -\operatorname{grad}\psi_e$	Erg/As = V
ψ_m	magnetisches Potential, $\mathfrak{H} = -\operatorname{grad}\psi_m$	$\mathrm{C\,s^{-1}} = \mathrm{A}$
$\mathfrak{A}$	Vektorpotential, $\mathfrak{B} = \operatorname{rot}\mathfrak{A}$	$\mathrm{Vs\,m^{-1}}$
$\mathfrak{S}$	Strahlungsvektor = POYNTINGscher Vektor = spezifischer Energiefluß	$\mathrm{Erg\,m^{-2}\,s^{-1}} = \mathrm{VA\,m^{-2}}$
w	Energiedichte, $w = w_e + w_m$	$\mathrm{Erg\,m^{-3}}$, $w_e = \frac{1}{2}\mathfrak{D}\cdot\mathfrak{E}$, $w_m = \frac{1}{2}\mathfrak{H}\cdot\mathfrak{B}$
w_J	JOULEsche Wärme pro Volumeinheit = $\mathfrak{E}\cdot\mathfrak{J}$	$\mathrm{Erg\,m^{-3}}$
W	Energie in gegebenem Volumen	Erg
ε	Dielektrizitäts-Konst. = D.K.	As/Vm = Farad $\cdot\, \mathrm{m^{-1}}$
μ	Permeabilität	Vs/Am = Henry $\cdot\, \mathrm{m^{-1}}$
ε_0, μ_0	Vakuum-Konstante	{ $(\varepsilon_0\mu_0)^{-1/2}$ = Lichtgeschw., $\mathrm{m\,s^{-1}}$ $(\mu_0/\varepsilon_0)^{-1/2}$ = Wellenwiderstand, Ω
σ	spezifische Leitfähigkeit	$\Omega^{-1}\,\mathrm{m^{-1}}$
$\varepsilon = \varepsilon + i\,\sigma/\omega$ = komplexe D.K.		$\Omega^{-1}\,\mathrm{m^{-1}\,s}$
R	Widerstand eines Drahtes	Volt/Amp. = Ω
L	Induktionskoeffizient	Ωs = Henry
$\mathfrak{R}$	Widerstandsoperator $= R + i\omega L$	Ω
C	Kapazität	$\mathrm{A^2\,s^2/Erg} = \Omega^{-1}\,\mathrm{s}$ = Farad
$\mathfrak{P}$	dielektrische Polarisation	$\mathrm{As\,m^{-2}}$, $\mathfrak{D} = \varepsilon_0\mathfrak{E} + \mathfrak{P}$, vgl. S. 66
$\mathfrak{M}$	Magnetisierung	$\mathrm{A\,m^{-1}}$, $\mathfrak{B} = \mu_0(\mathfrak{H} + \mathfrak{M})$, vgl. S. 81
η	elektrische Suszeptibilität	reine Zahl, $\mathfrak{P} = \eta\,\varepsilon_0\mathfrak{E}$, $\varepsilon = \varepsilon_0(1+\eta)$
$\varkappa$	magnetische Suszeptibilität	reine Zahl, $\mathfrak{M} = \varkappa\,\mathfrak{H}$, $\mu = \mu_0(1+\varkappa)$
ω	Kreisfrequenz	$\mathrm{s^{-1}}$, $\omega = 2\pi/\tau$, τ = Schwingungsdauer
k	Wellenzahl im Vakuum	$\mathrm{m^{-1}}$, $k = 2\pi/\lambda$, λ = Wellenlänge
k_L	Wellenzahl im Leiter	$\mathrm{m^{-1}}$, $k_L^2 = \varepsilon\mu\omega^2 + i\mu\sigma\omega = \varepsilon'\mu\omega^2$
h	Wellenzahl von Oberflächenwellen bei zylindrischer Führung	$\mathrm{m^{-1}}$
$\varkappa$	in § 20 bis 25 $= \sqrt{\mu\sigma\omega/2}$ bei Wechselströmen	$\mathrm{m^{-1}}$, $1/\varkappa = d$ = Schichtdicke im Skineffekt

Zusätzliche Bezeichnungen in Teil III und IV

x_4	imaginäre Zeitkoordinate	$x_4 = \mathrm{i}\,c\,t$
$\mathrm{d}s$	Weltlinienelement	$\mathrm{d}s^2 = \sum_{j=1}^{4} \mathrm{d}x_j^2$
$\mathrm{d}\tau$	Element der Eigenzeit $= \mathrm{d}s/\mathrm{i}\,c$	$\mathrm{d}\tau = \sqrt{1-\beta^2}\,\mathrm{d}t,\quad \beta = v/c$
γ	imaginärer Drehwinkel der LORENTZ-Transformation	$\tan\gamma = \mathrm{i}\,\beta$
$\mathfrak{R}$	vierdimensionaler Radiusvektor	$\mathfrak{R} = x_1,\, x_2,\, x_3,\, x_4$
$\mathfrak{B},\, \mathfrak{W}$	Vierervektoren der Geschwindigkeit und Beschleunigung	$\mathfrak{B} = \frac{\mathrm{d}\mathfrak{R}}{\mathrm{d}\tau},\quad \mathfrak{W} = \frac{\mathrm{d}\mathfrak{B}}{\mathrm{d}\tau}$
Ω	Viererpotential $= \left(\mathfrak{A}, \frac{\mathrm{i}}{c}\,\psi\right)$	Vsm^{-1}
Γ	Viererstrom $(\mathfrak{J}, \mathrm{i}\,c\,\varrho)$	Am^{-2}, im Vakuum $= \varrho(\mathfrak{v}, \mathrm{i}\,c)$
F	Sechservektor des Feldes	$\mathrm{Vsm}^{-2},\ F = \left(\mathfrak{B},\ -\frac{\mathrm{i}}{c}\,\mathfrak{E}\right) = \mathrm{Rot}\,\Omega$
f	Sechservektor der Erregung	$\mathrm{Am}^{-1},\ f = (\mathfrak{H},\ -\mathrm{i}\,c\,\mathfrak{D}) = \frac{1}{\mu_0}\,\mathrm{Rot}\,\Omega$
$F^*,\, f^*$	duale Sechservektoren	$F^* = \left(-\frac{\mathrm{i}}{c}\,\mathfrak{E},\ \mathfrak{B}\right),\quad f^* = (-\mathrm{i}\,c\,\mathfrak{D},\ \mathfrak{H})$
Λ	LAGRANGE-Dichte	$\Lambda = \frac{1}{2}\,(f, F) = \frac{1}{2}\,(\mathfrak{H}\cdot\mathfrak{B} - \mathfrak{D}\cdot\mathfrak{E})$
M	zweite Invariante des Feldes	$M = \frac{\mathrm{i}\,c}{2}\,(f, F^*) = \mathfrak{E}\cdot\mathfrak{H}$
$\mathfrak{k}$	Kraftdichte $= F\cdot\Gamma$	$\mathfrak{k}_{1,2,3} = \varrho\,(\mathfrak{E} + \mathfrak{v}\times\mathfrak{B}),\quad \mathfrak{k}_4 = \frac{\mathrm{i}\,\varrho}{c}\,\mathfrak{v}\cdot\mathfrak{E}$
$\mathfrak{K}$	LORENTZ-Kraft, dreidimensional	$\mathfrak{K} = e\,(\mathfrak{E} + \mathfrak{v}\times\mathfrak{B})$
$\mathfrak{F}$	Viererkraft, $\mathfrak{F}\cdot\mathfrak{B} = 0$	$\mathfrak{F}_{1,2,3} = \frac{\mathfrak{K}}{\sqrt{1-\beta^2}},\quad \mathfrak{F}_4 = \frac{\mathrm{i}\,e\,\mathfrak{v}\cdot\mathfrak{E}}{c\sqrt{1-\beta^2}}$
T	Spannungs-Energie-Tensor	$T_{nm} = -\sum_{r=1}^{4} F_{nr}\,f_{mr} + \delta_{nm}\,\Lambda$
$\mathfrak{G}$	Impuls des Massenpunktes	$\mathfrak{G} = m\,(\mathfrak{v}, \mathrm{i}\,c),\quad m = m_0/\sqrt{1-\beta^2}$
E_0	Ruhenergie	$E_0 = m_0\,c^2$
K	kinetisches Potential	$K = m_0\,c^2\,(1 - \sqrt{1-\beta^2})$
$-\Gamma\cdot\Omega$	SCHWARZSCHILDsche Invariante	$\Gamma\cdot\Omega = \varrho\,(\mathfrak{v}\cdot\mathfrak{A} - \psi)$
$\mathfrak{E}^*$, $\mathfrak{H}^*$	Abkürzungen in den Gleichungen für bewegte Medien	$\mathfrak{E}^* = \mathfrak{E} + \mathfrak{v}\times\mathfrak{B}$; $\mathfrak{H}^* = \mathfrak{H} - \mathfrak{v}\times\mathfrak{D}$
$\dot{\underline{\mathfrak{A}}}$	LORENTZsches Symbol	$\frac{\partial\mathfrak{A}}{\partial t} + \mathfrak{v}\,\mathrm{div}\,\mathfrak{A} - \mathrm{rot}\,(\mathfrak{v}\times\mathfrak{A})$
$\mathfrak{J}_l$	spezifischer Leitungsstrom	$\mathfrak{J}_l = \mathfrak{J} - \varrho\,\mathfrak{v}$
$\mathfrak{R}$	in § 36 Reaktionskraft der Strahlung	je nach dem Bezugssystem auch $\mathfrak{R}'$ genannt

$\Gamma \cdot \Omega = \sum_{n=1}^{4} \Gamma_n \Omega_n$	skalares Produkt zweier Vierervektoren liefert einen Skalar
$(F \cdot \Gamma)_m = \sum_{n=1}^{4} F_{mn} \Gamma_n$	skalares Produkt eines Vierer- und Sechservektors liefert einen Vierervektor
$(f, F) = \frac{1}{2} \sum_n \sum_m f_{nm} F_{nm}$ $= \sum_{n<m}^{4} \sum_{m=1} f_{nm} F_{nm}$	skalares Produkt zweier Sechservektoren liefert einen Skalar
$(\mathfrak{R} \times \mathfrak{B})_{nm} = \mathfrak{R}_n \mathfrak{B}_m - \mathfrak{R}_m \mathfrak{B}_n$	Vektorprodukt zweier Vierervektoren liefert einen Sechservektor
$\mathrm{Div}\, \Omega = \sum_{n=1}^{4} \frac{\partial \Omega_n}{\partial x_n}$	Divergenz eines Vierervektors liefert einen Skalar
$\mathrm{Rot}_{nm} \Omega = \frac{\partial \Omega_m}{\partial x_n} - \frac{\partial \Omega_n}{\partial x_m}$	Rotation eines Vierervektors liefert einen Sechservektor, $\mathrm{Rot}_{mn} = -\mathrm{Rot}_{nm}$
$\mathfrak{Div}_m T = \sum_{n=1}^{4} \frac{\partial T_{mn}}{\partial x_n}$	Vektordivergenz eines (allgemeinen oder auch antisymmetrischen) Tensors liefert einen Vierervektor
$\mathfrak{Div}_m^* F = \mathfrak{Div}_m F^* = \sum_{n=1}^{4} \frac{\partial F_{mn}^*}{\partial x_n}$	duale Vektordivergenz eines Sechservektors
$\mathfrak{Div}^* F = 0$	hat zur Folge $F = \mathrm{Rot}\, \Omega$
$\mathrm{Div}\, \mathfrak{Div} F = 0$	gültig für jeden Sechservektor
$\mathfrak{Div}\, \mathrm{Rot}\, \Omega = \mathrm{Grad}\, \mathrm{Div}\, \Omega - \Box \Omega$	$\Box \Omega = \sum_{n=1}^{4} \frac{\partial^2 \Omega_m}{\partial x_n^2}$

Zahlenwerte, angenäherte Messungsergebnisse bzw. Festsetzungen

c = Vakuum-Lichtgeschwindigkeit $= 3{,}00 \cdot 10^8\ \mathrm{ms^{-1}}$ (Messung)

μ_0 = Vakuum-Permeabilität $= 4\pi \cdot 10^{-7} \frac{\mathrm{Vs}}{\mathrm{Am}}$ (Festsetzung)

ε_0 = Vakuum-D.K. $= 10^7/4\pi c^2 \frac{\mathrm{Am}}{\mathrm{Vs}} = 10^{-9}/36{,}00\pi \frac{\mathrm{As}}{\mathrm{Vm}}$ (Folge)

$(\mu_0/\varepsilon_0)^{1/2}$ = Vakuum-Wellenwiderstand $= 120{,}0\pi\ \Omega$ (Folge)

e = Elektronenladung $= 1{,}60 \cdot 10^{-19}$ As (Messung)

$\frac{e}{m_0}$ = spezifische Elektronenladung $= 1{,}76 \cdot 10^{11}$ As/kg (Messung)

m_0 = Ruhmasse des Elektrons $= 0{,}90 \cdot 10^{-30}$ kg (Folge)

eV = Elektronenvolt $= 1{,}60 \cdot 10^{-19}$ Erg $= 1{,}60 \cdot 10^{-19}$ VAs (Folge)

$m_0 c^2$ = Ruhenergie des Elektrons $\approx \frac{1}{2}$ MeV $= 0{,}80 \cdot 10^{-13}$ VAs (Folge)

Übungsaufgaben

Zu Teil I

I. 1. *Die Grenzbedingungen der Maxwellschen Theorie.* Man leite die Gln. (3. 7 a) bis (3. 12) für $\mathfrak{E}$, $\mathfrak{B}$, $\mathfrak{H}$ und $\mathfrak{D}$ nach der differentiellen Methode ab. Der Übergang vom Medium 1 zu 2 muß dabei als kontinuierlich vorausgesetzt werden („Grenzschicht" statt „Grenzfläche"). Man benutze ein rechtwinkliges Koordinatensystem x, y, z; z stehe senkrecht zur Grenzfläche, die im Unendlichkleinen als eben angenommen werden kann. In der Grenzschicht (Dicke $h \to 0$) müssen die in den Differentialgleichungen (4. 4) vorkommenden Ableitungen nach z stetig verlaufen, damit diese Gleichungen einen Sinn behalten.

I. 2. *Die magnetische Erregung im Innern und Äußern eines unendlich langen geraden Drahtes.* Beweis der Gln. (4. 10) bis (4. 13) aus den Differentialgleichungen.

I. 3. *Die magnetische Erregung im Innern eines unendlich langen Solenoids.* Beweis der Gl. (4. 14) auf Grund der Maxwellschen Differentialgleichungen.

I. 4. *Der Cosinussatz der sphärischen Trigonometrie als Spezialisierung einer allgemeinen Vektorformel.* Man beweise die Vektorformel:

$$(\mathfrak{A} \times \mathfrak{B}) \cdot (\mathfrak{C} \times \mathfrak{D}) = (\mathfrak{A} \cdot \mathfrak{C})\,(\mathfrak{B} \cdot \mathfrak{D}) - (\mathfrak{A} \cdot \mathfrak{D})\,(\mathfrak{B} \cdot \mathfrak{C})$$

und folgere daraus für den speziellen Fall $\mathfrak{D} = \mathfrak{A}$ mit Rücksicht auf Fig. 45 den Cosinussatz:

$$\cos a = \cos b \cos c - \sin b \sin c \cdot \cos \alpha .$$

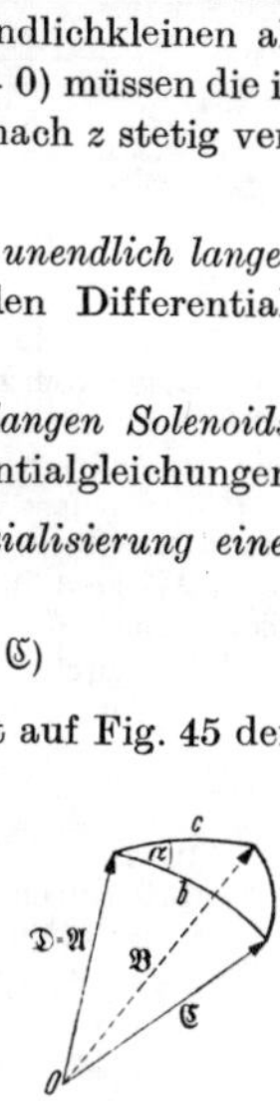

Fig. 45. Der Cosinussatz der sphärischen Trigonometrie. Die drei von 0 ausgehenden Einheitsvektoren $\mathfrak{A} = \mathfrak{D}$, $\mathfrak{B}$, $\mathfrak{C}$ spannen auf der Einheitskugel ein sphärisches Dreieck auf

Zu Teil II

II. 1. *Das Aufladepotential eines leitenden Rotationsellipsoides.* a sei die große b die kleine Achse, $c = \sqrt{a^2 - b^2}$ die lineare Exzentrizität desselben. Bei festgehaltenem c und variablem a stellt

$$\frac{x^2 + y^2}{a^2 - c^2} + \frac{z^2}{a^2} = 1$$

die Schar der konfokalen, zum Brennpunktsabstand $2c$ gehörigen Ellipsoide dar. Man zeige, daß auf jedem derselben der in Gl. (9. 4) angegebene Ausdruck für ψ konstant (von x, y, z unabhängig) ist.

II. 2. *Der einseitig unendlich lange, geriebene Glasstab und sein Vergleich mit dem leitenden Rotationsparaboloid.* Man berechne das Potential einer gleichförmig mit Elektrizität belegten, einseitig begrenzten Geraden und zeige, daß seine Niveauflächen dieselben sind wie die des leitenden Rotationsparaboloids, das aus (9.4) durch den Grenzübergang $c \to \infty$ entsteht.

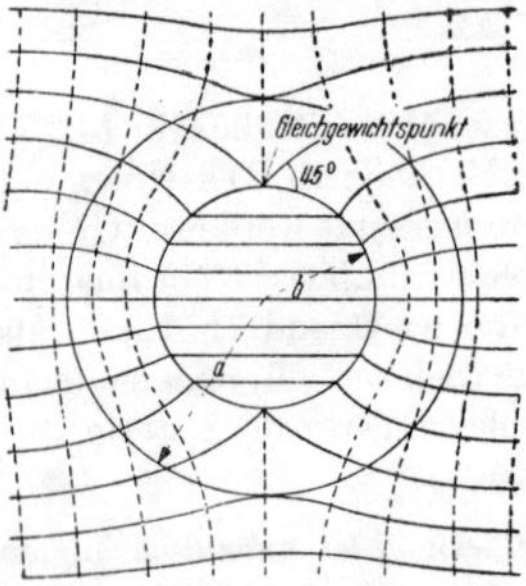

Fig. 46. Das Feld der dielektrischen Kugel vom Radius $r = a$, welches durch ein homogenes Feld im Äußeren derselben erzeugt wird, liefert, analytisch ins Innere derselben fortgesetzt, zugleich das Feld, das im Äußeren einer leitenden Kugel vom Radius $r = b < a$ durch dasselbe homogene Feld erzeugt wird

II. 3. *Vergleich der dielektrischen mit der leitenden Kugel.* Es gibt zu einer dielektrischen Kugel $r = a$, die sich in einem ursprünglich homogenen elektrischen Felde befindet, stets eine mit ihr konzentrische leitende Kugel $r = b < a$, deren Außenfeld für $r > a$ mit dem der dielektrischen Kugel übereinstimmt. In der nebenstehenden Skizze ist für $r > a$ das Feld der dielektrischen Kugel, für $a > r > b$ aber nicht das (hier homogene) Feld dieser Kugel, sondern seine analytische Fortsetzung dargestellt, welche identisch ist mit dem Felde der leitenden Kugel vom Radius b. Man beweise, daß

$$b = a \sqrt[3]{\frac{\varepsilon - 1}{\varepsilon - 2}}.$$

Die Figur zeigt, wie sich die Singularität des Gleichgewichtspunktes beim Leiter (vgl. Anm. 2 betr. Fig. 9a) stetig aus dem regulären Verhalten der Kraftlinien beim Nichtleiter entwickelt.

II. 4. *Randkorrektion beim Plattenkondensator nach Kirchhoff.* Man überzeuge sich, daß durch die Beziehung

$$z = \frac{a}{2\pi} f(\zeta), \quad f(\zeta) = 1 + \frac{2\pi i \zeta}{V} - \exp\left(\frac{2\pi i \zeta}{V}\right), \quad \begin{cases} z = x + i y \\ \zeta = \Psi + i \Phi \end{cases}$$

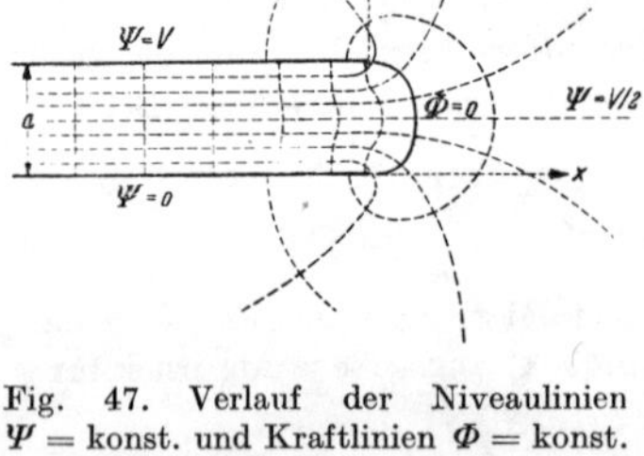

Fig. 47. Verlauf der Niveaulinien Ψ = konst. und Kraftlinien Φ = konst. am Rande eines Plattenkondensators

das Streufeld des einseitig begrenzten Kondensators Fig. 47 dargestellt wird. Ψ = konst. sind die Niveaulinien des Potentials in der x, y-Ebene, Φ = konst. die Kraftlinien. Man überzeuge sich, daß beide Kurvensysteme qualitativ den in der Figur eingezeichneten strichlinierten Verlauf haben und zeige, daß die Kraftlinie $\Phi = 0$ (in der Figur ausgezogen) ein Zykloidenbogen ist, der die beiden Randpunkte $x = 0$, $y = 0$ und $x = 0$, $y = a$ verbindet.

II. 5. *Die Kapazität einer Leidener Flasche (Zylinder-Kondensator).* Die Abmessungen seien Höhe $h = 20$ cm, innerer Radius $r_1 = 5$ cm, Wanddicke $d = 1$ mm. Die D.K. des Glases sei $6\varepsilon_0$. Von Randkorrektionen möge abgesehen werden. Die Kapazität ist in Mikrofarad auszudrücken.

II. 6. *Zur Definition der Kapazität zweier Leiter entgegengesetzt gleicher Ladungen.* Setzt man in (10. 16) $Q_1 = -Q_2 = Q$ und $V = \Psi_1 - \Psi_2$, so erhält man

$$(1) \qquad \begin{aligned} 2W &= VQ = (\psi_{11} + \psi_{22} - 2\psi_{12})Q^2 \\ &= C_{11}\psi_1^2 + C_{22}\psi_2^2 + 2C_{12}\psi_1\psi_2 . \end{aligned}$$

Man zeige durch Vergleich mit (10. 11), daß zwischen der elementaren Kapazitätsdefinition C und den Koeffizienten ψ_{ij}, C_{ij} folgender Zusammenhang besteht

$$(2) \qquad C = \frac{1}{\psi_{11} + \psi_{22} - 2\psi_{12}} = \frac{\Delta'}{C_{11} + C_{22} + 2C_{12}}, \qquad \Delta' = \begin{vmatrix} C_{11} & C_{12} \\ C_{21} & C_{22} \end{vmatrix}$$

II. 7. *Elektrische Quadrupole*

a) Ein homogenes Polynom $P_2(x, y, z)$ vom zweiten Grad in x, y, z hat sechs Koeffizienten. Welche Beziehung besteht zwischen diesen Koeffizienten, wenn $P_2(x, y, z)$ eine Lösung der Potentialgleichung $\Delta P_2 = 0$ sein soll?

b) Man zeige, daß auch $r^{-5} P_2(x, y, z)$ eine Lösung der Potentialgleichung ist, wenn P_2 eine solche ist, und daß sie einen allgemeinen Quadrupol darstellt (siehe § 9. F.).

II. 8. *Berechnung von elektrischen Quadrupolmomenten*

a) Man berechne die Quadrupolmomente und gebe das Potential in großer Entfernung an für einen elektrischen Quadrupol, der aus den Ladungen $Q, -Q, -Q, Q$ in den Punkten $x = y = 0$, $z = 3a, a, -a, -3a$ besteht.

b) Dieselbe Aufgabe ist zu lösen für den Fall, daß sich die Ladungen $Q, -Q, -Q, Q$ in den Punkten x_1, y_1; x_2, y_2; $-x_2, -y_2$; $-x_1, -y_1$ und $z = 0$ befinden. Man drücke den Flächeninhalt dieses Parallelogramms durch die Quadrupolmomente aus.

c) Man berechne die Quadrupolmomente einer homogenen geladenen Kugel und eines homogen geladenen Rotationsellipsoids.

II. 9. *Zylindrische Multipole.* Zylindrische Multipole erhält man, indem man Linienladungen auf parallelen, unendlich langen Geraden in geeigneter Weise anordnet. So ergeben zwei gleichmäßige und entgegengesetzte Linienladungen einen zylindrischen Dipol. Aus zwei zylindrischen Dipolen mit entgegengesetztem Dipolmoment läßt sich ein zylindrischer Quadrupol aufbauen.

a) Man berechne das Potential eines zylindrischen Dipols in großer Entfernung.

b) Es sei ein zylindrischer Quadrupol durch vier zur z-Achse parallele gerade Linien gegeben, die pro Längeneinheit die Ladungen $q, -q, -q, q$ tragen und die die Ebene $z = 0$ in den Punkten $x = a$, $y = 0$; $x = 0$, $y = a$; $x = 0$, $y = -a$; $x = -a$, $y = 0$ schneiden. Man berechne das Potential dieses zylindrischen Quadrupols sowohl in großer Entfernung als auch in der Umgebung der z-Achse ($|x| \ll a$, $|y| \ll a$).

c) Ein positives Ion möge seine Bahn im Punkte $x = y = z = 0$ mit einer Anfangsgeschwindigkeit v_0 beginnen, deren Richtung von der z-Achse nur wenig abweicht. Man zeige, daß unter dem Einfluß des in b) berechneten zylindrischen Quadrupolfeldes eine der beiden Bahnkoordinaten $x(z)$, $y(z)$ um den Wert Null oszilliert, während sich die andere exponentiell anwachsend von ihm entfernt.

II. 10. *Eigenschwingungen und Eigenfrequenzen des Inneren eines von einem vollkommen leitenden Quader begrenzten Hohlraumes.* Ausgehend von den Gln. (24. 9) oder (24. 10) stelle man das durchweg stetige Feld im Inneren eines Quaders von den Seitenlängen a, b, c dar, unter der Bedingung $\mathfrak{E}_{\text{tang}} = 0$ auf den drei Paaren von Begrenzungsflächen

$$x = \begin{cases} 0 \\ a \end{cases}, \quad y = \begin{cases} 0 \\ b \end{cases}, \quad z = \begin{cases} 0 \\ c \end{cases}.$$

II. 11. *Eigenschwingungen und Eigenfrequenzen des Inneren eines vollkommen leitenden Kreiszylinders von endlicher Länge.* Ausgehend von den Gln. (24. 6) und (24. 7) stelle man das durchweg stetige Feld im Innern eines Kreiszylinders vom Radius a und der Länge l dar, unter der Bedingung $\mathfrak{E}_{\text{tang}} = 0$ sowohl auf der Mantelfläche $r = a$ wie auf den beiden Deckflächen $x = \begin{cases} 0 \\ l \end{cases}$.

II. 12. *Eigenschwingungen im Inneren eines von einer vollkommen leitenden Metallkugel begrenzten Hohlraumes.* Man gehe wie in § 19 von einem HERTZschen Vektor Π aus, der nach einem Durchmesser der Kugel $\left(\vartheta = \begin{cases} 0 \\ \pi \end{cases}\right)$ gerichtet, in t periodisch ist und sonst nur von r abhängt. Im Gegensatz zu § 19 muß Π jetzt auch im Kugelmittelpunkt endlich sein. Der Zustand entspricht dann nicht einer von diesem Punkte ausstrahlenden, sondern der Superposition einer aus- und einer (an der Kugeloberfläche reflektierten) einstrahlenden Kugelwelle. Man bestimme die möglichen Eigenwellenzahlen k und die zugehörigen Eigenfrequenzen $\omega = k\,c$ aus der an der Kugel $r = a$ gültigen Grenzbedingung $\mathfrak{E}_{\text{tang}} = 0$.

II. 13. *Berechnung der Fortpflanzungskonstanten von Drahtwellen aus der Kelvinschen Telegraphengleichung und dem Rayleighschen Wechselstromwiderstand* a) für eine LECHERsche Doppelleitung, b) für die Rückleitung durch das Erdreich (die Hinleitung sei vollkommen leitend). Man nehme in beiden Fällen $G = 0$ an.

Zu Teil III und IV

III. 1. *Die Lorentz-Transformation bei einer von der x-Achse verschiedenen Relativbewegungsrichtung.*

α sei der Winkel zwischen der Relativbewegung $\mathfrak{v}$ und der x-Achse des „Ruhsystems“. Die x, y-Ebene des letzteren falle mit der Ebene durch x und $\mathfrak{v}$ zusammen. Wir betrachten ein „Zwischensystem“ x_1, y_1, z_1, t_1, dessen x_1-Achse mit der $\mathfrak{v}$-Richtung und dessen $x_1\,y_1$-Ebene mit der $x\,\mathfrak{v}$-Ebene zusammenfallen möge.

Der Übergang

(1) $x, y, z, t \to x_1, y_1, z_1, t_1, \quad z_1 = z, \quad t_1 = t$

ist dann eine gewöhnliche Drehung um α in der $x\,y$-Ebene. Ein bewegtes System $x_1'\, y_1'\, z_1'\, t_1'$ sei so gelegt, daß seine x_1'- und y_1'-Achse mit der x_1- und y_1-Achse des Zwischensystems für $t = 0$, $t' = 0$ übereinstimmen. Der Übergang

(2) $x_1, y_1, z_1, t_1 \to x_1', y_1', z_1', t_1', \quad y_1' = y_1, \quad z_1' = z_1,$

ist dann eine spezielle LORENTZ-Transformation, wird also durch die Gln. (27. 10) dargestellt.

Dreht man schließlich x_1', y_1', z_1', t_1' um den Winkel $-\alpha$ in der x_1', y_1'-Ebene zurück, macht also der Übergang

(3) $x_1', y_1', z_1', t_1' \to x', y', z', t', \quad z_1' = z', \quad t_1' = t',$

so vereinfacht sich das Koeffizientenschema der so im ganzen resultierenden Substitution

(4) $x, y, z, t \to x', y', z', t'.$

Man überzeuge sich, daß es, wie selbstverständlich, ein im Vierdimensionalen orthogonales ist, und daß es sich, was nicht selbstverständlich, in dreidimensionale Vektorform umschreiben läßt.

III. 2. *Zum Additionstheorem zweier verschieden gerichteter Geschwindigkeiten.* Man beweise die EINSTEINsche Formel (27. 19a) nach der Methode der LORENTZ-Transformation.

III. 3. *Das Feld eines gleichförmig bewegten Elektrons.* Man führe die Darstellung (30. 6) durch elementargeometrische Betrachtungen an Fig. 42 in die Darstellung (28. 14), (28. 14a) über.

III. 4. *Zum relativistischen Energiesatz des Elektrons.* Man leite den Ausdruck (32. 7) der kinetischen Energie und den Energiesatz (32. 6) aus der Bewegungsgleichung (32. 5) des Elektrons nach der gewöhnlichen Methode (skalare Multiplikation mit der Geschwindigkeit) ab.

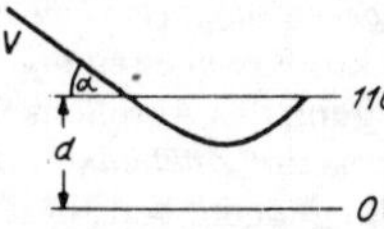

Fig. 48. Das Elektron beschreibt im homogenen Kondensatorfelde eine Wurfparabel

III. 5. *Das Elektron im homogenen elektrostatischen Felde.* Ein Elektron tritt mit der Geschwindigkeit v unter dem Winkel α in einen Kondensator (Vakuum) ein, dessen obere Platte durchlässig ist. Der Plattenabstand sei d, die Potentialdifferenz der oberen gegen die untere Platte V Volt.

Welche Kurve beschreibt das Elektron bei nicht-relativistischer Rechnung? Wie weit nähert es sich der unteren Platte?

Bei welcher Geschwindigkeit erreicht es dieselbe?

(Beispiel: $v = 5 \cdot 10^6\,\text{m/s}$; $d = 10^{-2}\,\text{m}$; $V = 110$ Volt.)

Welches Potentialfeld muß ein anfangs ruhendes Elektron durchlaufen, um die Geschwindigkeit $v = 5 \cdot 10^6$ m/s zu erreichen?

Wie ändern sich die Verhältnisse bei relativistischer Rechnung?

III. 6. *Das Elektron im homogenen magnetostatischen Felde.* Wenn die Anfangsgeschwindigkeit des Elektrons senkrecht zu den Kraftlinien gerichtet ist, entsteht eine Kreisbahn. Man berechne deren Radius. Wenn eine zu den Kraftlinien parallele Komponente vorhanden ist, entsteht eine Schraubenlinie von kreisförmiger Basis. Warum gilt dies im relativistischen ebenso wie im nicht-relativistischen Falle?

III. 7. *Das Elektron im homogenen elektrischen und einem dazu parallelen homogenen magnetischen Felde.* Bei der Kaufmannschen Anordnung zur Messung von e/m gehen die von einem Radiumpräparat fortgeschleuderten β-Strahlen zuerst durch ein enges Diaphragma D und kreuzen dann ein homogenes elektrisches Feld $\pm E$ und ein dazu paralleles homogenes magnetisches Feld B ($\pm E$ bedeutet Umladung des Kondensators). Beide Felder mögen beim Diaphragma D beginnen und bis zu der senkrecht zur Strahlrichtung im Abstand a von D aufgestellten photographischen Platte reichen. Welche Kurve wird auf dieser aufgezeichnet, wenn die β-Strahlen mit allen möglichen Geschwindigkeiten v ausgeschleudert werden? Gegenüber dem großen v vernachlässige man die Veränderung der Gesamtgeschwindigkeit im Felde und stelle die Koordinaten der Treffpunkte auf der Platte als Funktion des Parameters v dar.

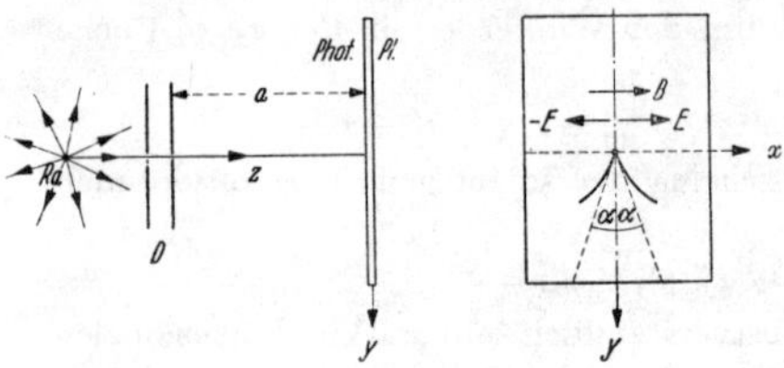

Fig. 49. Die Kaufmannsche Anordnung zur Messung von e/m. Linker Teil: Seitenansicht. Rechter Teil: Das auf der Platte entstehende Bild bei kontinuierlichem Geschwindigkeits-Spektrum der vom Ra-Präparat emittierten β-Strahlen

III. 8. *Das Elektron im homogenen elektrischen und einem dazu senkrechten homogenen magnetischen Felde.* Die Bahn ist eine Zykloide, die vom Magnetfeld bewirkte Kreisbewegung wird unter dem Einfluß des elektrischen Feldes in eine Bewegung des Abrollens übergeführt. Bei welchen Anfangsbedingungen entsteht die *gemeine Zykloide*?

Bewegungen von diesem Typus treten in der als „Magnetron" bezeichneten Elektronenröhre in Erscheinung.

III. 9. *Die Charakteristik der Glühkathodenröhre nach Langmuir und Schottky.* In der Praxis benutzt man meist eine *zylindrische* Anordnung: Kathode ein Glühdraht in der Achse des Zylinders, Anode der Mantel desselben. Mathematisch einfacher ist die *lineare* Anordnung: Kathode $x = 0$ und Anode $x = l$ als ebene Kreisfläche ausgebildet und durch einen isolierenden Zylindermantel zusammengehalten. $V(x)$ sei das an der Stelle x zwischen Kathode $V(0) = 0$ und Anode $V(l) = V$ herrschende Potential. Die Zahl der aus dem Draht pro Sekunde austretenden Elektronen sei so groß, daß man mit einer kontinuierlichen Raumladungsdichte $-\varrho$ der Elektronen rechnen kann. Zwischen Kathode und Anode gilt die Poissonsche Gleichung $\Delta V(x) = d^2 V(x)/d x^2 = \varrho/\varepsilon_0$. Der transportierte spezifische Strom $\mathfrak{J} = \varrho\,\mathfrak{v}$ ist von x unabhängig. v bestimmt sich aus $m v^2/2 = e V(x)$. Man integriere die Poissonsche Gleichung durch einen Potenzansatz und leite daraus die sog. *Charakteristik* der Röhre ab (I als Funktion der angelegten Spannung V).

Man überzeuge sich, daß dieselbe Methode des Potenzansatzes auch bei der zylindrischen Anordnung zum Ziel führt.

III. 10. *Die Beschleunigung des Elektrons im Betatron.* Im Betatron[1]) werden Elektronen in der Symmetrieebene zwischen die rotationssymmetrischen Polschuhe eines *Wechselstrom*-Elektromagneten eingestrahlt. Durch das Magnetfeld werden sie in eine Kreisbahn gezwungen. Beim Pulsieren des Magnetfeldes entsteht ein wirbelförmiges elektrisches Feld, welches die Elektronen in ihrer Bahn beschleunigt. Es gibt einen Radius $r = r_0$ der Kreisbahn, der bei pulsierendem Magnetfeld und zunehmender Elektronengeschwindigkeit unverändert bleibt. In unzähligen Umläufen könnten die Elektronen auf nahezu Lichtgeschwindigkeit gebracht werden, sie gleichen dann den Betastrahlen radioaktiver Präparate (daher der Name „Betatron").

Gegeben sei die rotationssymmetrische, nach außen hin monoton abnehmende Verteilung der Feldstärke $\mathfrak{B}(r, t)$ (ihre Axialkomponente) zwischen den Polen und die tangentielle Anfangsgeschwindigkeit der Elektronen v_A. Gefragt sind

1. der erreichbare Impuls $m\,v$ der Elektronen, ihre Geschwindigkeit, Masse und Energie in $e\,V$ (Elektronenvolt),
2. der Radius r_0 des Gleichgewichtskreises, des sog. „Sollkreises",
3. die Umlaufsfrequenz am Ende der Beschleunigungsperiode und die Gesamtzahl der Umläufe.

III. 11. Man zeige, daß die Feld- und Bewegungsgleichungen nicht nur aus (32.17a), sondern auch aus folgender Lagrangedichte abgeleitet werden können:

$$K = +\mu_0 c^2 \left(\frac{1}{\sqrt{1-p^2}} - 1\right) - \Lambda + \Gamma \cdot \Omega.$$

Darin ist gemäß (26.24) und (26.11)

$$\Lambda = \frac{1}{4} f_{\mu\nu} F_{\mu\nu} = \frac{1}{4\mu_0} (\partial_\mu \Omega_\nu - \partial_\nu \Omega_\mu)^2.$$

Die Komponenten Ω_1, Ω_2, Ω_3, Ω_4 und die Koordinaten (x_1, x_2, x_3, x_4) sind wie in der Vorlesung zu variieren.

IV. 1. *Das Feld der unipolaren Induktion.* In ein homogenes Magnetfeld $\mathfrak{B}$ werde senkrecht gegen die Kraftlinien ein Stab gesteckt und mit gleichförmiger Geschwindigkeit in Richtung seiner Achse bewegt. Man berechne

a) das elektrische Innenfeld und sein Potential,
b) die Spannung zwischen seinen beiden Flanken,
c) das Außenfeld, insbesondere für den Sonderfall des kreisförmigen Querschnittes,
d) die Oberflächenladung;
e) wie ändern sich die Verhältnisse, wenn man von der gleichförmigen Translation des Stabes nach seiner Achse zur gleichförmigen Rotation eines Umdrehungskörpers um seine Symmetrieachse übergeht?

---

[1]) Früher auch Rheotron, Strahlentransformator und oft noch Elektronenschleuder genannt. Ursprüngliche Idee der Anordnung in der Aachener Dissertation von R. Wideröe vom Jahre 1928.

Anleitung zur Lösung der Übungsaufgaben

I. 1. In den x-Komponenten der Gln. (4. 4) kommen die Ableitungen

$$\frac{\partial \mathfrak{E}_y}{\partial z} \quad \text{und} \quad \frac{\partial \mathfrak{H}_y}{\partial z}$$

vor. Diese müssen beim Grenzübergange $h \to 0$ endlich bleiben, damit nicht die linken Seiten der betreffenden Gleichungen ins Unendliche wachsen, was ein Unendlichwerden von $\dot{\mathfrak{B}}_x$ und $\dot{\mathfrak{D}}_x + \mathfrak{J}_x$ zur Folge haben würde. Dasselbe gilt wegen der y-Komponenten der Gln. (4. 4) von den Ableitungen

$$\frac{\partial \mathfrak{E}_x}{\partial z} \quad \text{und} \quad \frac{\partial \mathfrak{H}_x}{\partial z}.$$

Daraus folgt die Stetigkeit der *tangentiellen Komponenten* $\mathfrak{E}_x, \mathfrak{E}_y, \mathfrak{H}_x, \mathfrak{H}_y$, vgl. (3. 9) und (3. 8a). Die Stetigkeit von $\mathfrak{H}_x$, $\mathfrak{H}_y$ braucht allerdings an der Oberfläche von vollkommenen Leitern nicht mehr zu gelten (siehe § 3).

In $\operatorname{div} \mathfrak{B} = 0$, Gl. (4. 4a), kommt die Ableitung $\partial \mathfrak{B}_z / \partial z$ vor, die ebenfalls in der Grenzschicht stetig verlaufen muß. Daher die Bedingung für die Stetigkeit der Normalkomponente $\mathfrak{B}_z$, Gl. (3. 7a). Die z-Komponente der MAXWELLschen Gleichung $\dot{\mathfrak{B}} = -\operatorname{rot} \mathfrak{E}$ reicht zu diesem Schluß nicht aus. Hier kommen zwar rechterhand nur die tangentiellen Komponenten $\mathfrak{E}_x$ und $\mathfrak{E}_y$ und nur Differentiationen nach x und y vor, so daß die rechte Seite sich stetig verhält. Aber die daraus folgende Stetigkeit der linken Seite wäre mit einer zeitunabhängigen Unstetigkeit von $\mathfrak{B}_z$ verträglich. Deshalb die Notwendigkeit unserer Zusatzforderung $\operatorname{div} \mathfrak{B} = 0$.

Dieselben Überlegungen, angewandt auf die Gleichung (4. 4b) für Nichtleiter, $\operatorname{div} \mathfrak{D} = \varrho$, führt im Limes $h \to 0$ auf $\varrho \to \infty$. Diese Folgerung ist keineswegs auszuschließen, zeigt vielmehr an, daß an der Grenze zweier Nichtleiter eine Oberflächenladung ω bestehen kann, die ja einer unendlich großen Raumladung entspricht und gleich dem Sprung der beiderseitigen Normalkomponenten von $\mathfrak{D}$ ist. Nach der z-Komponente der MAXWELLschen Gleichung $\dot{\mathfrak{D}} = \operatorname{rot} \mathfrak{H}$ muß dieser Sprung zeitunabhängig sein. In dem allgemeinen Fall Leiter $\longleftrightarrow$ Nichtleiter kann nach Gl. (4. 4c) oder nach der z-Komponente der MAXWELL-Gleichung $\dot{\mathfrak{D}} + \mathfrak{J} = \operatorname{rot} \mathfrak{H}$ ebenfalls eine Oberflächenladung auftreten, die aber jetzt nicht zeitlich konstant zu sein braucht, sondern nach Maßgabe des spezifischen Stromes $\mathfrak{J}_z$ im Leiter schwinden kann.

I. 2. Wir beschäftigen uns nur mit dem Magnetfeld. Von dem elektrischen Feld, das wir in § 17 genauer untersuchen werden, brauchen wir nur zu wissen, daß ihm im Draht $0 < r < a$ ein homogenes Stromfeld $\mathfrak{J}_z$ und im Rückleiter $b < r < c$ ein ebenfalls homogenes Stromfeld $\mathfrak{J}_z$ von demselben aber entgegengesetzt gerichteten Gesamtstrom I entspricht

$$I = \pi a^2 \mathfrak{J}_z = -\pi (c^2 - b^2) \mathfrak{J}_{-z}. \tag{1}$$

Wir benutzen Polarkoordinaten r, φ, z mit $r = 0$ als Drahtachse. Wegen der Symmetrie der Aufgabe ist in allen drei Komponenten $\mathfrak{H}_r$, $\mathfrak{H}_\varphi$, $\mathfrak{H}_z$

$$\frac{\partial}{\partial \varphi} = \frac{\partial}{\partial z} = 0.$$

Die MAXWELLsche Gleichung rot $\mathfrak{H} = \mathfrak{J}$ reduziert sich dann mit Rücksicht auf die Tabelle der Aufgabe I. 3 von Bd. II in der z- bzw. φ-Komponente auf

$$(2) \qquad \frac{d\mathfrak{H}_z}{dr} = 0 \quad \text{bzw.} \quad (3) \qquad \frac{1}{r}\frac{d}{dr} r\,\mathfrak{H}_\varphi = \begin{cases} \mathfrak{J}_z, & 0 < r < a, \\ 0, & a < r < b, \\ \mathfrak{J}_{-z}, & b < r < c, \\ 0, & c < r < \infty, \end{cases}$$

während die r-Komponente derselben Gleichung die Form $0 = 0$ annimmt.

Aus (2) ergibt sich

$$\mathfrak{H}_z = \text{konst.} = 0,$$

letzteres, weil $\mathfrak{H}_z$ jedenfalls für $r = \infty$ verschwinden muß. Daß auch $\mathfrak{H}_r$ verschwinden muß, folgt aus der Bedingung $\operatorname{div}\mathfrak{H} = 0$. Die magnetischen Erregungslinien $\mathfrak{H} = \mathfrak{H}_\varphi$ sind also konzentrische Kreise um $r = 0$. Wir schreiben $\mathfrak{H}_\varphi = H$ und stellen die Integration von (3) in der Tabelle zusammen:

	Diff.-Gleichung	Lösung	Konstantenbestimmung
$0 < r < a$	$\frac{d}{dr} r H = \mathfrak{J}_z r$	$H = \mathfrak{J}_z \frac{r}{2} + \frac{A}{r}$	$A = 0$ wegen $H(0)$ endlich
$a < r < b$	$\frac{d}{dr} r H = 0$	$H = \frac{B}{r}$	$B = \mathfrak{J}_z a^2/2 = I/2\pi$ wegen Stetigkeit von H bei $r = a$ und wegen Gl. (1)
$b < r < c$	$\frac{d}{dr} r H = \mathfrak{J}_{-z} r$	$H = \mathfrak{J}_{-z} \frac{r}{2} + \frac{C}{r}$	$C = \frac{I}{2\pi} - \mathfrak{J}_{-z}\frac{b^2}{2} = \frac{I}{2\pi}\frac{c^2}{c^2 - b^2}$ wegen Stetigkeit von H bei $r = b$ und wegen Gl. (1)
$c < r < \infty$	$\frac{d}{dr} r H = 0$	$H = \frac{D}{r}$	$D = 0$ wegen Stetigkeit von H bei $r = c$ und Gl. (1)

Diese Lösung stimmt mit den Gln. (4. 10) bis (4. 13) überein.

I. 3. Koordinaten r, φ, z und Feldsymmetrie $\partial/\partial\varphi = \partial/\partial z = 0$ wie in I. 2; a und b innerer und äußerer Radius des Solenoids. Jetzt ist

$$\mathfrak{J}_r = \mathfrak{J}_z = 0, \qquad \mathfrak{J} = \begin{cases} \mathfrak{J}_\varphi & \text{für} \quad a < r < b, \\ 0 & \text{für} \quad r < a \quad \text{und} \quad r > b. \end{cases}$$

Die Differentialgleichung $\operatorname{rot}_r \mathfrak{H} = 0$ ist identisch erfüllt wegen Symmetrie, die Differentialgleichung $\operatorname{rot}_z \mathfrak{H} = 0$ verlangt $d(r\,\mathfrak{H}_\varphi)/dr = 0$, $\mathfrak{H}_\varphi = A/r$, $A = 0$ wegen Stetigkeit von $\mathfrak{H}$ für $r = 0$. Ebenso ist $\mathfrak{H}_r = 0$ wegen $\operatorname{div}\mathfrak{H} = 0$. Wie $\mathfrak{H}_z$ zu ermitteln ist, zeigt die Tabelle:

	Diff.-Gleichung	Lösung	Konstantenbestimmung
$0 < r < a$	$\frac{\partial \mathfrak{H}_z}{\partial r} = 0$	$\mathfrak{H}_z = \text{konst.}$	konst. $= H =$ Innenfeld
$a < r < b$	$\frac{\partial \mathfrak{H}_z}{\partial r} = -\mathfrak{J}_\varphi$	$\mathfrak{H}_z = -\int_a^r \mathfrak{J}_\varphi\, dr + A$	$A = H$ wegen Anschluß an das Innenfeld
$b < r < \infty$	$\frac{\partial \mathfrak{H}_z}{\partial r} = 0$	$\mathfrak{H}_z = B$	$B = H - \int_a^b \mathfrak{J}_\varphi\, dr$ wegen Stetigkeit für $r = b$

Wegen $\mathfrak{H}_z = 0$ für $r = \infty$ muß aber $B = 0$, also $H = \int_a^b \mathfrak{J}_\varphi\, dr$ sein, was gleichbedeutend ist mit $H = N_1 I$ in Gl. (4. 14). Denn $\int_a^b \mathfrak{J}_\varphi\, dr$ bedeutet den Gesamtstrom, der durch den Querschnitt des Solenoids von der Breite $b - a$ und der Längeneinheit in der z-Richtung hindurchgeht. Dieser Strom ist $N_1 I$ mit N_1 = Zahl der Wickelungen pro Längeneinheit.

I. 4. Der Beweis der Vektorformel ergibt sich unmittelbar, wenn man die Abkürzungen $\mathfrak{P} = \mathfrak{A} \times \mathfrak{B}$ einführt und die zyklische Vertauschungsregel $\mathfrak{P} \cdot (\mathfrak{C} \times \mathfrak{D}) = \mathfrak{C} \cdot (\mathfrak{D} \times \mathfrak{P})$ sowie die Formel (6. 2a) benutzt.

Zum Beweis des Cosinussatzes mache man $\mathfrak{D} = \mathfrak{A}$. Mit $\mathfrak{A}, \mathfrak{B}, \mathfrak{C}$ als Radien der Einheitskugel wird

$$\mathfrak{A} \cdot \mathfrak{B} = \cos c, \qquad |\mathfrak{A} \times \mathfrak{B}| = \sin c, \quad \text{usw.}$$

Der Winkel zwischen den Richtungen von $\mathfrak{A} \times \mathfrak{B}$ und $\mathfrak{A} \times \mathfrak{C}$ ist gleich dem Winkel α in dem von $\mathfrak{A}, \mathfrak{B}, \mathfrak{C}$ aufgespannten sphärischen Dreieck.

II. 1. Aus der in der Aufgabe angegebenen Gleichung des Ellipsoids berechnet man

$$x^2 + y^2 = (a^2 - c^2)\left(1 - \frac{z^2}{a^2}\right),$$

$$x^2 + y^2 + (z \pm c)^2 = a^2 + \frac{c^2}{a^2} z^2 \pm 2cz = \left(a \pm \frac{cz}{a}\right)^2.$$

Um den in (9. 4) unter dem Logarithmus vorkommenden Zähler und Nenner zu bilden, hat man hieraus die Wurzel so auszuziehen, daß sie für alle $|z| \leqq a$ positiv ausfällt. Man erhält auf diese Weise

$$z + c + \sqrt{x^2 + y^2 + (z + c)^2} = z + c + a + \frac{cz}{a} = (a + c)\left(1 + \frac{z}{a}\right),$$

$$z - c + \sqrt{x^2 + y^2 + (z - c)^2} = z - c + a - \frac{cz}{a} = (a - c)\left(1 + \frac{z}{a}\right).$$

Der Quotient beider wird gleich $(a + c)/(a - c)$, also eine Konstante für jedes der konfokalen Ellipsoide. Damit ist Gl. (9. 4) bewiesen.

Diese Konstante ändert sich zwar, wenn man statt von dem Ellipsoid a, b, c von einem Ellipsoid mit den Hauptachsen $a_1 > a$, $b_1 > b$, c ausgeht. Das tut aber der Identität der Felder im Äußeren des letzten der beiden Ellipsoide keinen Abbruch, da die Numerierung der Niveauflächen keine physikalische Bedeutung hat.

II. 2. Der geriebene Glasstab trage die konstante Ladung λ pro Längeneinheit; seine Dicke sei verschwindend klein. Sein Potential wird nach (7. 5b)

$$4\pi \varepsilon \psi = \lambda \int_0^\infty \frac{d\zeta}{\sqrt{x^2 + y^2 + (z - \zeta)^2}} = \lambda \ln\left(z - \zeta + \sqrt{x^2 + y^2 + (z - \zeta)^2}\right)\Big|_\infty^0$$

$$= \lambda \ln\left(z + \sqrt{x^2 + y^2 + z^2}\right) + \text{konst.};$$

die „Konstante" wird dabei unendlich, nämlich sozusagen gleich $-\lambda \ln 0$.

Andererseits ergibt sich aus (9. 4) mit $z' = z + c$, $Q = 2c\lambda$ im Limes $c \to \infty$ derselbe Wert (mit z' statt z geschrieben). Natürlich stimmen die Niveauflächen des paraboloidischen Leiters nur außerhalb desselben mit deren des Glasstabes überein, da innerhalb desselben ψ = konst. ist.

II. 3. Nach den Gln. (9. 13) und (9. 14) ist das Potential der dielektrischen Kugel für $r > a$ (ε = relative D.K. der Kugel gegen ihre Umgebung):

$$\psi_1 = -F\left(r - \frac{\varepsilon - 1}{\varepsilon + 2}\frac{a^3}{r^2}\right)\cos\Theta.$$

Dies ist zugleich die analytische Fortsetzung des Potentials ins Innere der Kugel. Für $r = b < a$ ergibt sie

$$\psi_1 = -F\,b\left(1 - \frac{\varepsilon - 1}{\varepsilon + 2}\,\frac{a^3}{b^3}\right)\cos\Theta\,.$$

Setzt man hier

$$b = a\sqrt[3]{\frac{\varepsilon - 1}{\varepsilon + 2}}\,,$$

so wird ψ_1 von Θ unabhängig, nämlich, wie wir es für die geerdete leitende Kugel verlangen müssen: $\psi_1 = 0$.

II. 4. Diese Aufgabe ist mathematisch verwandt mit den Abbildungsaufgaben in Bd. II, § 29, 30, 31 und stützt sich auf die in Bd. II, § 19 erörterte Wesensgleichheit der zweidimensionalen Potentialtheorie mit der Funktionentheorie einer komplexen Variabeln $z = x + \mathrm{i}\,y$. Die Zusammenfassung von Potential Ψ und Stromfunktion Φ zu der komplexen Variabeln ζ der vorliegenden Aufgabe wurde schon dort besprochen. Daß wir nicht ζ als Funktion von z, sondern z als Funktion von ζ vorgeben, hat seinen Grund darin, daß z in eindeutiger Weise von ζ abhängt.

Der Beweis der Abbildungsfunktion $f(\zeta)$ liegt in Folgendem: Setzt man

$$\Psi = \begin{cases}0\\ V\end{cases}\!, \quad \text{so wird} \quad f(\zeta) = \begin{Bmatrix}0\\ 2\pi\,\mathrm{i}\end{Bmatrix} + 1 - \varphi - \mathrm{e}^{-\varphi}, \quad \varphi = \frac{2\pi\,\Phi}{V}\,;$$

daher

$$y = \begin{cases}0\\ a\end{cases}\!, \quad x = \frac{a}{2\pi}\,(1 - \varphi - \mathrm{e}^{-\varphi}) \leqq 0 \quad \text{für} \quad -\infty < \Phi < +\infty\,.$$

Die $\begin{cases}\text{untere}\\ \text{obere}\end{cases}$ Kondensatorbelegung $y = \begin{cases}0\\ a\end{cases}\!,\ x \leqq 0$ befindet sich also auf dem Potential $\Psi = \begin{cases}0\\ V\end{cases}\!.$

Auch die Mittel-Halbierende der Kondensatorbelegungen ist eine Niveaulinie des Potentials. Setzt man nämlich $\Psi = V/2$, so wird $f(\zeta) = \pi\,\mathrm{i} + 1 - \varphi + \mathrm{e}^{-\varphi}$; daher $y = a/2$, $x = \frac{a}{2\pi}\,(1 - \varphi + \mathrm{e}^{-\varphi})$; aber jetzt ist $x \gtrless 0$, wenn φ von $-\infty$ bis $+\infty$ geht. Hier handelt es sich also nicht um eine Halb-, sondern um eine Vollgerade.

Die Randpunkte $x = 0,\ y = 0$ und $x = 0,\ y = a$, entsprechend $\Psi = 0,\ \Phi = 0$ und $\Psi = V,\ \Phi = 0$, sind Verzweigungspunkte der Abbildung. Die Kraftlinie $\Phi = 0$, die beide Randpunkte verbindet, wird in Parameterdarstellung $(\psi = 2\pi\,\Psi/V)$ gesetzt:

$$x = \frac{a}{2\pi}\,(1 - \cos\psi)\,, \qquad y = \frac{a}{2\pi}\,(\psi - \sin\psi)\,.$$

Dies ist die Gleichung der gemeinen Zykloide, vgl. z. B. die ganz ähnliche Darstellung in Bd. I, Gl. (17. 2).

Die Kraftlinien im Inneren des Kondensators bei großem Abstand von den Randpunkten gehören zu den Parameterwerten

$$\varphi \gg 1\,, \qquad 0 < \psi < 2\pi\,.$$

Da hier $\exp(\mathrm{i}\,\psi - \varphi)$ mit wachsendem φ verschwindet, hat man einfach

$$x + \mathrm{i}\,y = \frac{a}{2\pi}\,(1 + \mathrm{i}\,\psi - \varphi)\,, \quad \text{also} \quad x = \frac{a}{2\pi}\,(1 - \varphi)\,, \qquad y = \frac{a}{2\pi}\,\psi\,.$$

Auf diesen Kraftlinien ist wegen $\Phi =$ konst. auch $\varphi =$ konst. und daher $x =$ konst.; andererseits variiert auf ihnen Ψ zwischen 0 und V, also ψ zwischen 0 und 2π und daher y zwischen 0 und a. Die Kraftlinien werden also mehr und mehr Gerade, senkrecht zu den Kondensatorbelegungen, wie es sein muß.

II. 5. Die Differentialgleichung des Potentials in Zylinderkoordinaten r, φ, z ist bei Unabhängigkeit von φ und z

$$\frac{1}{r}\frac{\mathrm{d}}{\mathrm{d}r}r\frac{\mathrm{d}\psi}{\mathrm{d}r} = 0.$$

Sie liefert

$$\frac{\mathrm{d}\psi}{\mathrm{d}r} = -\mathfrak{E}_r = \frac{A}{r}, \qquad \mathfrak{D}_r = \frac{-\varepsilon A}{r}.$$

Daher die Flächendichte auf der inneren und äußeren Belegung

$$\omega_1 = \frac{-\varepsilon A}{r_1}, \qquad \omega_2 = \frac{\varepsilon A}{r_2}$$

und die Ladung pro Längeneinheit der z-Koordinate

$$q_1 = 2\pi r_1 \omega_1 = -2\pi\varepsilon A, \qquad q_2 = 2\pi r_2 \omega_2 = +2\pi\varepsilon A = -q_1.$$

Durch nochmalige Integration folgt

$$\psi = A\ln r + B, \qquad \psi_1 - \psi_2 = V = -A\ln\frac{r_2}{r_1} = \frac{q_1}{2\pi\varepsilon}\ln\frac{r_2}{r_1},$$

also

$$C_1 = \frac{q_1}{V} = 2\pi\varepsilon/\ln\frac{r_2}{r_1} = \text{Kapazität pro Längeneinheit.}$$

Für $d \ll r_1$ wird

$$\ln\frac{r_2}{r_1} = \ln\left(1 + \frac{d}{r_1}\right) \approx \frac{d}{r_1}$$

und bei Vernachlässigung der Randkorrektionen

$$C = C_1 h = \frac{2\pi r_1 h\varepsilon}{d} = \frac{\text{Fläche}}{\text{Abst.}}\,\text{D.K.}$$

In AVms-Einheiten:

$$r_1 h = 100\,\text{cm}^2 = 10^{-2}\,\text{m}^2, \qquad d = 1\,\text{mm} = 10^{-3}\,\text{m},$$

$$\varepsilon = 6\varepsilon_0 = \frac{1}{6\pi}\cdot 10^{-9}\,\frac{\text{As}}{\text{Vm}}, \qquad C = \frac{1}{3}\cdot 10^{-8}\,\text{Farad} = \frac{1}{3}\,10^{-2}\,\text{Mikrofarad}.$$

II. 6. Die erste der in Gl. (2) der Aufgabe angegebenen Beziehungen ist nach Gl. (1) selbstverständlich. Die zweite erhält man folgendermaßen:

Nach (10. 15) ist

$$(1) \qquad \begin{aligned} Q &= C_{11}\psi_1 + C_{12}\psi_2, \\ -Q &= C_{21}\psi_1 + C_{22}\psi_2; \end{aligned}$$

daher

$$(2) \qquad 0 = (C_{11} + C_{21})\,\psi_1 + (C_{12} + C_{22})\,\psi_2.$$

Außerdem besteht zwischen ψ_1 und ψ_2 die folgende lineare Gleichung:

$$(3) \qquad V = \psi_1 - \psi_2.$$

Aus (2) und (3) berechnet man

$$\psi_1 = \frac{C_{12} + C_{22}}{C_{11} + 2C_{12} + C_{22}}\,V, \qquad \psi_2 = -\frac{C_{11} + C_{12}}{C_{11} + 2C_{12} + C_{22}}\,V.$$

Einsetzen in (1) oder in (10. 15) liefert

$$Q = \frac{C_{11}C_{22} - C_{12}^2}{C_{11} + 2C_{12} + C_{22}}\,V.$$

Der Faktor von V ist die Kapazität im elementaren Sinne. Somit ist auch die zweite Beziehung (2) der Aufgabe bewiesen.

II. 7. a) Das Polynom $P_2(x, y, z)$ sei durch den Ansatz

$$P_2(x, y, z) = a_1 x^2 + a_2 y^2 + a_3 z^2 + a_4 x y + a_5 x z + a_6 y z$$

gegeben. Die Terme mit den Koeffizienten a_4, a_5, a_6 genügen für sich der Potentialgleichung. Aus $\Delta P_2 = 0$ erhält man somit $a_1 + a_2 + a_3 = 0$ als einzige Bedingung an die Koeffizienten.

b) Wir führen den Beweis gleich allgemein für ein homogenes Polynom $P_n(x, y, z)$ vom n-ten Grad, welches der Potentialgleichung $\Delta P_n = 0$ genügt. Dann ist

$$\Delta (r^{-2n-1} P_n) = r^{-2n-1} \Delta P_n + 2 \operatorname{grad} r^{-2n-1} \cdot \operatorname{grad} P_n + P_n \Delta r^{-2n-1}.$$

Der erste Term der rechten Seite verschwindet nach Voraussetzung. Nun ist

$$\operatorname{grad} r^{-2n-1} = -(2n+1)\, r^{-2n-3}\, \mathfrak{r}$$

und

$$\Delta r^{-2n-1} \equiv \operatorname{div} \operatorname{grad} r^{-2n-1} = (2n+1)(2n+3)\, r^{-2n-5}\, \mathfrak{r} \cdot \mathfrak{r} - 3(2n+1)\, r^{-2n-3} = 2n(2n+1)\, r^{-2n-3}.$$

Schließlich brauchen wir nur die radiale Komponente von $\operatorname{grad} P_n$, da $\operatorname{grad} r^{-2n-1}$ radiale Richtung hat. Diese ist aber $n P_n/r$, da P_n das Produkt von r^n mit einer Winkelfunktion ist. Somit wird

$$\Delta (r^{-2n-1} P_n) = -2(2n+1)\, r^{-2n-3}\, r \frac{n}{r} P_n + 2n(2n+1)\, r^{-2n-3} P_n = 0.$$

Daß es sich bei $r^{-5} P_2(x, y, z)$ um ein Quadrupolpotential handelt, ist nach den Ausführungen in § 9. F. unmittelbar klar.

II. 8. a) Die Quadrupolmomente berechnen sich nach den Formeln des § 9. F. Da alle Ladungen auf der z-Achse liegen, brauchen wir nur

$$q_{zz} = \sum Q_i z_i^2 = Q a^2 (9 - 1 - 1 + 9) = 16 Q a^2$$

zu berechnen. Die anderen Momente verschwinden.

b) Wir erhalten

$$q_{xx} = \sum_{i=1}^{4} Q_i x_i^2 = 2Q(x_1^2 - x_2^2), \quad q_{yy} = \sum_{i=1}^{4} Q_i y_i = 2Q(y_1^2 - y_2^2),$$

$$q_{xy} = \sum_{i=1}^{4} Q_i x_i y_i = 2Q(x_1 y_1 - x_2 y_2).$$

Die übrigen Momente verschwinden.

Der Flächeninhalt des Parallelogramms ist

$$F = 2(x_1 y_2 - x_2 y_1) = 2[(x_1 y_1 - x_2 y_2)^2 - (x_1^2 - x_2^2)(y_1^2 - y_2^2)]^{1/2} = \frac{1}{Q} [q_{xy}^2 - q_{xx} q_{yy}]^{1/2}.$$

c) Da das Potential der homogen geladenen Kugel außerhalb ein reines Coulomb-Potential ist, so muß das elektrische Feld der Quadrupolmomente verschwinden. Im Hinblick auf das hernach zu behandelnde Rotationsellipsoid ist es trotzdem von Vorteil, zunächst das Moment zweiter Ordnung der Ladungsverteilung

$$q_{zz} = \sum Q_i z_i^2 = \int \varrho z^2 \, dV = \int_0^a \int_0^\pi \int_0^{2\pi} \varrho r^2 \cos^2\vartheta \, r^2 \, dr \sin\vartheta \, d\vartheta \, d\varphi$$

zu berechnen. a ist der Kugelradius, ϱ die konstante Ladungsdichte. Das dreifache Integral hat den Wert

$$\frac{4\pi}{15} \varrho a^5 = \frac{1}{5} Q a^2,$$

wenn $Q = (4\pi/3)\, a^3 \varrho$ die Gesamtladung der Kugel bedeutet. Denselben Wert haben aus Symmetriegründen die Momente $\sum Q_i x_i^2$ und $\sum Q_i y_i^2$, während die gemischten Momente verschwinden.

Nun betrachten wir ein Rotationsellipsoid mit der z-Achse als Rotationsachse. Die Halbachse in Richtung der z-Achse sei a, senkrecht zur z-Achse b. Zur Berechnung der Momente führt man nun statt Kugelkoordinaten zweckmäßig die Koordinaten r, ϑ, φ, definiert durch

$$x = \frac{b}{a} r \sin\vartheta \cos\varphi, \quad y = \frac{b}{a} r \sin\vartheta \sin\varphi, \quad z = r \cos\vartheta$$

ein. Das Volumenelement in den neuen Koordinaten ist dann ersichtlich gleich $(b^2/a^2)\, r^2\, \mathrm{d}r \sin\vartheta\, \mathrm{d}\vartheta\, \mathrm{d}\varphi$. Die Integrale für die Momente zweiter Ordnung im Falle der Kugel lassen sich dann übernehmen, und es ergibt sich

$$\Sigma\, Q_i x_i^2 = \Sigma\, Q_i y_i^2 = \frac{1}{5} Q\, b^2, \quad \Sigma\, Q_i z_i^2 = \frac{1}{5} Q\, a^2,$$

wo Q nun die gesamte Ladung innerhalb des Rotationsellipsoids bedeutet. Die gemischten Momente verschwinden wieder aus Symmetriegründen. Damit wird

$$q_{xx} = q_{yy} = \frac{1}{5} Q\, b^2, \quad q_{zz} = \frac{1}{5} Q\, a^2, \quad q_{xy} = q_{xz} = q_{yz} = 0.$$

In der Kernphysik führt man an Stelle der q_{ik} die Quadrupolmomente $Q_{ik} = q_{ik} - \frac{1}{3}\delta_{ik}(q_{11} + q_{22} + q_{33})$ ein, für welche $Q_{11} + Q_{22} + Q_{33} = 0$ ist. Rotationssymmetrische Kerne haben danach nur eine Kennzahl, da mit z als Rotationsachse $Q_{11} = Q_{22} = -\frac{1}{2} Q_{33}$ ist. $3Q_{33}$, nämlich der Koeffizient von z^2 in (9.21), ist die Größe, die man gewöhnlich als Quadrupolmoment des Atomkernes angibt.

II. 9. a) Die beiden Linienladungen mit den Ladungen q und $-q$ pro Längeneinheit mögen auf den Linien $x = a$, $y = 0$ und $x = -a$, $y = 0$ liegen. Aus der Formel (9.4) mit $Q = 2cq$ im Grenzfall $c \to \infty$ für das Potential der einfachen Linienladung folgt dann das elektrische Potential für den zylindrischen Dipol als

$$\psi = \frac{q}{2\pi\varepsilon}\left[\ln\sqrt{(x-a)^2 + y^2} - \ln\sqrt{(x+a)^2 + y^2}\right] = \frac{q}{4\pi\varepsilon} \ln\frac{(x-a)^2 + y^2}{(x+a)^2 + y^2}.$$

Zweckmäßig führt man Zylinderkoordinaten $x = \varrho\cos\varphi$, $y = \varrho\sin\varphi$, $z = z$ ein. Für $\varrho \gg a$ folgt dann

$$\frac{(x-a)^2 + y^2}{(x+a)^2 - y^2} = \frac{\varrho^2 - 2a\varrho\cos\varphi + a^2}{\varrho^2 + 2a\varrho\cos\varphi + a^2} \approx 1 - \frac{4a}{\varrho}\cos\varphi.$$

Damit wird

$$\psi \approx -\frac{2qa}{2\pi\varepsilon\varrho}\cos\varphi.$$

$2qa$ nennen wir das Moment des zylindrischen Dipols.

b) In diesem Fall ist das elektrische Potential

$$\psi = \frac{q}{2\pi\varepsilon}\left[\ln\sqrt{(x-a)^2 + y^2} - \ln\sqrt{x^2 + (y-a)^2} - \ln\sqrt{x^2 + (y+a)^2} + \ln\sqrt{(x+a)^2 + y^2}\right]$$

oder, in Zylinderkoordinaten geschrieben,

$$\psi = \frac{q}{4\pi\varepsilon} \ln\frac{(\varrho^2 - 2a\varrho\cos\varphi + a^2)(\varrho^2 + 2a\varrho\cos\varphi + a^2)}{(\varrho^2 - 2a\varrho\sin\varphi + a^2)(\varrho^2 + 2a\varrho\sin\varphi + a^2)}$$

$$= \frac{q}{4\pi\varepsilon} \ln\frac{(\varrho^2 + a^2)^2 - 4a^2\varrho^2\cos^2\varphi}{(\varrho^2 + a^2)^2 - 4a^2\varrho^2\sin^2\varphi}.$$

Ist $\varrho \gg a$, so entsteht hieraus

$$\psi \approx \frac{q}{4\pi\varepsilon}\left(-\frac{4a^2}{\varrho^2}\cos^2\varphi + \frac{4a^2}{\varrho^2}\sin^2\varphi\right) = -\frac{q}{\pi\varepsilon}\frac{a^2}{\varrho^2}\cos 2\varphi.$$

Ist andererseits $\varrho \ll a$, so erhalten wir

$$\psi \approx -\frac{q}{\pi\varepsilon}\frac{\varrho^2}{a^2}\cos 2\varphi = \frac{q}{\pi\varepsilon a^2}(y^2 - x^2).$$

c) Ist e die Ladung und m die Masse des Ions, so lautet seine Bewegungsgleichung

$$m\ddot{\mathfrak{r}} = -e\,\mathrm{grad}\,\varphi.$$

Relativistische Korrekturen haben wir hierbei außer acht gelassen. Die Bewegungsgleichung lautet nach Einsetzen von φ und in Komponenten geschrieben

$$m\ddot{x} = 2\frac{e\,q}{\pi\,\varepsilon\,a^2}\,x, \qquad m\ddot{y} = -2\frac{e\,q}{\pi\,\varepsilon\,a^2}\,y, \qquad m\ddot{z} = 0.$$

Sei nun $e\,q > 0$. Dann entnimmt man hieraus, daß die Bewegung in der y-Richtung den Charakter einer Oszillation besitzt, während die Bewegung in x-Richtung durch eine hyperbolische Sinusfunktion mit dem Argument $(2e\,q/\pi\,\varepsilon\,m\,a^2)^{1/2}\,t$ beschrieben wird; für genügend große t geht sie in eine Exponentialfunktion über.

Man sagt, die Bewegung längs der z-Achse ist bei kleinen Störungen stabil in y-Richtung, instabil in x-Richtung. Durch Überlagerung eines zeitlich harmonischen zylindrischen Quadrupolfeldes kann man bei geeigneter Wahl der Frequenz ω die Bewegung sowohl in x- als auch in y-Richtung stabilisieren. Man setzt dann $q = q_0 + q_1\cos\omega\,t$ und erhält für $x(t)$ und $y(t)$ MATHIEUsche Differentialgleichungen. Da die Stabilisierungsfrequenz von der Ionenmasse abhängt, kann eine solche Anordnung als Ionenselektor dienen[1]).

II. 10. Ersetzt man den zu (24. 9) hinzuzudenkenden Phasenfaktor

$$\exp\{\mathrm{i}\,h\,x\} \quad \text{durch} \quad \begin{matrix}\cos\\ \sin\end{matrix}\,\pi\,l\,\frac{x}{a}, \qquad l = \text{ganze Zahl},$$

(stehende statt fortschreitende Welle) und trifft die Auswahl $\begin{matrix}\cos\\ \sin\end{matrix}$ mit Rücksicht auf die für die einzelnen $\mathfrak{E}$-Komponenten vorgeschriebenen Randbedingungen, so erhält man eine spezielle elektromagnetische Eigenschwingung für das Innere des Quaders, bei der $\mathfrak{H}_x = 0$ ist; ebenso, von (24. 10) ausgehend, eine solche, bei der $\mathfrak{E}_x = 0$ ist.

Aber dies sind noch nicht die allgemeinen Eigenschwingungen des Quaders, wie aus den speziellen Werten $\mathfrak{H}_x = 0$ bzw. $\mathfrak{E}_x = 0$ hervorgeht. Das allgemeine Schema, welches erst die volle Symmetrie in bezug auf alle drei Achsen aufweist, lautet:

$$(1)\qquad \left|\begin{aligned}
\mathfrak{E}_x &= A\cos\pi\,l\,\frac{x}{a}\,\sin\pi\,n\,\frac{y}{b}\,\sin\pi\,m\,\frac{z}{c},\\
\mathfrak{E}_y &= B\sin\pi\,l\,\frac{x}{a}\,\cos\pi\,n\,\frac{y}{b}\,\sin\pi\,m\,\frac{z}{c},\\
\mathfrak{E}_z &= C\sin\pi\,l\,\frac{x}{a}\,\sin\pi\,n\,\frac{y}{b}\,\cos\pi\,m\,\frac{z}{c},
\end{aligned}\right.$$

$$(2)\qquad \left|\begin{aligned}
\sqrt{\frac{\mu_0}{\varepsilon_0}}\,\mathfrak{H}_x &= A'\sin\pi\,l\,\frac{x}{a}\,\cos\pi\,n\,\frac{y}{b}\,\cos\pi\,m\,\frac{z}{c},\\
\sqrt{\frac{\mu_0}{\varepsilon_0}}\,\mathfrak{H}_y &= B'\cos\pi\,l\,\frac{x}{a}\,\sin\pi\,n\,\frac{y}{b}\,\cos\pi\,m\,\frac{z}{c},\\
\sqrt{\frac{\mu_0}{\varepsilon_0}}\,\mathfrak{H}_z &= C'\cos\pi\,l\,\frac{x}{a}\,\cos\pi\,n\,\frac{y}{b}\,\sin\pi\,m\,\frac{z}{c}.
\end{aligned}\right.$$

Die l, m, n müssen wegen der Wellengleichung der Bedingung genügen:

$$\left(\frac{\pi\,l}{a}\right)^2 + \left(\frac{\pi\,n}{b}\right)^2 + \left(\frac{\pi\,m}{c}\right)^2 = k^2; \qquad k = \omega\sqrt{\varepsilon_0\mu_0}.$$

---

[1]) W. PAUL und H. STEINWEDEL, Z. Naturforschung 8a (1953) S. 448.

Die A, B, C müssen wegen $\operatorname{div}\mathfrak{E} = 0$ der Bedingung genügen

$$A\frac{l}{a} + B\frac{n}{b} + C\frac{m}{c} = 0. \tag{3}$$

$\mathfrak{H}_x, \mathfrak{H}_y, \mathfrak{H}_z$ erhält man aus $\mathfrak{E}_x, \mathfrak{E}_y, \mathfrak{E}_z$ mit Hilfe der MAXWELLschen Gleichung $\operatorname{rot}\mathfrak{E} = i\,\omega\,\mu\,\mathfrak{H}$; d. h. die A', B', C' bestimmen sich aus den A, B, C durch die Gleichungen

$$\left\{\begin{aligned} i\,k\,A' &= \frac{n\pi}{b}C - \frac{m\pi}{c}B, \\ i\,k\,B' &= \frac{m\pi}{c}A - \frac{l\pi}{a}C, \\ i\,k\,C' &= \frac{l\pi}{a}B - \frac{n\pi}{b}A. \end{aligned}\right. \tag{4}$$

Dieses Schema wird eine wichtige Rolle beim Problem der Hohlraumstrahlung in Bd. V spielen, so wie das allgemeine Schema der elastischen Eigenschwingungen in § 44 von Bd. II für das Problem der spezifischen Wärmen von Bedeutung war.

II. 11. Aus (24. 6) entsteht mit $h = \pi\,m/l$ (m = ganze Zahl, l = Länge des Zylinders), wenn man wieder $\exp(i\,h\,x)$ durch $\begin{smallmatrix}\cos\\ \sin\end{smallmatrix}\,h\,x$ ersetzt und durch die Wahl zwischen cos und sin für die Erfüllung der Grenzbedingungen $\mathfrak{E}_{\text{tang}} = 0$ sorgt:

$$\left\{\begin{aligned} \mathfrak{E}_x &= \frac{\sqrt{k^2-h^2}}{h}J_n(\varrho)\cos n\,\varphi\cos h\,x, & \sqrt{\frac{\mu_0}{\varepsilon_0}}\,\mathfrak{H}_x &= 0, \\ \mathfrak{E}_r &= -J_n'(\varrho)\cos n\,\varphi\sin h\,x, & \sqrt{\frac{\mu_0}{\varepsilon_0}}\,\mathfrak{H}_r &= -\frac{k}{i\,h}\frac{n}{\varrho}J_n(\varrho)\sin n\,\varphi\cos h\,x, \\ \mathfrak{E}_\varphi &= \frac{n}{\varrho}J_n(\varrho)\sin n\,\varphi\sin h\,x, & \sqrt{\frac{\mu_0}{\varepsilon_0}}\,\mathfrak{H}_\varphi &= -\frac{k}{i\,h}J_n'(\varrho)\cos n\,\varphi\cos h\,x. \end{aligned}\right. \tag{1}$$

Hier bedeutet wie in (24. 6) $\varrho = \sqrt{k^2-h^2}\,r$ und es ist $\sqrt{k^2-h^2}\,a = w_\nu$ eine der unendlich vielen Wurzeln von $J_n(w) = 0$. Eigenwellenzahl k und Eigenfrequenz ω sind hiernach gegeben durch

$$k^2 = h^2 + \frac{w_\nu^2}{a^2}, \qquad \omega = k\,c \quad (c = \text{Lichtgeschwindigkeit}). \tag{2}$$

Das durch (1) dargestellte System von Eigenfunktionen ist dreifach unendlich und wird durch die Zahlen n, ν und die in h enthaltene ganze Zahl m abgezählt. Man überzeuge sich, daß (1) nicht nur den Randbedingungen, sondern auch den durch die MAXWELLschen Gleichungen geforderten Verknüpfungen zwischen $\mathfrak{E}$ und $\mathfrak{H}$ genügt.

Ebenso entsteht aus (24. 7) bei gleicher Bedeutung von h

$$\left\{\begin{aligned} \sqrt{\frac{\mu_0}{\varepsilon_0}}\,\mathfrak{H}_x &= \frac{\sqrt{k^2-h^2}}{h}J_n(\varrho)\cos n\,\varphi\sin h\,x, & \mathfrak{E}_x &= 0, \\ \sqrt{\frac{\mu_0}{\varepsilon_0}}\,\mathfrak{H}_r &= J_n'(\varrho)\cos n\,\varphi\cos h\,x, & \mathfrak{E}_r &= \frac{k}{i\,h}\frac{n}{\varrho}J_n(\varrho)\sin n\,\varphi\sin h\,x, \\ \sqrt{\frac{\mu_0}{\varepsilon_0}}\,\mathfrak{H}_\varphi &= -\frac{n}{\varrho}J_n(\varrho)\sin n\,\varphi\cos h\,x, & \mathfrak{E}_\varphi &= \frac{k}{i\,h}J_n'(\varrho)\cos n\,\varphi\sin h\,x. \end{aligned}\right. \tag{3}$$

Eigenwellenzahl und Eigenfrequenzen sind jetzt gegeben durch

$$k^2 = h^2 + \frac{w_\nu'^{\,2}}{a^2}, \qquad \omega = k\,c \tag{4}$$

und es ist w'_ν eine der unendlich vielen Wurzeln von $J'_n(w) = 0$. Die Serie der Eigenschwingungen (3) ist wieder dreifach unendlich.

Liefern (1) und (3) das vollständige System der Eigenschwingungen des Zylinder-Inneren?

II. 12. Die hier in Frage kommende, für $r = 0$ endliche Lösung der Differentialgleichung (19. 16) ist (bis auf eine multiplikative Konstante)

$$\Pi = \frac{\sin k r}{r} \, \mathrm{e}^{-\mathrm{i}\omega t}.$$

Die Zerlegung

$$\Pi = \frac{1}{2 i r} \left(\mathrm{e}^{\mathrm{i}k(r-ct)} - \mathrm{e}^{-\mathrm{i}k(r+ct)}\right)$$

zeigt die in der Aufgabe erwähnte Superposition einer aus- und einstrahlenden Kugelwelle. Aus den Gln. (19. 17) u. ff. ergibt sich bei Unterdrückung des Zeitfaktors

$$\varepsilon_0 \, \mathfrak{E}_r = \cos\vartheta \left(\frac{\mathrm{d}^2}{\mathrm{d}r^2} + k^2\right) \frac{\sin k r}{r},$$

$$\varepsilon_0 \, \mathfrak{E}_\vartheta = -\sin\vartheta \left(\frac{1}{r}\,\frac{\mathrm{d}}{\mathrm{d}r} + k^2\right) \frac{\sin k r}{r}, \qquad \mathfrak{E}_\varphi = 0,$$

$$\mathfrak{H}_r = \mathfrak{H}_\vartheta = 0, \qquad \mathfrak{H}_\varphi = \frac{\mathrm{i}\,\omega}{r} \sin\vartheta \left(\frac{\mathrm{d}}{\mathrm{d}r} \sin k r - \frac{\sin k r}{r}\right).$$

Die Grenzbedingung $\mathfrak{E}_\vartheta = 0$ verlangt für $r = a$

$$\cos k a - \frac{\sin k a}{k a} \left[1 - (k a)^2\right] = 0 .$$

Daher die transzendente Gleichung:

$$\tan x = \frac{x}{1 - x^2}, \qquad x = k a .$$

Ihre graphische Auflösung liefert eine erste Wurzel x_1 etwas kleiner als π und eine unendliche Serie weiterer Wurzeln, die sich asymptotisch den Werten $x_\nu = \nu\,\pi$ anschließen.

Außer diesem einfach unendlichen System von Eigenfunktionen, bei denen die elektrischen Kraftlinien in den Meridianebenen $\varphi =$ konst., die magnetischen senkrecht dazu verlaufen, gibt es ∞^2 weniger symmetrische Eigenfunktionen, mit Kugelfunktionen-Abhängigkeit in ϑ und φ.

II. 13. Wir haben in § 25 die LECHERsche Doppelleitung mit den MAXWELLschen Gleichungen behandelt. In der vorliegenden Aufgabe soll dasselbe Problem in vereinfachter Weise mit der Telegraphengleichung untersucht werden. Unser Ziel ist, die Brauchbarkeit dieser Näherung, die in der Technik eine wichtige Rolle spielt, festzustellen.

Die Telegraphengleichung (18. 19) liefert mit $G = 0$ und dem Ansatz $I = I_0 \exp \mathrm{i}\,(h\,x - \omega\,t)$

(1) $$h^2 = \omega\,C\,(\omega\,L + \mathrm{i}\,R).$$

R ist hier der durch die Stromverdrängung bestimmte wirksame Widerstand pro Längeneinheit der Leitung.

Wir teilen die gesamte Induktivität L der Längeneinheit auf in $L = L_a + L_i$. Die innere Induktivität L_i ist bei hohen Frequenzen klein gegen die äußere Induktivität L_a. Ferner nehmen wir ausgebildeten Skin-Effekt an. Dann ist nach (20. 23b) $\omega\,L_i = R$. Somit geht (1) über in

(2) $$h^2 = \omega\,C\,(\omega\,L_a + \mathrm{i}\,\mathfrak{R})$$

mit

(3) $$\mathfrak{R} = (1 - \mathrm{i})\,R .$$

Ferner führen wir noch den Wellenwiderstand der widerstandsfreien Leitung

(4) $$\mathfrak{z} = \sqrt{\frac{L_a}{C}}$$

und ihre Wellenzahl

(5) $$k = \omega \sqrt{C\, L_a}$$

ein. Wir bemerken noch, daß für L_a nicht der genaue Wert aus (16. 19) zu nehmen ist; dieser bezieht sich auf eine gleichmäßige Verteilung des Stromes über den Querschnitt. Bei der widerstandsfreien Leitung mit einer Frequenz $\omega > 0$ ist jedoch der Strom immer auf die Oberfläche zusammengedrängt. Dann sind aber unsere Überlegungen in § 20 A zuständig, wonach sich transversale elektromagnetische Felder längs einer widerstandsfreien Doppelleitung stets mit Lichtgeschwindigkeit ausbreiten. Dies bedeutet aber

(6) $$C\, L_a = \varepsilon_0 \mu_0 .$$

Sei nun $|\mathfrak{R}| \ll \omega L_a$; dann ergibt (2)

(7) $$h - k = \frac{\mathrm{i}\, \mathfrak{R}}{2\, \mathfrak{z}} .$$

Die Eindringtiefe des Skin-Effektes beträgt nach (20. 12)

(8) $$d = \left(\frac{1}{2} \mu\, \sigma\, \omega\right)^{-\frac{1}{2}} .$$

Ferner wollen wir voraussetzen, daß die Wellenamplitude längs des Drahtumfangs langsam veränderlich sei, damit die Gültigkeit der ursprünglich für die ebene Oberfläche berechneten Lösung aus § 20 B nicht beeinträchtigt wird. Der Wechselstromwiderstand eines Oberflächenstreifens der Länge Eins und der in Umfangsrichtung gemessenen Breite Eins ist dann nach (20. 15a)

(9) $$R' = \frac{1}{\sigma\, d} .$$

Der Strom durch die (dicht darunterliegende) Metallschicht ist gleich dem Linienintegral von $\mathfrak{H}$ um diesen Streifen; als $\mathfrak{H}$ haben wir in unserem Falle den Oberflächenwert von $\mathfrak{H}$ zu verstehen. Daraus folgt für die in diesem Streifen entwickelte Stromwärme mit Rücksicht auf (9)

$$R'\, \mathfrak{H}^2 = \frac{1}{\sigma\, d}\, \mathfrak{H}^2$$

und für die in der Längeneinheit des Leiters im ganzen erzeugte Stromwärme ($\mathrm{d}s$ = Linienelement des Umfangs, $\oint$ = Integration über den Umfang):

(10) $$\frac{1}{\sigma\, d} \oint \mathfrak{H}^2\, \mathrm{d}s = R\, I^2 \quad \text{mit} \quad I = \oint \mathfrak{H} \cdot \mathrm{d}\mathfrak{s} .$$

R und I sind Widerstand und Gesamtstrom in dieser Längeneinheit. Aus (10) berechnet sich

(11) $$R = \frac{1}{\sigma\, d} \oint \mathfrak{H}^2\, \mathrm{d}s \left(\oint \mathfrak{H} \cdot \mathrm{d}\mathfrak{s}\right)^2 .$$

$\mathfrak{H}$ kann man näherungsweise (vgl. § 25 A) aus dem *quasistationären* Feld im Dielektrikum für den Grenzfall $\sigma \to \infty$ entnehmen. Dieses liefert auch die äußere Selbstinduktivität L_a und die Kapazität C pro Längeneinheit des Leiters sowie den Wellenwiderstand $\mathfrak{z}$ nach Gleichung (4).

a) *Lechersche Doppelleitung*

Drahtradius a, Abstand der Drahtachsen $2b$, Abstand der beiden Quellinien voneinander $2\zeta_0$, vgl. Fig. 36; u, v Bipolarkoordinaten zur Darstellung des Feldes im

Dielektrikum, $u =$ konst. magnetische, $v =$ konst. elektrische Kraftlinien. Längs des Drahtumfangs ist:

(12) $$\mathrm{d}s = \mathrm{d}s_v = g\,\mathrm{d}v, \quad g = \frac{\zeta_0}{\cosh u - \cos v}, \quad \zeta_0 = \sqrt{b^2 - a^2}.$$

Auf dem Drahtumfang ist $u = u_0$, $\cosh u_0 = b/a$. Da die Bipolarkoordinate v gerade das magnetische Potential bis auf einen konstanten Faktor, der sich bei der Bestimmung von R allerdings hebt, bedeutet, wird die gesuchte magnetische Feldkomponente an der Drahtperipherie [vgl. (25. 5)]:

(13) $$\mathfrak{H}_v = \frac{\mathrm{d}v}{\mathrm{d}s_v} = \frac{1}{g} = \frac{1}{\zeta_0}(\cosh u - \cos v).$$

Daraus berechnen sich die in (11) vorkommenden Integrale

$$\oint \mathfrak{H} \cdot \mathrm{d}\mathfrak{s} = \int_0^{2\pi} \frac{1}{g}\, g\,\mathrm{d}v = 2\pi,$$

$$\oint \mathfrak{H}^2\,\mathrm{d}s = \int_0^{2\pi} \frac{1}{g^2}\, g\,\mathrm{d}v = \frac{1}{\zeta_0}\int_0^{2\pi} (\cosh u_0 - \cos v)\,\mathrm{d}v = \frac{2\pi}{\zeta_0}\cosh u_0 = \frac{2\pi}{\zeta_0}\,\frac{b}{a},$$

und man erhält als Widerstand pro Längeneinheit der Doppelleitung das Doppelte des nach (11) für *einen* Leiter berechneten Wertes

(14) $$R = \frac{2}{\sigma d}\,\frac{2\pi}{\zeta_0}\,\frac{b}{a}\Big/(2\pi)^2 = \frac{1}{\pi\,\sigma\,\zeta_0\,d}\,\frac{b}{a} = \frac{b}{\zeta_0}\,\frac{R'}{\pi\,a}.$$

Die gegenseitige Beeinflussung der beiden Leiter drückt sich im Faktor b/ζ_0 aus. Bei größerem Drahtabstand ($b \gg a$) ist er praktisch gleich Eins, R' ist über dem Drahtumfang kaum veränderlich und (14) würde sich dann auch unmittelbar aus (9) ergeben.

Da andererseits die Bipolarkoordinate u das elektrische Potential bis auf einen konstanten Faktor bestimmt, wird die Spannung zwischen den beiden Drähten

$$2u_0 = 2\,\mathrm{ar}\cosh\frac{b}{a} = 2\ln\frac{b+\zeta_0}{a}.$$

Die Ladung q pro Längeneinheit eines Leiters ist bis auf den eben genannten konstanten Faktor mit (25. 5)

$$q = \varepsilon_0 \oint \mathfrak{E} \cdot \mathrm{d}\mathfrak{F} = \varepsilon_0 \oint \frac{1}{g}\,\mathrm{d}s_v = \varepsilon_0 \int_0^{2\pi} \frac{1}{g}\, g\,\mathrm{d}v = \varepsilon_0\, 2\pi.$$

Mit (6) folgt so für die Kapazität und äußere Induktivität pro Längeneinheit

(15) $$\frac{\varepsilon_0}{C} = \frac{L_a}{\mu_0} = \frac{2u_0}{2\pi} = \frac{1}{\pi}\ln\frac{b+\zeta_0}{a}.$$

Nach (4) erhalten wir somit für den Wellenwiderstand

(16) $$\mathfrak{z} = \sqrt{\frac{\mu_0}{\varepsilon_0}}\,\frac{1}{\pi}\ln\frac{b+\zeta_0}{a}.$$

Für die Fortpflanzungskonstante in Gl. (7) ergibt sich aus (14) und (16) mit Rücksicht auf (3)

(17) $$h - k = \frac{1+\mathrm{i}}{2}\sqrt{\frac{\varepsilon_0}{\mu_0}}\,\frac{1}{\sigma\,\zeta_0\,d}\,\frac{b}{a}\Big/\ln\frac{b+\zeta_0}{a}.$$

Dieser Ausdruck stimmt mit dem in (25. 20) berechneten Werte überein. Um dies einzusehen, hat man nur den Wert von d aus Gl. (8) in (17) einzusetzen und dabei die Leitfähigkeit σ durch die komplexe D.K. $\varepsilon' = \varepsilon + \mathrm{i}\,\sigma/\omega \approx \mathrm{i}\,\sigma/\omega$ auszudrücken, andererseits die Bedeutung der in (25. 20) benutzten Abkürzung p zu berücksichtigen $[1/p = (b + \zeta_0)/a]$.

b) *Rückleitung durch die Erde*

Die Erdoberfläche tritt jetzt an die Stelle der Symmetrieebene $u = 0$ der Bipolarkoordinaten. Wir setzen voraus, daß die Eindringtiefe längs der Erdoberfläche konstant ist und den Wert d nach (8) hat. In der Formel (14) für R ist der Faktor 2 und ferner wegen $\cosh 0 = 1$ der Faktor b/a fortzulassen, da die Hinleitung durch den Draht als widerstandsfrei vorausgesetzt werden sollte, R sich also nur auf die Rückleitung durch die Erde bezieht. Andererseits ist C zu verdoppeln, L_a und $\mathfrak{z}$ zu halbieren; b bedeutet jetzt die Höhe des Drahtes über der Erde, ζ_0 die Höhe der Quellinie über der Erde, die sich bei $b \gg a$ nicht wesentlich von b unterscheidet. Man erhält so aus (14), (16) und (17)

$$R = \frac{1}{2\pi\,\sigma\,\zeta_0\,d}, \quad \mathfrak{z} = \sqrt{\frac{\mu_0}{\varepsilon_0}}\,\frac{1}{2\pi}\ln\frac{b+\zeta_0}{a}, \tag{18}$$

$$h - k = \frac{1+\mathrm{i}}{2}\sqrt{\frac{\varepsilon_0}{\mu_0}\,\frac{1}{\sigma\,\zeta_0\,d}}\Big/\ln\frac{b+\zeta_0}{a}. \tag{19}$$

Zahlenbeispiel:

Frequenz im Gebiet der Drahtwellentelephonie $10^6\,\mathrm{s}^{-1}$, σ (Erde) $= 10^{-2}$ bis $10^{-4}\,\Omega^{-1}\,\mathrm{m}^{-1}$, $b = 10\,\mathrm{m}$, $a = 1\,\mathrm{mm}$.

Man berechnet aus (8)

$$d = 5{,}04 \text{ bis } 50{,}4\,\mathrm{m}$$

und erhält nach (18) und (19)

$$R = 0{,}316 \text{ bis } 3{,}16\,\Omega/\mathrm{m},$$
$$h - k = 2{,}67 \text{ bis } 26{,}7\cdot 10^{-4}(1+\mathrm{i})\,\mathrm{m}^{-1}.$$

Bei Niederfrequenz ist die Eindringtiefe so groß gegen die übliche Drahthöhe b, daß unser jetziges Rechenverfahren (im Gegensatz zu dem im § 25) versagt.

Beim Einzeldraht ohne Rückleitung läßt sich das Außenfeld nicht mehr quasistationär berechnen, und daher bringt die vorstehende Näherungsmethode keine Vereinfachung gegenüber § 22 mit sich. Man erkennt übrigens an unserem Zahlenbeispiel, wie stark das Feld des Einzeldrahtes auch durch eine nichtmetallische Rückleitung gestört wird; vgl. dazu die Bemerkung im Anfang von § 22 über den Mißerfolg der ursprünglichen Drahtwellenversuche von Hertz und über den Einfluß der Laboratoriumswände.

III. 1. Die Transformation (4) der Aufgabe ist aus den Transformationen (1), (2), (3) folgendermaßen zusammenzusetzen:

$$L' = D\,L\,D^{-1} \tag{a}$$

L' und L = Lorentz-Transformationen, D = Drehung, D^{-1} = inverse Drehung, nämlich

D: $\quad x_1 = x\cos\alpha + y\sin\alpha, \quad z_1 = z,$

$\quad\quad y_1 = -x\sin\alpha + y\cos\alpha, \quad t_1 = t,$

L: $\quad x_1' = \dfrac{x_1 - t_1\,\beta\,c}{\sqrt{1-\beta^2}}, \quad y_1' = y_1,$

$\quad\quad t_1' = \dfrac{t_1 - x_1\,\beta/c}{\sqrt{1-\beta^2}}, \quad z_1' = z_1,$

D^{-1}: $\quad x' = x_1'\cos\alpha - y_1'\sin\alpha, \quad z' = z_1',$

$\quad\quad y' = x_1'\sin\alpha + y_1'\cos\alpha, \quad t' = t_1'.$

Durch sukzessive Zusammensetzung derselben folgt mit der Abkürzung

$$\eta = (1 - \beta^2)^{-\frac{1}{2}}$$

als Koeffizientenschema von L'

	x	y	z	$i\,c\,t$
x'	$1 + (\eta - 1)\cos^2\alpha$	$(\eta - 1)\cos\alpha\sin\alpha$	0	$i\,\beta\,\eta\cos\alpha$
y'	$(\eta - 1)\cos\alpha\sin\alpha$	$1 + (\eta - 1)\sin^2\alpha$	0	$i\,\beta\,\eta\sin\alpha$
z'	0	0	1	0
$i\,c\,t'$	$-i\,\beta\,\eta\cos\alpha$	$-i\,\beta\,\eta\sin\alpha$	0	η

Es ist vierdimensional orthogonal (Quadratsummen gleich 1, Produktsummen gleich 0, sowohl in den Horizontal- wie Vertikalreihen) und kann daher ebensogut von oben nach unten wie von links nach rechts gelesen werden.

Die unter dem Winkel α gerichtete Geschwindigkeit $\mathfrak{v}$ der Transformation (2) hat im x, y, z-System die Komponenten $v\cos\alpha$, $v\sin\alpha$, 0. Mit $\mathfrak{r} = x, y, z$; $\mathfrak{r}' = x', y', z'$ wird daher

$$\left(\frac{\mathfrak{v}}{v}\,\mathfrak{r}\right) = x\cos\alpha + y\sin\alpha, \qquad \left(\frac{\mathfrak{v}}{v}\,\mathfrak{r}'\right) = x'\cos\alpha + y'\sin\alpha.$$

Bei Benutzung dieser Abkürzungen ergibt unser Schema von links nach rechts gelesen

(b)
$$\mathfrak{r}' = \mathfrak{r} + \frac{\mathfrak{v}}{v}\left\{(\eta - 1)\left(\frac{\mathfrak{v}}{v}\cdot\mathfrak{r}\right) - \beta\,\eta\,c\,t\right\},$$
$$t' = \eta\left\{t - \frac{\beta}{c}\left(\frac{\mathfrak{v}}{v}\cdot\mathfrak{r}\right)\right\}$$

und von oben nach unten gelesen

(c)
$$\mathfrak{r} = \mathfrak{r}' + \frac{\mathfrak{v}}{v}\left\{(\eta - 1)\left(\frac{\mathfrak{v}}{v}\cdot\mathfrak{r}'\right) + \beta\,\eta\,c\,t'\right\},$$
$$t = \eta\left\{t' + \frac{\beta}{c}\left(\frac{\mathfrak{v}}{v}\cdot\mathfrak{r}'\right)\right\}.$$

Während (b) aus dem Symbol (a) hervorgegangen war, entspricht (c) dem durch Umkehrung von (a) entstehenden Symbol

(d)
$$L = D^{-1}\,L'\,D.$$

Durch Ableitung von (b) nach t' bzw. von (c) nach t findet man für die dreidimensionalen Geschwindigkeitsvektoren $\mathfrak{q}' = d\mathfrak{r}'/dt'$ bzw. $\mathfrak{q} = d\mathfrak{r}/dt$

(e)
$$\mathfrak{q}' = \frac{\mathfrak{q} - \mathfrak{v}\,\{\eta - (\eta - 1)\,(\mathfrak{v}\cdot\mathfrak{q})/v^2\}}{\eta\,[1 - (\mathfrak{v}\cdot\mathfrak{q})/c^2]},$$

(f)
$$\mathfrak{q} = \frac{\mathfrak{q}' + \mathfrak{v}\,\{\eta + (\eta - 1)\,(\mathfrak{v}\cdot\mathfrak{q}')/v^2\}}{\eta\,[1 + (\mathfrak{v}\cdot\mathfrak{q}')/c^2]}.$$

III. 2. Die Aufgabe kann so formuliert werden: Gegen ein System x, t bewege sich ein System x_1, t_1 mit der Geschwindigkeit $\beta_1 c$ nach der x-Achse. Im System x_1, t_1 bewege sich ein Punkt P mit der Geschwindigkeit $\beta_2 c$ unter dem Winkel α gegen die x_1-Achse (zugleich x-Achse). Welches ist die resultierende Geschwindigkeit des Punktes P, vom x, t-System aus gesehen?

Die Bewegung von P im x_1, t_1-System kann (von additiven Konstanten abgesehen) beschrieben werden durch

(1)
$$x_1 = \beta_2\,c\,t_1\cos\alpha, \qquad y_1 = \beta_2\,c\,t_1\sin\alpha.$$

Andererseits gilt für jeden Punkt des x_1, t_1-Systems die LORENTZ-Transformation

$$(2) \qquad x_1 = \frac{x - \beta_1 c t}{\sqrt{1-\beta_1^2}}, \quad y_1 = y, \quad t_1 = \frac{t - \beta_1 x/c}{\sqrt{1-\beta_1^2}}.$$

Durch Einsetzen von x_1 aus (1) und t_1 aus (2) folgt

$$x - \beta_1 c t = \beta_2 c \cos\alpha (t - \beta_1 x/c)$$

oder nach Zusammenfassung der Glieder mit x und t

$$x(1 + \beta_1 \beta_2 \cos\alpha) = (\beta_1 + \beta_2 \cos\alpha) c t,$$

also

$$(3) \qquad \frac{dx}{dt} = \frac{\beta_1 + \beta_2 \cos\alpha}{1 + \beta_1 \beta_2 \cos\alpha} c;$$

ferner folgt aus (2) und (1)

$$y = \frac{\beta_2 c \sin\alpha}{\sqrt{1-\beta_1^2}} (t - \beta_1 x/c),$$

$$\frac{dy}{dt} = \frac{\beta_2 c \sin\alpha}{\sqrt{1-\beta_1^2}} \left(1 - \frac{\beta_1}{c} \frac{dx}{dt}\right)$$

und wegen (3)

$$(4) \qquad \frac{dy}{dt} = \frac{\beta_2 c \sin\alpha}{\sqrt{1-\beta_1^2}} \left(1 - \frac{\beta_1^2 + \beta_1 \beta_2 \cos\alpha}{1 + \beta_1 \beta_2 \cos\alpha}\right) = \frac{\beta_2 c \sin\alpha \sqrt{1-\beta_1^2}}{1 + \beta_1 \beta_2 \cos\alpha}.$$

Die Resultierende im x, t-System ist

$$q = \sqrt{\left(\frac{dx}{dt}\right)^2 + \left(\frac{dy}{dt}\right)^2}.$$

Setzt man $q/c = \beta$, so wird

$$(5) \qquad \beta^2 = \frac{(\beta_1 + \beta_2 \cos\alpha)^2 + \beta_2^2 (1-\beta_1^2) \sin^2\alpha}{(1 + \beta_1 \beta_2 \cos\alpha)^2} = \frac{\beta_1^2 + 2\beta_1 \beta_2 \cos\alpha + \beta_2^2 - \beta_1^2 \beta_2^2 \sin^2\alpha}{(1 + \beta_1 \beta_2 \cos\alpha)^2},$$

was zu beweisen war.

III. 3. In (30. 6) bedeutet $\mathfrak{r}$ den Vektor $L \to P$, also r die eine Seite des Dreieckes LOP von Fig. 42. O sei der Ort des Elektrons zu der mit der Feldbeobachtung in P gleichen Zeit. Die Geschwindigkeit $\mathfrak{v}$ des Elektrons sei, wie in § 28, nach der positiven x-Achse gerichtet, wodurch sich die Formeln von § 30 spezialisieren. Die Länge LO wird dann gleich $v\tau$ mit $\tau = r/c$, also

$$LO = v\tau = \beta r.$$

Die Länge OP ist der Abstand Elektron $\to$ Aufpunkt zur Zeit der Beobachtung und möge mit r' bezeichnet werden

$$r' = \sqrt{x'^2 + y'^2 + z'^2},$$

wo x', y', z' die Koordinaten von P in bezug auf O sind. ϑ und ϑ' sind die in der Figur eingezeichneten Winkel bei L und O und es ist

$$(1) \qquad r' \cos\vartheta' = x', \quad r\cos\vartheta = x' + \beta r.$$

Ferner ist nach dem Pythagoras

$$(2) \qquad r^2 = r'^2 + (\beta r)^2 + 2 r' \beta r \cos\vartheta',$$

also

$$r^2(1-\beta^2) - 2\beta r x' = r'^2.$$

Die Auflösung dieser quadratischen Gleichung für r liefert

$$\text{(3)}\qquad r = \frac{\beta\, x'}{1-\beta^2} + \frac{1}{\sqrt{1-\beta^2}} \sqrt{x'^2 + y'^2 + z'^2 + \frac{\beta^2}{1-\beta^2}\, x'^2}.$$

Wir bezeichnen die hier auftretende Quadratwurzel wie in (28. 13a) mit s:

$$s = \sqrt{x'^2\left(1 + \frac{\beta^2}{1-\beta^2}\right) + y'^2 + z'^2} = \sqrt{\frac{x'^2}{1-\beta^2} + y'^2 + z'^2}$$

und haben nach (3)

$$\text{(4)}\qquad r = \frac{s}{\sqrt{1-\beta^2}} + \frac{\beta}{1-\beta^2}\, x'.$$

Nun ist $\mathfrak{v}_r = v\cos\vartheta$ und mit Rücksicht auf (1)

$$r\,\frac{\mathfrak{v}_r}{c} = \beta\, r\cos\vartheta = \beta\, x' + \beta^2\, r,$$

und daher wegen (4)

$$\text{(5)}\qquad r\left(1 - \frac{\mathfrak{v}_r}{c}\right) = r\,(1-\beta^2) - \beta\, x' = \sqrt{1-\beta^2}\, s.$$

Damit berechnet sich der in (30. 6) vorkommende Quotient

$$\text{(6)}\qquad \frac{1 - v^2/c^2}{r^3\left(1 - \frac{\mathfrak{v}_r}{c}\right)^3} \quad \text{zu} \quad \frac{1-\beta^2}{(1-\beta^2)^{3/2}}\,\frac{1}{s^3} = \frac{1}{(1-\beta^2)^{1/2}}\,\frac{1}{s^3}.$$

Die damit multiplizierten vektoriellen Faktoren werden gleichzeitig wegen der jetzt vorausgesetzten Richtung von $\mathfrak{v}$ in Komponenten aufgelöst:

$$\text{(7)}\qquad \mathfrak{r} \times \mathfrak{v} = (0,\quad z'\,v,\quad -y'\,v).$$

$$\text{(7a)}\qquad \begin{cases} r\,\dfrac{\mathfrak{v}_x}{c} - \mathfrak{r}_x = r\,\beta - r\cos\vartheta = r\,\beta - x' - r\,\beta = -x', \\[2ex] r\,\dfrac{\mathfrak{v}_y}{c} - \mathfrak{r}_y = -y', \qquad r\,\dfrac{\mathfrak{v}_z}{e} - \mathfrak{r}_z = -z'. \end{cases}$$

Setzt man all dieses in die Gl. (30. 6) ein, so entstehen die Gln. (28. 14) und (28. 14a).

Die Gleichung $s =$ konst. definiert die Schar der zueinander ähnlichen, nach der Bewegungsrichtung abgeplatteten „Heaviside-Ellipsoide", vgl. § 28 C; die elektrischen Kraftlinien sind im Raum der x', y', z' die senkrechten Trajektorien der Schar.

III. 4. Durch skalare Multiplikation der linken Seite von (32. 5) mit $\mathfrak{v}$ entsteht

$$\mathfrak{v}\cdot\frac{d}{dt}\,\frac{m_0\,\mathfrak{v}}{\sqrt{1-\beta^2}} = m_0\,\frac{\mathfrak{v}\cdot\dot{\mathfrak{v}}}{\sqrt{1-\beta^2}} + m_0\,v^2\,\frac{d}{dt}\,\frac{1}{\sqrt{1-\beta^2}}.$$

Das zweite Glied rechts ist gleich

$$m_0\,v^2\,\frac{\vec{\beta}\cdot\dot{\vec{\beta}}}{(1-\beta^2)^{3/2}} = m_0\,\beta^2\,\frac{\mathfrak{v}\cdot\dot{\mathfrak{v}}}{(1-\beta^2)^{3/2}}.$$

Zusammen mit dem ersten Gliede liefert es

$$\text{(1)}\qquad m_0\,\frac{\mathfrak{v}\cdot\dot{\mathfrak{v}}}{\sqrt{1-\beta^2}}\left(1 + \frac{\beta^2}{1-\beta^2}\right) = m_0\,\frac{\mathfrak{v}\cdot\dot{\mathfrak{v}}}{(1-\beta^2)^{3/2}} = \frac{d}{dt}\,\frac{m_0\,c^2}{\sqrt{1-\beta^2}}.$$

Auf der rechten Seite von (32. 5) ergibt sich durch skalare Multiplikation mit $\mathfrak{v}$

(2) $$e\mathfrak{v}\cdot\mathfrak{K} = e\mathfrak{v}\cdot\mathfrak{E} + e\mathfrak{v}\cdot(\mathfrak{v}\times\mathfrak{B}) = e\mathfrak{v}\cdot\mathfrak{E} + e\mathfrak{B}\cdot(\mathfrak{v}\times\mathfrak{v}) = e\mathfrak{v}\cdot\mathfrak{E}.$$

Man hat also durch Gleichsetzen von (1) und (2)

(3) $$\frac{\mathrm{d}}{\mathrm{d}t}\,\frac{m_0 c^2}{\sqrt{1-\beta^2}} = e\,\mathfrak{v}\cdot\mathfrak{E}$$

wie in Gl. (32. 6).

III. 5. Die Bahn ist natürlich eine Wurfparabel von der Beschleunigung

$$g = \frac{e}{m}\,\frac{V}{d}.$$

Der Abstand ihres Scheitels von der oberen bzw. unteren Platte ist

$$h = \frac{(v\sin\alpha)^2}{2g} = \frac{m}{e}\,\frac{d}{V}\,\frac{v^2\sin^2\alpha}{2} \quad \text{bzw.} \quad d - h = d\left(1 - \frac{m}{e}\,\frac{v^2\sin^2\alpha}{2V}\right).$$

Die untere Platte wird erreicht mit

$$v\sin\alpha = \sqrt{\frac{e}{m}\,2V}.$$

Bei der Geschwindigkeit $v = 5\cdot 10^6$ m/s ist dies auch für $\alpha = \pi/2$ nicht der Fall. Vielmehr ist dann mit dem Werte von e/m_0 aus Gl. (33. 7)

$$\frac{d-h}{d} = 1 - \frac{25\cdot 10^{12}}{2\cdot 110\cdot 1{,}76\cdot 10^{11}} = 0{,}35.$$

Die zur Erzeugung von v erforderliche Spannung ergibt sich aus eV $= m\,v^2/2$ zu

$$V = \frac{1}{2}\cdot\frac{25\cdot 10^{12}}{1{,}76\cdot 10^{11}}\ \mathrm{V} = 70\ \mathrm{Volt}.$$

Das „Elektronenvolt" eV ist ein in der Atomphysik gebräuchliches Energiemaß, besonders als „Millionen-Elektronenvolt" MeV. In unseren Einheiten ist, wegen $e = 1{,}60\cdot 10^{-19}$ C

$$1\,\mathrm{MeV} = 10^6\cdot 1{,}60\cdot 10^{-19}\ \mathrm{Erg} = 1{,}60\cdot 10^{-13}\ \mathrm{Erg}.$$

Die Hälfte davon ist fast genau gleich der Ruhenergie des Elektrons, nämlich

$$m_0 c^2 = 0{,}82\cdot 10^{-13}\ \mathrm{Erg}, \qquad m_0 = 0{,}91\cdot 10^{-30}\ \mathrm{kg}.$$

Wenn die Geschwindigkeit im Kondensatorfelde Änderungen erleidet, die mit c vergleichbar sind, so folgt aus der Konstanz des x-Impulses (x parallel zu den Platten), daß $\mathfrak{v}_x$ nicht konstant, also x nicht proportional zu t sein kann. Entsprechend folgt aus der Bewegungsgleichung in der y-Richtung, daß y nicht proportional zu t^2 ist. Die Bahn ist also keine Parabel, sondern eine transzendente Kurve (Kettenlinie). Ebenso war nach § 38 die Kepler-Bahn, deren Grenzfall bei unendlich fernem Anziehungszentrum die Wurfparabel ist, keine Ellipse, sondern eine transzendente Kurve (Ellipse mit fortschreitendem Perihel).

Zur Berechnung extrem hoher Geschwindigkeiten aus der Zahl z ihrer MeV dient die Energiegleichung

$$\frac{1}{\sqrt{1-\beta^2}} - 1 = z\,\frac{\mathrm{MeV}}{m_0 c^2}.$$

Der in der kosmischen Strahlung vorkommenden Energie von 200 MeV entspricht

$$\frac{1}{\sqrt{1-\beta^2}} = 1 + 400 \approx 4\cdot 10^2, \qquad \beta \approx 1 - \frac{1}{32}\cdot 10^{-4}.$$

III. 6. Wir betrachten sogleich den Fall großer Geschwindigkeiten (der allgemein bekannte Fall $v \ll c$ ist darin enthalten).

Die Richtung von $\mathfrak{B}$ sei die z-Richtung. In der dazu senkrechten Ebene sei s die Projektion der Bewegungsrichtung, n die Richtung senkrecht auf s, wobei s, n, z ein Rechtssystem bilden mögen. Es ist dann dauernd

$$\mathfrak{v}_n = 0, \quad (\mathfrak{v} \times \mathfrak{B})_z = 0, \quad (\mathfrak{v} \times \mathfrak{B})_s = \mathfrak{v}_n B = 0, \quad (\mathfrak{v} \times \mathfrak{B})_n = -\mathfrak{v}_s B.$$

Daher sind die Impulse in der s- und z-Richtung konstant:

$$\frac{\mathfrak{v}_s}{\sqrt{1-\beta^2}} = C, \quad \frac{\mathfrak{v}_z}{\sqrt{1-\beta^2}} = C'.$$

Durch Quadrieren und Addieren folgt hieraus mit Rücksicht auf $\mathfrak{v}_n = 0$, daß $\frac{\beta^2}{1-\beta^2} = \text{konst.}$ ist, also auch β, $\mathfrak{v}_s$, $\mathfrak{v}_z$ konstant.

Die Bewegungsgleichung in der n-Richtung liefert (die Ladung des Elektrons ist negativ!)

$$\frac{d}{dt}\frac{\mathfrak{v}_n}{\sqrt{1-\beta^2}} = \frac{\dot{\mathfrak{v}}_n}{\sqrt{1-\beta^2}} = -\frac{e}{m_0}(\mathfrak{v} \times \mathfrak{B})_n = \frac{e}{m_0}\mathfrak{v}_s B,$$

also

$$\dot{\mathfrak{v}}_n = e\frac{\sqrt{1-\beta^2}}{m_0}\mathfrak{v}_s B = \frac{e}{m}\mathfrak{v}_s B.$$

$\dot{\mathfrak{v}}_n$ ist die Zentripetalbeschleunigung und als solche gleich $\mathfrak{v}_s^2/\varrho$, ϱ = Krümmungsradius der in die s, n-Ebene projizierten Bahn. Daher wird

$$\frac{1}{\varrho} = \frac{e}{m}\frac{B}{\mathfrak{v}_s}.$$

Dieselbe Formel gilt auch bei nicht-relativistischer Berechnung, nur ist dann $m = m_0 = \text{konst}$ Die Krümmung $1/\varrho$ verschwindet nicht-relativistisch erst für $\mathfrak{v}_s = \infty$, relativistisch für $\beta = 1$, also für $\mathfrak{v}_s^2 + \mathfrak{v}_z^2 = c^2$. Das Produkt ϱB (gewöhnlich ϱH geschrieben) ist das experimentelle Maß für die „Steifheit des Kathodenstrahles".

III. 7. Ist x die gemeinsame Richtung des elektrischen und magnetischen Feldes und z die Richtung des durch D austretenden β-Strahles, so lauten die Bewegungsgleichungen des β-Teilchens mit dem Kraftansatz $\mathfrak{F} = -e(\mathfrak{E} + \mathfrak{v} \times \mathfrak{B})$ von Lorentz (negatives Vorzeichen wegen der negativen Ladung des Elektrons)

$$\frac{d}{dt}\frac{\mathfrak{v}_x}{\sqrt{1-\beta^2}} = \mp\frac{eE}{m_0}, \quad \frac{d}{dt}\frac{\mathfrak{v}_y}{\sqrt{1-\beta^2}} = -\frac{e\,\mathfrak{v}_z\,\mathfrak{B}_x}{m_0} = -\frac{e\,\mathfrak{v}_z B}{m_0}, \quad \frac{d}{dt}\frac{\mathfrak{v}_z}{\sqrt{1-\beta^2}} = \frac{e\,\mathfrak{v}_y B}{m_0}.$$

Da $\mathfrak{v}_x$ und $\mathfrak{v}_y$ gegen $\mathfrak{v}_z \approx v$ vernachlässigt werden können, wird $\beta^2 \approx v^2/c^2$ und nach der dritten Bewegungsgleichung in derselben Näherung $v \approx \text{konst.}$ Man kann daher die beiden ersten Bewegungsgleichungen unmittelbar integrieren und erhält, wenn man t vom Moment des Durchganges durch D zählt und daher für den Moment des Auftreffens auf die photographische Platte $t = a/v$ setzt,

$$x = \mp\frac{eE}{m_0}\sqrt{1-\frac{v^2}{c^2}}\,\frac{a^2}{2v^2}, \quad y = -\frac{eB}{m_0}\sqrt{1-\frac{v^2}{c^2}}\,\frac{a^2}{2v}.$$

Dies ist die Parameterdarstellung der beiden durch Kommutieren des elektrischen Feldes entstehenden Kurvenäste.

Vernachlässigt man v^2 gegen c^2, so erhält man durch Elimination des Parameters v die beiden Parabeläste

$$y^2 = \mp C\,x, \quad C = \frac{e}{m_0}\frac{B^2}{E}\frac{a^2}{2}.$$

Sie berühren sich im Punkte $x = y = 0$ mit vertikaler Tangente. Dieser Punkt entspricht dem Parameterwerte $v = \infty$.

Behält man aber den Relativitätsfaktor $\sqrt{1 - v^2/c^2}$ bei, so entsteht durch Elimination von v die Kurve vierter Ordnung

$$y^4 + D^2 y^2 = C^2 x^2, \quad D = \frac{e B}{m_0 c} \frac{a^2}{2}, \quad C \text{ wie vorher},$$

welche die beiden vorigen Parabeläste einheitlich zusammenfaßt. Sie hat im Punkte $x = y = 0$, der jetzt zum Parameterwerte $v = c$ gehört, eine Spitze; die beiden Tangenten in diesem Punkte verlaufen in den voneinander verschiedenen Richtungen

$$\frac{\mathrm{d} y}{\mathrm{d} x} = \pm \frac{C}{D} = \pm \frac{B c}{E},$$

bilden also einen endlichen Winkel 2α miteinander (vgl. Fig. 49 rechts). Dieser kommt in den KAUFMANNschen Photogrammen deutlich zum Ausdruck. Aber die von KAUFMANN beabsichtigte Entscheidung zwischen der LORENTZschen und der ABRAHAMschen Massenveränderlichkeit, vgl. den Anfang von § 33, die prinzipiell nach dem Gesamtverlauf der Kurve möglich sein sollte, konnte nicht mit Sicherheit getroffen werden, zumal die Felder nicht homogen waren, ihre Struktur vielmehr erst experimentell durch mühsame Sondenmessungen festgestellt werden mußte.

III. 8. Die beiden zueinander senkrechten Felder $\mathfrak{E}_y = E$ und $\mathfrak{B}_z = B$ erzeugen die LORENTZ-Kraft

$$\mathfrak{F}_x = -e \frac{\mathrm{d} y}{\mathrm{d} t} B, \quad \mathfrak{F}_y = -e\left(E - \frac{\mathrm{d} x}{\mathrm{d} t} B\right), \quad \mathfrak{F}_z = 0.$$

Bei nicht zu großen Geschwindigkeiten ($m = m_0$) sind die Bewegungsgleichungen:

$$m \frac{\mathrm{d}^2 x}{\mathrm{d} t^2} + e \frac{\mathrm{d} y}{\mathrm{d} t} B = 0, \quad m \frac{\mathrm{d}^2 y}{\mathrm{d} t^2} - e \frac{\mathrm{d} x}{\mathrm{d} t} B = -e E.$$

Multipliziert man die zweite mit i und setzt $\zeta = x + \mathrm{i}\, y$, so erhält man durch Addition:

$$\ddot{\zeta} - \mathrm{i}\, \alpha\, \dot{\zeta} = -\mathrm{i} \frac{e}{m} E, \quad \alpha = \frac{e}{m} B.$$

Das allgemeine Integral ist

$$\zeta = A\, \mathrm{e}^{\mathrm{i} \alpha t} + \frac{E}{B} t + C.$$

Der Zeitpunkt $t = 0$ kann so gelegt werden, daß in ihm $\mathrm{d} y/\mathrm{d} t = 0$, also $\dot{\zeta}_0 = \dot{x}_0$ reell wird. Man hat dann $\dot{x}_0 = \mathrm{i}\, \alpha A + E/B$, $\zeta_0 = A + C$ und daher

$$\zeta - \zeta_0 = \frac{\mathrm{i}}{\alpha}\left(\dot{x}_0 - \frac{E}{B}\right)(1 - \mathrm{e}^{\mathrm{i} \alpha t}) + \frac{E}{B} t.$$

In Reell und Imaginär aufgelöst ergibt sich mit $\varphi = \alpha t$, $a = E/\alpha B$, $b = (\dot{x}_0 - E/B)/\alpha$:

$$x - x_0 = a \varphi + b \sin \varphi, \quad y - y_0 = b(1 - \cos \varphi).$$

Dies ist die Gleichung der allgemeinen Zykloide (verschlungenen oder gestreckten, je nachdem $a \gtrless b$ ist). Für $\dot{x}_0 = 0$ (also $b = -a$) ergibt sich die Darstellung der gemeinen Zykloide, wie sie in Bd. I, Gl. (17. 1) beim Zykloidenpendel in denselben Bezeichnungen auftrat (nur daß dort $x_0 = y_0 = 0$ gesetzt war). Man beachte den Sonderfall $\dot{x}_0 = E/B$ (Wien-Filter)!

III. 9. Da es sich um einen stationären Zustand handelt, ist $\mathfrak{J}$ räumlich und zeitlich konstant wegen

(1) $$\operatorname{div} \mathfrak{J} = \frac{\partial \mathfrak{J}}{\partial x} = 0.$$

v und ϱ sind zwar ebenfalls zeitlich, aber nicht räumlich konstant wegen

(2) $$v = \sqrt{2 \frac{e}{m} V(x)}, \quad \varrho = \mathfrak{J}/v.$$

Die Poissonsche Gleichung wird

$$\text{(3)} \qquad \sqrt{V(x)}\,\frac{d^2V(x)}{dx^2} = C, \qquad C = \mathfrak{J}/\varepsilon_0\sqrt{2e/m}.$$

Sie läßt sich integrieren durch den Ansatz (A und α verfügbare Konstante)

$$\text{(4)} \qquad V(x) = A\,x^\alpha.$$

Man muß dabei wegen (3) verlangen

$$A^{3/2}\,\alpha(\alpha-1)\,x^{\alpha/2+\alpha-2} = C,$$

also

$$\text{(5)} \qquad \frac{\alpha}{2}+\alpha-2 = 0, \qquad \alpha = \frac{4}{3}; \qquad A^{3/2}\,\frac{4}{9} = C, \qquad A = \left(\frac{9}{4}\,C\right)^{2/3}.$$

Für $x = l$ ergibt sich aus dem Ansatz (4) und der Bedeutung (3) von C

$$\text{(6)} \qquad V = A\,l^\alpha = \left(\frac{9}{4}\cdot\frac{l^2}{\varepsilon_0\sqrt{2e/m}}\right)^{2/3}\mathfrak{J}^{2/3},$$

$$\text{(7)} \qquad \mathfrak{J} = \frac{4}{9}\cdot\frac{\varepsilon_0\sqrt{2e/m}}{l^2}\,V^{3/2}.$$

Der Gesamtstrom $I = \pi\,a^2\,\mathfrak{J}$ (a = Radius von Kathode und Anode) wird

$$\text{(8)} \qquad I = \frac{4\pi}{9}\,\varepsilon_0\sqrt{2e/m}\,\frac{a^2}{l^2}\,V^{3/2}.$$

Dies ist die gesuchte Charakteristikengleichung. Man überzeuge sich übrigens, daß sie, dank unserem Faktor ε_0, dimensionell in Ordnung ist, nämlich auch rechts die Dimension A besitzt. Wir bemerken ausdrücklich, daß V gemäß (3) und (4) nicht linear mit x ansteigt, und daß $\partial V/\partial x$ an der Kathode gleich Null wird. Hier ist nach (1) $\varrho = \infty$ und $v = 0$. Letzteres entspricht dem Umstande, daß wir schon in der Aufgabenstellung die (kleine) Austrittsgeschwindigkeit der Glühelektronen gegen die ihnen vom Felde eingeprägte Geschwindigkeit vernachlässigt haben.

Bei der zylindrischen Anordnung (Radius der Glühdraht-Kathode: $r = 0$, Radius der Zylindermantel-Anode: $r = a$, Länge des Zylindermantels: l) ändern sich die vorstehenden Gleichungen folgendermaßen:

$$\text{(1')} \qquad \operatorname{div}\mathfrak{J} = \frac{1}{r}\,\frac{\partial r\,\mathfrak{J}}{\partial r} = 0, \qquad r\,\mathfrak{J} = \text{konst.} = \frac{I}{2\pi\,l},$$

$$\text{(2')} \qquad \varrho = \mathfrak{J}/v = I/2\,\pi\,l\,r\sqrt{2\,\frac{e}{m}\,V(r)},$$

$$\text{(3')} \qquad \sqrt{V(r)}\,\frac{d}{dr}\,r\,\frac{dV(r)}{dr} = C, \qquad C = I/2\,\pi\,\varepsilon_0\,l\sqrt{2e/m},$$

$$\text{(4')} \qquad V(r) = A\,r^\alpha,$$

$$\text{(5')} \qquad \alpha = \frac{2}{3}, \qquad A = \left(\frac{9}{4}\,C\right)^{2/3},$$

$$\text{(6')} \qquad \text{für } r = a \text{ wird } V = A\,a^\alpha = \left(\frac{9}{8\pi}\,\frac{a}{\varepsilon_0\,l\sqrt{2e/m}}\right)^{2/3} I^{2/3},$$

$$\text{(8')} \qquad I = \frac{8\pi}{9}\,\varepsilon_0\sqrt{2e/m}\,\frac{l}{a}\,V^{3/2}.$$

An der Kathode wird jetzt dV/dr wegen $r = 0$ nach (4′) unendlich groß, im Gegensatz zu dV/dx bei der linearen Anordnung. Trotzdem ist der Grenzwert der auf dem Glühdraht befindlichen Gesamtladung für verschwindendes r gleich Null; dies ist der Grund dafür, daß die sonst bei einem geladenen Draht auftretende logarithmische Singularität des Potentials fortfällt, vielmehr V nach (4′) für $r = 0$ verschwindet. Damit hängt es zusammen, daß (8′) nicht nur für $r = 0$ gilt, sondern auch für Drähte kleiner endlicher Dicke hinreichend genau ist.

III. 10. Der magnetische Fluß durch die Elektronenbahn vom Radius r

$$\Phi = 2\pi \int_0^r \mathfrak{B}(r, t)\, r\, \mathrm{d}r$$

liefert

$$(1) \qquad \frac{\partial \Phi}{\partial r} = 2\pi r\, \mathfrak{B}(r, t), \qquad \frac{\partial \Phi}{\partial t} = 2\pi \int_0^r \dot{\mathfrak{B}}(r, t)\, r\, \mathrm{d}r.$$

Nach dem Induktionsgesetz ist

$$(2) \qquad 2\pi \int_0^{r_0} \dot{\mathfrak{B}}(r, t)\, r\, \mathrm{d}r = -2\pi r_0\, \mathfrak{E}(r_0, t).$$

Durch Multiplikation mit dem Absolutwert der Elektronenladung e folgt daraus als beschleunigende Kraft in der Bahn $r = r_0$:

$$(3) \qquad -e\, \mathfrak{E}(r_0, t) = \frac{e}{r_0} \int_0^{r_0} \dot{\mathfrak{B}}(r, t)\, r\, \mathrm{d}r = \frac{e}{2\pi r_0} \frac{\partial \Phi}{\partial t}.$$

Die Gleichung für die Impulsänderung des Elektrons läßt sich daraufhin nach t integrieren und liefert

$$(4) \qquad m v - (m v)_A = \frac{e}{2\pi r_0} (\Phi - \Phi_A),$$

wo Φ_A den magnetischen Fluß im Anfangszustande $v = v_A$, $m = m_A$ bedeutet. $m v$ ist hiernach bei gegebenem Anfangsimpuls als bekannt anzusehen. Man berechnet von da aus als Antwort auf die Frage (1):

$$(5) \qquad \beta = \frac{v}{c} = \frac{1}{\sqrt{1 + m_0^2 c^2/m^2 v^2}}, \qquad m = m_0 \sqrt{1 + \left(\frac{m v}{m_0 c}\right)^2}, \qquad e V = (m - m_0)\, c^2.$$

Zahlenbeispiel: Beim Bahndurchmesser $2 r_0 = 10^{-1}$ m ist eine Flußamplitude $\Phi_{\max} = 10^{-2}$ Vs technisch gut erreichbar. Der Anfangsfluß sei sehr klein, $\Phi_A \approx 0$. Wir können auch annehmen, $v_A \approx 0$, da die Anfangsgeschwindigkeit neben der großen Endgeschwindigkeit belanglos ist. Dann wird nach (4)

$$(6) \qquad \begin{aligned} \frac{(m v)_{\max}}{m_0 c} &= \frac{e}{2\pi r_0} \frac{\Phi_{\max}}{m_0 c} = \frac{1{,}6 \cdot 10^{-18}}{\pi} \cdot \frac{10^{-2}}{0{,}9 \cdot 10^{-30} \cdot 3 \cdot 10^{8}} = 18{,}8, \\ \beta_{\max} &= \left(1 + \frac{1}{18{,}8^2}\right)^{-\frac{1}{2}} = 1 - \frac{1}{710}, \qquad m_{\max} = 18{,}8\, m_0, \\ m_{\max} - m_0 &= 17{,}8\, m_0, \qquad e V_{\max} = 17{,}8 \cdot m_0 c^2. \end{aligned}$$

Da $m_0 c^2$ nach den Ausführungen zu Aufgabe III. 5 gleich $\frac{1}{2} \cdot 10^6$ Elektronenvolt ist, hat man

$$(7) \qquad e V_{\max} \approx 9 \cdot 10^6 \text{ eV}.$$

Zur Frage 2: Die Kreisbahn $r = r_0$ wurde bisher als bekannt angenommen. Sie soll jetzt berechnet werden. Auf jeder Kreisbahn muß Gleichgewicht zwischen Zentrifugalkraft und Biot-Savart-Kraft herrschen:

$$(8) \qquad \frac{m v^2}{r} = e v\, \mathfrak{B}(r).$$

Das besagt nach der ersten Gl. (1)

$$(9) \qquad m\,v = \frac{e}{2\pi}\,\frac{\partial \Phi}{\partial r}.$$

Einsetzen aus Gl. (4) mit $\Phi_A = 0$, $v_A = 0$ liefert

$$(10) \qquad \frac{\Phi}{r} = \frac{\partial \Phi}{\partial r} \quad \text{oder} \quad \overline{\mathfrak{B}} = 2\,\mathfrak{B}(r, t)$$

($\overline{\mathfrak{B}}$ = Mittelwert von $\mathfrak{B}$ innerhalb des Kreises.)

In einer graphischen Darstellung trage man zur Abszisse r die Ordinate $\mathfrak{B}$ als eine vom Mittelpunkt aus monoton abnehmende, nötigenfalls experimentell zu ermittelnde Kurve auf. Durch Multiplikation mit $2\pi\,r$ folgt daraus nach Gl. (1) die Kurve für $\partial\Phi/\partial r$ und durch Integration nach r diejenige für Φ. Man hat ihre Ordinaten durch r zu dividieren und die entstehende Kurve mit derjenigen für $\partial\Phi/\partial r$ zum Schnitt zu bringen. Die Abszisse des Schnittpunktes ist der gesuchte Wert für $r = r_0$.

Damit diese Bahn stabil ist, muß die Feldverteilung gewisse Bedingungen erfüllen, die z. B. von GANS[1]) übersichtlich entwickelt sind.

Zur Frage 3: Aus $\beta_{\max}$ folgt für die Umlauffrequenz

$$(11) \qquad \nu_{\max} = \frac{\beta_{\max}\,c}{2\pi\,r_0} \approx 10^9\,\mathrm{s}^{-1}.$$

Um die Umlaufzahl bequem berechnen zu können, nehmen wir an, daß der Fluß Φ nicht sinusförmig, sondern linear von dem Anfangszustand $\Phi_A = 0$ zum Endzustand $\Phi_{\max}$ ansteige. Bei 500periodigem Wechselstrom in den Wickelungen des Elektromagneten beträgt dann die Zeit dieses Anstiegs (= einer Viertelperiode) $^1/_{2000}$ s. Man erhält daher

$$(12) \qquad \frac{\partial \Phi}{\partial t} = 2000\,\Phi_{\max}\,\mathrm{s}^{-1} = 20\,\mathrm{V}.$$

Da nach (3) die beschleunigende Kraft dann ebenfalls zeitlich konstant ist, ist dies zugleich der in Elektronenvolt gemessene Zuwachs der Energie während jedes Umlaufs. Da nach (7) die maximale Energie $9 \cdot 10^6$ eV betrug, erhält man für die Anzahl der Umläufe

$$(13) \qquad \frac{9 \cdot 10^6}{20} = 450000.$$

Der Hauptzweck des Betatrons ist, Röntgenstrahlen von extremer Härte zu erzeugen. Da deren Energiegrenze $h\,\nu$ durch die maximale Energie der Betatron-Elektronen gegeben ist, hängt sie nach Gl. (5) von dem erreichbaren Impuls $m\,v$ ab. Dieser ist nach Gl. (4) durch das Verhältnis Φ/r_0 bestimmt. Bei einer proportionalen Vergrößerung aller Abmessungen des Magneten ($\mathfrak{B}_{\max}$ und daher auch $\mathfrak{B}_{\text{mittel}}$ sind durch die Sättigung des Magneten festgelegt) wächst Φ quadratisch, Φ/r_0 also linear an. Bei unserem Bahndurchmesser $2r_0 = 10^{-1}$ m fanden wir in (7)

$$e\,V_{\max} = 9 \cdot 10^6\,\mathrm{eV} = 9 \cdot 1{,}602 \cdot 10^{-12}\,\mathrm{Erg} = 14{,}5 \cdot 10^{-12}\,\mathrm{Erg}.$$

Daraus folgt für die Röntgenstrahlen (mit $h = 6{,}624 \cdot 10^{-34}$ Erg s)

$$14{,}5 \cdot 10^{-12}\,\mathrm{Erg} = h\,\nu = \frac{h\,c}{\lambda}, \qquad \lambda \approx 1{,}3 \cdot 10^{-13}\,\mathrm{m} = 1{,}3\,\mathrm{XE}.$$

Die hier eingeführte X-Einheit $= 10^{-13}$ m ist das in der Röntgenspektroskopie übliche Längenmaß, in welchem die K-Strahlen der schwersten Elemente Wellenlängen von etwa 100 X-Einheiten annehmen. Wir befinden uns also mit unserem Betatron von verhältnismäßig bescheidenen Abmessungen schon weit unterhalb der kurzwelligen Grenze der gewöhnlichen Röntgenspektren, auch unterhalb derjenigen der natürlichen γ-Strahlen, die bei ThC″

[1]) R. GANS, Z. Naturforsch. 1 (1946) 485.

mit $\lambda = 4{,}7$ X-Einheiten erreicht wird. Durch Vergrößerung der Betatron-Abmessungen läßt sich diese Grenze noch weiter erniedrigen und die oben gefundene Energie von 9 MeV entsprechend steigern.

III. 11. Variation wie Ω_1 ergibt:

$$\delta\Gamma \cdot \Omega = \Gamma_\nu \, \delta\Omega_\nu .$$

Entsprechend ist

$$\delta\Lambda = \frac{1}{\mu_0} F_{\mu\nu} \, \partial_\mu \, \delta\Omega_\nu = f_{\mu\nu} \, \partial_\mu \, \delta\Omega_\nu .$$

Unter dem Wirkungsintegral können wir die Ableitung auf den ersten Term abwälzen. Somit ergibt sich

$$\int (\partial_\mu f_{\mu\nu} + \Gamma_\nu) \, \delta\Omega_\nu \, \mathrm{d}^4 x = 0 .$$

Hieraus ergeben wie in der Vorlesung die inhomogenen MAXWELLschen Gleichungen

$$\partial_\nu f_{\mu\nu} = \Gamma_\mu .$$

Bei Variation der Bahnkurve in Raumzeit setzen wir wiederum

$$\mathrm{d}V \, \mathrm{d}t = \mathrm{d}V_0 \, \mathrm{d}\tau \quad \text{(s. S. 256).}$$

Damit lautet das Wirkungsintegral, das an die Stelle von (32.19) tritt,

$$W = -m_0 c \int \sqrt{-(\mathrm{d}x_\mu/\mathrm{d}\tau)^2} \, \mathrm{d}\tau + e \int \Omega_\mu \frac{\mathrm{d}x_\mu}{\mathrm{d}\tau} \mathrm{d}\tau + \cdots$$

Durch die Punkte sei der Beitrag von Λ gekennzeichnet, der von der Variation der Bahn in Raumzeit nicht berührt wird. Durch Variation erhält man wie in der Vorlesung

$$\int \delta x_\mu \left\{ -m_0 c \frac{\mathrm{d}}{\mathrm{d}} \frac{\mathrm{d}x_\mu/\mathrm{d}\tau}{\sqrt{-(\mathrm{d}x_\mu/\mathrm{d}\tau)^2}} + e(\partial_\mu \Omega_\nu - \partial_\nu \Omega_\mu) \frac{\mathrm{d}x_\nu}{\mathrm{d}\tau} \right\} \mathrm{d}\tau = 0 .$$

Darin ist τ ein beliebiger Integrationsparameter, der (anders als Zeit und Eigenzeit) bei der Variation konstant bleibt. Die Willkür der Parameterwahl zeigt sich darin, daß man $\mathrm{d}\tau$ in W herauskürzen kann. Wählen wir ihn so, daß er auf der unvariierten Bahn mit der Eigenzeit τ übereinstimmt, für die

$$\frac{\mathrm{d}x_\mu}{\mathrm{d}\tau} \cdot \frac{\mathrm{d}x_\mu}{\mathrm{d}\tau} = -c^2$$

ist, so folgt

$$\frac{\mathrm{d}m_0 \mathfrak{V}}{\mathrm{d}\tau} = e F \mathfrak{V} .$$

Identifizieren wir auf der Bahnkurve τ mit t, so erhalten wir speziell für die Raumkomponente:

$$\frac{\mathrm{d}}{\mathrm{d}t} \frac{m_0 \mathfrak{v}}{\sqrt{1-\beta^2}} = e(\mathfrak{E} + \mathfrak{v} \times \mathfrak{B}) .$$

IV. 1. Man gehe davon aus, daß das Feld für einen mitbewegten Beobachter im Inneren des Stabes stromfrei und ladungsfrei ist: $\mathfrak{J}' = 0$ und $\varrho' = 0$. Daraus folgt nach den Gln. (34.6) mit der Definition des Leitungsstromes in (34.9a) bis auf Korrektionsglieder in β^2

(1) $$\mathfrak{J}_l = \mathfrak{J} - \varrho \mathfrak{v} = 0, \qquad \varrho = 0 .$$

Der Stab hat also auch für den im Laboratorium ruhenden Beobachter keinen Leitungsstrom und keine räumliche Ladung. Dagegen besitzt er eine Oberflächenladung ω und einen (gerade durch $\mathfrak{J}_l = 0$ geforderten) ROWLAND-Strom $\mathfrak{J} = \omega \mathfrak{v}$.

Das Feld besteht, ebenfalls vom Laboratorium aus betrachtet, aus der Überlagerung eines stationären elektrischen und magnetischen Feldes, letzteres zu dem ursprünglichen homogenen Felde hinzukommend und herrührend von dem ROWLAND-Strom $\mathfrak{J} = \omega\, \mathfrak{v}$. Man hat also

$$\text{(2)} \qquad \operatorname{rot} \mathfrak{E} = 0, \quad \mathfrak{E} = -\operatorname{grad} \psi, \quad \operatorname{rot} \mathfrak{H} = \mathfrak{J}.$$

Man überzeuge sich, daß dies mit den allgemeinen Gln. (34. 13) übereinstimmt, wenn man in diesen die Bedeutung von $\mathfrak{E}^*$, $\mathfrak{H}^*$ aus (34. 8) und die von $\dot{\underline{\mathfrak{B}}}$, $\dot{\overline{\mathfrak{D}}}$ aus (34. 12) einsetzt. Sie lauten dann mit $\partial/\partial t = 0$ und den Zusatzbedingungen aus (34. 11)

$$-\operatorname{rot} \mathfrak{v} \times \mathfrak{B} = -\operatorname{rot}(\mathfrak{E} + \mathfrak{v} \times \mathfrak{B}), \qquad \text{also} \quad \operatorname{rot} \mathfrak{E} = 0,$$

$$\varrho\, \mathfrak{v} - \operatorname{rot}(\mathfrak{v} \times \mathfrak{D}) + \mathfrak{J} - \varrho\, \mathfrak{v} = \operatorname{rot}(\mathfrak{H} - \mathfrak{v} \times \mathfrak{D}), \quad \text{also} \quad \operatorname{rot} \mathfrak{H} = \mathfrak{J}.$$

Aus $\mathfrak{J}_l = 0$ schließen wir nach (34. 7) auf $\mathfrak{E}^* = 0$, also mit hinreichender Genauigkeit ($\mathfrak{B} = \mathfrak{B}_0$ = ursprünglichem Felde):

$$\text{(3)} \qquad \mathfrak{E} = -\mathfrak{v} \times \mathfrak{B}_0 = -v\, B_0\, \mathfrak{e}_x \qquad \psi = v\, B_0\, x + C\,.$$

Dabei haben wir angenommen, daß $\mathfrak{B}_0$ die z-Richtung, $\mathfrak{v}$ die y-Richtung habe, $x\, y\, z$ als Rechtsschraubensystem gedacht. C ist eine Integrationskonstante, unabhängig von x und wegen Symmetrie der Anordnung auch von y und z. Frage a) ist damit beantwortet.

Zur Frage b): Es handle sich um zwei Punkte x_1, x_2 auf der Peripherie des Stabes, z. B. x_1 = Austrittsstelle, x_2 = Eintrittsstelle der x-Achse. Die Spannung ist nach (3):

$$\text{(4)} \qquad V = \psi_1 - \psi_2 = v\, B_0 (x_1 - x_2)\,.$$

Da es sich um ein Potentialproblem handelt, ist sie vom Wege (Schließungsdraht von unendlich hohem Widerstand) unabhängig, durch den wir uns die Punkte 1 und 2 verbunden denken können; dieser Weg kann ebensogut im Äußeren wie im Inneren des Körpers geführt werden.

c) Wir gehen zum Außenfelde über. Dabei treten die Grenzbedingungen (34. 15) in Wirksamkeit. Sie besagen Stetigkeit der tangentiellen Komponenten von $\mathfrak{E}$ (nicht von $\mathfrak{E}^*$) und sind gleichbedeutend mit der Steitigkeit des Potentials auf der Oberfläche des Stabes, während über die normale Ableitung nichts ausgesagt ist. Da ψ im Inneren nach (3) bekannt ist, sind auch die Oberflächenwerte $\overline{\varphi}$ von ψ bekannt. Wir haben also für das Äußere ein Randwertproblem zu lösen, dem noch die Normierungsbedingung $\psi = 0$ im Unendlichen hinzugefügt werden kann. Die Lösung ist für jede Gestalt des Stabes möglich; elementar wird sie für den Kreisquerschnitt, auf den nach der Methode der konformen Abbildung jeder andere Querschnitt bei Übertragung der für letzteren vorgeschriebenen Randwerte zurückgeführt werden kann. Es genügt daher, den Kreisquerschnitt zu betrachten.

Sind r, φ gewöhnliche Polarkoordinaten, $r = 0$ Mittelpunkt des Kreises, $r = a$ Radius desselben, φ von der x-Achse aus gezählt, so ist nach (3) für das Innere und den Rand des Kreises

$$\text{(5)} \quad \mathfrak{E} = \mathfrak{E}_x = -v\, B_0, \quad \mathfrak{E}_r = \mathfrak{E}_x \cos\varphi = -v\, B_0 \cos\varphi, \quad \mathfrak{E}_\varphi = -\mathfrak{E}_x \sin\varphi = v\, B_0 \sin\varphi\,.$$

Das Potential im Äußeren kann allgemein als FOURIER-Reihe angesetzt werden

$$\psi = \Sigma \left(\frac{a}{r}\right)^n (A_n \cos n\,\varphi + B_n \sin n\,\varphi),$$

von der aber wegen der Randbedingung nur das Glied mit A_1 in Betracht kommt. Man hat also

$$\text{(6)} \qquad \psi = A_1 \frac{a}{r} \cos\varphi, \quad \mathfrak{E}_\varphi = -\frac{1}{r}\frac{\partial \psi}{\partial \varphi} = A_1 \frac{a}{r^2} \sin\varphi,$$

also wegen der Bedingung für $r = a$

$$A_1 = a\,v\,B_0, \quad \psi = \frac{a^2}{r}\,v\,B_0 \cos\varphi, \quad \frac{\partial\psi}{\partial r} = -\left(\frac{a}{r}\right)^2 v\,B_0 \cos\varphi. \tag{7}$$

d) Zur Ermittlung der Oberflächenladung müssen wir von $\mathfrak{E}$ zu $\mathfrak{D}$ übergehen. Dazu dient im Inneren des Stabes Gl. (34. 5), deren rechte Seite wegen $\mathfrak{E}^* = 0$ verschwindet. Man hat also im Inneren des Stabes nicht $\mathfrak{D} = \varepsilon\,\mathfrak{E}$, sondern

$$\mathfrak{D} = -\frac{1}{c^2}\,\mathfrak{v} \times \mathfrak{H} = -\varepsilon_0\,\mu_0\,\mathfrak{v} \times \mathfrak{H} \approx -\varepsilon_0\,\mathfrak{v} \times \mathfrak{B} = \varepsilon_0\,\mathfrak{E}. \tag{8}$$

Da dieses ε_0 aus der universellen Beziehung $\varepsilon_0\,\mu_0 = 1/c^2$ hervorgegangen ist, bedeutet ε_0 die D.K. des Vakuums und ist im allgemeinen nicht mit der D.K. der Umgebung identisch. Es ist sehr charakteristisch und befriedigend, daß bei exakter Anwendung der Minkowskischen Theorie in (8) nicht die etwas problematische und kaum meßbare D.K. des Metalls, sondern die wohldefinierte D.K. des Vakuums auftritt.

Aus (8) schließen wir zunächst für das ganze Innere des Stabes (wegen $\mathfrak{E} =$ konst.):

$$\operatorname{div}\mathfrak{D} = \varrho = 0,$$

was mit der Ausgangsgleichung (1) übereinstimmt. Das Innere des Stabes ist, auch vom Laboratorium aus gesehen, von Raumladung frei.

An der Oberfläche des Stabes gilt, vom Inneren desselben aus beurteilt, nach (5) und (8), wenn n die nach innen gerichtete Normale bedeutet,

$$\mathfrak{D}_n = \varepsilon_0\,\mathfrak{E}_n = -\varepsilon_0\,\mathfrak{E}_r = +\varepsilon_0\,v\,B_0 \cos\varphi.$$

Setzen wir der Einfachheit halber die D.K. des Äußeren (Luft) ebenfalls gleich ε_0, so haben wir, vom Äußeren her beurteilt, für $r = a$ nach (7), unter n jetzt die nach außen gerichtete Normale verstanden

$$\mathfrak{D}_n = -\varepsilon_0 \frac{\partial\psi}{\partial r} = +\varepsilon_0\,v\,B_0 \cos\varphi.$$

Die Summe dieser beiden $\mathfrak{D}_n$ liefert die Flächendivergenz von $\mathfrak{D}$ an der Oberfläche, also die Oberflächenladung

$$\omega = 2\,\varepsilon_0\,v\,B_0 \cos\varphi.$$

Sie wechselt von Ort zu Ort und hat ihre Größtwerte für $\varphi = 0$ und $\varphi = \pi$, nämlich $\pm\, 2\,\varepsilon_0\,v\,B_0$.

Die elektrischen Kraftlinien, die im Inneren geradlinig und senkrecht gegen die Stabachse verlaufen, biegen im Äußeren von den Orten positiver zu denen negativer Oberflächenladung auf möglichst kurzem Wege um, insbesondere in der Umgebung der beiden Stellen $\varphi = \pi/2$ und $\varphi = 3\pi/2$. Nur bei $\varphi = 0$ und π stehen die Kraftlinien auf der Oberfläche senkrecht und verlieren sich ins Unendliche.

e) Wenn man den geraden Stab zu einem Kreisring zusammenbiegt und diesen um die zu seiner Mittelebene senkrechte Symmetrieachse in Rotation versetzt, so steht jeder Abschnitt desselben unter annähernd denselben Bedingungen wie der entsprechende Abschnitt des geraden Stabes, vorausgesetzt, daß nur der Krümmungsradius des Kreisringes groß gegen seinen Querschnittsradius ist. Dasselbe gilt von einer Kreisringscheibe, wenn der Radius ihres inneren Begrenzungszylinders nicht zu klein ist. Da aber die Geschwindigkeit in dem durch diese Bedingung ausgeschlossenen Teil der Scheibe klein ist, und das Phänomen der unipolaren Induktion bei kleinen Geschwindigkeiten überhaupt unbeträchtlich wird, so kann man wohl ohne Bedenken von dieser Bedingung absehen und unsere Resultate auf die Vollscheibe und schließlich auch auf einen Umdrehungskörper beliebiger Gestalt ausdehnen. Auch für das Innenfeld dieses letzteren gelten dann unsere Gln. (3) und (8)

$$\mathfrak{E} = -\mathfrak{v} \times \mathfrak{B}_0, \quad \mathfrak{D} = \varepsilon_0\,\mathfrak{E} \tag{10}$$

und die damit zusammenhängenden Werte der Spannung V und des Innenpotentials ψ, während das Außenpotential alsdann durch Lösung einer komplizierteren dreidimensionalen Randwertaufgabe zu ermitteln ist.

Es tritt dabei aber die folgende interessante Schwierigkeit auf: Berechnet man nach der allgemeinen (oder vielmehr zu speziellen) Regel $\varrho = \operatorname{div} \mathfrak{D}$ die elektrische Raumladung im Inneren des Rotors, so wird, da jetzt $\mathfrak{v}$ und daher auch $\mathfrak{D}$ ortsabhängig ist, zufolge (10)

$$\varrho = -\varepsilon_0 \operatorname{div} \mathfrak{v} \times \mathfrak{B}_0 = -\varepsilon_0 (\mathfrak{B}_0 \operatorname{rot} \mathfrak{v}) = -2\varepsilon_0 \dot{\varphi} \cdot B_0$$

($\dot{\varphi}$ = Winkelgeschwindigkeit der Rotation), also nicht gleich Null, wie es bei der Translation der Fall war und wie wir es vom Standpunkte des mitrotierenden Beobachters erwarten möchten. Dieser Widerspruch ist aber kein Einwand gegen die MINKOWSKIsche Theorie der bewegten Medien, die ja (vgl. den Anfang von § 34, Anm. 3) auf die LORENTZ-Transformation der gleichförmigen Translation basiert ist, sondern nur ein Hinweis darauf, daß sie für Rotationsprobleme nicht ohne weiteres zuständig ist.

Namen- und Sachregister

W. Greiner u. a.

Theoretische Physik

Ein Lehr- und Übungsbuch für Anfangssemester

Band 1: **Mechanik I**

1977. 2., verbesserte und erweiterte Auflage. 382 Seiten. Zahlreiche Abbildungen, Beispiele und Aufgaben mit ausführlichen Lösungen sowie einer Einführung in die Vektorrechnung. Kartoniert. ISBN 3-87144-298-4

Band 2: **Mechanik II**

1974. 267 Seiten. Zahlreiche Abbildungen, 48 Beispiele und Aufgaben mit Lösungen. Kartoniert. ISBN 3-87144-184-8

Band 3: **Elektrodynamik**

1977. 2., verbesserte und erweiterte Auflage. 360 Seiten. Zahlreiche Abbildungen, 38 Beispiele und Aufgaben mit Lösungen. Kartoniert. ISBN 3-87144-185-6

Band 4: **Quantenmechanik**

1975. 267 Seiten. Zahlreiche Abbildungen, Beispiele und Aufgaben mit Lösungen. Kartoniert. ISBN 3-87144-186-4

Band 5: **Relativistische Quantenmechanik**

In Vorbereitung.

Band 6: **Quantenelektrodynamik**

In Vorbereitung.

Dieser Kurs über Theoretische Physik wird einer Entwicklung gerecht, die bereits an mehreren Hochschulen eingeführt wurde: die Theoretische Physik bereits ab dem 1. Semester zu lehren. Diese Vorverlegung macht es notwendig, die erforderliche Mathematik im Zusammenhang mit den physikalischen Anwendungen zu behandeln. Die zahlreichen Übungsaufgaben, zumeist mit ausführlichen Lösungen, verstärken diesen Aspekt. Die Bände 1–4 wenden sich an Studenten der Anfangssemester, während die Bände 5 und 6 nach dem Vordiplom benötigt werden.

H. Hänsel / W. Neumann

Physik – eine Darstellung der Grundlagen in 7 Teilen

Band 1: **Massenpunkt, Systeme von Massenpunkten**
224 Seiten. 150 Abbildungen. Kart.

Band 2: **Thermodynamische Systeme, Schwingungen und Wellen**
235 Seiten. 87 Abbildungen. Kart.

Band 3: **Elektrische und magnetische Felder, Strahlenoptik**
363 Seiten. 223 Abbildungen

Band 4: **Grenzen des klassischen Begriffssystems**
245 Seiten. 75 Abbildungen

Band 5: **Elektronenhülle der Atome**
273 Seiten. 72 Abbildungen

Band 6: **Moleküle, Atomkern und Elementarteilchen**
Ca. 300 Seiten. Ca. 80 Abbildungen

Band 7: **Festkörper**
Ca. 300 Seiten. Ca. 80 Abbildungen

In dieser siebenbändigen Einführung in die Physik ist das notwendige physikalische Grundwissen zusammengefaßt. Besonderer Wert wird auf die Einheitlichkeit der Darstellung und die Beschränkung auf das Wesentliche gelegt. Entsprechend der allgemeinen Tendenz werden in stärkerem Maße Elemente der theoretischen Physik berücksichtigt. Die zum Studium dieser Einführung benötigten mathematischen Hilfsmittel werden jeweils im Anhang behandelt. Durch die didaktisch sorgfältige Aufbereitung des Lehrstoffes sind die Bände sowohl als Ergänzung zur Vorlesung als auch zum Selbststudium geeignet. Sie wenden sich vorzugsweise an Studenten der Physik, Chemie, Mineralogie, Geophysik sowie aller technischen Fächer und der Mathematik in den Anfangssemestern sowie an Lehrerstudenten naturwissenschaftlicher Fachrichtungen.

Verlag Harri Deutsch · Thun · Frankfurt/Main

J. Dreszer

Mathematik-Handbuch für Technik und Naturwissenschaft

Übersetzt aus dem Polnischen. 1975. 1358 Seiten Dünndruckpapier. 15x21 cm. Leinen. ISBN 3-87144-149-X

Dieses Kompendium der Mathematik ist das Werk einer umfangreichen Gruppe von Spezialautoren. Es soll dem in der Praxis tätigen Naturwissenschaftler und Ingenieur in konzentrierter Form das mathematische Rüstzeug bieten, das er für seine tägliche Arbeit benötigt. Dabei genießt das Streben nach handbuchartiger Kürze Vorrang vor mathematisch möglichst exakten Formulierungen.

Das Spektrum der dargestellten Stoffgebiete ist äußerst weitgespannt; es reicht von den klassischen Gebieten der Analysis, Algebra und Geometrie über Funktionalanalysis, Numerik und Nomographie bis hin zu Wahrscheinlichkeitsrechnung, stochastischen Prozessen und Informationstheorie. Das Buch bringt somit eine Reihe von Gebieten, die in dem im gleichen Verlag erschienenen Nachschlagewerk „Taschenbuch der Mathematik" von I. N. Bronstein und K. A. Semendjajew nicht oder nur in Teilgebieten enthalten ist, wie projektive Geometrie, Tensorrechnung, Mengentheorie, abstrakte Algebra, Theorie der Summierbarkeit, Topologie, Funktionalanalysis, Theorie der Distributionen, Approximationstheorie, Wahrscheinlichkeitsrechnung, mathematische Statistik, stochastische Prozesse, stochastische Differentialgleichungen, Informationstheorie, numerische Methoden, Nomographie, Logik und Rechner.

Die Diktion der einzelnen Beiträge, die in Stil und Niveau unterschiedlich sind, ist wesentlich durch die Auffassung der jeweiligen Autoren bestimmt; hierin und an den Bezeichnungen wurde in der Übersetzung möglichst wenig geändert. Während sich die meisten dieser Beiträge darauf konzentrieren, anwendungsbereites Wissen zu vermitteln, aber auf Beweise weitgehend verzichten, geben einige, namentlich algebraisch orientierte Autoren eine ausführlichere Darstellung, bei der auch viele Beweise ausgeführt werden, und bieten damit in gewissem Maße sogar die Möglichkeit, sich ab ovo in das betreffende Gebiet einzuarbeiten. Alle Beiträge sind durch zahlreiche durchgerechnete Beispiele ergänzt und mit vielen Abbildungen illustriert.

Das Buch ist als Nachschlagewerk geeignet und läßt sich auch ausgezeichnet zur Auffrischung verschütteter mathematischer Kenntnisse verwenden. Die den einzelnen Abschnitten beigegebenen Literaturverzeichnisse wurden für die vorliegende Ausgabe durch ausgewählte Beispiele vornehmlich internationaler Bücher ergänzt. Neben diesen Zusammenstellungen findet der Leser am Schluß des Buches zu jedem Abschnitt Hinweise auf weitere Literatur.

Inhalt: Arithmetik. Algebraische Rechenoperationen — Elementargeometrie — Ebene und sphärische Trigonometrie — Kombinatorik — Lineare Algebra — Algebraische Gleichungen — Differential- und Integralrechnung — Folgen, Reihen, Entwicklungen — Funktionen mehrerer Variablen — Analytische Geometrie — Vektorrechnung — Kurven-, Gebiets- und Mehrfachintegrale — Elemente der projektiven Geometrie — Gewöhnliche Differentialgleichungen — Differentialgeometrie — Tensorrechnung — Komplexe Funktionen — Orthogonale Systeme und Reihen, Randwertprobleme, Eigenwerte — Spezielle Funktionen — Partielle Differentialgleichungen — Integralgleichungen — Variationsrechnung — Integraltransformationen — Mengentheorie — Abstrakte Algebra — Theorie der Summierbarkeit — Topologie — Reelle Funktionen — Funktionalanalysis — Theorie der Distributionen — Approximationstheorie — Wahrscheinlichkeitsrechnung — Mathematische Statistik — Stochastische Prozesse — Stochastische Differentialgleichungen — Informationstheorie — Numerische Methoden — Nomographie — Logik — Rechner — Mathematische Tafeln.